压水堆核电厂操纵人员基础理论培训系列教材

核电厂通用机械设备

General Mechanical Equipment of Nuclear Power Plants

阎克智　编著

中国原子能出版社

图书在版编目(CIP)数据

核电厂通用机械设备 / 阎克智编著 . —北京：原子能出版社，2010.12（2024.8 重印）
（压水堆核电厂操纵人员基础理论培训系列教材）
ISBN 978-7-5022-4796-6

Ⅰ.①核… Ⅱ.阎… Ⅲ.核电厂—机械设备 Ⅳ.TM623.4

中国版本图书馆 CIP 数据核字(2010)第 012625 号

内容简介

本书主要阐述压水堆核电厂各类通用机械设备的功能、原理、结构及技术性能。全书共分五章，包括阀门、泵、风机、热交换器和承压设备。系统介绍了我国压水堆核电厂各回路主要通用机械设备，如主泵、反应堆压力容器、稳压器、先导安全阀、蒸汽发生器、再加热器、凝汽器等。

本书是压水堆核电厂操纵人员基础理论培训系列教材之一，也可供从事核电工程的相关技术人员及高等院校相关专业的师生参考。

核电厂通用机械设备

策　　划　刘　朔　张　琳
出版发行　中国原子能出版社(北京市海淀区阜成路 43 号　100048)
责任编辑　李盈安
技术编辑　冯莲凤
责任印制　赵　明
印　　刷　北京天恒嘉业印刷有限公司
经　　销　全国新华书店
开　　本　787 mm×1092 mm　1/16
印　　张　26.25　　　字　数　658 千字
版　　次　2010 年 12 月第 1 版　2024 年 8 月第 8 次印刷
书　　号　ISBN 978-7-5022-4796-6
定　　价　125.00 元

网址：http://www.aep.com.cn　　E-mail：atomep123@126.com
发行电话：010-68452845

《压水堆核电厂操纵人员基础理论培训系列教材》

编 委 会

编委会办公室

《压水堆核电厂操纵人员基础理论培训系列教材》

校审专家

（按姓氏拼音顺序排列）

一审专家：

高秀清　高永春　李文琰　李永章　刘耕国
罗璋琳　彭木彰　浦胜娣　吴炳祥　夏益华
张培升　赵兆颐

二审专家：

陈　跃　付卫彬　黄志军　蒋祖跃　李守平
马明泽　毛正宥　潘泽飞　唐锡文　王瑞正
魏　挺　薛峻峰　杨　炜　朱晓斌

统审专家：

曹述栋　丁卫东　丁云峰　宫广臣　苟　峰
顾颖宾　郭利民　何小剑　黄世强　廖伟明
刘志勇　马明泽　毛正宥　缪亚民　戚屯锋
苏圣兵　孙光弟　王晓航　魏国良　吴　放
吴　岗　杨昭刚　俞卓平　张福宝　张志雄
周卫红

前　言

核电厂操纵人员的素质关系到核电厂的安全运营，而培训工作是保证人员素质的基本环节之一。为适应当前我国大力发展核电的形势，保证核电厂操纵人员的培训质量，使基础理论培训满足国家核安全法规与行业规定的要求，便于对培训过程实施统一规范的管理，国家主管部门决定编写一套适用于核电厂操纵人员的基础理论培训教材——《压水堆核电厂操纵人员基础理论培训系列教材》。鉴于核工业研究生部在近20年的核电基础理论培训中，积累了丰富的教学及管理经验，具有稳定的师资队伍和较完整的教材体系，故由核工业研究生部具体承担教材编写的组织工作。

为了编好操纵人员培训教材，核工业研究生部牵头组织长期从事核电培训的专家、教授进行认真分析和讨论，根据我国现有堆型的特点，从压水堆核电厂入手，由核电厂、核动力运行研究所、操纵人员资格审查委员会等单位的专家共同参与编写。这套教材共十二册，包括《核反应堆物理》、《核反应堆热工水力学》、《核电厂辐射防护》、《核电厂材料》、《核电厂通用机械设备》、《核电厂水化学》、《核电厂电气原理与设备》、《核电厂核蒸汽供应系统》、《核电厂蒸汽动力转换系统》、《核电厂仪表与控制》、《核电厂核安全》、《核电厂运行概论》。这套教材内容以核电厂相关专业的基本概念、基本原理及基础知识为主，可为操纵人员下一步培训打下良好的理论基础。

本套教材是经过充分准备、精心组织而完成的。首先，根据核电厂操纵人员的培训目标，按照《核电厂操纵人员的执照考核标准》(EJ/T 1043—2004)的相关内容和要求进行课程设置、制定教材编写原则、明确每种教材应涵盖的内容；在总结以往教学经验的基础上，充分征求各核电厂专家的意见，形成了内容完整、要求明确的教材编写大纲。其次，聘请既有较高的专业水平又有较强的实际工作能力和丰富的教学经验的专家担任本套教材的编者，并为编者提供教材编写技巧、《著作权法》等相关知识的讲座和模拟机现场观摩学习；编者根据教材编写原则和大纲编写具体内容，力求做到既符合学员的认知规律又贴近核电厂的实际。再次，请理论功底扎实、教学经验丰富的教授、专家根据教学原则对教材内容的准确性、系统性等进行审查，并广泛征求任课教师的意见；同时请实践经验丰富的核电厂专家结合实际进行审查。编者根据上述意见对教材进行认真修改后，再征求各方意见，最终由操纵人员资格审查委员会审定。

本套教材中《核电厂电气原理与设备》由江苏核电有限公司具有丰富实际工作经验的专家编写。其余的各分册由核工业研究生部多年从事核电培训教学工作、教学及实践经验丰富的教授、专家编写。

在本套教材的编审过程中，核工业研究生部的任课教师们认真参与教材的编审和研讨；江苏核电有限公司专门成立“电气教材编写专项组”，精心组织编审；各核电厂积极推荐审稿专家，提供编写教材所需资料；核电秦山联营有限公司组织一线人员与编者进行对口交流，创造条件为编者提供模拟机现场演示与讲解；各核电厂、核动力运行研究所、操纵人员资格审查委员会等单位的专家们认真审稿，提出许多宝贵意见；原子能出版社自始至终给予通力合作，提前介入指导，缩短了出版周期。

本套教材的编制出版，凝聚着编、审、校、印及组织管理人员的大量心血，同时得到各相关单位的大力支持和热情帮助，在此深表谢意！

编委会

2010年11月

编者的话

《核电厂通用机械设备》是根据核电基础理论培训教材编写大纲要求，在广泛听取核电专家意见的基础上编写的，是《压水堆核电厂操纵人员基础理论培训系列教材》之一，也可供核电厂相关人员参考。

本书根据《核动力厂运行安全规定》(HAF103)和《核电厂人员的配备、招聘、培训和授权》(HAD103/05)的要求，内容以基础理论知识、基本概念和基本原理为主，涵盖了《核电厂操纵人员的执照考核》标准(EJ/T 1043—2004)附录A.5.3～A.5.6的内容。

本书以核工业研究生部核电厂操纵人员培训讲义《核电厂通用机械设备》为基础，结合任课老师的教学实践作了修改和补充。在编写上，注意联系实际，侧重定性分析，阐明物理意义和应用方法，使读者具备识读结构图、掌握结构特点、设备操作与运行规程及运行中出现的问题与故障排除等能力。在内容选择和安排上，为便于读者理解，力求做到由浅入深，尽量避免艰深的理论，做到既重点突出，又具有一定的全面性、系统性。

全书共分5章，分别介绍阀门、泵、风机、热交换器和承压设备。全书着重介绍了压水堆核电厂各回路及辅助系统中使用最多的各类通用机械设备。结合实际，每章都选用了国内压水堆核电厂较典型的相关通用机械设备作为实例加以进一步介绍。

在编写的过程中，邵向业教授对初稿提出了建议和意见，刘耕国、付卫彬等专家审校了全文，在此表示诚挚的谢意。

书中如有不妥之处，恳请批评指正。

编者

2010年11月

目 录

第1章 阀 门

1.1 概 述

1.1.1 阀门的基本性能

阀门是流体输送系统中的控制部件，具有截断、调节、导流、止逆、稳压、分流、卸压等功能。

阀门的品种和规格很多，从最简单的截止阀到极为复杂的自控系统中的各种阀门，其规格和品种五花八门。

阀门可用于控制空气、水、蒸汽、溶液、泥浆、油品、各种腐蚀性流体、液体金属和放射性液体和气体等各种类型流体的流动。

阀门的公称尺寸(公称直径)从几 mm 的仪表阀到 10 m 的工业管路阀。阀门的工作压力从 1.3×10^{-3} MPa 真空阀到 1 000 MPa 的超高压阀。工作温度从－269 ℃的超低温到 1 430 ℃的超高温。

阀门的启闭可采用多种方式，如手动、电动、气动、液动、电—气联动或电—液联动以及电磁驱动等；也可在压力、温度或其他形式传感信号的作用下，按一定的控制要求自控动作，或只作简单的开、关动作。

阀门的用途极为广泛。无论是工业、农业、国防、航天、核电还是交通运输、城乡建设、人民生活设施都需要大量的各种类型的阀门。

阀门是一种管路附件，用来改变通路截面、介质流动方向、调节和控制流量和压力等等。具体来讲，有以下几种用途。

(1) 接通或截断管路中的介质。如闸阀、截止阀、球阀、旋塞阀、隔膜阀、蝶阀等。

(2) 调节、控制管路中的流量和压力。如节流阀、调节阀、减压阀、安全阀等。

(3) 改变管路中介质的流动方向。如分配阀、三通旋塞阀、三通或四通球阀等。

(4) 阻止管路中介质倒流。如各种不同结构的止回阀、底阀、断流阀等。

(5) 分离介质。如各种不同结构的蒸汽疏水阀、空气疏水阀等。

(6) 指示和调节液面高度。如液面指示器、液面调节器等。

(7) 其他特殊用途。如温度调节阀、过流保护紧急切断阀等。

在上述各种通用的阀门中，用于接通和截断管路中介质流动的阀门，其使用数量约占全部阀门总数的 80%。

1.1.2 阀门的结构和类型

1. 阀门的结构

阀门的结构随阀门的类型、品种和用途有很大的差别，它们的部件数量和形式也不一样。一般来讲，不论何种阀门，都应该具有阀体、阀瓣(阀堵)、阀盖、阀杆、传动装置等部件。

具体阀门结构，将在下节的各种阀门的具体介绍中予以叙述。

2. 阀门的类型

阀门的种类繁多，随着各类成套工艺流程的不断改进，阀门种类还在增加。但总的来说可分为以下两大类。

(1) 自动阀门。依靠介质(液体、气体、蒸汽等)本身的能力而自行动作的阀门，如安全阀、减压阀、止回阀、断流阀、过流保护紧急切断阀、蒸汽疏水阀、空气疏水阀等。

(2) 驱动阀门。借助手动、电动、气动或液压动力来操纵启闭的阀门，如闸阀、截止阀、节流阀、调节阀、蝶阀、球阀、旋塞阀等。

阀门依靠自动或驱动机构使启闭件作升降、滑移、旋摆、回转运动，从而改变其流道截面的大小，以实现启闭和控制的功能。

此外，还有以下几种分类方法。

1) 按结构特征进行分类；2) 按阀门的用途进行分类；3) 按操纵方式进行分类；4) 按阀门的公称压力进行分类；5) 按介质温度进行分类；6) 按阀体材料进行分类：7) 按与管道连接的方式进行分类。

1.1.3 阀门的基本参数及型号

1.1.3.1 阀门的基本参数

阀门的主要参数有：公称尺寸(公称通径)、公称压力、试验压力、工作压力、结构长度、法兰尺寸、螺纹规格等。

1. 阀门的公称尺寸(公称通径)

阀门的公称尺寸是管路系统中所有管路附件用数字表示的尺寸。公称尺寸是供参考用的一个方便的圆整数，与加工尺寸仅呈不严格的关系。

公称尺寸用“*DN*”后面紧跟一个整数数字标志，如公称尺寸 200 应标为 *DN* 200。

阀门公称尺寸(公称通径)系列按表 1-1 的规定。

表 1-1 公称尺寸(公称通径)系列 (单位：mm)

1	15	100	350	1 000	2 000	3 600
2	20	125	400	1 100	2 200	3 800
3	25	150	450	1 200	2 400	4 000
4	32	175	500	1 300	2 600	
5	40	200	600	1 400	2 800	
6	50	225	700	1 500	3 000	
8	65	250	800	1 600	3 200	
10	80	300	900	1 800	3 400	

在通常情况下，阀门的通道直径与公称尺寸是一样的，但当阀体采用焊接结构或者与之相连接的为用标准钢管法兰连接的情况下，阀门的实际通道直径并不等于公称尺寸 *DN* 的尺寸。例如，采用 ϕ 54 mm×3 mm 的无缝钢管时，阀门的公称尺寸为 *DN* 50，但实际内径 *D* 则为 ϕ 48 mm。这种情况在高压工况的锻钢阀门上是比较普遍的。

2. 阀门的公称压力

阀门的公称压力 *PN* 是一个用数字表示的与压力有关的标识代号，是仅供参考用的一个方便的圆整数。同一公称压力(*PN*)值所标示的公称尺寸(*DN*)的所有管路附件具有与端部连接形式相适应的同一连接尺寸。*PN* 的单位以 MPa 表示。阀门的公称压力按表 1-2 的规定。

表 1-2　阀门公称压力系列　(单位:MPa)

0.05	2.0	20.0	100.0
0.10	2.5	25.0	125.0
0.25	4.0	28.0	160.0
0.40	5.0	32.0	200.0
0.60	6.3	42.0	250.0
0.80	10.0	50.0	335.0
1.00	15.0	63.0	
1.60	16.0	80.0	

注:本表摘自 GB/T1048—2005。

3. 阀门的试验压力

阀门试验压力指的是对阀门壳体的试验压力,也就是对阀门的阀体和阀盖等联结而成的整个阀门外壳进行试验的压力,其目的是检验阀体和阀盖的致密性及包括阀体与阀盖联结处在内的整个壳体的耐压能力。

阀门壳体试验压力用 *PS* 表示,单位用 MPa,阀门壳体试验压力按表 1-3 的规定。

表 1-3　阀门壳体试验压力　(单位:MPa)

公称压力 *PN*	试验介质	试验压力
<0.25	液体	0.1 MPa+20 ℃下最大允许工作压力
≥0.25	液体	20 ℃下最大允许工作压力的 1.5 倍

当阀门的壳体有特殊要求时,应按相应的产品技术条件或订货协议的规定执行。

阀门的密封和上密封试验压力,是检验启闭件和阀体密封副密封性能及阀杆与阀盖密封副密封性能的试验压力。

阀门的密封和上密封试验压力,按表 1-4 的规定。

表 1-4　阀门的密封和上密封试验压力

公称通径 *DN*/mm	公称压力 *PN*/MPa	试验介质	试验压力
≤80	所有压力	液体或气体	20 ℃下最大允许工作压力的 1.1 倍(液体) 0.6 MPa(气体)
100~200	≤5		
	>5	液体	20 ℃下最大允许工作压力的 1.1 倍
≥250	所有压力		

注:本表摘自 GB/T13927—1992。

4. 阀门的工作压力

阀门的工作压力是指阀门在工作状态下的压力,它与阀门的材质和介质温度有关,用 p 表示,并在 p 字的右下角加角注,角注为介质最高温度除以 10 所得的整数。例如,介质最高温度为 425 ℃的工作压力用 p_{42} 表示,单位为 MPa。当介质温度升高到一定高度时,与公称

压力 PN 对应的工作压力就要减小。例如碳钢阀门，当 $PN=1.00$ MPa，介质 250 ℃时，对应的工作压力 $p_{25}=0.92$ MPa；介质 400 ℃时，对应的工作压力 $p_{40}=0.58$ MPa，工作压力变化的起始温度 200 ℃（>200 ℃）。不同材质阀门工作压力变化的起始温度也不一样。

碳钢阀门、铸铁阀门、不锈钢阀门、铜制阀门的工作压力表可查阅《阀门选用手册》。

5. 阀门的结构长度

阀门的结构长度是指阀门与管道连接的两个端面之间的距离。用字母 L 表示，其单位为 mm。

阀门的结构长度对用户的维修有直接的影响，特别是在已经固定的管线上，要使用同类型、同公称压力、同规格的阀门能够互换，为此，结构长度必须是标准的。

我国机械工业部 1959 年就制订了有关阀门结构长度的标准。1989 年国家技术监督局颁布了新的阀门结构长度国家标准(GB/T12221—1989)。2005 年对 1989 年的结构长度标准又进行了修订，修订后的国标 GB/T12221—2005《金属阀门结构长度》包括了不同连接方式的结构长度系列。可供查阅。

6. 阀门的法兰尺寸

阀门的法兰尺寸是保证阀门能够在安装管路上互换的重要条件之一。

国家技术监督局 1984 年就颁布了铁制管法兰国家标准，1988 年又颁布了新的钢制法兰国家标准，已在阀门行业中贯彻执行。这些标准主要有：

1）GB/T9112—1988“钢制管法兰类型”；

2）GB/T9113.1～GB/T9113.26—1988“整体钢制管法兰”；

3）GB/T9115.1～GB/T9115.36—1988“对焊钢制管法兰”；

4）GB/T9125—1988“钢制管法兰技术条件”。

此外，机械工业部在 1959 年颁布的法兰标准，至今仍在沿用的有：

JB80—1959“铸铁螺纹法兰”、“平焊钢法兰”、“对焊钢法兰”、“平焊松套法兰”、“对焊松套法兰”、“圆柱管螺纹接头”。

上述标准，用的时候，可去查阅。

1.1.3.2 阀门的型号

阀门的型号通常应表示出阀门的类型、驱动方式、连接形式、结构特点、公称压力、密封面材料、阀体材料等要素。阀门型号的标准化为阀门的设计、选用、经销，提供了方便。

当今阀门类型和材料种类愈来愈多，阀门型号的编制也愈来愈复杂。我国虽然有阀门型号编制的统一标准，但仍不能满足阀门工业发展的需要。目前，阀门制造厂一般采用阀门统一编制的方法；凡不能采用统一编制方法的，各生产厂都按自己的情况制订出产品型号编制方法。

我国阀门统一编制方法，执行的是机械工业部的部颁标准，即 JB308—75《阀门型号编制方法》，它适用于工业管道用闸阀、截止阀、节流阀、调节阀、球阀、蝶阀、隔膜阀、旋塞阀、止回阀、安全阀、减压阀、蒸汽疏水阀等。2004 年又进行了修订，增加了排污阀和柱塞阀类型代号，还增加了其他功能作用或特异结构代号内容，其标号为 JB/T308—2004。它包括阀门的型号编制和阀门的命名。

JB/T308—2004《阀门型号编制方法》的具体编制方法和编制内容及项目，见附录(Ⅰ)。

阀门常用材料见附录(Ⅱ)。

1.1.4　核电厂中的阀门

在压水堆核电厂反应堆冷却剂回路(一回路)、蒸汽回路(二回路)、循环冷却水回路以及各种核辅助系统和非核辅助系统中,阀门是应用最多的通用机械设备,而且阀门的种类很多,功能各异。它们根据生产要求安装在各种管路、设备和系统中,执行工艺生产中的各项任务。

在核电厂中阀门种类虽然很多,但按其功能(用途)大致可分为下列几种。

1. 用于截断、节流的有:闸板阀、截止阀、蝶阀、隔膜阀、针形阀、球阀等。
2. 用于控制和调节流量和压力的有:调节阀、V形开口球阀、针形阀、温度调节阀等。
3. 用于防止超压保护的有:安全阀、安全排放阀。
4. 用于防止逆流和过流保护紧急切断的有:止回阀、底阀、紧急切断阀(断流阀)。
5. 用于压力调节的有:减压阀、减压调节阀、排放减压阀(释放阀)。
6. 用于阻汽排水及排除不凝性气体以提高蒸汽效能的有:蒸汽疏水阀、空气疏水阀。
7. 用于高温、高压的有:高温、高压阀。

为了适应压水堆核电厂高度自动化生产的需要,在阀门的操纵上,除手动操纵外,还大量采用了远距离电动、气动、液压自动控制阀门操纵装置。

下面将详细介绍。

1.2　截断阀和节流阀

1.2.1　闸阀的类型、结构、特性和使用范围

1.2.1.1　闸阀的类型

闸阀可分为下列两大类四种型式。

1. 斜座闸阀

斜座闸阀又分为:

(1) 单闸板式(整体式),通常称为楔式单板闸阀,如图1-1a所示;

(2) 双闸板式(双盘式),通常称为楔式双板闸阀,如图1-1b所示。

2. 平行座闸阀

平行座闸阀又分为:

(1) 自由膨胀式,通常称为平行双板膨胀式闸阀,如图1-2a所示;

(2) 止动装置式,通常称为平行双板楔止式闸阀,又叫楔止动式,如图1-2b所示。

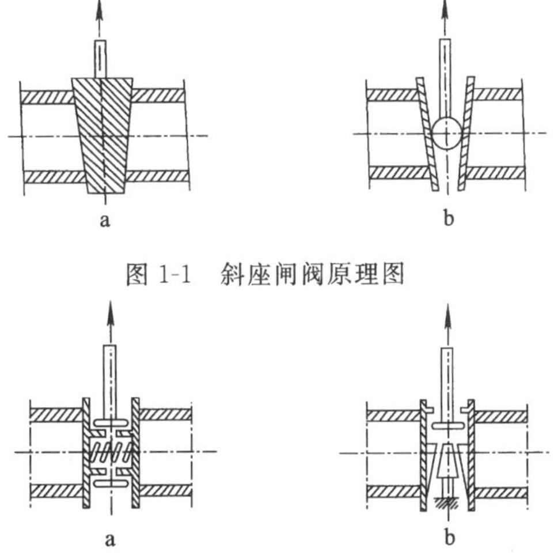

图1-1　斜座闸阀原理图

图1-2　平行座闸阀原理图

1.2.1.2　闸阀的结构

闸阀的结构如图1-3所示,其中,图1-3a平行双板楔止式闸阀,图1-3b楔式单板闸阀,核电站主蒸汽回路采用的就是这种斜座式楔式单板闸阀。

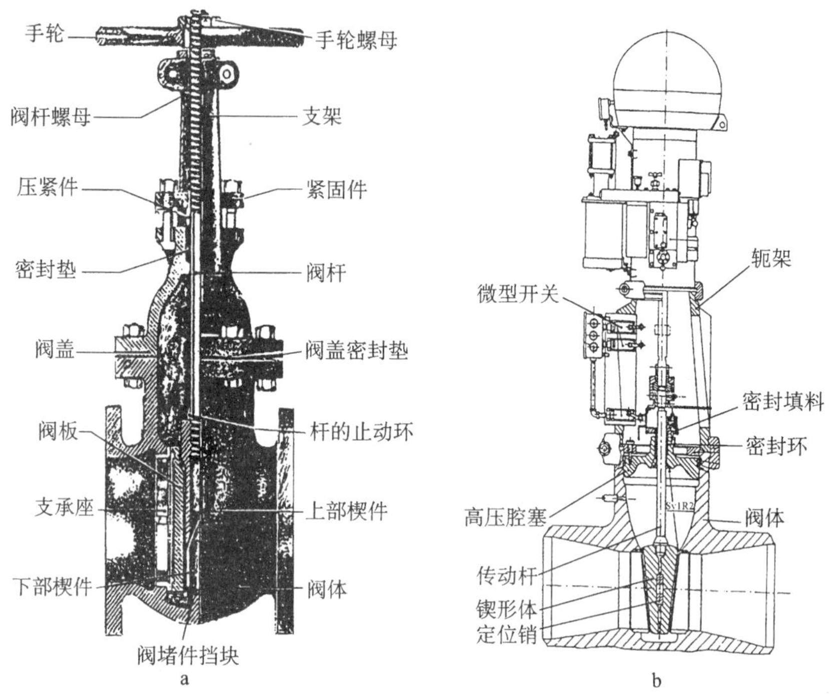

图 1-3 闸阀的结构

a. 平行双板楔止式闸阀；b. 楔式单板闸阀（大亚湾核电厂主蒸汽阀）

1. 阀体（壳体）。铸造或锻造经机加工而成，在阀体内可装或不装支承座（阀座）或支承件环。

2. 阀盖（阀帽）。阀盖用螺栓或螺纹固定在阀体上，并支承传动杆（阀杆）的密封装置及操纵机构。

3. 阀瓣（阀堵）。阀瓣为闸板，有单板双板两种，与传动杆（阀杆）铰接。

4. 阀杆与传动装置。由阀杆、螺纹、手轮组成闸板的传动系统，该系统由固定在阀盖上的支架或圆柱体支承。

阀杆常采用外部螺纹，按螺纹部位和传动结构，可分为明杆式和暗杆式两种装配结构。

（1）明杆式：传动螺纹在阀杆上部，配合螺纹套（阀杆螺母）在支架内，阀杆在安装座内上、下运动并带动闸板上、下移动；

（2）暗杆式：传动螺纹在阀杆的下部，并与闸板中心内螺纹齿合连接，随着传动杆（阀杆）的传动，闸板在阀体内上、下移动，而传动杆（阀杆）则无上、下运动。

5. 密封。闸板与支承座（阀座）环面的密封为端面密封。传动杆（阀杆）与阀体的密封，通常采用各种类型的填料密封，用得最多的是填料函、密封盖（压盖）密封装置。密封垫材料的选用应根据流体的温度、压力、物化性质及阀杆运动速度等因素综合而定；

6. 手轮。手轮装配有两种，一为随阀杆上、下移动；另一种为不随阀杆上、下移动。

阀体，阀盖以及其他零部件根据各自功能的不同要求，一般先经铸造或锻制，然后经机加工而成。

1.2.1.3 斜座式闸阀

1. 楔式单板闸阀（整体式或单闸板式），如图 1-4a 所示。

闸板是整体铸造或锻造件，闸板与斜支承座面的角一致，因此斜面契合封闭时确保了完好的密封性。其斜度可以防止阀杆在打开时受力过大。根据使用压力，一般闸板的形状是扁平、圆柱—球形(高压)。

由于闸板不能适应阀体的变形，不能用于介质温度将导致阀体热变形以及压力将导致阀体机械变形的工况。适用于温度、压力变化不大的介质。

2. 楔式双板闸阀(双闸板式)，如图1-4b所示。

这种闸阀由两个分开的闸板铰接而成，两闸板之间可以有微小的位移，以适应阀体的变形。铰接的形式有：

(1) 闸板本身加工成球头，两闸板相互支承；

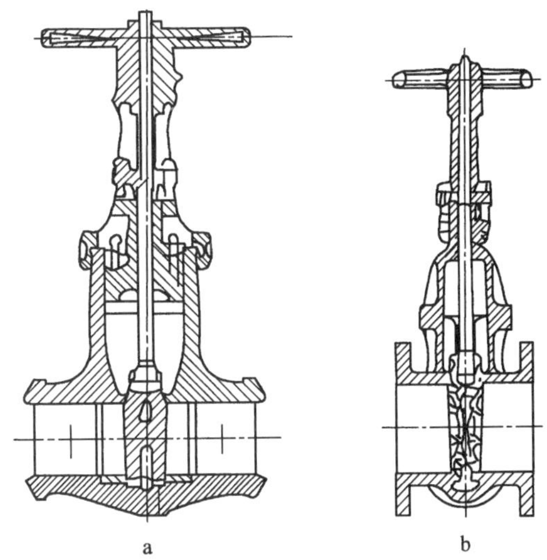

图 1-4　斜座式闸阀

a. 整体弹性闸板；b. 双闸板球形支座

(2) 借助一个大直径的球形件，该件位于两闸板内加工的球形槽内。

这种闸阀只适用于低压饱和蒸汽介质。

1.2.1.4　平行座式闸阀

1. 平行双板膨胀式闸阀(自由膨胀式闸阀)，如图1-2a，1-5a所示。

阀瓣由两个独立的圆盘或闸板组成，阀中用弹簧将两个闸板隔开，并使闸板压在阀体内的平行支承座上。阀门关闭时，闸板在座内可自由位移，两个闸板在各自弹簧的推力下，不足以保证密封。在管路系统中，当阀门关闭时，流体的压力使压力侧的闸板离开支承座，而使无压侧的闸板压紧其支承座，流体压力越大，闸板压得越紧，从而保证了密封性。

这种阀门的优点是对热变形不敏感，适用于高温高压管路(水和蒸汽)工况，一般不用于低压管路。

2. 平行双板楔止式闸阀(楔止动式闸阀)，如图1-2b，1-5b所示。

阀瓣由两个闸板构成，在闭合位置上，闸板由契子锁定。通常锁定方式有下列两种。

(1) 单斜面楔止式：两个闸板通过位于中间斜面的相对位移，增大两闸板间距，使两闸板压紧在各自的支承座面上，如图1-3a和图1-5b所示。

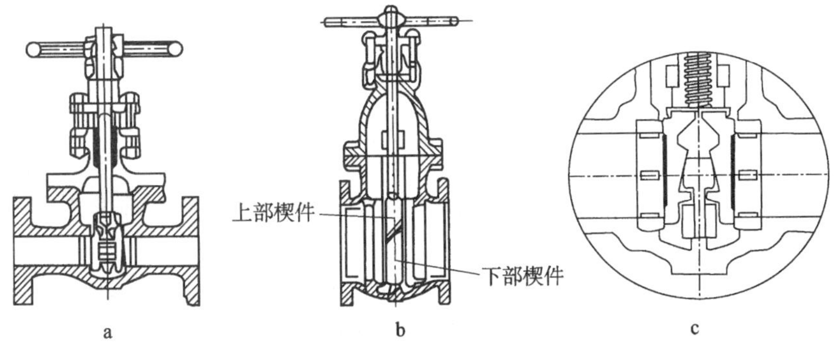

图 1-5　平行座式闸阀

a. 自由膨胀式闸阀；b. 单斜面楔止动式闸阀；c. 中央楔止式闸阀

(2) 中央楔止式：两闸板在闭合位置上，在两闸板中央由一个或几个楔子锁定，如图1-5c 所示。

这种闸阀的优点是便于脱楔开启，用于低压饱和蒸汽回路中。

1.2.1.5 闸阀的特性和使用范围

闸阀总的特性是流体阻力小，具有一定的调节性，密封性能较截止阀好，明杆式尚可根据阀杆升降高低调节启闭程度；缺点是结构较截止阀复杂，密封面易磨损，不易修理。闸阀适于制成大口径的阀门，除用于蒸汽、油品等介质外，还适用于含有粒状固体及黏度较大的介质，并适用于作放空阀和低真空系统阀门。

1.2.2 蝶阀的类型、结构、特性和使用范围

蝶阀是用圆盘式启闭件（阀瓣）往复回转 90°左右来开启、关闭和调节流体通过的阀门。

蝶阀不仅结构简单、体积小、重量轻、用材少，安装尺寸小，而且驱动力矩小、操作简便、迅速，并且还可同时具有良好的流量调节功能和关闭密封特性，是近十几年来发展最快的阀门品种之一。在工业发达的国家，蝶阀的使用非常广泛，其使用的品种和数量仍在继续扩大，并向高温、高压、大口径、高密封性、长寿命、优良的调节特性以及一阀多功能方向发展，其可靠性及其他性能指标均达到较高水平，并已部分取代截止阀、闸阀和球阀。随着蝶阀技术的进步，在可以预见的短时间内，特别是在大中型口径、中低压力的使用领域，蝶阀将成为主导的阀门型式。

原始的蝶阀是一种简单的，且关闭不严的挡板阀，通常在管路系统中作为流量调节阀和阻尼阀使用。

随着防化学腐蚀的合成橡胶在蝶阀上的应用，蝶阀的性能得以提高。由于合成橡胶具有耐腐蚀、抗冲击，尺寸稳定，弹性好，易于成形，成本低廉等特点，并可根据不同的使用要求，选择不同性能的合成橡胶，以满足蝶阀的使用工况条件，因而被广泛用于制造蝶阀的衬里和弹性阀座。由于聚四氟乙烯（PTFE）具有耐腐性强、性能稳定、不易老化、抗辐照、摩擦系数低、易于成形、尺寸稳定，并且还通过填充、添加适当材料以改善其综合性能，得到强度更好、摩擦系数更低的蝶阀密封材料，克服了合成橡胶的部分局限性，因而以聚四氟乙烯为代表的高分子聚合材料 及其填充改型材料在蝶阀上得到了广泛的应用，从而使蝶阀的性能得到更进一步提高，出现了温度、压力范围更广，密封性更好、使用寿命更长的蝶阀。

近十几年来，为适应高、低温度、抗强冲击、延长寿命等现代工业的使用要求，金属密封蝶阀得到了很大的发展。随着耐高温、耐低温、耐强腐蚀、耐强冲击、耐强辐射，高强度合金材料在蝶阀中的应用，使金属密封蝶阀在现代化工艺领域中得到了广泛的应用。出现了大口径（9 750 mm）、高压力（22 MPa）、温度范围大（－102～606 ℃）的蝶阀，从而使蝶阀的技术达到一个全新的水平。

蝶阀在完全开启时，具有较小的流阻，但开启在大约在 15°～75°之间时，又能进行灵敏的流量控制，因而在大口径的调节领域，蝶阀的应用非常普遍，并将成为主导阀门。

由于蝶阀阀板（阀瓣）的运动带有擦拭性，故大多数蝶阀可用于带悬浮固体颗粒的介质，依据密封性的强度也可用于粉状和颗粒状介质。

1.2.2.1　蝶阀的类型和结构

蝶阀的品种很多，并有多种分类方法，一般按密封结构形式分类，现介绍如下。

1. 中心(中线)密封蝶阀

中心密封蝶阀的典型密封结构如图1-6所示，其密封原理为：阀板(阀瓣)加工时保证其密封面具有合适的表面粗糙度，合成橡胶阀座在模压成形时形成合适的密封面表面。阀门关闭时，通过阀板的转动，阀板的外圈密封面挤压合成橡胶阀座圈，使合成橡胶阀座产生弹性变形而形成弹性力作为密封比压来保证阀门的密封。

图1-7所示密封结构采用了聚四氟乙烯、合成橡胶复合阀座。其特点在于阀座的弹性仍然由合成橡胶提供并利用聚四氟乙烯摩擦因子低、不易磨损、不易老化等特性，采用聚四氟乙烯作为阀座密封材料，从而使蝶阀的寿命得以提高。

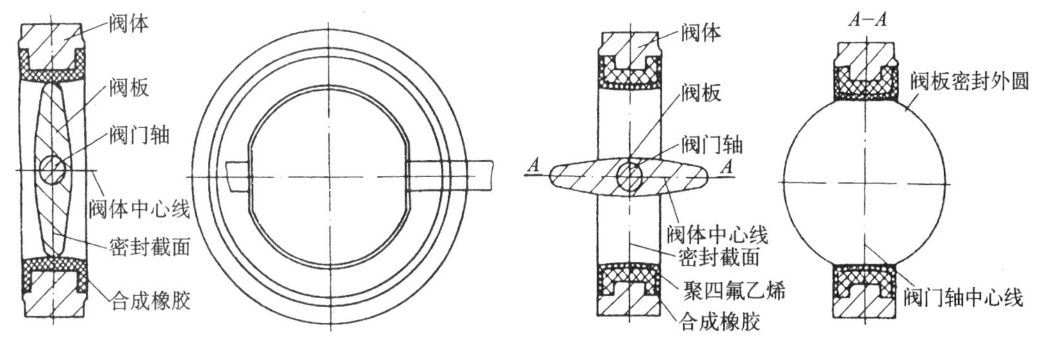

图1-6　中心密封蝶阀结构图　　图1-7　聚四氟乙烯、合成橡胶中心密封蝶阀

图1-8所示采用了聚四氟乙烯、合成橡胶和酚醛树脂复合阀座，使阀座在具有弹性的同时强度更好。

图1-9所示密封结构，为在图1-7所示密封结构基础上将阀板用聚四氟乙烯全包覆，使蝶阀具有抗腐蚀性。

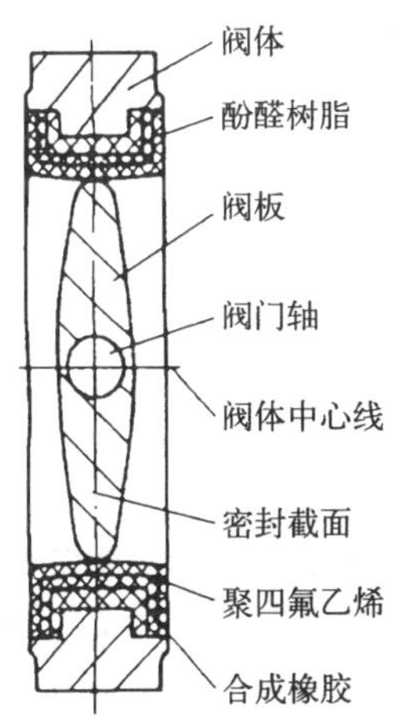

图1-8　聚四氟乙烯、合成橡胶和酚醛树脂复合阀座中心密封蝶阀

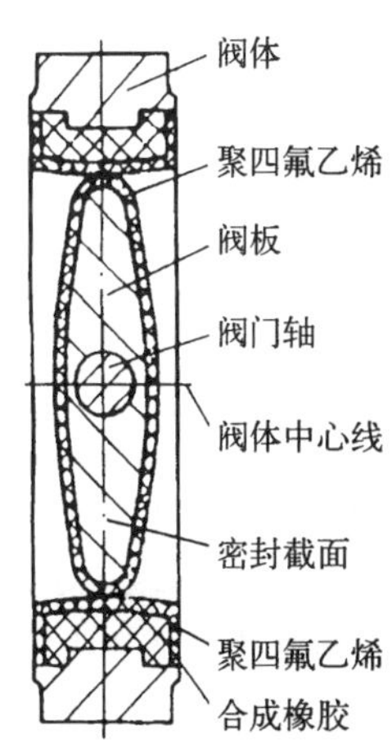

图1-9　聚四氟乙烯全包覆中心密封蝶阀

2．单偏心密封蝶阀

图 1-10 所示为一种典型的单偏心蝶阀结构。

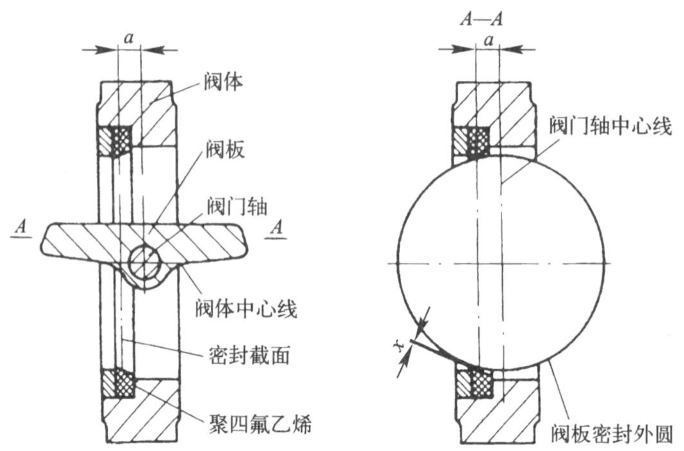

图 1-10 单偏心密封蝶阀结构

(1) 结构特点

阀板(阀瓣)的回转中心(即阀门轴中心)位于阀体的中心线上，且与阀板截面形成一个 a 尺寸偏置。

(2) 密封原理

由于阀板的回转中心(即阀门轴中心)与阀板的密封截面按 a 偏心设置，使阀板与阀座上的密封面形成一个完整的整圆，因而在加工时更易保证阀板与阀座密封面的表面粗糙度值。

由图 1-10 的 A—A 剖视图可见，当单偏心密封蝶阀处于完全开启状态时，其阀板密封面完全脱离阀座密封面，在阀板密封面与阀座密封面之间形成一个间隙 x，这类蝶阀的阀板从 0°～90°开启时，阀板的密封面会逐渐脱离阀座的密封面。通常，当阀板从 0°转动至 20°～25°开启时，阀板的密封面即可完全脱离阀座的密封面，从而使蝶阀启闭过程中，阀板与阀座的密封面之间相对机械磨损与挤压大为降低，蝶阀的密封性能得以提高。

当关闭蝶阀时，通过阀板的转动，阀板的外圈密封面逐渐接近并挤压聚四氟乙烯阀座，使聚四氟乙烯阀座产生弹性变形而形成弹性力作为密封比压保证蝶阀的密封。

图 1-11a、b、c、d 为这类阀门的常用密封结构图。其中：

图 1-11a 所示密封结构，采用整体阀座，合成橡胶密封圈被置于阀板上。

图 1-11b 所示密封结构，采用了聚四氟乙烯、合成橡胶复合阀座。其特点在于阀座的弹性仍然由合成橡胶提供并利用聚四氟乙烯的摩擦因子低、不易磨损、不易老化等特性。采用聚四氟乙烯作为阀座密封面材料，从而使蝶阀的寿命得以提高。

图 1-11c 所示密封结构，采用 Z 形截面聚四氟乙烯阀座，Z 形截面形状可使蝶阀关闭时，介质压力作用于阀座，由介质压力在密封面间产生一定的密封比压，帮助密封副更好地密封。

图 1-11d 所示密封结构，采用不锈钢金属密封阀座，使蝶阀可在高温下使用。

(3) 单偏心密封蝶阀的特性

1) 结构较中心密封蝶阀复杂，成本较高；

2) 密封性能较中心密封蝶阀好；

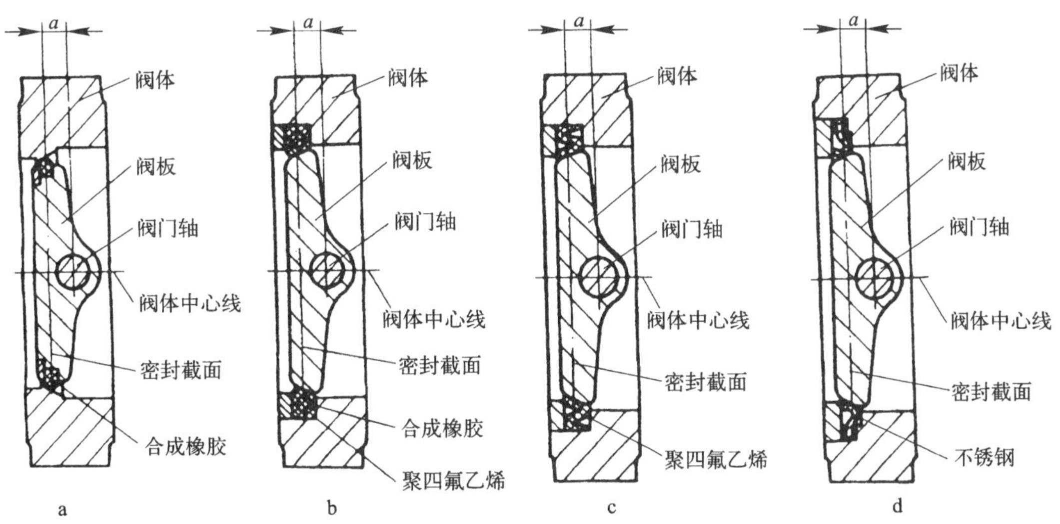

图 1-11 单偏心密封蝶阀常用密封结构图

a. 合成橡胶密封单偏心蝶阀；b. 聚四氟乙烯合成橡胶复合阀座单偏心蝶阀；c. Z形聚四氟乙烯阀座单偏心蝶阀；d. 不锈钢金属密封阀座单偏心蝶阀

3）使用寿命较中心密封蝶阀更长，使用压力也较高。

3. 双偏心密封蝶阀

双偏心密封蝶阀如图 1-12 所示，它是一种典型的双偏心密封蝶阀结构。

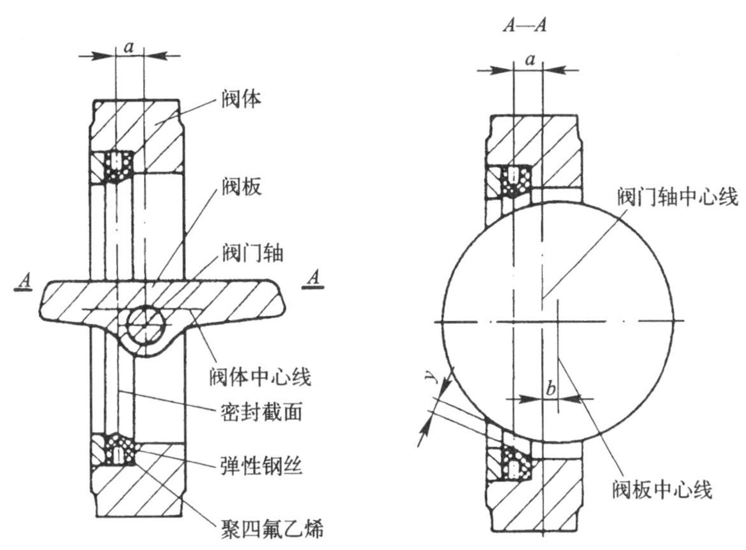

图 1-12 双偏心密封蝶阀结构

（1）结构特点

阀板（阀瓣）回转中心（即阀门轴中心）与阀板密封截面形成一个尺寸 a 偏置，并与阀体中心线形成一个尺寸 b 偏置。

（2）密封原理

由于在单偏心密封蝶阀的基础上将阀板回转中心（即阀门轴中心）再与阀体中心线形成一

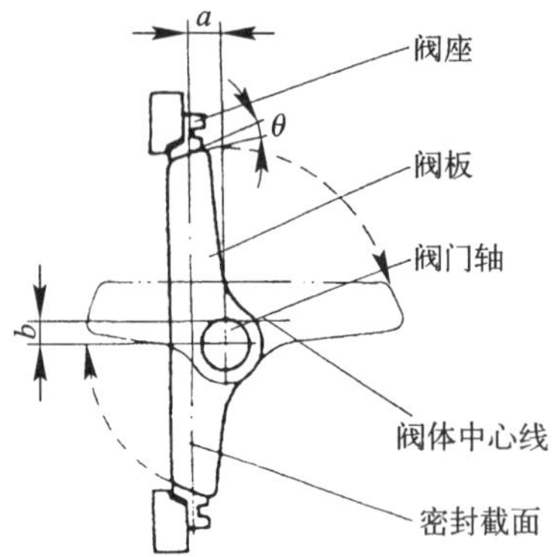

图 1-13 双偏心蝶阀开、关原理图

个尺寸 b 偏置，其偏置后的结果由图 1-12 的 A—A 剖视图可见，当双偏心密封蝶阀处于完全开启状态时，其阀板密封面会完全脱离阀座密封面，并且在阀板密封面与阀座密封面之间形成一个比单偏心密封蝶阀中 x 间隙更大的间隙 y。而由图 1-13 可见，由于尺寸 b 偏置的出现，还会使阀板的转动半径分为长半径转动和短半径转动，在长半径转动的阀板大半圆上，阀板密封面转动轨迹的切线会与阀座密封面形成一个 θ 角，使阀板启闭时阀板密封面相对阀座密封面有一个渐出脱离和渐入挤压的作用，从而更为降低阀板启闭时蝶阀密封副两密封面之间的机械磨损和磨伤。

这种蝶阀的阀板从 0°～90°开启时，阀板的密封面会比单偏心密封蝶阀更快地脱离阀座密封面。通常，当阀板从 0°转动至 8°～12°时阀板密封面即可完全脱离阀座密封面，从而使蝶阀在启闭过程中，阀板与阀座的密封面之间相对机械磨损、挤压转角行程更短，使机械磨损挤压变形更为降低，蝶阀的密封性能更为提高。

当关闭蝶阀时，通过阀板的转动，阀板的外圆密封面逐渐接近并挤压聚四氟乙烯弹簧钢丝复合阀座，使其产生弹性变形而形成弹性力作为密封比压保证密封。其中采用弹簧钢丝缠绕聚四氟乙烯的作用在于使阀座具有更大、更好的弹性。

图 1-14a、b 为这类阀门的常用密封结构图。

图 1-14a 所示密封结构，采用聚四氟乙烯阀座，并设置有防火结构，当蝶阀的聚四氟乙烯阀座被事故着火烧损后，不锈钢金属密封圈便发挥作用使蝶阀保持紧急密封。

图 1-14b 所示密封结构，采用的是不锈钢制开口金属 O 形圈密封阀座。

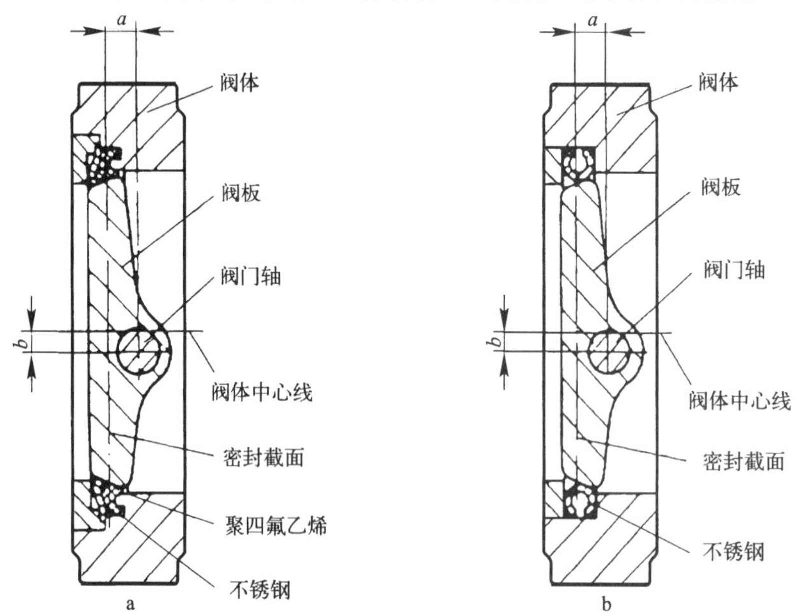

图 1-14 双偏心蝶图

a. 聚四氟乙烯阀座双偏心蝶阀；b. 开口金属 O 形环阀座双偏心蝶阀

此外，双偏心蝶阀常用的结构，还有采用不锈钢金属U形圈密封阀座的蝶阀和甲醛密封阀座蝶阀。

另外一种结构是采用了双不锈钢金属密封阀座，它可使蝶阀在双向压力作用下均可得到良好密封性。

(3) 双偏心密封蝶阀的特性

1) 结构较单偏心密封蝶阀复杂，成本稍高；

2) 密封性能较单偏心密封蝶阀更好；

3) 使用寿命较单偏心密封蝶阀更长，使用压力也较高。

4. 三偏心密封蝶阀

三偏心密封蝶阀的典型结构如图1-15所示。

(1) 结构特征

阀板(阀瓣)回转中心(即阀门轴中心)与阀板密封面形成一个尺寸 a 偏置，并与阀体中心线形成一个尺寸 b 偏置；阀体密封面中心线与阀座中心线(即阀体中心线)又形成一个角度为 β 角的偏置。

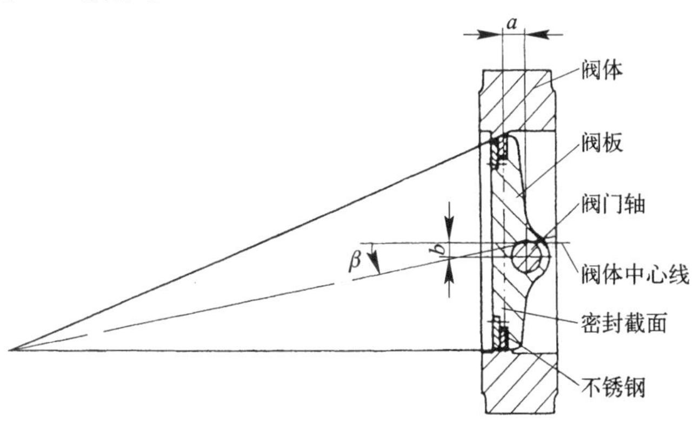

图1-15 三偏心金属密封蝶阀

(2) 密封原理

由于在双偏心密封的基础上，将阀座中心线再与阀体密封面中心线形成一个 β 角偏置，偏置后的结果由图1-16的A—A剖视图可见，当三偏心密封蝶阀处于完全开启状态时，其阀板密封面会完全脱离阀座密封面，并且在阀板密封面与阀座密封面之间形成一个与双偏心密封蝶阀相同的间隙 y，而由图1-17可见，由于 β 角偏置的形成会使长、短半径转动的阀板大、小半圆上，阀板密封面转动轨迹的切线与阀座密封面形成一个 θ_1 角、θ_2 角。使阀板启闭时阀板

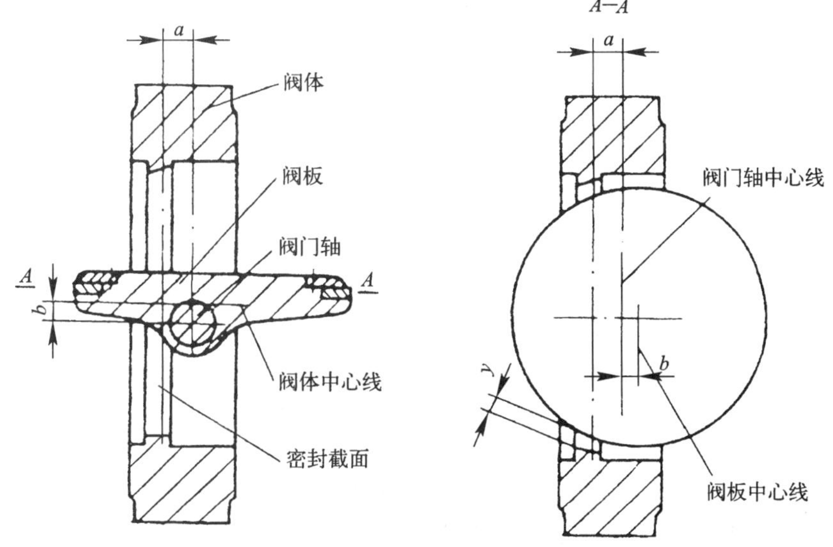

图1-16 三偏心金属密封蝶阀开启状态图

密封面相对于阀座密封面形成渐出脱离和渐入压紧，从而彻底消除了阀板启闭时蝶阀密封副两密封面之间的机械磨损和磨伤。

这类蝶阀从0°～90°开启时，阀板的密封面会在开启的瞬间立即脱离阀座密封面，在其90°～0°关闭时，只有在关闭的瞬间其阀板密封面才会接触并压紧阀座密封面。由图1-17可见，由于θ_1，θ_2角的形成，使蝶阀关闭时，其密封副两密封面之间的密封比压可以由常规蝶阀的阀座弹性产生改为外加于阀门轴的驱动转距产生，不仅消除了常规蝶阀中弹性阀座弹性材料老化、冷流、弹性失效等因素造成的密封副两密封面之间的密封比压降低和消失，而且可以通过对外加驱动转距的改变实现对其密封比压的任意调整，从而使三偏心密封蝶阀的密封性能和使用寿命得到大大的提高。

图1-18为采用斜置阀板关闭的一种结构。

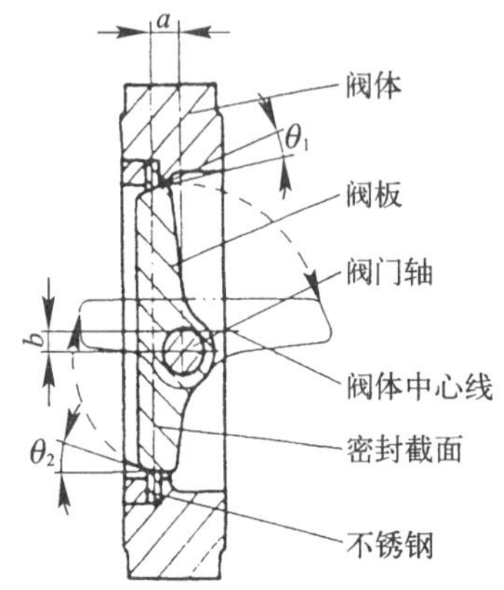

图1-17 垂直板三偏心金属密封蝶阀关闭状态图

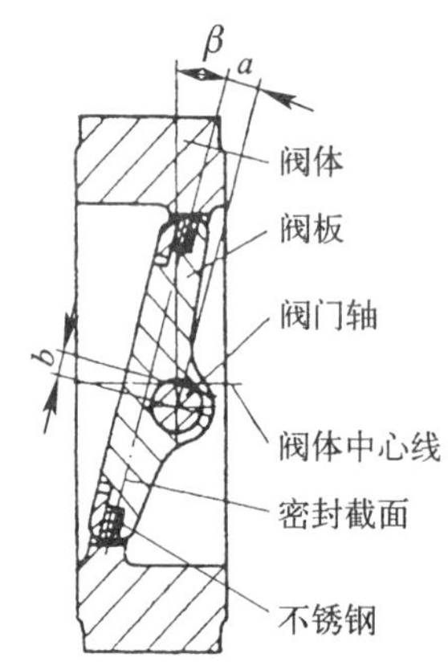

图1-18 斜板三偏心金属密封蝶阀关闭状态图

(3) 三偏心密封蝶阀的特性

1) 密封副结构更复杂，制造难度大，成本高；

2) 密封性能非常好；

3) 使用寿命特别长，使用压力高。

5. 充压密封碟阀

充压密封蝶阀的典型结构如图1-19所示。

(1) 结构特点

1) 在阀座或阀板上设有外部充压腔；

2) 在外部介质的压力的作用下，阀座或阀板上的密封元件可产生弹性变形；

3) 在向密封元件充压之前，阀板密封面与阀座密封面之间存在少量间隙或微量过盈。

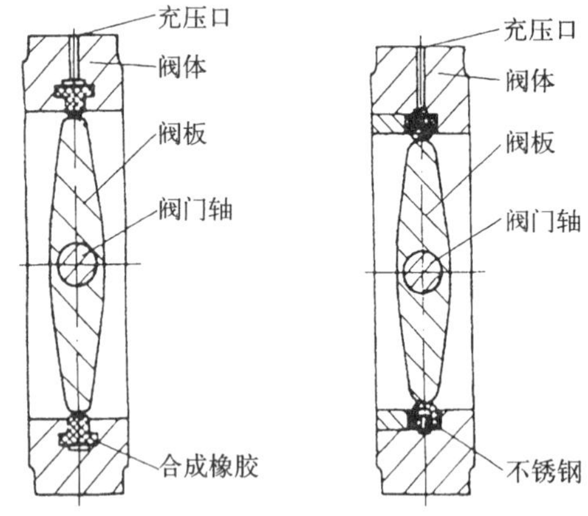

图1-19 充压密封蝶阀关闭状态　图1-20 不锈钢阀座充压密封蝶阀

(2) 密封原理

当阀板转动至关闭位置以后，向设置于阀板或阀座上的密封元件充压，使密封副紧密接触并形成密封比压，保证蝶阀密封。在蝶阀开启之前，卸去对密封元件的充压，因而大大降低了蝶阀的启闭力矩，其操作轻便、灵活。

图1-20所示的密封结构，为采用不锈钢金属阀座的充压密封蝶阀。

(3) 充压密封蝶阀的特性

1) 密封元件的充压、卸压应与蝶阀的启闭状态实现连锁,因而结构复杂、成本高;

2) 密封性能好;

3) 使用寿命长,使用压力也较高。

6. 自动密封碟阀

自动密封蝶阀的典型结构如图 1-21 所示。

(1) 结构特点

1) 当阀座或阀板上的密封元件设计时,保证阀板处于关闭位置后,密封元件在介质压力的作用下可产生弹性变形;

2) 在阀板处于关闭状位置时,密封副两密封面之间有少量的过盈。

(2) 密封原理

1) 当阀板转动至关闭状态时,阀板少量挤压阀座,使密封副两密封面间建立起初始的密封比压。

2) 由于介质压力的作用,使阀座或阀板上的弹性密封元件产生弹性变形并在密封副两密封面之间形成足够的密封比压,以保证蝶阀的密封。

图 1-22 所示的密封结构,为采用不锈钢勾形圈自动密封蝶阀。

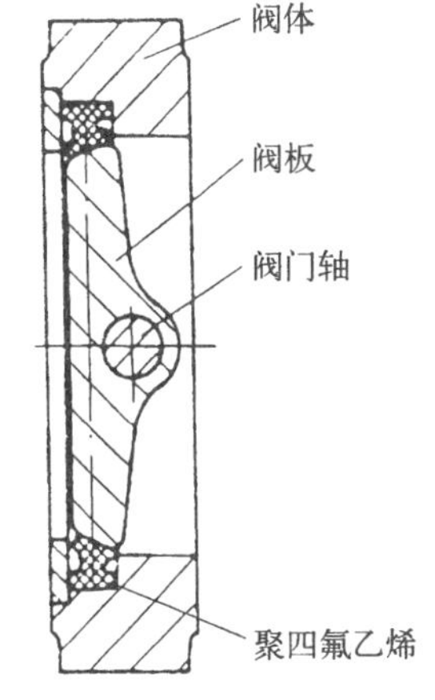

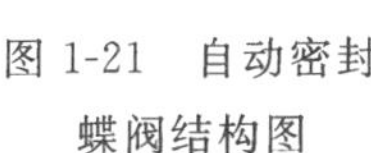
图 1-21 自动密封蝶阀结构图

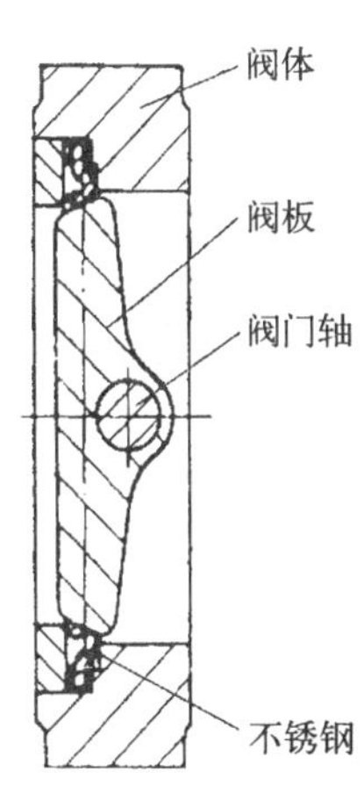

图 1-22 勾形圈金属密封碟阀

(3) 自动密封蝶阀的特性

1) 相对充压密封蝶阀结构简单,成本低;

2) 密封性能受介质压力变化影响大;

3) 当介质压力降低时,很难密封;

4) 可根据使用需要设计成单向或双向密封。

1.2.2.2 蝶阀的特性和使用范围

蝶阀结构简单、体积小、操作简便、开关迅速、阻力小,在 15°～70°之间时,具有灵敏的流量调节性。采用合成橡胶和聚四氟乙烯做密封件使碟阀的密封性得到进一步的提高,采用不锈钢金属密封阀座可使蝶阀在高温状态下使用。蝶阀的应用范围很广泛,除一般气体、液体介质外,还可用于带悬浮固体颗粒的介质,应用的口径、压力、温度范围也很广。主要缺点是密封件易磨损。

1.2.3 截止阀的类型、结构、特性和使用范围

截止阀的阀瓣由阀杆来操纵。阀杆在垂直于支承座(阀座)的平面内移动,移动方向与流体流动方向垂直。闭合时,依靠阀瓣贴合在阀座面上来保证密封,其方向一般与流体流动方向相反。

由于截止阀有流动方向的改变,因而就有流阻损失。所有截止阀在工作时,流体都从阀瓣下部进入,经阀瓣与阀座的间隙从其上面排出,统称为低进高出,并用箭头表示

其流向，除非有专门规定例外。这种设计结构在阀闭合时，可使密封垫免受流体压力和温度的影响。这类阀是非对称形的，在管路中有固定的安装方向，在壳体上用箭头标出。

根据阀门的形状、方向、阀瓣数目，截止阀可分为几种类型，但其结构和基本性能相似，如图 1-23 所示。

1. 单阀瓣截止阀：有平座阀，直杆锥体座阀，斜杆锥体座阀，如图 1-23a，b，c 所示。

2. 双阀瓣截止阀：有平衡式截止阀，如图 1-23d 所示。

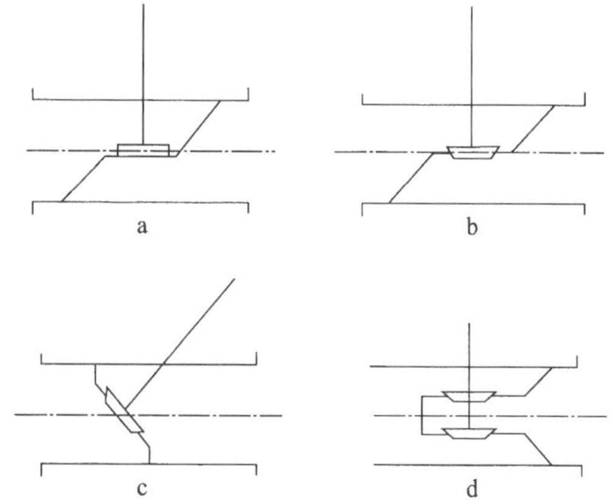

图 1-23 各种截止阀原理图

a. 平座直杆式；b. 锥体座；c. 锥体座斜杆式；d. 平衡式

1.2.3.1 截止阀的构造

截止阀的基本结构如图 1-24 所示，一般包括下列各项。

1. 阀体。阀体由铸造或锻造而成，内装阀座，两端为管接头（螺纹连接或法兰连接）。

2. 阀盖。阀盖（阀帽）用螺栓或螺纹固定在阀体上。

3. 阀杆与传动装置。由阀杆、螺纹套、手轮等组成阀门的操纵系统，该系统通过支柱或支架由阀盖支承。最常采用的装配方法是将螺母固定在支架内，通过操纵手轮转动传动。

4. 阀瓣。阀瓣有锥形和圆盘形两种，阀瓣铰接于传动杆（阀杆）上，随传动杆上、下运动而位移。有导向阀瓣的截止阀主要用于大口径高压力的管路上。

5. 密封。阀瓣与阀座面的密封，有平面密封、锥面密封和球面密封三种形式。传动杆（阀杆）与阀体的密封，一般为填料密封，采用密封盖（压盖）填料函结构密封。

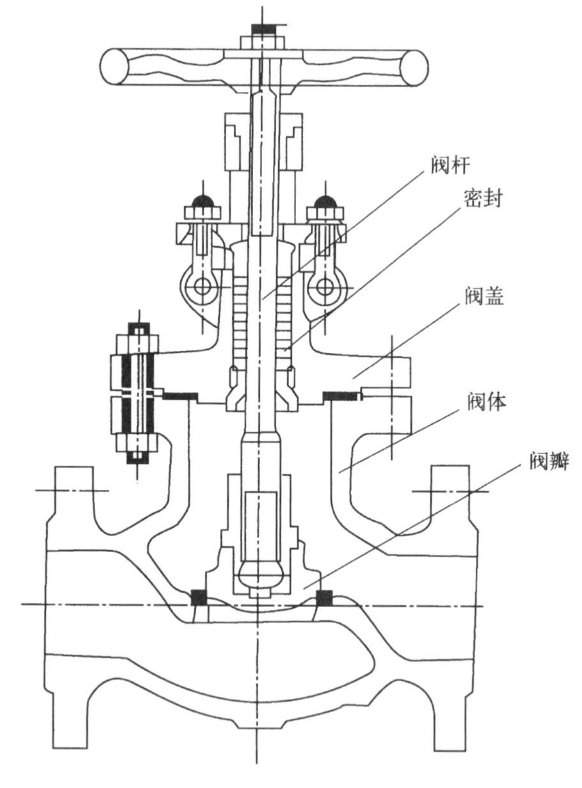

图 1-24 截止阀的基本结构

1.2.3.2 截止阀的类型

1. 平座式截止阀

平座式截止阀如图 1-25 所示。阀瓣铰接于阀杆上，并抵靠在阀体的平面阀座上，借助于两个金属平面的相互贴靠密封，是难以保证完好的密封性的。为了改进密封性，有些采用可更换的和可变形的弹性材料(如:橡胶、氯丁橡胶、四氟乙烯等)做阀座面。

2. 锥形座式截止阀

锥形座式截止阀如图 1-26 所示。锥形阀阀瓣铰接在阀杆上并与经机加工成锥形的阀座面贴靠。其密封性较好,该型阀可用作断流阀。

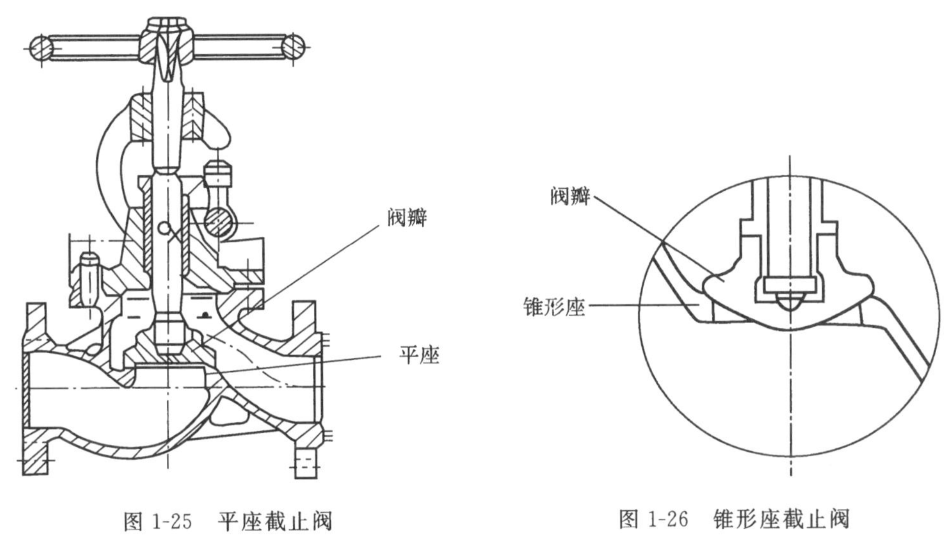

图 1-25　平座截止阀　　图 1-26　锥形座截止阀

为了使截止阀有调节功能,为此,其阀瓣的形状有几种:锥形、球形或设计得符合升程——流量定律的特殊形状,如抛物线形或针形等。

3. 直角座和斜杆式截止阀

(1) 直角座截止阀,如图 1-27 所示。可将流体方向转变 90°,即同时起到 90°弯头的作用,一般采用锥座,主要作为实验用阀。

(2) 斜杆式截止阀,如图 1-28 所示。将直杆改为斜杆的目的是为了尽量减少因流体方向的改变而造成的流体阻力,并在阀瓣上设置一避免紊流干扰的导向筒,如图 1-28b 所示。

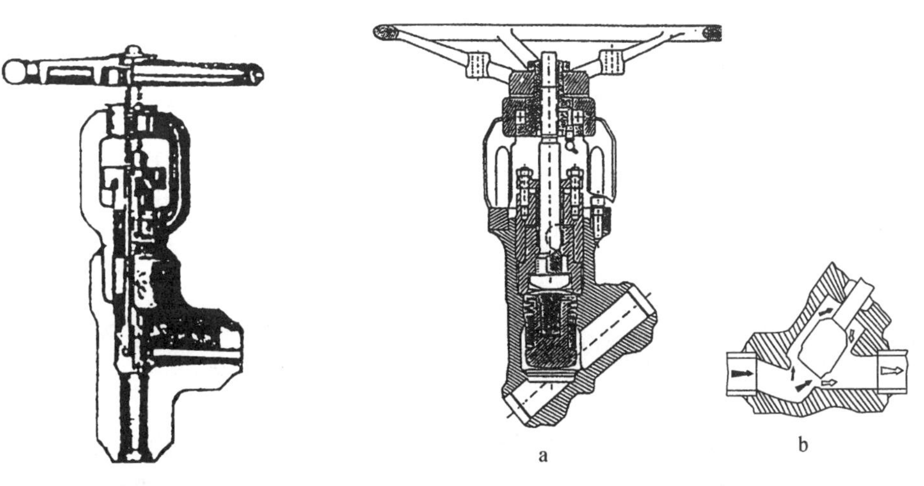

图 1-27　直角座截止阀　　图 1-28　斜杆式截止阀

4. 双联式截止阀

双联式截止阀，如图 1-29 所示，它的作用是可将流体引向两个方向。一般也采用锥座，主要用于特定工况。

5. 平衡座截止阀

平衡座截止阀，如图 1-23d 所示，流体从两个阀瓣间进入，于是作用在两个阀瓣上的推力互相抵消，阀瓣上的压力得到平衡。不管流体压力如何，开阀或关阀所需的力都很小，开、关都很方便。

6. 波纹管截止阀

核电厂和核工业对阀门的密封性要求是很高的，尤其是对于输送介质带有放射性的阀门，要求达到无泄漏，以确保不污染环境。为此，采用了带有波纹管密封结构的阀门，常用的有波纹管截止阀。

波纹管截止阀的结构，如图 1-30 所示。波纹管截止阀的结构和部件除波纹管密封件以外，其他部分均与普通截止阀相同。波纹管密封的原理是，利用弹性很好的波纹管将其两端分别同阀杆和阀盖焊接封死。阀瓣的上下位移受到波纹管拉伸和压缩的限制，其允许位移仅为波纹管全长的 20%。为增加位移量需增加波纹管的长度。波纹管的材料一般为不锈钢。另外，为确保无外泄漏，在阀杆伸出阀盖时，同普通截止阀一样还装有填料密封函，成为第二道密封。

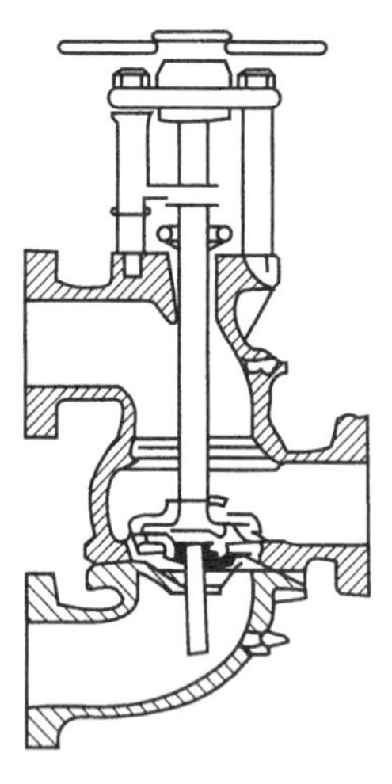

图 1-29　双联式截止阀

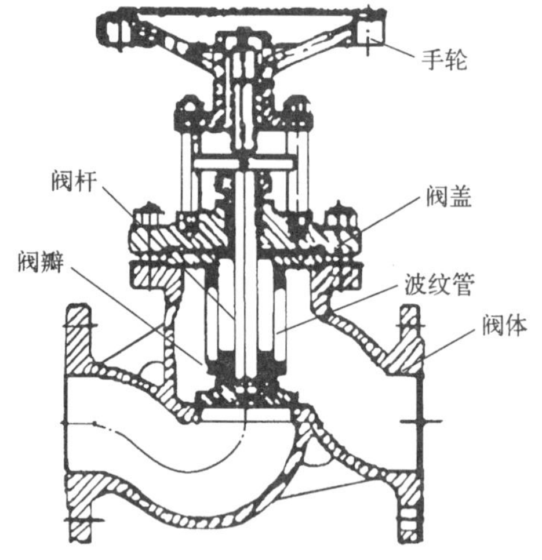

图 1-30　波纹管截止阀

波纹管截止阀，结构复杂，造价较高，但能保证无外泄漏。主要用于核电厂和核工业放射性介质及其他有毒介质的工况。

7. 高温、高压电厂截止阀

高温、高压电厂截止阀的结构特点是阀体与阀盖的连接均采用压力自紧密封式或夹箍式，阀体与管路的连接形式为对接焊连接，阀体材料多采用铬钼钢或铬钼钒钢，密封面大都堆焊硬质合金。因此，它能耐高温、高压，抗热性好；密封面耐磨损、耐擦伤、耐腐蚀，密封性能好，寿命长。最适用于核电、火电工业系统、石油化工系统及冶金行业等高温高压水、蒸汽、油品、过热蒸汽的管路上。

8. 双填料函中间引漏截止阀

双填料函中间引漏截止阀，如图1-31所示。这种密封结构的阀门主要用在核电厂高温、高压放射性介质系统，防止放射性外泄污染环境。从图1-31中可以看出，双填料函中间引漏密封结构就是在阀杆上装设两道填料函，中间留一空腔，该空腔同收集罐相连接，罐中保持低压或常压。含有放射性的高温、高压介质，沿着阀杆第一道填料函泄漏至空腔后，由于压力降低部分高温介质汽化，并同泄漏水一起被引入收集罐冷凝，这样第二道填料函只承受低压或常压，因而泄漏到外界的可能性很小。

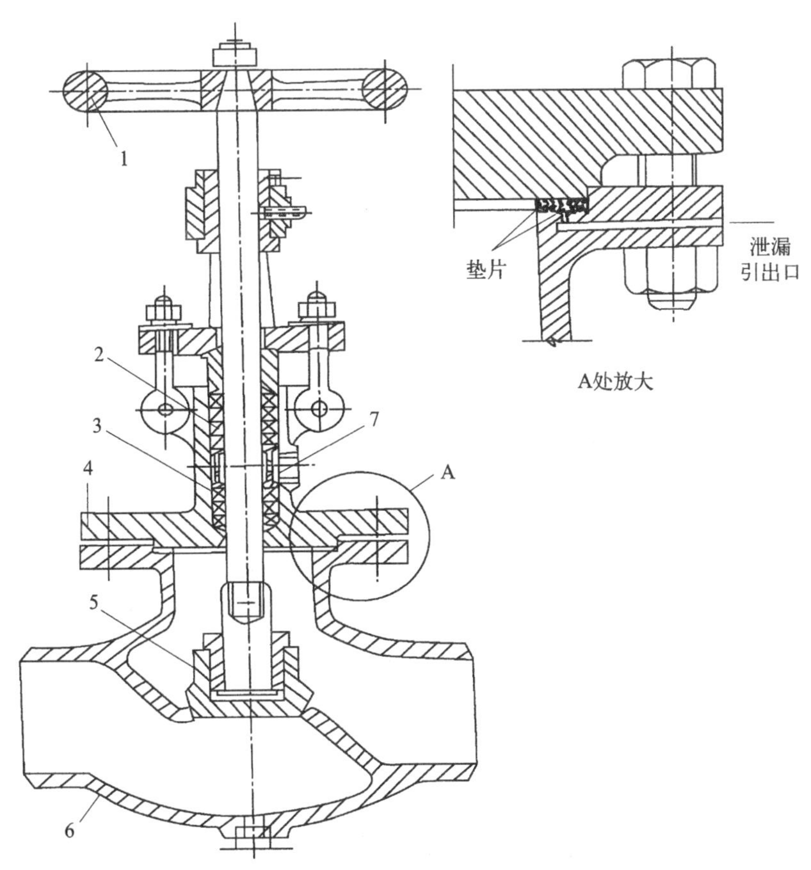

图1-31　双填料函中间引漏截止阀

1—手轮；2—第二道填料函；3—第一道填料函；4—阀盖；5—阀瓣；6—阀体；7—空腔和泄漏引出口

1.2.3.3　截止阀的特性和使用范围

截止阀总的特性是流体阻力较大，与闸阀相比，其调节性能锥形座好，平座较差，密封性较好。结构简单，制造维修方便，价格便宜。适用于高温、高压介质的管路和装置，如核电厂、火电厂、石油化工中水及蒸汽等介质的系统。在市政工程中的上、下水工程和供热工程也普遍采用。主要用于流体的切断、节流和调节。一般不宜用于黏度大或含有颗粒易沉淀的介质，也不宜作放空阀及低真空系统的阀门。

1.2.4 针形阀的类型、结构、特性和使用范围

针形阀，如图1-32所示，它是由截止阀演变而来的。截止阀的阀瓣行程约为完全流通时孔径的1/4，对精调来说，其灵敏度往往不够。为克服这一缺点，采用加长锥体的大行程阀瓣来增大阀座处的流通截面的递增变化。当锥顶角很小时，阀瓣就成了阀针了，针形阀由此而得名。在这种阀门中，阀针是由阀杆的一端经机加工成锥形而成的。针形阀的阀杆螺纹的螺距比普通截止阀的螺杆螺距细，以提高其精度。一般阀座孔的直径比公称直径小。

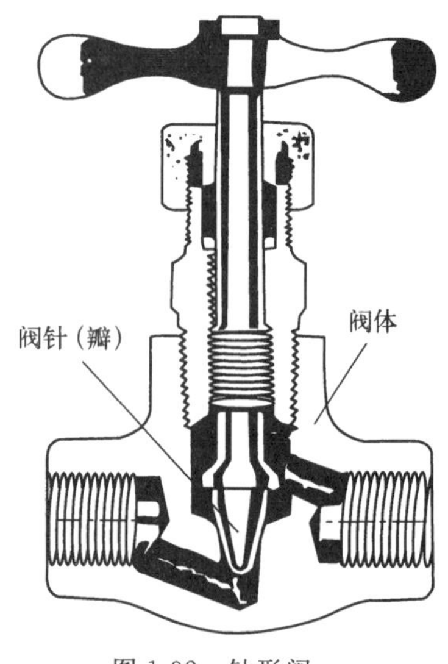

图1-32 针形阀

采用阀针阀瓣这种结构，就能满足升程——流量定律，其升程——流量曲线，由抛物线型趋于直线。

针形阀仅限于小口径管路中，由于零件可采用不同的材料制造，可在各种压力和温度范围内用作流量调节阀。

1.2.5 隔膜阀的类型、结构、特性和使用范围

1.2.5.1 隔膜阀的结构

隔膜阀是在阀体与阀盖之间装有一挠性隔膜片或组合隔膜片形成阀瓣，其关闭件是与隔膜片相连接的压缩装置。阀座可以是如图1-33所示的堰形(屋脊形)，也可以是如图1-34所示的称为直通流道的管壁阀座。膜片上边中间突出部分与阀杆固定，阀体内衬有橡胶。

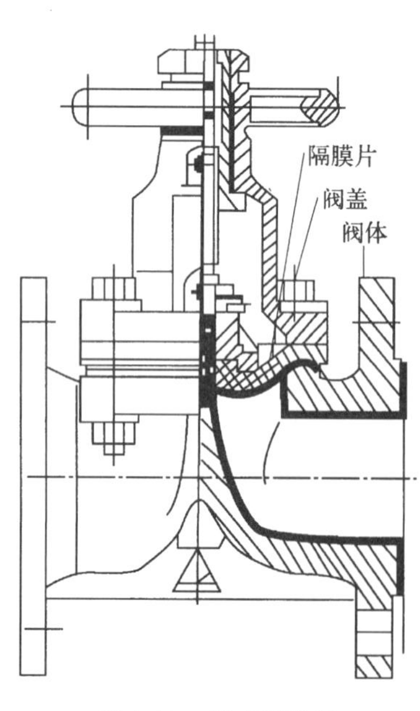

图1-33 堰式隔膜阀

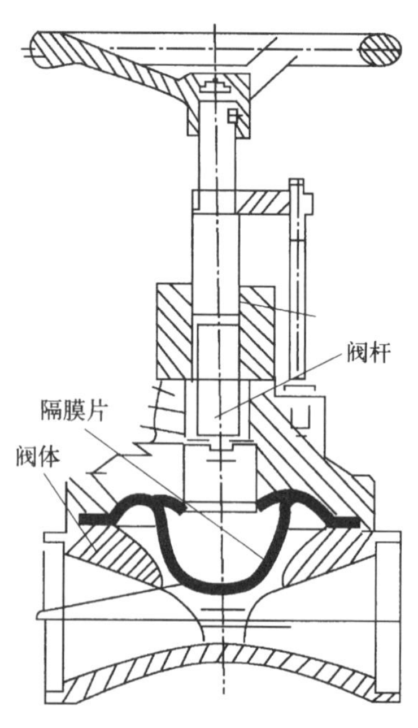

图1-34 直通式隔膜阀

闭合时的密封，由阀杆推动隔膜片贴合在堰形或直通流道的衬胶阀座上来实现。由于介质不进入阀盖内腔，因此阀杆无需用填料函密封，所以隔膜阀也是无填料密封阀。

隔膜阀的主要部件如下：

1. 阀体：阀体为内衬橡胶或塑料的壳体。
2. 阀盖：阀盖支撑阀杆。
3. 阀瓣：阀瓣为挠性隔膜片或组合隔膜片。
4. 阀杆：阀杆为传动轴或推动杆。

1.2.5.2　隔膜阀的类型

1. 堰式隔膜阀

堰式隔膜阀也称为屋脊式隔膜阀，如图1-33所示。只需用较小的操作力和较短的隔膜行程即可启闭阀门，因此减少了隔膜的挠变量，延长了隔膜的寿命，减少了维修，降低了生产成本。使用最为广泛。

隔膜片的材料可以是合成橡胶或者带有橡胶衬里的聚四氟乙烯。隔膜片与承压套相连，承压套再与带螺纹的阀杆相连，关闭阀门时隔膜片被压下，与阀体堰形阀座密封，或者与阀门内腔轮廓密封，或者与阀体内的某一部位密封，这取决于阀门的内部结构的设计。

标准的堰式隔膜阀也可以用于真空管路中，不过用于高真空时，隔膜片必须特殊增强。

堰式隔膜阀在关闭至接近2/3开启位置时，也可以用于流量控制。但是，为了防止密封面受到腐蚀物质和在液体介质中引起气蚀损害，应尽量避免在接近关闭位置时进行流量控制。

2. 直通式隔膜阀

直通式隔膜阀，如图1-34所示。这种结构的隔膜阀，由于没有堰，流体在阀体内腔直流。基于该阀的这一特点，它特别适用于某些黏性流体、水泥浆以及沉淀性流体。

直通式隔膜阀相对于堰式隔膜阀来说，隔膜行程较长。因此，这种结构使隔膜选择合成橡胶材料的范围受到了限制。

1.2.5.3　隔膜阀的特性和使用范围

隔膜阀结构简单，只有阀体、隔膜片和阀盖三个主要部件组成，易于快速拆装和检修，更换隔膜片可以在现场及短时间内完成。在放射性介质（或有毒介质）系统中使用有利，但受到隔膜片和阀体衬里所使用材料的限制，工作温度范围约为－50～175 ℃；同时受隔膜片制造工艺的限制，也不能做成大口径阀门，一般 $DN \leqslant 200$ mm。

隔膜阀的适应介质范围广泛，又因有橡胶衬里具有良好的耐腐蚀性，故多用于腐蚀性介质管路系统中。但不能用于有溶胀性的有机溶液中。

1.2.6　旋塞阀的类型、结构、特性和使用范围

1.2.6.1　旋塞阀的结构

旋塞阀的结构如图1-35所示。旋塞阀的结构部件如下。

1. 阀体。具有空腔的阀体带有两个或三个管接头，一个阀盖或法兰由螺栓固定在阀体上，阀座装在阀体与旋塞芯之间。

2. 旋塞（阀瓣）。钻有孔道的旋塞，嵌装在阀体空腔内，并与阀杆一端固定，随阀杆转动

而旋转。

3. 阀杆。阀杆一端固定着旋塞,另一端经机加工成正方形,以便装手柄。阀杆一般装在锥形旋塞上端,也可装在下端成倒置旋塞。

4. 阀盖。阀盖内装有密封填料函,以保证阀杆的密封性。

旋塞阀唯一功能就是切断功能,因此,阀体与旋塞之间要达到尽可能好的密封,为此就要使阀体内腔与旋塞之间的间隙很小很小,又要便于旋塞自身旋转,故还要进行适当的有效润滑。

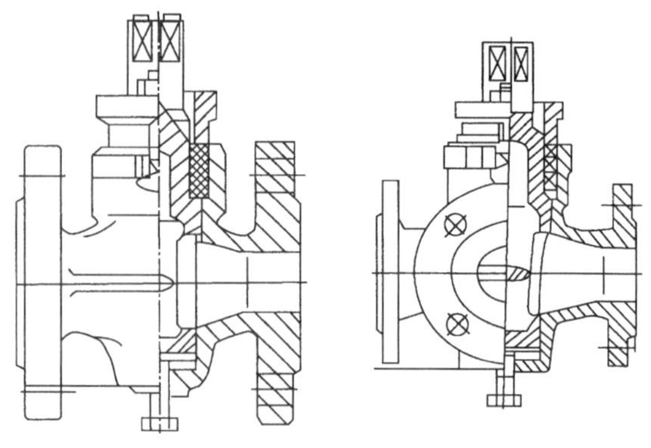

图 1-35 旋塞阀结构图

1.2.6.2 旋塞阀的类型

1. 旋塞阀按通道孔结构可分为:

(1) 直通旋塞:阀芯(旋塞)开孔为直通孔,如图 1-36a 所示;

(2) 三通旋塞:阀芯(旋塞)开孔为 T 形三通孔,如图 1-36b 所示;

(3) L 形旋塞:阀芯(旋塞)开孔为 90°弯角孔,呈 L 形,如图 1-36c 所示。

2. 旋塞阀按阀芯(旋塞)的形状可分为下列三种。

(1) 圆柱形旋塞阀。圆柱形旋塞阀的阀塞(旋塞)形状呈圆柱形,如图 1-36d 所示。阀体与阀塞之间的密封一般采用四种密封方法,即利用密封剂、利用阀塞膨胀、使用“O”形密封圈、使用偏心旋塞楔入阀座密封圈。

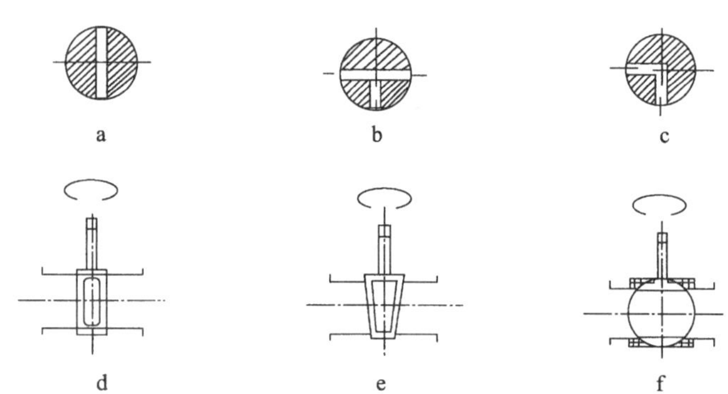

图 1-36 旋塞阀按结构分类情况

a. 直通旋塞;b. T 形三通旋塞;c. L 形旋塞;

d. 圆柱形旋塞;e. 圆锥形旋塞;f. 球形旋塞

圆柱形润滑旋塞阀的密封靠阀塞与阀体之间的密封剂来达到。密封剂是用螺栓或注射枪经阀塞杆注入密封面的。因此,当阀门在使用时,就可通过注射补充的密封剂来有效地弥补其密封剂的不足。这种密封面在全开位置时被保护而不与流体介质接触,所以特别适用于磨损性介质。

(2) 圆锥形旋塞阀。圆锥形旋塞阀的阀塞的形状呈圆锥形,如图1-36e所示。圆锥形旋塞阀密封副之间的泄漏间隙可通过用力将阀塞更深地压入阀座来调整。当阀塞与阀体紧密接触时阀塞仍可旋转,或在旋转前从阀座提起旋转90°,而后再压入密封。

圆锥形旋塞阀又分为下列几种类型。

1) 紧定式圆锥形旋塞阀。旋塞阀的密封不靠填料,阀塞与阀体密封面间的密封依靠拧紧旋塞下面的螺母来实现,一般用于 $PN \leqslant 0.6$ MPa的工况。

2) 填料式圆锥形旋塞阀。填料式圆锥形旋塞阀阀体内带有填料,通过压紧填料来实现阀塞与阀体密封面之间的密封。这种形式的密封性能较好,大量用于 $PN=1.0 \sim 1.6$ MPa的场合。

3) 油封式圆锥形旋塞阀。油封式圆锥形旋塞阀由于采用了强制润滑,用油枪把密封脂强制注入阀塞和阀体内的油槽,使阀塞与阀体的密封面间形成一层油膜,从而提高了旋塞阀的密封性能,并且使阀门的开启和关闭时省力,同时亦防止密封面受到损伤。此类旋塞阀广泛用于输油和输气管路中。

4) 压力平衡式倒圆锥形旋塞阀。压力平衡式倒圆锥形旋塞阀的阀塞与阀体之间的密封主要依靠密封脂和介质本身的压力来实现。其公称压力为CL150～CL2500级,公称通径为15～900 mm。主要用于石油、天然气的输送管线。

5) 聚四氟乙烯套筒密封圆锥形旋塞阀。为了克服润滑旋塞阀的保养难题,研制出了聚四氟乙烯套筒密封圆锥形旋塞阀。这种旋塞阀的阀塞,在镶于阀体内的聚四氟乙烯套筒内转动,聚四氟乙烯套筒避免了阀塞的黏滞。由于密封面积大,操作力矩相对较大,另一方面由于密封面积大,即使在密封表面有某些损坏仍能较好地防止泄漏。它的优点是阀塞加工要求不高,不用研磨,现场容易修理。

(3) 球形旋塞阀。阀塞的形状呈球形,如图1-36f所示。它实际上就是一种结构较简单的球阀。

3. 旋塞阀按润滑方式又分为两种类型。

(1) 润滑式旋塞阀

润滑式旋塞阀,装有一个在工作中由外部来润滑的装置。阀杆和旋塞自身钻有润滑油路,这些油路与旋塞和旋塞阀体密封面的槽相通,在使用中,借助高压(200～300 bar)手动压油泵补充润滑油脂。这样保持了良好的密封性,操作也较方便,且更可靠地避免了可能发生的卡死和减少阀座面磨损。

润滑型旋塞阀特别适用于低压和中压的燃油、天然气、煤气等管路(特别是天然气、煤气管道的安全切断阀)。

(2) 非润滑式旋塞阀

为避免卡死,这类阀在安装前先加入润滑剂。但这种阀需要定期维修,拆卸下来进行重新润滑,并保持适当的密封性。该阀特别用于低压和自润滑式流体管道(如燃油和压缩空气)。

1.2.6.3　旋塞阀的特性和使用范围

旋塞阀总的特性是结构简单,开关迅速,操作方便,流体阻力小,零部件少,重量轻。适用于温度较低、黏度较大的介质以及石油、天然气输送管路和要求开关迅速的工况,一般不用于蒸汽和温度较高的介质。

1.2.7 球阀的类型、结构、特性和使用范围

球阀是由旋塞阀演变而来的，它的启闭件(阀瓣)为一个球体，阀体为两个半球，阀杆为旋转轴，利用球体绕阀杆的轴线旋转 90°实现开启和关闭的目的。球阀在管道上主要用于切断流体，设计成 V 形开口的球阀还具有良好的流量调节功能。

球阀不仅结构简单、密封性好，而且在一定的公称通径范围内体积较小、重量轻、材料消耗少、安装尺寸小，并且驱动力矩小、操作简便、开关迅速，是近十年来发展最快的阀门种类之一。特别是在工业发达的国家，球阀的应用非常广泛，使用的品种和数量仍在继续扩大，并向高温、高压、大口径、高密封性、长寿命、优良的调节性能以及一阀多功能方向发展，其可靠性及其他性能指标均达到较高水平，并已部分取代闸阀、截止阀、节流阀。随着球阀的技术进步，在预见的短时间内，特别是在石油天然气管线上、炼油裂解装置上以及核工业上将有更广泛的应用。此外，在其他工业中的大、中型口径、中、低压力领域，球阀也将会成为主导阀门类型之一。

球阀最主要的阀座密封圈材料就是聚四氟乙烯(PTFE)，它对所有的化学物质都是惰性的，且具有摩擦系数小、性能稳定、不易老化、耐辐照、温度适用范围广和密封性能优良的综合特性。但聚四氟乙烯的物理特性，包括较高的膨胀系数，对冷流的敏感性和不良的热传导性，要求阀座的设计必须围绕这些特性进行。阀座密封的塑性材料也包括填充聚四氟乙烯、尼龙和其他许多材料。但是，当密封材料变硬时，密封的可靠性就要受到破坏，特别是在低压差的情况下。此外，像丁腈橡胶这种合成橡胶也可用作阀座的密封材料，但它所适用的介质和使用的温度范围要受到限制。另外，如果介质不润滑，使用合成橡胶容易卡住球体。

为了满足高温、高压、强冲击、耐辐照、长寿命等工业应用的要求，金属密封球阀得到了很大发展。尤其在工业发达的国家对球阀的结构不断改进，出现了直埋式球阀、升降杆式球阀，使球阀在长输送管线、炼油装置等工业领域的应用越来越广泛，出现了大口径(3 050 mm)、高压力(70 MPa)、温度范围宽(－196～815 ℃)的球阀，从而使球阀的技术达到一个全新的水平。

1.2.7.1 球阀的类型和结构

1. 浮动球球阀

浮动球球阀，如图 1-37 所示。结构简单、造价较低。

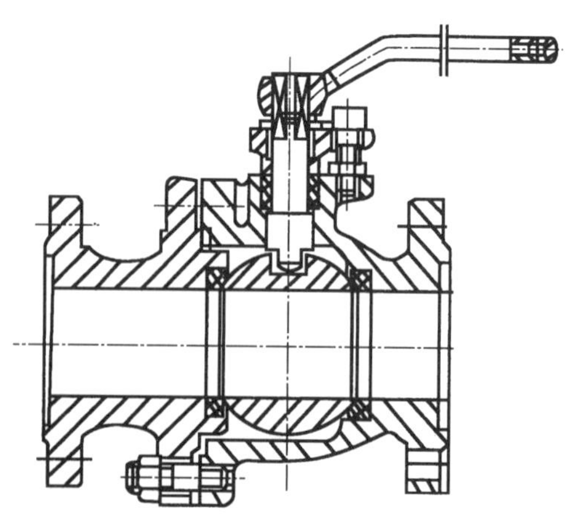

图 1-37 浮动球球阀

浮动球球阀的阀体内有两个阀座密封圈，在它们之间夹紧一个球体，球体上有通孔，通孔的直径等于管道的内径，称为全径球阀。在开启时，球孔与管道孔径对准，以保证通过的介质阻力最小。当阀杆转动 1/4 圈时，球孔垂直于阀门的通道，靠加给两阀座密封圈的预紧力和介质压力将球体紧紧压在出口端的阀座密封圈上，从而保证阀门完全密封。这种球阀属单面强制密封球阀。

阀座密封圈应保证紧密贴合，不得损坏密封

面。密封材料应有足够的强度，以便能够承受高的密封比压。常用的密封材料为聚四氟乙烯。

2. 固定球球阀

固定球球阀如图1-38所示，结构较复杂，适用于高压、大口径阀。

由图1-36剖视图可见，固定球球阀的支承作用力是从阀座密封圈传递到球体的半轴上，这将大大减少操纵阀门所需的转距。所以，它主要用于高压大口径球阀。

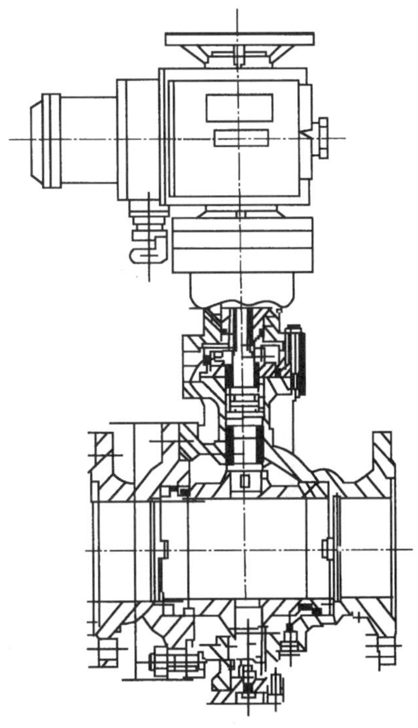

图1-38 固定球球阀

为了保证固定球球阀在两个方向上完全密封。它有下列两种密封结构。

(1) 球体前密封阀座。这种球阀的密封原理是：和阀杆成为一个整体的球体(阀瓣)可以在上、下滑动轴承或滚动轴承中自由转动，阀座密封圈被安装在活动的套筒内，套筒在阀体中用"O"形圈密封。阀座密封圈由一组安装在套筒中的弹簧预先压紧，进口端的阀座，在球体关闭时，靠作用在进口端直径 d 和与阀体配合的套筒直径 D_1 的圆周所限定的环形表面上的介质压力把阀座压向球体，从而起到进口密封作用，出口端的阀座不起密封作用。反向加压时，阀座的作用将起变化。

球阀工作的可靠性在很大程度上取决于阀座密封面的平均直径 d_{cp} 套筒直径 D_1 的比例，如果 D_1 对 d_{cp} 的比值不够大时，球阀将不能保证可靠的密封。相反，D_1 值过大将引起密封座和密封圈过载，从而使转动阀门所必需的转矩增加。

这种阀门的优点是：

1) 关闭时，填料和大部分阀体不受内压；

2) 关闭时，在加压一侧不形成积液区。这点对腐蚀性和低温液体的工作系统尤其重要。

这种阀门的主要缺点是：球体转动时所需要的转距大。另外，由于压力作用的有效面积增加，从而使固定轴承上的载荷变大。

(2) 球体后密封阀座。球体后密封阀座的结构如图1-39所示。这种球阀关闭件的最大特点在于，当关闭时密封是由安装在介质运动方向的球体后阀座来实现的。这种结构可以减少球体的支承轴承的载荷。

它与球体前密封相比，结构上的区别在于它有浮动的套筒，套筒上的密封直径 D_2 小于阀座的平均直径 d_{cp}。为了保证这个条件，阀座的内径应大于球体的通孔直径 d。

当在关闭状态加压时，因为介质压力使前阀座离开球体，故前阀座不起密封作用。相反，由于介质压力，球后阀座把球体压紧，则保证了球体完全密封。

密封阀座与球接触表面上的工作介质压力和比压的分布见图1-39。接触面是垂直于图示平面的投影面，直线 $O—O$ 表示这个平面的迹线。研究指出，在密封间隙中，介质压力

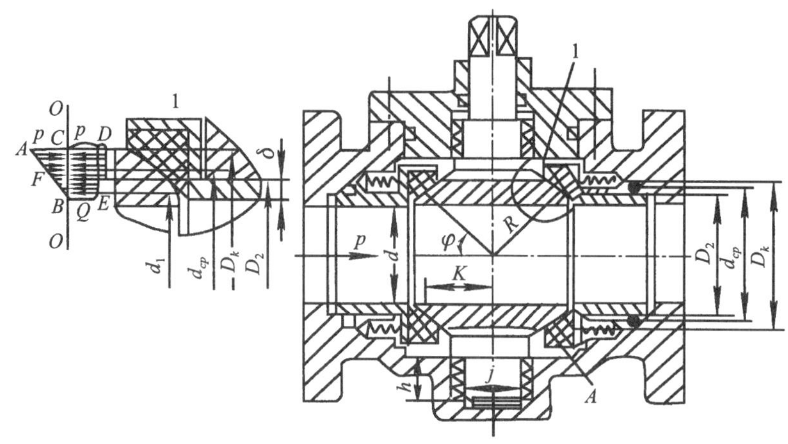

图 1-39 固定球球体结构(密封座在球后)

通常是按直线 $A—B$ 表示的线性规律变化的。

为了保证球体可靠地工作,必须力求使长方形 $CDEF$ 的面积大于三角形 ABC 的面积。如果在结构中能保持直径 d_1 和 D_2 相等,那么这个条件就能保证。

在小口径 $DN<100$ mm 的球阀中,要保证 $d_1=D_2$ 是很困难的,因为这将引起通道截面的大大缩小。在这种结构中,可假设 $d_1=(0.9\sim0.95)D_2$。这样,密封座上的压力也减少不多。然而在这种情况下,必须保持 $d_{cp}>D_2$。同时,应考虑到阀座与球体的线接触宽度越小,则球体工作就越可靠。

后密封座球阀的优点:

1) 大大减少固定轴上的载荷;

2) 减少球阀中的总摩擦力矩。

主要缺点是为了保证 $D_2<d_{cp}$,必须减少它的通道截面。此外,在球阀处于关闭状态时,填料与阀体内腔都处于工作介质的压力下。

3. 升降式球阀

升降杆式球阀的结构如图 1-40 所示。

(1) 开启过程

1) 在关闭位置,球体受阀杆的机械施压作用,压紧在阀座上。如图 1-40a 所示。

2) 当逆时针转动手轮时,阀杆则反向运动,其底部角形平面使球体脱开阀座。如图 1-40b 所示。

3) 阀杆继续提升,并与阀杆螺旋槽内的导销相互作用,使球体开始无摩擦旋转。如图 1-49c所示。

4) 直至到全开位置,阀杆提升到极限位置,球体旋转到全开位置。如图 1-40d 所示。

(2) 关闭过程

1) 关闭时,顺时针转动手轮,阀杆开始下降并使球体离开阀座开始旋转。如图 1-41a 所示。

2) 继续转动手轮,阀杆受到嵌于其上螺纹槽内的导向销的作用,使阀杆和球体同时旋转 90°,如图 1-41b 所示。

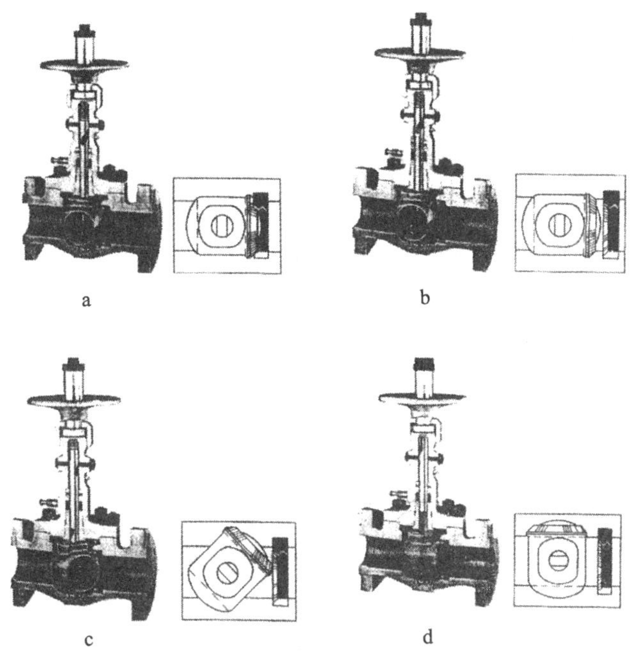

图 1-40　升降杆式球阀开启过程

a. 关闭位置；b. 球体脱开阀座密封面；c. 球体开始无摩擦旋转；d. 球体旋转到全开位置

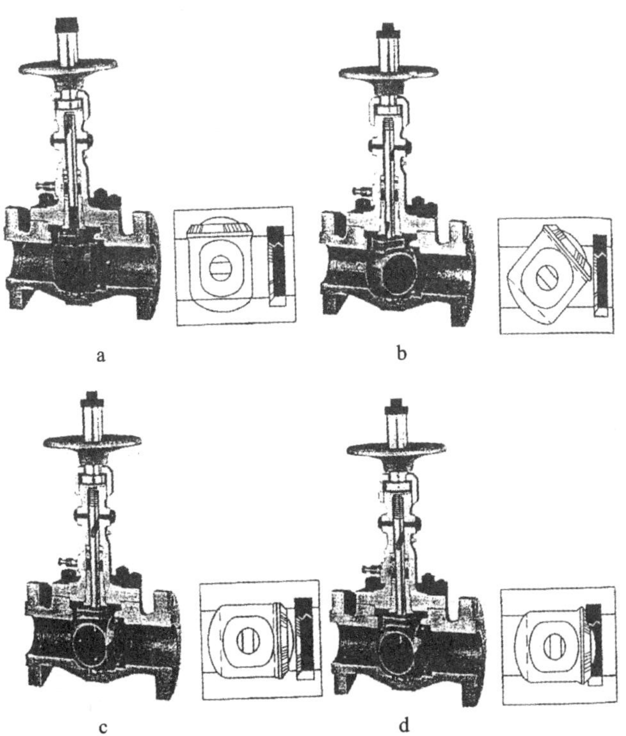

图 1-41　升降杆式球阀关闭过程

a. 球体离开阀座开始旋转；b. 阀杆和球体同时旋转 90°；c. 球体在无接触下已旋转 90°；d. 压向阀座完全密封

3）快要关闭时，球体已在与阀座无接触的情况下旋转了90°，如图1-41c所示。

4）手轮转动的最后一圈，阀杆底部的角形平面机械地楔向压迫球体，使其紧密地压在阀座上，达到完全密封。如图1-41d所示。

这种阀门的优点如下。

1）开启关闭无磨损现象。这种球阀在开启和关闭时，球体先偏离阀座后再转动，消除了球体与阀座的摩擦，解决了传统球阀、闸阀、旋塞阀的阀座磨损问题；

2）可注入密封脂，在运行中进行补漏。将阀杆密封脂从填料附件中注入，可完全控制挥发性、放射性介质的泄漏；

3）单阀座结构。升降杆式球阀的静态单阀座能保证双向零泄漏，避免了双阀座的内腔压力升高的问题；

4）抗磨球体硬质密封面。球体表面堆焊了一层硬质密封面材料，并抛光处理，能满足在非常苛刻场合下的密封性；

5）球体顶装式结构。在系统卸压后，可在管线上检查和维修，使维护简单化；

6）操作转距低。除非特大口径，其余均可配小手轮，无需配备齿轮箱。因为升降杆式球阀密封面间无摩擦，转动特别容易；

7）双阀杆导向销。硬性阀杆导槽与导销控制阀杆的升降与转动；

8）自清洗。当球体脱离阀座时，介质沿密封面360°将一些外来杂物冲洗干净；

9）机械楔形密封。关闭时，阀杆下端的凸轮斜面提供一个机械的楔紧力，以保证持续的紧密封；

10）寿命长，工作温度高。升降杆式球阀可替代易出故障的普通球阀、闸阀、截止阀和旋塞阀。普通球阀不能承受高温，升降杆式球阀工作温度可高达427°，弥补了普通球阀的这一缺点。

4. V形开口球阀

V形开口球阀的结构如图1-42所示。

V形开口球阀属固定球球阀，也属单阀座密封球阀。调节性能是球阀中最佳的，其他类型球阀基本不作调节阀用。其密封原理和固定球球阀球体后密封阀座类似，不过采用了板弹簧加预紧力的可动阀座结构。

这种球阀的特点是：

1）阀座与球体之间不会产生卡阻或脱离等问题、密封可靠、使用寿命长；

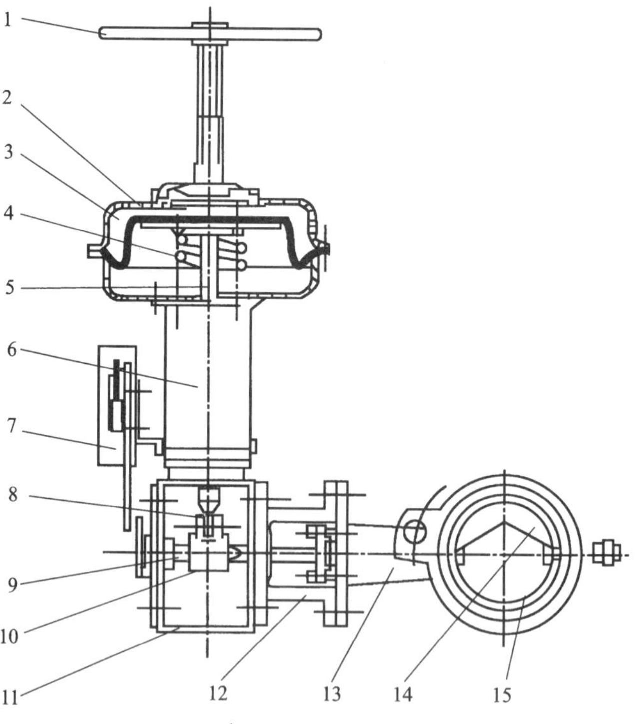

图1-42 气动V形球调节阀

1—手轮；2—缸体；3—薄膜；4—弹簧；5—连杆；6—弹簧套；7—定位器；8—万向结；9—阀杆；10—驱动器；11—箱体；12—连接支架；13—阀体；14—球体；15—阀座

2）V形切口的球体与金属阀座之间具有剪切作用，特别适合于含纤维、微小固体颗粒、浆料等介质；

3）全开时流通能力大，压力损失小且介质不会沉积在阀体腔中；

4）蜗轮传动V形开口球体球阀还具有精确调节并可靠定位的功能。流量特性为近似等百分比，可调范围大，最大可调比为100∶1。调节特性曲线见图1-43。

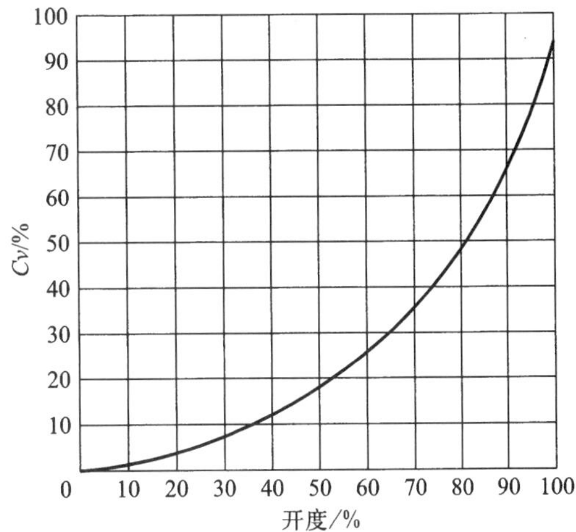

图1-43　流量调节特性曲线

1.2.7.2　球阀的特性和使用范围

球阀的特性：结构简单、零部件少、体积小，操作简便、开关迅速，流体阻力小（零阻力），耐高压，工作温度范围宽，升降杆式球阀还能耐高温；球阀可做成大口径阀门，适应介质广泛，除一般液体和油品外，还能用于带有悬浮固体颗粒的介质。主要缺点调节性差（V形开口球阀除外）。

1.2.8　常见阀门故障及消除方法

常见阀门故障及消除方法见附录3。

1.3　调节阀

1.3.1　调节阀的功能

调节阀的功能是根据收到的外部指令（手控的或电动和气动控制的指令），通过改变通道截面积来调节流体的流量、压力和温度。因此，调节阀要遵守它自己的压力、流量、温度设定值。除了特殊情况外，一般对大流量、高温、高压都有很高的灵敏度和精确度。

另外，由于调节阀经常构成调节控制系统的最后一个组成部件（执行机构），因此一定要保证部件的精确度和可靠性，否则就会破坏管路系统的自动调节功能。

1.3.2　调节阀的结构

调节阀的结构如图1-44所示。调节阀在结构上除了启闭件、阀杆控制系统外均与截止阀相同，其流道也有直通式和角式之分。启闭件的结构见下节，阀杆控制系统参见本章阀门电动、气动驱动系统。

1.3.3　调节阀的类型和使用范围

区分调节阀的类型要根据下列条件。

（1）控制作用方式；

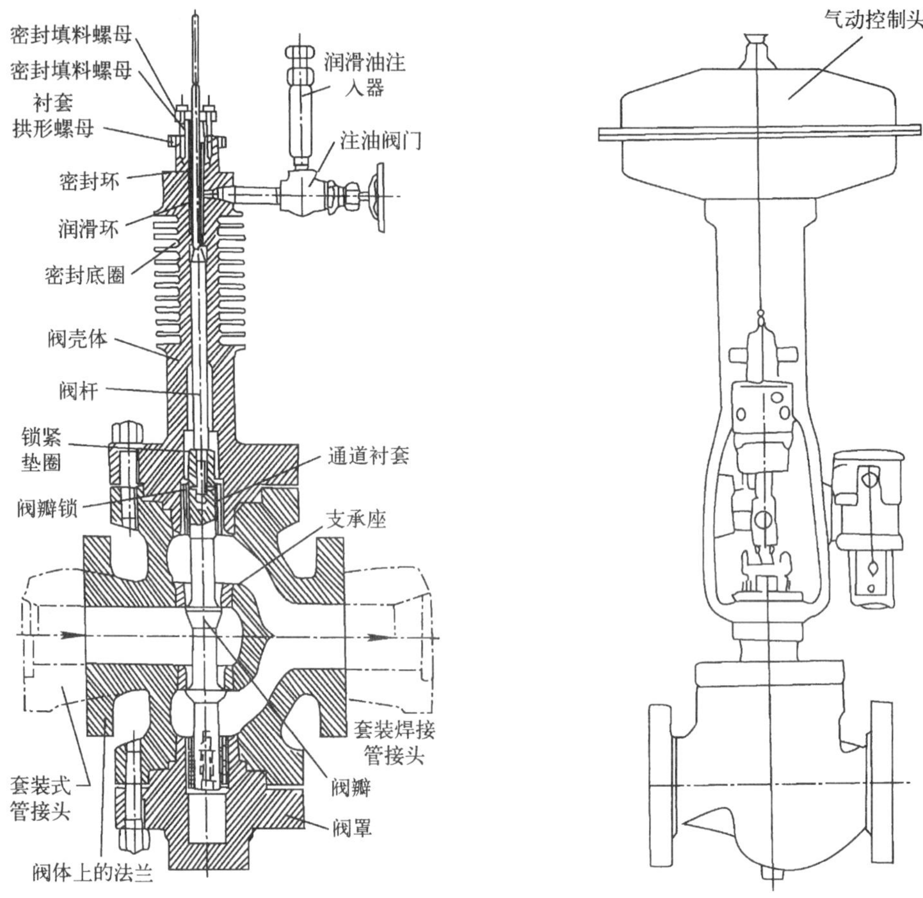

图 1-44 调节阀结构

(2) 阀瓣形状与数量;

(3) 流体的调节特性。

1. 按控制作用方式分类

如图 1-44 右图所示,调节阀上还可装一个气动控制头。控制头的里面有一块膜片,用来传递控制压力,控制头的下部承受弹簧的拉伸力。因而按作用方式分为两种:

(1) 直接作用式:增加空气压力使阀关闭,减少空气压力时弹簧推力使它打开;

(2) 反向作用式:增加空气压力使阀门打开,减少空气压力时弹簧推力使阀门关闭。

2. 按阀瓣形状、数量分类

(1) 按阀瓣数量分类,有单阀瓣和双阀瓣之分。为了减小流体对阀瓣的推力,以便能简便、灵活和准确地操纵,在高压流体管道上的调节阀的阀杆上可安装两个反向运动的阀瓣,称为双阀瓣调节阀,如图 1-44 左图所示。

(2) 按阀瓣形状分类。根据调节标准(精度,阀瓣启闭力,闭合的密封性,流体的性质、压力、温度和流量大小)的具体需要,可使用不同形状的阀瓣,有三种阀瓣,如图 1-45 和图 1-46所示。

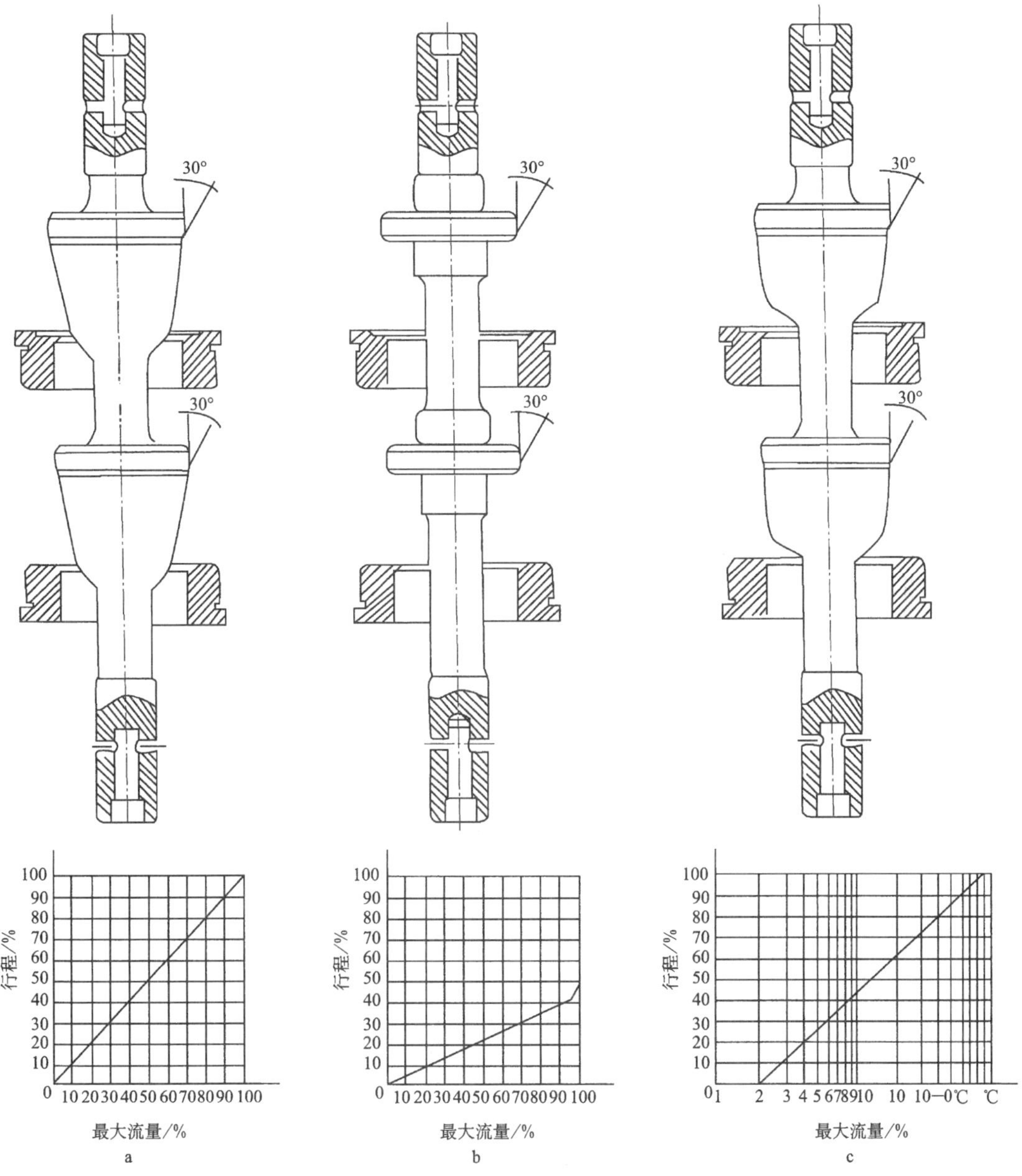

图 1-45　阀瓣类型作用方式和相应的流量变化（1）

a. 双阀座抛物线型阀瓣；b. 双阀座快速打开阀瓣；c. 与百分数相应的双阀座抛物线型阀瓣

1）V 形阀瓣，适用于流量变化很小的管道上。

2）抛物线形阀瓣，使用在流量变化大，要求密封性良好的管道上。

3）速开形阀瓣，用于要求开、关迅速的工况。

3. 特殊功能调节阀

（1）角式调节阀：其流道为角式，安装于垂直相交的管路上，具有明显的高温高压节流效应。

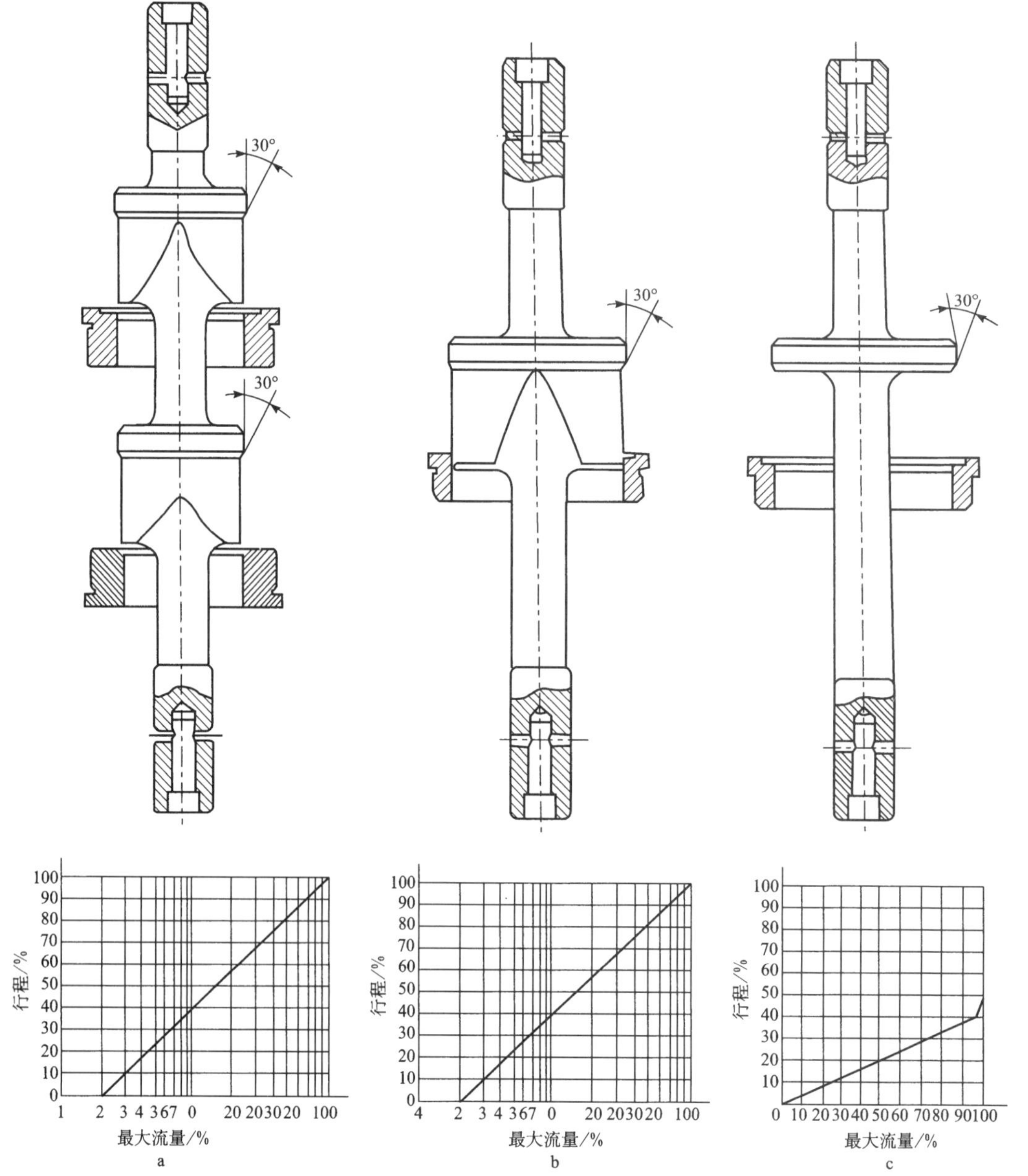

图 1-46　阀瓣类型作用方式和相应的流量变化（2）

a. V 形口双阀瓣阀座；b. V 形口阀瓣阀座；c. 单阀座快速打开阀座

（2）微流量阀：其阀瓣细长如针形，用于精确调节小流量工况，如针形阀。

（3）三通阀：阀瓣有三个开孔，在分流或混合流体时使用，如三通旋塞阀。

（4）恒温阀：如图 1-47 所示，恒温膜盒内是高膨胀系数的液体，当外部温度上升时，液体膨胀，使上部波纹管压缩带动阀瓣运动，减小了加热流体的流量。反之，阀瓣打开。

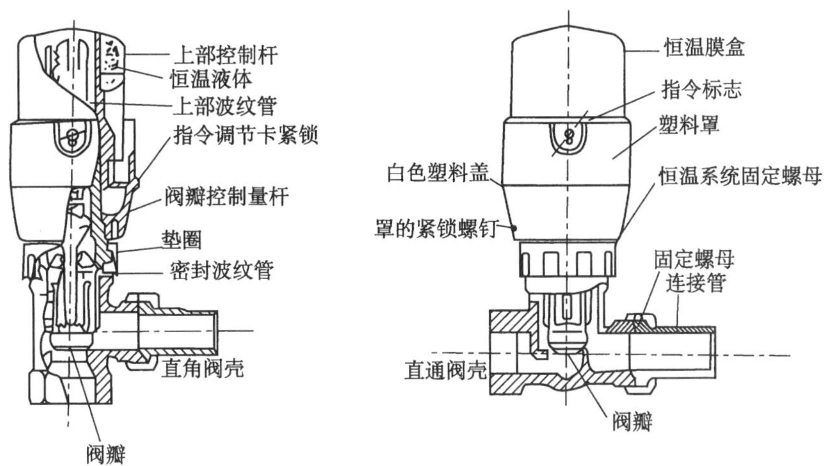

图1-47 恒温调节阀

1.4 止回阀

1.4.1 止回阀的功能和特性

止回阀又称为逆止阀、单向阀和背压阀。这类阀门是靠管路中介质本身的流动方向而自动开启和关闭的，属于自动阀门。止回阀用于管路系统，其主要作用是防止介质倒流、防止泵及其驱动电动机反转，以及容器内介质的泄放。止回阀还可以用于给其中的压力可能升至超过主系统压力的辅助系统提供补给的管路上。

止回阀安装在管路上，即成为这一完整管路的流体部件之一，其阀瓣启闭过程就要受它所处系统瞬变流动状态所影响；反过来，阀瓣的关闭特性又对流体流动状态产生反作用。止回阀的工作特点是载荷变化大，启闭频率小，一投入关闭或开启状态，使用周期很长，且不要求运动部件运动。但一旦有“切换”要求，则必须动作灵活，这一要求较常见的机械运动更为苛刻。由于止回阀在大多数实际使用中，被确定为快速关闭，而在止回阀关闭的瞬间，来至是反向流动的随着阀瓣的关闭，介质从最大倒流速度迅速降至零，而压力则迅速升高，即产生可能对管路系统有破坏作用的“水锤”现象。多年来，为了使止回阀在使用时，将水锤的冲击力减至最小，采用了很多新结构、新材料，取得了可喜的进展。

为了消除和减少“水锤”，研制了带有缓闭装置和阻尼机构的止回阀。近年来，无磨损止回阀、高效无声止回阀、对夹消声止回阀等新结构的相继问世，对进一步消除“水锤”和降低噪声起到了更有效的作用。

1.4.2 止回阀的结构和类型

根据止回阀的结构及其关闭件与阀座的相对位移方式，止回阀类型如下。

1. 旋启式止回阀

旋启式止回阀，如图1-48所示。其中图1-48a为普通旋启式单瓣止回阀，公称尺寸(通径)为 50～500 mm;图 1-48b 为外置阻尼器的旋启式单瓣止回阀。

旋启式止回阀的阀体内有一个垂直于管道轴又略倾斜的阀座。一个平盘形阀瓣顶靠在阀座上,并按流体流动方向绕连接轴旋转摆动。

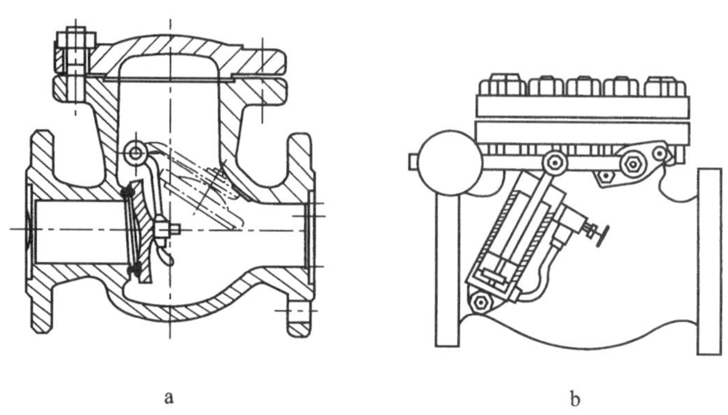

图 1-48 旋启式止回阀

a. 普通旋启式单瓣止回阀;b. 外置阻尼器的旋启式单瓣止回阀

阀瓣的摆动轴位于阀瓣重心的上方。流体正向流动时,其推力作用在阀瓣上使其保持向上打开的状态,处于开启位置;流体反向时阀瓣落下,在反向推力作用下,阀瓣贴合在阀体内的支撑座(阀座)面上,阀门关闭。

旋启式止回阀的结构部件主要如下。

(1) 阀体。阀体与闸板阀的阀体相同,但阀体内仅一侧有支撑座(阀座)。阀体的两端有管接头。

(2) 阀盖。阀盖为碟形盖或平板盖,用螺栓固定在阀体上,在两者之间用密封垫密封。

(3) 阀瓣。阀瓣上装有摆动支臂,支臂的一端装在连接轴上,连接轴经常有一端伸出阀体外,它可以起到下列作用:

1) 指示阀瓣的工作位置;

2) 用来平衡运动部件的重量(局部或全部);

3) 进行外部操作(手控或自控操作);

4) 用来安装阻尼器或缓冲器。

旋启式止回阀由于其阀瓣及运动部件较重,一般只用在工作频率低的工况。它可以装在水平、垂直或倾斜的管路上,如装在垂直管路上其介质的流向应由下而上。旋启式止回阀是目前国内使用最普遍的止回阀。

2. 升降式止回阀

升降式止回阀,如图 1-49 所示。它有两种基本型式,即卧式和立式,卧式只能安装在水平管道上而立式则必须安装在垂直管道上。

(1) 卧式垂直升降式止回阀

卧式垂直升降式止回阀如图 1-49a 所示。其结构一般包括有:

1) 阀体。阀体的结构与截止阀的阀体相同,阀体内的阀座也有锥形和平板形两种,阀体两端有管接头;

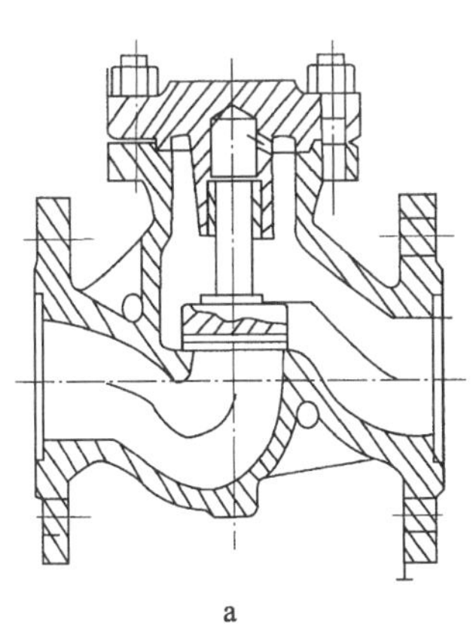
a

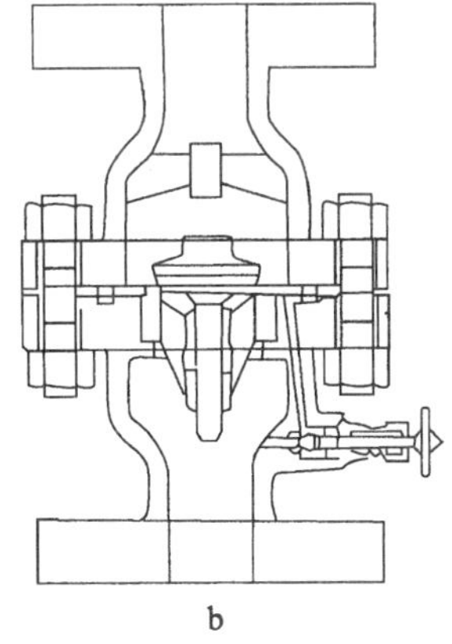
b

图 1-49　垂直升降式止回阀

a. 卧式垂直升降式止回阀；b. 立式垂直升降式止回阀

2）阀瓣。阀瓣也有锥形和平板形两种。在阀瓣的轴线方向，装有导向装置。以限制阀瓣上、下运动时不偏离阀座面；

3）阀盖。阀盖有碟形和平板形两种，用螺栓固定在阀体上，两者之间用密封垫密封。

(2) 立式垂直升降式止回阀

立式垂直升降式止回阀如图 1-49b 所示。其结构部件有：

1）阀体。阀体的结构与球阀相同，由 上、下两半块球壳组成，两者用螺栓固定，垫片密封。阀体中间部位装有阀座，该座与截止阀的阀座相似，也有锥形座和平板形座两种。阀体上、下两端有管接头。

2）阀瓣。阀瓣也有锥形和平板形两种，在阀瓣的轴线方向也装有导向装置，导向装置可装在阀瓣的上方，也可装在阀瓣的下方以限制阀瓣上、下运动时不偏离阀座面，保持阀瓣升、降轴与管道轴同心。

垂直升降式止回阀较旋启式止回阀密封性好，但流体阻力大。由于阀瓣件较轻，适用于摆动强度大，工作频率高的工况，如交变活塞泵的单向阀。立式垂直升降式止回阀还特别适用于作为水泵吸水管的底阀，如图 1-50 所示。

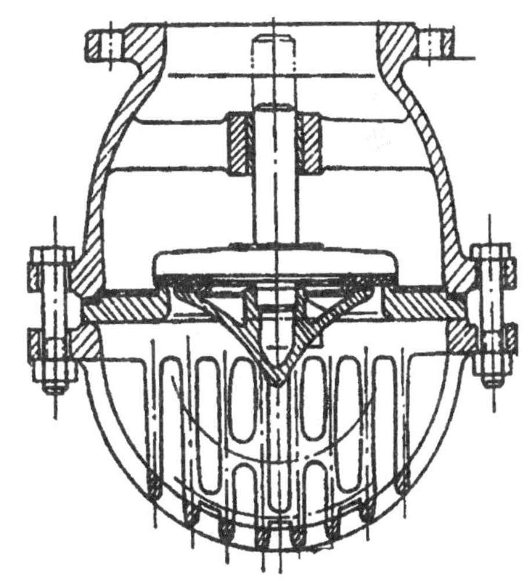
图 1-50　底阀

(3) 弹簧载荷环形阀瓣升降式止回阀

这种止回阀与通常结构的升降式止回阀相比，阀瓣行程更小，加之弹簧的作用，使阀门关闭迅速，因此更有利于降低水锤压力。

(4) 升降式止回阀的其他型式。为适应各种特定工况的需要，升降式止回阀还有下列几种：角式升降式止回阀，如图 1-51 所示；倾斜式柱塞阀瓣升降式止回阀，如图 1-52 所示。

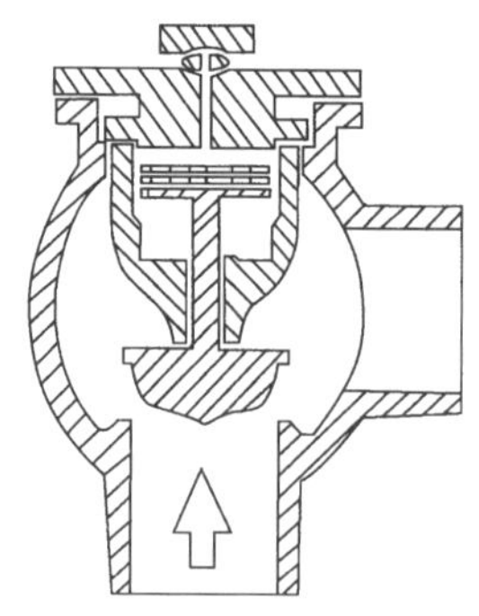

图 1-51 角式升降式止回阀

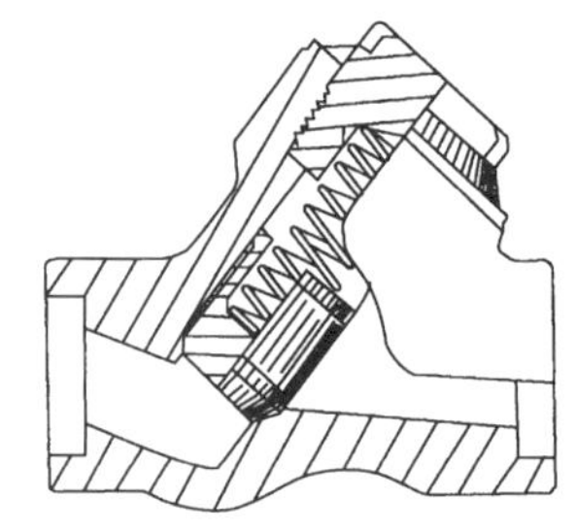

图 1-52 倾斜式柱塞阀瓣升降式止回阀

3. 梭式止回阀

梭式止回阀是核工业采用的主要止回阀型式，它主要用在介质为放射性无离子水的回路上，工作温度为常温，工作压力为 0.8 MPa，它的作用是依靠介质本身的流动方向而自动开、关阀门，防止介质倒流。

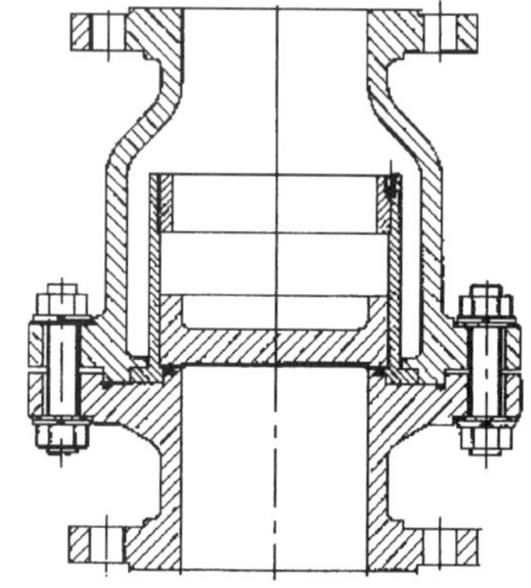

图 1-53 梭式止回阀

梭式止回阀的结构，如图 1-53 所示。从图中可以看出梭式止回阀也是垂直升降式止回阀的一种，它由上阀体、下阀体、阀瓣、导向套组成。阀瓣的升降运动由介质压差自动控制。当介质从进口端由下向上流入时，将阀瓣打开，管路处于流通状态；当介质从上方倒流时，介质推动阀瓣将阀门关闭。

4. 缓闭式止回阀

缓闭(阻尼)式止回阀在某些特殊情况下，如管路压力经常发生变化，倒流迅速冲击力很大或有特殊要求时，在蝶式止回阀、旋启式止回阀、升降式止回阀上设置缓冲装置，形成缓闭式止回阀。如图 1-48b 所示的旋启式带缓闭装置的止回阀。它有两种型式：一种是摇杆穿出阀体外，如摇杆固定在阀盖上(上支式)；另一种是摇杆固定在阀体上(阀体内凸台式)，但不穿出阀体外。

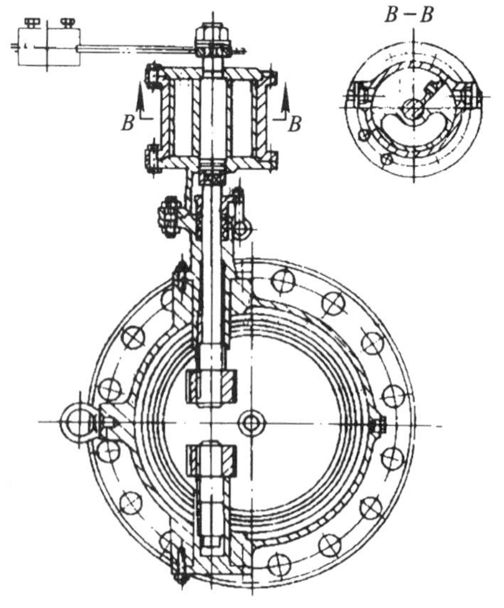

图 1-54 带缓闭装置的蝶式止回阀

图 1-54 所示为带缓闭装置的蝶式止回阀。该阀安装在管路上，以防止介质逆流及由于逆流关闭而产生过大的压力上升(水锤)。当介质正向流动时，在介质压力作用下，蝶板开启，平衡锤随即助开，使阀处在微阻力情况下工作；当介质逆向流动时，由于反向介质的作用，使蝶板从全开位置开始关闭。蝶板的前三分之二行程为快关闭段，后三分之一行程为缓冲减震关闭段。减震关闭过程为：蝶板上的触销推动避震缸上的活塞，缸内介质(避振缸内存有介质)通过节流口流出，调节活塞可以改变避振缸内介质排出的速度，即改变避振缸内活塞和蝶板向关闭方向移动的快慢，且关闭时间可调，从而达到消除

水击(水锤)、减轻振动、保护管路和防止泵倒转的目的。

5. 浮球式止回阀

浮球式止回阀,如图 1-55 所示,它是立式浮球式止回阀。阀体内有一个浮球,靠介质压力打开和关闭止回阀。

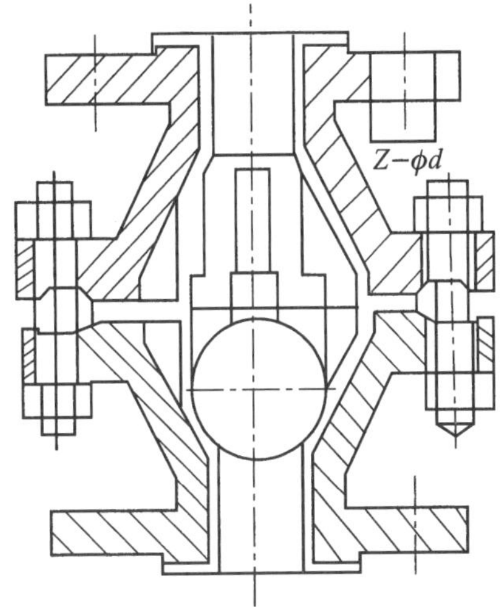

图 1-55　浮球式止回阀

6. 电动缓闭式蝶形止回阀

电动缓闭式蝶形止回阀,如图 1-56 所示。这种止回阀在阀瓣的下游侧,设有抵抗体,以防止流体逆流时对止回阀的冲击。该抵抗体在顺流情况下抵抗小,而在逆流情况下抵抗增大。抵抗体即是摆动式阀瓣,当逆流量很小时,可使止回阀闭锁,并减小压力上升,防止冲击现象的产生。即使在排出管道比较短的场合,也可防止由于止回阀的闭锁迟缓而引起的压力上升及冲击现象,进而也能有效地保护泵及联动装置的安全。

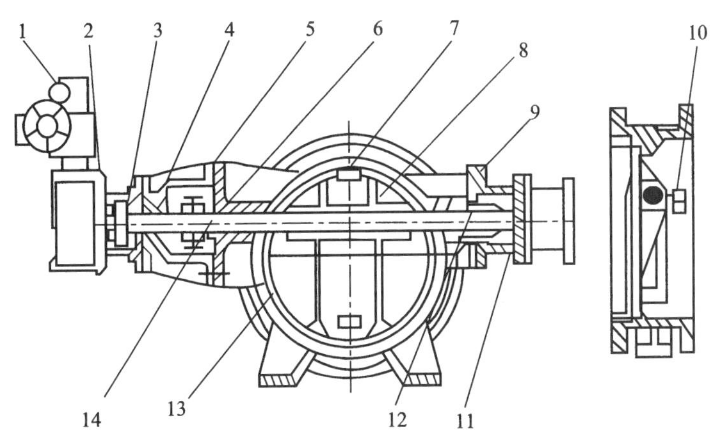

图 1-56　电动缓闭式蝶形止回阀

1—电动装置;2—离合器轴;3—离合器;4—左轴承;5—左支架;6—左轴套;7、8—蝶板;9—右支架;10—限位块;11—右轴承;12—轴承;13—阀体;14—蝶板限位块

1.4.3　止回阀的特性和使用范围

止回阀的功能(特性)就是防止介质倒流(逆流),一般用在泵和空压机的出口以及某些设备、装置不允许介质倒流的管路上,泵的吸水管的底部也须安装止回阀,称为“底阀”,还有往复泵的进、出口也必须装有止回阀等。

旋启式止回阀可以做成很高的压力,公称压力可达 42 MPa,公称尺寸(通径)也可做到很大,最大可达 2 000 mm 以上。根据壳体及密封件的不同,可以适用于任何工作介质和工作温度范围。通常介质有水、蒸汽、气体、腐蚀性介质、油品、食品、药品等。工作温度范围在 −196~800 ℃之间。旋启式止回阀安装位置不受限制,通常安装在水平管路上,但也可以安装在垂直管路或倾斜管路上。

蝶式止回阀的使用场合是低压、大口径,而且安装场合受到限制。因为蝶式止回阀的工作压力不能做到很高，但公称尺寸(通径)可以做到很大，可达 2 000 mm 以上，而公称压力都在 6.4 MPa 以下。蝶式止回阀可以做成对夹式，一般都安装在管路的两法兰之间，采用对夹连接的方式。蝶式止回阀的安装位置不受限制，如前所述。

球形止回阀由于密封件是包覆橡胶的球体，因此密封性能好、运行可靠、抗水击性能好；又由于密封件可以是单球，又可以做成多球，因此可以做成大口径。但它的密封件是包覆橡胶的空心球体不适用于高压管路，只适用于低压管路上。球形壳体的材料可用不锈钢，密封件空心球体可以包覆聚四氟乙烯工程塑料，所以在一般腐蚀性介质的管路上也可应用。这种止回阀的工作温度在 −101～150 ℃之间，其公称压力≤4.0 MPa，公称尺寸(通径)在 200～1 200 mm 之间。

升降式止回阀的应用范围见本节后面介绍。

1.4.4 断流阀的功能、结构、类型和使用范围

1. 断流阀的功能

断流阀又称为过流保护紧急切断阀，它的功能是，当重要流体管道(如蒸汽管道)破裂时，流体通过装设在上游的断流阀，因流体超速，可使流体自动中断输出，防止蒸汽等重要流体流失。它的作用与止回阀相似，但闭合工作原理不同。

2. 工作原理

断流阀的阀瓣，在超速流作用下正向闭合，但开启时为反向工作。当流体速度低于某一值时，由重锤或弹簧作用使阀门保持开启位置，如流体超速并超过弹簧作用时，阀闭合。

3. 断流阀的类型

断流阀有两种类型，如图 1-57 所示。

(1) 过速单闭合效应蒸汽自动断流阀，如图 1-57a 所示。这种单效应断流阀仅起超速自动中断流体输出的作用。功能单一，结构简单。

(2) 双效应蒸汽自动断流阀，如图 1-57b 所示。这种断流阀既有超速自动关闭中断输出的功能，同时又有流体反向自动关闭止回的功能，也就是具有断流阀和止回阀的双重作用，结构较复杂。

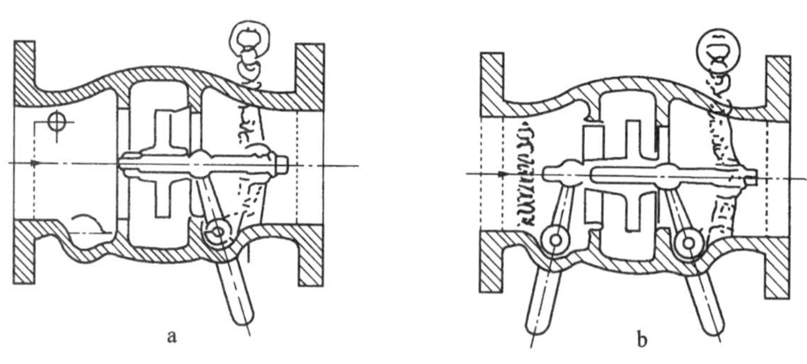

图 1-57 蒸汽自动断流阀

a. 过速单闭合效应蒸汽自动断流阀；b. 双效应蒸汽自动断流阀

4. 自动断流阀的使用条件

(1) 注意介质流动方向，它只能在一个方向上工作；

(2) 应有一个外部手柄，以便控制阀瓣的自由工作；

(3) 不过分要求绝对密封。

1.5 安全阀

1.5.1 安全阀的功能及安全要求

1. 安全阀的功能

安全阀为超压保护装置，保护压力系统、受压容器及设备安全运行，防止超压引起的事故及对容器和设备的损坏。当压力升高超过允许值时，阀门自动开启，全量排放，避免压力继续升高，当压力下降到规定值时，阀门及时关闭，保持压力在额定范围内运行。安全阀常用于可压缩流体，如蒸汽、压缩空气以及其他气体，也用于不可压缩的流体如水等。

安全阀可以由阀门进口的系统压力直接驱动，在这种工况下是由弹簧或重锤提供的机械载荷来克服作用在阀瓣下方的介质压力，称为直接作用式安全阀；安全阀也可以由一个机构来先导驱动，该机构通过释放或施加一个开、关力来使安全阀开启或关闭，称为先导式安全阀。

2. 安全阀的安全要求

(1) 开启压力(整定压力或校准压力)最多等于容器或管路的最大允许压力。校准压力是通过作用在阀瓣上平衡力来确定的，作用在阀瓣上的平衡力是通过调节弹簧作用力或外部杠杆重锤产生的力来实现的。

(2) 通路截面(阀座喉径截面积)应足以满足超压时流体排放量的要求，以保证在任何情况下，将“超压”限止在额定压力的3%或10%，通路截面可采用几个相应的安全阀来满足，而不限只采用一个阀，如核电厂稳压器一般装设2～3个安全阀。通路截面积的确定是根据额定排放量公式来计算的。

1.5.2 杠杆重锤式安全阀

杠杆重锤式安全阀的主要结构部件有阀体、阀杆、阀瓣、密封件、杠杆和重锤，如图1-58所示。

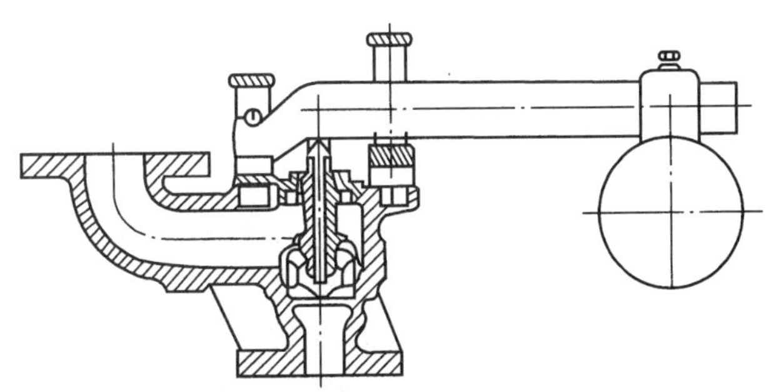

图1-58 杠杆重锤式安全阀

这种安全阀的工作原理主要是用重锤通过杠杆作用来调节和平衡安全阀的开启压力(整定压力)，结构简单，精度较差。这种安全阀仅限于用在要求不高的低压容器或管路上。工作不稳定，经常喷放流体造成杠杆支点的腐蚀，造成更大的误差。目前多数已被弹簧式安全阀所代替。但在某些特殊情况下，还在使用。

1.5.3 弹簧安全阀

1. 弹簧安全阀的结构

弹簧安全阀的结构如图 1-59 所示，主要结构部件如下。

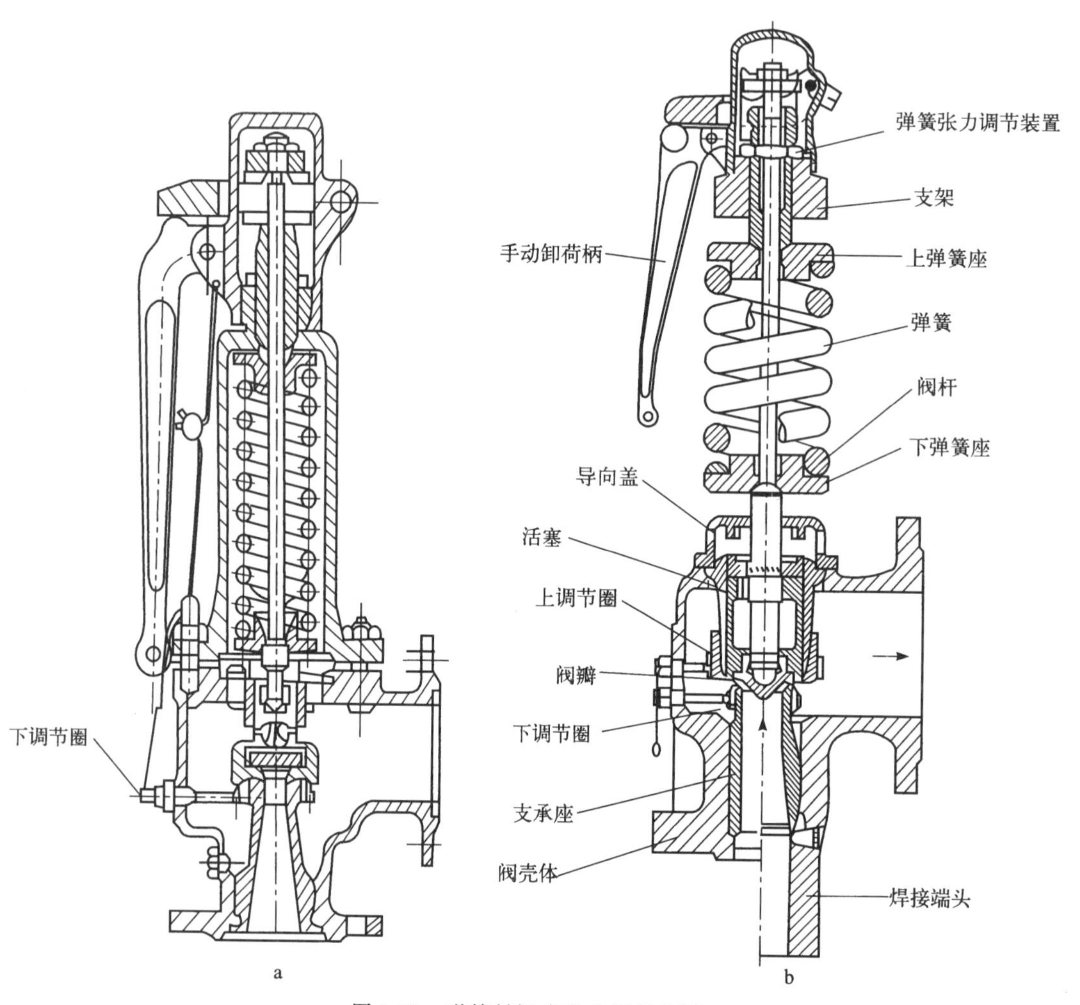

图 1-59 弹簧封闭式安全阀结构图

a. 弹簧微启式安全阀；b. 弹簧全启式安全阀

(1) 阀体。由铸钢做成，阀体有两个管接头，一个与容器或待保护的管路相接，另一个与由阀排放流体侧排放口相连。管接头可用法兰盘、焊接或螺纹接头固定。在阀体内装有阀支承座阀座，一般是不锈钢焊接成的，阀座面是钨铬钴硬质合金，并配有一个调节圈。

(2) 阀瓣。安全阀的阀瓣与截止阀的阀瓣相似，也有锥形和平板形两种，通常用锥形阀瓣，在阀瓣上装有阀杆、支承架及弹簧等。

(3) 调节圈。调节圈是一种反冲结构，其作用是利用其对流体(介质)的反冲作用，来改变从阀瓣上喷出介质的流向，使介质的部分动能转变为阀瓣的提升力，推动阀瓣迅速达到规定的开启高度。调节圈主要调节开启压差和闭合压差。

弹簧微启式安全阀，一般仅在阀座上装配调节圈，称为下调节圈，结构简单，如图 1-59a

所示。下调节圈主要用来调节闭合压差。

弹簧全启式安全阀，其阀座多采用喷嘴式结构，具有一定的缩口，当阀瓣开启后，介质以很高的流速通过阀座喉部，使阀瓣受到很大的冲力，所采用的反冲调节圈有两种形式，即：

① 仅有上调节圈，即阀瓣反冲盘配装阀座调节圈；

② 阀瓣、阀座分别配装调节圈，即同时装上调节圈和下调节圈，如图1-59b所示。

(4) 阀盖。阀盖内装有带立柱的支架支承着向阀瓣提供抵衡力的部件(弹簧和调节装置)。阀盖或支架通常是用碳钢制造的。

(5) 传动系统。传动系统包括一个下部连接阀瓣的阀杆、支承装置和压力弹簧调节装置(螺钉，螺母止动系统)、阀杆和阀瓣以及装在两者间的中间导向件，通常是不锈钢制造的。

(6) 弹簧及弹簧座。一个压力弹簧顶靠在阀盖或支架上部，并向弹簧座施加力，弹簧座通过球形支承面与杆相连。工作温度低于250～300℃时，弹簧用高质的碳钢制造，工作温度比较高时，则采用钨合金钢弹簧。

(7) 手柄。在上部有一个手动操纵柄，抬起手柄可检验阀的工作状态是否良好，必要时也可用来卸压。

2. 弹簧安全阀的类型

弹簧安全阀类型主要如下。

(1) 弹簧安全阀按开启高度可分为全启式和微启式两种

1) 弹簧全启式安全阀

弹簧全启式安全阀，也称为急开式安全阀，开启度：$h \geqslant \frac{1}{4}d_0$

式中：d_0——安全阀喉径。

适用介质：蒸汽，有时也用于空气。

2) 弹簧微启式安全阀

弹簧微启式安全阀，也称为缓开式安全阀，开启度有下列两种工况。

① $\frac{1}{40}d_0 \leqslant h \leqslant \frac{1}{20}d_0$

② $h \geqslant \frac{1}{20}d_0$

式中：d_0——安全阀喉径。

适用介质：空气或水。

(2) 弹簧安全阀按封闭状态可分为封闭式和非封闭式两种

1) 封闭式弹簧安全阀

封闭是指阀盖或罩帽封闭，它有两种功能：①防止灰尘、杂物侵入阀内，保护内部零件，不要求气密性；②防止有毒、有害、易燃、易爆介质溢出，要求气密性，盖或帽须做气密性试验。

2) 非封闭式弹簧安全阀

这种安全阀的阀盖是敞开的，有利于降低弹簧腔室的温度，主要用于蒸汽介质。

(3) 带提升卸压手柄安全阀

装卸压手柄的目的，主要用来做定期试验检查阀门的开启灵敏度。

3. 弹簧安全阀的工作原理

图1-60及图1-61所示的是弹簧安全阀的工作原理及工作过程，现说明如下。

(1) 阀闭合,如图 1-60a 所示。安全阀属反作用力型阀,靠弹簧等作用力加载,旁侧分流卸压,克服加载压力(开启压力)所需的力,由作用在阀瓣承受面的流体(如蒸汽等)压力提供。当流体压力小于开启压力时,阀门处于闭合状态。

(2) 阀开启,如图 1-60b 所示。闭合状态的安全阀,当流体(如蒸汽等)压力上升至与开启压力(弹簧或加载作用力)达到平衡时,作用在阀瓣上的升力可以使阀瓣上移,阀门微微开启,使流体流通,此时流体(蒸汽)微弱地流过下部调节圈的内表面,并向上方偏流。于是,流体重又作用在支承面以外的阀瓣下表面上和活塞(阀瓣上装有活塞时)下表面上,其推力大增,并使阀瓣突然上升到全部行程的 2/3 左右。

(3) 阀全开,如图 1-60c 所示。当流体(如蒸汽等)的压力继续增加,作用在阀瓣和活塞上的力也增加。当增加至开启压力 3%以上时,阀瓣完全升起,阀门全开,确保以最大流量卸压。如果流体压力降低,对阀瓣的推力低于开启压力(弹簧作用力),阀瓣也随之下降到闭合位置,若调节正确时,阀瓣的闭合位置,将保持在比开启位置压力略低或低于 2%~3%。

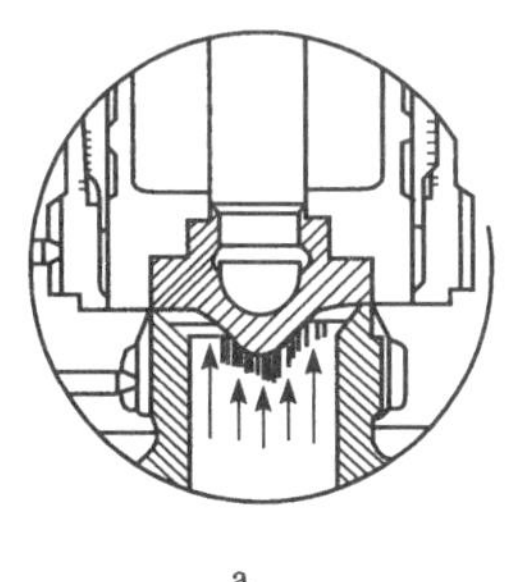

a

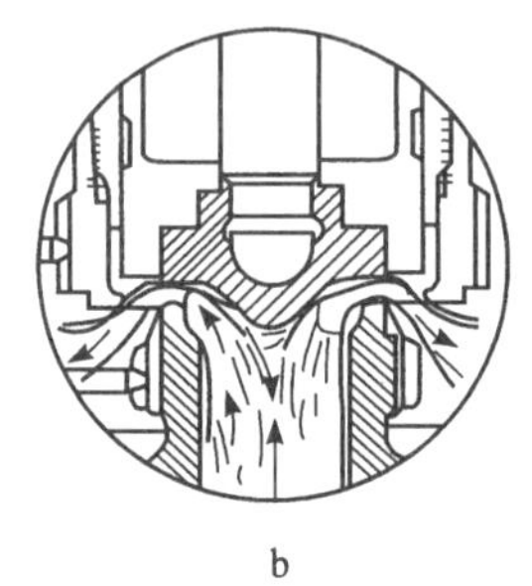

b

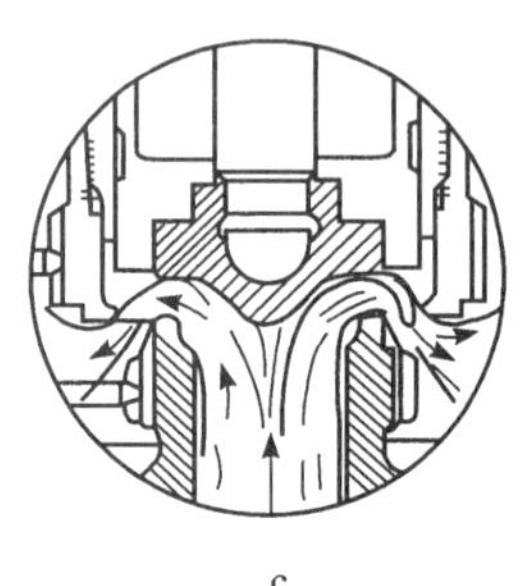

c

图 1-60 安全阀工作原理及过程 (1)

a. 阀闭合;b. 阀开启;c. 阀全开

(4) 图 1-61 是安全阀工作原理图解。图中的曲线为安全阀的工作过程线,曲线中①,②,③,④表示安全阀的动作段。图中的“过压”和“闭合压差”的定义如下。

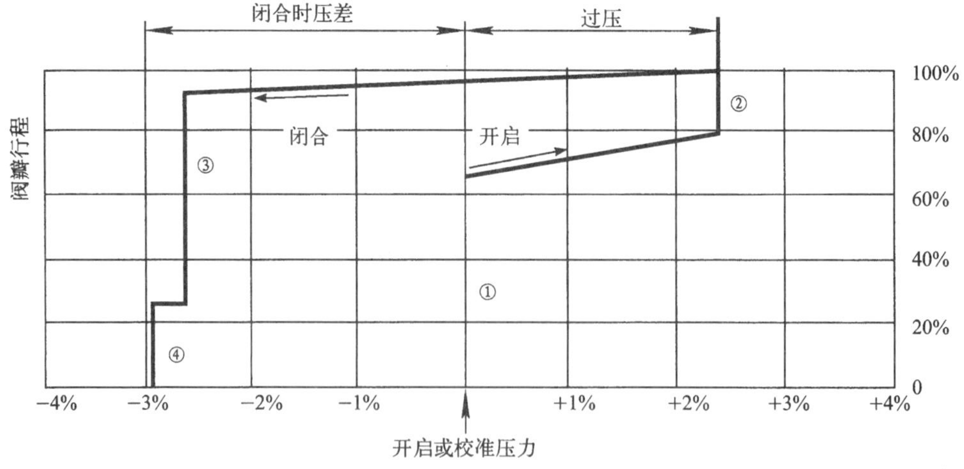

图 1-61 安全阀工作原理及过程 (2)

①初始开启;②第二开启—阀瓣开到全部升程;③降压后闭合;④全部闭合

1）过压：过压是形成阀瓣的提升压力（开启压力）与刚好达到安全阀全开压力之差（在2%～4%之间变化）；

2）闭合压差：闭合压差是指开启压力与闭合压力之间的偏差（在3%～5%之间变化）。

4. 弹簧安全阀的特性和使用范围

弹簧安全阀结构紧凑、体积小、重量轻、启、闭件可靠，对振动不敏感。主要缺点是阀瓣开启上升时，受弹簧力的作用，不能迅速达到最大开度，长期在高温下工作弹簧性能易发生变化，故不适宜在高温下工作，一般工作温度不超过250～300 ℃。

1.5.4 波纹管式弹簧安全阀

波纹管式弹簧安全阀，如图1-62a，b所示。图1-62a为国产结构，图1-62b为大亚湾核电厂采用的结构。

波纹管式弹簧安全阀的结构，除波纹管密封件外，其他部件与普通弹簧安全阀的结构完全相同，波纹管密封的结构也与波纹管截止阀的波纹管基本相同。

用波纹管代替常规密封使一般弹簧安全阀成为无泄漏安全阀，同时又利用波纹弹簧管把弹簧与导向机构等与介质隔离以防止这些重要部位受介质腐蚀而失灵，它的最大优点是确保密封，适用放射性流体和对环境有害的介质。

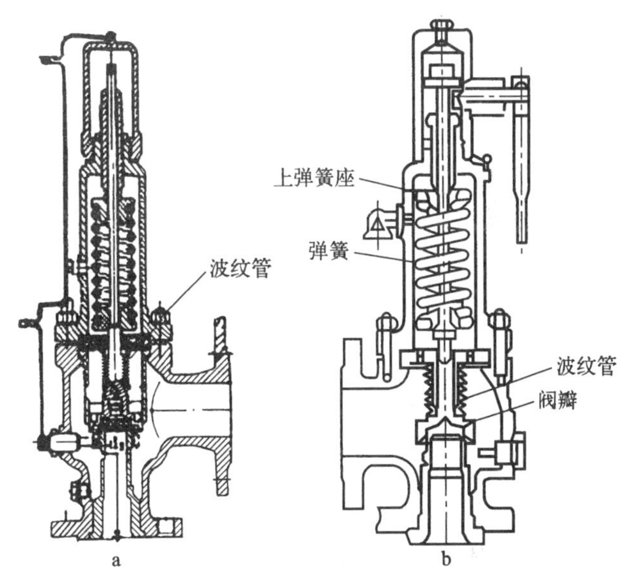

图1-62 波纹管弹簧式安全阀

a. 国产结构；b. 大亚湾核电厂采用的结构

1.5.5 先导式安全阀

1. 先导式安全阀的功能

先导式安全阀，灵敏度高、可靠性强、结构复杂、造价高，主要用在核电厂要害部位，例如大亚湾核电厂、秦山核电厂等一回路稳压器上都安装了三组先导式安全阀，每组由两个先导安全阀串联组成。装在上游的称为保护安全阀，提供卸压功能；装在下游的称为隔离安全阀，提供隔离功能。正常运行时，保护安全阀关闭，隔离安全阀开启。当保护安全阀在起跳后，不回座（关闭失效）时，隔离安全阀及时关闭，防止反应堆冷却剂系统（一回路）进一步卸压，造成失水事故。

先导式安全阀在稳压器上串联组装的系统图，参见图1-63。

2. 先导式安全阀的结构部件

先导式安全阀由下列两部分组成。

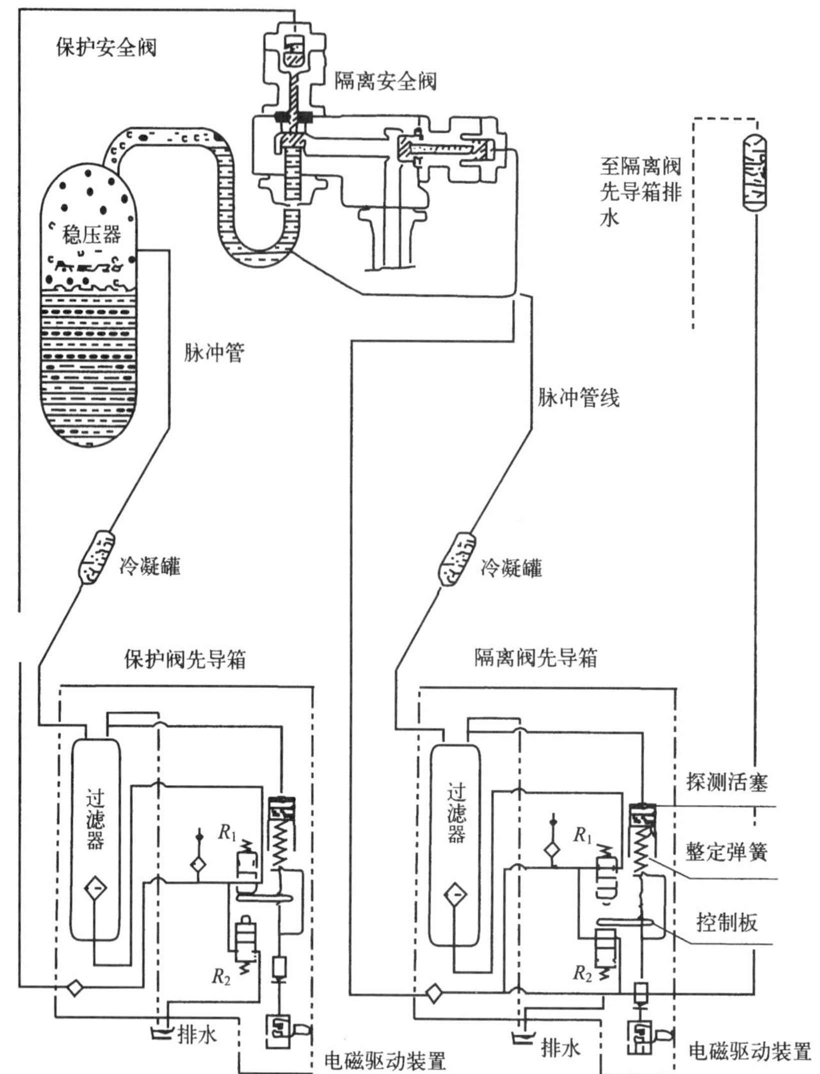

图 1-63 先导式安全阀串联组装系统图

(1) 主阀结构部件

主阀为波纹管式活塞液压随动阀与活塞式液压阀类似，阀体与一般安全阀相同，阀盘(阀瓣)上带有弹簧，推动阀盘处于常闭状态，阀杆上部带一活塞，受先导阀装置的控制，带动阀杆打开或关闭主阀。主阀结构如图 1-64 所示。主阀的主要部件如下。

1) 阀体。阀体与角式截止阀相同，阀体内有进口管嘴和阀座。

2) 带散热翅片的缸体。缸体内有阀杆及导向装置。

3) 阀盖。阀盖内有主活塞，上部有压力介质引进接管。

4) 阀瓣(阀盘)。阀瓣为圆盘形，并带有密封波纹管。

5) 阀杆。阀杆上连活塞，下接阀瓣，中间装有隔热屏。

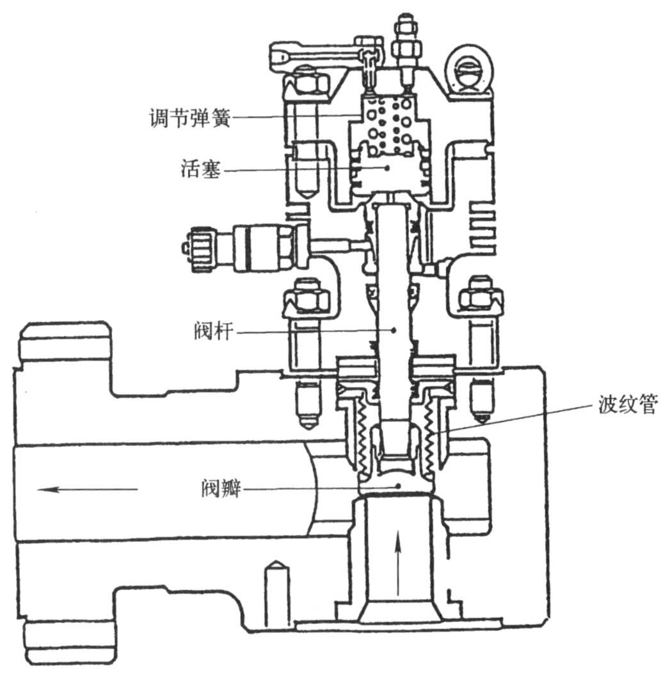

图 1-64　主阀结构图

(2) 先导阀结构部件

先导阀起压力敏感和控制元件的作用,它有传动杆(相当于阀杆)及调节开启压力的弹簧、弹簧座及弹簧调节装置,在弹簧上部传动杆上带有一个先导活塞,活塞腔与压力容器(或管路)用脉冲管连通,活塞的上下移动受压力容器内的压力控制。传动杆的下端借助于一个凸轮(控制板)启动两个先导阀盘 R_1 和 R_2。

在先导阀的底部装有一个电磁线圈,它直接作用在传动杆和控制板上,启动电磁线圈可以远距离手动强制开启阀门。先导阀的结构如图 1-65 所示。

先导阀(装置)与压力容器及主阀分开,中间用脉冲管分别与压力容器和主阀连接,在压力容器与先导阀之间装有一小型冷凝缸,以保护先导阀不受高温蒸汽的影响。

先导阀的主要部件如下。

1) 先导单元。先导单元主要有加压先导阀 R_1 及卸压先导阀 R_2,控制板及控制杆等。

2) 整定系统。主要有调节(整定)弹簧,传动杆,压力调节螺母等组成。

3) 敏感元件(探测头)。主要有先导活塞及活塞连杆等组成。

4) 电磁驱动器。主要有电磁线圈组成。

5) 过滤罐。过滤罐的作用是对进入先导阀的介质进行过滤,防止杂质进入先导阀,影响先导阀的灵敏度。

3. 先导式安全阀的工作原理

先导式安全阀工作原理如图 1-66 所示,其工作原理如下。

(1) 当压力容器的压力低于先导阀的开启(整定)压力时,先导阀的传动杆在上面位置,

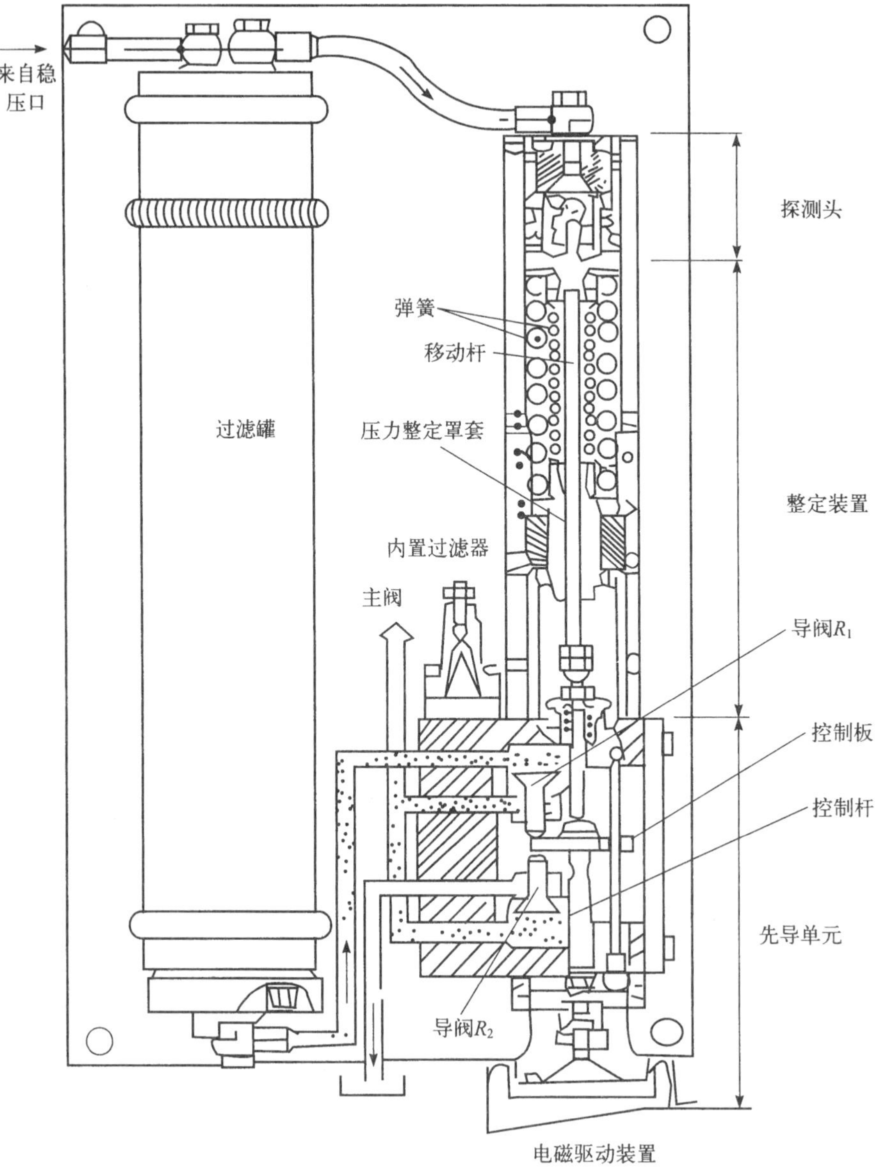

图 1-65 先导阀结构图

先导阀盘 R_1 开启，使主阀活塞上部与压力容器接通，由于主阀活塞的表面积比主阀阀盘表面积大，因此安全阀关闭。

(2) 当压力容器的压力升高时，它作用在先导活塞上，并且使先导传动杆向下，先导阀盘 R_1 关闭，使主阀活塞与压力容器隔断，此时安全阀仍保持关闭。

(3) 当压力容器的压力进一步上升达到先导阀开启压力(整定压力)时，先导阀的传动杆进一步向下，先导阀盘 R_2 开启，主阀活塞上部容纳的液体排出，压力降低，压力容器的压力作用在主阀阀盘的作用力大于活塞上的压力，使安全阀开启，卸压。

(4) 压力容器压力降低到开启压力时，先导阀传动杆上升，首先关闭先导阀盘 R_2，开启

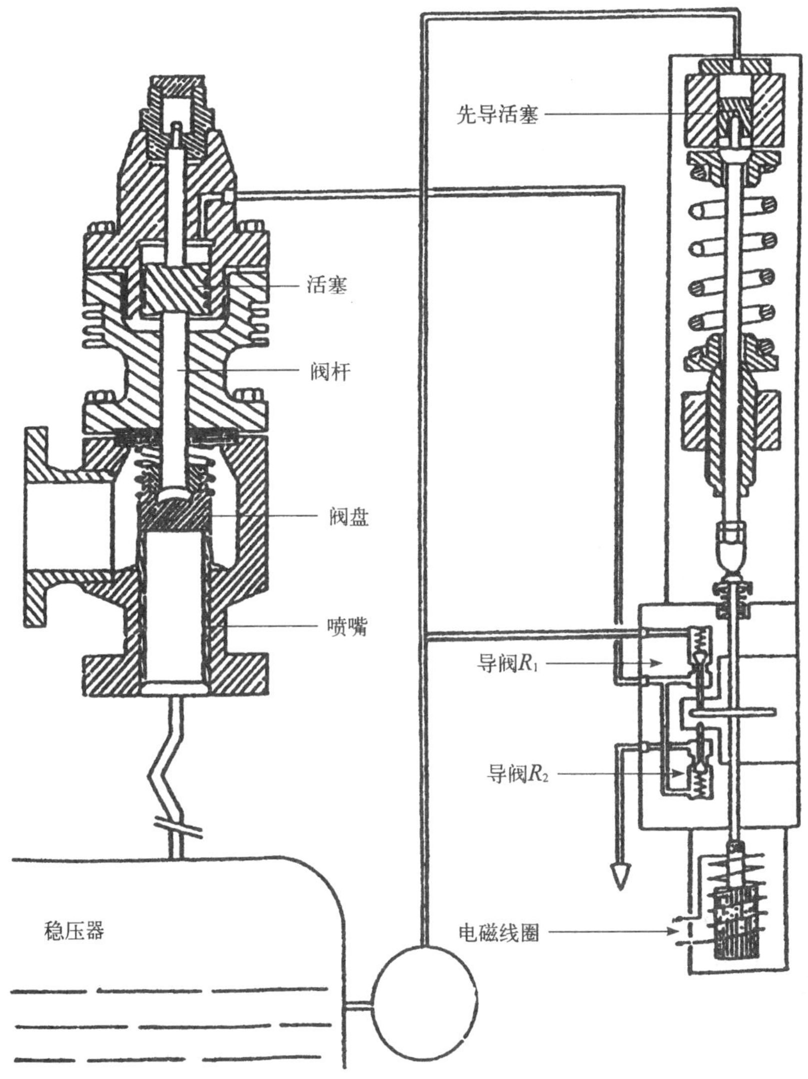

图 1-66　先导式安全阀运行原理图

先导阀盘 R_1，然后使主阀活塞上部与压力容器接通，于是安全阀关闭。

(5) 安全阀在低于其开启压力下，通过使电磁线圈通电，可以"强迫开启"。

1.5.6　助动式安全阀

秦山、大亚湾等压水堆核电厂的主蒸汽安全阀是典型的助动式安全阀。在该电厂每条主蒸汽管线上设有七个安全阀，其中三个为助动式安全阀。图 1-67 就是该核电厂主蒸汽管线上的气动助动式安全阀的结构图。

1. 助动式安全阀的工作原理

助动式安全阀是在标准弹簧式安全阀的阀头上加装气动或电动辅助驱动机构，以便帮助安全阀开启或关闭,或者两种功能兼备。它与先导式的区别是:先导式是自给能动的,而助动式则是辅助能动的。

2. 助动式安全阀的基本结构

助动式安全阀基本结构如图 1-67 所示,主要由阀体、阀瓣、弹簧部件、传动系统及气动传动装置等部分组成。

(1) 阀体。阀体的进口带有喷嘴及喷嘴环(调节圈),可调节阀的闭合压差,并使阀门迅速开启。

(2) 传动系统(上部机构)。传动系统主要有弹簧组件、阀杆组件及进、排气组件,它们是保证阀门运行的机构。

(3) 汽动传动装置。汽动传动装置主要包括汽动环路、薄膜双动作传动装置、控制电路、冷凝蒸汽回路等。它们属于阀门的汽动控制系统,其机构将在阀门的气动驱动装置一节中介绍。汽动传动装置作用如下。

1) 对阀杆施加辅助力,帮助安全阀及时关闭和提高密闭性。气动助动装置通过给阀门施加额外的负荷以改善阀门的密封性,即相当于起了增加开启压力与工作压力之间差的作用。

2) 对弹簧施加反向力,协助提升阀瓣。气动传动装置,通过给弹簧施加反向力起到如下作用:自动操作时,在阀门起跳点后,迅速打开阀门,全量排放;在手动操作时,在压力低于弹簧整定压力(开启压力)值时,可使阀门开启。

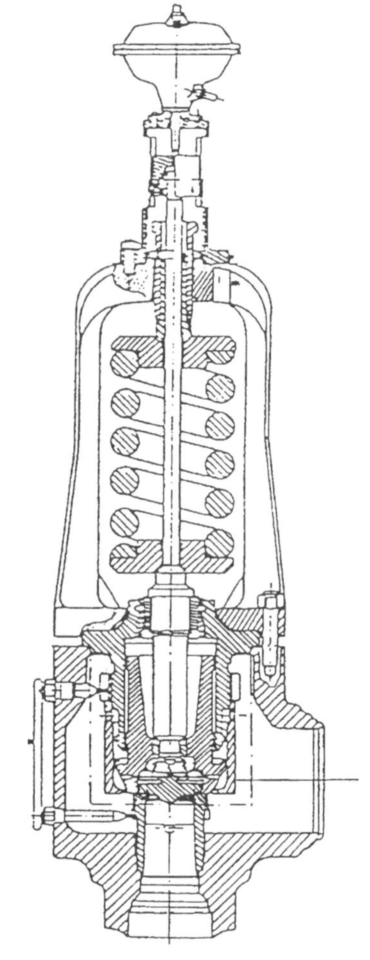

图 1-67 助动式安全阀(HE 型)

1.5.7 脉冲式安全阀

脉冲式安全阀装置,具有灵敏、精确、安全、可靠等特点,一般用在最重要的生产设备和关键部位。在核电厂中主要用作一回路稳压器和蒸汽发生器等重要部位的安全保护装置。田湾核电厂的稳压器和蒸汽发生器就采用了这种脉冲式安全阀装置。

1. 脉冲式安全阀的结构和主要部件

脉冲式安全阀装置,由脉冲安全阀、主安全阀和切断阀组成。

(1) 主安全阀为弹簧活塞式安全阀,其结构如图 1-68 所示。

(2) 脉冲安全阀为带有电磁驱动机构的弹簧式安全阀,其结构如图 1-69 所示。

(3) 切断阀一般采用截止阀或球阀。

2. 脉冲式安全阀的作用原理

脉冲式安全阀的作用原理如图 1-70 所示,该图为脉冲式安全阀装置在稳压器上安装时的三阀连接图。下面就稳压器上的脉冲式安全阀装置的工作原理予以说明。

(1) 脉冲式安全阀装置的初始状态:当稳压器正常工作,其介质压力不超过开启压力,

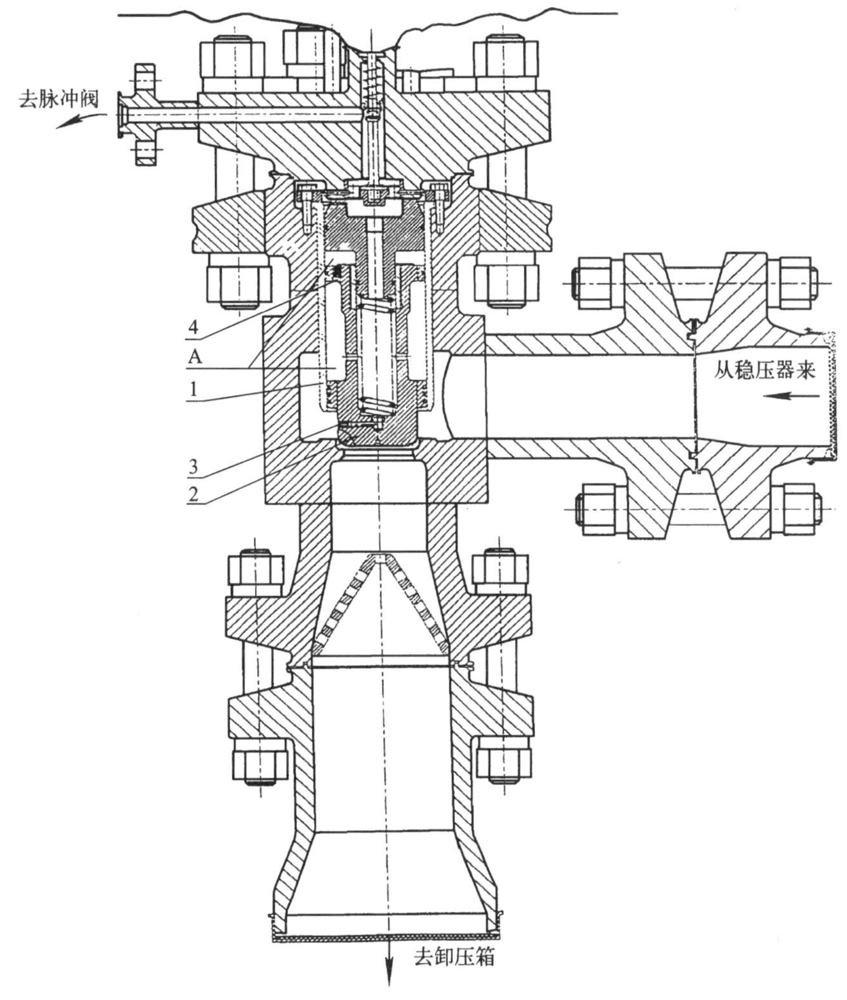

图1-68　主安全阀结构

A—控制腔；1—汽缸；2—活塞式阀瓣；3—节流孔；4—节流孔

稳压器介质通过连接管分别进入主安全阀和脉冲阀(参见图1-70)，其作用如下：

1) 进入主安全阀的介质经节流孔3和4及主阀活塞间隙进入主安全阀控制腔“A”，保证主安全阀闭合(参见图1-68及图1-70)；

2) 进入脉冲阀的介质，由于其压力低于开启压力，脉冲阀依靠其弹簧2和3调整作用力及电磁铁6的夹紧作用力(当电磁铁6通电时保证阀瓣5对阀座施加压紧作用力)，使脉冲阀处于闭合状态(参见图1-69及图1-70)。

(2) 当稳压器内压力升高到超过开启压力时，压力传感器断开电磁铁的常闭线圈并接通常开线圈，脉冲阀打开，从主安全阀控制腔“A”排放介质(参见图1-70及图1-69 *A-A* 剖面图)，将主安全阀打开，卸压。

(3) 当稳压器内压力降低到开启压力后，压力传感器断开电磁铁的常开线圈并接通常闭线圈，脉冲阀关闭。主安全阀控制腔“A”处在介质压力作用下，依靠其弹簧的调整作用力将主安全阀关闭，停止卸压(参见图1-68，图1-69，图1-70)。

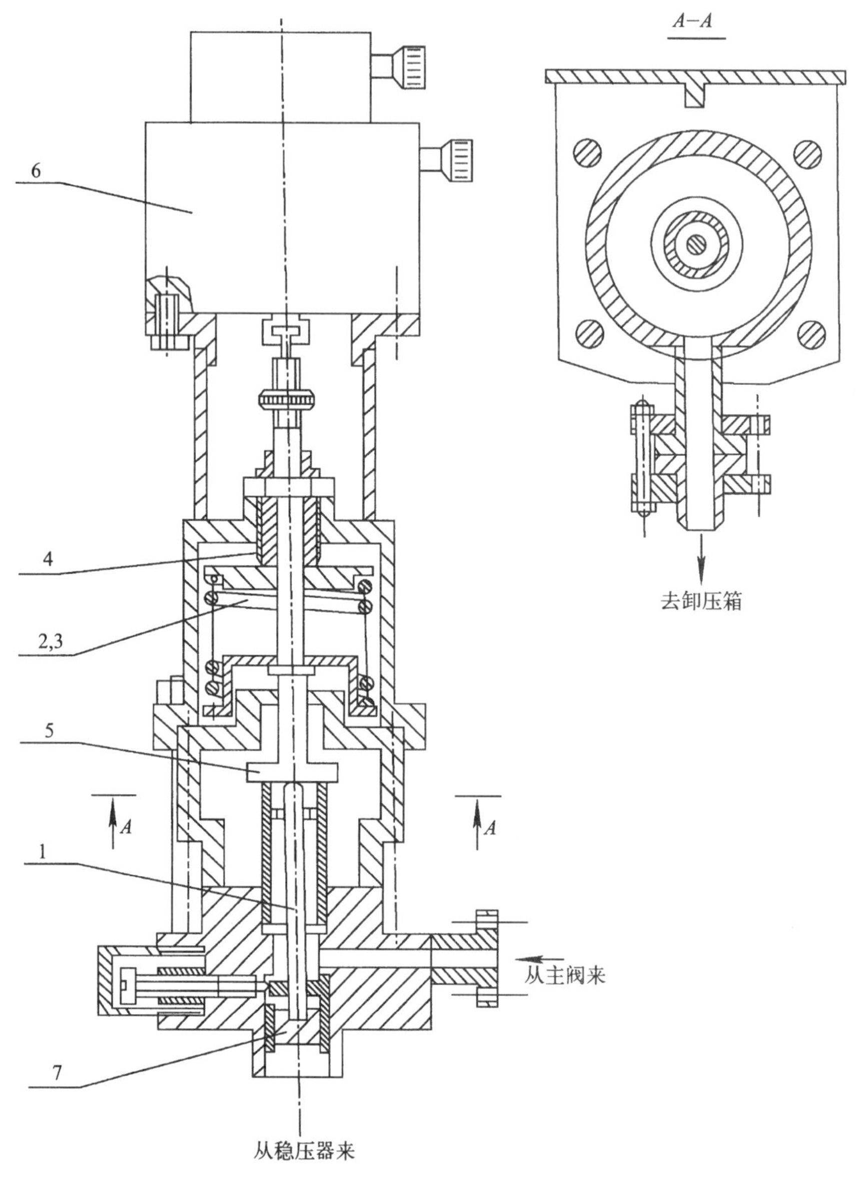

图 1-69 脉冲阀结构

1—推杆;2,3—弹簧;4—调节丝杠;5—阀瓣;6—电磁铁;7—指标活塞

(4) 在电磁铁停电的情况下,当稳压器为正常工作压力时,脉冲阀依靠其弹簧 2 和 3 调整作用力,保证脉冲阀处于闭合状态;当稳压器内压力升高到超过开启压力时,超压介质的压力向上推动指示活塞 7 通过推杆 1 推开阀瓣 5,脉冲阀打开,保证从主安全阀控制腔"A"排放介质,并将主安全阀打开,卸压。当稳压器内压力降低到开启压力后,依靠弹簧 2 和 3 的整定作用力,推动阀瓣 5,将脉冲阀关闭,并导致主安全阀关闭,停止卸压(参见图 1-69)。

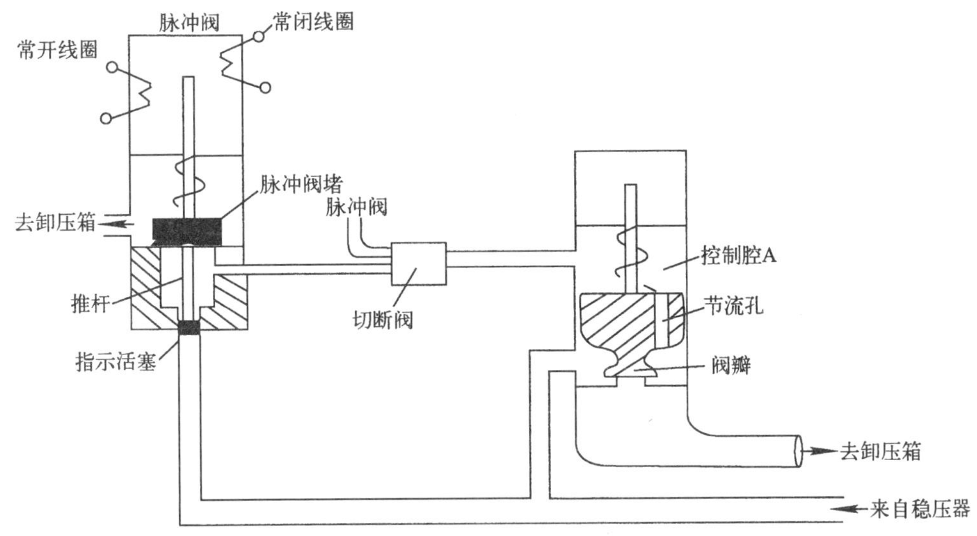

图 1-70　稳压器脉冲式安全阀装置工作原理图

1.5.8　安全阀的选择

选择参数如下。

1. 开启压力 p：即校准压力或整定压力，由工艺生产决定。

$p\leqslant$容器设备或管路系统的最大允许压力。

当没有指定开启压力时，可根据工作压力 p_w 选取：

- 当工作压力 $p_w\leqslant 8$ MPa 时，$p=1.1p_w$；
- 当 8 MPa$\leqslant p_w\leqslant 32$ MPa 时，$p=1.05p_w$。

2. 额定排放压力 p_p。

(1) 对蒸汽锅炉 $p_p=1.03\ p$(开启压力)

(2) 对工业管路 $p_p=1.1\ p$(开启压力)

3. 额定排放量 W_g。

$W_g\geqslant$超压时的必需排放量

安全阀的额定排放量计算公式如下：

(1) 当介质为液体时

$$W_g=3\ 600KA\sqrt{2g\Delta p\gamma}$$

式中：W_g——额定排量，kg/h；

K——额定排放系数。

全启式安全阀 $K=0.75$(阀瓣开启高度 $h=\left(\frac{1}{3}\sim\frac{1}{4}\right)d_0$)

微启式安全阀(阀瓣开度 $h=\left(\frac{1}{15}\sim\frac{1}{40}\right)d_0$)$K$ 值有两种工况。

- 当 $h\geqslant\frac{1}{40}d_0$ 时，$K=0.08$

- 当$h \geqslant \frac{1}{20} d_0$时，$K=0.16$

A——阀座喉部截面积，cm^2；$A=\frac{\pi}{4} d_0^2$；

Δp——阀前后压差，MPa(1 MPa=10 bar，1 bar=1 kgf/cm^2)；

γ——介质重度，kg/m^3；

g——重力加速度，m/s^2。

(2) 当介质为气体时

$$W_g=\eta K A(p_p+p_a)\sqrt{\frac{M}{T}}$$

式中：p_p——安全阀额定排放压力(见附录Ⅳ～Ⅷ)，MPa；

p_a——大气压，MPa；

M——气体相对分子质量；

T——排放时安全阀进口绝对温度，K，$T=t+273$；

η——系数，$\eta=387\sqrt{K\left(\frac{2}{K+1}\right)^{\frac{K+1}{K-1}}}$或从表1-5查得。

K——绝热指数。

表1-5 绝热指数K与η系数的对应表

K	1.00	1.02	1.04	1.06	1.08	1.10	1.12	1.14	1.16	1.18
η	234	237	238	240	242	243	245	246	248	249
K	1.20	1.22	1.24	1.26	1.28	1.30	1.32	1.34	1.36	1.38
η	251	252	254	255	257	258	260	261	262	264
K	1.40	1.42	1.44	1.46	1.48	1.50	1.52	1.54	1.56	1.58
η	265	266	267	269	270	271	272	274	275	276
K	1.60	1.62	1.67	1.66	1.68	1.70	2.00	2.20		
η	277	278	280	281	282	283	293	307		

K——绝热指数，空气$K=1.41$，饱和水蒸气$K=1.135$，过热水蒸气$K=1.31$。

(3) 当介质为水蒸气时

$$W_g=51.45\ KA(p_p+p_a)C$$

式中：C——蒸汽性质修正系数(见表1-6)。

表1-6 修正系数C值

绝对压力/MPa	温度/℃					
	饱和	300	320	340	360	380
0.5	1.005	0.896	0.879	0.864	0.849	0.835
1.0	0.987	0.901	0.884	0.863	0.853	0.838
1.5	0.977	0.906	0.888	0.872	0.856	0.841
2.0	0.972	0.912	0.893	0.876	0.860	0.845
2.5	0.969	0.918	0.898	0.880	0.863	0.848
3.0	0.967	0.924	0.903	0.885	0.867	0.851

续表

绝对压力/MPa	温度/℃					
	饱和	300	320	340	360	380
4.0	0.965	0.934	0.915	0.894	0.875	0.857
5.0	0.966	0.953	0.927	0.904	0.884	0.865
6.0	0.968	0.953	0.941	0.911	0.891	0.872
7.0	0.971	0.958	0.954	0.924	0.901	0.881
8.0	0.975	0.967	0.956	0.937	0.912	0.888
9.0	0.980		0.962	0.957	0.926	0.897
10.0	0.986		0.971	0.961	0.936	0.909

安全阀的额定排放量可从附录Ⅳ～Ⅷ中查得。表中数据仅适用于排放介质为空气、蒸汽和水。排放时阀的出口与进口绝对压力之比值≤临界压力比。临界压力比的定义见下一节减压阀理论流量。

4. 喉径 d_0

安全阀喉径 d_0 是由超压时的必须排放量决定的，由 A 求得公式为：

$$d_0=\sqrt{\frac{4A}{\pi}}$$

A 可由额定排放量公式求得。

工程上为使用方便，已将上述四项参数制成表格，根据要求，可按 $p\to p_p\to W_g\to d_0$ 顺序，查表选择(参见附录Ⅳ～Ⅷ)。

5. 安全阀的公称压力 PN 和公称尺寸(通径)DN

(1) 公称压力 PN

安全阀的公称压力 PN，应根据阀门的材料、工作温度和最大允许工作压力来确定。又根据 JB74—59《管子和管路附件公称压力、试验压力和工作压力》的规定，在同一公称压力下，当工作温度提高时，其最大允许工作压力相应降低，参见表 1-7，表 1-8。

表 1-7　碳钢阀门公称压力、试验压力和工作压力表

公称压力 PN/bar	试验压力(用低于 100℃ 的水) p_s/bar	介质操作温度/℃						
		200	250	300	350	400	425	450
		最大操作压力 p/bar						
1	2	1	1	1	0.7	0.6	0.6	0.5
2.5	4	2.5	2.3	2	1.8	1.6	1.4	1.1
4	6	4	3.7	3.3	2.9	2.6	2.3	1.8
6	9	6	5.5	5	4.4	3.8	3.5	2.7
10	15	10	9.2	8.2	7.3	6.4	5.8	4.5
16	24	16	15	13	12	10	9	7
25	38	25	23	20	18	16	14	11
40	60	40	37	33	30	28	23	18
64	96	64	59	52	47	41	37	29
100	150	100	92	82	73	64	58	45

注：1. 公称压力 $PN\leqslant 16$ bar 的碳素钢制阀门及法兰不推荐用于操作温度 $T>250$ ℃的油品、油气等介质。

2. 1 bar=0.1 MPa。

表 1-8 钼钢及铬钼钢制阀门公称压力、试验压力和工作压力表

<table>
<tr><td rowspan="3">公称压力 PN/bar</td><td rowspan="3">试验压力(用低于 100℃ 的水) p_s/bar</td><td colspan="9">介质操作温度/℃</td></tr>
<tr><td>至 350</td><td>400</td><td>425</td><td>450</td><td>475</td><td>500</td><td>510</td><td>520</td><td>530</td></tr>
<tr><td colspan="9">最大操作压力 p/bar</td></tr>
<tr><td>1</td><td>2</td><td>1</td><td>0.9</td><td>0.9</td><td>0.8</td><td>0.7</td><td>0.6</td><td>0.5</td><td>0.4</td><td>0.4</td></tr>
<tr><td>2.5</td><td>4</td><td>2.5</td><td>2.3</td><td>2.1</td><td>2</td><td>1.8</td><td>1.4</td><td>1.2</td><td>1.1</td><td>0.9</td></tr>
<tr><td>4</td><td>6</td><td>4</td><td>3.6</td><td>3.4</td><td>3.2</td><td>2.8</td><td>2.2</td><td>2.0</td><td>1.7</td><td>1.4</td></tr>
<tr><td>6</td><td>9</td><td>6</td><td>5.5</td><td>5.1</td><td>4.8</td><td>4.3</td><td>3.3</td><td>3</td><td>2.6</td><td>2.2</td></tr>
<tr><td>10</td><td>15</td><td>10</td><td>9.1</td><td>8.6</td><td>8.1</td><td>7.1</td><td>5.5</td><td>5</td><td>4.3</td><td>3.6</td></tr>
<tr><td>16</td><td>24</td><td>16</td><td>15</td><td>14</td><td>13</td><td>11</td><td>9</td><td>8</td><td>7</td><td>6</td></tr>
<tr><td>25</td><td>38</td><td>25</td><td>23</td><td>21</td><td>20</td><td>18</td><td>14</td><td>12</td><td>11</td><td>9</td></tr>
<tr><td>40</td><td>60</td><td>40</td><td>36</td><td>34</td><td>32</td><td>28</td><td>22</td><td>20</td><td>17</td><td>14</td></tr>
<tr><td>64</td><td>96</td><td>64</td><td>58</td><td>55</td><td>52</td><td>45</td><td>35</td><td>32</td><td>28</td><td>23</td></tr>
<tr><td>100</td><td>150</td><td>100</td><td>91</td><td>86</td><td>81</td><td>71</td><td>55</td><td>50</td><td>43</td><td>36</td></tr>
</table>

注:1 bar=0.1 MPa。

(2) 工作压力级

安全阀的整定压力(开启压力),可通过弹簧预紧缩量来进行调节,但每一根弹簧只能在一定的开启压力范围内工作,超出该范围就要另换弹簧。同一公称压力的阀门按弹簧设计的开启压力调节范围可划分为不同的工作压力级,参见表 1-9。选用安全阀时,可根据所需整定压力(开启压力)值,确定安全阀的工作压力级。

表 1-9 安全阀公称压力与工作压力级的关系

<table>
<tr><td>公称压力/bar</td><td colspan="11">工作压力级/bar(0.1 MPa)</td></tr>
<tr><td>16</td><td>1~1.3</td><td>1.3~1.6</td><td>1.6~2</td><td>2~2.5</td><td>2.5~3</td><td>3~4</td><td>4~5</td><td>5~6</td><td>6~7</td><td>7~8</td><td>8~10</td></tr>
<tr><td>25</td><td>>13~16</td><td>>16~20</td><td>>20~25</td><td></td><td></td><td></td><td></td><td></td><td></td><td></td><td></td></tr>
<tr><td>40</td><td></td><td>>16~20</td><td>>20~25</td><td>>25~32</td><td>>32~40</td><td></td><td></td><td></td><td></td><td></td><td></td></tr>
<tr><td></td><td>>13~16</td><td>>16~20</td><td>>20~25</td><td>>25~32</td><td>>32~40</td><td></td><td></td><td></td><td></td><td></td><td></td></tr>
<tr><td>64</td><td>>25~32</td><td>>32~40</td><td>>40~50</td><td>>50~64</td><td></td><td></td><td></td><td></td><td></td><td></td><td></td></tr>
<tr><td>100</td><td>>40~50</td><td>>50~64</td><td>>64~80</td><td>>80~100</td><td></td><td></td><td></td><td></td><td></td><td></td><td></td></tr>
</table>

注:1. 表中所列工作压力级为上海阀门厂生产的弹簧式安全阀压力级。
2. 1 bar=0.1 MPa。

(3) 公称尺寸(通径)DN

安全阀的公称尺寸是根据安全阀喉径 d_0 及公称压力 PN 决定的。可从与喉径 d_0 对应的安全阀公称尺寸 DN 表 1-10 中查得。

表 1-10 对应于 d_0 及 A 的安全阀公称尺寸(通径)DN 表

<table>
<tr><td colspan="4">公称尺寸 DN/mm</td><td>15</td><td>20</td><td>25</td><td>32</td><td>40</td><td>50</td><td>80</td><td>100</td><td>150</td><td>200</td></tr>
<tr><td rowspan="6">全启式</td><td rowspan="6">公称压力 PN</td><td rowspan="3">16
40
64</td><td>阀座喉径 d_0/mm</td><td colspan="3"></td><td>20</td><td>25</td><td>32</td><td>50</td><td>65</td><td>100</td><td>125</td></tr>
<tr><td>喉部截面积 A/cm^2</td><td colspan="3"></td><td>3.14</td><td>4.91</td><td>8.04</td><td>19.63</td><td>33.18</td><td>78.54</td><td>122.7</td></tr>
<tr><td>开启高度 h</td><td colspan="10">$\geqslant \frac{1}{4} d_0$</td></tr>
<tr><td rowspan="3">100</td><td>阀座喉径 d_0/mm</td><td colspan="3"></td><td>20</td><td>25</td><td>32</td><td>40</td><td>50</td><td>80</td><td></td></tr>
<tr><td>喉部截面积 A/cm^2</td><td colspan="3"></td><td>3.14</td><td>4.91</td><td>8.04</td><td>12.57</td><td>19.63</td><td>50.27</td><td></td></tr>
<tr><td>开启高度 h</td><td colspan="10">$\geqslant \frac{1}{4} d_0$</td></tr>
<tr><td rowspan="3">微启式</td><td rowspan="3">公称压力 PN</td><td rowspan="3">16
25
40
64</td><td>阀座喉径 d_0/mm</td><td>12</td><td>16</td><td>20</td><td>25</td><td>32</td><td>40</td><td>65</td><td>80</td><td colspan="2"></td></tr>
<tr><td>喉部截面积 A/cm^2</td><td>1.13</td><td>2.01</td><td>3.14</td><td>4.91</td><td>8.04</td><td>12.57</td><td>33.18</td><td>50.27</td><td colspan="2"></td></tr>
<tr><td>开启高度 h</td><td colspan="5">$\geqslant \frac{1}{40} d_0$</td><td colspan="5">$\geqslant \frac{1}{20} d_0$</td></tr>
</table>

6. 安全阀选用举例

【例1】 0.3 MPa 的饱和蒸汽以 750 kg/h 的流量送入蒸汽发生器。问该蒸汽发生器应设多大公称尺寸和公称压力的安全阀，才能保证安全生产？

解：根据生产条件采用全启式安全阀。

饱和蒸汽额定排放量的公式为：$W_g=51.45\ KA(p_p+p_a)C$

已知：$W_g=750$ kg/h　　工作压力 $p_w=0.3$ MPa　　$K=0.75$

$p=1.1\ p_w=1.1\times0.3\ \text{MPa}=0.33\ \text{MPa}$

$p_p=1.03\times p=1.03\times3.3\ \text{bar}=0.339\ 9\ \text{MPa}$

$p_a=1$ 大气压，(1 大气压≈0.1 MPa)

$C=1.005$（从表 1-7 中查得）

代入上式：

$$750=51.45\times0.75\ A(3.399+1)\times1.005$$

$$A=4.396(\text{cm}^2)$$

$$d_0=\sqrt{\frac{4A}{\pi}}$$

$$d_0=\sqrt{\frac{100\times A}{0.785}}=23.66\ \text{mm}$$

根据计算结果对照表 1-10，查得 PN 16，DN 40 的阀座喉径 $d_0=25$ mm，$A=4.91\ \text{cm}^2$ 与本题计算相符。故选用全启式 DN 40 安全阀。又因工作压力为 0.3 MPa，查表 1-9，选取在公称压力 PN16 中的工作压力级 3～4 bar 的安全阀（工作压力级在订货时必须注明）。

若采用查表法，可从附录Ⅳ中用插入法，当 $p_p=3.399$ MPa，$W_g=852.8\ \text{kg/h}>750$ kg/h满足要求时，查到 $d_0=25$(mm)。

【例2】 0.8 MPa 饱和蒸汽以 1 200 kg/h 的流量送入车间，经蒸汽减压装置后达到 0.3 MPa的压力供车间各设备使用，求减压阀后应设多大公称尺寸的安全阀。

解：减压阀组装置后宜选用微启式安全阀。

蒸汽管网中微启式安全阀的喉径计算，可根据额定排放公式化简为：

$$d_0=\frac{0.006W_g}{h(p_p+p_a)}$$

$W_g=1\ 200$ kg/h

$p=1.1\ p_w=1.1\times0.3\ \text{MPa}=0.33\ \text{MPa}$

$p_p=1.1\times p=1.1\times1.1\times p_w=1.1\times1.1\times0.3\ \text{MPa}=0.363\ \text{MPa}$

$p_a=1$ 大气压(1 大气压≈0.1 MPa=1 bar)

$h=\frac{1}{20}d_0(h=0.05d_0)$，$h$ 为微启式安全阀的开启度

$$d_0=\frac{0.006\times1\ 200}{0.05d_0(3.63+1)}=57\ \text{mm}$$

按计算结果 $d_0=57$ mm，对照表 1-10，查得 PN 16，DN 80 微启式安全阀的阀座喉径 $d_0=65$ mm 与计算结果接近。故选用微启式 PN 16，DN 80 安全阀，其工作压力级选≥3～4 bar 的安全阀（订货时注明）。

若采用查表法，可从附录Ⅶ中用插入法，当 $p_p=0.363$ MPa，$W_g=1\ 200$ kg/h 时，查到 $d_0=65$(mm)。

1.5.9 安全阀的校准和试验

1. 开启压力的调节或校准

原则上安全阀在生产厂校准，但使用中间或经完全拆卸后存在失调，就需要对开启压力通过改变弹簧强度来进行重新调节。如果开启压力太小或太大，可通过调节螺钉系统校准。为此，松开阀上部的止动系统，增减弹簧作用力。

增加校准压力，常常导致压差或闭合压差的增大，反之也一样。为了检验校准水平，建议用冷水对阀进行全面性能检验，并同时调节开启压差或闭合差。

在环境温度下进行的该项实验应考虑稍加修正，以便补偿保护容器内流体实际温度的变化。如果使用温度低于 120 ℃通常不必修正(校正值为零)；使用温度在 120 ℃和 540 ℃之间时，校正值接近 3%；温度大于 540 ℃校正值接近 5%。

2. 闭合压差的调节

当过压不变时(过压主要取决于阀瓣型面)，闭合时的压差，则与调节圈(可调导向板)的轴向位置有关。对中低压安全阀来说，一般只有一个下调节圈如图 1-59a 所示，当下调节圈向上调时，闭合压差增加，反之，下调时，闭合压差减小。

对高压安全阀来说，则有两个调节阀(可调导向板)，如图 1-59b 所示，闭合压差的调节，是通过改变上调节圈的位置来实现的，当上调节圈上移时，闭合压差减小，下降时，闭合压差增大。

3. 试验

安全阀安装后，对被保护的容器、管路和设备进行液压试验时，试验压力值总是高于安全阀校准压力(开启压力)值，当试验压力达到校准压力时，安全阀就会自动开启，使试验无法进行。为此，在试验前，先用带夹的限定机构，锁定安全阀限止阀杆上端移动，如图 1-71 所示。于是安全阀就被定位在闭合位置上，这样就能保证被试验的管路、容器和设备液压试验时的密封性。

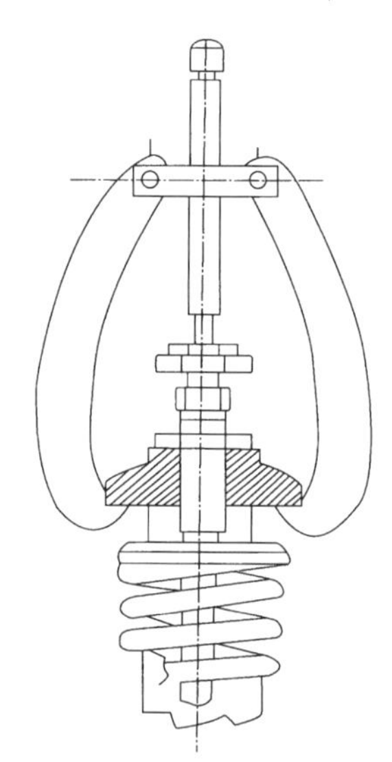

图 1-71 带夹的限制机构

1.5.10 安全阀的安装要求

安全阀安装要求如下。

1. 安全阀最好安装在被保护容器或设备的开口上，如不可能时，也应装在被保护容器或设备的出口管路上，并尽可能靠近容器或设备。此管路的截面积应不小于安全阀进口的截面积。

2. 安全阀安装好后，应检查阀杆的垂直度，有偏差时必须校正。

3. 对于单独排入大气的安全阀，在安全阀的入口处，应装一个保持经常开启并带有铅封的切断阀。对于排入密闭系统或用集合管排入大气的安全阀，则应在阀的入口和出口处各装一个保持经常开启并带有铅封的切断阀。切断阀应选用明杆式闸阀、球阀或密封性好的旋塞阀。

4. 安全阀与被保护容器或设备之间的管路压力降不超过闭合压差的 50%，并应小于开启压力的 3%，以防止安全阀泄放时的振动和噪声。

5. 液体安全阀一般排入密闭系统，气体安全阀一般排入大气，放射性介质等有害流体，则应排入专用密闭收集系统。安全阀出口接管直径，应按管路压降不大于安全阀开启压力 10%来计算，被保护容器或设备上有几个安全阀时，出口接管压降，应按安全阀中定压最低的计算。最小出口接管的管径不得小于安全阀出口管径。

6. 在安全阀的排出系统中，应设置排液管，如图 1-72所示，排液管上应装设阀门，经常关闭，定期排放。有可能冻结的场合，排液管要用蒸汽伴热。

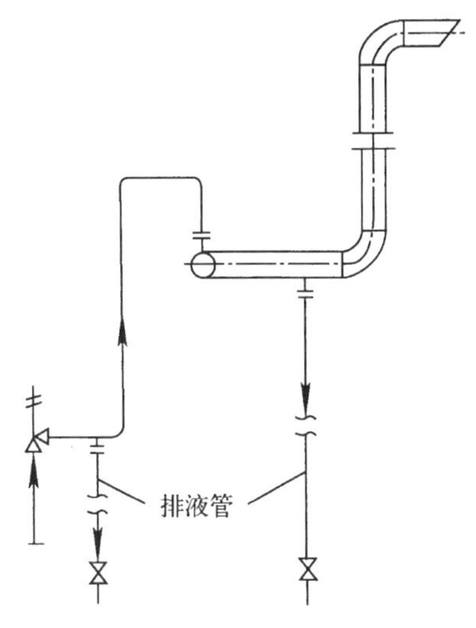

图 1-72　安全阀排出管路上的排液管

7. 一般气体安全阀排入大气的排放管出口，应高出操作面 2.5 m 以上，并引至室外。排放可燃性气体及有毒气体的安全阀排放管出口，应高出周围最高建筑物或设备(如塔类设备)2～3 m 以上。

8. 气体安全阀，一般按安全阀公称尺寸设置一旁路阀，作为手动放空用。安全阀的排放管及旁路管，应很好的固定。

1.6　减压阀

1.6.1　减压阀的功能和工作原理

1. 减压阀的功能

减压阀的功能是，将进口压力通过减压阀的调节减至某一需要的出口压力，并依靠介质本身的能量，使出口压力自动保持稳定的阀门。

减压阀从流体力学的观点看，是一个局部阻力可以变化的调节元件，即通过改变节流面积，使流速及流体的动能改变，造成不同的压力损失，从而达到减压的目的。

2. 减压阀的工作原理

减压阀的工作原理主要是依靠活塞、膜片、弹簧、先导阀等敏感元件改变阀瓣和阀座间的间隙来调节流体阻力，达到自动降低压力的作用。其目的就是通过减压阀启、闭件的节流，将进口高压介质降到出口需要的压力。然后依靠控制和系统的调节，使阀后压力的波动与弹簧力相平衡，达到阀后压力在一定的误差范围内保持恒定运行。

3. 减压阀的类型

减压阀一般分为两大类型。

(1) 大压差减压调节阀，主要用在高压钢瓶上，如氧气瓶、氢气瓶、乙炔气瓶等。

(2) 管路减压阀，主要用在工业生产系统中，是本节介绍的重点。

1.6.2 减压调节阀

大压差减压调节阀构造比较复杂，它带有两个压力表，一个显示要减压的压力，一个显示已减压的压力。按作用原理不同又分为两种，即，低压减压调节阀和高压减压调节阀。

1.6.2.1 低压减压调节阀

1. 低压减压调节阀的结构与部件

低压减压调节阀结构如图 1-73 所示。主要部件有：

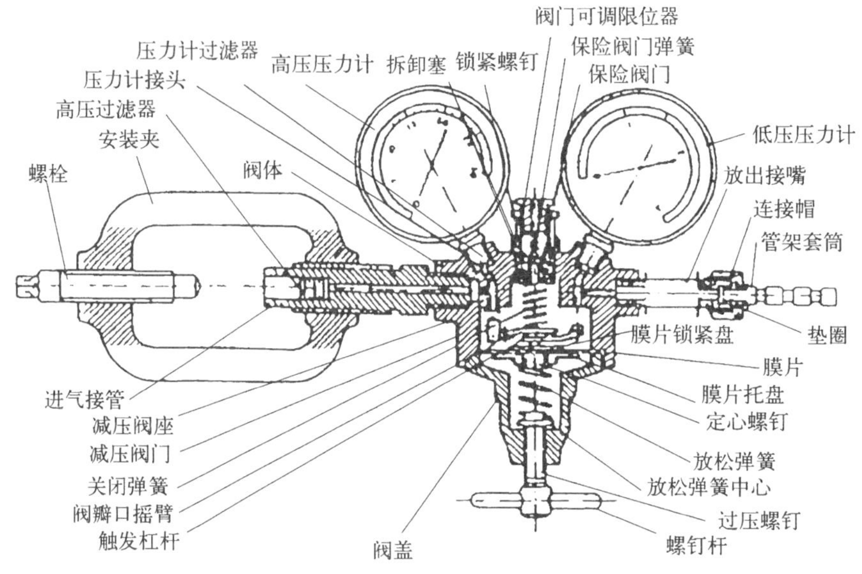

图 1-73 低压减压调节阀门

(1) 阀体。阀体上装有进口、出口压力计，阀体内有一低压室，室内装有进口减压阀、触发杠杆、关闭弹簧、膜片、放松弹簧等调压机构；

(2) 阀瓣。阀瓣在进口侧，通过触发杠杆、关闭弹簧、膜片、放松弹簧等调压机构，来调节和平衡阀瓣的启、闭和开度；

(3) 手柄和调节螺母。调节螺母用手柄控制。特别指出的是：调节螺母拧紧时，阀打开；调节螺母放松时，阀关闭；

(4) 阀盖。阀盖在阀的下方，阀盖支承手柄、放松弹簧和定心螺钉等。

2. 工作原理

当减压螺钉拧松时，关闭弹簧使进口减压阀瓣关闭，随着螺钉的拧紧，膜片变形(向上拱起)，通过触发杠杆，逼使阀瓣打开，并在低压室形成一定的压力，从低压室出口送出，达到调压(减压)的作用。如低压室的压力上升，膜片趋于恢复原来的形状(向下)，使阀瓣开度变小，降低出口压力；如低压室压力下降时，膜片变形增大，阀瓣开度加大，提高出口压力。

减压设定值用调节减压螺钉来完成。阀瓣的平衡由低压室来完成。

3. 低压减压调节阀主要用于液化气、乙炔气等压力较低的钢瓶上进行减压。

1.6.2.2 高压减压调节阀

1. 高压减压调节阀的结构与部件

高压减压调节阀的结构如图1-74所示，主要部件如下。

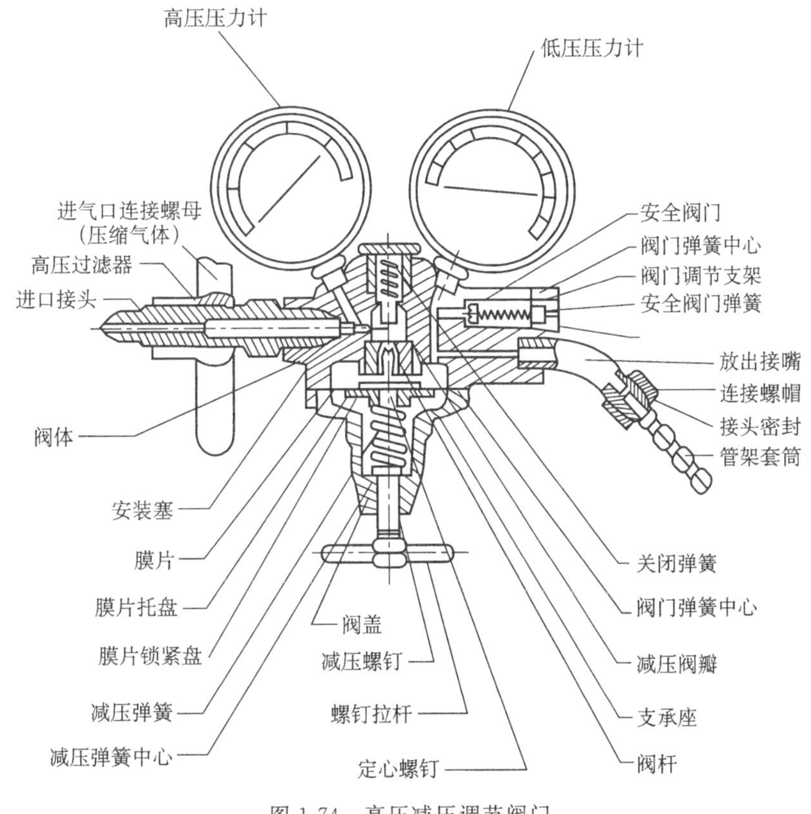

图1-74 高压减压调节阀门

(1) 阀体。阀体上装有进口、出口压力计，阀体内上部为高压室，高压室内装有关阀弹簧、阀瓣、阀座等。阀瓣下连阀杆，阀杆的另一端与调节螺母连接。

(2) 阀瓣。减压阀瓣在高压室内，阀瓣上连活塞，活塞上带有关闭弹簧。活塞由高压室的压力推动，并调节阀瓣的启、闭和开度。

(3) 手柄和调节螺母。调节螺母用手柄控制。特别指出的是：调节螺母拧紧时，阀打开；调节螺母放松时，阀关闭。

(4) 阀盖。阀盖在阀的下方，阀盖支承手柄、减压弹簧和定心螺钉。

2. 工作原理

高压减压调节阀的工作原理与低压减压调节阀的类似。高压减压调节阀的减压阀瓣的调节和平衡，由高压室的压力控制，若高压室的压力高时，趋于将减压阀瓣关小，降低出口压力；若高压室的压力低时，趋于打开阀瓣，提高出口压力。它的操作与低压减压调节阀相同，即拧紧调节螺母，阀打开；松开调节螺母，阀关闭。

3. 高压减压调节阀主要用于氧气、氢气、氦气等压力较高的钢瓶上进行减压。

1.6.3 管路减压阀

管路减压阀主要用在工业生产系统中的压力容器和管路上，分为两大类六种型式。

1.6.3.1 直接作用式减压阀

1. 活塞式减压阀。活塞式减压阀是采用弹簧和活塞作为传感件，直接带动阀瓣作升、降运动的减压阀，如图 1-75 所示。

2. 薄膜式减压阀。薄膜式减压阀是采用弹簧和薄膜作为传感件，直接带动阀瓣作升、降运动的减压阀，如图 1-76 所示。

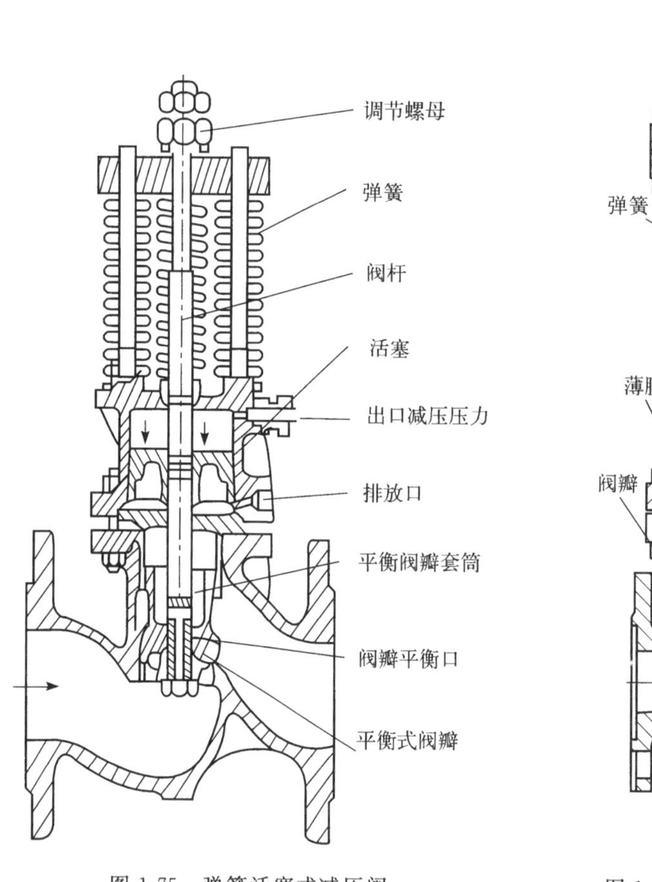

图 1-75 弹簧活塞式减压阀

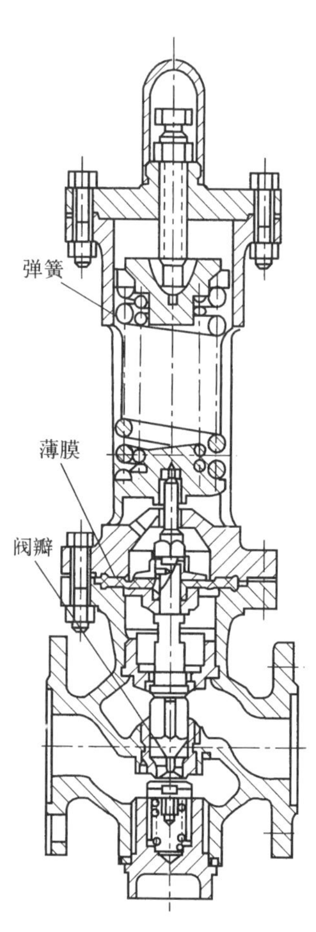

图 1-76 弹簧薄膜式减压阀

3. 波纹管减压阀。波纹管减压阀是采用弹簧、波纹管作为传感件，直接带动阀瓣作升、降运动的减压阀如图 1-77 所示。波纹管减压阀具有保护弹簧和无活塞摩擦的优点。

1.6.3.2 间接作用式—先导式减压阀

先导阀是敏感元件，作用是提高减压阀的灵敏度和精确度。

1. 先导活塞式减压阀：系采用先导阀放大作用，使活塞带动阀瓣作升、降运动的减压阀。是目前工业上应用最广的减压阀，如图 1-78 所示，它是大亚湾核电厂采用的先导活塞式减压阀。

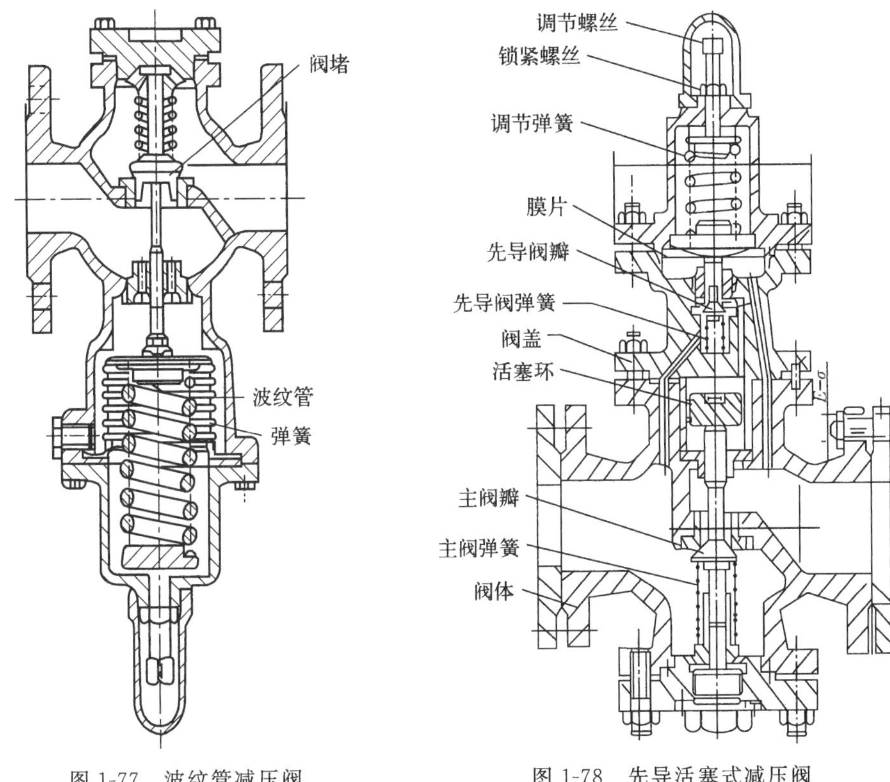

图 1-77 波纹管减压阀

图 1-78 先导活塞式减压阀

2. 先导薄膜式减压阀：系采用先导阀放大作用，使薄膜带动阀瓣作升、降运动的减压阀，如图 1-79 所示。

3. 先导波纹管式减压阀：系采用先导阀放大作用，使弹簧、波纹管带动阀瓣作升、降运动的减压阀，兼有先导阀放大提高精确度和波纹管与活塞相比运动无摩擦两方面的优点，如图 1-80 所示。

1.6.3.3 管路减压阀基本结构

1. 组成

管路减压阀主要由阀体、阀瓣、传感件、活塞或薄膜或波纹管、弹簧及其调节装置组成。先导式减压阀除上述部件外还有先导阀及进、出口导压管等。

2. 结构部件

结构部件以应用较广泛的先导活塞减压阀为例简述如下。

(1) 阀体：阀体与截止阀阀体基本相同，内有活塞，阀瓣在阀座下方，并带有卡簧；阀体中上部设先导阀；阀盖内有调压弹簧、弹簧座及其调节装置。

(2) 阀瓣：为锥形或平板形阀瓣。

(3) 活塞：活塞下有带动阀瓣上、下运动的传动杆。

(4) 弹簧：弹簧装在弹簧座内，由调节装置控制。

(5) 导压管：导压管也叫连通管，连接进、出口流体。

3. 管路减压阀的工作原理

管路减压阀的工作原理也以先导活塞式减压阀为例，简述如下。

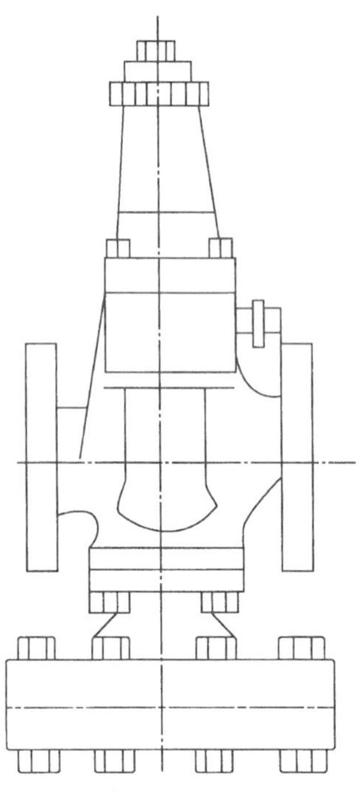

图 1-79 先导薄膜式减压阀

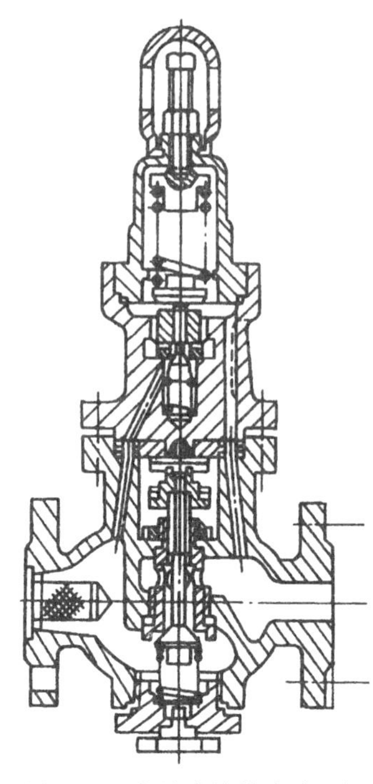

图 1-80 先导波纹管式减压阀

如图 1-78 所示，先导活塞式减压阀在管路系统中工作时，首先由进入阀内的高压流体，从进口导压管经过先导阀进入活塞上端，活塞受压下降，带动传动杆推开阀瓣，使减压阀打开某一开度，此时已进入阀的高压流体便在这一开度（阀瓣与阀座某一间隙）下通过，流体受阻降低压力后进入阀的出口腔，接着一股减压后的流体，通过出口导压管回到先导阀受控装置调压弹簧座的下端，若出口压力高于减压要求值，则弹簧被托起，带动传动杆，关小先导阀，使进入活塞上端的流体压力降低些，活塞相应上升，主阀的阀瓣相应关小些，使进口高压流体进一步受阻再降低些压力，以符合出口压力的减压要求；若出口压力低于减压要求时，则上述动作反向进行，相应地加大主阀开度，提高出口压力，以符合减压要求值。这样自动反复微调提高了减压阀的灵敏性和精确度。

4. 管路减压阀的适用范围及条件

目前国内生产的管路减压阀适用条件见表 1-11。

表 1-11 管路减压阀适用表

名 称	先导活塞式减压阀	先导薄膜式减压阀	弹簧薄膜式减压阀	波纹管式及先导薄纹管式减压阀
公称尺寸 DN/mm	20～200	20～50	25～50(80)	20～100
适用介质条件	$T \leqslant 400$ ℃蒸汽、空气	$T \leqslant 250$ ℃蒸汽、空气	$T \leqslant 250$ ℃蒸汽、空气	$T \leqslant 200$ ℃蒸汽、空气

1.6.4 排放减压阀(释放阀)

1. 排放减压阀(释放阀)的功能

排放减压阀(释放阀)的功能是通过排泄一定量的流体(如蒸汽)，使进口压力保持恒压状态。

2. 排放减压阀的结构

排放减压阀的结构，如图 1-81 所示。主要结构部件如下。

（1）阀体。阀体与弹簧安全阀的阀体类似，只不过在水平方向增加了一个与出口对称的进口，排泄口改在阀体下部。阀体内有阀瓣、回动弹簧、阀座、隔膜片等。

（2）阀瓣。阀瓣为平座阀瓣，阀瓣上的阀杆通过回动弹簧与隔膜片下部连接，阀瓣随隔膜片而运动。

（3）阀盖。阀盖内隔膜片上部有调节弹簧及推杆，阀盖还支承着调压手柄。

（4）调压装置。调压装置主要由调压手柄、调节弹簧、推杆、隔膜片等组成。

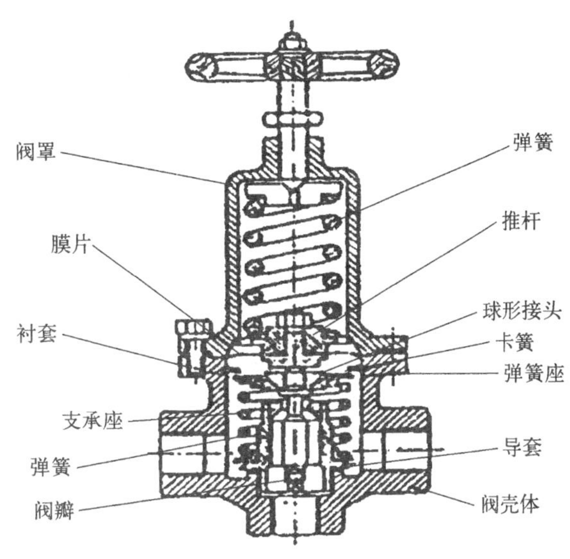

图 1-81 排放减压阀

3. 排放减压阀的工作原理

排放减压阀的工作原理，从图 1-81 可以看出，在正常工况运行时，进口流体的压力，作用在隔膜片底部，该压力与隔膜片上部调节弹簧的开启压力（整定压力）平衡，隔膜片下连的阀瓣处于关闭状态，保持压力恒定；当进口压力超过开启压力（调节弹簧的校准压力）时，托起隔膜片，压缩调节弹簧，隔膜片带动阀瓣上升，下部排放口被打开，部分流体排出，进行卸压，以消除进口的超压，保持进口压力恒定的要求。

上部手柄通过螺钉用来调节进口压力值（开启压力）。

排放减压阀的启动、工作和维修与减压阀的相同。

1.6.5 减压阀的选择

减压阀的选择，是根据减压介质特性、减压阀流量、阀前和阀后的压力以及阀前流体温度等条件来确定阀孔的面积，并按此选择减压阀的尺寸和规格。

1. 理论流量 G

流体经过减压阀节流排出的流量与流体性质和状态有关；亦与阀后压力 p_2 和阀前的压力 p_1 比值有关，压力比值愈小，流量愈大。但当压力比减少到某一定值时，流量不再随压力比的减少而增加，称此极限值为临界压力比。常用的各种流体临界压力比（σ_x）如下：

饱和蒸汽 $\sigma_x=0.577$；过热蒸汽 $\sigma_x=0.546$

压缩空气 $\sigma_x=0.528$；一般气体通式 $\sigma_x=\left(\dfrac{2}{K+1}\right)^{\frac{K}{K-1}}$

减压阀理论流量 G 可按下述两种情况计算：

当 $\dfrac{p_2}{p_1}>\sigma_x$ 时，减压阀理论流量的计算通式为：

$$G=36\sqrt{2\times9.8\times\frac{K}{K-1}\cdot\frac{p_1}{v_1}\left[\left(\frac{p_2}{p_1}\right)^{\frac{2}{K}}-\left(\frac{p_2}{p_1}\right)^{\frac{K+1}{K}}\right]}\ \mathrm{kg/(cm^2\cdot h)}$$

当 $\dfrac{p_2}{p_1}\leqslant\sigma_x$ 时，减压阀理论流量的计算通式

$$G=36\sqrt{9.8\times K\left(\frac{2}{K+1}\right)^{\frac{K+1}{K-1}}\frac{p_1}{v_1}}\ \mathrm{kg/(cm^2\cdot h)}$$

式中：p_2——阀后流体压力（绝压），MPa（0.1 MPa=1 bar）；

p_1——阀前流体压力（绝压），MPa（0.1 MPa=1 bar）；

K——流体绝热系数（等熵指数）。

$$K=\frac{C_p}{C_V}$$

C_p——定压比热容，kJ/(kg·℃)；

C_V——定容比热容，kJ/(kg·℃)。

饱和蒸汽：$K=1.135$；过热蒸汽：$K=1.3$；压缩空气：$K=1.4$。

v_1——阀前流体比体积，$\mathrm{m^3/kg}$。

2. 实际流量 q

$$q=\mu G\ \mathrm{kg/(cm^2\cdot h)}$$

式中：G——减压阀每 $\mathrm{cm^2}$ 阀孔截面的理论流量，$\mathrm{kg/(cm^2\cdot h)}$；

μ——阀孔流量系数（根据经验可取 0.45～0.6）；

q——减压阀每 $\mathrm{cm^2}$ 阀孔截面的实际流量，$\mathrm{kg/(cm^2\cdot h)}$（$q$ 值也可由图 1-82 查得，查图计算方法见例 1 和例 2）。

3. 减压阀所需的阀孔面积

$$f=\frac{Q}{q}\ \mathrm{cm^2}$$

式中：f——减压阀孔计算截面，$\mathrm{cm^2}$；

Q——减压阀流量，kg/h。

4. 阀孔喉径 d_0

$$d_0=\sqrt{\frac{4f}{\pi}}\ \mathrm{mm}$$

5. 减压阀的公称尺寸（通径）DN

(1) 根据公式计算出 f 和 d_0，从相应的产品样本上查出对应公称压力下的公称尺寸 DN。

(2) 根据经验公式求公称尺寸 DN

1）当减压介质为液体时

$$DN=d_0。$$

2）当减压介质为蒸汽时

$$DN=1.25d_0;\ d_0=0.8DN。$$

3）当减压介质为空气时

$$DN=1\frac{2}{3}d_0;\ d_0=0.6DN。$$

4）先导式减压阀的喉径 d_0 一般不小于 $0.8DN$。

实际产品的公称尺寸比经验公式计算的要大。

6. 减压阀的开启高度 h（理论开度）

(1) 平座开度 $$h=\frac{f}{\pi d_0}$$

(2) 锥座开度

$$h' = \frac{h}{\sin\frac{\alpha}{2}}$$

$$h = \frac{f}{\pi d_0}$$

式中：α——锥顶角。

7. 减压阀公称压力和弹簧压力级

(1) 公称压力 p　　$p \geqslant$ 最高工作压力。

(2) 调节弹簧工作压力级

调节弹簧工作压力级，根据进、出口压力选取。

公称压力、出口压力与调节弹簧工作压力级分档对应表见表 1-12。

表 1-12　调节弹簧压力级分级表/MPa

公称压力	出口压力	弹簧压力级	公称压力	出口压力	弹簧压力级
1.6	0.1～1.0	0.05～0.5 0.5～1.0	4.0	0.1～2.5	0.1～1.0 1.0～2.5
2.5	0.1～1.6	0.1～1.0 1.0～1.6	6.4	0.1～3.0	0.1～1.0 1.0～3.0

【例 3】已知过热蒸汽温度为 300℃，减压前后的蒸汽压力分别为 1 MPa 和 0.65 MPa，蒸汽流量为 1 200 kg/h，求减压阀阀孔截面积。(1 bar＝0.1 MPa)

解：图 1-82 中，取 10 bar (1 MPa)作为 D 点，由 D 点作向上垂直线与 300 ℃斜线相交于 F。由 F 点作与横轴平行的水平线，此平行线与最上的斜线相交于 E 点，再由 E 点出发画出与其他曲线等距离的虚线，与由 6.5 bar(0.65 MPa)作为 O 点作向上垂直线相交于 G 点，并由 G 点作向左引水平线与纵轴相交得 $q=230$ kg/(cm^2 · h)

$$f = \frac{Q}{q} = \frac{1\ 200}{230} = 5.22\ \text{cm}^2$$

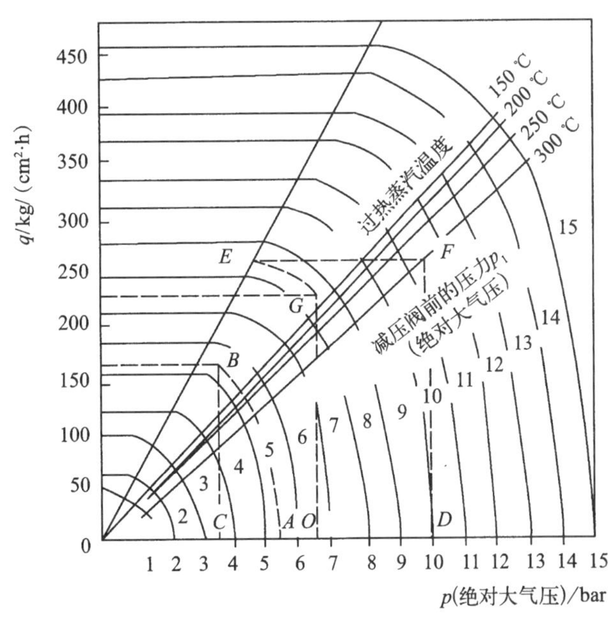

图 1-82　过热蒸汽流量图

【例 4】已知饱和蒸汽量 $Q=800$ kg/h，减压阀前、后蒸汽压力为 0.55 MPa 和 0.35 MPa，求减压阀阀孔截面积。

图 1-82 也适用于饱和蒸汽，查的时候不与过热蒸汽温度线相交，直接查交点即可。

解：在图 1-82 中，取为 5.5 bar(0.55 MPa)为 A 点，由 A 点向上画与曲线等距离的虚线，以压力 3.5 bar(0.35 MPa)的 C 点为起点，作向上垂线，相交于 B 点，由 B 点向左引水平线与纵轴相交点为 $q=168$ kg/(cm^2 · h)。由此得阀孔的必需截面积为：

$$f=\frac{Q}{q}=\frac{800}{168}=4.76\ \mathrm{cm}^2$$

根据查图法的计算结果，在减压阀的产品样本上选取满足阀孔面积和弹簧压力级的产品。

【例 5】先导薄膜式减压阀图解法选用例题

已知蒸汽流量为 550 kg/h，减压阀进口压力为 0.6 MPa，出口压力为 0.4 MPa。从图 1-83 纵坐标上压力为 4 bar（0.4 MPa）点，引横线与横坐标上进口压力为 6 bar（0.6 MPa）的曲线相交，由此交点作垂直线向下延至流量表中 550 kg/h（接近数）所在线，沿此线往右读，得减压阀公称尺寸 *DN* 为 32 mm。

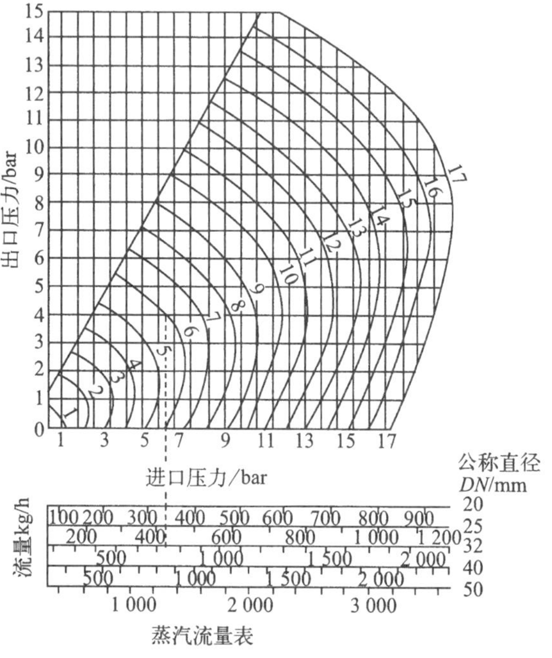

图 1-83 蒸汽流量图

对于过饱和蒸汽，因其有较高的特殊容积，在同一压力下的流量须乘一修正系数；过热 55 ℃过热蒸汽修正系数为 0.95，110 ℃过热蒸汽修正系数为 0.9。

如过饱和蒸汽流量为 740 kg/h，蒸汽过热 55 ℃，通过减压阀的流量为 740×0.95＝703 kg/h，进、出压力同上题，从图 1-83 查得减压阀公称尺寸（通径）*DN* 为 40 mm。

图 1-84 是介质为压缩空气时的计算图。

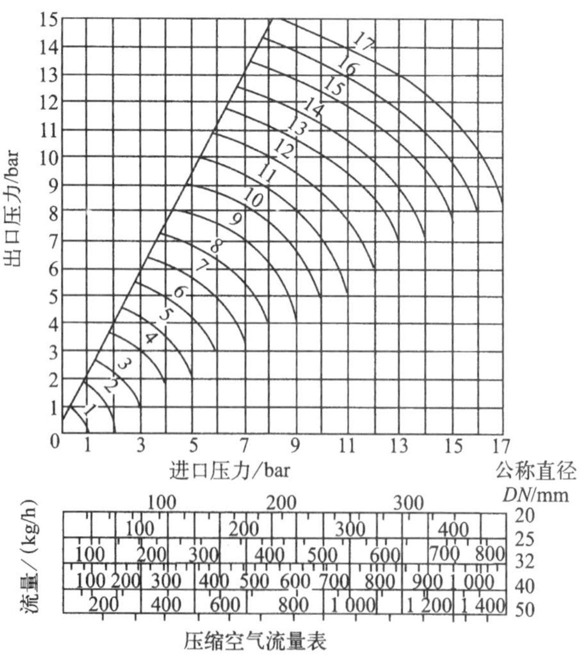

图 1-84 压缩空气流量图

1.6.6　减压阀的安装要求

1. 减压阀组不应设置在靠近移动设备或容易受冲击的地方，应设置在振动较小，周围较空之处，以便于检修。

2. 蒸汽系统的减压阀组前应设置汽水分离器，并在汽水分离器的排凝液处加设疏水阀。为防止长距离输送的蒸汽管道中夹带一些渣物，应在切断阀（闸阀）之前，设置Y形过滤器或直角式过滤器。

3. 阀组前、后应装设压力表，以便于调节。阀组后应设置安全阀，当压力超过时能起泄压和报警作用，保证压力稳定。

4. 减压阀均装在水平管道上，为防止膜片、活塞式减压阀产生严重水锤，应将减压阀底螺栓改装排水阀（闸阀 *DN* 20 或 25）。在投入运行时应放尽减压阀底存水。波纹管减压阀的波纹管应向下安装，用于空气减压时需将阀门反向安装。

5. 减压阀组应按图 1-85 进行组装。

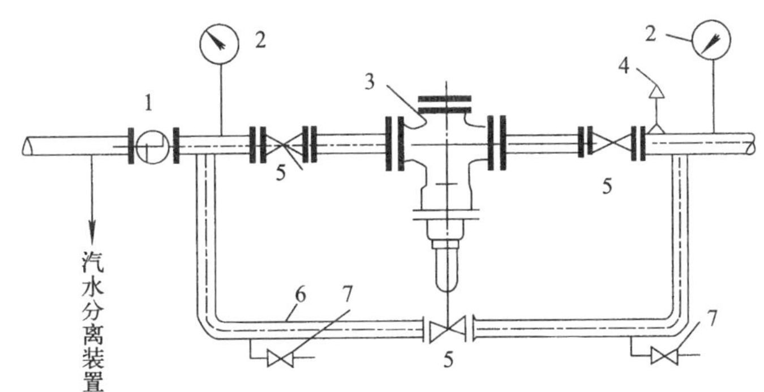

图 1-85　减压阀组安装示意图

1—过滤器；2—压力表；3—波纹管式减压阀；4—安全阀；5—闸阀；6—旁道管；7—排凝水阀

1.7　疏水阀

1.7.1　疏水阀的功能

疏水阀，也叫阻汽排水阀、疏水器等。其功能是自动排泄加热设备或蒸汽管路中不断产生的蒸汽凝结水、空气及其他不凝性气体，同时又能阻止蒸汽逸出，防止蒸汽损失。它是保证各种蒸汽加热工艺设备所需加热温度和热量并能正常工作的节能设备。在各类核电厂的蒸汽回路系统中都使用了各种类型的疏水阀。

1.7.2　疏水阀的类型、结构、工作原理、特性和使用范围

疏水阀的类型按工作原理和结构型式可分为三大类。现将三类中常用类型的疏水阀的工作原理、结构、特性和使用范围介绍如下。

1.7.2.1 热动力式疏水阀

热动力式疏水阀的工作原理，主要是利用蒸汽、凝结水通过启闭件（阀堵或阀片或阀瓣）时的不同流速引起被启闭件隔开的压力室和进口处的压力差来启闭疏水阀。这类疏水阀处理凝结水的灵敏度高，启闭件小，惯性也少，开关迅速。主要产品类型有：

1. 圆盘式疏水阀

圆盘式疏水阀如图 1-86 所示，它的工作过程是：当凝结水从孔 1 流入，由于变压室 4 的蒸汽凝缩压力降低，加之水的重度大，作用在阀片下面的力，大于变压室作用在阀片上面的力，故将阀片打开，同时又因水的黏度大，流速低，阀片与阀座间不易造成负压，而且凝结水不易通过阀片与阀盖间的缝隙流入变压室，这样就使得阀片保持开启状态，凝结水经过环形槽 2，从孔 3 排出疏水阀。

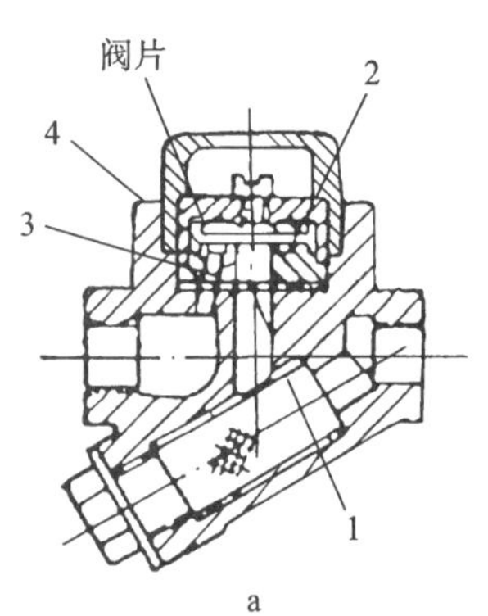

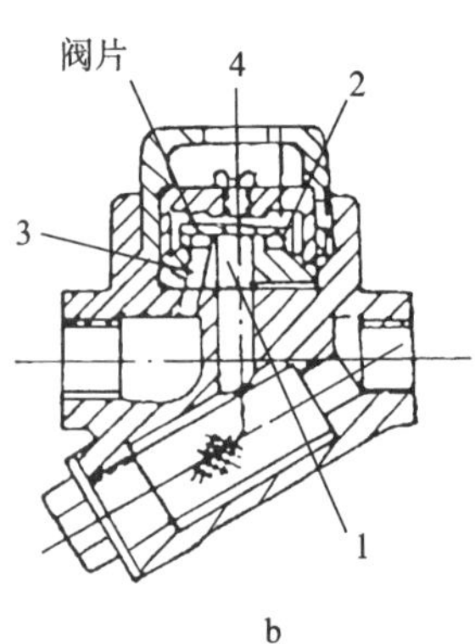

图 1-86 圆盘式流水阀结构图

a. 开启状态；b. 闭合状态

1—入水孔；2—环形槽；3—排水孔；4—变压室

当饱和蒸汽从孔 1 流入时，由于蒸汽的黏度小，流量大，根据柏努里定理，阀片下面的压力降低，并使阀片与阀座间形成负压，而且蒸汽容易通过阀片与阀盖间隙进入变压室，这样作用在阀片上面的压力大于作用在其下面的压力，使阀片迅速关闭，阻止蒸汽的泄漏。当凝结水再次进入阀时，开始又一循环过程。

圆盘式疏水阀，结构简单，造价低、间断排水有噪声，最小过冷度*6～8 ℃，有一定的漏气量，排空气性能不佳，耐水击，适应于冷冻及过热蒸汽场合，适用范围较广。

2. 脉冲式疏水阀

脉冲式疏水阀如图 1-87 所示，它的工作过程为：当蒸汽通入时，空气冷凝水进入疏水阀，由于 1 处压力增加则控制盘 3 下面的压力使阀瓣 6 上升开启。空气和冷凝水从主泄孔 2 流出，少部分则流入控制室 5，由于流入 5 室的冷凝水不多，冷凝水可从副泄孔 4 流往疏水阀出口。随着冷凝水不断流入，温度也不断上升，通过控制盘 3 的冷凝水量逐渐增加，直到控制盘上、下压力相等时，阀瓣 6 停止上升。

当很热的接近汽化温度的蒸汽凝结水进入 5 室后，使部分冷凝水再次蒸发为二次蒸汽，

* 过冷度：过冷度是指疏水阀排出水的温度比相应饱和水温度要低的度数。

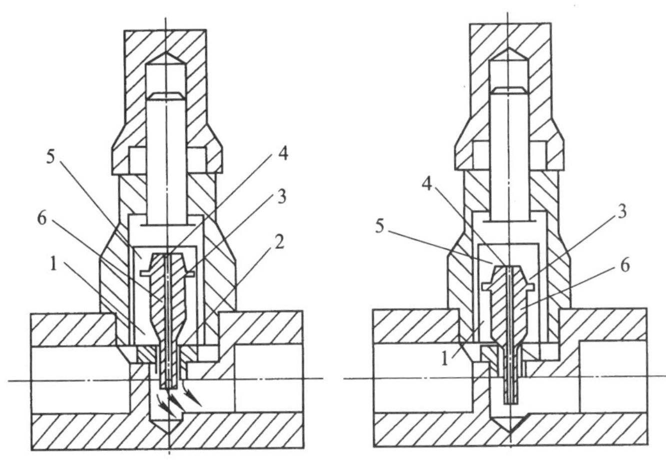

图 1-87　脉冲式疏水阀结构图

1—进水室；2—主泄孔；3—控制盘；4—副泄孔；5—控制室；6—阀瓣

使控制室中的介质体积膨胀，并使副泄孔 4 中介质流动部分受阻，于是 5 室压力增大，当控制盘上面的压力大于控制盘下面的压力时，使阀瓣 6 下降而关闭主泄孔 2，阻止蒸汽泄出。

由于冷凝水主泄孔关闭，当冷凝水再次流入，温度逐渐下降，控制室再蒸发作用减少，控制盘上面的压力逐渐降低，使控制盘下面的压力大于控制盘上面的压力，又使阀门重新打开，就此重复上述循环。

脉冲式疏水阀结构简单，能连续排水，但有较大的漏气量，能排除一定量的冷热空气，最小过冷度 6～8 ℃。

1.7.2.2　热静力型疏水阀

热静力型疏水阀的工作原理是利用蒸汽和凝结水的不同温度，引起温度敏感元件动作，从而控制启闭件工作。其温度敏感元件受温度变化在开关启闭时有滞后现象，对低于饱和温度一定温差的凝结水和空气可同时排放出去。可装在用汽设备上部单纯作排空气阀使用。主要产品类型如下。

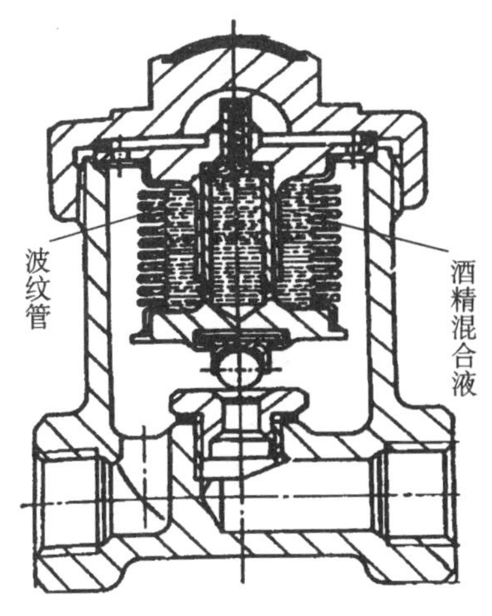

图 1-88　蒸汽压力式疏水阀

1. 蒸汽压力式疏水阀

蒸汽压力式疏水阀也叫平衡压力式疏水阀，如图1-88所示。阀瓣上面的平衡波纹管是一两端密封的金属波纹管，内装酒精混合液，其沸点低于水，遇有不同温度可纵向膨胀或收缩，阀门在冷却状态时，阀瓣在完全打开位置，当冷凝水进入阀体时，波纹管（温感元件）处于收缩状态，阀门开启，冷凝水和空气便排泄出来，冷凝水排光后，热蒸汽跟着进来，由于蒸汽温度高，温度敏感元件内装酒精混合液的波纹管受热膨胀，由于其上端为固定端，所以推动下端阀瓣下降，将阀门关闭，及时阻止蒸汽逸出，当冷凝水再次进入阀体时，重复上述动作进行再一次循环。

蒸汽压力式疏水阀，结构简单，动作灵敏，可连续排水、排空气，性能良好，过冷度 3～20 ℃，漏汽量小，但抗污垢，抗水击性能差，应用范围广，也可作为蒸汽系统的排空气阀。

2. 双金属片膨胀疏水阀

双金属片膨胀疏水阀的工作原理，是利用两种不同膨胀系数的金属组成的片子，如图 1-89 所示，受热时弯曲拱起，冷却时恢复平直的物理特性，带动阀瓣上、下开启或关闭的作用，达到阻汽排水的目的。图 1-90 是双金属片膨胀疏水阀的工作图。图 1-90a 表示冷凝水进入阀体，双金属片平直，阀门处于打开状态冷凝水排出。图 1-90b 表示冷凝水排光后，热蒸汽进入阀体，双金属片受热拱起将阀杆拉起阀门关闭，阻止蒸汽逸出。

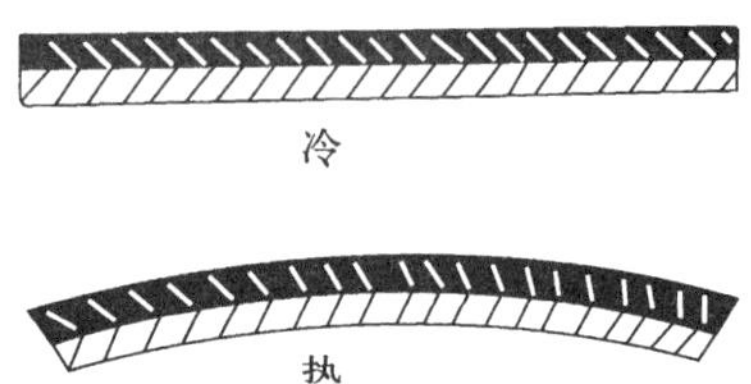

图 1-89　膨胀对双金属片的影响

图 1-91 是工程上常用的双金属片膨胀疏水阀，其中图 1-91b、图 1-91c 是大亚湾核电厂采用的双金属片疏水阀结构图。为了使温度敏感元件双金属片的运动规律能遵循蒸汽饱和曲线的规律，在双金属片与阀座之间加装一弹簧使工作曲线趋近于饱和蒸汽曲线。开始工作时，阀门处于打开状态，空气和凝结水通过，随着凝结水温度的升高，双金属片便产生了一个逐渐使阀瓣接近阀座的拉力，此拉力与蒸汽压力相反，同时双金属片圆盘压迫弹簧，又抵消了部分拉力，只有当凝结水温度继续上升达到饱和蒸汽温度而变成蒸汽时，双金属片的拉力才能将阀关闭，阻止蒸汽逸出，为此加装的弹簧是要通过计算设计才能确定的。

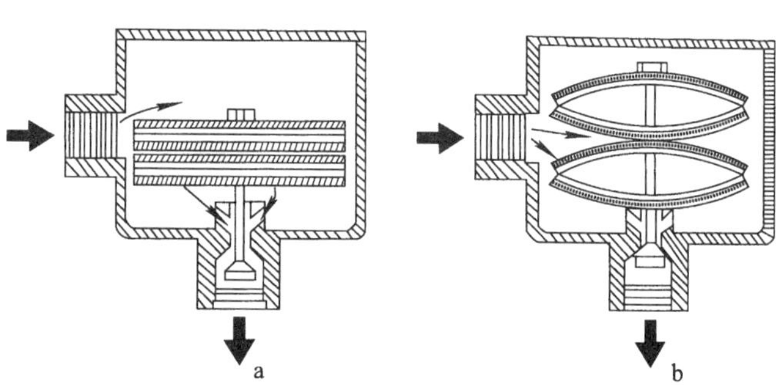

图 1-90　双金属片膨胀疏水阀工作原理

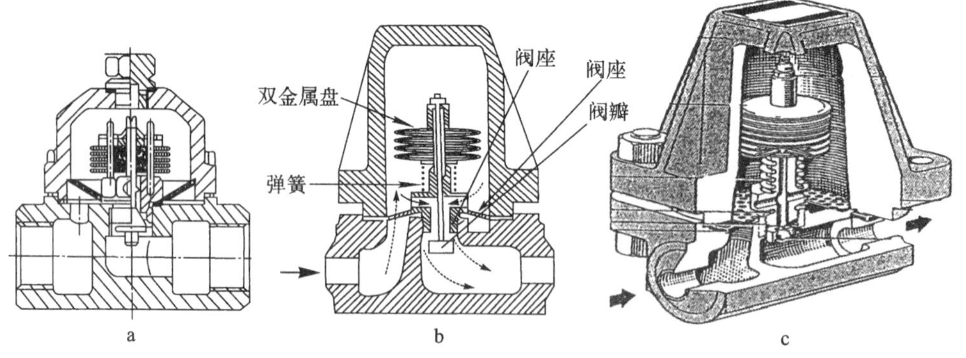

图 1-91　双金属片疏水阀

a. 国产结构图；b、c. 大亚湾核电厂双金属片疏水阀结构图

双金属片膨胀疏水阀，动作灵敏度不高，但能连续排水，排水性能好，过冷度较大且可调节，从低压到高压都适用，最高压力可达 21.5 MPa，最高温度可达 550 ℃，抗污垢、抗水击性能强，也可作为蒸汽系统排空气阀。

3. 先导式疏水阀

先导式疏水阀又称大排量组合式疏水阀，如图1-92所示。它是由双金属片热控开关先导阀和活塞式主阀组成。主阀由先导阀控制，在冷却状态时先导阀处于开的状态，主阀靠自重也一定程度打开。当冷凝液进入阀体后，一股冷凝水便从先导管通过先导阀进入主阀活塞的上部，并形成一定的压力使活塞下降将主阀完全打开。

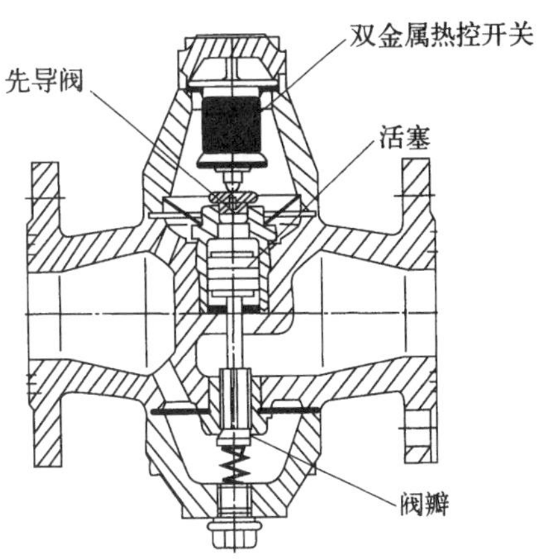

图1-92　大排量组合式流水阀结构

冷凝水和空气通过主阀排出去，当蒸汽进入冷凝水温度上升，双金属片逐渐膨胀，先导阀渐渐关小，活塞上部压力也随之减小，活塞上升，主阀关小，当冷凝水温度达到饱和温度进而变成蒸汽时，先导阀完全关闭，活塞上部的余压也因活塞内的冷凝水通过活塞与活塞套筒间、阀杆与基座间的缝隙的泄漏而随之消失，在压差作用下主阀完全关闭及时阻止了蒸汽的逸出。当冷凝水再度进入阀体时重复上述运动，开始另一循环。

先导式疏水阀，排水量大，动作灵敏，可连续排水，过冷度大，从低压到高压都适用，抗水击、抗污垢性能好，但结构比较复杂。

1.7.2.3　机械型疏水阀

机械型疏水阀依靠浮子(球状或桶状)随凝结水液位升、降的动作来实现阻汽排水的作用。小口径阀的灵敏度较大口径的高，浮球式灵敏度高于浮桶式疏水阀。

1. 浮筒式疏水

浮筒式疏水阀如图1-93所示，桶状浮子的开口朝上配置。开始通气时，产生的凝结水被蒸汽压力推动，流入疏水阀内部吊桶的四周，吊桶浮起，阀关闭，随着凝结水量的增加又逐渐流入桶内。当浮筒内储存的水达到所规定的数量时，浮筒失去浮力，便下沉，从而打开了连接在浮筒上的阀瓣，浮筒内的水通过集水管，由疏水阀的出口排出。当浮筒内的凝结水大部分被排除之后，浮筒又恢复了浮力，向上浮起，关闭排出口。

这样，根据凝结水的流入量，及时地使浮筒下沉开阀排放凝结水，或上浮关阀停止排放凝结水，实现离合动作，间断地排除凝结水。

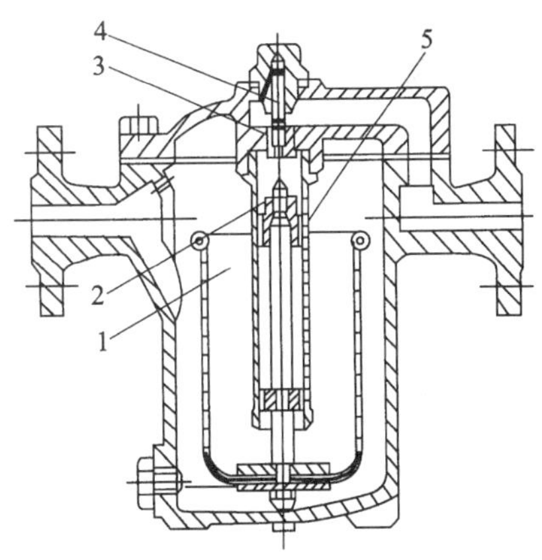

图1-93　浮筒式疏水阀

1—浮筒；2—阀瓣；3—阀座；4—止回阀；5—集水管

2. 倒吊桶浮子式疏水阀

倒吊桶浮子式疏水阀也叫钟形浮子式疏水阀，如图1-94所示。其中a，b为国产结构图，c为大亚湾核电厂采用的结构图。它们的基本结构是在阀体内有一倒吊钟形桶，其顶盖用杠杆与出口阀瓣连接，由桶的上、下位移带动杠杆控制出口阀的开和关，桶的升、降由凝结水位控制。它们的工作原理如下：疏水阀安装时，其吊桶下垂，出水口开启如图 1-94a 所示，当蒸汽开始进入管路时，其前部所凝结之冷凝水及空气被蒸汽压力推动，由进口管 1 进入疏水阀内，冷凝水及空气由出水口 3 排出。吊桶盖上自动放气孔 4 的开、关，由双金属片 5 控制，当双金属片和冷空气相接触时，自动放气孔 4 开启，冷空气及凝结水即由孔内排出。当凝结水排完后，热蒸汽进入疏水阀时，双金属片和热蒸汽相接触，双金属片的温度升高至 100 ℃左右时，双金属片受热膨胀后，将自动放气孔 4 关闭，吊桶内渐渐充满蒸汽而将冷凝水压出，这时吊桶因受桶外冷凝水的浮力而升起，将出水口 7 关闭，及时阻止蒸汽逸出，如图 1-94b 所示。当下一次再有冷凝水陆续进入疏水阀时，在吊桶内所存的蒸汽一部分已凝结成水，而少部分的空气，由吊桶顶部排气孔 6 放出，这时吊桶自重所产生的力矩，超过水位压力差的浮力力矩，吊桶下沉，出水口 7 打开，凝结水排出，重复上述动作，进行下一次循环。

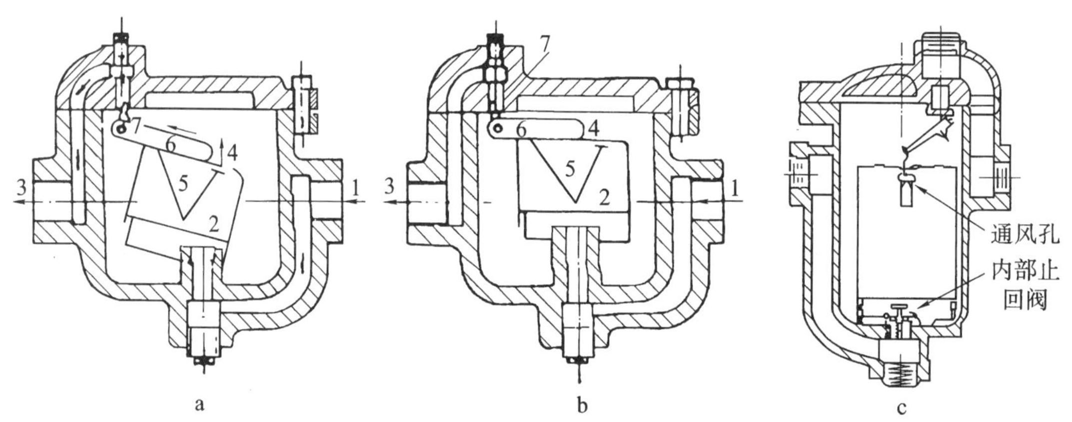

图 1-94 倒吊桶浮子式疏水阀

a、b. 国产结构；c. 大亚湾核电厂采用的结构

1—进水管；2—吊桶；3—出水管；4—自动放气孔；5—金属片；6—桶顶排气孔；7—出水口

倒吊桶式疏水阀，比一般浮桶式疏水阀，灵敏度高、体积小、漏气量也少，可在工作开始和中间排除一定量的冷、热空气。

3. 浮球式疏水阀

浮球式疏水阀又分为自由浮球式疏水阀和杠杆式浮球疏水阀两种，现分别叙述如下。

(1) 自由浮球式疏水阀如图 1-95 所示。它的工作原理是依靠浮球随着凝结水位的高、低升降来打开和关闭凝结水出口阀，达到阻汽排水的作用。空气是依靠顶部由双金属控制的自动排气孔(阀)，将冷热空气排出阀外。

自由浮球式疏水阀，结构简单，灵敏度高，能连续排水，漏汽量少，一般结构不能排气，附加双金属片排空气阀，可自动排除冷、热空气，并可排饱和水；抗水击，抗污垢性较差；可设计成大口径、大排量疏水阀，但制造工艺较复杂。

(2) 杠杆浮球式疏水阀，如图 1-96 所示。其特点与自由浮球式疏水阀相似，所不同的是浮球连接着杠杆，杠杆另一端连接并带动凝结水出口阀。当浮球随着凝结水位上、下浮动时，杠杆也跟着动作并带动出口阀瓣开启和关闭、实现阻汽排水的工况。顶部排空气阀，也可采用双金属片控制的自动排气阀，如图 1-96 中左上角所示。

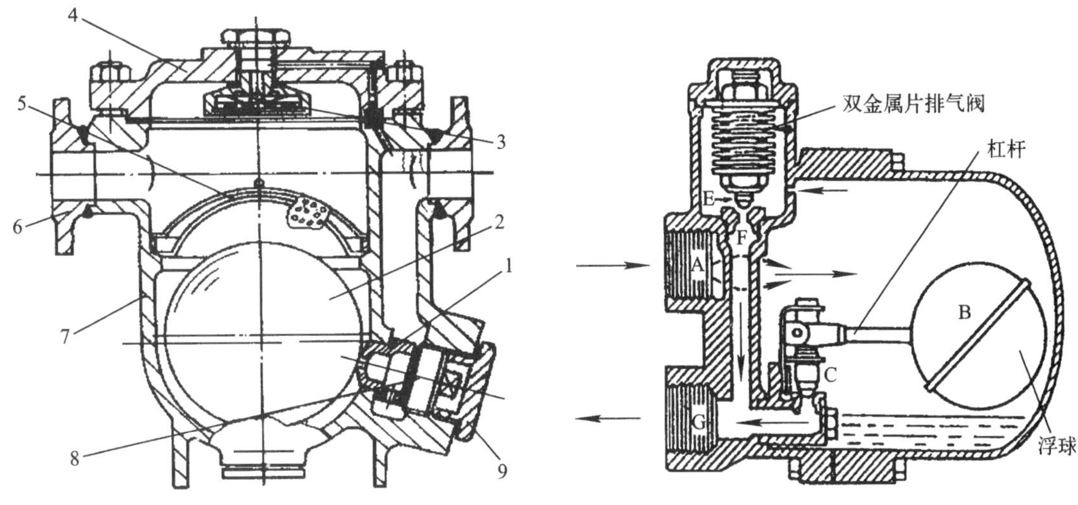

图 1-95　自动放气自由浮球式疏水阀

1—阀座；2—浮球；3—自动放气阀；4—阀瓣；5—过滤网；6—焊接法兰；7—阀体；8—调整螺塞；9—螺塞堵

图 1-96　杠杆浮球式疏水阀

杠杆浮球式疏水阀，体积小、灵敏度略低，但制造工艺较简单。

1.7.3　疏水阀的选择

选用疏水阀时，首先根据工况特点确定好疏水阀的类型，再根据疏水阀进、出口最大压差和最大排水量，从疏水阀的压差——排量曲线上选取合适口径的疏水阀。现将疏水阀的最大压差及最大排水量的计算方法介绍如下。

1. 疏水阀进、出口最大压差计算

计算公式为：　$\Delta p = p_1 - p_2$　MPa

式中：p_1——疏水阀进口压力（一般疏水阀进口压力比蒸汽压力低 0.05 MPa），MPa；

p_2——疏水阀出口压力，MPa。

当凝结水不回收时，疏水阀的出口压力，可视为零；当凝结水经管网集中回收时，疏水阀的出口压力是凝结水管网压降、凝结水上升高度和凝结水接收槽内压力三者之和，即：

$$p_2 = \frac{\Delta p_L L}{10^4} + \frac{H}{10} + p \quad \text{MPa}$$

式中：H——疏水阀与凝结水接收槽之间的位差；

Δp_L——每米管道的摩擦阻力，MPa；

L——管道当量长度（包括局部阻力当量长度），m；

p——凝结水接收槽内压力，MPa。

2. 疏水阀最大排量计算

由于在供蒸汽初期易发生疏水阀超负荷运行现象。为了适应这种变化，并考虑疏水阀最大排水量是按连续排水测得的，故计算求得的设备和管道的排水量应乘以安全系数 n，才能作为选用流水阀的最大排水量。安全系数 n 一般为 2～3，可在管路计算手册中查得。

开工时(初次供蒸汽时)蒸汽管道或阀门的凝结水量计算公式：

$$Q=\frac{q_1 C_1 \Delta t_1 N_1 + q_2 C_2 \Delta t_2 N_2}{i_1 - i_2}\times 60\ \mathrm{kg/h}$$

正常工作时蒸汽管道的凝结水计算公式：

$$Q=\frac{W}{i_1 - i_2}\cdot N_1\ \mathrm{kg/h}$$

取两值中的大者作为最大排水量。

式中：i_1——操作压力下过热蒸汽或饱和蒸汽的焓，W/kg；

i_2——操作压力下不凝气体饱和水的焓，W/kg；

Q——凝结水量，kg/h；

q_1——单位长度钢管重量或单只阀的重量，kg/m 或 kg/个；

q_2——单位长度钢管或单只阀门的保温材料重量，kg/m 或 kg/个；

C_1——钢管材料比热，W/(kg·℃)；碳钢 $C_1=0.12$；合金钢 $C_1=0.116$；

C_2——保温材料比热，W/(kg·℃)，可近似地取 $C_2=0.2$；

Δt_1——钢管升温速度，℃/min，一般取 $\Delta t_1=5$ ℃/min；

Δt_2——保温材料升温速度，℃/min，一般取 $\Delta t_2=\Delta t_1/2$；

W——蒸汽管道单位长度的散热量，W/m·h；

N_1，N_2——管道长度或阀门数量，m 或个。

3. 选用疏水阀的步骤

(1) 首先根据生产工艺要求和特点，确定疏水阀的类型。例如生产要求，在凝结水一经形成后，就必须排除掉，像这种运行工况，就不能选用脉冲式疏水阀和圆盘式疏水阀，因为这种疏水阀过冷度约为 6～8 ℃，而应选用浮球式疏水阀。

(2) 在确定疏水阀的类型后，再用计算出的进、出口最大压差 Δp 和最大排水量 Q，在该类型疏水阀的 Δp—Q 曲线图上查得相应规格大小的疏水阀。图 1-97 是 SM45—双金属疏水阀及组合式大排量疏水阀的 Δp—Q 曲线图。

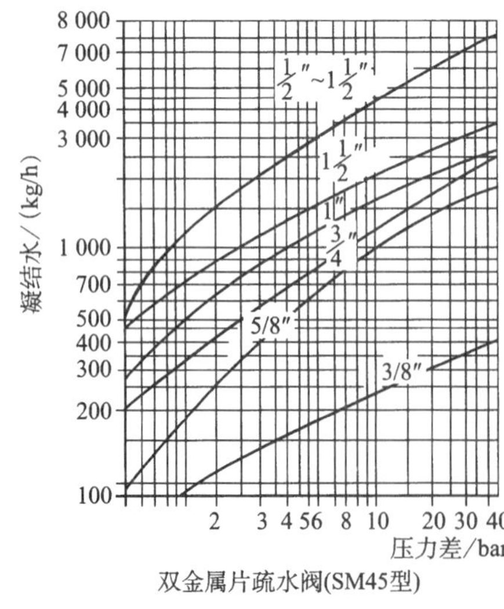

双金属片疏水阀(SM45型)

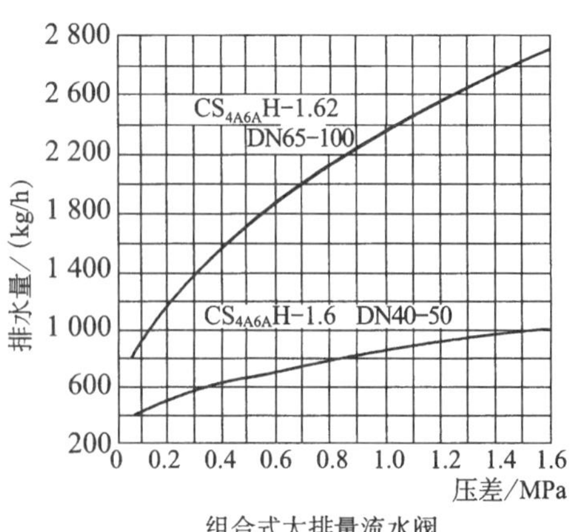

组合式大排量流水阀

图 1-97 疏水阀 Δp—Q 曲线图

1.7.4　疏水阀的安装要求

1. 疏水阀都应带有过滤器，如果不带过滤器，则应在疏水阀前安装过滤器，防止水垢、机械杂质等脏物堵塞疏水阀，对间歇运行的系统和选用脉冲式疏水阀的系统尤为重要。过滤网通常用直径 0.7～1 mm 的不锈钢丝网做成，其过滤面积不得小于通道面积的 1.5 倍，过滤器应设置在易拆卸的位置。

2. 疏水阀前、后应设切断阀(冷凝水排至大气的疏水阀，可不设后切断阀)，切断阀应优先选用闸阀，前切断阀置于过滤器之前。在疏水阀的前切断阀之前还应设放空管(或称冲洗管)，开车时排放冷凝水、空气和不凝性气体，以减少系统内的气堵现象。放空管上的阀门尽量选用闸阀，在后切断阀之前设置窥视镜或检查管，作为检查疏水阀的操作用。检查管上的阀门选用同放空管。当冷凝水不回收直接排入大气时，可以不设检查管或窥视镜。

3. 在通常情况下，疏水阀不设旁路管。因蒸汽可能从旁路管窜入回水管，影响其他设备和管网回水压力的平衡。当生产工艺有严格要求时，允许选用两个疏水阀并联敷设以为备用，如图 1-98 所示。

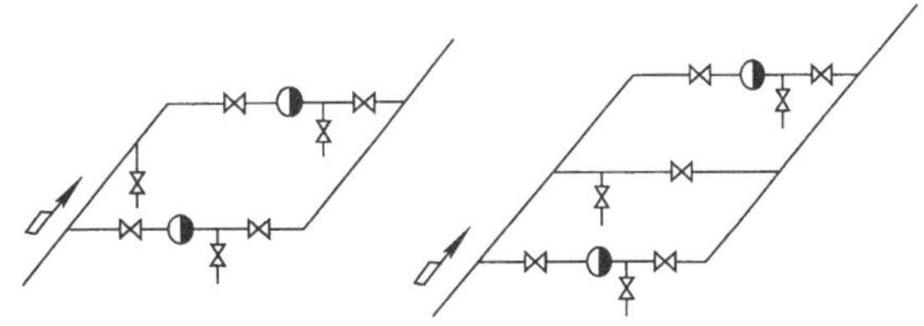

图 1-98　疏水阀并联安装示意图

4. 疏水阀应设置在低于设备、管路冷凝水排出口的地方，这样冷凝水不会在设备、管路内聚积，并能及时排出，参见图 1-99a 及 b；当疏水阀安装在设备之上时，必须加设一低于设备的管段，并在最低处设置装有阀门的排除集液管，如图 1-99c 所示。若疏水阀后的冷凝水集合管或冷凝水收集槽高于疏水阀时，则应在疏水阀的后切断阀与冷凝水上升管之间设置止回阀以防止冷凝水倒灌，如图 1-100 所示。

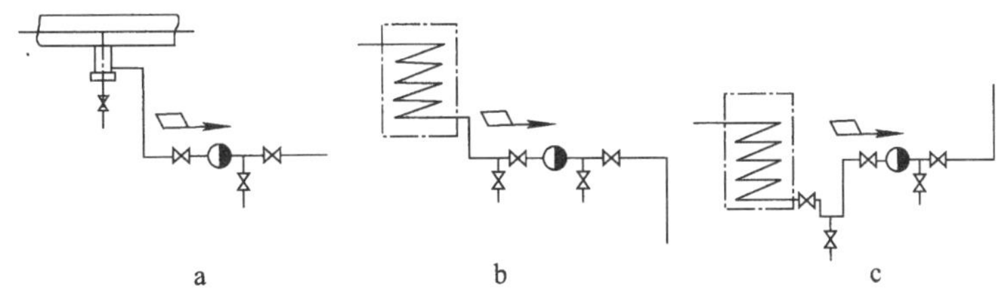

图 1-99　疏水阀安装图

a. 与集水管连接；b. 安装在设备之下；c. 安装在设备之上

5. 螺纹连接的疏水阀在阀的前后，应设置活接头，便于拆装、检修。

6. 疏水阀组应尽量靠近蒸汽加热设备，以提高工作效率，减少热量损失。但热静力型疏水阀，特别是双金属片式疏水阀应离开用汽设备 1 米远左右，这段管道不要保温以满足双金属片式疏水阀过冷度较大的工作特点。

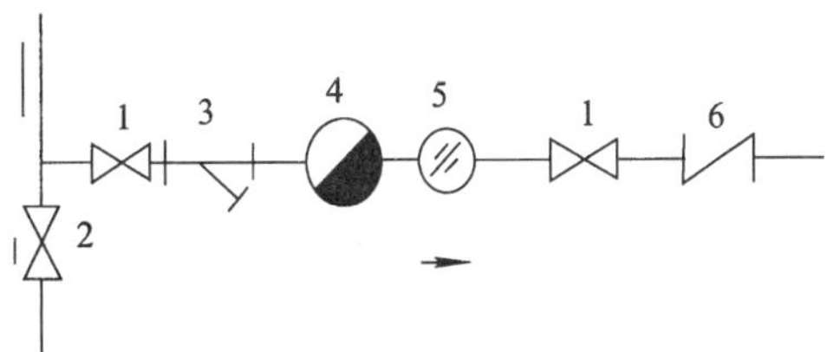

图 1-100　疏水阀组装示意图

1—切断阀；2—放空阀；3—过滤器；4—疏水阀；5—窥视镜；6—止回阀

7. 疏水阀一般应设置在水平管路上，只有圆盘式疏水阀水平管路、垂直管路都可安装。装在水平管路上的疏水阀，从蒸汽设备到疏水阀这段管路，应沿着流动方向有一 4%的坡度，管路的公称尺寸不少于疏水阀的公称尺寸，以免形成蒸汽阻塞，造成排水不通畅。

8. 不同蒸汽压力的不同用汽设备，不能共用一个疏水阀，因为高压用汽设备的进、出口压力高，使低压用汽设备的出口压力提高，造成进、出口压差缩小，减少了低压设备的排水量，甚至排不出水，使低压用汽设备无法工作。

9. 同一蒸汽压力的几个同类型用汽设备，也不允许共同使用一个疏水阀。由于这些设备的负荷不能一致，设备使用情况也不同，其加热效率、流体阻力都有所不同。蒸汽大量从阻力小的设备通过，而影响其他设备通过的蒸汽量，不能满足用汽设备的工艺要求。原则上一个用汽设备一个疏水阀。

10. 寒冷地区室外安装疏水阀时应注意防冻。因为凝结水在疏水阀内冻结，会使疏水阀失去阻汽排水的功能，甚至冻裂疏水阀，采取的措施是加强疏水阀前、后管路的保温，对经常停车或间断使用的疏水阀，在停车或停用时进行人工放水或装自动放水阀，对阀体内有积水的机械性疏水阀，阀体下部要设置排空水装置(如排空阀或丝堵等)。

11. 对同一设备先后使用蒸汽加热与冷却时，建议应分别设置加热与冷却两套完整装置，以保证疏水阀的功能并防止蒸汽、凝结水混杂。

1.8 高温、高压阀

高温、高压阀的类型虽然和普通阀门一样，但在所用材料、阀体形状及构造、阀座和阀瓣的密封配合、阀杆的密封以及阀门连接方式上根据高温、高压的要求均发生了很大变化。

1.8.1 阀体的形状及构造

阀体的形状及构造是根据高温、高压来设计的，所以它的壁厚比一般阀门要厚得多，零部件也比较笨重，构造上也做了相应的改造。

1.8.2 高温、高压阀的材料

1. 阀体常用的材料为合金钢或高温耐热钢；

2. 阀瓣用的材料是司太立特合金，它是铬、钛、钨碳化物材料，是唯一能在 450 ℃以上使用的合金；

3. 阀杆常用的材料为不锈钢和高温耐热钢；

4. 弹簧用的材料为含 15%铬和 35%镍的不锈钢。

1.8.3 高温、高压阀的密封

1. 阀座与阀瓣的密封配合，采用耐高压镜面密封；

2. 阀杆密封主要采用填料密封，所用填料是由能耐高温的石棉纤维为主的混合材料制成。

1.8.4 高温、高压阀的连接

高温、高压阀接管的连接方法主要有两种：

1. 螺纹连接；

2. 焊接连接。

1.9 阀门的驱动装置

1.9.1 阀门驱动的类型

1. 就地手动驱动

(1) 就地手轮驱动；

(2) 就地隔墙手轮驱动。

2. 远距离控制驱动

(1) 电动控制驱动；

(2) 气动控制驱动；

(3) 液压控制驱动。

1.9.2 阀门自动控制的基本原理

1. 阀门自动控制系统工作原理

根据生产过程和运行参数对系统中阀门实行自动控制是核电厂广泛采用的措施。阀门自动控制系统和其他自控系统一样，主要由测量部件(仪器、仪表)、控制器(包括计算机)和执行机构三部分组成。它们和被控对象连接在一起就构成了自动控制系统。

如图1-101所示，是一般阀门控制系统的工作原理方框图。各单元通过信号的传递互相连接起来，形成一个闭环系统。

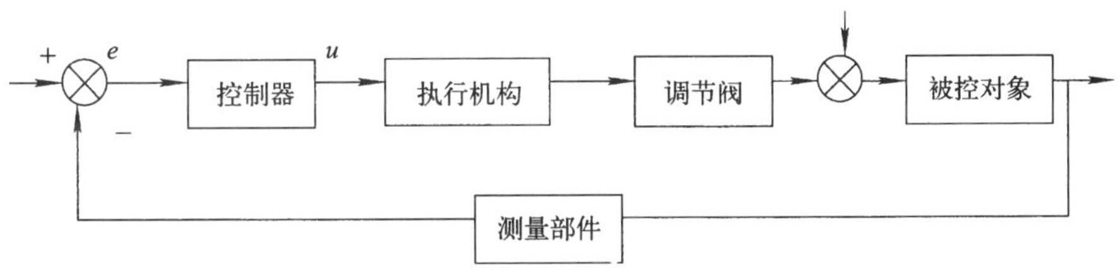

图1-101 阀门控制系统方框图

由生产过程给出的控制运行参数(给定值)，经控制器运算输出给定值输出量(u)，送到执行机构驱动调节阀门，控制被控对象的输入量。测量部件将被测量的信号(实测被控对象的输入量)，反馈到控制器与给定值进行比较，得到一个偏差信号 e，经控制器按控制方程运算后，发出纠正偏差，控制信号给执行机构，去驱动调节阀门修正被控对象的输入量，如此反复以缩小和消除与给定值的偏差，使被控对象的控制量，趋于期望的给定值，达到自动控制的目的。

2. 阀门控制系统的组成

如前所述，阀门自动控制系统主要由三部分组成。现介绍如下。

(1) 测量部件

测量部件主要指对被控对象在生产过程中的温度、压力(真空、压差)、液位、流量等运行参数进行载线测量的仪器、仪表。它包括一次仪表和二次仪表，二次仪表除显示外，主要能将测量信号值转换成供控制器用的标准测量值，以便反馈到控制器进行运算。

(2) 控制器

在控制系统中，控制器的作用是根据被控变量的测量值与给定值之间的偏差，按预定的控制规律进行运算并发出控制信号，去控制执行机构的动作，以实现对生产过程的自动控制。

控制器的输出信号和输入信号之间随时间变化的规律，称为控制器的控制规律。

若以 u 表示控制器的输出变化量，e 表示输入的偏差信号，则控制器的控制规律可表示为如下的函数关系：

$$u=f(e)$$

控制器的典型控制规律是长期生产实践的总结。不同的控制规律适应不同的生产要求，在了解常见基本控制规律的特点及适用的基础上，根据生产过程的产品质量指标要求，结合被控过程的特性，才能正确地选用合适的控制规律。

控制器的种类很多，一般可分为气动式、电动式和液压式三种。目前应用较多的是电动式、气动式控制器，液压式控制器在许多场合也有应用。

控制器的运算部分通常以反馈或串接的组合方式来实现比例、积分、微分(PID)运算功能。用得最多的是 PID 运算控制。目前最新式的过程计算机，其基本控制功能也是 PID 控制。

(3) 执行机构

执行机构是自动控制系统中的终端控制元件，它接受来自控制器发出的控制信号，通过驱动调节阀门，改变流体通路的流通能力来改变被调介质的流量、压力、温度，以便按规定要求对影响被控生产过程状况的变量进行调节和操纵。它是自动控制系统中必不可少的重要组成部分。

执行机构一般分为电动、气动和液动(液压)三种类型。

气动执行机构是以压缩空气为动力的执行机构，它的主要特点是结构简单、动作可靠、性能稳定、故障率低、价格便宜、维修方便、自身具有防爆性、易做成大功率等。它不仅能与气动调节仪表配套使用，而且通过电—气转换器或电—气阀门定位器，还能与电动仪表或控制计算机配套使用。因此它被核电厂及其他工业生产系统广泛使用。

电动执行机构是以电能为动力的执行机构。其特点是能源取用方便、信号传输速度快、传输距离远、便于集中控制，停电时执行机构保持原位不变不影响设备安全，灵敏度精确度均较高，与电动仪表配合方便，接线简单。主要缺点是体积较大、价格高、结构复杂、维修不便、平均故障率比气动执行机构高，防爆性不如气动式，适用于防爆要求不高、无浸渍的场合。

液动执行机构是用液压作为动力，功率大。主要用在电厂汽轮机调节系统。

为保证执行机构的工作可靠性、提高调节质量，执行机构还配有阀门定位装置、应急手轮控制、阀位指示以及安全保护等辅助设施。

3. 阀门控制系统的类型

阀门控制系统一般分为闭环控制和开环控制两种系统。

(1) 闭环控制系统

闭环控制系统又称为反馈控制系统。图1-101就是闭环控制系统方框图。其工作原理参见本节。闭环控制的主要优点是，不论何种原因引起被控量偏离其给定值而发生偏差时，就一定有相应的控制作用产生，使偏差得以消除。反馈控制系统具有抑制内部和外部各种扰动对系统输出影响的能力。

闭环控制系统，在各种生产过程，尤其是核电厂中被广泛采用。

(2) 开环控制系统

开环控制系统为无反馈控制系统。它是一种系统的输出量，对系统的控制作用不发生影响的控制系统。例如通过控制器对电动或气动阀门的直接控制等。在核电厂中主要用在远传控制操作系统。

阀门控制系统通常是按控制系统中驱动装置(执行机构)的动力源分为电动驱动、气动驱动和液压驱动三种类型。电动驱动和气动驱动是阀门控制中应用最为广泛的驱动系统，在下面两节中着重介绍。

1.9.3 阀门的电动驱动装置

阀门电动驱动装置也叫电动驱动系统，还有称为电动伺服系统或电动伺服马达的，实际就是阀门控制系统中的电动执行机构，它的组成及工作原理介绍如下。

1.9.3.1 电动驱动装置的工作原理

电动驱动装置按其功能和输出方式分为角行程电动驱动装置、直行程电动驱动装置和多转式电动驱动装置三类。

角行程电动驱动装置，接受电动控制器来的0～10 mA或4～20 mA标准电流信号，输出为0～90°角位移，如驱动蝶阀、球阀、旋塞阀和偏心旋转阀等角行程阀。我国现在常用的比例式角行程电动驱动装置的型号为DKJ型。

直行程电动驱动装置，直接操纵各种直行程阀，如单、双座直行程阀等。直行程电动驱动装置的型号为DKZ型。

多转式电动驱动装置，它的输出轴，输出为多少不等的有效转圈数，用来推动闸门、截止阀、隔膜阀等多转式阀门。

电动驱动装置的结构和工作原理基本相同，只是减速器和安全保护装置有所不同。下面仅以角行程电动驱动装置为例介绍其工作原理。

电动驱动装置由放大部分和执行部分构成，如图1-102所示。图中伺服放大器有三个输入信号通道和一个位置反馈信号通道，可以同时输入三个输入信号和一个位置反馈信号，以组成复杂控制系统。对于简单控制系统，只用一个输入通道和位置反馈信号通道就够了。

伺服放大器将输入信号 I_i 和反馈信号 I_f 相比较，其偏差信号为 ΔI。然后将它们的偏差值信号放大，控制伺服电动机的转动。根据偏差信号的极性，放大器输出相应的信号，以控制电机的正转或反转。再经减速器减速后，使输出轴产生转角位移。输出轴转角位置经

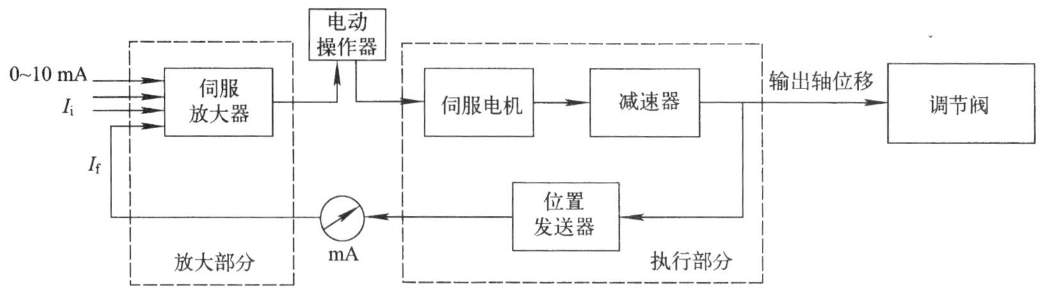

图 1-102 电动驱动系统工作原理

位置发送器转换成相应的反馈电流 I_f，反馈到伺服放大器的输入端使偏差信号减小。当反馈信号等于输入信号时，伺服电机才停止转动，减速器输出轴就稳定在与输入信号相对应的位置上。

输出轴转角 θ 和输入信号 I_i 的关系为：

$$\theta = KI_i$$

式中：K——比例系数；

I_i——输入电流；

θ——输出轴转角。

上式表明，输出轴转角 θ 和输入信号 I_i 之间呈线性关系，如图 1-103 所示。

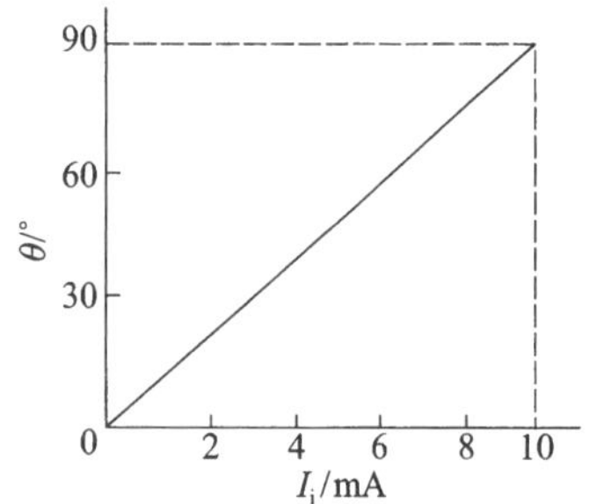

图 1-103 输出轴转角 θ 和输入信号 I_i 之间的关系

电动操作器的作用（参见图 1-102），是在控制系统投入自动运行之前，通过手动操作控制使被控变量接近给定值，使调节阀处于某一中间位置。由于控制器的自动跟踪，当手动操作达到控制点后，便可无扰动地投入自动运行。

在电动驱动装置上还装有手动操作手柄，在停电时能够通过手动操作来改变调节阀门的开度，维持运行。

1.9.3.2 电动驱动装置的结构和部件

电动驱动装置，虽然种类很多，但它们都是通过电动机带动一套减速装置再去驱动所操纵阀门的开启和关闭的。所不同的只是减速装置的结构形式和安全保护系统上有所区别。下面就几种常用的电动驱动装置的基本结构进行介绍。

1. 焦威勒尔与卡德尔电动驱动装置

该装置由电动机、减速器和安全保护系统组成。减速器的输出轴（套管式）把运动传送到被操纵的阀门。装置结构如图 1-104 所示。

（1）电动机

电动机带有法兰盘，外壳为密封式，短接转子，双启动扭矩。三相交流电机，正常转速 1 500 r/min（参见图 1-104）。

（2）减速器

减速器通常为两级减速。第一级由螺旋齿轮副减速，其减速比有三种：1/2，1/3，1/1.5。第二级由蜗轮蜗杆副减速，减速比视伺服电机而异。有时根据需要也可以用蜗轮蜗杆副组

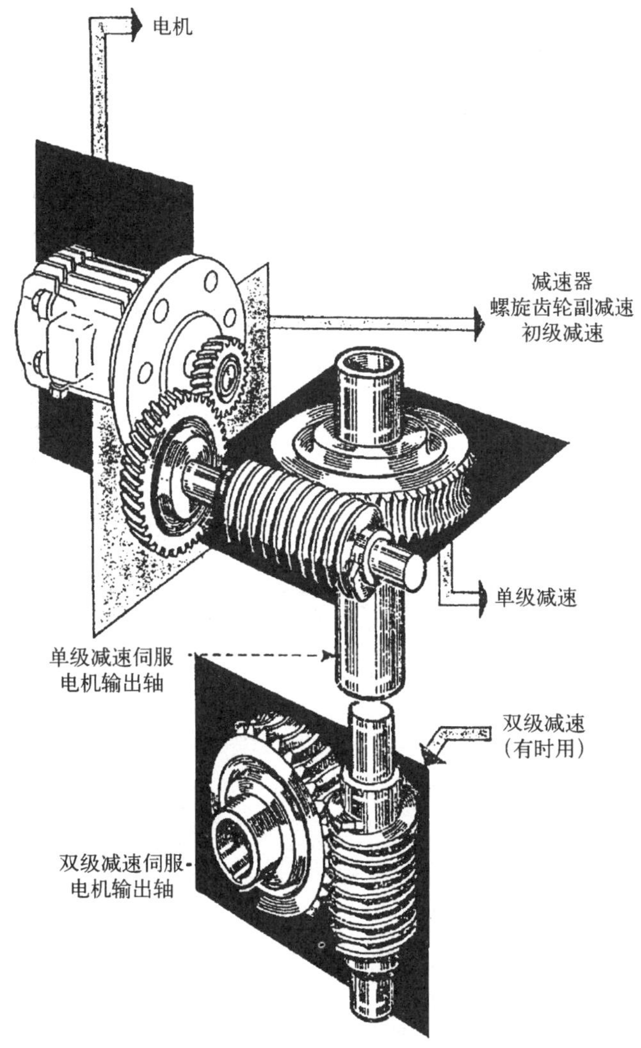

图 1-104　焦威勒尔与卡德尔电动驱动装置

成第三级减速，参见图 1-104。

(3) 安全保护系统

为了防止阀门在开启或关闭过程中因阀杆或阀瓣卡涩或因某种原因而使电机过载造成设备损坏，该系统设计有扭矩限止器、行程结束控制器及应急手操系统等安全保护装置。扭矩限止器和行程结束控制装置均安装在与电动驱动系统连为一体的控制盒内。

1) 行程结束控制器

行程结束控制器的作用是当阀门开启或关闭行程结束时，切断电机电源，停止阀门的开启或关闭动作。

行程结束控制器的结构如图 1-105 所示。它由与传动轴蜗杆相啮合的行程感应蜗轮、行程信号传动轴、正齿轮副、两个凸轮和两个行程结束微动开关组成。

当阀门开启或关闭时，主传动轴顶端的蜗杆带动行程感应蜗轮转动，将阀门的开度信号通过传动轴使具有一定减速比的正齿轮副(减速比根据阀门全行程转数和使凸轮旋转 270°

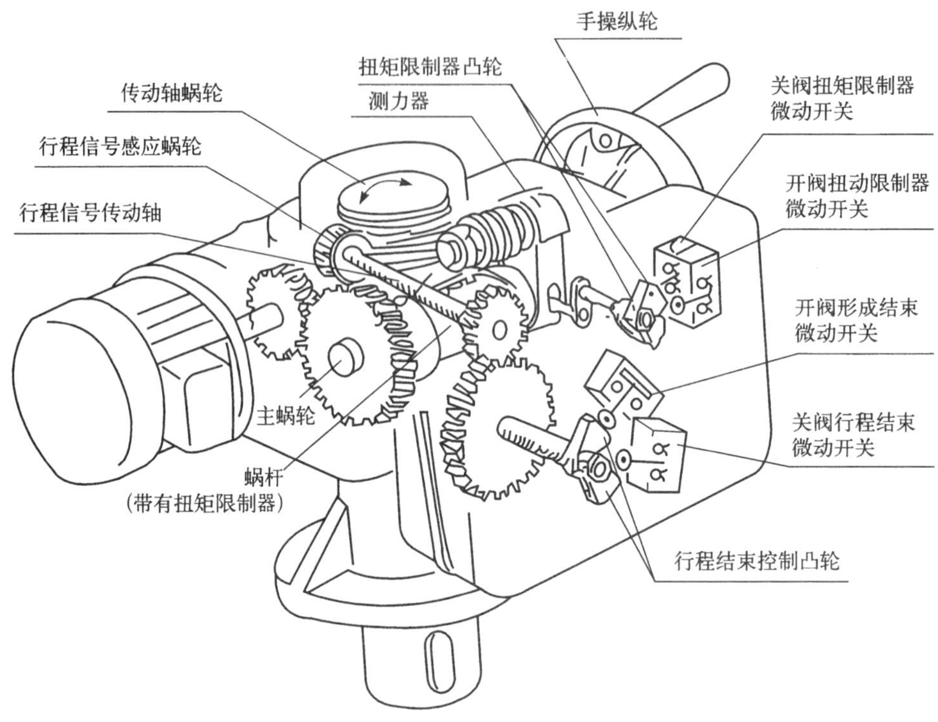

图 1-105　行程结束控制器结构图

设计的，考虑凸轮宽度，齿轮旋转必须小于 280°)带动凸轮旋转。行程结束时，凸轮触动行程结束微动开关的触头，切断电机电源，结束阀门的开启或关闭动作。保证阀门和电机不致因过度开启或关闭的动作而造成损坏。

为了保证行程结束控制器可靠地工作，在电动驱动系统投入运行之前，应对行程结束控制器进行调校，其调校步骤如下。

• 检查扭矩限制器应处于“保险”状态，系统工作环境符合有关的使用条件。

• 顺时针方向旋转手动操纵轮关阀门并保留一定的行程余量，调节关阀行程结束凸轮，使行程结束微动开关的触头被触动而断开电源。

• 电动操纵器将阀门部分开启，然后进行一次电动操纵关闭，检查行程结束控制器是否正确动作。否则，利用触头调节按钮重新进行调节。

• 逆时针方向旋转手动操纵轮开启阀门并保留一定的行程余量，调节开阀行程结束凸轮，使行程结束微动开关的触头被触动而断开电源。

• 按关阀操作那样用电动方式操作一次，以检查控制器是否正确动作，否则重新进行调节。

2) 扭矩限制器

扭矩限制器能保证伺服电机在故障过载时或者在需要获得持续负载的情况下，在操纵完成时停止转动。可以认为扭矩限制器是电动驱动装置的第二道安全防护线。

扭矩限制器的结构如图 1-106 所示，它由测力器、凸轮和扭矩限止微动开关等组成。

测力器由一个安装在铸铁套管里的蜗杆和一些弹簧垫圈组成。蜗杆与传动轴上的蜗轮相啮合，当所传递的扭矩超过预定值时，铸铁导管作横向运动。系统的运动带动控制盒内一

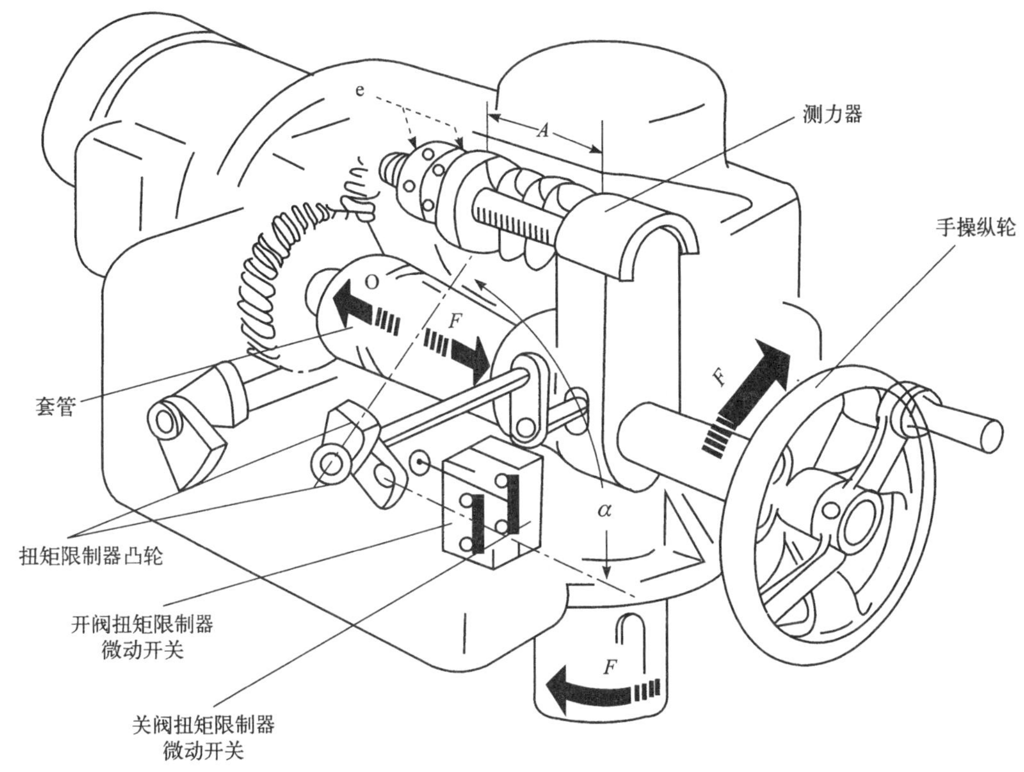

图 1-106　扭矩限制器结构图

组凸轮运动，触动扭矩微动开关的触点，切断电机电源，动作停止。

扭矩限制器动作力矩的调整是通过调整垫圈安放尺寸(A)和凸轮偏转角(α)来完成的。为使限止器垫圈压缩的全行程上保留一个间隙，触头断开前凸轮的最大偏转角为15°。

为了保证扭矩限制器工作的可靠性，在电动驱动系统投入运行之前，应对扭矩限制器进行调校，其调校步骤如下。

- 在接线端短接关阀行程结束微动开关。
- 用手动操纵轮关阀门并保留一定间隔，调节关阀行程结束凸轮使行程结束微动开关触头动作。由于此触头为一转接器，因此，当行程结束微动开关断开时就接通了关阀扭矩限制器微动开关。
- 用电动操纵将阀门部分开启，然后进行一次电动操纵关阀，直至关阀扭矩限制器凸轮触动关阀扭矩限制器微动开关触头，切断电机电源为止。若关阀扭矩限制器不能准确动作，则应调整关阀扭矩限制器微动开关的调节旋钮，直至调好为止。在此过程中应注意关阀行程结束凸轮应在扭矩限制器动作之前使自己的触头动作，否则说明关阀行程结束器控制器装置未调好，应重新进行调整。
- 在接线端短接开阀行程结束微动开关。
- 用手动操纵轮打开阀门并保留一定间隔，调节开阀行程结束凸轮，使开阀行程结束微动开关触头动作。

• 用电动操纵将阀门部分关闭，然后进行一次电动操纵开阀，直至开阀扭矩限制器动作切断电机电源时为止。若不准确重新调整。

• 检查并确认各触头都正确动作后，电动驱动装置系统才能投入运行。

3）安全保护系统动作方式的选择

行程结束控制器和扭矩限制器这两种安全保护系统在工作时的动作方式如何选择，主要取决于电动驱动装置所控制的阀门类型。

• 对平行座式闸阀：由于阀门的开或关是通过闸板实现的，所以“开”和“关”的断路是通过行程结束触头实现的，扭矩限制器处于保险的地位。

• 对斜座式闸阀：由于此类阀门要求在闸板上保持持续压力以保证密封性，所以“开阀”断路是由行程结束触头实行的，而“关阀”断路则有两种方式。第一种方式是用扭矩限制器实现“关阀”断路，第二种方式是将行程结束触头调节到当扭矩限制器开始颤动时动作。这种方式优点有二，其一，不至于使闸板在底座间嵌入过深，从而保证开阀操作顺利进行；其二，扭矩限制器处于“保险”地位，增加了安全性。

• 对截止阀、蝶阀和类似的阀门：“开阀”状态通过行程结束触头实现断路，“关阀”状态通过扭矩限制器实现断路，行程结束触头接入旁路。

• 对带有反向密封装置的阀门：当阀门全开后，其密封由在扭矩限制器开始颤动时动作的开阀行程结束触头来实现。

4）应急手动操纵系统

为了保持在电机故障或断电情况下，阀门仍能正确工作，电动驱动装置设置了应急手操系统。该系统在一般情况下是脱开的，只有通过手动操纵才能接通。

应急手动操纵系统有脱开式和随动式两种类型。

① 脱开式手动操纵系统

脱开式手动操纵系统如图 1-107 所示，在进行手动操作时，通过推压操纵手轮上的手柄使手轮传动轴与传动蜗杆啮合成一体。与此同时引起与行程结束开关串联的一个或两个触头断开，从而使伺服电机的电路断开，保证在手动操作过程中操作员的安全。

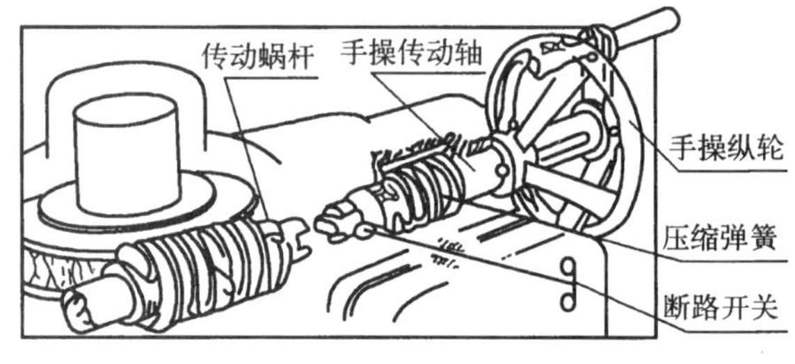

图 1-107　脱开式手动操作系统

手柄带有止动机构，可避免在操作时需持续施加推力。手动操作结束后，止动机构自动解除。

② 随动式手动操纵系统

随动式手动操纵系统如图 1-108 所示。该系统蜗杆与正齿轮传动轴之间用爪形离合器连接。

在进行手动操作时，揿动传动装置 C_1，使爪形离合器退出啮合，使电机系统脱开，而手动操纵轮接通。与此同时自动闭锁装置 L 则使电动系统保持位置。

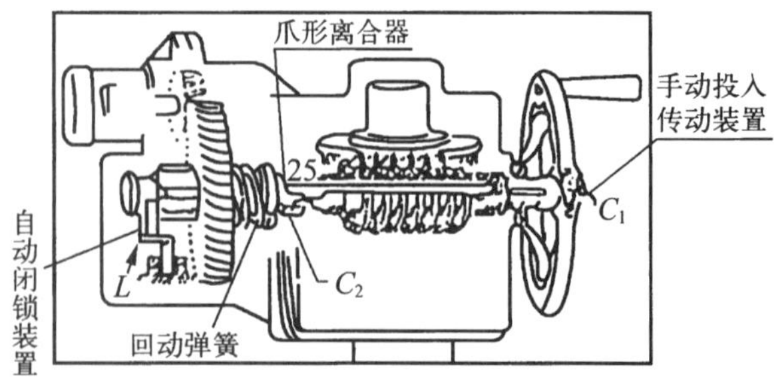

图 1-108　随动式手动操作系统

当重新投入电动系统时，自动闭锁装置失效，回动弹簧使手动操纵轮退出，转入电动状态。

2. 彼尔纳德电动驱动装置

彼尔纳德电动驱动装置也叫彼尔纳德伺服系统，其装置结构如图 1-109 所示。它主要也是由电动机、减速器和安全保护系统组成。

（1）电动机

电动机带有法兰，外壳为密封式，三相交流电机。

（2）减速器

减速装置由一级或两级直齿轮、一对锥齿轮和一对蜗轮蜗杆副组成。

（3）安全保护系统

1）行程结束控制器

行程结束控制器，参见图 1-109。它由一些独立的凸轮组成，每个凸轮后有一个微动开关，这些凸轮由减速器传动轴上的蜗轮蜗杆副传动装置控制。凸轮作小于一周的旋转，当凸轮旋转到对应于阀门行程结束时，凸轮上的传动销触动相应的行程结束微动开关的触头，切断电机电源，停止阀门的开启或关闭动作。这些凸轮除可以进行行程结束保护外，还可用来带动反映阀位信号的电位器动作，将阀位信号以电信号的形式传递给调节系统或阀位显示仪表。

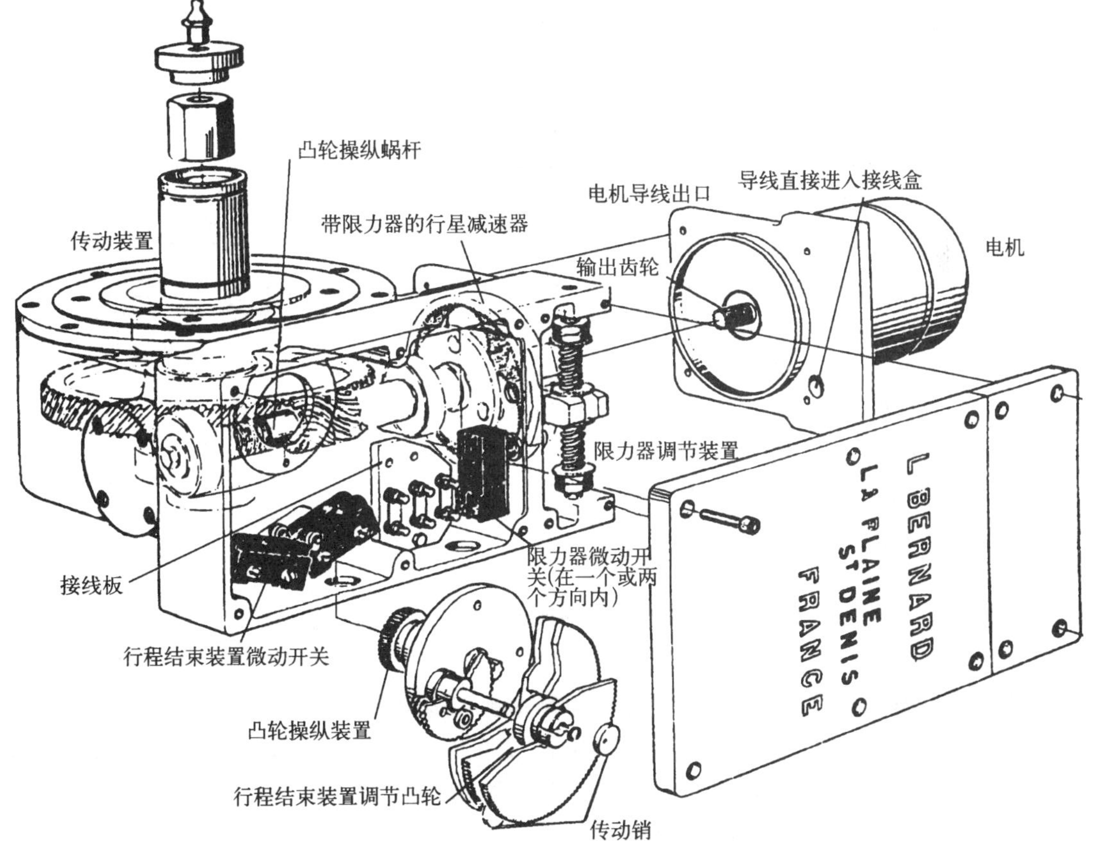

图 1-109　彼尔纳德电动驱动装置

2）扭矩限制器

扭矩限制器如图 1-110 所示。它由一个限力器和扭矩限制微动开关组成。

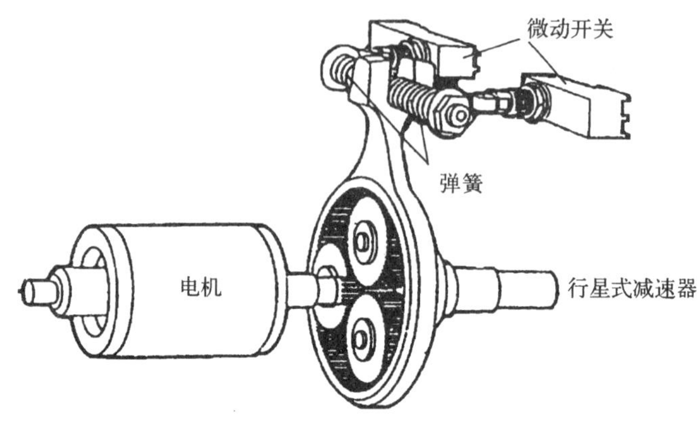

图 1-110 扭矩限制器

限力器由行星减速器和限力弹簧组成。它如同一个测力天平，随时测定被操纵装置的力矩。当传动装置的扭矩在正常范围内时，通过行星减速器外壳所传递的力矩小于限力弹簧的初始张力，行星减速器在两弹簧作用下保持平衡状态。一旦通过行星减速器外壳所传递的力矩大于弹簧的初始张力时，行星减速器外壳则产生一定的位移触动扭矩限止器微动开关的触头，切断电源使电机停止转动。

扭矩限制器的调节主要是根据具体设备的限扭矩值，通过调节限力弹簧的初始张力来进行的，弹簧初始张力越大，限扭矩值越大。允许两个弹簧的紧度有所差异。

3. 若托克电动驱动装置

若托克电动驱动装置的特点是电机、减速器、安全保护系统全都用密封罩保护，具有较好的防水、防爆能力。

（1）减速器与手操装置

减速器由蜗轮蜗杆副组成。其手动操纵轮利用爪形离合器可以直接或用手柄很方便地与传动轴进行连接。启动电机时，手动操纵轮自动脱开，如图 1-111 所示。

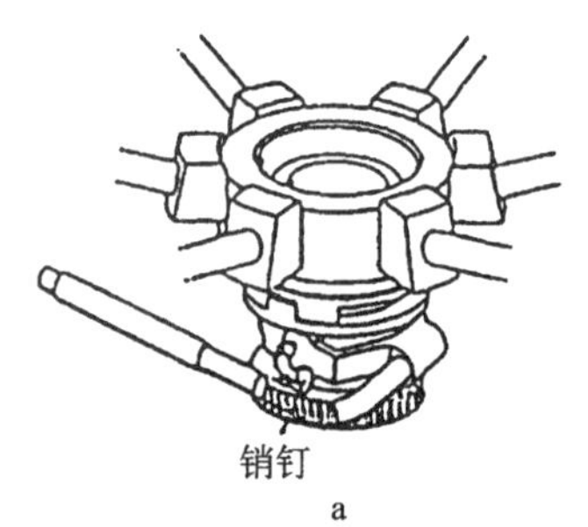

a

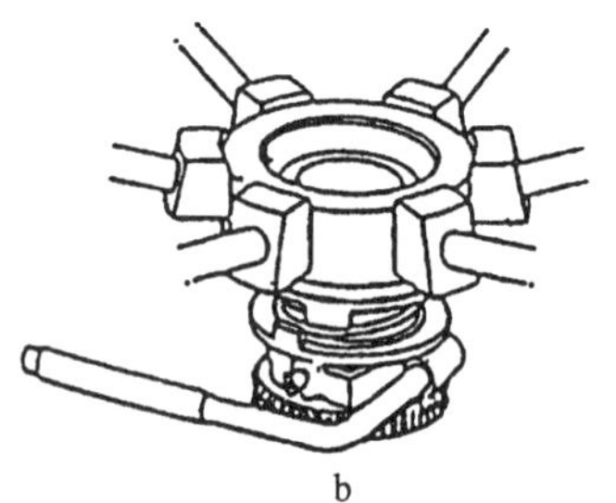

b

图 1-111 减速器与手操装置

a. 电动操纵；b. 手动操纵

（2）安全保护装置

1）行程结束控制器

行程结束控制器机构如图 1-112 所示。它由螺纹轴、斜齿轮、停止限动器螺母、调节螺母等组成。

开阀或关阀时，阀位的变化经传动机构带动斜齿轮转动，使停止限动器螺母在螺纹轴上移动，当开阀或关阀行程结束时，停止限动螺母同时使电机停转触头和远距离信号触头接通，使开阀或关阀动作停止，并发出开阀或关阀结束信号。

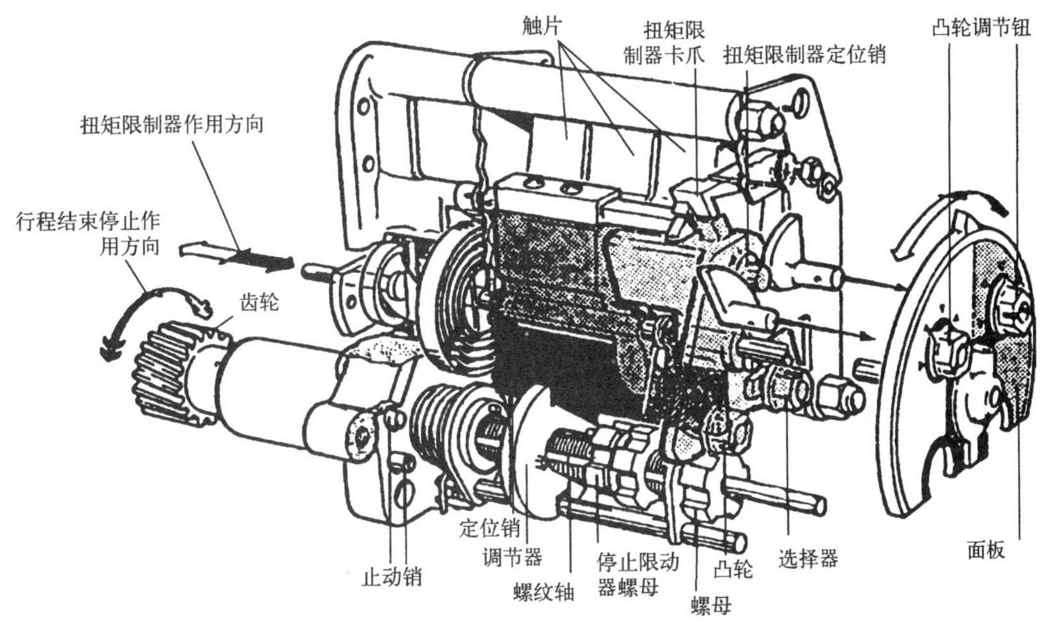

图 1-112 行程结束控制机构

如有必要可以取消行程结束控制系统，电机的停转只靠扭矩限制器来实现。

2）扭矩限制器

扭矩限制器的工作原理如图 1-113 所示。正常时凸轮触头机构处于中间位置，电机轴后的两组弹簧垫圈不发生变形。当扭矩增大时，传动轴作用于蜗杆上的反作用力使电机轴作轴向运动，同时挤压弹簧垫片。电机轴的轴向运动经过一个螺旋斜面传动装置转换为与电机轴成一定角度方向的运动，在凸轮的带动下由一个销头触动微动开关的触头，切断电机电源，停止动作。

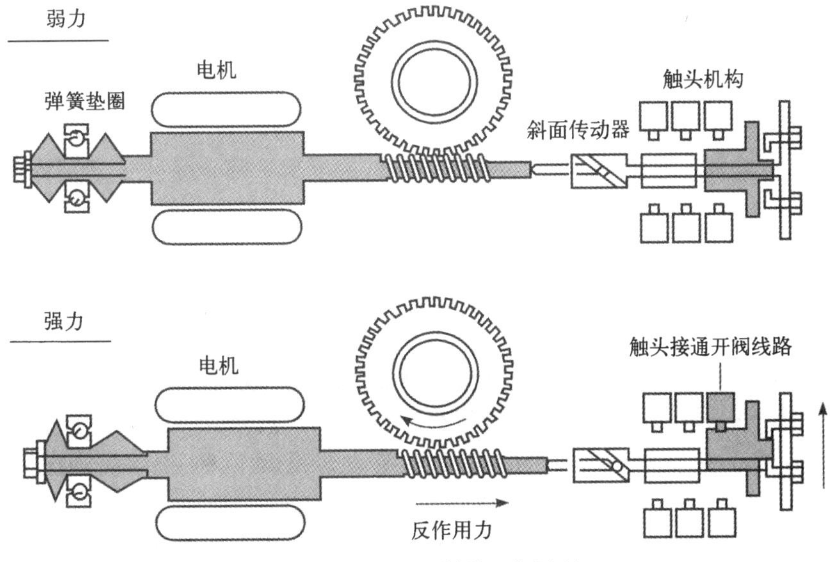

图 1-113 扭矩限制器工作原理

行程结束器或扭矩限制器的调节均可通过调节面板上的调节旋钮来完成。

4. 限扭电动驱动装置

(1) 减速器与手操装置

限扭电动驱动装置的减速器由蜗轮蜗杆副组成。也有先通过正齿轮系作初级减速后再经蜗轮蜗杆副进行二级减速的。它的手动操纵轮利用爪形离合器可以很方便地与传动螺纹轴实现离合。

(2) 安全保护系统

1) 行程结束控制器

这种电动驱动装置的行程结束控制器由 2 个或 4 个转动件组成,如图 1-114 所示。

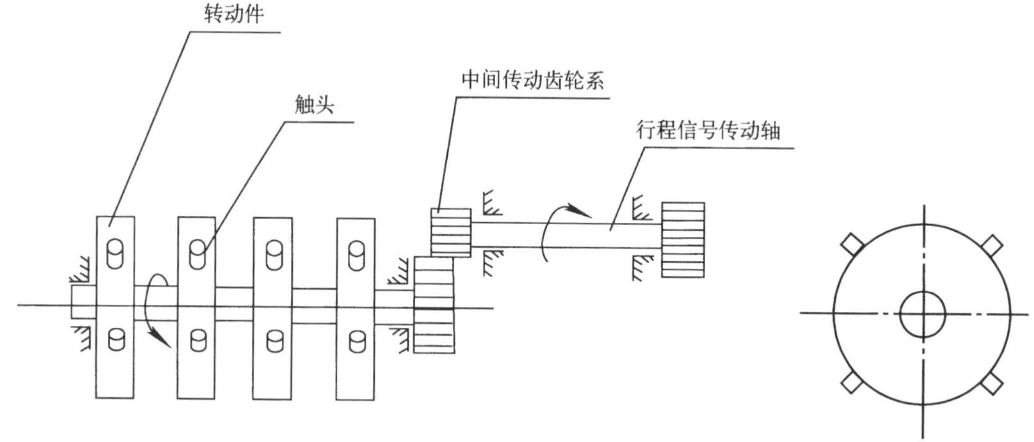

图 1-114 转子式开关转动件示意图

对于 2 个传动件的转子开关,在阀门的启、闭过程中,阀门开度信号通过蜗轮蜗杆传递到转子开关的传动轴上,经一中间齿轮系减速后带动转动件转动。每个转动件经调节都可相对其他转动件独立。每个转动件均有 4 个触头,其中一个为主触头另三个为辅助触头。这些转动件和触头的功能视配用的阀门形式而定。

如配用截止阀或楔式闸阀,第一个传动件连接开阀的路线和开阀指示灯;第二个传动件上的主触头用于接通关阀指示灯。在这种情况下,利用扭矩限止器开关来实现行程结束的电机断电工作。

如果是平行座闸阀、球阀、旋塞阀,其闭合完全取决于阀瓣件的位置和状态。开阀行程结束控制由第二个转动件完成。

2) 扭矩限制器

扭矩限制器主要由传动轴蜗轮、可在花键上滑动的蜗杆、颈轴(锥头)等组成,如图 1-115所示。蜗杆由一个弹簧定位,当阀门在开启和关闭或开、关过程中出现阻塞时,蜗杆输出的力矩超出正常力矩,使蜗杆沿花键轴移动并带动颈轴触动微动开关切断电机电源。

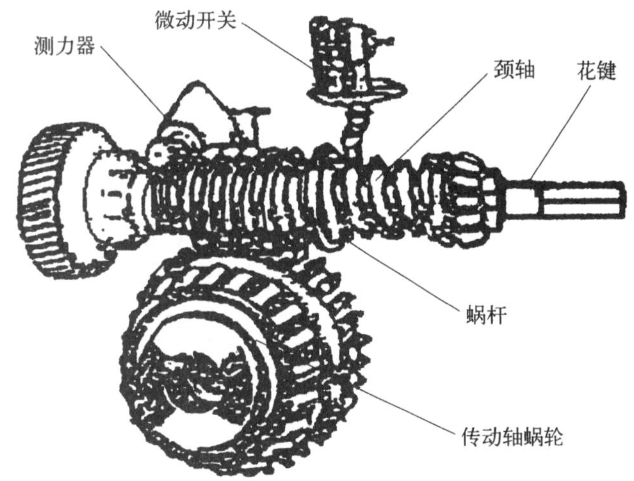

图 1-115　扭矩限制器工作图

1.9.4　阀门的气动驱动装置

阀门控制的气动驱动装置也叫气动伺服马达，实际就是阀门控制系统中的气动执行机构。

阀门气动驱动装置是以压缩空气为动力的推动装置。它有多种结构形式，每种形式都有各自的特点，供不同条件下使用。其基本结构有气动薄膜式和气动活塞式两种。输出推杆位移为直线方式，如果通过曲柄等杠杆机构，可转换成角位移形式，通过曲轴可转换为旋转运动。

直线方式适用于阀杆直线运行的单座、双座阀；角位移方式适用于蝶阀、球阀、旋塞阀等；旋转运动适用于旋转启闭的阀门，如闸阀、截止阀、隔膜阀等。它们都是气动驱动装置直接带动阀瓣动作的。

1.9.4.1　气动薄膜式驱动装置

气动薄膜式驱动装置也叫贝雷薄膜式伺服马达，常作为针形或瓣形调节阀的驱动装置，与调节阀一起组成自动调节系统的执行机构。受调节系统的控制而驱动调节阀门的启、闭。

气动薄膜式驱动装置（贝雷薄膜式伺服马达）按其动作方式可分直接作用式（正作用式）和间接作用式（反作用式）两种类型。如图 1-116a，b，c，d 所示。它们均接受 0.035～0.165 MPa的标准压力信号控制。

直接作用式（正作用式）是指其控制气流从上膜盖进入，作用于加布橡胶薄膜片的上部，当控制信号压力增大时，驱动推杆向下运动。

间接作用式（反作用式）是指其控制气流从下膜盖进入，作用于薄膜片下部，当控制信号压力增大时，推杆向上运动。

1. 气动薄膜式驱动装置动作原理

气动薄膜式驱动装置动作原理如图 1-117 所示。当信号压力通入到薄膜气室时，在薄膜上产生一个向下（上）的推力，使推杆向下（上）移动，将弹簧压缩（拉伸），直到弹簧所产生的反作用力与信号压力在薄膜上产生的推力平衡为止。其平衡方程式可用下式表示。

$$\Delta p \cdot A_e = C_s \cdot \Delta l$$

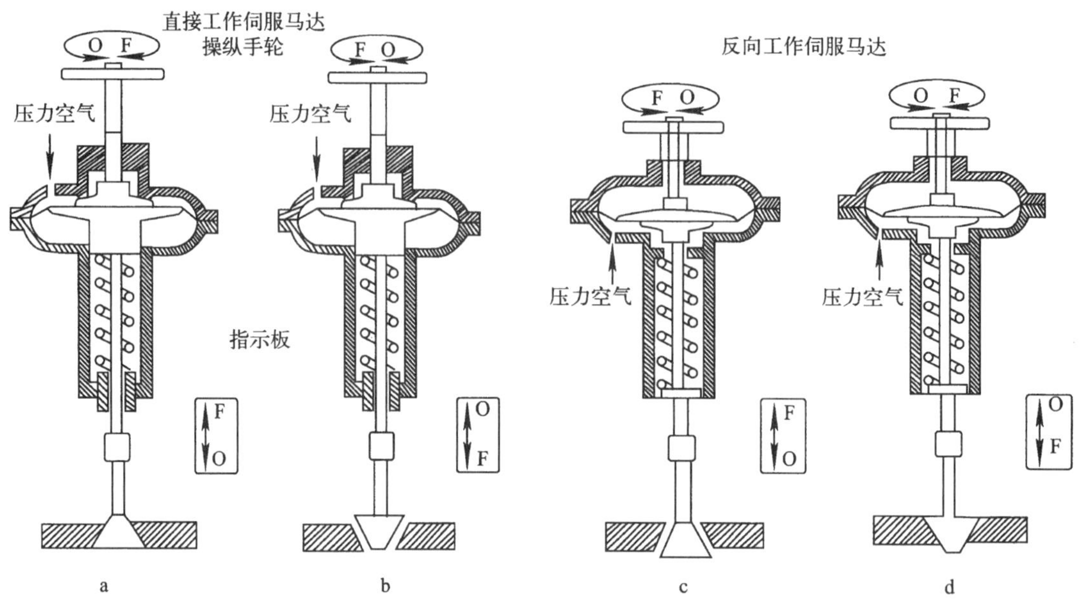

图 1-116　气动薄膜驱动装置动作方式

a. 瓣阀在压力空气不足时阀门自行关闭；b. 针阀在压力空气不足时阀门自行打开；
c. 瓣阀在压力空气不足时阀门自行打开；d. 针阀在压力空气不足时阀门自行关闭

$$\Delta l=\frac{A_e}{C_s}\Delta p$$

$$\Delta l=\frac{A_e}{C_s}(p-p_0)$$

式中：Δp——薄膜气室的信号压力变化量；

Δl——推杆行程的变化量；

A_e——薄膜片有效面积；

C_s——弹簧刚度；

p——进入薄膜气室的信号压力；

p_0——对应于行程起点的信号压力。

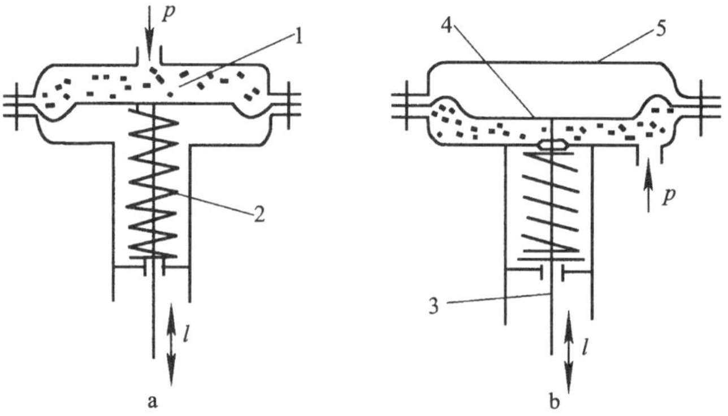

图 1-117　气动薄膜式驱动装置动作原理

1—薄膜气室；2—弹簧；3—推杆；4—波纹膜片；5—上膜盖

从上式可知，当执行机构的规格(薄膜有效面积 A_e 和弹簧刚度 C_s)确定后，执行机构的推杆位移量与压力信号成正比关系，可见气动薄膜驱动装置输出特性为线性函数。

2. 气动薄膜式驱动装置的结构和部件

气动薄膜式驱动装置(贝雷伺服马达)的结构如图 1-118 所示。它主要由上、下膜盖，加布橡胶薄膜、推杆、支架、弹簧、弹簧座、调节套筒、连接螺母、开度指示器、操纵手轮等部件组成。

(1) 加布橡胶薄膜

加布橡胶薄膜是气动薄膜式驱动装置的关键部件，一般由具有较好的耐油及耐高、低温

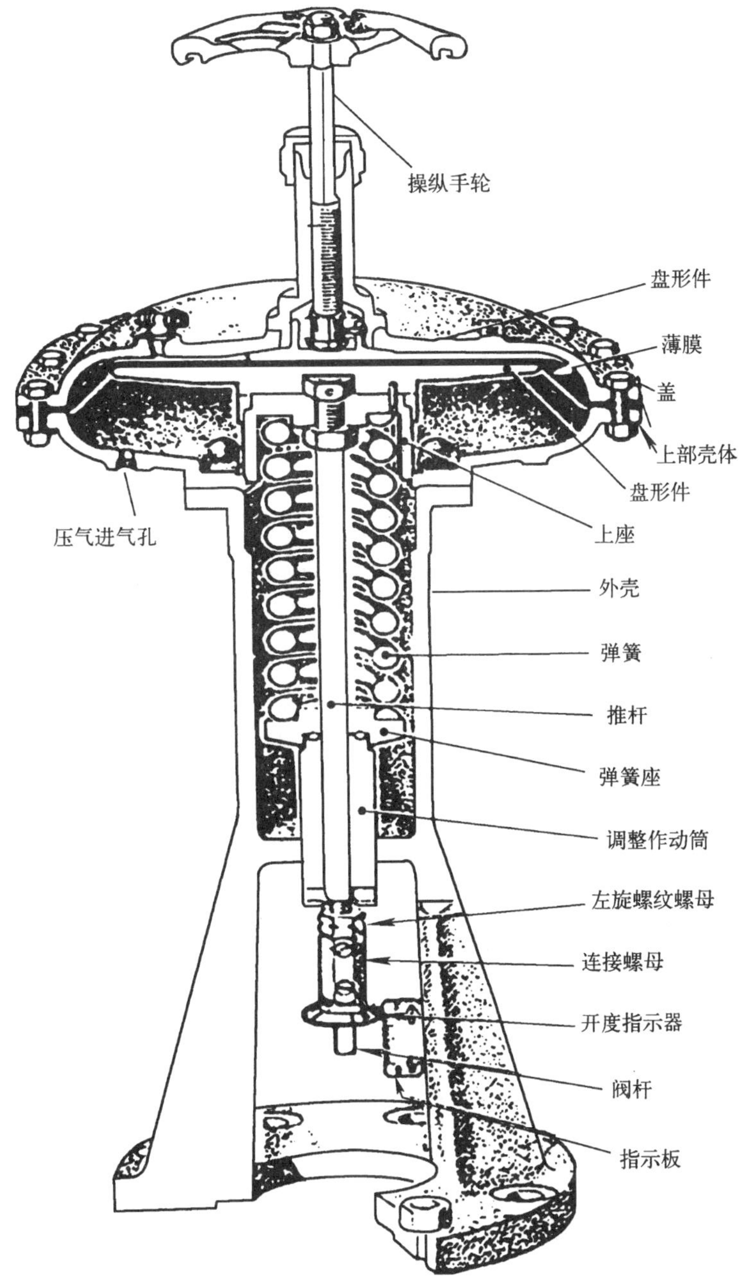

图 1-118 气动薄膜式驱动装置(贝雷伺服马达)结构图

性能的丁腈橡胶加锦伦丝织物制成。为了保护其有效面积基本上保持不变,提高驱动装置工作的线性度,膜片常制成波纹状。为了保证作用于膜片上的推(压)力能有效准确地传递给推杆,除薄膜的四周夹装于上、下膜盖之间以外,其中间部分安装在置于推杆顶部的盘形件上,参见图 1-118。

(2) 弹簧

弹簧也是一个关键部件,要求在全行程范围内弹簧的刚度不发生变化,这样可以提高驱动系统的线性度。

(3) 上、下膜盖

上、下膜盖一般用铸铁铸成,也可用钢板冲制,它们与膜片构成薄膜气室。

(4) 调节套筒

调节套筒(也称调整作动筒)用来调节弹簧的预紧力,这样可以根据实际工作需要改变信号压力的起始值。调节套筒的位置参见图 1-118。

(5) 推杆

推杆一端安装盘形件并通过盘形件感受和传递薄膜所施加的推力,另一端通过连接螺母与调节阀的阀杆相连接,将薄膜的推力转变成阀门开度的变化。

(6) 开度指示器

开度指示器用于指示执行机构的推杆位移,也就是阀瓣的位置即阀门的开度。

(7) 操纵手轮

气动薄膜式驱动装置(贝雷薄膜伺服马达)的操纵手轮安装在驱动装置的顶部。其主要作用是当调节系统失效,如气源中断、调节器故障无输出动作以及膜片损坏等情况时,可以切换进行手动操纵控制,以保证生产工艺过程的正常进行。

3. 随动定位器

随动定位器又称为阀门定位器,是气动驱动装置的主要附件,它与气动驱动系统配套使用。随动定位器有放大功能,可克服阀杆的摩擦力和消除调节阀不平衡力的影响,保证阀瓣按调节器发出的信号大小实现准确定位。随动定位器有气动定位器和电—气定位器两种。

(1) 气动随动定位器

气动随动定位器(阀门定位器)的工作原理如图 1-119 所示。它是按力矩平衡原理工作的。图中波纹管 1 在来自调节器的控制信号 P_i 的作用下,其自由端产生位移,并推动主杠杆 2 绕支点 O 逆时针方向偏转。位于主杠杆下端的挡板靠近喷嘴 4,使喷嘴背压增大,经气

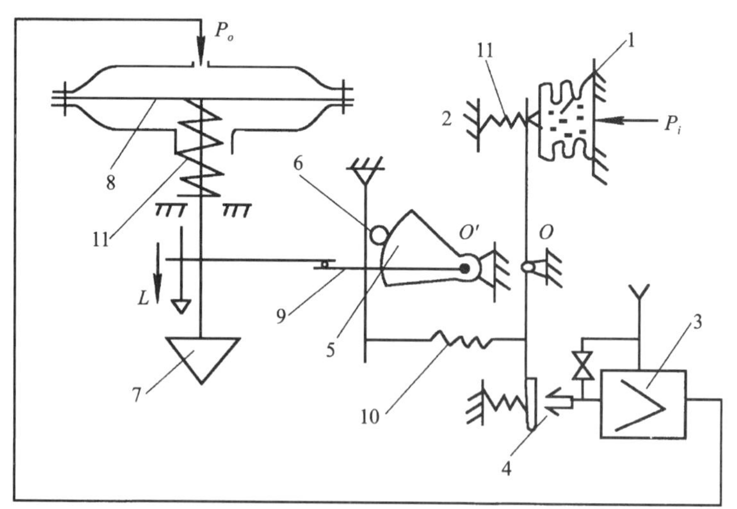

图 1-119 气动随动定位器

1—波纹管;2—主杠杆;3—气动放大器;4—喷嘴;5—凸轮;6—滚轮;7—阀芯;8—薄膜;9—反馈杆;10—反馈弹簧;11—弹簧

动放大器 3 放大后，送入调节阀的薄膜气室。薄膜 8 在压力作用下产生变形，推动阀杆下移。阀杆位移通过水平杠杆和滚轮支点 6 传递给凸轮 5，使它绕支点 O' 偏转。在凸轮偏转过程中，通过反馈弹簧 10 对主杠杆施加一反作用力矩，使挡板离开喷嘴。当作用于主杠杆的输入力矩与反作用力矩达到平衡时，进入调节阀薄膜气室的压力 P_0 达到稳定值，推杆（阀杆）和阀瓣产生一个稳定的位移 L。

在气动随动定位器中，由于采用了功率放大器 3，所以作用于薄膜气室的压力 P_0 具有比输入信号压力 P_i 更大的功率，从而可实现快速动作，并可克服作用于阀杆的各种阻力。同时由于随动定位器与气动驱动装置（伺服马达）组成一个负反馈的闭环系统，因此使阀门的定位速度和精度都得到明显的提高，也有利于克服由于经过较长气动管路而造成的信号传递滞后。

（2）电—气随动定位器

电—气随动定位器也称为电—气阀门定位器，它具有电—气转换器和阀门定位的双重功能。采用电—气随动定位器，可直接利用电动调节器输出的直流电流信号去控制和操纵气动驱动装置。

电—气随动定位器的结构原理如图 1-120 所示。其基本结构与图 1-119 所示的气动随动定位器基本相同，所不同的是输入信号的转换部分。气动随动定位器利用波纹管作为变换元件，将来自气动调节器的气压信号 P_i 转换为作用于主杠杆的力，而电—气随动定位器则是通过电磁变化元件，将来自电动调节器的直流电流信号 I_i 转换为作用于主杠杆的力。

如图 1-120 所示，当来自电动调节器的信号电流 I_i 通入力矩马达 1 的线圈时，在永久磁铁的作用下，将对主杠杆 2 产生一个力矩，使主杠杆 2 绕支点 O 偏转，并使挡板 11 靠近喷嘴 12。此后的动作原理与图 1-119 所示的气动随动定位器完全相同，不再赘述。

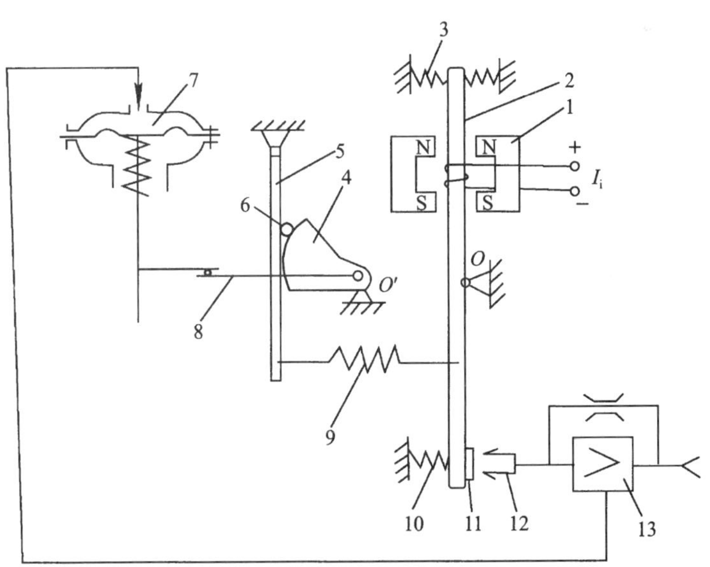

图 1-120　电—气随动定位器

1—力矩马达；2—主杠杆；3—平衡弹簧；4—凸轮；5—副杠杆；6—滚轮；7—执行机构；8—反馈杆；9—反馈弹簧；10—调零弹簧；11—挡板；12—喷嘴；13—气动功率放大器

工程中常用的气动随动定位器的具体结构如图 1-121 所示。可对照动作原理图了解各部件的功能。它的工作原理及动作过程如下。

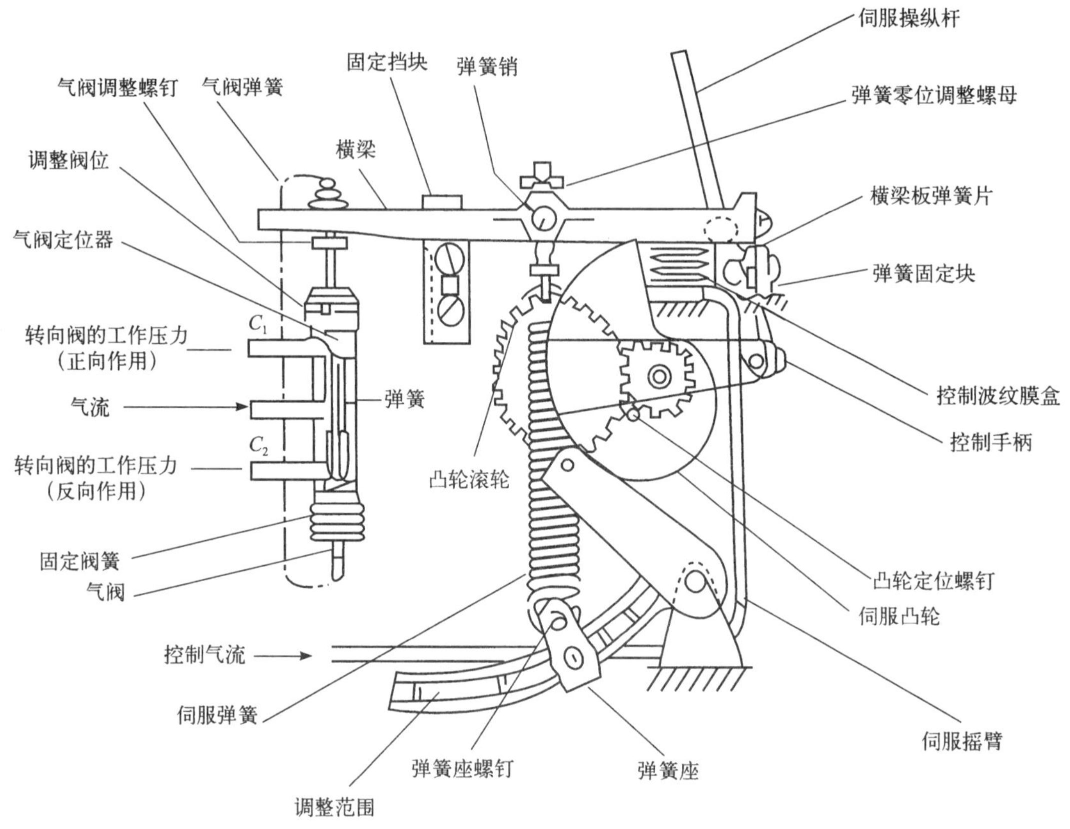

图 1-121 气动随动定位器结构图

来自控制信号气流，进入控制波纹管膜盒，推动横梁向上，带动滑动气阀上移，工作气流经转向阀进入反作用下薄膜室，托起膜片，拉动阀杆向上运动，调节阀被打开，阀杆同时推动伺服操纵杆(反馈杆)，带动凸轮逆时针偏转，推动伺服(反馈)摇臂向下，下拉伺服(反馈)弹簧，拉动横梁向下与波纹管膜盒的信号气流上推力平衡，调节阀的开度在新的平衡位置上稳住。达到精确调节的目的。

4. 接触式控制箱及阀位传感器

(1) 接触式控制箱

气动驱动装置，通常还装设有一个接触式控制箱，其作用是安装行程结束控制装置和阀位传感器。

接触式控制箱的结构如图 1-122 所示。它的手柄通过连杆与阀杆相连，当阀门位移时，连杆使手柄发生偏转，使手柄控制的凸轮轴带动凸轮转动，当阀门开(关)到一定位置后，凸轮触动微动开关切断闭锁电磁阀电源，使进入气动驱动装置的气源切断，结束阀门的开(关)动作。

(2) 阀位传感器

在控制箱的凸轮轴上，还装有一个扇形齿轮。凸轮轴的传动使扇形齿轮带动阀位电位

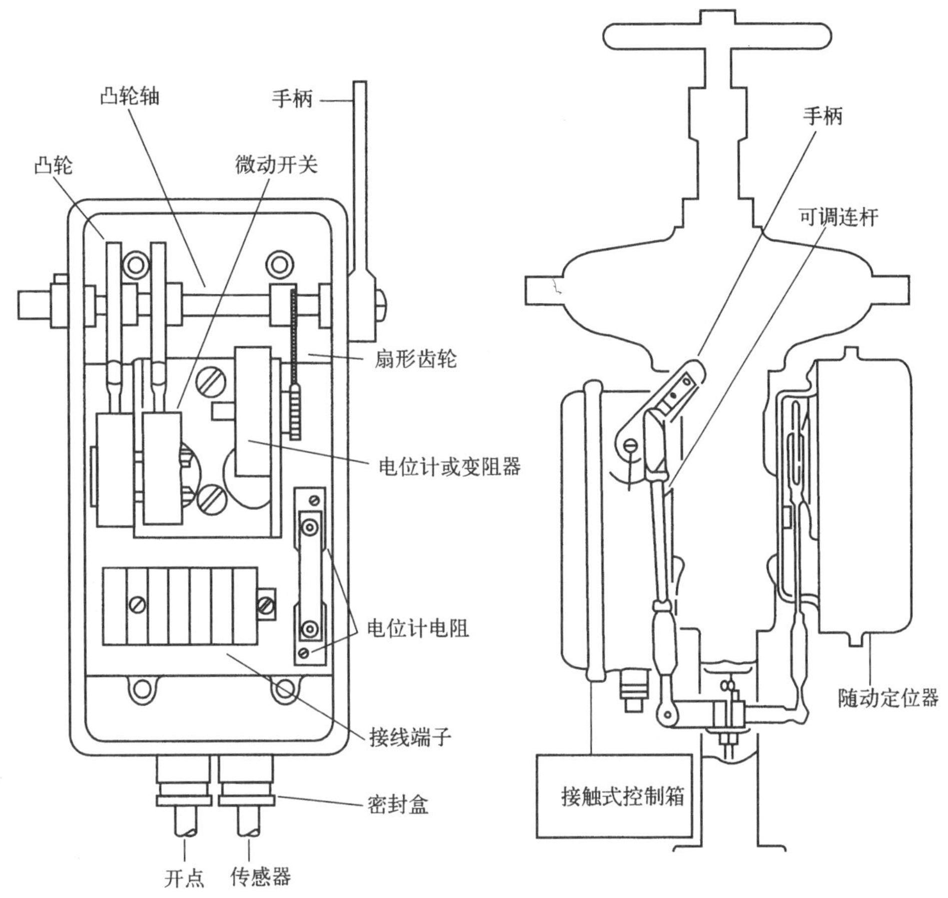

图 1-122　接触式控制箱结构图

计旋转钮转动，改变电位计电阻值将调节阀门的阀位以电信号输出到显示仪表上。

5. 闭锁电磁阀

为了使调节阀门在控制气流压力异常下降时，能使阀门开度保持不变，以减少由于气压故障造成的错误动作，气动薄膜式驱动装置（贝雷伺服马达）设置有一个闭锁电磁阀装置，如图 1-123 所示。

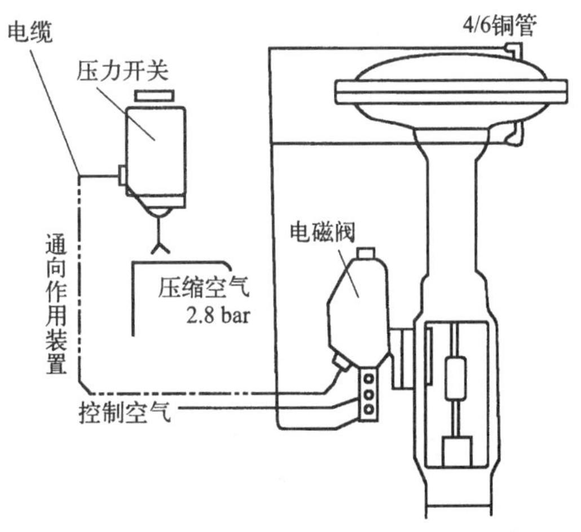

图 1-123　闭锁电磁阀装置

从图 1-123 可以看出，控制调节阀门开、关的压缩空气，经闭锁电磁阀后才能进入薄膜气室。电磁阀的启、闭由压力开关控制，当控制压力低于 2.8 bar 时压力开关切断电磁阀电源，电磁阀断电后立即关闭，使气动驱动装置系统处于闭锁状态。给操作人员进行人工干预提供了时间。如果没有人工的干预，经一段时间后调节阀将在弹簧作用力下重新回到关闭（开启）的位置。

1.9.4.2　气动活塞式驱动装置

气动薄膜式驱动装置，构造最简单，但由于其膜片能承受的压力较低，推力较小。而气动活塞式驱动装置(气动筒式伺服马达)由于汽缸允许操作压力较大，最大可达 0.5 MPa(5 bar)，因此能输出很大的推动力，属于强力气动驱动机构。

气动活塞式驱动装置，按动作方式分为两位动作、比例动作和特定工况下的单向动作等类型。

1. 气动活塞式驱动装置的结构和工作原理

气动活塞式驱动装置也称为气动筒式伺服马达，是一种利用压缩空气信号和驱动动力的活塞式驱动机构。其结构如图 1-124 所示。

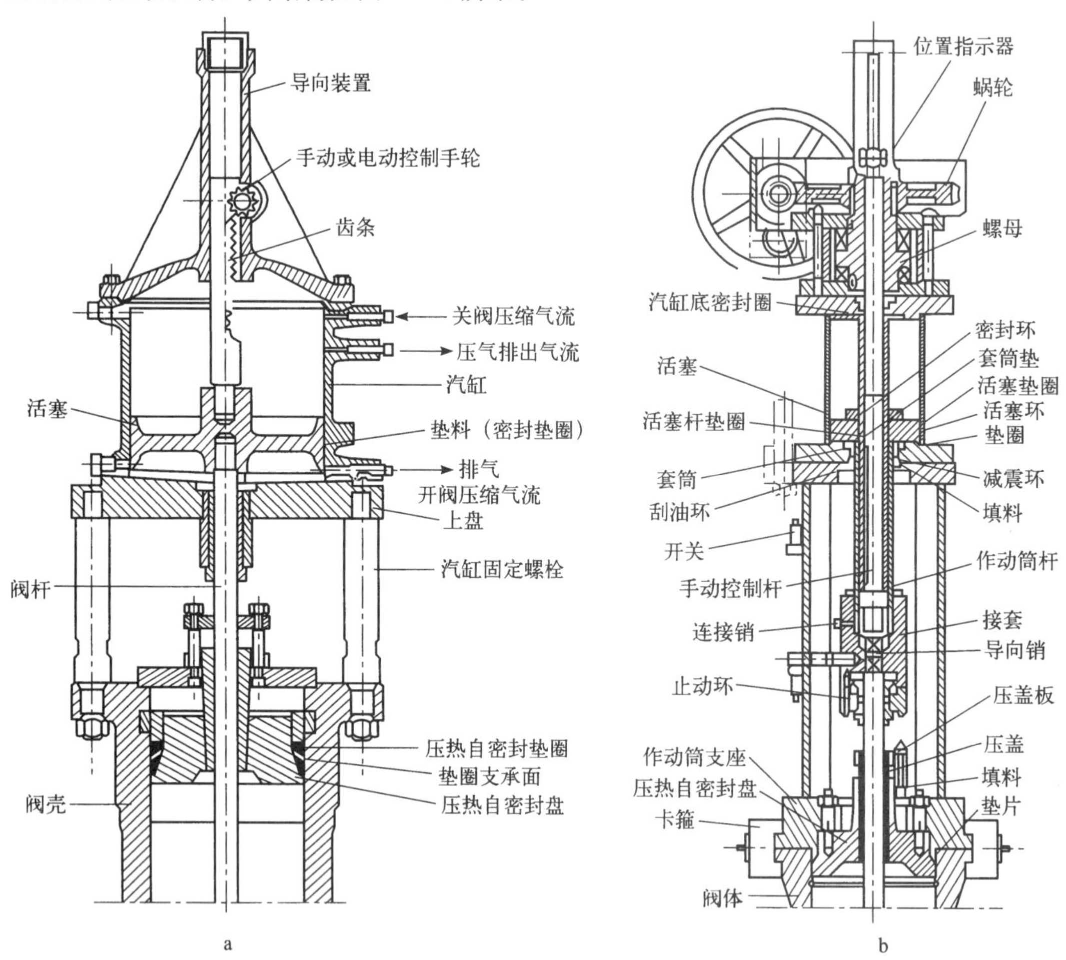

图 1-124　气动活塞式驱动装置结构图

气动活塞式驱动装置主要由气缸、活塞、推杆、后导向装置及应急手轮控制部分组成。

气缸由耐磨合金制成，活塞下连推杆，后导向杆安装在活塞的上部，由光滑杆和齿条(或螺纹)杆组成，用来操纵行程结束触点和连接手动控制装置。应急手动控制装置，它可以采用螺杆传动的水平操纵轮，也可以是齿条、齿轮传动的垂直操纵轮。

气动驱动装置利用固定螺栓或凸缘连接方式固定在阀盖上，其活塞直接与阀杆连接。

当压缩空气进入气缸内作用于活塞上部或下部时，活塞将向上或向下运动，并通过推杆

(阀杆)带动阀门关闭或开启。

为了确保活塞的运动与作为控制信号的压缩空气的压力之间具有严格准确的对应关系,在活塞与汽缸壁之间装有活塞填料或密封圈,以防止压缩空气在活塞上、下间出现泄漏现象。密封圈的形状及材料取决于压缩空气压力的大小,一般情况下采用合成橡胶或皮革制成的"唇"形密封圈,压缩空气压力较高时,则采用"U"形密封圈,若控制信号是以蒸汽为工质时,在活塞上还应装有金属涨圈。

2. 两位动作气动驱动装置

两位动作是指气缸内的活塞只在两个位置上运行,其工作原理是:在汽缸内活塞的一侧,通入固定操作压力 p_1 的压缩空气,另一侧则通入变化操作压力 p_2 的压缩空气。也可以两侧都通入变化的操作压力 p_1 和 p_2。根据活塞两侧的压差来完成两位动作。活塞由高压侧推向低压侧,使推杆带动阀杆和阀瓣从一个位置走到另一个位置。推杆的全程一般为10～100 mm,适用于两位控制系统。

3. 比例动作气动活塞式驱动装置

所谓比例动作就是驱动系统的推杆位移与信号压力成正比关系(线性函数),比例动作又分正、反作用式。正作用式是随着信号压力的增大,活塞带动推杆向下移动;反作用式的推杆动作与此相反。比例动作是由安装在气动活塞式驱动装置的随动定位器来实现的,随动定位器与汽缸连成一体,具有阀门位置反馈作用。

4. 单向气动活塞式驱动装置(单向气动筒)组成的高压再加热器自动旁路系统

所谓单向气动活塞式驱动装置,是指汽缸内的活塞只能向一个方向运动。而不能自动恢复到起始位置的气动驱动装置。由这种气动驱动装置组成的由压缩空气遥控的具有按顺序进行闭锁控制的核电厂高压再加热器自动旁路(快速隔离)系统,如图1-125所示。

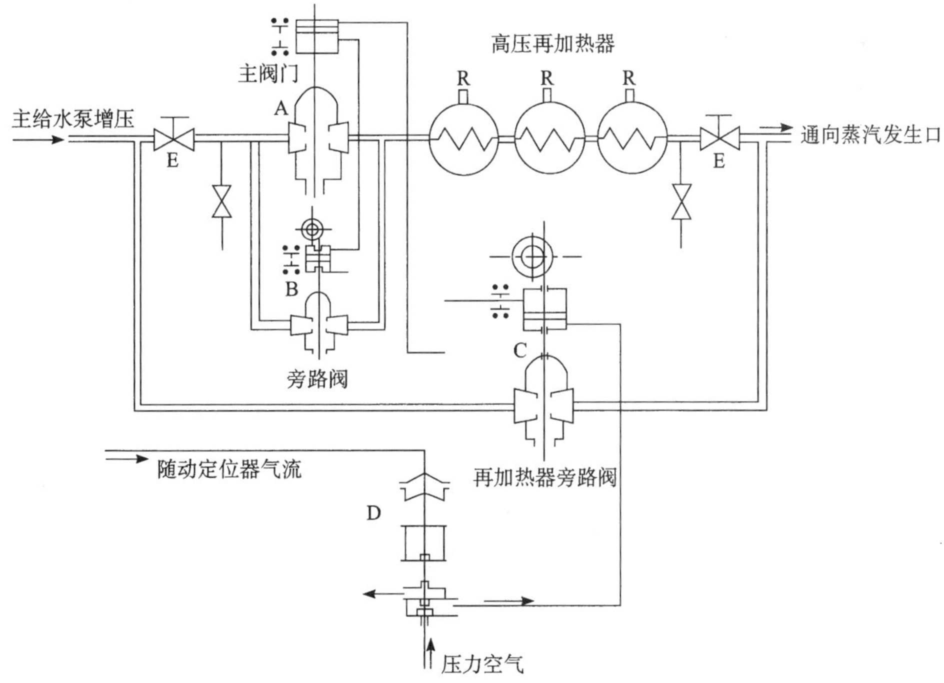

图1-125　单向气动筒在高压再加热器系统中的应用

A、B、C—活塞式气动阀;R—高压再加热器;E—手控隔离阀;D—气体分配阀图中 A 为给水回路主阀门，B 为旁路阀，C 为高压加热器旁路保护阀。这三个阀门均是齿条外部复位的单向气动活塞式驱动装置控制的阀门。

正常工作时，阀门 A，B 处于打开状态，阀门 C 处于关闭状态，再加热器 R 投入系统中运行。一旦发生事故，由随动定位器来的控制信号将使电动—气动控制装置 D 把压缩空气引入到阀门 C 的活塞底部，使活塞逐渐上升，再加热器旁路保护阀 C 逐渐开启。当阀门 C 的活塞上升到一定位置时，使主阀 A 活塞上部接通压缩空气，主阀 A 将逐渐关闭。当主阀 A 关闭结束时，又使旁路阀 B 的活塞上部接通压缩空气，旁路阀 B 在压缩空气作用下关闭。至此，使给水经再加热器旁路保护阀直接进入蒸汽发生器，而高压再加热器自动解出运行状态。

当高压再加热器故障排除后，A，B，C 阀门可通过手动操作装置复位，系统重新投入运行。

5. 几种常用类型的气动活塞式驱动装置

(1) 贝雷活塞式气动驱动装置(伺服马达)

1) 结构部件及工作原理

贝雷活塞式气动驱动装置，如图 1-126 所示。

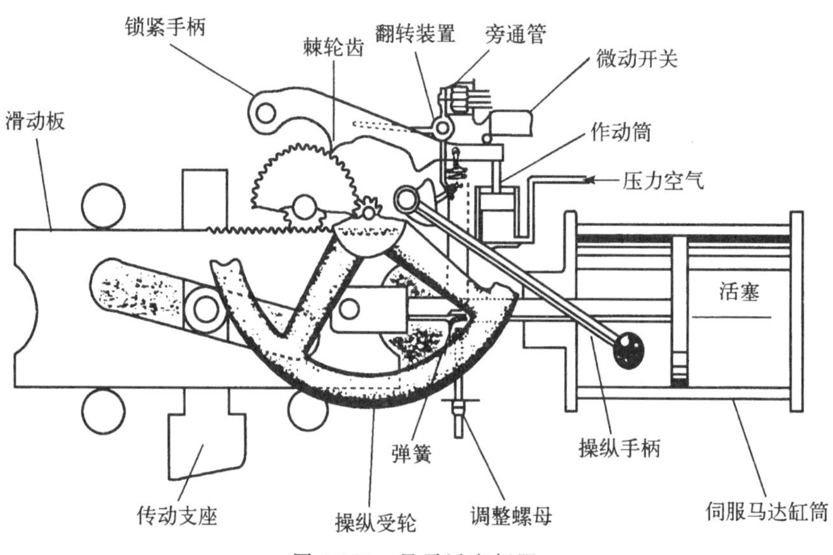

图 1-126　贝雷活塞伺服

它的主要部件有：汽缸、活塞、活塞杆、滑动板、传动支座、手操轮及自动手动切换操纵手柄等。

当压缩空气作用于汽缸后，活塞在压缩空气推动下产生运动，并通过推杆推动滑动板运动。传动支座上的传动销嵌在滑动板的斜槽中，当滑动板被推动时，通过传动销带动传动支座上升或下降，使阀门开启或关闭。活塞行程 200 mm，阀门行程为 40～65 mm 之间。

在需要传动功率大的情况下，常用两个汽缸串联使用。串联使用时的压缩空气管路布置如图 1-127 所示。压缩空气经控制器 S 端引入，然后根据控制要求 C_1 端或 C_2 端引到汽缸。若需要开启阀门时，压缩空气由 C_1 端引出分别进入两个汽缸之中，则左边活塞的运动将对滑动板产生拉力；而右边活塞则对滑动板产生推力，两活塞的共同作用使滑动板左移，开启阀门。

当需要关闭阀门时，控制信号将使压缩空气从 C_2 端引出后分别进入两个汽缸之中，使右边活塞产生拉力，左边活塞产生推力滑动板右移使阀门关闭。

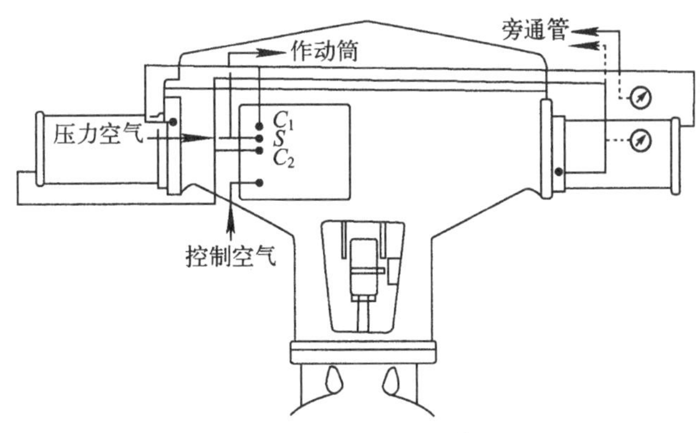

图 1-127　两汽缸串联工作图

2）自动⇔手动切换

为了便于自动⇔手动的切换，设置了一套由操纵手柄、凸轮、锁紧手柄、翻转装置和旁通管组成的切换系统，通过它可以很方便地进行自动⇔手动切换，参见图 1-126。

- 自动⇒手动切换

逆时针转动操纵手柄，使与操纵手柄同轴的两个凸轮转动，第一个凸轮使锁紧手柄抬起，脱开齿轮系的闭锁状态，便于人工通过操纵手轮进行手动控制。第二个凸轮同时转动翻转装置，打开旁路管使活塞前后压力得到均衡。

- 手动⇒自动切换

顺时针转动操纵手柄，使凸轮与锁紧手柄和翻转装置脱离接触，锁紧手柄在弹簧拉力作用下下降锁住齿轮系。翻转装置亦使旁通管关闭，手操齿轮系脱开滑动板。此时即可通入压缩空气进行自动控制运行。

- 位置闭锁装置

当压力下降时，气动作动筒受弹簧作用而下降，锁紧手柄则锁住齿轮。启动压力可通过调节弹簧力来进行调节。

(2) 气动活塞限扭型驱动装置(伺服马达)

气动活塞限扭型驱动装置(伺服马达)是由 4 个汽缸组成的旋转式驱动机构，其结构如图 1-128 所示。

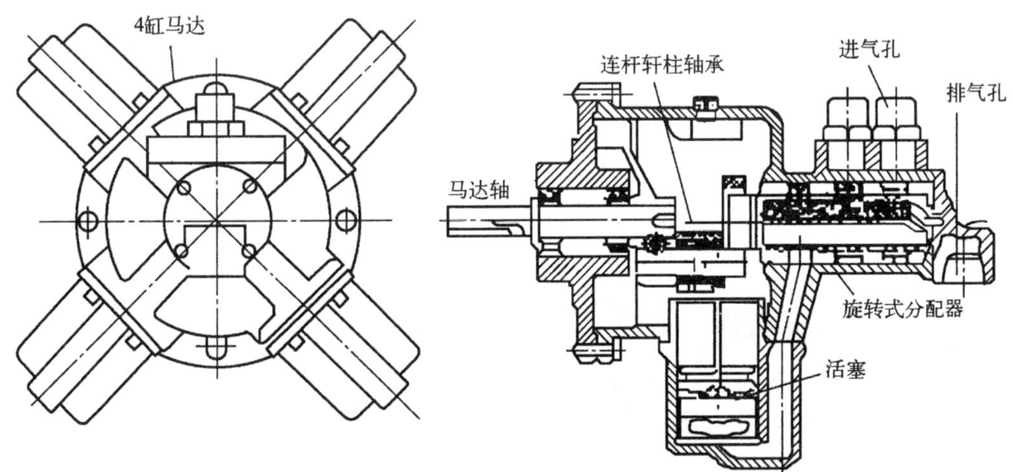

图 1-128　气动限扭 4 缸活塞伺服马达

汽缸内的活塞推杆以互为90°的角度连接在马达曲轴上。压缩空气经进气孔(开阀与关阀各有一进气孔)进入旋转式(旋流)分配器按照一定的顺序将压缩空气分别送入4个汽缸内,4个汽缸内的活塞依次运动推动马达曲轴转动。当活塞依次运动一次以后,马达曲轴旋转360°(一周)。

限扭型伺服马达的行程结束装置和扭矩限止器如图1-129所示。

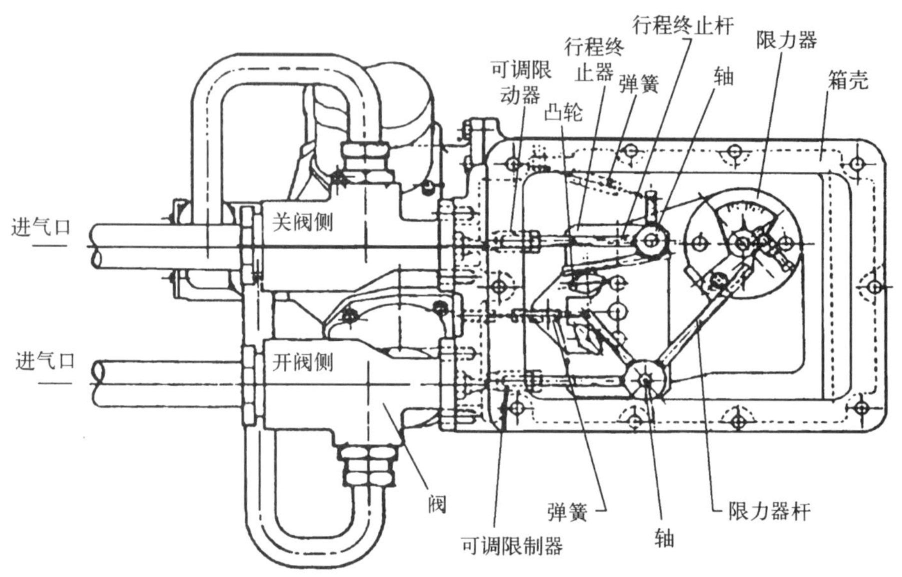

图1-129 行程结束器和扭矩限止器

当开(关)阀门行程结束时,凸轮作用于连杆使行程终止杆因轴旋转而向前伸,截断进入旋流分配器的压缩空气,停止向汽缸供气而终止阀门的开(关)动作。

扭矩限止器的动作原理与行程结束装置一样,只是其连杆的动作是依靠限力器控制的。

1.9.4.3 步进式气动薄膜驱动装置(伺服马达)

步进式气动薄膜式驱动装置(伺服马达),可用于"有或无"操纵或精调位置的操纵。其工作原理如图1-130所示。

1. 进气

工作气流经工作腔进入膜片室,推动膜片压缩回动弹簧,并使其操纵推杆前伸,带动制动齿推动转动齿轮转动,前进一齿。导向杆顶靠在膜片座上,随之跟进,如图1-130a所示。

2. 排气前驱动

当膜片向前推进时,导向杆随之跟进,导向杆支臂也跟进向前,拉动支臂回动弹簧带动支承杆向前,并使导向连杆绕其轴偏转,连杆轴的转动,使导向器切断了进气通路,打开排气通路,如图1-130b所示。

3. 排气

排气通路打开排气,膜片室卸压,行程终止。回动弹簧推动膜片后退,操纵推杆带

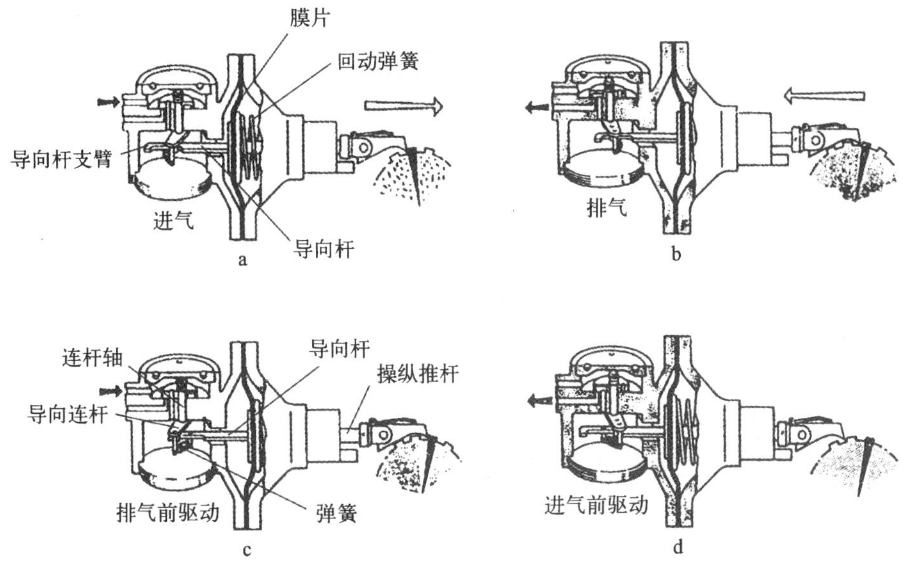

图 1-130　步进式气动伺服马达动作图

动制动齿后退，制动齿越过传动齿轮一齿，同时膜片恢复到进气位置，如图 1-130c 所示。

4. 进气前驱动

膜片回到进气位置时，导向杆及其支臂后退，拉动导向连杆绕其轴反向动转，使导向器切断排气通路，打开进气通路进入下一个循环，如图 1-130d 所示。

上述动作每循环一次，传动齿轮前进一齿。

1.9.5　压水堆核电厂远控气动、电动阀门

在压水堆电厂中采用远控气动、电动阀门的地方很多，尤其是常规岛大量采用了远控气动、电动阀门以实现生产自动化。在汽轮机厂房采用远程电动操纵的大多是截止阀，属全开全关型。采用气动操纵主要是调节阀，特殊地方也有气动截止阀，从现场看一般气动调节阀有两个压力表，而气动截止阀只有一个压力表。

在核岛特别是安全系统和核辅助系统也采用了相当多的气动调节阀、气动隔离阀和电动截止阀。作为贯穿反应堆厂房安全壳的气动隔离阀，每座堆约有 150 个。

核电厂用于气动、电动操纵的阀门，主要有闸板阀、蝶阀、球阀、针形阀和截止阀等。它们根据生产需要安装在蒸汽、水、空气、油以及其他流体介质的管路系统和设备上，实现远距离操作和自动控制。

1.9.6　电动、气动驱动装置常见故障及消除方法

电动驱动装置常见故障及消除方法见表 1-13；气动驱动装置常见故障及消除方法见表 1-14。

表 1-13　电动驱动装置常见故障及消除方法

故障现象	产生故障的原因	消除方法
扭矩或行程开关不起作用或失控	1. 相序接错 2. 线路接错 3. 接触器吸铁不释放	1. 调换电机相序 2. 检查线路纠正错误 3. 清洗触头或更换接触器
电动机运转不正常有连续噪声	两相运行	检修供电回路，接通三相
阀门没有到位电机就停止运转	1. 行程控制器调整不良 2. 扭矩限止器提前动作	1. 重新调整行程控制器 2. 若因阀门损坏，修整阀门 3. 若因扭矩偏小，可调节扭矩限止器
现场开度指针不动作	1. 指针固定螺钉松动 2. 传递开度指示的线路脱开	1. 更换或拧紧固定螺钉 2. 检查电源及导线
远控开关不动作	1. 电位器损坏或前轮松动 2. 电源或导线接触不良	1. 更换电位器或拧紧螺钉 2. 检查电源或导线
电机不能启动	1. 电源没有接通或电压过低 2. 按钮失灵 3. 行程或力矩控制微动开关动作	1. 检查电源和电压 2. 修理或更换按钮 3. 检查调整微动开关
启动运转中电机停转电机发出嗡鸣声	1. 负载过大，力矩控制器动作 2. 阀杆润滑不良或螺纹部分有杂质 3. 阀杆填料压得太紧	1. 提高力矩控制器设定值 2. 清洁阀杆涂润滑脂 3. 适当调整填料压紧度
电机转动，但阀门不动作	1. 离合器损坏 2. 阀杆螺母螺纹磨损	1. 更换离合器 2. 更换阀杆螺母

表 1-14　气动驱动装置常见故障及消除方法

<table>
<tr><th colspan="2">故障现象</th><th>产生故障的原因及消除方法</th></tr>
<tr><td>阀不动作</td><td>无信号，有气源</td><td>1. 压缩机电源及压缩机本身的故障
2. 气源总管泄漏</td></tr>
<tr><td rowspan="2">阀不动作</td><td>无信号，无气源</td><td>1. 调节器的故障
2. 信号管线泄漏
3. 调节阀膜片或活塞密封环漏
4. 随动定位器波纹管漏</td></tr>
<tr><td>随动定位器无气源</td><td>1. 过滤器堵塞
2. 减压阀故障
3. 管道接头处渗漏或堵塞</td></tr>
<tr><td rowspan="3">阀的动作不稳定</td><td>气源压力经常变化</td><td>1. 压缩机容量太小
2. 减压阀故障</td></tr>
<tr><td>信号压力不稳</td><td>1. 控制系统的时间常数不适当
2. 调节器的故障</td></tr>
<tr><td>气源、信号压力一定，但调节阀动作仍不稳定</td><td>1. 随动定位器中放大器的喷嘴挡板不平行，挡板盖不住喷嘴
2. 输出管线漏气
3. 执行机构刚性太小，流体压力变化造成推力不足
4. 阀杆摩擦力大</td></tr>
<tr><td rowspan="2">阀有噪声及振动</td><td>调节阀接近全关位置时的振动</td><td>1. 调节阀选大了，常在小开度时使用
2. 单座阀介质流动方向与关闭方向相同</td></tr>
<tr><td>调节阀任何开度都振动</td><td>1. 支撑不稳
2. 附近有振动源
3. 阀芯与衬套有磨损</td></tr>
</table>

续表

故障现象		产生故障的原因及消除方法
阀的动作迟钝	阀杆往复行程时动作迟钝	1. 阀体内有泥浆或黏性大的介质，使阀堵塞或结焦 2. 填料变质硬化或石墨石棉填料的润滑油干燥 3. 活塞式执行机构中活塞密封环的磨损
	阀杆单方向动作时动作迟钝	1. 气动薄膜执行机构中膜片泄漏和破损 2. 执行机构中密封圈泄漏
阀的泄漏量大	阀全闭时泄漏量大	1. 阀芯被腐蚀、磨损 2. 阀座外围的螺丝被腐蚀
	阀达不到全闭位置	1. 介质压差很大、执行机构的刚性小了 2. 阀体内有异物 3. 衬套烧结
	填料部分及阀体密封部分的渗漏	1. 填料盖没有压紧
		2. 采用石墨石棉填料的场合润滑油干燥
		3. 采用聚四氟乙烯作填料时，聚四氟乙烯老化变质
		4. 密封垫被腐蚀
	阀芯被腐蚀	阀芯被腐蚀，使 Q_{min} 变大

1.10　核级阀门

1.10.1　核级阀门的安全分级和抗震分类

1. 核级阀门的安全分级

我国核安全法规 HAD102/03《用于沸水堆、压水堆和压力管式反应堆安全功能和部件分级》及核工业标准 EJ313—88 规定，核电厂的构筑物、系统和部件分为：安全一级、安全二级、安全三级和安全四级。

(1) 安全一级(相当于 ASME 第Ⅲ卷 NB 分卷或 RCC-M 第Ⅰ卷 B 册 1 级设备)。

安全一级的要求是核电厂部件的最高要求。安全一级适用于其事故会引起反应堆失水事故的系统设备。这些设备在反应堆正常运行期发生事故时，如果仅由正常补给系统补给，将使反应堆不能正常地停堆和冷却。安全一级包括反应堆冷却剂压力边界主要设备及其支承件，还包括主管道延伸到第二个隔离阀在内的连接管道、管件和阀门。

(2) 安全二级(相当于 ASME 第Ⅲ卷 NC 分卷或 RCC-M 第Ⅰ卷 C 册 2 级设备)。

安全二级的要求比安全一级规定的那些要求的限制程度要低一些。安全二级包括为减轻某一事故后果所必需的那些部件，还包括为防止预计运行事件发展为事故工况所必需的那些部件。

(3) 安全三级(相当于 ASME 第Ⅲ卷 ND 分卷或 RCC-M 第Ⅰ卷 D 册 3 级设备)。

安全三级的要求比安全二级规定的那些要求的限制程度又要低一些；除因其对安全的重要性而增加一些要求外，其余均与对安全四级的要求相似。

安全三级包括对安全一、二、三级中的安全功能起支承作用所必需的那些部件，且这些支承功能的失效不会直接引起放射性照射增大的后果，安全三级还包括不属于安全重要系统的一些设备，这些设备发生故障会引起正常时需贮存待衰变的放射性气体向环境作不受控制的排放。

(4) 安全四级的要求与常规电厂中最高的规范和标准一致,同时还要增加与安全重要性相适应的补充要求。

安全四级适用于不属于安全一级、安全二级、安全三级的核电厂系统设备。

2. 抗震分类

根据国家核安全法规 HAF0201 和核工业标准 EJ313—88 的规定,核电厂抗震要求分为抗震一类和抗震二类。

(1) 抗震一类。要求在发生安全停堆地震时,仍能保持其安全功能的设备。安全一级、安全二级设备都属于抗震一类,安全三级设备原则上按抗震一类要求。但符合下列条件的设备除外:即事故不会直接引起工况Ⅱ(一般事故)或工况Ⅳ(极限事故也称为假想事故)的设备;不执行减轻工况Ⅱ或工况Ⅳ事件后果,其失效也不妨碍使工况Ⅲ(重大事故)或工况Ⅳ后果减轻的设备;在工况Ⅱ发生期间或以后,其故障不会引起比工况Ⅲ所容许的更为严重的设备。对于阀门,因一般不只使用于某一部位,因此,安全一、二、三级阀门均属抗震一类。

抗震一类的设备必须按安全停堆地震和运行地震的抗震要求来设计和制造。

(2) 抗震二类。要求在发生运行基准地震时,仍能保持其安全功能,在发生超过规定的强度地震后,须作检查的设备。安全三级中除抗震一类以外的所有设备均属抗震二类。

抗震二类的设备必须按照运行基准地震的抗震要求来设计和制造。

(3) 抗震要求设备。核电厂中属抗震一类和抗震二类的设备(含阀门),可按国家现行的抗震设计规范进行设计和制造。

1.10.2 核级阀门的设计要求

1. 设计基准

设计基准主要包括设计规范、准则和标准。

(1) 国外规范

主要参照美国的 ASME 和法国的 RCC—M。

(2) 我国核工业标准

1) EJ 标准系列中有关核电厂中核级阀门的主要标准有:

EJ312—1988《压水堆核电厂运行及事故工况分类》;

EJ313—1988《压水堆核电厂系统部件安全等级的划分》;

EJ345—1988《压水堆核电站水化学控制》;

EJ395—1989《30 万千瓦压水堆核电站阀门电动装置技术条件》;

EJ396—1989《30 万千瓦压水堆核电站电动阀门动作试验要求》;

EJ405—1989《30 万千瓦压水堆核电站一回路不锈钢阀门通用技术条件》;

EJ603—2005《研究堆安全系统准则》。

2) EJ 标准系列中有关核极阀门加工、制造的标准还有正在编制的十个标准。

2. 结构设计要求

(1) 阀门形状规则

阀门承压体形状的设计必须考虑将同危险区域内部的不连续有关的疲劳强度减弱系数(应力集中系数)限制在等于或小于 2。

(2) 满足抗震要求原则

对安全一、二、三级阀门都要求在发生安全停堆地震时,仍能保持阀门结构的完整性(即保持其安全功能)。

(3) 具有可靠的密封结构

1) 阀体与阀盖连接处(中法兰)的密封,一般采用核极不锈钢缠绕式垫片。对大口径阀门,同时还应考虑增加备用密封焊接结构,出厂时不焊,供使用中万一发现泄漏而更换垫片也不能保证时,焊住继续使用。

2) 阀杆密封一般采用双层填料中间引漏的结构型式,参见截止阀一节图 1-31 双层填料中间引漏截止阀结构($DN\leqslant32$ mm 可不用采用双层填料中间引漏的结构型式),或采用波纹管密封加填料备用密封的结构型式。即必须保证放射性介质不向外泄漏。

3) 阀瓣、阀座的密封面,一般应堆焊司太利特(Stellite)硬质合金,表面粗糙度应在 R 0.4 μm 以上。泄漏率应保证 DN 50 mm 以下的阀门不泄漏,DN 50 mm 以上的阀门允许 0.1 cm^3/h。

3. 材料选用要求

核级阀门所选用的材料必须满足核电厂对耐腐蚀、耐辐照、耐高温、耐湿热和耐疲劳等的要求。

(1) 金属材料

1) 质保证书和合格证书。承压材料必须具有符合要求的化学成分和机械性能的质保证书,无质保证书的材料应进行化学成分分析和机械性能检验。非承压材料应具有合格证书,无合格证书的材料应进行化学成分的分析。质保证书、合格证书、化学成分分析报告及机械性能检验报告的副本必须随材料一起提供。

2) 材料的冲击韧性要求。承压材料和它焊接的材料必须进行 V 形缺口冲击试验。当满足某些条件后可不进行 V 形缺口冲击试验,对安全一级的阀门有七条规定(见 ASME 第Ⅲ卷 NB—2300 中的规定),对安全二级和安全三级的阀门分别有九条规定(见 ASME 第Ⅲ卷 NC—2300 和 ND—2300 中的规定)。

3) 材料的试验

① 承压材料和它焊接的材料必须进行无损检验,当按 ASME 中 NL—2500 中规定进口接管不超过 NPS2(50 mm) 的,不按本节的要求进行无损检验。RCC—M 中 NB3513 中规定:内径<25 mm 的阀门只要满足最小壁厚的要求,就可验收。我国核工业标准 EJ405—89 中的规定与 ASME 及 RCC—M 的基本相符。

EJ405—89 规定的核级阀门各种零部件材料的无损检验项目及检验范围见表 1-15。

表 1-15 各种零部件材料无损检验项

铸 件	检验方法
锻件、棒料和板材	超声波、液体渗透、大锻件粗晶体区用射线代替超声波
焊缝、补焊	射线、液体渗透
堆焊层、机加工部件、法兰螺栓及螺母	液体渗透(磁性材料可用磁粉检验)
阀门接管端焊接坡口	液体渗透(特殊情况加射线检验)

② 螺栓、螺母的检验。728ES—25—85(728 院的标准)中规定，所有螺栓、螺钉连接材料应进行目视检查，直径大于 25 mm 的材料应进行磁粉或液体渗透检验；直径大于 50 mm 的材料，除用磁粉或液体渗透检验外，还应进行超声波检验。

以上要求基本与 ASME NB—2580 及 RCC—M 第Ⅱ卷 M 册中的 M5140 的要求相符。

(2) 非金属材料

1) 填料、垫片应选用满足核电厂使用条件的低氯离子、低硫离子的石棉或柔性石墨制成。

2) 橡胶密封圈及电动装置中用的润滑油，润滑脂必须满足耐辐照、耐高温的要求。

(3) 禁用和限用材料

EJ345—88 中规定如下。

1) 在反应堆安全壳内禁止使用汞和汞化合物。因为在室温下汞容易与各种金属合金生成汞剂，导致快速腐蚀和可能的破裂；汞蒸汽(特别在高压下)对人体健康有害；汞在中子流中会被活化。

2) 安全壳内使用的阀门零件应尽量避免使用铝、锌及其合金。因为安全壳喷淋液中的碱、酸对铝、锌腐蚀较大，同时释放出氢气。阀门零件材料应禁止使用砷、锑、硫、等元素及其化合物。与工作介质接触的任何表面禁止电镀、禁止使用润滑剂或防咬剂。

3) 在反应堆安全壳内应避免使用锌及镀锌零件，因硼酸喷淋液对锌发生化学反应，释放氢气。

4) 在反应堆安全壳内还应避免使用其他低熔点金属。

4. 计算要求

核级阀门必须进行工况Ⅰ(正常运行工况)、工况Ⅱ(一般事故)、工况Ⅲ(重大事故)，工况Ⅳ(极限事故)下的应力分析与计算，计算部位见表 1-16。

表 1-16 应力计算工况、部位及内容

工 况	计算部位	计算内容
运行工况	阀体	阀体形状、阀体壁厚、阀门喉径壁厚 阀体应力、疲劳应力*、循环应力*
	中法兰(进出口)	螺栓应力、设计状况与冷态下的应力
	阀盖	阀盖壁厚、填料函及压盖螺栓应力
	阀瓣	阀瓣应力
	阀座	阀座应力
	阀杆	阀杆应力及阀杆稳定性分析
	弹簧	弹簧应力及弹簧压缩量
	波纹管等其他重要部件	应力计算
一般事故及重大事故工况 (抗震计算)	支架	自然频率、支架应力、支架螺栓应力
	阀体	自然频率、支架应力、支架螺栓应力
	阀盖	阀盖喉径应力
	中法兰(进出口法兰)	螺栓应力设计工况与冷态工况下的法兰应力
	操作装置	偏移量计算**
极限事故(Ⅵ级)	阀体	阀体应力

注：1. 有 * 项者，仅对安全一级阀门进行计算。
2. 有 ** 项者，仅对电动、气动阀门进行计算。

1.10.3　核级阀门出厂试验要求

1. 应力试验

(1) 应力试验内容

已装配好的阀门,每台均应按表1-17规定的顺序及内容进行应力试验。

表1-17　应力试验顺序及内容

试验名称	阀门种类						
	闸　阀	截止阀	调节阀	隔膜阀	止回阀	球　阀	蝶　阀
壳体耐压试验(强度试验)	必　须	必　须	必　须	必　须	必　须	必　须	必　须
阀座密封试验	必　须	必　须	按要求	必　须	必　须	必　须	必　须
上密封试验(倒密封试验)	必　须	必　须	必　须	不适用	不适用	不适用	不适用
阀杆填料密封试验	必　须	必　须	必　须	不适用	不适用	必　须	按要求
低压气密封试验	按要求	按要求	按要求	按要求	按要求	按要求	按要求

注:1. 无关闭要求的调节阀和节流阀可不做阀座密封试验。
2. 具有上密封(倒密封)要求的阀门都必须进行上密封试验。
3. 对焊密封要求的蝶阀必须进行阀杆密封试验。
4. 用于安全壳及应力边界作隔离用的阀门必须进行低压气密封试验。

(2) 应力试验介质

1) 水质要求

EJ345—88中规定了核电厂水压试验的水质要求,见表1-18。

表1-18　核电厂水压试验的水质要求

项　目	A　级	B　级	C　级
氯离子/ppm	≤0.15	≤1.0	≤25
氟离子/ppm	≤0.15	≤0.5	≤2.0
电导率/(μS/cm)	≤2.0	≤20	≤400
总悬浮颗粒物/ppm	≤0.5	/	/
pH	6.0～8.0	6.0～8.0	/
目视透明度	无混浊、无油、无沉淀		

注:1. 除盐水(去离子水)一般能满足A级水的要求。
2. 电厂凝结水和蒸馏水一般能满足B级水的要求。
3. 清洁自来水能满足C级水的要求。

2) 气体介质要求

气压试验用的气体应采用纯度在99.9%以上的氮气(N_2)。

(3) 试验温度

核极阀门压力试验的介质温度为5～65 ℃。

具体使用时,还需要满足EJ345—88中的下列规定。

1) 除敏化奥氏体不锈钢外,其他材料在65 ℃以下进行试验时,当零部件上有缝隙时采用A级水质,当零部件不存在缝隙时可以使用B级或C级水质,当水压试验一结束,排水后立即用A级水冲洗零部件表面并漂洗干净。

2) 除敏化奥氏体不锈钢外,其他材料在65 ℃以上进行水压试验或性能试验时应采用A

级水质，整个试验期间水的纯度至少应维持在B级水质。

3）对敏化奥氏体不锈钢制成的零部件，试验用水应为A级水质，在试验升压之前，水中加氢氧化氨将pH值调节至10.0～10.5。如果水压试验温度超过65 ℃或预计会超过65 ℃时，则应在水中加联氨50～300 ppm用以除氧。含有铜合金或铝合金的零部件不宜采用联氨溶液进行水压试验。对于试验用水至少每天化学分析一次。

（4）试验应力、保压时间及合格要求

1）壳体耐压试验

试验应力为设计应力和材料相对应的应力为温度曲线在室温下的最大许用应力的1.5倍。试验时阀瓣处于半开启状态，持续保压时间ASME规定不少于10分钟；我国EJ405—89中规定的保压时间如表1-19所示。

表1-19 壳体耐压试验持续保压时间

公称通径/mm	持续保压时间/min	
	安全一级、安全二级	安全三级
≤200	不少于10	不少于10
>200	不少于30	不少于20

2）阀座密封试验

试验应力为设计应力，材料相对应的应力为温度曲线在室温下的最大许用应力的1.1倍（RCC—M B5220中规定至少等于对应于室温下允许的最高应力）。试验时阀瓣处于半闭状态，持续保压时间ASME规定不少于10 min，RCC—M B5220中规定为15 min，EJ405—89中规定的时间如表1-20所示。

表1-20 阀座密封试验保压时间及允许泄漏率

公称通径/mm	持续保压时间/min		允许泄漏率（每毫米通径）
	安全一级、安全二级	安全三级	
DN≤50	不少于10	不少于10	0.00
200≥*DN*>50	不少于15	不少于10	≤0.05 cm^3/h
DN>200	不少于30	不少于15	≤0.10 cm^3/h

注：1. 对于软密封阀门允许泄漏率均为零。
2. 如果设计者认为表内的要求不能满足设计要求时，可在技术规格书中另行规定（例如：安全壳隔离阀、低压差止回阀等）。
3. 对于调节阀、节流阀由技术规格书另行规定。

3）上密封试验（倒密封试验）

试验应力与阀座密封试验应力相同。试验时阀门处于完全开启状态，松开填料压盖螺栓。持续保压时间不少于10 min。

合格要求：每毫米阀杆直径的允许泄漏率与阀座密封试验要求的数值相同。

4）阀杆填料密封试验

试验应力与阀座密封试验应力相同。试验时阀瓣处于半开启状态，填料按规定的力矩拧紧。持续保压时间ASME规定为10 min，EJ405—89规定如下。

DN≤100 mm时不少于10 min；*DN*>100 mm时不少于15 min。

合格要求：对于有中间引漏的阀门，上填料处不允许泄漏，中间引漏管处的允许泄漏率为每毫米阀杆直径不大于 0.04 cm^3/h；对于其他的阀杆密封型式，其允许泄漏率均为零。

5）低压气密封试验

试验应力一般为 0.6 MPa，对于安全壳隔离用的止回阀要求为 0.02 MPa。试验时阀瓣处于关闭状态，持续保压时间不少于 10 分钟。

合格要求：允许泄漏率与阀座密封试验的要求相同。

2. 动作性能试验

核级阀门的出厂试验除以上各项应力试验外，每台阀门还应做动作性能试验，下面仅介绍电动阀门的动作性能试验及止回阀最低开启压差和最低密封压差试验。

（1）电动阀门动作试验

用于核极阀门的电动装置必须符合 EJ395—89 的要求，电动阀门的动作试验按 EJ396—89 的要求应进行下列试验：

1）电动装置的绝缘电阻检查。通电进行动作试验前应先检查电动装置的绝缘电阻，其值应大于或等于 50 MΩ。

2）空载动作试验。阀腔内不充压，在额定下从全开到全闭，再从全闭到全开动作三次，记录启动时的最大电流、运行电流及全行程的启闭动作时间。

3）负载动作试验。阀腔内充公称应力，阀门分别处于半开启和全关闭状态下进行手动到电动切换动作各三次。分别在最高电压（105%额定电压）及最低电压（90%额定电压）下进行电动阀门操作从全开到全闭，再从全闭到全开各动作三次。记录启动时的最大电流、运行电流及全行程的启闭动作时间。

合格要求：最大电流应小于或等于电动机的启动电流，运行电流应小于或等于电动机的额定电流，启闭时间应小于或等于技术规格书规定的要求。

4）开启压差试验。从阀门入口端（截止阀从出口端）施加最大工作应力，出口端（截止阀为入口端）应力为零，即阀瓣前后承受最大压差，以最低电压（90%额定电压）电动开启阀门，记录启动时的最大电流，此电流应小于或等于电动机的启动电流。

（2）止回阀最低开启压差和最低密封压差试验

止回阀应进行最低开启压差和最低密封压差试验。测出的最低开启压差和最低密封压差应小于或等于技术规格书中规定的最低开启压差和最低密封压差值。

1.11 我国通用阀门型号的编制和标志

我国通用阀门型号的编制和标志见附录Ⅰ。

1.12 阀门图形符号

电厂阀门图形符号见表 1-21。

表 1-21 电厂阀门图形符号

序号	名称	符号	序号	名称	符号
1	截止阀		14	节流阀	
2	电动截止阀	H	15	止回阀	流向
3	闸阀		16	减压阀	高压端 低压端
4	电动闸阀	H	17	隔膜阀	
5	调节阀		18	给水分配阀	
6	电动调节阀	N	19	球阀	
7	气动调节阀	P	20	蝶阀	
8	电磁阀	Z	21	旋塞阀	
9	安全装置 主安全阀		22	疏水阀	
10	安全装置 脉冲安全阀		23	三通阀	
11	杠杆安全阀		24	四通阀	
12	弹簧安全阀		25	流量孔板	
13	球阀		26	节流阀	

复 习 题

1. 闸阀、截止阀、蝶阀、隔膜阀、球阀的基本结构及其特性是什么?
2. 波纹管截止阀的结构、工作原理和波纹管的功能是什么?
3. 调节阀的基本结构及其特性是什么?
4. 安全阀的功能是什么? 有哪些类型?
5. 弹簧式安全阀由哪些部件组成? 其工作原理是什么?
6. 先导式安全阀由哪些部件组成? 其工作原理是什么?

7. 助动式安全阀由哪些部件组成？其工作原理是什么？
8. 掌握和学会安全阀的选择。
9. 止回阀的工作原理、类型、作用是什么？缓闭式止回阀的功能是什么？
10. 减压阀的功能、类型、结构和安装要求是什么？
11. 先导活塞式减压阀的工作原理是什么？
12. 疏水阀的功能、类型、结构和安装要求是什么？
13. 先导式(大排量组合式)疏水阀及双金属片疏水阀的工作原理是什么？
14. 什么是阀门的闭环控制和开环控制？
15. 电动驱动装置(伺服马达)由哪些部件组成？其功能是什么？
16. 行程结束控制器及扭矩限制器具体作用是什么？
17. 气动驱动装置(伺服马达)由哪些部件组成？其功能是什么？
18. 随动定位器(阀门定位器)有哪些类型及其工作原理是什么？
19. 核级阀门安全分级和抗震分类有哪些？
20. 核级阀门出厂试验的项目有哪些？

第 2 章　泵

泵在工农业生产包括核电厂的生产过程中，占有相当重要的位置，也是应用较多的机械设备之一。在压水堆核电厂的三个主要回路以及核辅助系统和非核辅助系统中，只要有液体（如水、浆、各种料液及油品等）输送的地方，就离不开泵。如一回路反应堆冷却剂泵（主泵）、高、低压安注泵、上充泵；二回路凝结水系统的主给水泵、凝结水泵；三回路循环冷却水系统的循环冷却泵以及核与非核辅助系统的安全壳喷淋泵、辅助给水泵、设备冷却水泵、废液输送泵、核岛重要水泵、常规岛冷却水泵、分离段疏水泵（低加疏水泵）、辅助冷却水泵、主油泵、润滑油泵、消防泵、生活上水泵、生活污水泵等等。

在压水堆核电厂中，根据各回路各系统的生产要求，选用了各种类型的泵，其中以离心式泵（包括混流泵和轴流泵）为最多。

常用的泵，有以下几种。

1. 离心泵

(1) 单吸单级悬臂式离心泵；

(2) 双吸单级离心泵；

(3) 立式多级离心泵；

(4) 多级节段式（分段式）离心泵；

(5) 多级水平中开式离心泵；

(6) 凝结水泵；

(7) 潜水泵；

(8) 深井水泵。

2. 轴流泵和混流泵

3. 旋涡泵

4. 容积式泵

5. 喷射泵

本章重点介绍离心泵（含混流泵和轴流泵）。将从离心泵的基础理论、性能参数、基本结构、操作条件、运行中的问题以及泵的选择等方面加以论述。对其他类型的泵仅做一般介绍。

2.1　泵的功能、类型和应用范围

2.1.1　泵的功能

泵是将原动机机械能转换为输送液体能的机器，具体功能有：

1. 提升作用：提升液体的动能（流速）和势能（静压能）即扬程；

2. 抽吸作用：可将低液位贮槽或水池的液体吸入泵中，即吸程。

2.1.2 泵的类型

核电厂用的泵的类型很多，一般按工作原理可分为三种类型。

1. 叶片式泵

叶片式泵主要有：离心泵，轴流泵和混流泵，漩涡泵，屏蔽泵。

2. 容积式泵

容积式泵主要有：往复泵，回转泵，螺杆泵，计量泵，真空泵。

3. 其他非机械能转换泵

非机械能转换泵主要有：喷射泵，扬液器。

2.1.3 泵的应用范围

随着近代工农业发展的要求，水泵在性能和结构上都有很大变化，为适应用户的要求，泵的流量、压头、温度、介质等的使用范围很大。如：

（1）流量范围：巨型泵的流量可高达每小时几十万立方米；微型泵则为每小时几十毫升；

（2）压头范围：常压 ～1 000 MPa；

（3）介质温度：－200 ～＋800 ℃；

（4）介质性质：酸性，碱性，黏稠液，泥浆，油类，化学液体，悬浮液体等。

水泵应用的场所特别广泛，凡是液体输送的地方，都离不开水泵。例如：城市上、下水；工业上、下水；另外化工、机械、电厂、通航、采矿；尤其是采煤；以及水下施工，农业灌溉等都离不开水泵。在核电厂中使用泵的地方也很多，如压水堆三个回路中的各种循环系统，直排系统、安注、化容以及喷淋系统等，都设有各种类型的泵作为动力。总之，整个社会的生活、生产用水、消防用水等都离不开水泵。

在众多类型的水泵中，离心泵是社会生活、工农业生产以及核电厂用泵的主体泵。

2.1.4 泵的发展趋势及新技术

随着现代科学技术的不断发展，泵在世界各国也得到了很大发展，首先在设计方法上有了很大进步，从根本上改善泵的动力特性、汽蚀性能和振动特性，制定了一系列新的国际标准，尤其是泵在大容量、高转速、高效率、自动化和可靠性方面达到了新的水平。现分述如下。

1. 大容量

20 世纪 50 年代，5 万 kW 的发电机组被看做是一个重大的技术成就，而今天，这一动力只能用来驱动一台 130 万 kW 电厂机组的给水泵。近年来，国内 300 MW，600 MW 机组不断增多，尤其是核电，700 MW，1 000 MW，3 000 MW 容量已很普遍。国产 300 MW 机组配套的两台 DG500－240 型离心式给水泵，驱动功率每台为 5 500 kW，大亚湾核电厂一回路主泵的驱动功率为 6 500 kW。而目前大型锅炉给水泵的驱动功率已接近 60 000 kW。给水泵的压力也从超高压 13.7～15.7 MPa，亚临界压力 17.7～20 MPa，已发展到超临界压力 25.6～29.4 MPa，近年来，有压力更高达 50 MPa 以上的产品。

2. 高速化

随着单元机组容量的增大，泵的容量迅速增加，尤其是给水泵压力快速增长，导致转速也很快提高。20 世纪 60 年代，给水泵转速一般为 3 000 r/min，近年来已提高到 7 500 r/

min,泵的单级扬程由 200 m 左右增加到 1 150 m 以上,如美国 660 MW 机组配套的给水泵,转速为 6 500 r/min,总扬程达 2 317 m;因而级数从 5 级减少到 2 级,相应的轴的长度大大缩短,趋向于采用短而粗的刚性轴。由于转速的提高,泵的外形尺寸大为减小,重量减轻,节省了材料,搬运维修都更方便,由此带来的经济效益是十分显著的,如表 2-1 和图 2-1 所示。

表 2-1 不同转速时给水泵重量和级数比较

制造年份	机组容量/MW	泵转速/(r/min)	出口压力/MPa	单级扬程/m	级数	泵重量/kN
1960	550	3 000	19.2	341	5	432
1965	600	4 700	22.6	567	4	167
1970	660	7 500	22.3	1 143	2	103

3. 高效率

能源问题已是当今世界的重大问题之一,能源状况直接决定着国家的经济发展,并直接影响到人民生活。泵是耗能大户,泵的电能消耗占全国电能消耗的 21%,风机占 10%以上。从发电厂看,泵与风机耗电量占厂用电量的 65%~75%,其中泵约占 50%,风机约占 25%。国务院节能规定:凡离心泵、轴流泵效率低于 60%,通风机、鼓风机效率低于 70%,必须分批分期地予以改造或更换。目前风机的效率可达 85%~90%,水泵的效率也提高到 85%左右。

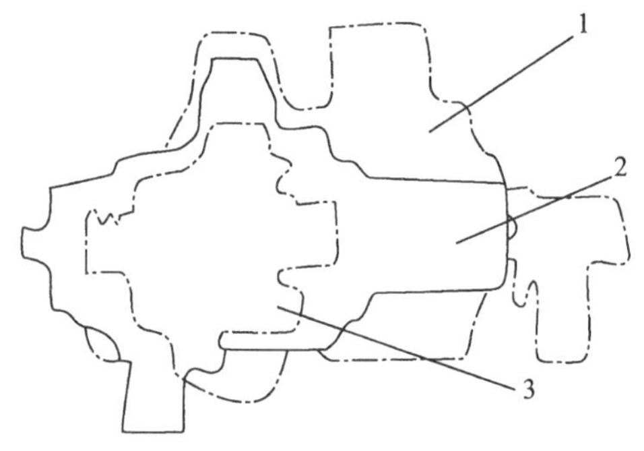

图 2-1 不同转速时锅炉给水泵体积比较示意图

1—3 000 r/min 时的泵体积;
2—4 700 r/min 时的泵体积;
3—7 500 r/min 时的泵体积

4. 可靠性

由于泵向大容量、高速化方向发展,因此对泵的可靠性要求越来越高。前苏联投入很大力量从事泵的汽蚀研究,如研究汽蚀新生、潜在汽蚀、断裂汽蚀等;人们从事材料研究,进行材料抗汽蚀能力的试验,研究评价方法和预测泵零件汽蚀寿命的方法;还从事密封研究,近几年在工业中广泛应用端面密封(机械密封),在输送腐蚀性和磨损性介质时,这种密封能承受压力达 45 MPa,温度为-200~+450 ℃,摩擦滑动速度达 100 m/s。目前,具体对大型给水泵提出下列可靠性的要求:到大修时的工作寿命为 15 000~30 000 h;转子的振动稳定性(在轴承体处测量)不应大于 35~50 μm;振动速度的均方值不应超过 7~8.5 mm/s;不会由于热膨胀而破坏泵的对中;泵和管路表面温度低于 45 ℃;限制最小启动时间;泵体上下温度差不超过 15~20 ℃;泵转子可以在 n=10~15 r/min 下转动。最近还提出了泵中汽化时泵能干转 5 min 的要求等。可见,对泵的可靠性要求是愈来愈高了。

5. 低噪声

发电厂是一个强烈的噪声源,如 300 MW 机组的送风机附近的噪声高达 124 dB,一般希望控制在 90 dB 以下,国家标准要求控制在 85 dB 以下,其他通风机、给水泵、电动机等也是高噪声源。噪声污染如同空气污染、水污染一样,对人们健康是十分有害的。随着工业的发展和环境保护、劳动保护科学技术的进步,世界各国已研制出许多消声、隔声、减振等控制和降低噪声的新设施和新产品，对新的泵和风机在制造过程中就严格控制其噪声不得超过国家标准。今后随着人们对噪声的危害不断的认识对泵和风机的噪声控制将越来越严格。

6. 自动化

随着科学技术的发展，自动检测技术、自动控制技术和电子计算机已不仅逐步应用于泵设计、绘图、制造过程中，而且还日益广泛地应用在泵的运行上，如泵的自动启动和停止；流量、压力、温度等参数的自动检测、显示和控制；主要参数的上下限报警以及泵的自动联锁、保护等。总之，自动化水平随着机组大容量化和高速化而不断地发展和提高。

2.2　离心泵的工作原理和主要部件

2.2.1　离心泵的工作原理

如图 2-2 所示的为一台安装在管路上的离心泵。主要部件有叶轮 1 与泵壳 2 等。具有若干弯曲叶片的叶轮安装在泵壳内，并紧固于泵轴 3 上。泵壳中央的吸入口 4 与吸入管路 5 相连接，侧旁的排出口 8 与排出管路 9 相连接。

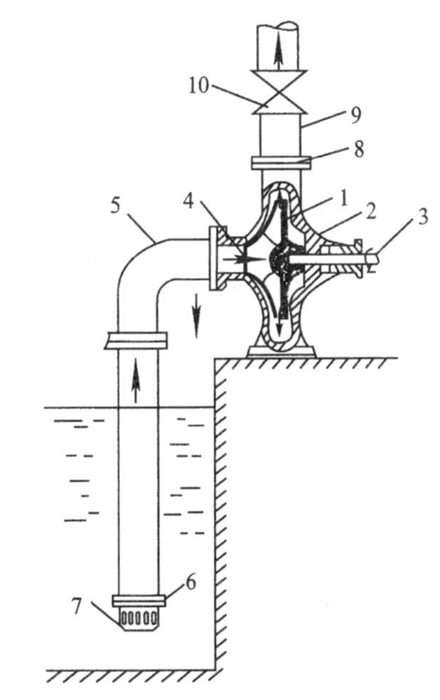

图 2-2　离心泵装置简图

1—叶轮；2—泵壳；3—泵轴；4—吸入口；5—吸入管；6—底阀；7—滤网；8—排出口；9—排出管；10—调节阀

离心泵一般用电动机带动，在启动前需向泵壳内灌满被输送的液体，启动电动机后，泵轴带动叶轮一起旋转，充满叶片之间的液体也随着转动，在离心力* 的作用下，液体从叶轮中心被抛向外缘的过程中便获得了能量，使叶轮外缘的液体静压强提高，同时也增大了流速，一般可达 15～25 m/s，即液体的动能也有所增加。液体离开叶轮进入泵壳后，由于泵壳中流道逐渐加宽，液体的流速逐渐降低，又将一部分动能转变为静压能，使泵出口处液体的压强进一步提高，于是液体以较高的压强，从泵的排出口进入排出管路，输送至所需的场所。

当泵内液体从叶轮中心被抛向外缘时，在中心处形成了低压区，由于贮槽液面上方的压强大于泵吸入口处的压强，在压差的作用下，液体便经吸入管路连续地被吸入泵内，以补充被排出液体的位置。只要叶轮不断地转动，液体便不断地被吸入和排出。由此可见离心泵之所以能输送液体，主要是依靠高速旋转的叶轮。液体在离心力的作用下获得了能量以提高压强。

离心泵启动时，如果泵壳与吸入管路内没有充满液体，则泵壳内存有空气，由于空气的密度远小于液体的密度，产生的离心力小，因而叶轮中心处所形成的低压不足以将贮槽内的液体吸入泵内，此时虽启动离心泵也不能输送液体，此种现象称为气缚，表示离心泵无自吸能力，所以启动前必须向泵壳内灌满液体。若离心泵的吸入口位于吸液贮槽液面的上方，在

* 本章所提的离心力是惯性离心力的简称。

吸入管路的进口处应装一底阀(止回阀也叫单向阀)6 和滤网 7。底阀是防止启动前所灌入的液体从泵内漏失,滤网可以阻拦液体中的固体物质被吸入而堵塞管道和泵壳。靠近泵出口处的排出管路上装有止回阀和调节阀 10,以供开车、停车及调节流量时使用。

2.2.2　离心泵的主要部件

离心泵最主要的部件为叶轮、泵壳、轴及轴承、轴封装置、密封环及驱动机等,下面分别简述其结构和作用。

1. 叶轮

叶轮的作用是将原动机的机械能传给液体,使液体的静压能和动能均有所提高。

离心泵的叶轮如图 2-3 所示,叶轮内有 6～12 片弯曲的叶片 1。图 2-3a 所示的叶片两侧带有前盖板 2 及后盖板 3 的叶轮,称为闭式叶轮。液体从叶轮中央的入口进入后,经两盖板与叶片之间的流道而流向叶轮外缘,在这过程中液体从旋转叶轮获得了能量,并由于叶片间流道的逐渐扩大,故也有一部分动能转变为静压能。图 2-3b 所示的叶片是吸入口侧无前盖板的叶轮,称为半闭式叶轮。图 2-3c 所示的叶片是没有前、后盖板的叶轮,称为开式叶轮。半闭式叶轮可用于输送浆料而开式叶轮则可输送含有固体悬浮物的物料,因取消盖板后叶轮流道不容易堵塞,但由于没有盖板,液体在叶片间运动时容易产生倒流,故效率也较低。

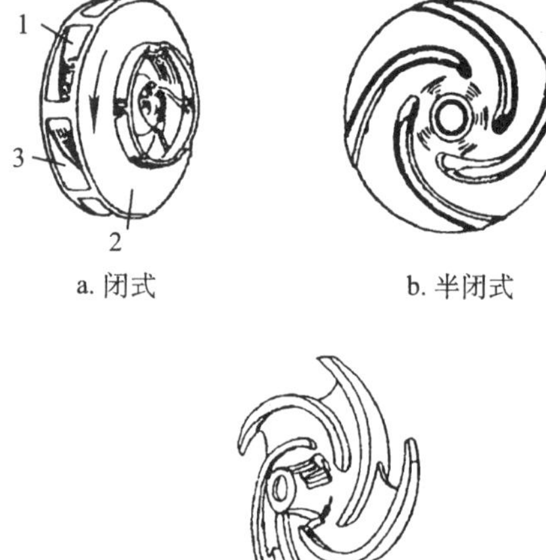

图 2-3　离心泵的叶轮

闭式或半闭式叶轮在工作时,有一部分离开叶轮的高压液体漏入叶轮与泵壳之间的两侧空腔中去,而叶轮前侧液体吸入口处为低压,故液体作用于叶轮前、后两侧的压力不等,便产生了指向叶轮吸入口方向的轴向推力,使叶轮向吸入口侧窜动,引起叶轮与泵壳接触处磨损,严重时造成泵的振动。为此,可在叶轮后盖板上钻一些小孔(见图 2-4 中的 1)。这些小孔称为平衡孔,它的作用是使后盖板与泵壳之间的空腔中一部分高压液体漏到低压区,以减小叶轮两侧的压力差,从而起到平衡一部分轴向推力的作用,但同时也会降低泵的效率。平衡孔是离心泵中最简单的一种平衡轴向推力的方法。轴向推力平衡的其他方法和具体结构将在 2.5.4 轴向推力平衡一节中介绍。

按吸液方式的不同,叶轮还有单吸和双吸两种。单吸叶轮的结构简单,如图 2-4a 所示,液体只能从叶轮一侧被吸入。双吸叶轮如图 2-4b 所示,液体可同时从叶轮两侧吸入。显然,双吸叶轮具有较大的吸液能力,而且基本上可以消除轴向推力。

2. 泵壳

泵壳由吸入室、压出室和导轮组成。泵壳又称蜗壳,因壳内有一截面逐渐扩大的蜗牛壳形通道,如图 2-5 的 1 所示。叶轮在壳内顺着蜗形通道逐渐扩大的方向旋转,愈接近液体出口,通道截面积愈大。因此,液体从叶轮外缘以高速被抛出后,沿泵壳的蜗牛形通道而向排出口流动,流速便逐渐降低,减少了能量损失,且使部分动能有效地转变为静压能。所以泵壳不仅作为一个汇集由叶轮抛出液体的部分，而且本身又是一个转能装置。

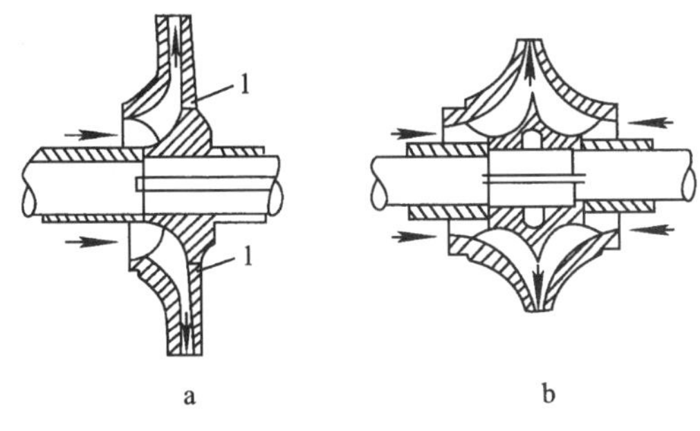

图 2-4 吸液方式

a. 单吸式；b. 双吸式

图 2-5 泵壳与导轮

1—泵壳；2—叶轮；3—导轮

为了减少液体直接进入蜗壳时的碰撞，在叶轮与泵壳之间有时还装有一个固定不动而带有叶片的圆盘。这个圆盘称为导轮，如图 2-5 中的 3 所示。由于导轮具有很多逐渐转向的流道，使高速液体流过时能均匀而缓和地将动能转变为静压能，以减小能量损失。

3. 轴及轴承

泵轴必须有足够的强度。泵的轴承分滚动轴承和滑动轴承，滑动轴承的润滑油层有一定的吸振力，能承受较大的冲击力，常用于大型泵；滚动轴承摩擦力小，又分径向轴承和止推轴承两种，常用于中、小型泵。

4. 轴封装置

泵轴与泵壳之间的密封称为轴封。轴封的作用是防止高压液体从泵壳内沿轴的四周而漏出，或者外界空气从相反方向漏入泵壳内。常用的轴封有填料密封和机械密封两种，其结构将在 2.5.3 轴封装置一节中介绍。

5. 驱动机

水泵的驱动机主要有电动机和汽轮机两类。

6. 附件

主要附件有：①进水滤网，②底阀，③止回阀等。

2.3 离心泵的基础理论

2.3.1 离心泵的理论方程

从离心泵的工作原理可知，液体从离心泵的叶轮获得能量而提高了压强。但是，单位重量的液体从旋转的叶轮获得多少能量以及影响获得能量的因素，都可通过离心泵的理论方程（也称为基本方程）来说明。

由于液体在叶轮内的运动比较复杂，为便于分析，先假设：

1. 叶轮内叶片的数目为无限多，因此叶片的厚度就为无限薄，从而可以认为液体质点完全沿着叶片的形状而运动，即液体质点的运动轨迹与叶片的外形曲线相重合；

2. 输送的是理想液体，因此在叶轮内的流动阻力可以忽略。

2.3.1.1 速度三角形

离心泵工作时，液体和叶轮一起旋转运动，同时又从叶轮的流道里向外流动。因此，液体在叶轮里的流动是一种复杂的运动。

当叶轮带动液体一起作旋转运动时，液体质点具有一个随叶轮旋转的圆周速度，用 u 表示。运动方向与液体质点所在处的圆周切线方向一致，大小与所在处的半径 R 及转速 n 有关，其表达式为：

$$u=\frac{2\pi Rn}{60} \tag{2-1}$$

式中：u——液体质点的圆周速度，m/s；

R——液体质点通过叶轮某固定点处的半径，m；

n——叶轮的转速，r/min。

此外，液体质点又在叶片间作相对于旋转叶轮的相对运动，其速度称为相对速度，用 ω 表示。运动方向是液体质点所在处的叶片切线方向，大小与流量及流道的形状有关。流体质点相对于泵壳（固定于地面）的运动为绝对运动，其速度称为绝对速度，用 c 表示，等于圆周速度与相对速度的矢量和，即：

$$\vec{c}=\vec{u}+\vec{\omega} \tag{2-2}$$

由上述三个速度所组成的矢量图，称为速度三角形，如图 2-6 所示。在速度三角形中，α 表示绝对速度与圆周速度两矢量之间的夹角，β 表示相对速度与圆周速度反方向延线的夹角，称为流动角，α 与 β 的大小与叶轮的结构有关。对叶轮流道内的任意点都可以作出速度三角形，根据速度三角形便可确定各速度间的数量关系。由余弦定律得知：

$$\omega^2=c^2+u^2-2cu\cos\alpha \tag{2-3}$$

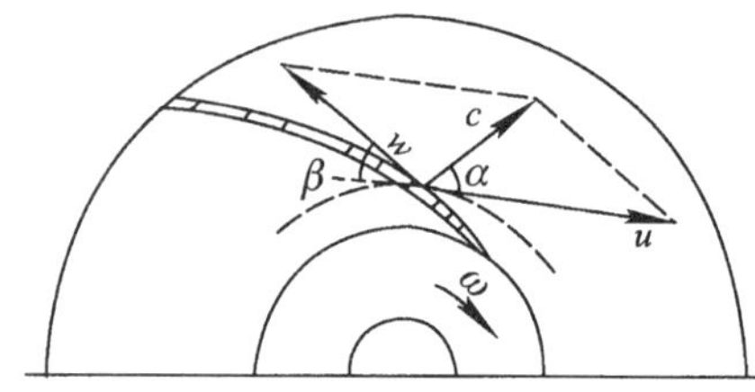

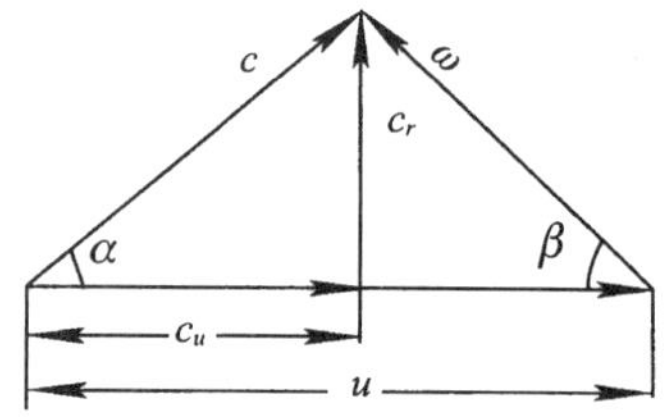

图 2-6 液体质点在叶轮内的运动情况

为了计算上的方便，常把绝对速度分解为两个分量，即：

径向分量 $$c_r=c\sin\alpha \tag{2-4}$$

圆周分量 $$c_u=c\cos\alpha \tag{2-4a}$$

于是 $$c\cos\alpha=u-c_r\cot\beta \tag{2-5}$$

2.3.1.2 离心泵理论方程

1. 理论方程式的建立

无限多叶片的离心泵对单位重量的理想液体所提供的能量称为泵的理论压头或理论扬程，以 $H_{T\infty}$ 表示，单位为 N·m/N＝m。推导离心泵理论方程式的目的就是要找出一个计算离心泵的理论压头的公式，即根据理论方程式就可以求得液体通过叶轮后所获得的能量，其推导的方法很多，较严格的是以速度三角形为基础，以动量矩定律为依据的推导方法。

根据动量矩定律可知：在稳定流动*中，单位时间内流体质点的动量矩变化等于作用在该流体上的外力矩。

当泵的流量和转速不随时间变化时，叶轮前后的流动就为稳定流。当转速不变时，角速度 ω 就是一个定值(等角速)。

具体对离心泵而言，单位时间内流体质点的动量距变化就等于同一时间内流体从叶轮进口处流到出口处的力矩变化，用 ΔM 表示。即：

$$\Delta M = M_2 - M_1$$

式中：M_1——叶轮进口处的流体力矩 N·m；

M_2——叶轮出口处的流体力矩 N·m。

根据动量矩定律：ΔM 就等于作用于流体的外力矩，也就是叶轮旋转时给予该流体的转矩(动量矩)。该力矩单位时间内对流体所作的功 N(功率)就等于力矩 ΔM 乘角速度 ω。

即：

$$N = \omega \Delta M \tag{2-6}$$

式中：N——单位时间内叶轮对液体所作的功，N·m/s；

ΔM——液体从叶片进口处流到出口处的力矩变化，N·m；

ω——叶轮旋转角速度，1/s。

下面分别介绍式(2-6)中的各项。

(1) 单位时间内叶轮对液体所做的功 N(功率)为：

$$N = H_{T\infty} Q_T \rho g \tag{2-7}$$

式中：$H_{T\infty}$——具有无限多叶片的离心泵对理想液体提供的理论压头，N·m/N=m；

Q_T——理论流量，m³/s；

ρ——液体的密度，kg/m³。

(下标 T 表示理论，下标∞表示无穷大)

(2) 单位时间内外力矩所做的功：

$$\Delta M \cdot \omega = (M_2 - M_1) \cdot \omega$$

当液体在泵体内作旋转运动时，流体在叶片间任意位置上的力矩为：

力矩＝质量流量 $Q_T\rho$×绝对速度 c×绝对速度对旋转中心的距离 l

如图 2-7 所示，在叶片进口及出口处的力矩分别为：

$$M_1 = Q_T \rho c_1 l_1$$

$$M_2 = Q_T \rho c_2 l_2$$

(下标 1,2 分别表示叶片的进、出口。)

故力矩的变化为：

$$\Delta M = M_2 - M_1 = Q_T \rho\ (c_2 l_2 - c_1 l_1) \tag{2-8}$$

由图 2-7 知：

---

* 稳定流动是指当水泵的流量和速度不随时间而变化时，叶轮前后的流动为稳定流动。

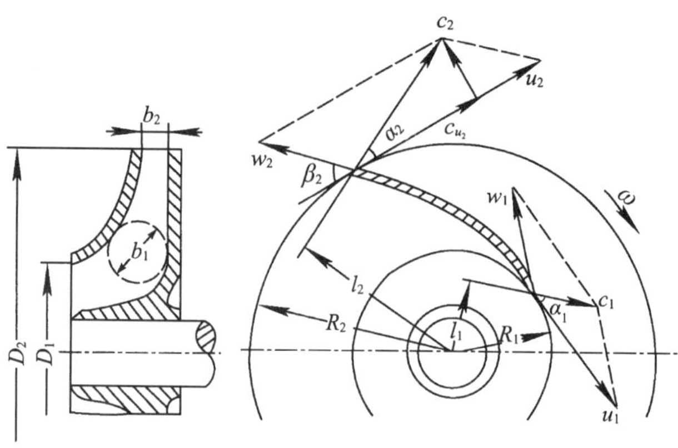

图 2-7 离心泵基本方程式推导图

$$l_1 = R_1 \cos\alpha_1$$

$$l_2 = R_2 \cos\alpha_2$$

将上两式代入式(2-8),得:

$$\Delta M = Q_T \rho \left(c_2 R_2 \cos\alpha_2 - c_1 R_1 \cos\alpha_1 \right) \tag{2-8a}$$

将式(2-7),(2-8a)代入式(2-6),并整理得:

$$H_{T\infty} = \frac{(R_2 c_2 \cos\alpha_2 - R_1 c_1 \cos\alpha_1)\omega}{g}$$

又因 $u_1 = R_1 \omega$ 及 $u_2 = R_2 \omega$,故上式可以写成:

$$H_{T\infty} = \frac{u_2 c_2 \cos\alpha_2 - u_1 c_1 \cos\alpha_1}{g} \tag{2-9}$$

式(2-9)称为离心泵理论方程式。

2. 理论方程式的分析

(1) 为了提高水泵的扬程 $H_{T\infty}$,设计水泵时,一般使 $\alpha_1 = 90°$,则 $\cos\alpha_1 = 0$,故式(2-9)可简化为:

$$H_{T\infty} = \frac{u_2 c_2 \cos\alpha_2}{g} \tag{2-9a}$$

(2) 理论方程式中的能量关系

为了说明泵的静压头和动压头的能量的关系,可把式(2-9)作进一步的变换。由图2-7中叶片进、出口处的速度三角形知:

$$w_1^2 = c_1^2 + u_1^2 - 2c_1 u_1 \cos\alpha_1$$

$$w_2^2 = c_2^2 + u_2^2 - 2c_2 u_2 \cos\alpha_2$$

将以上关系代入式(2-9),并整理后得:

$$H_{T\infty} = \frac{u_2^2 - u_1^2}{2g} + \frac{w_1^2 - w_2^2}{2g} + \frac{c_2^2 - c_1^2}{2g} \tag{2-9b}$$

式(2-9b)为离心泵理论方程式另一表达形式,说明离心泵的理论压头由两部分所组成:一部分是液体流经叶轮后所增加的静压能,简称为静压头,以 H_P 表示,即:

$$H_P = \frac{u_2^2 - u_1^2}{2g} + \frac{w_1^2 - w_2^2}{2g}$$

式中等号右侧第一项是由于叶轮作旋转运动所增加的静压头，第二项是由于叶片间的流道截面积逐渐加大，致使液体的相对速度减小由动能转换的所增加的静压头。

另一部分是液体流经叶轮后所增加的动压能，简称为动压头，以 H_C 表示，即：

$$H_C=\frac{c_2^2-c_1^2}{2g}$$

而 H_C 中将有一部分在蜗壳与导轮中转变为静压头。所以泵的扬程为：

$$H_{T\infty}=H_P+H_C \tag{2-9c}$$

2.3.1.3　理论方程式的讨论

讨论理论方程式主要是讨论分析离心理论方程式中的扬程和流量、叶轮直径、叶片形状、泵转速之间的关系。

为了说明上述关系，对式(2-9a)作进一步变换和整理。

在叶片的出口处，式(2-5)中各项均应加下标 2，即：

$$c_2\cos\alpha_2=u_2-c_{r2}\cot\beta_2 \tag{2-5a}$$

又根据速度三角形可知：

$$c_2\cos\alpha_2=c_{u2}$$

$$c_{u2}=u_2-c_{r2}\cot\beta_2$$

参阅图 2-7 右图，知式中 c_{r2} 为液体在叶片出口处绝对速度的径向分量，与叶片间通道截面相垂直，设叶轮的外径(简称为叶轮直径)为 D_2，叶轮出口处叶片的宽度为 b_2，叶片的厚度可忽略，则：

$$Q_T=c_{r2}\cdot F$$

$$F=\pi D_2 b_2$$

$$c_{r2}=\frac{Q_T}{\pi D_2 b_2} \tag{2-10}$$

将式(2-5a)，(2-10)代入式(2-9)后整理可得：

$$H_{T\infty}=\frac{u_2^2}{g}-\frac{u_2\cot\beta_2}{g\pi D_2 b_2}Q_T \tag{2-9d}$$

式(2-9d)为离心泵理论方程式的又一表达形式，表示离心泵的理论压头与理论流量、叶轮的转速和直径、叶片的几何形状之间的关系。讨论分析如下。

1. 由式(2-9)和式(2-1)可看出，当离心泵的几何形状(b_2，β_2)与理论流量(Q_T)一定时，理论压头($H_{T\infty}$)随叶轮的转速(n)或直径(D_2)的增加而加大。

2. 根据式(2-9d)，当叶轮的转速(n)与直径(D_2)、叶片的宽度(b_2)、理论流量(Q_T)一定时，离心泵的理论压头($H_{T\infty}$)随叶片的形状(β_2)而改变。

后弯叶片*，$\beta_2<90°$，$\cot\beta_2>0$，$H_{T\infty}<\frac{u_2^2}{g}$，如图 2-8a 所示。

径向叶片，$\beta_2=90°$，$\cot\beta_2=0$，$H_{T\infty}=\frac{u_2^2}{g}$，如图 2-8b 所示。

前弯叶片*，$\beta_2>90°$，$\cot\beta_2<0$，$H_{T\infty}>\frac{u_2^2}{g}$，如图 2-8c 所示。

---

* 后弯叶片是指叶片弯曲方向与叶轮旋转的方向相反；前弯叶片是指叶片弯曲方向与叶轮旋转的方向相同。

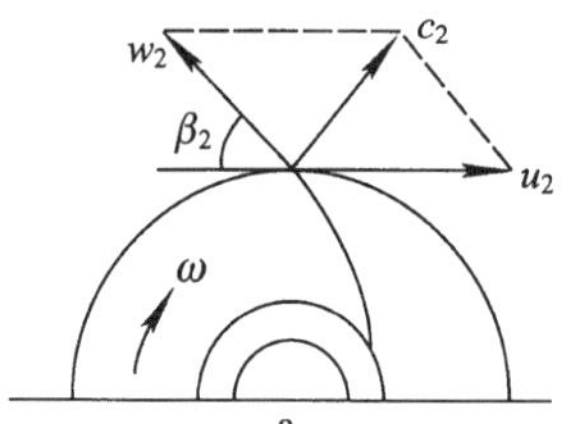

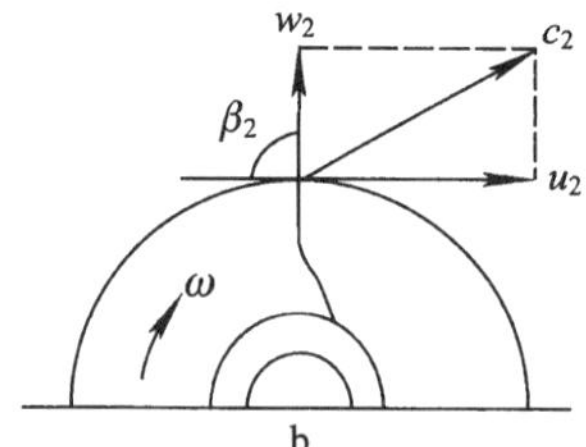

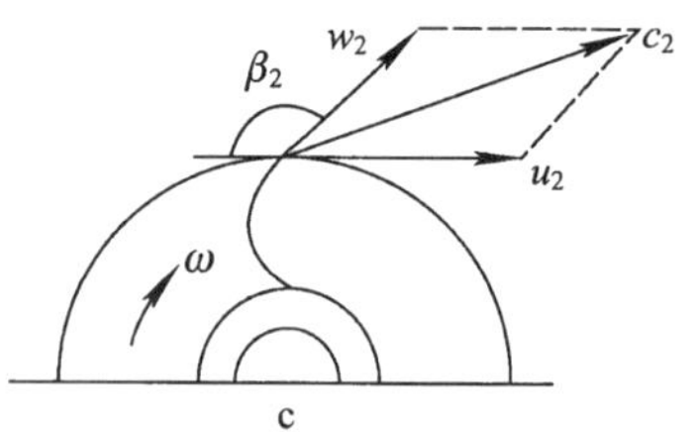

图 2-8 叶片形状及其速度三角形

由上可见，前弯叶片所产生的理论压头最大，似乎前弯叶片最有利，但实际并非如此。由式(2-9c)可知，液体从叶轮获得的能量包括静压头 H_P 与动压头 H_C 两部分，对于离心泵来说，希望获得的是静压头，而不是动压头，虽有一部分动压头可在蜗壳与导轮中转换为静压头，但由于液体流速过大，转换过程中必然伴随有较大的能量损失。

液体从叶轮获得的静压头与动压头的比例随流动角 β_2 而变，可通过图 2-9 所示的 $H_{T\infty}$，H_P，H_C 与 β_2 的关系曲线来说明。从图中可以看出，随 β_2 加大，$H_{T\infty}$ 也随之加大。H_P、H_C 与 β_2 的关系各是一条曲线。图中 β_2 从 20°开始，当 β_2 小于 90°时，H_P 在 $H_{T\infty}$ 中占有较大的比例；当 $\beta_2=90°$时，H_P 与 H_C 所占的比例大致相等；当 β_2 大于 90°时，H_P 所占的比例较小，大部分是 H_C；β_2 再加大到某一值时，$H_P=0$，此时 $H_{T\infty}=H_C$。为提高泵的运行经济指标，采用后弯叶片 $\beta_2<90°$有利。

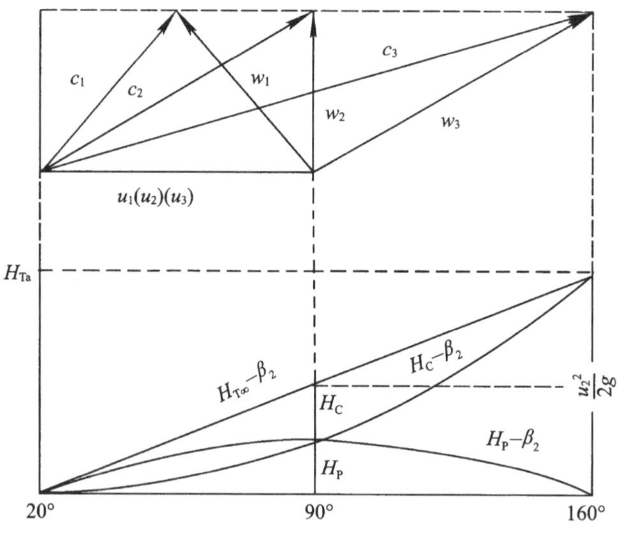

图 2-9 H_P，H_C 与 β_2 的关系曲线

3. 离心泵的理论压头与理论流量的关系。若离心泵的几何尺寸与转速一定时，则式(2-9d)中的 u_2，β_2，D_2，b_2 均为定值。令：

$$A=\frac{u_2^2}{g} \qquad B=\frac{u_2\cot\beta_2}{g\pi D_2 b_2}$$

则式(2-9d)可简化为：

$$H_{T\infty}=A-BQ_T \tag{2-9e}$$

上式是 $H_{T\infty}$ 随 Q_T 而变的直线方程，其斜率由 β_2 角来决定，即：

$\beta_2>90°$时，$B<0$，$H_{T\infty}$ 随 Q_T 的增加而加大，如图 2-10 中的线 a 所示。

$\beta_2=90°$时，$B=0$，即 $H_{T\infty}$ 与 Q_T 无关，为一平行于横坐标的直线，如图 2-10 中的线 b 所示。

$\beta_2<90°$时，$B>0$，$H_{T\infty}$ 随 Q_T 的增加而减小，如图 2-10 中的线 c 所示。

前面所讨论的是理想液体通过具有无限多叶片的叶轮时的 $H_{T\infty}-Q_T$ 关系曲线，称为离心泵的理论特性曲线。实际上，叶轮的叶片都是有限的，液体在两叶片之间的流道内流动时，除紧靠叶片的液体沿叶片弯曲形状运动外，大量液体不能随叶片形状而运动，而是在流道中产生与叶轮旋转方向不一致的旋转运动。这种运动称为轴向涡流，直接影响到速度三角形，从而导致泵的压头降低，所以有限叶片的理论压头小于无限多叶片的理论压头。而且泵输送的是实际液体，在泵内流过时必然伴随有各种能量损失，因此离心泵的实际压头 H 小于其理论压头，又由于泵内有各种泄漏现象，离心泵的实际流量 Q 小于理论流量。所以离心泵的实际压头与实际流量(以后简称为离心泵的压头与流量)的关系曲线应在 $H_{T\infty}$—Q_T 线的下方，如图 2-11 所示。离心泵的 H—Q 曲线需由实验测出，具体情况将在以后讨论。

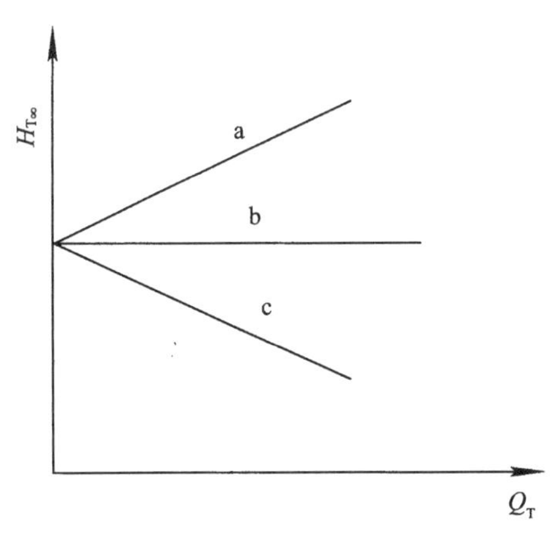

图 2-10 $H_{T\infty}$—Q_T 曲线

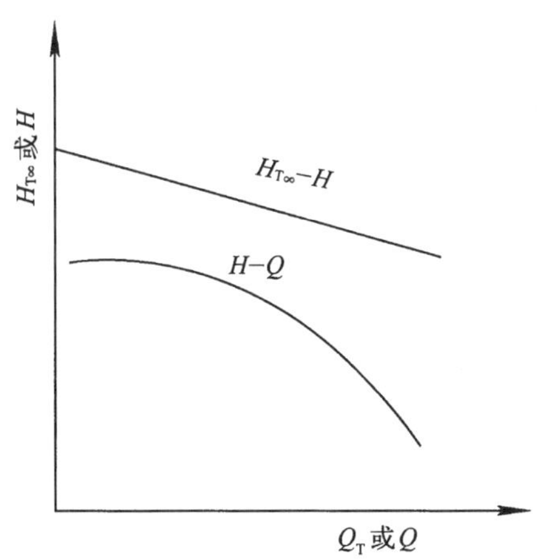

图 2-11 离心泵的 $H_{T\infty}$—Q_T 与 H—Q 曲线

2.3.2 离心泵的主要性能参数与特性曲线

1. 离心泵的主要性能参数

要正确选择和使用离心泵，就需要了解泵的性能。离心泵的主要性能参数有流量、压头、效率、转速和轴功率，这些参数标注在泵的铭牌上，现将各项的意义分述如下。

(1) 流量　离心泵的流量又称为泵的输液能力，是指离心泵在单位时间里排到管路系统的液体体积，以 Q 表示，单位为 l/s 或 m^3/h。离心泵的流量取决于泵的结构、尺寸(主要为叶轮的直径与叶片的宽度)和转速(用 n 表示)。

(2) 压头　离心泵的压头又称为泵的扬程，是指泵对单位重量的液体所提供的有效能量，以 H 表示，单位为 N·m/N=m。

根据定义，扬程 H 等于泵出口处的总水头 H_2 和进口处总水头 H_1 之差，即

$$H=H_2-H_1=(Z_2-Z_1)+(\frac{v_2^2}{2g}-\frac{v_1^2}{2g})+(\frac{p_2}{\rho g}-\frac{p_1}{\rho g})$$

由于泵的进出口处位差 Z_2-Z_1 很小，泵的进出口管径又相差不大，故管速 $v_2 \approx v_1$。所以上式可简化为：

$$H=H_2-H_1=\frac{p_2}{\rho g}-\frac{p_1}{\rho g}$$

离心泵的扬程（压头）取决于泵的结构（如叶轮的直径、叶片的弯曲情况等）、转速 n 和流量 Q。对于一定的泵，在指定的转速下，压头与流量之间具有一定的关系。

由于液体在泵内的流动情况比较复杂，目前尚不能从理论上对压头作精确的计算，一般用实验测定。

(3) 效率　在输送液体过程中，外界能量通过叶轮传给液体时，不可避免地会有能量损失，故泵轴转动所做的功（用 N 表示）不能全部都为液体所获得，通常用效率（用 η 表示）来反映能量损失。离心泵的效率主要由三种能量损失而形成，现分别叙述如下。

1）机械损失 N_m 和机械效率 η_m：泵在运转时，泵轴与轴承之间、泵轴与填料之间、叶轮盖板外表面与液体之间均产生摩擦，从而引起的能量损失称为机械损失 N_m。机械效率 η_m 由机械损失而形成。

机械损失　$\Delta N_m = N - N_m$

机械效率为　$\eta_m = \frac{\Delta N_m}{N} = \frac{N-N_m}{N}$

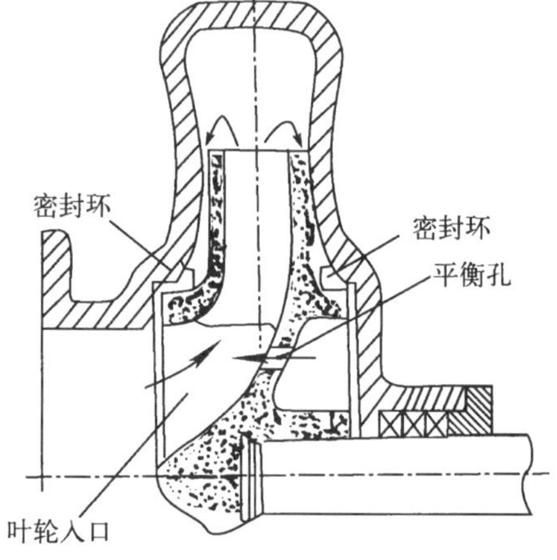

图 2-12　离心泵泄漏损失

2）容积损失 N_v 和容积效率 η_v：容积损失是由于泵的泄漏所造成的。离心泵在运转过程中，有一部分获得能量的高压液体通过叶轮与泵壳之间的间隙漏回吸入口，或从填料函处漏至泵壳处，也有时从平衡孔漏回低压区，如图 2-12 所示，致使泵排出管道的液体量小于吸入的液体量，并消耗一部分能量。容积损失与泵的结构、液体在泵进出口处的压强差及流量有关。容积效率是由容积损失形成。

容积损失　$\Delta N_v = \Delta N_m - N_q = N - N_m - N_q$

容积效率为　$\eta_v = \frac{Q}{(Q+q)} = \frac{\Delta N_v}{\Delta N_m} = \frac{N-N_m-N_v}{N-N_m}$

3）水力损失 N_h 和水力效率 η_w：水力损失发生在泵的吸入室、叶轮流道和泵壳中，一般分为两种：一是由于黏性液体流过叶轮和泵壳时的流速和方向都在改变，产生流动阻力而引起能量损失。另一种是由于输送流量与设计流量不一致时，液体在泵体内产生冲击而损失能量，这两部分损失总称为水力损失。水力效率由水力损失而形成。

水力损失　$\Delta N_h = N - N_m - N_v - N_h = N_e$（有效功率）

水力效率为　$\eta_w = \frac{\Delta N_h}{\Delta N_v} = \frac{N-N_m-N_v-N_h}{N-N_m-N_v} = \frac{N_e}{N-N_m-N_v}$

泵的效率反映上述三项能量损失的总和，故又称为总效率 η。

总效率为

$$\eta=\eta_m\cdot\eta_v\cdot\eta_w=\frac{N-N_m}{N}\cdot\frac{N-N_m-N_v}{N-N_m}\cdot\frac{N_e}{N-N_m-N_v}=\frac{N_e}{N} \tag{2-11}$$

从上式可以看出，轴功率减去这三项损失所消耗的功率就等于有效功率。从图 2-13 的能量平衡图中可以看出轴功率、三种损失功率与有效功率之间的能量平衡关系。

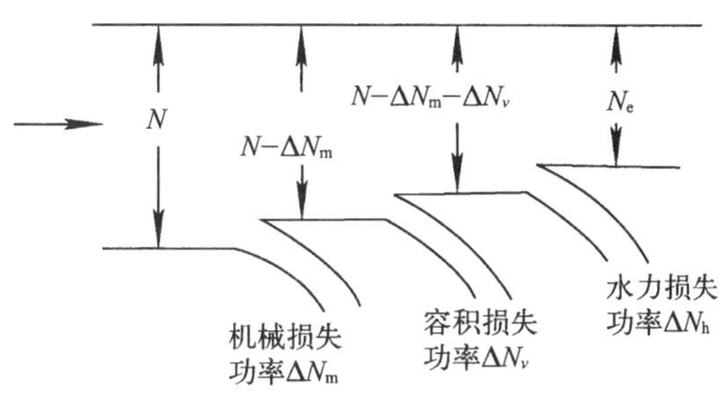

图 2-13　泵内能量平衡图

离心泵的总效率与泵的大小、类型、制造精密程度和所输送液体的性质有关。一般小型泵的效率为 55%～75%，大型泵可达 90%左右。

(4) 转速　离心泵的转速是指叶轮的旋转速度，用 n 表示，单位为 r/min 或 r/s。转速不同所对应的 H,Q,η,N 也不同。

(5) 轴功率　离心泵的轴功率是泵轴所需的功率。当泵直接由电动机带动时，也就是电动机传给泵轴的功率，以 N 表示，单位为 J/s，W 或 kW。有效功率是排送到管道的液体从叶轮所获得的功率，以 N_e 表示。由于有容积损失、水力损失与机械损失，所以泵的轴功率大于有效功率，即：

$$N=\frac{N_e}{\eta}$$

而有效功率可写成：

$$N_e=QH\rho g \tag{2-12}$$

式中：Q——泵的流量，m^3/s；

H——泵的扬程(压头)，m；

ρ——被输送液体的密度，kg/m^3；

g——重力加速度，m/s^2。

若式(2-12)中 N_e 用 kW 来计量，则：

$$N_e=QH\rho g=\frac{QH\rho\times9.81}{1\ 000}=\frac{QH\rho}{102} \tag{2-12a}$$

泵的轴功率为：

$$N=\frac{QH\rho}{102\eta} \tag{2-13}$$

式中：N——泵的轴功率，kW。

2. 离心泵的特性曲线

前面已讲过，离心泵的主要性能参数是流量 Q、扬程 H、轴功率 N、效率 η 及转速 n，而其间的关系由实验测得，测出的一组关系曲线称为离心泵的特性曲线或工作性能曲线，此曲线由泵的制造厂提供，并附于泵样本或说明书中，供使用部门选泵和操作时参考。

图 2-14 为国产单吸单级某型离心泵在 n=2 900 r/min 时的特性曲线，由 $H-Q$，$N-Q$ 及 $\eta-Q$ 三条曲线所组成。特性曲线随转速而变，故特性曲线图上一定要标出转速。各种型号的离心泵有其本身独自的特性曲线，但它们都具有以下的共同点：

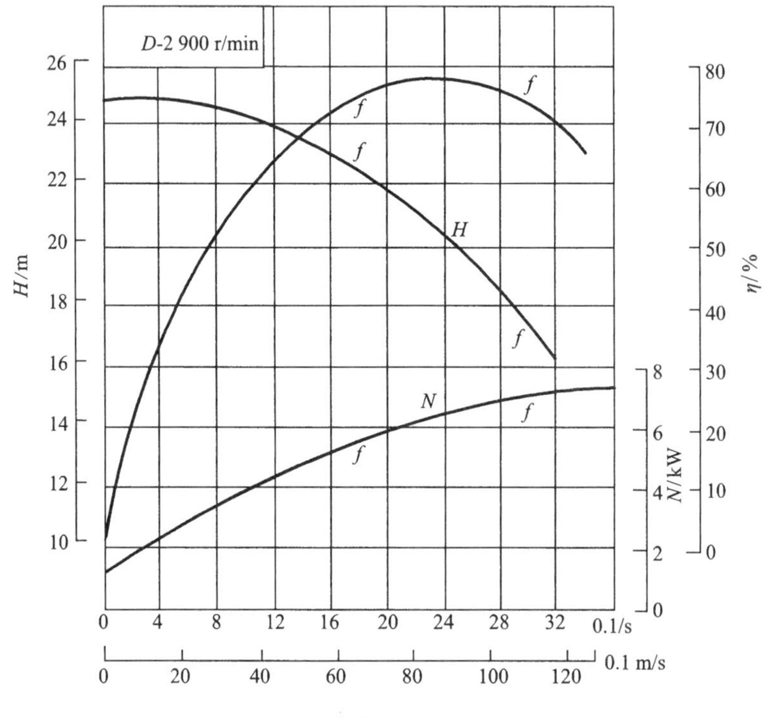

图 2-14　单吸单级离心泵特性曲线

(1) $H-Q$ 曲线　表示泵的扬程与流量的关系。离心泵(多为后弯叶片)的扬程(压头)普遍是随流量的增大而下降(在流量极小时可能有例外)。

(2) $N-Q$ 曲线　表示泵的轴功率与流量关系。离心泵的轴功率随流量的增大而上升，流量为零时轴功率最小。所以离心泵起动时，应关闭泵的出口阀门，使起动电流减少，以保护电机。

(3) $\eta-Q$ 曲线　表示泵的效率与流量的关系。从图 2-14 所示的特性曲线看出，当 Q=0 时，η=0；随着流量的增大，泵的效率随之而上升并达到一最大值；以后流量再增，效率便下降。说明离心泵在一定转速下有一最高效率点，称为设计点。泵在与最高效率相对应的流量及压头下工作最为经济，所以与最高效率点对应的 Q，H，N 值称为最佳工况参数。离心泵的铭牌上标出的性能参数就是指该泵在运行时效率最高点的状况参数。根据输送条件的要求，离心泵往往不可能正好在最佳工况点下运转，因此一般只能规定一个工作范围，称为泵的高效率区，通常为最高效率的 92%左右，如图中波折号所示的范围。选用离心泵时，应尽可能使泵在此范围内工作。

2.3.3 离心泵的相似理论、相似定律和比转数

相似理论已广泛地应用于现代学科领域中，在水泵的设计、研究、使用等方面也起着十分重要的作用，具体来讲相似理论在水泵中主要解决以下三个方面的问题。

1. 模化实验

对所设计的新产品水泵，需做机械性能验证实验，为了减少制造费用和实验费用，可将原形泵利用相似理论放大或缩小为模型泵，进行模化实验，验证其性能是否满足要求。

2. 相似设计

在现有的效率高、结构简单、性能可靠的泵中，选择一台比转速相等或接近的泵，作为模型泵，按相似关系以该模型泵为基准机械设计，这种方法称为相似设计法或模化设计法，其优点是计算简单、性能可靠。

3. 相似换算

在相似的水泵中，由于性能参数的相似的关系，当改变转速、叶轮几何尺寸、流体密度时，可按相似定律进行相似换算。

2.3.3.1 离心泵的相似理论

两台泵的相似理论是指叶轮与流体的能量传递过程以及流体在泵内流动过程相似，或者说必须满足模型泵和原形泵在任一对应点的同名物理量之比保持常数，这些常数叫相似常数。

根据相似理论，要保证流体流动过程相似必须满足几何相似、运动相似、动力相似。

1. 几何相似

几何相似是指模型泵（以“M”脚注表示模型）与实物泵的几何形状相同，对应的线性长度比为一定值。

$$\frac{D_1}{D_{1M}}=\frac{b_1}{b_{1M}}=\frac{b_2}{b_{2M}}=\frac{D_2}{D_{2M}}=m_l \tag{2-14}$$

式中：D_1，D_2——叶轮的内、外径；

b——叶轮的宽度。

对应面积之比为线性长度比的平方，如泵的叶轮出口面积比

$$\frac{F_2}{F_{2M}}=\frac{\pi D_2 b_2}{\pi D_{2M} b_{2M}}=\frac{D_2}{D_{2M}}\frac{b_2}{b_{2M}}=m_l^2 \tag{2-14a}$$

几何相似严格来说，还应保证流道表面的相对粗糙度、叶片厚度以及叶轮与机壳的间隙相似，因为粗糙度及间隙都会影响损失的大小，但是，由于加工精度的限制，在尺寸小的情况下，这些尺寸都要成比例缩小是很困难的。然而，对泵来讲，这些尺寸的相似与否影响不大，故一般不予考虑。

2. 运动相似

当流体流经几何相似的模型泵与实物泵时，其对应点的速度方向相同、比值保持常数，称为运动相似，即

$$\frac{c}{c_M}=\frac{w}{w_M}=\frac{u}{u_M}=m_0 \tag{2-15}$$

即对应点的速度三角形相似，对应的流动角相等 $\beta_1=\beta_{1M}$，$\beta_2=\beta_{2M}$，$\alpha_1=\alpha_{1M}$。如图 2-15 所示。

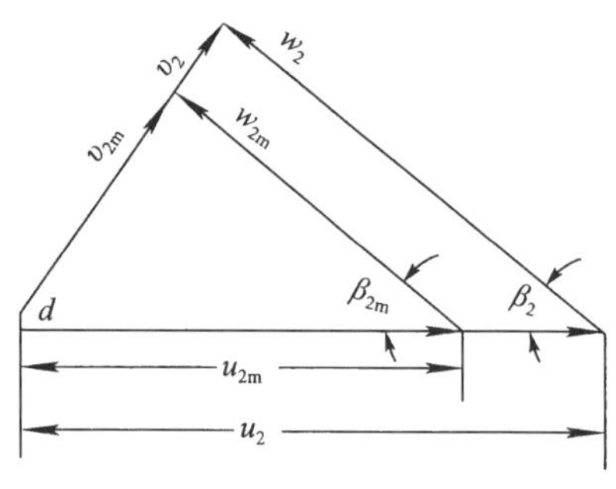

图 2-15 运动相似速度三角形

几何相似是运动相似的先决条件。

3. 动力相似

动力相似是指作用于运动相似的流体，各对应点的力相似，即作用于对应点上的外力方向相同、大小之比保持常数。对于泵内的流体，作用于流体上的力主要有惯性力 I，黏性力 R 及总压力 P。动力相似时为：

$$\frac{I_1}{I_{1M}}=\frac{I_2}{I_{2M}} \quad \frac{R_1}{R_{1M}}=\frac{R_2}{R_{2M}} \quad \frac{P_1}{P_{1M}}=\frac{P_2}{P_{2M}}$$

并且，

$$\frac{I}{I_M}=\frac{R}{R_M}=\frac{P}{P_M}=m_f \tag{2-16}$$

即力的多边形相似。由牛顿力学定律可知：在力的三角形中，三种力只要有两种力成比例，第三种力必成比例。因此只要保证起主导作用的两种力相似即可。

在泵中起主导作用的力为惯性力和黏性力。所以只要这两种力相似，就能满足动力相似的条件。

根据理论力学，惯性力为：

$$I=ma=\rho l^3c^2/l=\rho l^2c^2$$

式中：ρ——流体的密度；

l——表示长度尺寸；

c——流体的速度。

根据内摩擦力定律，黏性力为： $R=\mu lc$

式中：μ——流体动力黏度。

又 $$\frac{I}{I_M}=\frac{R}{R_M}$$

∴ $$\frac{I}{R}=\frac{I_M}{R_M}$$

∴ $$\frac{\rho l^2c^2}{\mu lc}=\frac{\rho_M l_M^2 c_M^2}{\mu_M l_M c_M}$$

经变换后：

$$Re=\frac{\rho lc}{\mu}=\frac{\rho_M l_M c_M}{\mu_M}=Re_M \tag{2-17}$$

式中：Re 为雷诺数，它表示作用在流体上的惯性力与黏性力之比。

因此，泵的动力相似就是雷诺数相等。

实际上 Re 数相等是很难实现的，总有一定的差异，但实验证明泵中流体的流动已在 $Re>10^5$ 的阻力区内，即已进入自动模化区，黏性力已不起作用，阻力系数不再改变。此时，即使模型泵和原形泵的雷诺数不相等，也会自动满足动力相似的要求。为此，动力相似在泵中可以忽略。

所以，只要满足几何相似和运动相似就可满足泵的相似条件。

2.3.3.2　离心泵的相似定律(相似换算)

离心泵的相似定律反应了其性能参数之间的相似关系。这种相似关系是建立在上述相似条件基础上的。

根据相似理论其对应速度三角形相似,则:

$$u=\pi Dn, u_M=\pi D_M n_M$$

$$\frac{c}{c_M}=\frac{w}{w_M}=\frac{u}{u_M}=\frac{Dn}{D_M n_M}$$

$$\frac{c}{c_M}=\frac{c_u}{c_{uM}}=\frac{c_r}{c_{rM}}=\frac{Dn}{D_M n_M}$$

1. 扬程 H 相似换算公式

根据离心泵基本方程式　$H=\frac{u_2 c_2 \cos\alpha_2}{g}=\frac{u_2 c_{u2}}{g}$

$$H_M=\frac{u_{2M} c_{2M} \cos\alpha_{2M}}{g}=\frac{u_2 c_{u2M}}{g}$$

扬程换算公式

$$\frac{H}{H_M}=\frac{u \cdot c_u}{u_M \cdot c_{uM}}=\left(\frac{Dn}{D_M n_M}\right)^2=\left(\frac{D}{D_M}\right)^2 \cdot \left(\frac{n}{n_M}\right)^2 \tag{2-18}$$

在相似工况下,离心泵的扬程之比与其叶轮直径比的平方及转速比的平方成正比。

2. 流量 Q 相似换算公式

根据离心泵理论方程公式　$Q=c_r \cdot F$

叶轮在按几何相似规律变化时,叶轮出口截面积 F 和 D^2 成比例,则:

$$\frac{Q}{Q_M}=\frac{c_r F}{c_{rM} F_M}=\frac{Dn}{D_M n_M} \cdot \left(\frac{D}{D_M}\right)^2=\left(\frac{D}{D_M}\right)^3 \cdot \left(\frac{n}{n_M}\right) \tag{2-19}$$

在相似工况下,离心泵流量之比与叶轮直径比的立方及转速之比成正比。

3. 功率 N 相似换算公式

$$N=Q\rho g \cdot H$$

$$\frac{N}{N_M}=\frac{\rho g Q H}{\rho_M g Q_M H_M}=\frac{\rho Q H}{\rho_M Q_M H_M}=\frac{\rho}{\rho_M}\left(\frac{D}{D_M}\right)^3 \left(\frac{n}{n_M}\right) \cdot \left(\frac{D}{D_M}\right)^2 \left(\frac{n}{n_M}\right)^2$$

$$\frac{N}{N_M}=\frac{\rho}{\rho_M}\left(\frac{D}{D_M}\right)^5 \left(\frac{n}{n_M}\right)^3 \tag{2-20}$$

在相似工况下,离心泵的功率之比与叶轮直径比的 5 次方及转速比的 3 次方成正比。

2.3.3.3　离心泵的比转数

离心泵的比转数是指泵以效率最高工况为基准的综合特征参数,它是表征泵的结构和性能的准则数,用符号 n_s 表示。n_s 不能与转速 n 混同。

离心泵的比转数公式是在相似定律的基础上推导出来的,即用标准模型机(效率最高)为参照物,在相似条件下求解原型机或新设计和要选择的离心泵的参数。

1. 比转数公式

将式(2-19)移项后平方得

$$\frac{Q_M^2}{D_M^6 n_M^2}=\frac{Q^2}{D^6 n^2} \tag{2-21}$$

将式(2-18)移项后立方得

$$\frac{H_M^3}{D_M^6 n_M^6}=\frac{H^3}{D^6 n^6} \tag{2-22}$$

用式(2-22)除以式(2-21)得

$$\frac{n_M^4 Q_M^2}{H_M^3}=\frac{n^4 Q^2}{H^3}$$

将上式开四次方得

$$\frac{n_M\sqrt{Q_M}}{H_M^{3/4}}=\frac{n\sqrt{Q}}{H^{3/4}}=\text{常数} \tag{2-23}$$

即
$$\frac{n\sqrt{Q}}{H^{3/4}}=\text{常数}$$

式中的常数习惯上用 n_s 表示，称为比转数，其公式即

$$n_s=\frac{n\sqrt{Q}}{H^{3/4}} \tag{2-24}$$

式中符号同前。

式(2-24)是国际通用公式。而我国水泵和风机的比转数公式是在式(2-24)的基础上将标准模型机的参数代入而求得的。

离心泵的比转数公式：

标准模型水泵的参数为：

$$H_M=1\ \text{m},\quad Q_M=0.075\ \text{m}^3/\text{s},\quad N_M=0.75\ \text{kW}(1\ \text{马力}),$$

代入式(2-24)，整理后得：

$$n_s=3.65\frac{n\sqrt{Q}}{H^{3/4}} \tag{2-25}$$

式中：n_s——为新设计或选用新水泵的比转数；

Q——设计流量 m^3/s；

H——设计扬程 m；

n——设计转速 r/min。

上式所计算新水泵的参数是在 $\rho=1\ 000\text{kg/m}^3$ 即水介质条件下得出的。

双吸泵比转数计算公式：双吸泵等于两台泵并联工作，其比转数：

$$n_s=\frac{3.65n\sqrt{Q/2}}{H^{3/4}} \tag{2-25a}$$

多级泵比转数计算公式：它等于几个泵串联工作，其比转数：

$$n_s=\frac{3.65n\sqrt{Q}}{(H/i)^{3/4}} \tag{2-25b}$$

式中：i——水泵级数。

式(2-24)中比转数是有因次的，它的单位是 $\text{m}^{3/4}\cdot\text{s}^{-\frac{3}{2}}$。国外近年多使用无因次比转数 n_{so}。

$$n_{so}=\frac{n\sqrt{Q}}{(gH)^{3/4}} \tag{2-26}$$

国际标准中，在无因次比转数公式中乘以$\frac{2\pi}{60}$，得

$$K=\frac{2\pi}{60}\times\frac{n\sqrt{Q}}{(gH)^{3/4}} \tag{2-27}$$

式(2-27)称为型式数，用符号 K 表示，型式数 K 与我国目前使用的比转数式(2-25)之间存在以下换算关系：

$$\left.\begin{aligned} K&=0.0\,051\,759n_s \\ \text{或}\quad n_s&=193.2K \end{aligned}\right\} \tag{2-28}$$

国际标准化组织 TSO/TC 在国际标准中，定义了型式数，并取代了过去的比转数，我国参照国际标准制定的现行国家标准 GB3216－82，也明确规定采用型式数 K，在没有完全过渡到国际标准时，允许在短期内同时使用比转数 n_s。n_s 由于各国对流量、扬程的使用单位不同，计算时需进行换算。

2. 比转数的应用

(1) 用比转数对离心泵进行分类

因为比转数反映了离心泵性能和结构的特点：如当转速不变，对于扬程高、流量小的泵，其比转数小。反之，流量大，扬程小时，比转数大。此时，叶轮的外缘直径 D_2 和$\frac{D_2}{D_0}$的比值随之减小，而叶轮出口宽度 b_2 则随之增加。如图 2-16 及表 2-2 所示。当叶轮外径 D_2 及$\frac{D_2}{D_0}$减小到某一数值时，为不使前后盖板处的 ab 和 cd 两条流线相差悬殊，如图 2-17 所示，形成能量不等，引起二次回流，致使能量损失增加，为此，叶轮出口边需作成倾斜的，如图 2-17 中虚线所示。此时，则从离心式过渡到混流式。当 D_2 减小到极限 $D_2=D_0$ 时，则从混流式过渡到轴流式。由此可见，叶轮形式引起性能参数改变，从而导致比转数的改变。所以，可用比转数对离心泵进行分类，且一般都用设计工况的比转数为分类依据，具体分类如下。

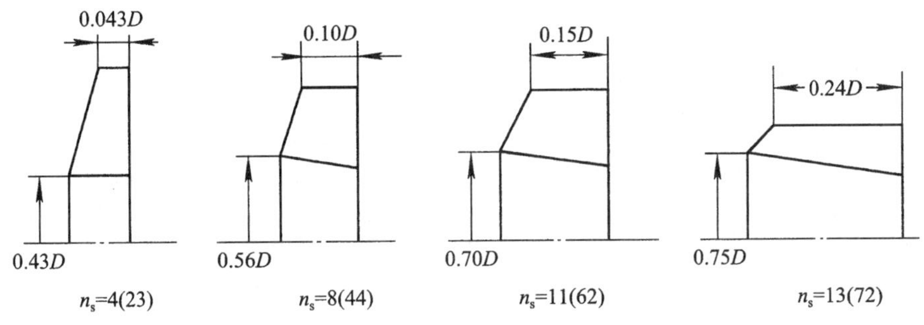

图 2-16　比转数与叶轮形状的关系

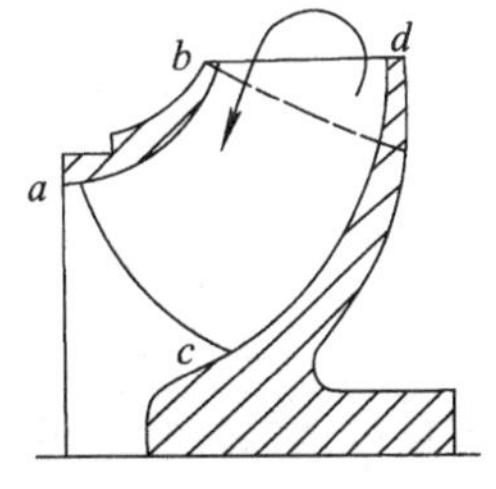

图 2-17　二次回流

表 2-2 比转数与叶轮形状和性能曲线的关系

水泵类型	离心泵			混流泵	轴流泵
	低比转数	中比转数	高比转数		
比转数	$30<n_s<80$	$80<n_s<150$	$150<n_s<300$	$300<n_s<500$	$500<n_s<1\ 000$
叶轮简图	D_0 D_2	D_0 D_2	D_0 D_2	D_0 D_2	D_0 D_2
尺寸比	$\frac{D_2}{D_0}\approx3$	$\frac{D_2}{D_0}\approx2$	$\frac{D_2}{D_0}\approx1.8\sim1.4$	$\frac{D_2}{D_0}\approx1.2\sim1.1$	$\frac{D_2}{D_0}\approx1.0$
叶片形状	圆柱形叶片	入口处扭曲 出口处圆柱形	扭曲形叶片	扭曲形叶片	轴流式翼型式
工作性能曲线	Q—H Q—P Q—η	Q—H Q—P Q—η	Q—H Q—P Q—η	Q—H Q—P Q—η	Q—H Q—P Q—η

离心泵　　$n_s=30\sim300$

① 高压离心泵　　$n_s=30\sim80$

② 中压离心泵　　$n_s=80\sim150$

③ 低压离心泵　　$n_s=150\sim300$

混流泵　　$n_s=300\sim500$

轴流泵　　$n_s=500\sim1\ 000$

参见表 2-2 所示。

这样，可按比转数选取满足工况需要的高效率的泵。

(2) 用比转数进行泵的相似设计

相似设计的原理是根据两个相似的泵，其比转速 n_s 必然相等的原理来进行设计新的水泵。若已给定新的泵的设计参数，如流量 Q，扬程 H，工质 ρ 及转速 n 等，首先计算出比转数 n_s 的大小，然后在已有的经过试验或长期运行性能良好的泵中，选择出一个比转数 n_s 相同或相近的泵作为模型机，再将模型机按比例放大或缩小得到新设计的泵的几何尺寸。

(3) 比转数与效率

图 2-18 是在不同比转数时，相对性能曲线的形状。为了便于比较，是用各参数相对于最高效率点的各参数值的百分比绘制而成。图中绘出了 $n_s=100$ 和 $n_s=200$ 的离心泵，$n_s=400$ 的混流泵和 $n_s=700$ 的轴流泵的性能曲线。

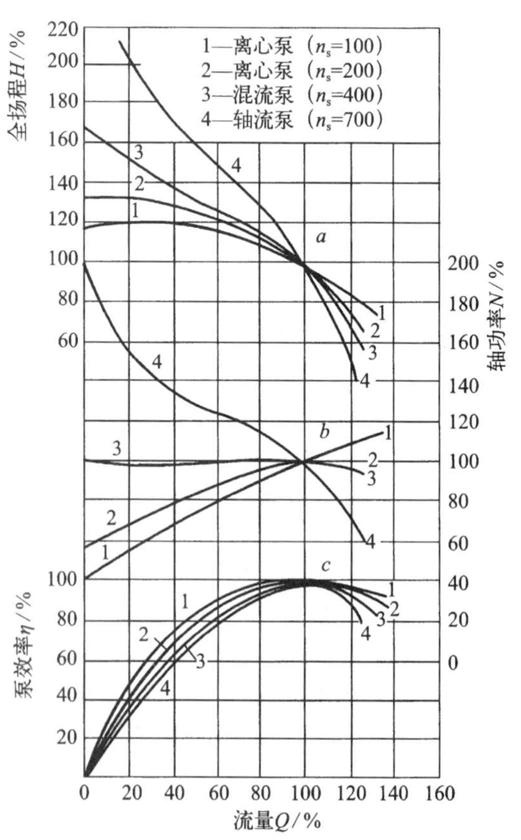

图 2-18 比转数与性能曲线的关系

由图 2-18 中 a 所表示的 $Q—H$ 曲线的变化情况可见，在低比转数时，扬程随流量的增加而下降，下降较为缓和。当比转数增大时，扬程曲线逐渐变陡，因此轴流泵的扬程随流量减小而变得最陡。

从图 2-18 中 b 所表示的 $Q—N$ 曲线的变化情况可见，在低比转数时（$n_s<200$），功率随流量的增加而增加，功率曲线呈上升状。但随比转数的增加（$n_s=400$），曲线就变得比较平坦。当比转数再增加（$n_s=700$），则功率随流量的增加而减小，功率曲线呈下降状。所以，离心式泵的功率是随流量的增加而增加，而轴流式泵的功率却是随流量的增加而减少。

图 2-18 中 c 表示 $Q—\eta$ 曲线的变化情况，可见，比转数低时，曲线平坦，高效率区域较宽，比转数越大，效率曲线越陡，高效率区域变得越窄，这就是轴流泵和轴流风机的主要缺点。为了克服功率变化急剧和高效区窄的缺点，轴流泵和轴流风机可以采用可调叶片。使其在工况改变时，仍保持较高的效率。

为了减少泵的能耗，就必须提高泵的工作效率。图 2-19 给出了现代离心泵、混流泵、轴流泵效率范围及其与比转数 n_s 和流量 Q 的关系曲线，用此图可以帮助用户，根据生产条件，从图 2-19 中选取较为理想的效率高的泵。还可以用选取的较理想的泵的效率 η、比转数 n_s 和流量 Q，采用相似换算的方法推算出满足其他生产要求的泵。

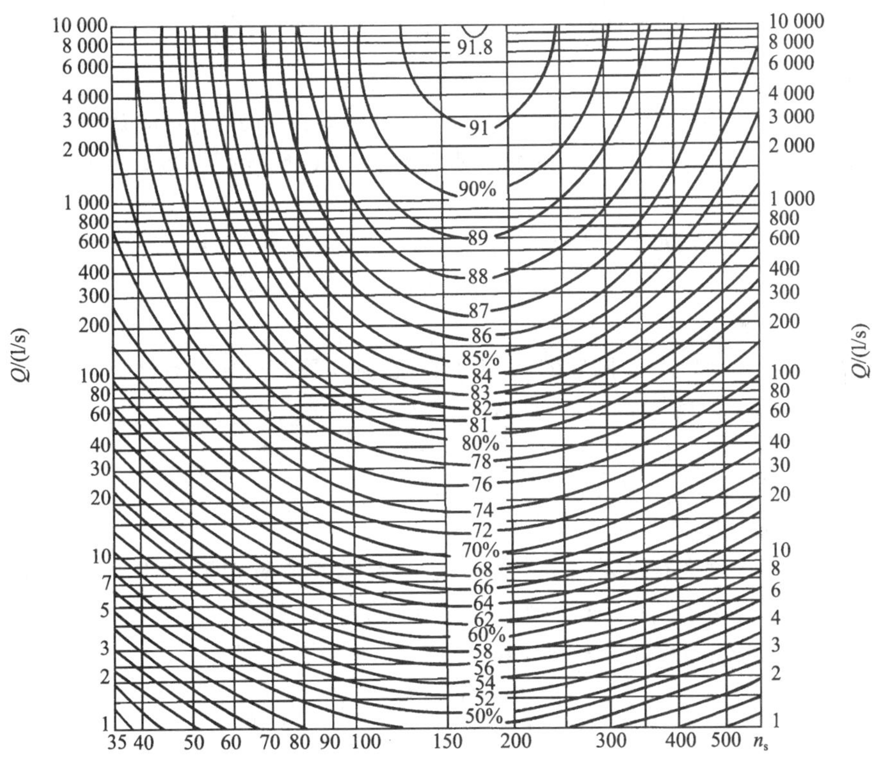

图 2-19　比转数 n_s 与效率 η—流量 Q 的关系

具体选择泵时可将图 2-18 和图 2-19 相互对照使用。

2.3.4　离心泵的比例定律和切割定律

1. 比例定律——转速变换

泵的性能曲线是在一定的转速下测定的，也就是一种转速对应一组性能曲线，性能曲线是随转速的变化而变化的，这种变化规律是由相似定律推导出来的。同一台水泵，改变其驱动电机的极数就起到改变泵转速的作用，这样泵和电机的安装不变就可起到调节泵性能的作用，这种方法在工程中经常使用，称为泵的比例定律。

当流体的密度变化不大时，转速 n 与流量 Q、扬程 H、轴功率 N 的关系式如下。

$$\frac{Q_1}{Q_2}=\frac{n_1}{n_2}\quad \frac{H_1}{H_2}=\left(\frac{n_1}{n_2}\right)^2\quad \frac{N_1}{N_2}=\left(\frac{n_1}{n_2}\right)^3 \tag{2-29}$$

式中：Q_1，H_1，N_1——为转速 n_1 时的性能参数；

Q_2，H_2，N_2——为转速 n_2 时的性能参数。

2. 切割定律——变换叶轮直径

改变泵性能的另一种方法，是将叶轮外缘车去几圈，使叶轮直径变小，称为叶轮的切割。泵的转速不变，叶轮变小后与原泵处于不完全相似的工况，由于叶轮直径减小很少，出口宽度 b_2 虽有变化，但变化不大，除功率外仍遵循相似定律。在水泵的样本中叶轮切割后的泵用“A”来表示，如 IS65－50－160A 型泵，A 表示第一次切割。叶轮的切割由制造厂完成。切割定律的关系式如下：

$$\frac{Q_1}{Q_2}=\left(\frac{D_1}{D_2}\right)^2\quad \frac{H_1}{H_2}=\left(\frac{D_1}{D_2}\right)^2\quad \frac{N_1}{N_2}=\left(\frac{D_1}{D_2}\right)^3 \tag{2-30}$$

式中符号同式(2-29)。

式(2-30)为切割定律公式，它与相似工况下的 H,Q,N 与 D 的对应关系截然不同。详情可查有关泵的专著。在相似工况下叶轮直径的改变其他参数也发生相应变化，其关系式为：

$$\frac{H_1}{H_2}=\left(\frac{D_1}{D_2}\right)^2\quad \frac{Q_1}{Q_2}=\left(\frac{D_1}{D_2}\right)^3\quad \frac{N_1}{N_2}=\left(\frac{D_1}{D_2}\right)^5 \tag{2-31}$$

式中符号同式(2-29)。

当低比数时，$n_s<60$ 时，切割后的 b_2 几乎不变，其功率与叶轮直径之比为：

$$\frac{N_1}{N_2}=\left(\frac{D_1}{D_2}\right)^4 \tag{2-32}$$

式中符号同式(2-29)。

3. 比例定律的应用

比例定律常用于对现有水泵因生产条件发生变化，其流量 Q 和扬程 H 需要改变时，求在改变后的 Q_A 和 H_A 的最佳工况下的转速 n_A。

(1) 首先求出水泵的相似工况抛物线

因
$$\frac{Q_1}{Q_2}=\frac{n_1}{n_2}\quad \frac{H_1}{H_2}=\frac{n_1^2}{n_2^2}$$

故
$$\frac{H_1}{Q_1^2}=\frac{H_2}{Q_2^2}=\frac{H}{Q^2}=K$$

同一台水泵当转速不同时，可根据比例定律公式求出抛物线方程式的 K 为常数

由上式可求得相似抛物线方程式为：

$$H=KQ^2$$

由 $H=KQ^2$ 解出的抛物线，表明同一台水泵在不同转速下其相似工况点均在这一条抛物线上，该抛物线称为相似抛物线。

(2) 求该泵在改变工况(Q_A，H_A) 下的最佳工况点的转速 n_A

根据该泵在原转速(n)下的特性曲线，求改变工况(Q_A，H_A) 下的最佳工况点的转速 n_A：

先作出该泵在原转速(n)下的 $H-Q$ 特性曲线Ⅰ，再作出通过 A 点(Q_A，H_A)的 $H=KQ^2$ 的相似抛物线Ⅱ。并与 $H-Q$ 特性曲线Ⅰ相交于 B 点，B 点(Q_B，H_B)与 A 点(Q_A，H_A)均在相似抛物线上，表明 B 点(Q_B，H_B)与 A 点(Q_A，H_A)为相似工况点，如图 2-20 所示。根据比例定律可求出 A 点(Q_A，H_A)的运行转速 n_A。

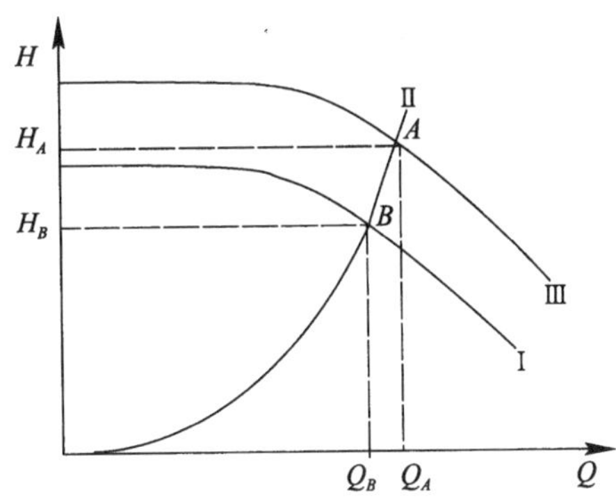

图 2-20　改变工况下最佳工况点转速的求取

Ⅰ—转速为 n 的 $H-Q$ 特性曲线；

Ⅱ—为 $H=KQ^2$ 的相似曲线；

Ⅲ—转速为 n_A 的 $H-Q$ 特性曲线

已知：Q_B，n，Q_A

求：n_A

解：因　$\frac{Q_A}{Q_B}=\frac{n_A}{n}$

故　$n_A=n\frac{Q_A}{Q_B}$

(3) 绘制在改变工况后在转速 n_A 下的 H_A—Q_A 特性曲线

利用该泵在原转速(n)下的 $H-Q$ 特性曲线Ⅰ，可根据比例定律公式 $H_{1A}=\frac{n_A}{n}H_{1B}$ 及 $H_A=\frac{n_A}{n}H_B$ 求出改变工况后扬程与流量对应的各点(H_A，Q_A；H_{1A}，Q_{1A}；H_{2A}，Q_{2A}；H_{3A}，Q_{3A})，最后作出改变工况后的 H_A—Q_A 特性曲线(Ⅲ)。

2.4　离心泵的运转

2.4.1　离心泵的吸程、汽蚀和汽蚀余量

2.4.1.1　离心泵的吸程——泵的允许安装高度

1. 吸程的定义与计算公式

吸程又称为离心泵允许安装高度，是指泵的吸入口与吸入贮槽液面间可允许达到的最大垂直距离，以符号 H_g 表示。

在图 2-21 中，假定泵在可允许的最高位置上操作，于贮槽液面 O—O' 与泵入口处 s—s' 两截面间列伯努利方程式，可得：

$$H_g=\frac{p_0-p_s}{\rho g}-\frac{u_s^2}{2g}-H_w \qquad (2\text{-}33)$$

式中：H_w——液体流经吸入管路的全部压头损失，m；

p_s——泵吸入口的压力，MPa；

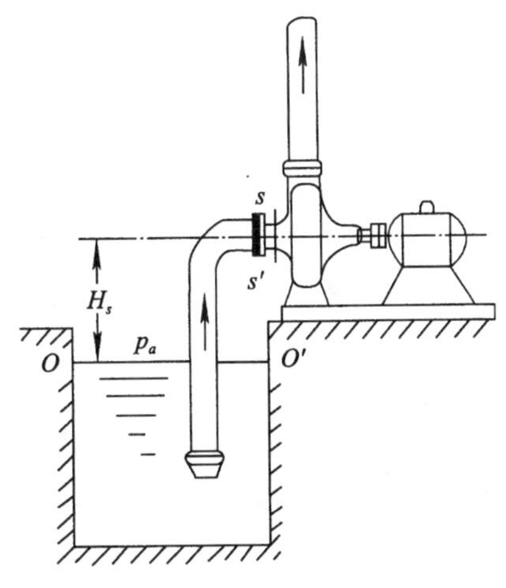

图 2-21　离心泵吸液示意图

u_s——泵吸入口的速度,MPa;

p_0——贮槽液面压力,MPa。

由于贮槽是敞口的,则 p_0 为大气压强 p_a,上式可写为:

$$H_g=\frac{p_a-p_s}{\rho g}-\frac{u_s^2}{2g}-H_w \tag{2-33a}$$

2. 允许吸上真空度 H'_s

允许吸上真空度 H'_s 的定义为标准大气压与泵吸入口静压头之差。其 H'_s 值由制造厂实测给出,并标在泵的样本上。制造厂实测条件为清水(ρ=1 000)。

$$H'_s=\frac{p_a}{\rho g}-\frac{p_s}{\rho g}=\frac{p_a-p_s}{\rho g} \tag{2-34}$$

将式(2-34)代入式(2-33a),泵的允许安装高度 H_g 可用下式表示:

$$H_g=H'_s-\frac{u_s^2}{2g}-H_w \tag{2-33b}$$

上式为离心泵允许安装高度(吸程)的计算式,应用时必须已知允许吸上真空度 H'_s 的数值。而 H'_s 与被输送液体的物理性质、当地大气压强、泵的结构、流量等因素有关,由制造工厂用实验测定。实验条件是在大气压为 10 mH_2O(9.81×10^4 Pa)下,以 20 ℃ 的清水(ρ=1 000)为介质进行的相应的允许吸上真空度用 H_s 表示,其值列在泵样本或说明书的性能表上,有时在一些泵的特性曲线上也画出了 H_s-Q 曲线,表示离心泵的气蚀性能。

H_s 既然是真空度,其单位应是压强的单位,泵的制造工厂习惯以 mH_2O 表示,在水泵的性能表里一般都把它的单位写成 m,这一点应特别注意,免得在计算时产生误会。若输送其他液体,且操作条件与上述的实验条件不符时,可按下式对水泵性能表上的 H_s 值进行换算。

$$H'_s=\left[H_s+(H_a-10)-\left(\frac{p_v}{9.81\times10^3}-0.24\right)\right]\frac{1\ 000}{\rho} \tag{2-35}$$

式中:H'_s——操作条件下输送液体时的允许吸上真空度,m 液柱;

H_s——实验条件下输送水时的允许吸上真空度,mH_2O;泵性能表上所查得的数值;

H_a——安装地区的大气压强,mH_2O。其值随海拔高度不同而异,可参阅表 2-3。

p_v——操作温度下被输送液体的饱和蒸汽压,bar(1 bar=0.1 MPa);

10——实验条件下的大气压强,mH_2O;

0.24——实验温度(20 ℃下水的饱和蒸汽压,mH_2O);

1 000——实验温度下水的密度,kg/m³;

ρ——操作温度下液体的密度,kg/m³。

将 H'_s 值代入式(2-33b)便可求得在操作条件下,输送液体时泵的允许安装高度。

表 2-3 不同海拔高度的大气压强

海拔高度/m	0	100	200	300	400	500	600	700	800	1 000	1 500	2 000	2 500
大气压强/mH_2O	10.33	10.2	10.09	9.95	9.85	9.74	9.6	9.5	9.39	9.19	8.64	8.15	7.62

3. 影响吸程的因素

(1) 高度。当高度升高时，大气压减小，理论最大吸程减小，对实际吸程也是如此。不同海拔高度下的大气压见表2-4。

表2-4　不同海拔高度下的大气压

高度/m	0	500	1 000	1 500	2 000	2 500
大气压/mmHg	760	716	672	635	598	562
大气压/mH_2O	10.33	9.73	9.13	8.63	8.13	7.63
气压减小量/mH_2O	0	0.6	1.2	1.7	2.2	2.7

例如，在海拔2 000 m高度时，泵吸程小于8.13 m。

(2) 液体温度。一定真空度下的液体，其温度越高，蒸发越快。当液体通过吸入管时，就会产生蒸汽。蒸汽的压力等于与液体温度压力相符合的饱和蒸汽压力。这种蒸汽压力会减小泵的吸程。

表2-5给出饱和水蒸气在0 ℃和100 ℃间不同温度时的mH_2O压力。

离心泵的正常吸程是6～9 m，可以看出，水的温度小于30 ℃时，这个高度变化小。当水温为80～90 ℃时，吸程趋于零。

当液体温度超过一定值时，就应对泵的抽吸增加压力。应在一个高于泵轴线液位的池中抽吸。池与泵的液位差应该是使泵内的吸入压力高于液体的饱和蒸汽压力。

表2-5　水的饱和蒸汽压

温度/℃	压力/mH_2O	温度/℃	压力/mH_2O	温度/℃	压力/mH_2O
0	0.06	40	0.75	80	4.82
10	0.13	50	1.26	90	7.15
20	0.24	60	2.03	100	10.23
30	0.40	70	3.18		

(3) 液体密度。泵的理论吸程与所吸液体的密度有关，等于测量大气压的该液柱的高度。

水的密度是：$\rho_0=1$

一个标准大气压等于10.33 mH_2O高。因此离心泵的理论吸程是10.33 m。如输送液体的密度为ρ，则用米液柱为单位表示的理论吸程H，得：

吸程
$$H=\frac{10.33}{\rho}\text{m}$$

如果吸的液体是100 ℃的水，则：

100 ℃的水 $\rho=0.958$

吸程
$$H=\frac{10.33}{0.958}=10.78\text{ m}$$

4.【例1】用某型号离心泵从敞口槽中将水输送到别处，槽内水位恒定，输送流量为45～55 m^3/h，在最大流量下吸入管路的压头损失为1 m，液体在吸入管路中的压头损失可以忽略。试计算：

(1) 输送20 ℃水时，泵的安装高度。

(2) 若改为输送 65 ℃水时，泵的安装高度。

某型号离心泵的部分性能，根据产品样本的参数和性能曲线列于下表。

性能表

流量 $Q/(m^3/h)$	扬程 H/m	转速 $N/(r/min)$	允许吸上真空度 H_s/m
30	35.5	2 900	7.0
45	32.6		5.0
55	28.8		3.0

泵安装地区的大气压为 9.81×10^4 Pa≈10 mH_2O

解：

(1) 输送 20 ℃ 水时，泵的安装高度，可用式(2-33b)求出：

$$H_g = H'_s - \frac{u_s^2}{2g} - H_w$$

由题意知 $H_w = 1\ m, \frac{u_s^2}{2g} \approx 0$

从该泵的性能可以看出，H_s 随泵的流量增加而下降。因此，安装高度应以最大流量对应的 H_s 为依据，以便保证离心泵正常运转和不发生气蚀现象，故取 $H_s = 3\ mH_2O$。

又输送的是 20 ℃水，泵安装地区的大气压为 9.81×10^4 Pa，与原出厂时的实验条件相符，故 H_s 不用换算，即 $H'_s = H_s = 3$ m。代入上式得：

$$H_g = 3 - 0 - 1 = 2\ m$$

为安全起见，泵的实际安装高度应小于 2 m。

(2) 输送 65 ℃水时，泵的安装高度

输送 65 ℃水时，不能直接采用泵性能表中的 H_s 值，需按式(2-35)对 H_s 进行换算，即：

$$H'_s = \left[H_s + (H_a - 10) - \left(\frac{P_v}{9.81\times10^3} - 0.24\right)\right]\frac{1\ 000}{\rho}(m)$$

式中：$H_s = 3\ mH_2O$

$$H_a = 9.81\times10^4\ Pa \approx 10\ mH_2O$$

从表中查出，65 ℃水的饱和蒸汽压为 $p_v = 2.554\times10^4$ Pa 及其密度 $\rho = 980.5$，代入上式得：

$$H'_s = \left[3 + (10 - 10) - \left(\frac{2.554\times10^4}{9.81\times10^3} - 0.24\right)\right]\frac{1\ 000}{980.5} = 0.65(m)$$

用式(2-33b)，计算泵的安装高度，得：

$$H_g = H'_s - \frac{u_s^2}{2g} - H_w = 0.65 - 1 = -0.35(m)$$

H_g 值为负值，表示泵应安装在水面以下，至少比贮槽水面低 0.35 m。

2.4.1.2 离心泵的汽蚀与汽蚀余量

1. 离心泵汽蚀产生的原因及现象

离心泵运转时，液体在泵内压强的变化如图 2-22 所示。液体的压强随着从泵吸入口向叶轮入口而下降，叶片入口附近的压强为最低，此后，由于叶轮对液体作功，压强很快又上升。当叶片入口附近的最低压强等于或小于输送温度下液体的饱和蒸汽压时，液体就在该

处发生汽化并产生气泡，随同液体从低压区流向高压区，气泡在高压的作用下，迅速凝结或破裂，瞬间内周围的液体以极高的速度冲向原气泡所占据的空间，在冲击点处形成高达几万 kPa 的压强，冲击频率可高达每秒几万次之多。这种现象称为汽蚀现象。

2. 汽蚀的危害

(1) 叶轮材料被破坏。发生汽蚀时，叶轮同时受到机械剥蚀和化学腐蚀的作用，使叶轮表面从点蚀到形成蜂洞。

(2) 噪声和震动。在汽蚀的工况下，气泡破裂造成强大的噪声，反复破裂、凝结的过程又形成很大的脉冲力，当其频率与设备固有频率耦合时，引起强烈的震动。

(3) 泵的性能降低、效率下降。汽蚀严重时，由于产生大量气泡，占据了液体流道的一部分空间，导致泵的流量、压头与效率显著下降，甚至造成瞬时断流工况。

为了使泵正常运转，叶片入口附近的最低压强必须维持在某一临界值以上，通常是取输送温度下液体的饱和蒸汽压 p_v 作为这种临界压强，见图 2-22。

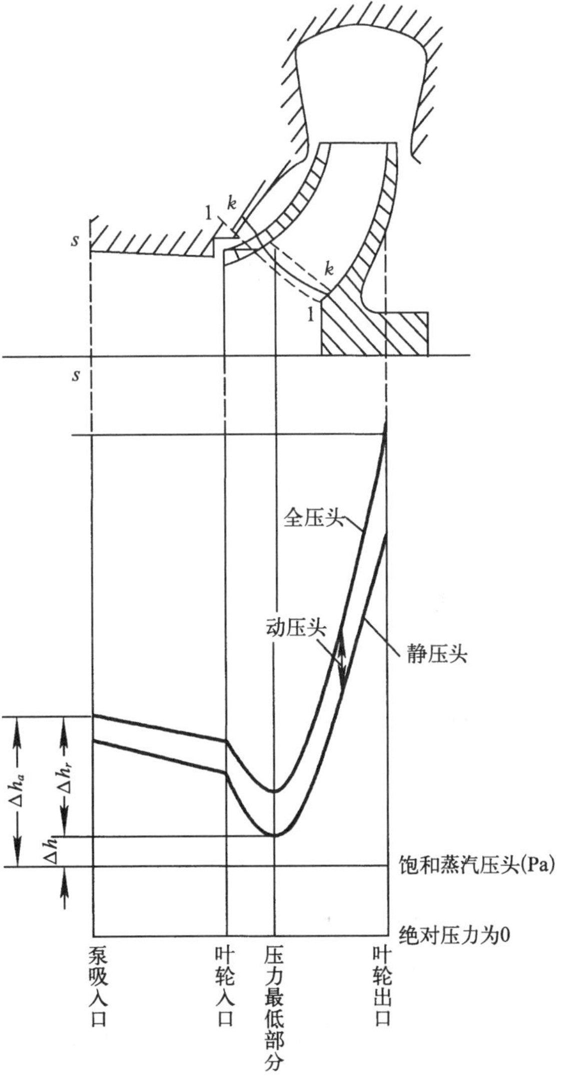

图 2-22 离心泵内的压力变化

2.4.1.3 离心泵的汽蚀余量

为保证离心泵能正常运转，应避免产生汽蚀现象，叶片入口附近的最低压强就必须大于输送温度下液体的饱和蒸汽压。也就是泵在吸入口处的总能量(静压能和动能之和)，要有超过输送温度下液体汽化压力的最低富余量，这个富余量就称为离心泵的汽蚀余量，用符号 Δh 表示，汽蚀余量又称净正吸上水头，用 NPSH 表示。NPSH 是 Net Positive Suction Head 缩写。

汽蚀余量又分为有效汽蚀余量 Δh_a 和必需汽蚀余量 Δh_r。简述如下。

在实际工作中，会遇到这种情况，即同一台水泵，在某种吸入装置条件下运行时会发生汽蚀，当改变吸入装置条件后，就可能不发生汽蚀。这说明在运行中是否发生汽蚀和泵的吸入装置条件有关。按泵的吸入装置条件确定的汽蚀余量称为有效汽蚀余量，用 Δh_a 表示。参见图2-22。

另一种情况是，在完全相同的使用条件下，某台泵在运行中发生了汽蚀，而换了另一种型号的泵，就可能不发生汽蚀。这说明泵在运行中是否发生汽蚀和泵本身的汽蚀性能也有关。由泵本身的汽蚀性能确定的汽蚀余量称为必需汽蚀余量，用 Δh_r 表示，参见图2-22。

现对有效汽蚀余量 Δh_a 和必需汽蚀余量 Δh_r 分析如下。

1. 有效汽蚀余量 Δh_a（$NPSH_a$*）

有效汽蚀余量 Δh_a 是指泵在吸入口处的总能量（静压能和动能之和），具有超过输送温度下液体汽化压力的富余能力，即避免泵发生汽化的能力。有效汽蚀余量由吸入系统的装置条件决定与泵本身无关。

根据有效汽蚀余量 Δh_a 的定义，得：

$$\Delta h_a=\frac{p_s}{\rho g}+\frac{u_s^2}{2g}-\frac{p_v}{\rho g} \tag{2-36}$$

或

$$\frac{p_s}{\rho g}+\frac{u_s^2}{2g}=\Delta h_a+\frac{p_v}{\rho g} \tag{2-36a}$$

式中：p_s——泵吸入口处的压力；

u_s——泵吸入口处的流速；

p_v——液体饱和蒸汽压。

将式(2-36a)代入式(2-33)，得：

$$\Delta h_a=\frac{p_0}{\rho g}-\frac{p_v}{\rho g}-H_g-H_w \tag{2-37}$$

上式整理得：

$$H_g=\frac{p_0}{\rho g}-\frac{p_v}{\rho g}-\Delta h_a-H_w \tag{2-33c}$$

式(2-33c)是离心泵允许安装高度（允许吸上高程）的又一种计算式。

采用式(2-33c)计算泵的几何安置高度，不需要进行换算，特别是核电厂的主给水泵和凝结水泵，吸入液面都不是大气压力的情况下，尤为方便。

另外，从式(2-37)可看出，有效汽蚀余量 Δh_a 就是吸入容器中液面上的压力水头 $\frac{p_0}{\rho g}$ 在克服吸水管路装置中的流动损失 H_w，并把水位提高到 H_g 的高度后，所剩余的超过汽化压力的能量。

当吸入容器液面高出水泵轴线时，则 H_g 为倒灌高度（$-H_g$），式(2-37)为：

$$\Delta h_a=\frac{p_0}{\rho g}-\frac{p_v}{\rho g}+H_g-H_w \tag{2-37a}$$

当吸入容器中的压力为汽化压力时（核电厂的凝结水泵就属于这种工况），$p_0=p_v$，则

$$\Delta h_a=H_g-H_w \tag{2-37b}$$

由式(2-37)可知：

(1) 在 $\frac{p_0}{\rho g}$，H_g 和液体温度保持不变情况下，当流量增加时，由于吸入管路中的流动损失 H_w 与流量的平方成正比变化，所以使 Δh_a 随流量的增加而减少。因而，当流量增加时，发生汽蚀的可能性增加。

(2) 在非饱和容器中，泵所输送的液体温度越高，对应的汽化压力越大，Δh_a 发生汽蚀

---

* $NPSH_a$ 为有效汽蚀余量的国际通用符号。

的可能性就越大。

2. 必需汽蚀余量 Δh_r(NPSH$_r$ [*])

必需汽蚀余量 Δh_r 是指泵吸入口处(s-s 截面)至泵内压力最低点(k-k 截面)处的压力降(见图 2-22)。它是由泵本身结构的汽蚀性能所决定，与泵吸入系统的装置无关。

根据必需汽蚀余量 Δh_r 的定义，得：

$$\Delta h_r = \frac{p_s}{\rho g} + \frac{u_s^2}{2g} - \frac{p_k}{\rho g} \tag{2-38}$$

参照图 2-22 在截面 S-S 至 1-1 之间和截面 1-1 至 K-K 之间列伯努利方程，整理后可得：

$$\frac{p_s}{\rho g} + \frac{u_s^2}{2g} - \frac{p_k}{\rho g} = \lambda_1 \frac{c_1^2}{2g} + \lambda_2 \frac{w_1^2}{2g} \tag{2-39}$$

将(2-38)式代入(2-39)式得

$$\Delta h_r = \lambda_1 \frac{c_1^2}{2g} + \lambda_2 \frac{w_1^2}{2g} \tag{2-38a}$$

式中：p_k——泵内压力最低点处的压力；

c_1, w_1——叶轮入口处的绝对速度和相对速度；

λ_1, λ_2——压降系数 $\lambda_1 = 1 \sim 1.2$，$\lambda_2 = 0.2 \sim 0.3$。

3. 有效汽蚀余量 Δh_a 与必需汽蚀余量 Δh_r 的关系及临界汽蚀余量 Δh_c

有效汽蚀余量 Δh_a 是吸入系统提供的泵吸入口处大于饱和蒸汽压力的富余能力，Δh_a 越大，表示泵抗汽蚀性能越好。而必需汽蚀余量 Δh_r 是液体从吸入口至 k 点的压力降，Δh_r 越小，则表示泵抗汽蚀性能越好。由式(2-37)和(2-38a)可以看出，Δh_a 随流量的增加而变小，而 Δh_r 随流量的增加而变大，如图 2-23 所示。

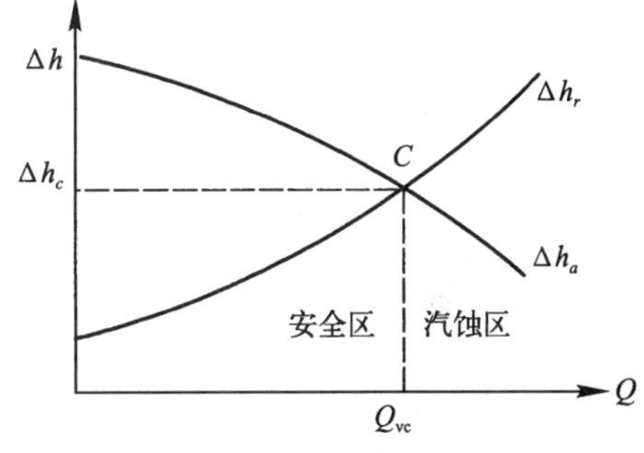

图 2-23　临界汽蚀余量

临界汽蚀余量(Δh_c)是指有效汽蚀余量随流量变化的曲线与必需汽蚀余量随流量变化曲线的交点 C 所对应的汽蚀余量。C 点为汽蚀临界点。临界汽蚀余量，用 Δh_c 表示。其对应的流量称为临界汽蚀流量，用 Q_{vc}表示。从图 2-23 可以看出。

$$\Delta h_c = \Delta h_a = \Delta h_r \tag{2-40}$$

当 $Q < Q_{vc}$时，为安全区；

当 $Q \geqslant Q_{vc}$时，为汽蚀区。

4. 允许汽蚀余量 Δh

允许汽蚀余量 Δh 是指为保证不发生汽蚀在临界汽蚀余量 Δh_c 上加安全量 K。称为允许汽蚀余量，用 Δh 表示。

$$\Delta h = \Delta h_c + K \tag{2-41}$$

式中，K——安全量，$K = 0.3 \sim 0.5$ m。

* NPSH$_r$ 为必需汽蚀余量的国际通用符号。

2.4.1.4　提高泵抗汽蚀的措施

泵是否发生汽蚀，是由泵本身的汽蚀性能和吸入系统的装置条件来确定的。为防止发生汽蚀，通常从两个方面采取措施加以解决。

1. 改善泵的工作条件，提高泵的有效汽蚀余量 Δh_a

根据式(2-37)

$$\Delta h_a = \frac{p_a}{g\rho} - \frac{p_v}{g\rho} - H_g - H_w$$

可从下面几个方面改善来提高有效汽蚀余量 Δh_a：

(1) 减小安装高度 H_g，提高有效汽蚀余量；

(2) 加大吸水管径或减小流量，以减小阻力 H_w，提高有效汽蚀余量；

(3) 降低液体的温度，从而降低汽化压力 p_v，提高有效汽蚀余量；

(4) 降低泵的转速 n，减小阻力 H_w，提高有效汽蚀余量。

2. 提高泵本身的抗气蚀性能，减小必需汽蚀余量 Δh_r

根据式(2-38a)

$$\Delta h_r = \lambda_1 \frac{c_1^2}{2g} + \lambda_2 \frac{w_1^2}{2g}$$

可以采取下列措施减小 Δh_r。

(1) 采用双吸叶轮，降低入口速度；

(2) 增大叶轮进口直径及叶片进口宽度，降低入口速度；

(3) 叶轮采用耐汽蚀材料，提高泵的抗气蚀性；

(4) 进口处装设螺旋式诱导轮如图 2-24 所示，改善泵的气蚀性能。

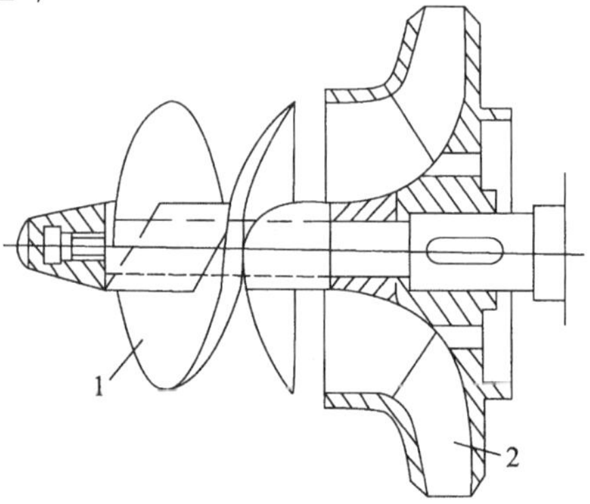

图 2-24　离心泵的诱导轮
1—诱导轮；2—叶片

2.4.2　离心泵的工作点

2.4.2.1　管路工作特性曲线

当离心泵安装在特定的管路系统中工作时，实际的工作压头和流量不仅与离心泵本身的性能有关，还与管路的特性有关，即在输送液体的过程中，泵和管路是互相制约的。所以，讨论泵的工作情况之前，应了解泵所在的管路状况。

在图 2-25 所示的输送系统内，若贮槽与受槽的液面均维持恒定，且输送管路的直径不变。液体流过管路系统时所需的压头(即要求泵提供的压头)，可在图中所示的截面 1—1′与 2—2′间列伯努利方程式求得，即：

$$H_e = \Delta Z + \Delta \frac{p}{\rho g} + \Delta \frac{u^2}{2g} + H_f \qquad (2\text{-}42)$$

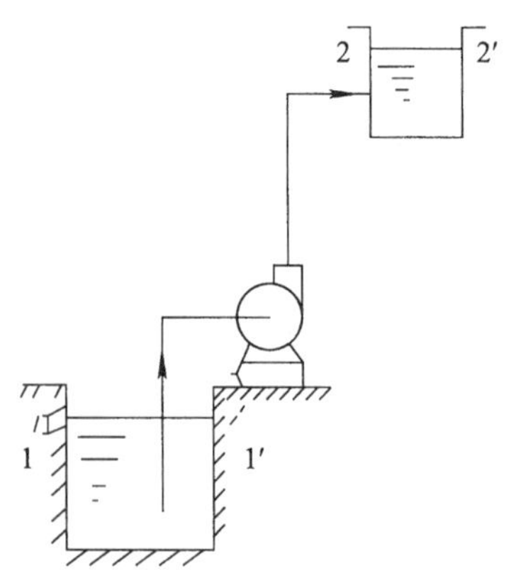

图 2-25　泵输送系统示意图

在固定的管路系统中，和在一定的条件下进行操作时，

上式中的 ΔZ 与 $\Delta \frac{p}{\rho g}$ 均为定值，即：

$$\Delta Z+\Delta \frac{p}{\rho g}=K$$

若贮槽与接受槽的截面都很大，该处流速和管路相比可以忽略不计，则 $\Delta \frac{u^2}{2g}\approx 0$。式(2-42)简化为：

$$H_e=K+H_f \tag{2-42a}$$

管路系统的压头损失 H_f 为：

$$H_f=\left(\lambda \frac{l+\sum l_e}{d}+\zeta_c+\zeta_e\right)\frac{u^2}{2g}=\left(\lambda \frac{l+\sum l_e}{d}+\zeta_c+\zeta_e\right)\frac{\left(\frac{Q_e}{3\ 600A}\right)^2}{2g} \tag{2-43}$$

式中：Q_e——管路系统的输送量，m^3/h（为以后作图方便，Q_e 的单位最好与所给定的泵特性曲线中的 Q 的单位一致）；

A——管道截面积，m^2。.

对于特定的管路，l，$\sum l_e$，ζ_c，ζ_e，d 均为定值，湍流时摩擦系数 λ 的变化很小，于是令：

$$\left(\lambda \frac{l+\sum l_e}{d}+\zeta_c+\zeta_e\right)\frac{1}{2g\ (3\ 600A)^2}=B$$

则式(2-43)简化为：

$$H_f=BQ_e^2 \tag{2-43a}$$

所以，式(2-42a)写成：

$$H_e=K+BQ_e^2 \tag{2-42b}$$

由式(2-42b)看出，在特定管路中输送液体时，管路所需的压头 H_e 随所输送液体流量 Q_e 的平方而变。将此关系标绘在相应的坐标图上，即得如图 2-26 所示的 H_e-Q_e 曲线。这条曲线称为管路特性曲线，表示在特定管路系统中，在固定操作条件下，液体流经该管路时所需的压头与流量的关系。此线的形状由管路布局与操作条件来确定，与泵的性能无关。

2.4.2.2　离心泵的工作点

离心泵总是安装在一定管路上工作的，参见图2-25。泵所提供的压头与流量必然应与管路所需的压头与流量相一致。

若将离心泵的特性曲线 $H-Q$ 与其所在管路的特性曲线 H_e-Q_e 绘于同一坐标图上，如图 2-26 所示。两线交点 M 称为泵在该管路上的工作点。该点所对应的流量和压头既能满足管路系统的要求，又为离心泵所提供，即 $Q=Q_e$，$H=H_e$。换言之，对所选定的离心泵，以一定转速在此特定管路系统运转时，只能在这一点工作。

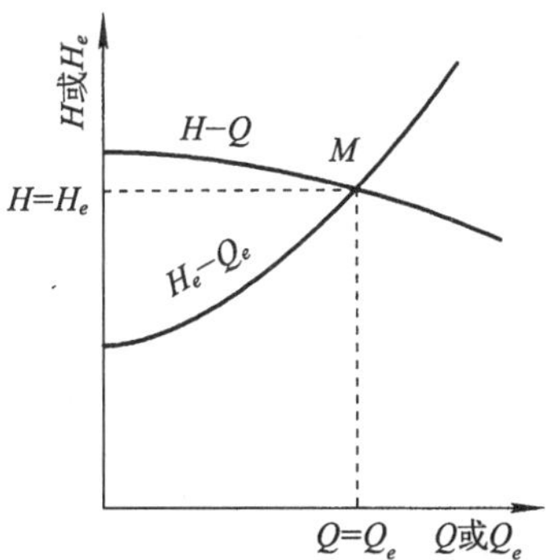

图 2-26　管路特性曲线与泵的工作点

2.4.3　离心泵的流量调节

离心泵在指定的管路上工作时，由于生产任务发生变化，出现泵的工作流量与生产要求不相适应；或已选好的离心泵在特定管路中运转时，所提供的流量不见得符合输送任务的要求，对于这两种情况，都需要对泵进行流量调节，实质上是改变泵的工作点。既然泵的工作点为管路特性和泵的特性所决定，因此，改变两种特性曲线之一均能达到调节流量的目的。

2.4.3.1 改变管路特性曲线——调节阀门开度

改变离心泵出口管线上的阀门开度，实质是改变管路特性曲线。当阀门关小时，管路的局部阻力加大，管路特性曲线变陡，如图 2-27 中曲线 1 所示，工作点由 M 移至 M_1，流量由 Q_M 减小到 Q_{M1}。当阀门开大时，管路局部阻力减小，管路特性曲线变得平坦一些，如图中曲线 2 所示，工作点移至 M_2，流量加大到 Q_{M2}。

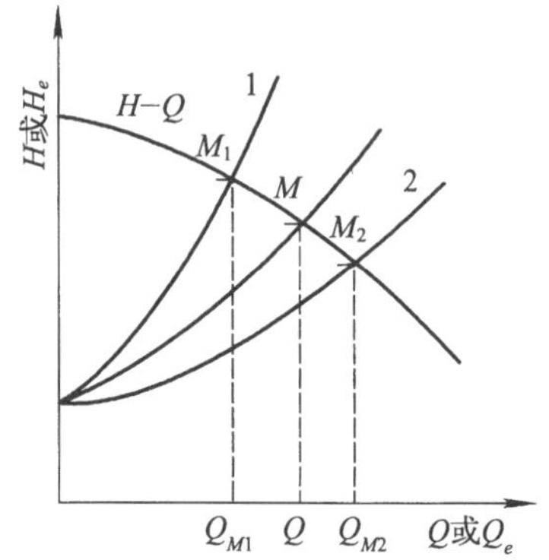

图 2-27 阀门开度与流量变化示意图

用阀门调节流量迅速方便．且流量可以连续变化，适合一般工业连续生产的特点，所以应用十分广泛。其缺点是当阀门关小时，流动阻力加大，要额外多消耗一部分动力，不很经济。

2.4.3.2 改变泵的特性曲线——调节转速

调节离心泵的转速，实质上是改变泵的特性曲线。如图 2-28 所示，泵原来的转速为 n，工作点为 M，若把泵的转速提高到 n_1，泵的特性曲线 $H-Q$ 向上移，如图中上曲线所示，工作点由 M 移至 M_1。流量由 Q_M 加大到 Q_{M1}。若把泵的转速降至 n_2，$H-Q$ 曲线便向下移，如图中下曲线所示，工作点移至 M_2，流量减小至 Q_{M2}。

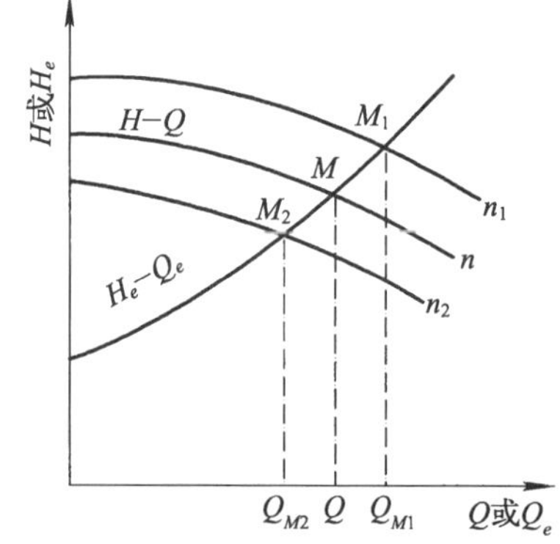

图 2-28 改变转速时的流量变化图

这种调节方法能保持管路特性曲线不变。由式(2-19)可知，流量随转速下降而减小，动力消耗也相应降低，从动力消耗来看是比较合理的。但需要变速装置或价格昂贵的变速原动机，一般用更换电动机级数的方法改变泵的转速，达到调节流量的目的。但流量不能连续调节。

此外，减小叶轮直径也可以改变泵的特性曲线，从而使泵的流量变小，但可调节的范围不大，且直径减小不当还会降低泵的效率，故实际很少采用。

2.4.3.3 旁路分流调节法

旁路分流调节法是通过改变旁路管阀门的开度，把泵排出的部分液体通过旁路引回到抽水槽中，从而改变泵的排出流量，达到调节流量的目的。其工作原理如图 2-29 所示。图中 BA 是水泵的 $Q\sim H$ 特性曲线，R_1 是主管路工作曲线，R_2 是旁路管工作曲线，R 是主管路和旁路管并联工作曲线。当旁路管阀门关闭时，水泵的工作点为 B，若旁路管阀门打开时，水泵的工作点为 A。通过 A 点作一水平线交 R_1 于 A_1 点，交 R_2 于 A_2 点。则通过旁路管的排量(流量)为 Q_{A2}，通过主管路排出去的流量(调节流量)为 Q_{A1}，可见通过旁路阀的调节，主管路排出去的流量由 Q_B 减少到 Q_{A1}，而水泵的流量则加大到 Q_A，其中 Q_{A2} 流量由旁路管返回到抽水槽中，只有 Q_{A1} 通过主管路输送到生产系统中去。

$$Q_{A1}=Q_A-Q_{A2}$$

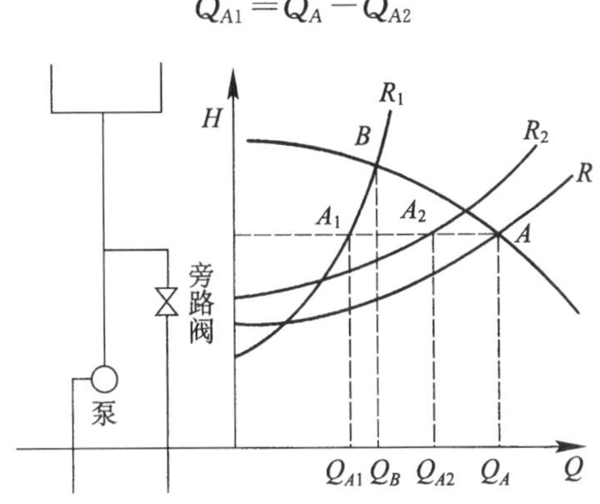

图 2-29　旁路分流调节法特性曲线

R_1—主管路工作曲线；R_2—旁路管工作曲线；

R—主管路与旁路管联合工作曲线；

Q_A—水泵流量；Q_{A1}—主管路流量；

Q_{A2}—旁路管流量；Q_B—调节后的流量

2.4.4　离心泵的并联和串联

2.4.4.1　串联运转特性曲线

当有 $P_1, P_2, P_3\cdots$多台泵串联运转时，通过每台泵的流量都是相同的，即：

$$Q=Q_1=Q_2=Q_3=\cdots$$

多台泵串联运转的扬程，则等于各台扬程相加之和，即：

$$H_t=H_1+H_2+H_3+\cdots$$

多台泵串联运转时的 $H-Q$ 特性曲线，就是由各台泵的 H_i-Q_i 特性曲线在对应点(同一流量)上的扬程相加而成的。图 2-30 示出了三台泵串联运转的 $H-Q$ 特性曲线，图中 C_1, C_2, C_3 为各台泵的特性曲线，C_t 为三台泵串联运转时总的特性曲线。

如果串联的泵是相同的，就变成多级泵的情况，其总扬程等于单个泵的扬程 h 乘以泵数 n，即：$H_t=nh$。

图 2-31 示出三台相同泵串联工作的特性曲线。三台泵串联后的特性曲线是 C_t。

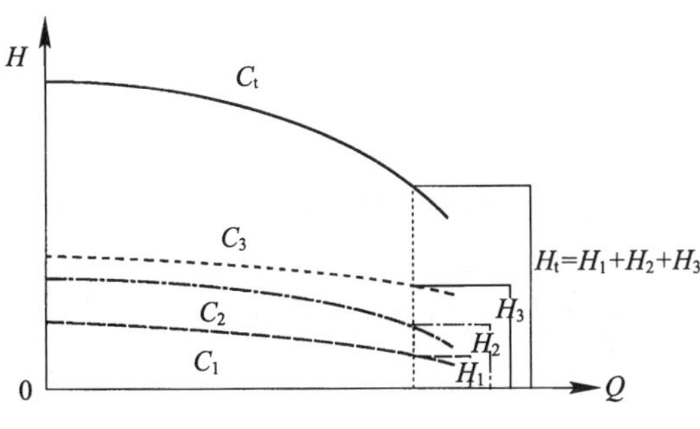

图 2-30　三台泵串联工作特性曲线

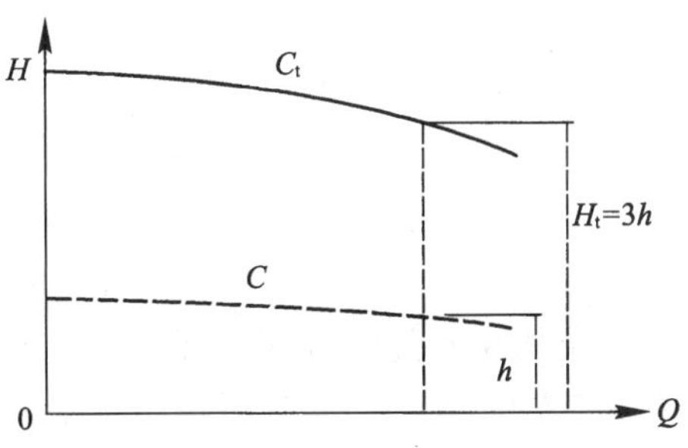

图 2-31　三台相同泵串联工作特性曲线

2.4.4.2 并联运转特性曲线

当 $P_1, P_2, P_3 \cdots$ 多台泵并联工作时，如图 2-32 所示。它们的扬程 H 对每个泵都一样，即：

$$H = H_1 = H_2 = H_3 \cdots$$

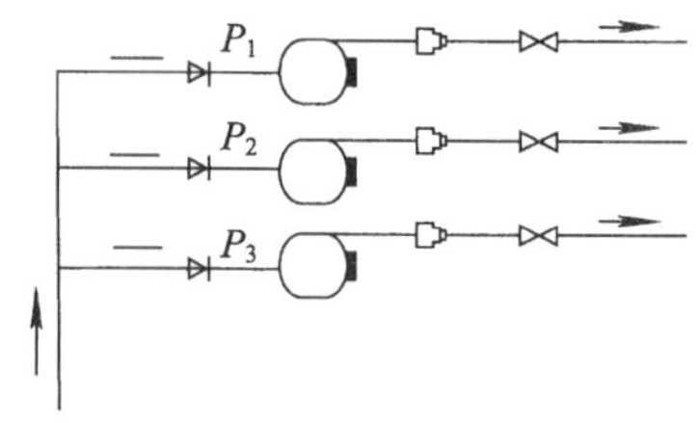

图 2-32 三泵并联工作

并联运转时总流量 Q_t 则等于各台泵在同一扬程 H 下的流量 Q_1, Q_2, Q_3 的和，即：

$$Q_t = Q_1 + Q_2 + Q_3 + \cdots$$

多台泵并联工作时的 $H-Q$ 特性曲线，是由各台泵的 H_i-Q_i 特性曲线在同一扬程如 H 下对应点上各台泵流量 $Q_1, Q_2, Q_3 \cdots$ 相加而成的。图 2-33 示出了三台泵并联工作 $H-Q$ 特性曲线，图中 $C_1, C_2, C_3 \cdots$ 为各台泵的特性曲线，C_t 为三台泵并联工作时的总特性曲线。

如果并联的泵是相同的，则每台泵在同一扬程点上对应的流量也是相等的，并联工作时的总流量 Q_t 就是每台泵的流量 Q 乘以泵数 n，即：

$$Q_t = nQ$$

图 2-34 示出了三台相同泵的并联工作时的特性曲线，C 为单台泵的特性曲线，C_t 为三台泵并联工作时的总特性曲线。

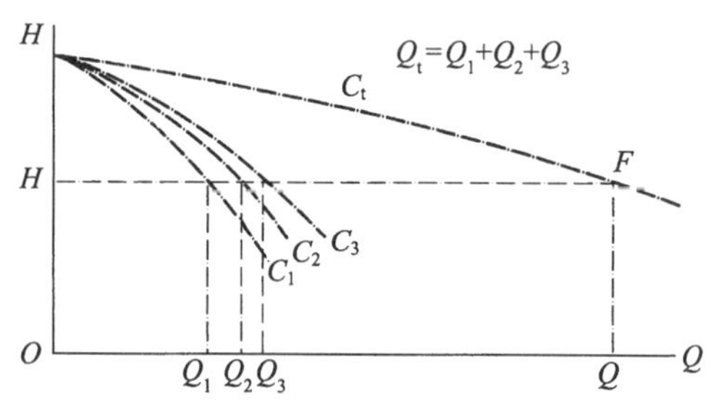

图 2-33 三泵并联工作特性曲线

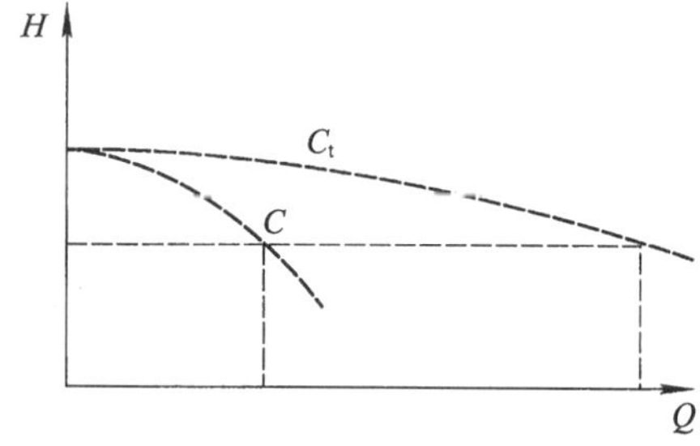

图 2-34 三台相同泵并联工作的特性曲线

2.4.4.3 水泵在管路系统中的串连运行和并联运行

当采用一台泵不能满足流量或压头(扬程)要求时，往往要用两台或两台以上的泵联合工作。泵的联合工作可以分为并联和串联两种运行方式。

1. 泵的并联运行

并联运行系指两台或两台以上的泵向同一压力管路输送流体的工作方式，如图 2-35 所示。并联的目的是在压头相同时增加流量，并联工作多在下列情况下采用。

① 当扩建机组，相应的需要流量增大，而对原有的泵仍可以使用时；

② 核电厂中为了避免因一台泵发生事故影响反应堆停堆时；

③ 由于外界负荷变化很大，流量变化幅度相应很大，为了发挥泵的经济效果，使其能在高效率范围内工作，往往采用两台或数台并联工作，以增减运行台数来适应外界负荷变化的要求时。

核电厂的反应堆回路的主泵、汽轮机回路的主给水泵、增压泵、凝结水泵、循环冷却水回路的循环冷却水泵等常采用两台或多台并联工作。

并联工作可分为两种情况，即相同性能的泵并联和不同性能的泵并联，现分别介绍如下：

(1) 同性能(同型号)泵并联工作。

图 2-35 为两台泵并联工作时的性能曲线。图中曲线Ⅰ、Ⅱ为两台相同性能泵的性能曲线，Ⅲ为管路特性曲线，并联工作时的性能曲线为Ⅰ＋Ⅱ。

并联性能曲线Ⅰ＋Ⅱ是将单独的性能曲线的流量在扬程相等的条件下叠加起来而得到的。再画出它们的输送管路特性曲线Ⅲ，从而得与泵并联性能曲线的交点 M，即为并联时的工作点，此时流量为 Q_{VM}，扬程为 H_M。

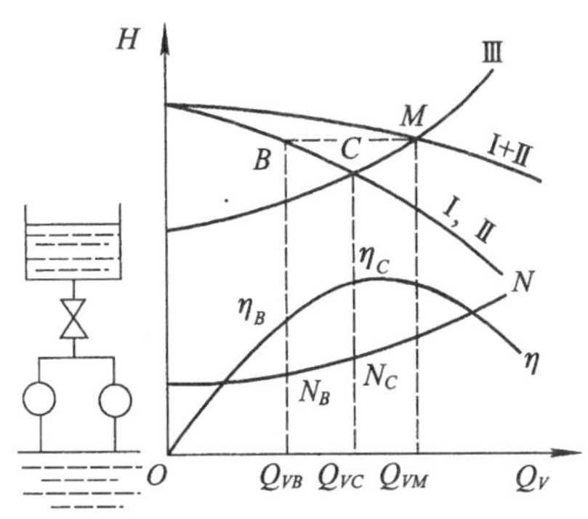

图 2-35　相同性能泵并联工作

为了确定并联时单个泵的工况，由 M 点作横坐标平行线与单泵(即Ⅰ或Ⅱ)的特性曲线交于 B 点，即为每台泵在并联工作时的输出流量工况点。B 点也就决定了并联时每台泵的工作参数，即流量为 Q_{VB}，扬程为 H_B。并联工作的特点是：扬程彼此相等，总流量为每台泵输送流量之和，即 $Q_{VM}=2Q_{VB}$。并联前每一台泵的参数与并联后每一台泵的参数比较：未并联时泵单独运行时的工作点为 $C(Q_{VC}, H_C, N_C, \eta_C)$，而并联的每台泵的工作点为 $B(Q_{VB}, H_B, N_B, \eta_B)$，由图 2-35 可看出：

$$Q_{VB}<Q_{VC}<Q_{VM}<2Q_{VC}$$

这表明，两台泵并联时的流量等于并联时的各台泵流量之和，显然与各台泵单独工作时相比，两台泵并联后的总流量 Q_{VM} 小于两台泵单独工作的流量的 2 倍 Q_{VC}，而大于一台泵单独工作时的流量 Q_{VC}。并联后每台泵工作的流量 Q_{VB} 较单泵运行时的 Q_{VC} 较小，而并联后的扬程却比一台泵单独工作时要高些。为什么并联后每台泵流量 Q_{VB} 小于未并联时每台泵单独工作的流量 Q_{VC}，而扬程 H_B 又大于扬程呢？这是因为输送的管道仍是原有的，直径也没增大，而管道摩擦损失随流量的增加而增大了，从而阻力增大，这就需要每台泵都提高它的扬程来克服这增加的阻力水头，故 $H_B(H_M)$ 大于 H_C，流量 Q_{VB} 就相应的小于 Q_{VC}。

在选择电动机时应注意，如果两台泵长期并联工作，应按并联时各台泵的最大输出流量来选择电动机的功率，即每台泵的流量应按 $Q_{VB}=\frac{1}{2}Q_{VM}$ 来选择而不以 Q_{VC} 来选择，使其在并联工作时在最高效率点运行。但是，由于并联的台数有的是随扩建递增的，事先很难定出其多台并联工作下的分配流量，从而导致选择容量过大在扩建后并联运行效率降低。若考虑到在低负荷只用一台泵运行时，为使电动机不至于过载，电动机的功率就要按单独工作时输出流量 Q_{VC} 的需要功率来配套。

并联工作时，管路特性曲线越平坦，并联后的流量就越接近单独运行时的 2 倍，工作就越有利。如果管路特性曲线越陡，陡到一定程度时仍采取并联是徒劳无益的。若泵的性能曲线越平坦时，并联后的总流量 Q_{VM} 反而就越小于单独工作时流量 Q_{VC} 的 2 倍，因此为达到并联后增加流量的目的，泵的性能曲线应当陡一些为好。从并联数量来看，台数愈多，并联后所能增加的流量越少，即每台泵输送的流量减少，故并联台数过多并不经济。

(2) 两台不同性能泵的并联工作

按照两台不同性能泵的性能曲线(H_{I},H_{II}),绘出两台泵联合工作性能曲线($H_{\text{I}+\text{II}}$)时,在三种不同阻力管路系统中(R_A,R_B,R_C)工作的特性曲线,如图 2-36 所示。

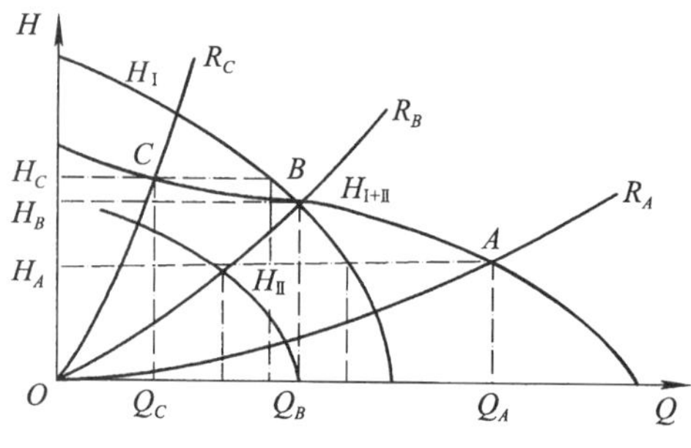

图 2-36 两台不同性能泵的并联

从图 2-36 可见,这三种不同阻力管路系统(R_A,R_B,R_C)工作的特性曲线,分别与两台泵联合工作性能曲线($H_{\text{I}+\text{II}}$)交于 A,B,C 三点。在阻力小的 R_A 管路系统中,$Q_A > Q_{\text{I}}$,Q_{I} 为该管路与 I 号泵单独工作时的流量,$Q_A > Q_{\text{I}}$ 起到了增大流量的作用;在阻力稍大的 R_B 管路系统中,$Q_B = Q_{\text{I}}$,即两台泵的总流量等于 Ⅰ 号泵的流量,Ⅱ 号泵的作用一点也没有发挥出来;在阻力较大的 R_C 管路系统中,$Q_C < Q_{\text{I}}$ 即两台泵的总流量小于 Ⅰ 号泵的流量,说明 Ⅰ 号泵与 Ⅱ 号泵并联的结果,不但不起增量作用,反而是阻碍了 Ⅰ 号泵的工作,使 Ⅰ 号泵性能下降。

2. 泵的串联运行

串联是指前一台泵的出口向另一台泵的入口输送流体的工作方式,串联工作常用于下列情况:

① 设计制造一台新的高压泵比较困难,而现有的泵的容量已足够,只是压头不够时。

② 在改建或扩建的管道阻力加大,要求提高泵的扬程以输出较多流量时。

③ 当一台泵的压力不能满足生产要求需要增压时。如核电站主给水系统的增压泵。

串联也可分为两种情况,即相同性能的泵串联和不同性能的泵串联,分别介绍如下。

(1) 同性能泵的串联运行

泵的串联运行如图 2-37 所示,曲线 Ⅰ、Ⅱ 为两台泵的性能曲线,Ⅲ 为管路特性曲线,Ⅰ+Ⅱ 为两台泵串联工作时的性能曲线。

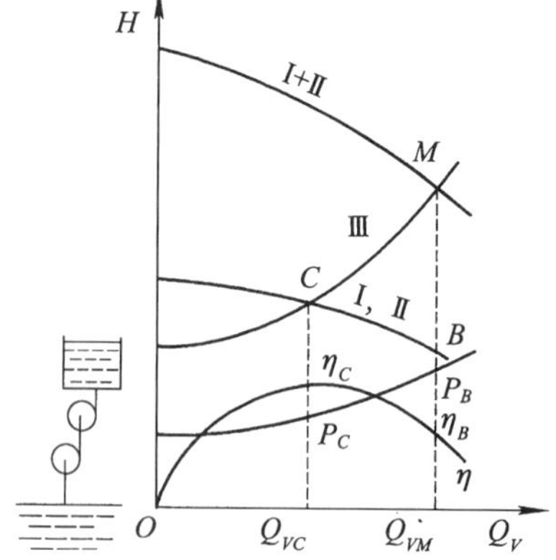

图 2-37 相同性能泵串联工作

串联性能曲线 Ⅰ+Ⅱ 是将单台泵的性能曲线的扬程在流量相同的情况下把各自的扬程叠加起来得到的。它与共用管路特性曲线 Ⅲ 相交于 M 点,该点即为串联工作时的工作点,此时流量为 Q_{VM},扬程为 H_M。

过 M 点作横坐标的垂直线与非串联时单台泵的性能曲线交于 B 点,即为每台泵串联工作后各自的工作点,此时流量为 Q_{VB},扬程为 H_B。串联工作的特点是流量彼此相等,总扬程为每台泵扬程之和,即 $H_M = 2H_B$。

串联前每台泵的参数与串联时每台泵的参数的比较:串联前每台泵的单独工作点为 $C(Q_{VC}, H_C, N_C, \eta_C)$,串联时泵的压头分配点为 $B(Q_{VB}, H_B, N_B, \eta_B)$,由图2-37 可以看出:

$$Q_{VM} = Q_{VB} > Q_{VC}$$

$$H_C < H_M < 2H_C$$

这表明,两台泵串联工作时所产生的总扬程 H_M 小于泵单独工作时扬程的 2 倍,而大于串联前泵单独运行的扬程 H_C，且串联后的流量也比一台泵单独工作时大了，这是因为泵串联后一方面扬程的增加大于管路阻力的增加，致使富裕的扬程促使流量增加。另一方面流量的增加又使阻力增大，抑制了总扬程的升高。

当两泵串联时，必须注意的是后一台泵能否承受升压，故选择时要注意泵的结构强度。启动时，要注意各串联泵的出口阀都要关闭，待启动第一台泵后，再开第一台泵的出水阀门，然后再启动第二台泵，再打开第二台泵的出水阀向外供水。

(2) 两台不同性能泵的串联运行

如图 2-38 所示，Ⅰ，Ⅱ分别为两台不同性能泵的性能曲线，Ⅲ为串联运行时的串联性能曲线，串联泵的性能曲线的画法是在流量相同的情况下，将扬程叠加起来。串联后的运行工况按串联后泵的性能曲线与管路特性曲线的交点来决定。

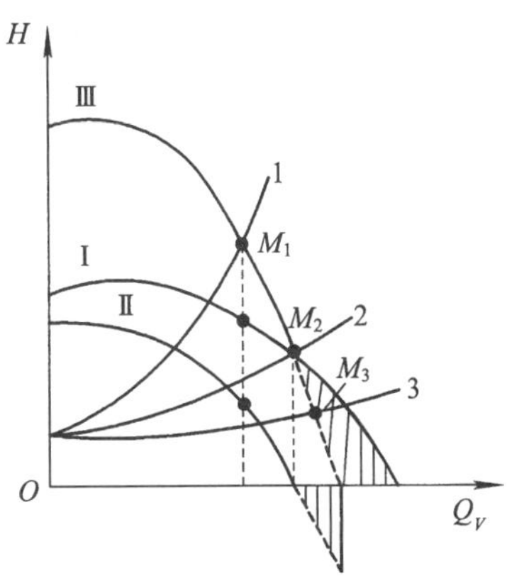

图 2-38　不同性能泵串联工作

图 2-38 中表示三种不同陡度的管路性能曲线 1，2，3。当串联泵在第一种管路中工作时，工作点为 M_1，串联运行时总扬程和流量都是增加的。当在第二种管路中工作时，工作点为 M_2，这时流量和扬程和只用一台泵（Ⅰ）单独工作时的情况一样，此时第二台泵不起作用，在串联中只耗费功率。当在第三种管路中工作时，工作点为 M_3，这时的扬程和流量反而小于只有泵Ⅰ单独工作时的扬程和流量，这是因为第二台泵相当于装置了节流器，增加了阻力，减少了输出流量。因此，M_2 点可以作为极限状态，工作点只有在 M_2 点左侧时才体现串联工作是有利的。

3. 相同性能泵联合工作方式的选择

如果用两台性能相同的泵运行来增加流量时，采用两台泵并联或串联方式都可满足此目的，但是，究竟哪种方式有利，要取决于管路特性曲线，如图 2-39 所示。图中Ⅰ是两台泵单独运行时的性能曲线，Ⅱ是两台泵并联运行时的性能曲线，Ⅲ是两台泵串联运行时的性能曲线。

图 2-39 中又表示了三种不同陡度的管路特性曲线 1，2 和 3。其中管路特性曲线 3 是这两种运行方式优劣的界线。管路特性曲线 2 与并联时的性能曲线Ⅱ相交于 A_2，与串联时的性能曲线Ⅲ相交于 A_2'，由此看出，并联运行工作点 A_2 的流量大于串联运行工作点 A_2' 的流量，即 $Q_{VA_2}>Q_{VA_2'}$；另一种情况，管路特性曲线 1 与串联时的性能曲线Ⅲ相交于 B_2，与并联时的性能曲线Ⅱ相交于 B_2'，此时串联运行工作点 B_2 的流量大于并联运行工作点 B_2' 的流量，即 $Q_{VB_2}>Q_{VB_2'}$。所以，管路系统装置中，若要增加泵的台数来增加流量时，究竟采用并联还是串联应当取决于管路特性曲线的陡、坦程度，这是选择并联还是串联运行时必须注意的问题。如图中当管路特性曲线平坦时，采用并联方式增大的流量大于串联增大的流量，由此可见在并联后管路阻力并不增大很多的情况

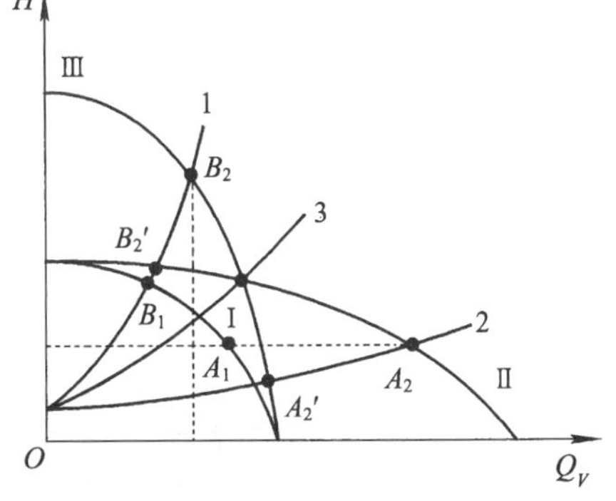

图 2-39　相同性能泵并联或串联工作

下，一般采用并联方式来增大输出流量。

4. 泵联合工作的评价与原则

通过上述对泵并联、串联工作的分析可以看出，在实际工作中，应尽可能避免泵的并联或串联工作，当不可避免时，也应当遵循如下选择原则：(1)不论并联，还是串联，应当选择同性能的泵进行；(2)注意并联、串联的使用条件，并联工作适合于管路阻力较小的条件，串联工作适合于管路阻力较大的条件。

并联运行：水泵在管路系统中并联运行后，流量的增加并不是并联各台泵流量相加的和，而仅增加了一个百分数。并联台数越多增加的百分数就越少。在实际生产过程中，水泵并联的目的是为了用增、减投入运行台数来适应生产量变化的需要或作为备用。

串联运行：水泵在管路系统中串联运行后，压头的增加也不是串联各台泵压头相加的和，也仅增加了一个百分数。串联台数越多增加的百分数就越少。水泵串联在管路系统中，主要是为了增压，如核电站主给水系统的增压泵。

在实际使用时，一般都是在管路条件决定之后再选择泵的。就是说，按泵的流量，选择出管道的管径及布置形式，再计算出管路的总阻力，然后，按照管路系统的总阻力和总流量来选择泵。如果现有型号的泵不能满足所需流量、压力要求时，再考虑采用并联或串联的工作形式。并联时，按总阻力和二分之一总流量，选择两台同型号的泵；串联时，按总流量和总阻力的一半，选择两台同型号的泵。下面举例说明选择的方法。

已知：某回路系统总流量为 6 000 m^3/h，总阻力为 200 mH_2O，试在并朕、串联的情况下分别选择泵。

解：并联：选择压力为 200 mH_2O，流量为 3 000 m^3/h 的泵两台；串联：选择压力为 100 mH_2O，流量为 6 000 m^3/h 的泵两台。

综上所述，选择泵并联或串联工作时，一定要慎重，特别是，要选择不同型号泵并、串联时，一定要做出泵的并、串联工作的性能曲线和管路工作特性曲线，经过认真的技术分析与经济分析后，在确认使用合理时，方可采用。

5. **【例 2】**某离心泵其特性曲线如图 2-40 所示。所在管路的特性曲线方程式为 $H_e=40+15Q_e^2$，当两台或三台此型号泵并联操作时，试分别求管路中流量增加的百分数。

若管路特性曲线方程式变为 $H_e=40+100Q_e^2$ 时，再求上述条件下流量增加的百分数。

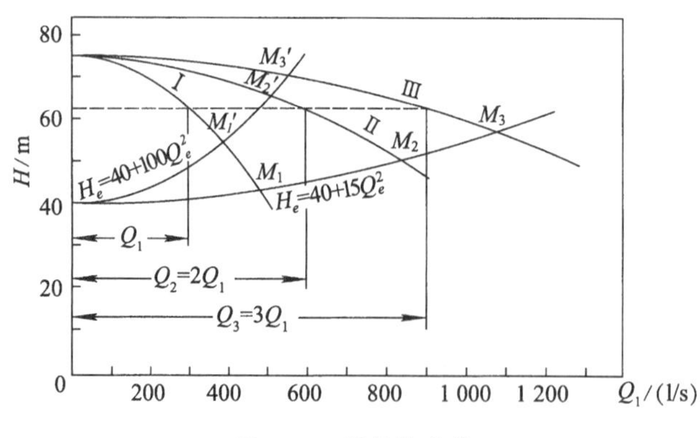

图 2-40 泵特性曲线

按题给的管路特性方程式，计算出不同 Q_e 所对应的 H_e，计算结果列于附表中。

附　表

$Q_e/(l/s)$	0	200	400	600	800	1 000	1 200
$H=40+15Q_e^2/m$	40	40.6	42.4	45.4	49.6	55.0	61.6
$H=40+100Q_e^2/m$	40	44.0	56.0	76.0			

(1) 管路特性曲线方程为 $H_e=40+15Q_e^2$ 时，单独使用一台泵与并联使用时的情况为：

一台泵单独工作时，工作点为 M_1，$Q_1=480$ L/s

两台泵并联工作时，工作点为 M_2，$Q_2=840$ L/s

三台泵并联工作时，工作点为 M_3，$Q_3=1\ 080$ L/s

两台泵并联工作时，流量增加的百分数为：

$$\frac{840-480}{480}\times100\%=75\%$$

三台泵并联工作时，流量增加的百分数为：

$$\frac{1\ 080-480}{480}\times100\%=125\%$$

(2) 管路特性曲线方程为 $H_e=40+100Q_e^2$ 时，单独使用一台泵与并联使用时的情况为：

一台泵单独工作时，工作点为 M'_1，$Q'_1=390$ L/s

两台泵并联工作时，工作点为 M'_2，$Q'_2=510$ L/s

三台泵并联工作时，工作点为 M'_3，$Q'_3=560$ L/s

两台泵并联工作时，流量增加的百分数为：$\frac{510-390}{390}\times100\%=31\%$

三台泵并联工作时，流量增加的百分数为：$\frac{560-390}{390}\times100\%=44\%$

2.4.5 离心泵的小流量管线与阀门

小流量管线与阀门工作系统有时称为无流量阀门，如图 2-41 所示。如果把调节阀全部关闭(参见图 2-41)，泵便没有了流量，水压升高，最后达到其最大值 H_m。泵输入的功率不是零。泵中的水不再进出了，而是受叶轮的搅拌，水在叶轮内表面的摩擦功变成热能耗散，产生的热量传送到水中及泵的内部部件上，其结果：

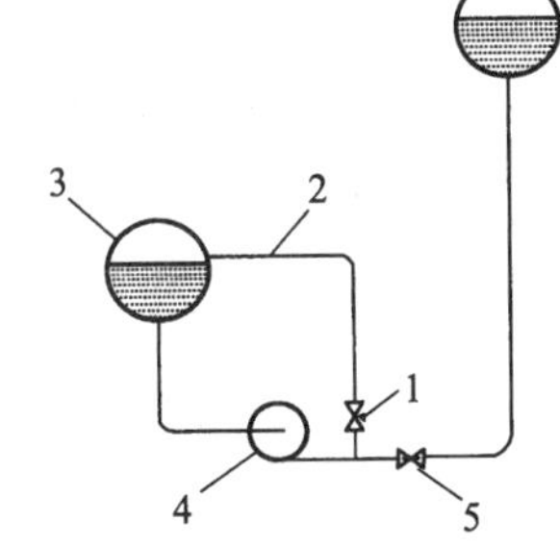

图 2-41　小流量管线与阀门
1—小流量阀门；2—小流量管线；3—容器；4—水泵；5—调节阀

(1) 水温升高，可以达到与压力相符的沸点。在这种情况下，水就会蒸发，形成蒸汽，导致泵内出现汽蚀现象，形成噪声、震动、叶轮腐蚀，渐渐地使泵损坏。

(2) 泵的内部部件温度上升，引起运动部件异常膨胀，使泵无法工作。

这样，当不需要泵送液体时，就要关闭阀门停止泵的工作。

为了避免这种情况，应在泵的出口处(见图 2-41)安装一个所谓的“小流量”阀门。当泵的出口处的压力接近最大值 H_m 时，该阀门就自动打开。水就流过这个阀门，然后由“小流量”管系反回送到吸水容器内。这样就能确保水泵能连续工作。

2.4.6 离心泵的启动要求、出口止回装置及吸水管底阀

1. 离心泵的启动要求

(1) 灌水排气。离心泵只有在泵壳内及吸水管内充满液体时才能工作，故灌水排气是离心泵启动的首要条件。

(2) 根据离心泵 $N-Q$ 曲线的特点，当 $Q=0$ 时，功率 N 最小。为降低起动电流，所以当离心泵启动时应先关闭出口阀，启动后再打开出口阀调到运行流量。关阀时间不得超过 2～3 分钟。一般启动电流是正常运行电流的 5～8 倍。

2. 离心泵的出口止回装置

在每个泵的出口处，应预先安装一个能自动关闭的止回阀，以防止停泵时流体倒流导致泵反转和水击。

一般小型泵，装设一个止回阀；对中型泵和大型泵至少设置两个止回阀。对于核电站的大型泵还应加设液压止回阀，对反应堆一回路主泵在泵内还需加装反逆转装置等。

3. 吸入口底阀和滤网

当离心泵安装在抽吸液位的上方时，伸入到液位下方的吸水管入口处必须装底阀(参见第一章止回阀一节)，以保证当对水泵灌水时不会将水从吸水管中漏掉，使泵壳和吸水管能充满水。另外，当停泵时仍能保持泵壳和吸水管能充满水，以便泵再启动时，不必再重新灌水。

如果离心泵安装在抽吸液位的下方时，只要吸水管的阀门打开，泵壳和吸水管就会自动充满水，在这种工况下，吸水管入口就用不着装底阀了。

为了防止机械杂质被吸入泵内，吸入口处还应装设滤网。

2.5 离心泵的结构

2.5.1 单级泵的结构

单级泵的结构又分为单吸单级悬臂式离心泵(如图 2-42 所示)，和单级双吸离心泵(如图 2-43 所示)。

单级泵的结构主要由吸入室(进口部件)、叶轮、密封环、轴及轴承、泵体、轴封装置、轴向推力平衡装置以及附件等组成，分别介绍如下。

1. 吸入室

吸入室也叫进口部件，是指离心泵吸入管法兰至叶轮进口前的空间过流部分。它的作用是在最小水力损失情况下，引导液体平稳地进入叶轮，并使其流速尽可能均匀地分布。

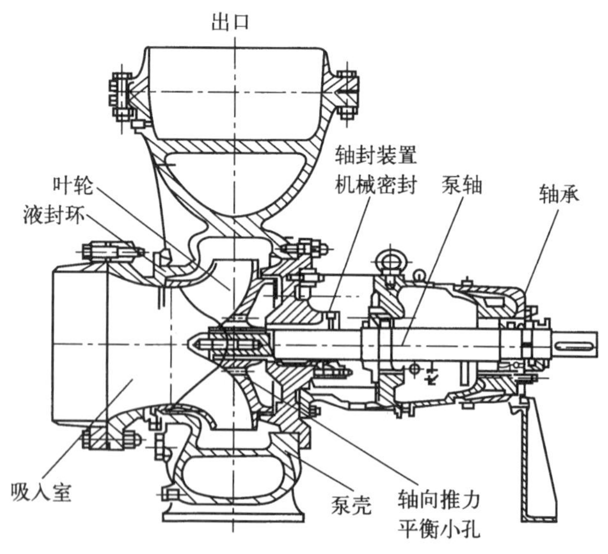

图 2-42 单吸单级离心泵结构图

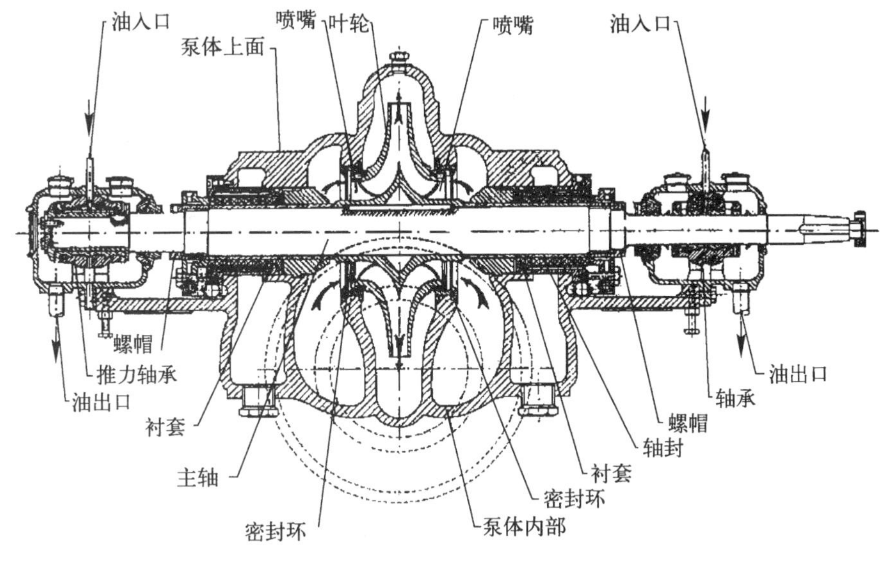

图 2-43　单级双吸离心泵结构

吸入室的结构有直通式、收敛式和肘形式，如图 2-44 所示。直通进口部件，进口管路部分可以是圆柱形的(图 2-44a)，或收敛式圆锥形的(图 2-44b)。在这种情况下，它们的连接应是水平的，以避免积气。

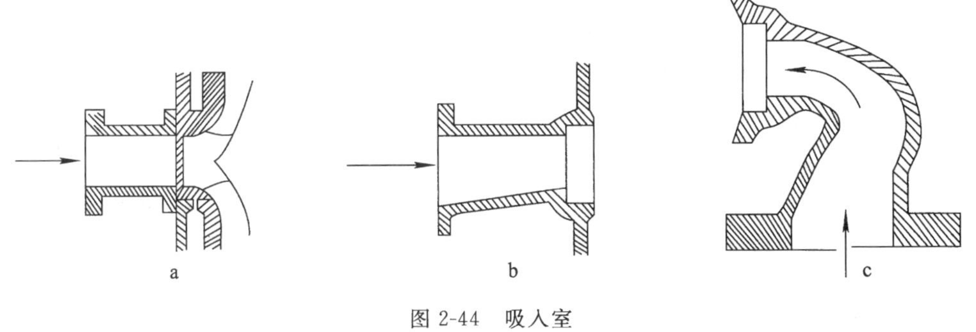

图 2-44　吸入室

a. 轴向吸入圆形通道；b. 轴向吸入收敛式通道；c. 肘形通道

2. 叶轮

单级泵只有一个叶轮，叶轮的形式和功能已在 2.2.2 节中介绍，请参阅。

单级泵叶轮上的叶片数量为 6～12 个，常用叶片数为 6，7，8。叶轮进口处的液体流速为 2～3 m/s，叶轮材料通常为高磷青铜，大尺寸叶片有时为铸钢，核电厂主要采用不锈钢。

3. 泵体

单级泵的泵体为单蜗壳形，称为泵壳或压水室。泵壳一般用铸铁制造，核工业主要采用不锈钢铸件制造。泵壳是流体汇集和转能装置，泵壳的功能已在 2.2.2 节中介绍，请参阅。

泵壳压水室有下列两种形式。

(1) 螺旋状压水室

螺旋状压水室如图 2-45a 所示。液体进入螺旋状通道后流经的截面逐渐扩大，液体的流速减小，因此，压力增大。其通道的截面可以是圆形的，矩形的，等等。

图 2-45 压水室

1—泵壳；2—叶轮；3—导轮

a. 压水室；b. 带导叶式压水室

(2) 导叶式压水室

为了减少液体从叶轮周缘直接进入泵壳(压水室)时的碰撞，在叶轮与泵壳之间装入一定数量的导叶，导叶之间形成扩散式通道，导叶是固定不动的。该装置也叫导轮，如图 2-45b 所示。导叶的目的是减少阻力损失，提高水泵效率。

导叶式压水室多用于多级泵内。

4. 密封环

密封环是指叶轮与泵体之间的密封。由于离心泵出口液体是高压，入口是低压，为减少高压液体经叶轮与泵体之间的间隙泄漏至入口处，所以要装密封环。其作用是减少泄漏损失，并保护叶轮避免与泵体摩擦。为此，叶轮和泵体之间的间隙 e 应留到最小程度，并进行液封。如图 2-46 所示。间隙的值 e 应根据接合处叶轮旋转部分的直径 D_1 和 D_2 变化值而定。由于液体透过密封会造成腐蚀，使得间隙过大，因而通常配备易于更换的嵌入式耐磨环，以便于重新修整密封。为防止泄漏过大，某些制造厂使用迷宫式密封，如图 2-47 所示。这样就迫使流体改变流动方向增加了阻止力，并延长了流体泄漏流径，使其抗泄漏能力增强。

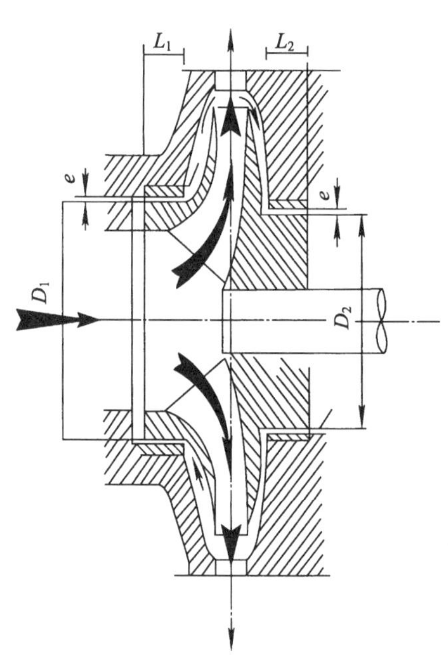

图 2-46 最小间隙 e 及液封

5. 轴封装置

轴封就是轴端密封，具体介绍见下面第 2.5.3 节。

6. 轴及轴承

离心泵的轴是传递扭矩的主要部件。轴径按强度、刚度及临界转速确定。中、小型泵多为水平轴，叶轮滑配在轴上，用轴套固定。轴承主要采用滚动轴承，对大型高速泵多采用动压滑动轴承。

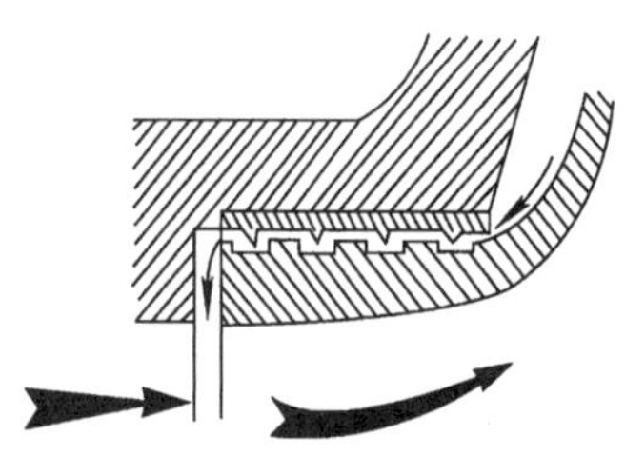

图 2-47 迷宫式液封

7. 附件

主要附件有：①进水滤网，②底阀，③放气旋塞，④止回阀，⑤放水阀，⑥充水设备(真空泵及管路)等。

2.5.2 多级泵的结构

多级泵的结构相当于将若干相同的单级泵的叶轮组装在一个系统内，基本部件都是相同的。多级泵有节段式(分段式)和水平中开式两种基本构造形式。

1. 节段式多级泵

节段式多级泵如见图 2-48 所示，每级为一节，结构都相同。根据需要可用 12 根穿杠(长粗螺柱)串联组成若干级，形成多级泵。串联后的流量不变，扬程为单级泵扬程的和。

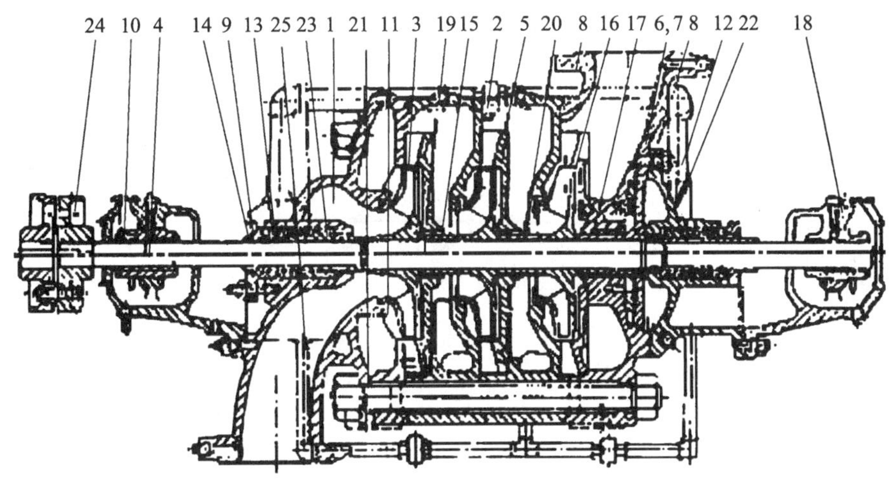

图 2-48　DA 型节段型多级泵

1—前段；2—中段；3—叶轮；4—轴；5—导叶；6—平衡座；7—平衡盘；8—后段；9—轴套；10—轴承；11—口环；12—均衡回水管；13—填料；14—填料压盖；15—后翼管；16—后段导叶；17—后段管；18—瓦架；19—键；20—挡套；21—穿杠；22—后盖；23—填料环；24—弹性联轴器；25—水封管

2. 中开式多级泵

中开式多级泵主要是水平中开式，垂直中开式用的比较少。水平中开式多级泵的级数(叶轮)是固定的，不能增减，泵壳能从中间水平剖分成上下两部分。采用这种结构为的是便于拆装检修。其结构参见图 2-49。

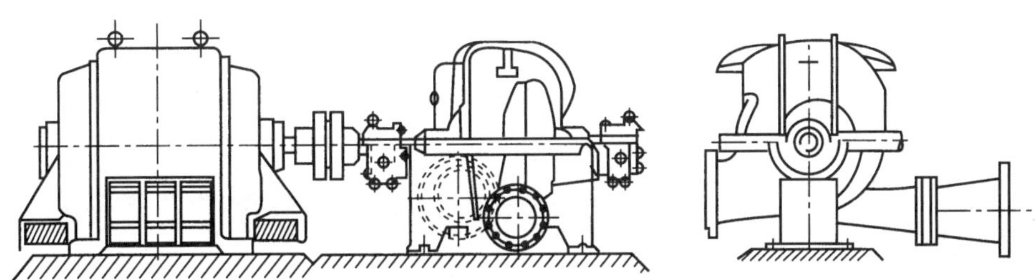

图 2-49　水平中开式多级泵

2.5.3 轴封装置

轴封的作用是防止水泵出口侧高压液体从泵壳内沿内轴的四周而漏出，或者外界空气从水泵的入口侧沿外轴的四周漏入泵壳内。轴封装置有填料密封和机械密封两种，基本结构如下。

1. 填料密封

填料密封装置主要由填料箱(填料函)、密封填料、填料压盖及紧固件组成。

填料密封又分为压力填料密封和真空填料密封两种。

(1) 压力填料密封

压力填料密封装在泵出口侧，内轴的出口处。在此设置密封装置是防止压力液体泄出泵体外。主要用在多级泵。压力填料密封的结构如图 2-50 所示。

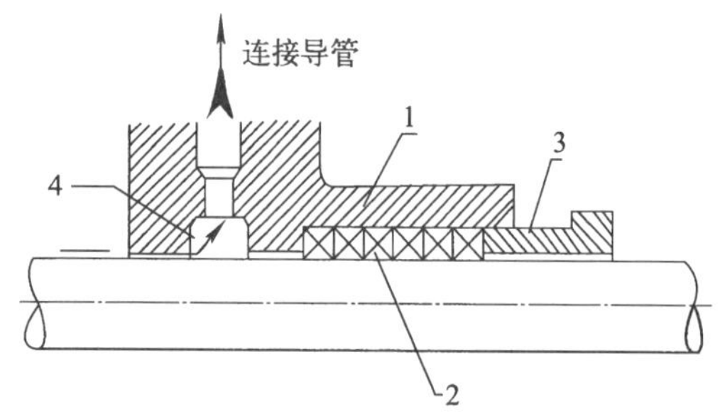

图 2-50 压力填料密封

1—填料箱；2—密封填料；3—填料压盖；4—腔室(液封)

如果要求密封压力不太高，可使用一般编织物填料。填料的数量应很好地确定，如果太少，密封性能不好；如果太多，填料在轴上的摩擦就会增大。

此外编织物填料在轴上也不能压得太紧，以致在轴和密封填料之间不能渗漏一点液体，这样会引起摩擦过热。

根据泵所抽吸的液体的温度和性质不同，使用的编织物填料的材料也不尽相同，例如：

1) 输送冷水时，使用棉花，或涂油的麻做编织物；

2) 输送热水时，使用石墨石棉，或浸有二硫化钼的石棉做编织物；

3) 输送酸时，使用涂石蜡石棉做编织物。

如果要求密封压力很高，那么在填料箱内加设一个腔室，参见图 2-50。这个腔室通过一根小的导管与泵内压力不太高的区域相连通，以减小填料承受的压力。

(2) 真空填料密封

真空填料密封设置在水泵的进口侧，泵轴的出口处，进口侧密封的目的是防止空气从进口侧的轴孔进入泵体内，其结构如图 2-51 所示。由于泵壳与转轴接触处可能是泵内的低压区，为了更好地防止空气从填料箱不严密处漏入泵内，故在填料箱内装有液封圈 3。液封圈是一个金属环，如图 2-52 所示。环上开了一些径向的小孔，通过填料箱壳上的小管可以和泵的排出口相通，使泵内高压液体顺小管流入液封圈内，以防止空气漏入泵内，所引入的液体还起到润滑、冷却填料和轴的作用。

2. 机械密封

对于输送酸、碱以及易燃、易爆有毒液体，特别是含有放射性的液体，密封要求比较高，既不允许漏入空气，又不让液体渗出，为此近年来广泛采用机械密封的轴封装置。机械密封装置，国内已有系列产品，根据使用条件可以选用，机械密封装置产品品种、型号较多，但其基本结构是相同的。图 2-53 所示，为通用机械密封装置，它由一个装在转轴上的动环和另

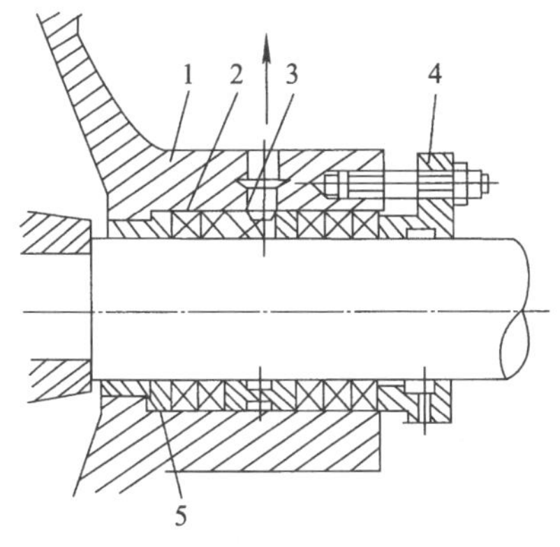

图 2-51　真空填料密封

1—填料箱；2—软填料；3—液封圈；4—填料压盖；5—内衬套

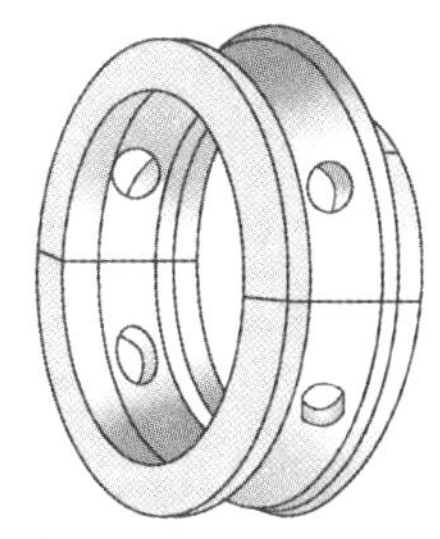

图 2-52　液封圈

一个固定在泵壳上的静环所组成，两环的端面借弹簧力互相贴紧而作相对运动，起到了密封的作用，故又称为端面密封。图 2-53 是国产 AX 型机械密封装置的结构，该装置的左侧连接泵壳。螺钉 1 把传动座 2 固定于转轴上。传动座内装有弹簧 3、推环 4、动环密封圈 5 与动环 6，所有这些部件都随轴一起转动。静环 7 和静环密封圈 8 装在密封端盖上，并由防转销 9 加以固定，所有这些部件都是静止不动的。这样，当轴转动时，动环 6 转动而静环 7 不动，两环间借弹簧的弹力作用而贴紧，由于两环端面的加工非常光滑，故液体在两环端面的泄漏量极少。此外，动环 6 和泵轴之间的间隙有动环密封圈 5 堵住，静环 7 和密封端盖之间的间隙有静环密封圈 8 堵住，这两处间隙并无相对运动，故很不易发生泄漏。动环一般用硬质材料，如高硅铸铁或由堆焊硬质合金制成。静环用非金属材料，一般由浸渍石墨、铝、酚醛塑料等制成。这样，在动环与静环的相互摩擦中，静环较易磨损，但从机械密封装置的结构看来，静环易于更换。动环与静环的密封圈常用合成橡胶或塑料制成。

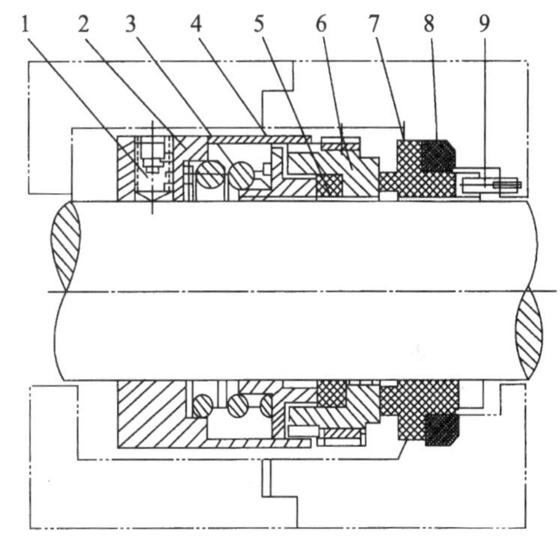

图 2-53　机械密封装置

1—螺钉；2—传动座；3—弹簧；4—推簧；5—动环密封圈；6—动环；7—静环；8—静环密封圈；9—防转销

机械密封装置安装时，要求动环与静环严格地与轴中心线垂直，摩擦面要很好地研合，并通过调整弹簧压力，使端面密封机构能在正常工作时，于两摩擦面间形成一薄层液膜，以造成较好的密封和润滑作用。

机械密封与填料密封相比较，有以下优点：密封性能好，使用寿命长，较不易磨损，功率消耗小。其缺点是零件加工精度高，机械加工较复杂，对安装的技术条件要求比较严格，装卸和更换零件较麻烦，价格也比填料密封高很多。

图 2-54 为平衡式机械密封装置，静环材质为石墨，动环材质为陶瓷，适用于温度 0～

100 ℃,压力较高 0.6～2.0 MPa 的酸、碱、水及油品等介质的轴封。

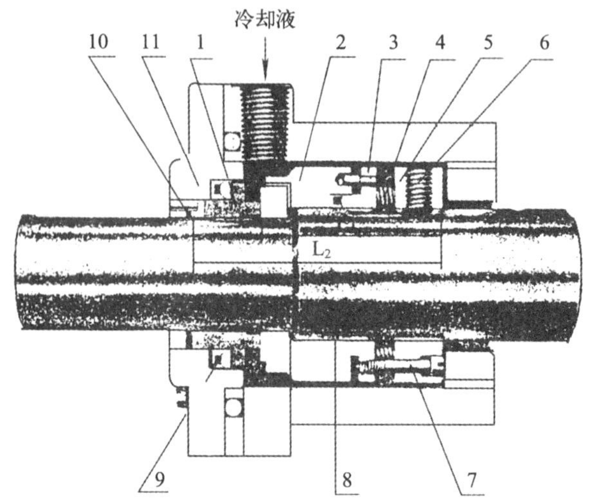

图 2-54 平衡式机械密封装置

1—静环;2—动环;3—压环;4—弹簧;5—弹簧座;6—固定螺钉;
7—传动销;8—轴封环;9—缓冲环;10—防转销;11—静环座

2.5.4 轴向推力平衡

离心泵在运行时,由于作用在叶轮两侧的压力不相等,尤其是高压水泵,会产生一个很大的压差作用力,此作用力的方向与离心泵转轴的轴心线相平行,故称为轴向力。如 DG500－240 型给水泵,有七级叶轮,其轴向力达 2×10^5 N。轴向力将使叶轮和转轴一起向叶轮进口方向窜动,造成动静部件的碰撞和磨损,所以要设法加以平衡。

2.5.4.1 轴向力产生的原因及其计算

图 2-55 所示,是一个没有轴向推力平衡设施的单级泵叶轮。如图所示,在盖板 1 一侧有一个液封 3,在盖板 2 一侧有一个液封 4。叶轮进口处的液体压力为 p_1,出口处的液体压力为 p_2。

1. 叶轮盖板外壁引起的轴向推力

从图 2-55 中可以看出,叶轮盖板 1 外壁面为 $AB-CD$,盖板 2 外壁面为 $EF-GH$,它们在 $x-x'$轴的垂直平面 P 上的投影面积分别为 $A'B'-C'D'$ 和 $E'F'-G'H'$。

令
$$A'B'-C'D'=S_1$$
$$E'F'-G'H'=S_2$$

则 S_1 面上引起的轴向推力为:

$$F_{x_1}=S_1p_2$$

S_2 面上引起的轴向推力为:

$$F_{x_2}=S_2p_2$$

这两个力的方向是相反的，所引起的轴向推力的合力为：

$$F_2 = F_{x_1} - F_{x_2} = (S_1 - S_2)p_2$$

2. 叶轮盖板内壁面引起的轴向推力

从图 2-55 中可以看出，叶轮盖板 1 和盖板 2 内壁面 $NO-RQ$ 和 $IS-TM$ 在 $x-x'$ 轴的垂直平面 P' 上的投影相等，即：$N'O'-R'Q'=I'S'-T'M'$。故由进口压力 p_1 引起的轴向推力也是相等的。由于这两个力方向相反，所以其合力为零。

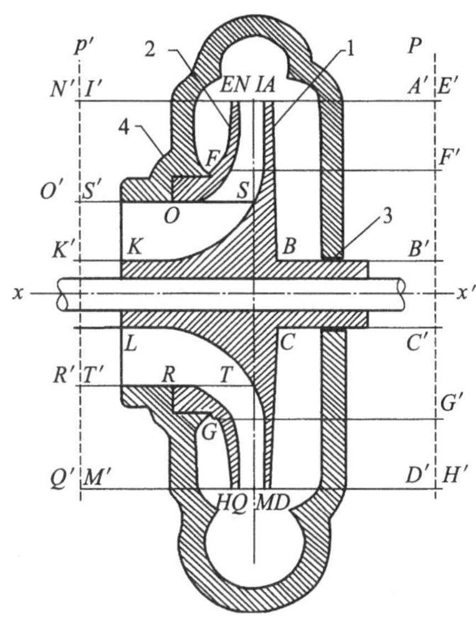

图 2-55　轴向推力的形

只有盖板 1 内壁面的另一部分 $SK-LT$ 能引起轴向推力。$SK-LT$ 在 $x-x'$ 轴 p' 面上的投影为 $S'K'-L'T'$

令　　$S'K'-L'T'=S_3$

则 S_3 面上引起的轴向推力为：

$$F_1 = S_3 p_1$$

3. 叶轮轴向总推力

叶轮轴向总推力，就是叶轮盖板 1 和 2 形成推力的总和，即：

$$F = F_2 - F_1 = (S_1 - S_2) \cdot p_2 - S_3 p_1$$

实例计算：

假设液体压力为：

p_2 为叶轮出口处的压力，0.4 MPa；

p_1 为叶轮进口处的压力，0.05 MPa；

及：$S_1 = 2\ 000\ \text{cm}^2$　$S_2 = 1\ 300\ \text{cm}^2$　$S_3 = 400\ \text{cm}^2$

又 0.1 MPa≈1 kg/cm²，因此：

$$F_{x_1} = 2\ 000\ \text{cm}^2 \times 4\ \text{kg/cm}^2 = 8\ 000\ \text{kg}$$

$$F_{x_2} = 1\ 300\ \text{cm}^2 \times 4\ \text{kg/cm}^2 = 5\ 200\ \text{kg}$$

$$F_2 = F_{x_1} - F_{x_2} = 8\ 000 - 5\ 200 = 2\ 800\ \text{kg}$$

$$F_1 = 400\ \text{cm}^2 \times 0.5\ \text{kg/cm}^2 = 200\ \text{kg}$$

液体压力在叶轮轴上作用的总轴向推力为：

$$F = F_2 - F_1 = 2\ 800\ \text{kg} - 200\ \text{kg} = 2\ 600\ \text{kg}$$

从上述例题可看出，如果没有任何相适应的装置，那么产生的轴向推力，就会很高，传导到泵体上或轴承上将导致不正常的磨损。为此，必须采取轴向推力平衡措施，平衡目的就是把轴向推力减小到最小。

2.5.4.2 轴向推力平衡的方法与措施

1. 单级泵的轴向推力平衡方法

(1) 采用平衡小室平衡轴向推力

图 2-56 所示为采用平衡小室消除轴向推力的单级泵叶轮，用液封 5 把盖板 1 的壁面分成两部分。液封 5 的直径 D 与盖板 2 上液封 4 的直径相同。则 $AU-VD$ 在 $x-x'$轴的 P 面上的投影与 $EF-GH$ 在 $x-x'P'$ 面上的投影相等，参照图 2-56：

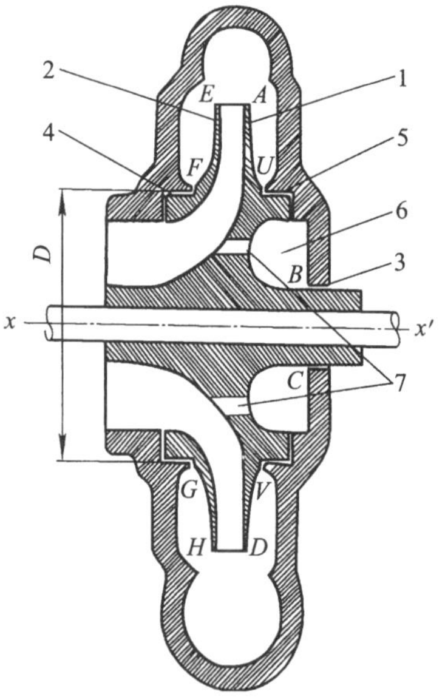

图 2-56 单级泵叶轮平衡

令 $A'U'-V'D'=S_1'$

则 $S_1'=S_2$

轴向推力

$$S_1' \cdot p_2=S_2 \cdot p_2$$

由于上述推力方向相反，故合力为零。

在盖板 1 液封 5 内侧部分，设置一平衡小室，该室通过孔 7 与叶轮进口连通，使盖板 1 这部分的内外壁面所承受的压力为叶轮进口处压力 p_1，又此处内、外壁面在 $x-x'$轴的 P 面的投影面积相等，而受力方向相反，所以合成的轴向推力趋于零。

采取这种平衡措施后，叶轮盖板的轴向推力基本处于平衡状态，也就是把轴向推力减到尽可小的值。

(2) 采用双吸叶轮平衡轴向推力

单级泵采用双吸叶轮，如图 2-57 所示，因为叶轮是对称的，叶轮两侧盖板上的压力互相抵消。故泵在任何条件下工作都没有轴向力。

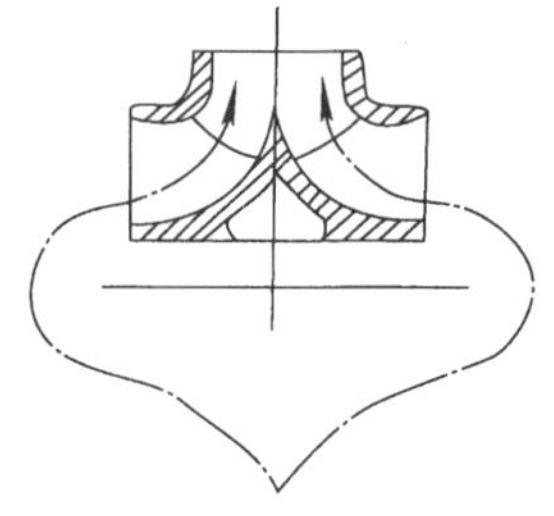
图 2-57 双吸式叶轮

2. 多级泵轴向推力平衡的方法与措施

多级泵相当于把 N 个单级泵组装在一个系统内，这些泵的尺寸都很小，由一列相同的部件组成。通常消除多级泵的轴向推力有三种方式。

(1) 每个叶轮均装有各自的轴向推力平衡小室装置。这种平衡装置，已在上一节中讲过，它要求在泵体与叶轮之间要有两个液封，结构也得延长些，以便布置每个单元的平衡小室(见图 2-56)，还需要一个机械止推器，以使承受剩余轴向推力。

对于立式多级泵，因其外径较小，叶轮又为多级串接组装，每个叶轮也都有一个平衡小室。其轴向推力平衡结构如图 2-58 所示。

(2) 全部轴向推力只用一个平衡装置，也就是一组叶轮只装一个平衡装置。这种推力平衡装置又有两种基本结构。

1) 平衡盘轴向推力装置

在单吸多级泵中迭加的轴向力很大，一般采用平衡盘或平衡鼓的方法来平衡轴向力，图 2-59 所示为一末级叶轮后的平衡盘装置。下面介绍平衡盘是怎样平衡轴向力的。

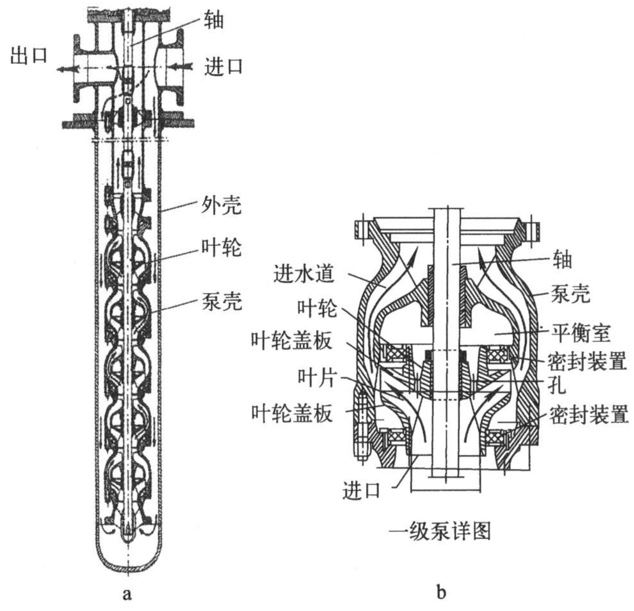

图 2-58 立式多级泵轴向推力平衡小室结构

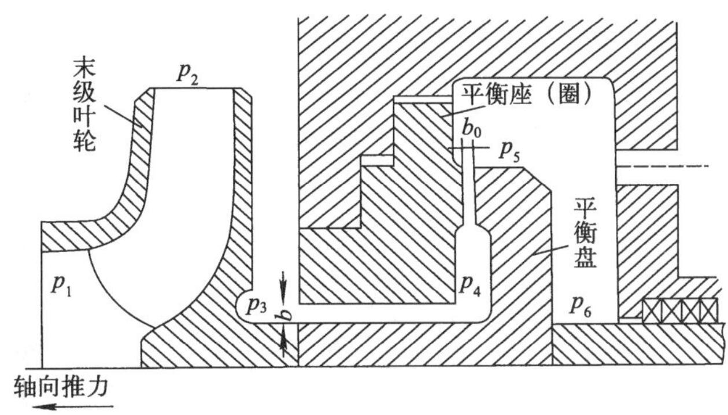

图 2-59 平衡盘装置

如末级叶轮出口处液体的压力为 p_2，后泵腔的压力为 p_3，以及因流过平衡盘与平衡圈间的径向间隙 b 时经节流压力降到 p_4。在此间隙两端的压力差便为 Δp_1，则

$$\Delta p_1 = p_3 - p_4$$

当流体流过过平衡盘与平衡座间的轴向间隙 b_0 时，液体进入平衡盘后的空腔压力由 p_4 降为 p_5，而空腔是连通水泵吸入管的，因此泵腔的 p_5 稍大于泵入口的压力。在平衡盘与平衡座的轴间间隙两端的压力差为 Δp_2，即：

$$\Delta p_2 = p_4 - p_6$$

于是整个平衡装置的压力差 Δp 为：

$$\Delta p = p_3 - p_6 = \Delta p_1 + \Delta p_2 = (p_3 - p_4) + (p_4 - p_6)$$

而在平衡盘两边的压差只有 Δp_2，故液体对平衡盘就产生一个力 P，此力与轴向力方向相反称为平衡力，其大小应与轴向力 F 相等，方向则相反，即 $F - P = 0$，此时轴向力得到完全平衡。

当工况改变轴向力与平衡力不相等时，转子就会左右窜动。如果轴向力 F 大于平衡力 P 时，转子向左边移动(吸入口方向)，轴向间隙 b_0 减小，则平衡盘两侧的压差 Δp_2 就增大，平衡力 P 随之增大，转子又开始向右移动，直至增加到与轴向力 F 平衡为止。反之，当轴向力 F 小于平衡力 P 时，转子向右移动，此时轴向间隙 b_0 增大，节流损失减小，因而泄漏量增加，平衡盘前的压力 p_4 减小。因 Δp 不变，故 Δp_1 增大后 Δp_2 就减小，平衡力 P 随之减小，转子又开始向左移动，直到与 F 平衡为止。由此可见，平衡盘在运行中，能够随着轴向力的变化自动地调节平衡力的大小，来完全平衡轴向力。

由于惯性作用，在轴向力与平衡力相等时转子并不会立刻停止在平衡位置上，还会继续向左或向右移动，并逐渐往复衰减，直到平衡位置停止。可见转子是在某一平衡位置左右作轴向窜动的。由于泵的工况改变，泵出口压力改变，转子就会自动地移到对应于某一工况下的另一平衡位置上去作轴向窜动。因轴向间隙 b_0 很小，如果平衡盘窜动位移很大，当向左边移动时，则会使平衡盘与平衡座产生严重磨损。为了限制过大的轴向窜动，必须在轴向间隙改变不大的情况下，就使平衡盘上的平衡力 P 发生较大的变化，从而控制其窜动量也即是须有 Δp_2 较大的变化。当 Δp 不变时，要使 Δp_2 迅速变化，就要求 Δp_1 有较大的变化。只有在设计中使 Δp_1 很大时(即减小径向间隙 b，增大其阻力，以造成平衡盘前压力 p_4 较小)，即使泄漏量的变化不大，变工况下的 Δp_2 的变化才会是很大的。因此，Δp_1 大些，平衡盘轴向窜动就会小些，泵的工作可靠性就越高。但 Δp_1 也不能太大，因为 Δp_1 太大，则使 Δp_2 的数值太小，当 Δp_2 太小时，在平衡同样的轴向力 F 时，平衡盘的尺寸需做得很大。平衡盘加大后，因垂直偏差度的关系 b_0 值也需放大，既增加了制造上的困难，还会增加泄漏量。所以通常设计平衡盘时，取

$$\Delta p_1=(0.5\sim0.6)\Delta p$$

而轴向间隙 b_0 的大小与平衡盘的尺寸有关，即

$$b_0=(0.000\,5\sim0.000\,75)D_6$$

式中：D_6——平衡盘直径，m。

为了增加耐磨性，平衡座最好用不锈钢制作(17%Cr 和 4%Ni 或 13%Cr 和 1%Ni)。

由于平衡盘可以自动平衡轴向力，平衡效果好，而且结构紧凑，因而在节段式多级离心泵上得到了广泛的应用。但由于存在着窜动，使工况不稳定，且平衡盘与平衡座经常磨损，此外还有引起汽蚀，增加泄漏等不利因素，故现代大容量水泵已趋向于不单独采用它。

2) 平衡鼓轴向推力装置

图 2-60 所示为一平衡鼓装置。它是装在末级叶轮后面与叶轮同轴的圆柱体(鼓形轮盘)，其外圆表面与泵体上的平衡套之间有一个很小的径向间隙 b。平衡鼓后面用连通管与泵吸入口连通，因此，叶轮出口压力为 p_2 与平衡鼓右侧的压力 p_0(接近泵吸入口压力)，使平衡鼓两侧有压差 $\Delta p=p_3-p_0$。从而液体在平衡鼓上产生一个与轴向力方向相反的平衡力 P。平衡鼓的优点是没有轴间间隙，当轴向窜动时，避免了与静止的平衡座发生摩擦。但由于它不能完全平衡变工况下的轴向力，因而单独使用平衡鼓时，还必须装设止推轴承。而一般都采用平衡鼓与平衡盘组合装置，如图 2-61 所示。由于平衡鼓能承受 50%～80%的轴向力，这样就减少了平衡盘的负荷，从而可稍放大平衡盘的轴向间隙，避免了因转子窜动而引起的摩擦。经验证明，这种结构效果比较好，所以目前大容量高参数的节段式多级泵大

多数采用这种平衡方式。

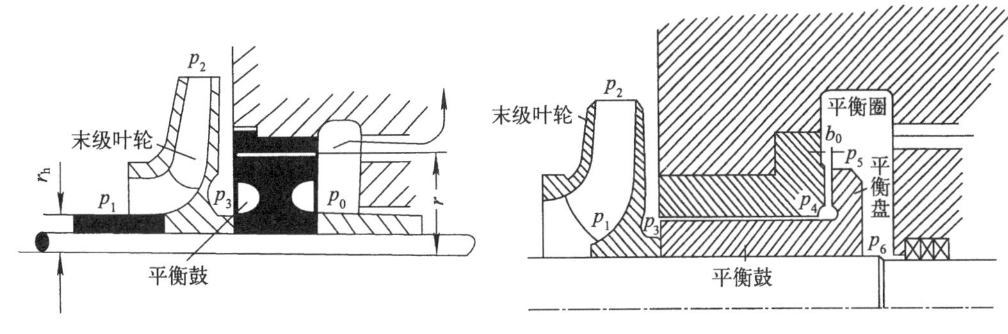

图 2-60 平衡鼓装置　　图 2-61 平衡鼓与平衡盘组合装置

(3) 采用对称排列的方式，如图 2-62 所示，如为偶数叶轮可使其背靠背或面对面的串联在一根轴上，但用这种方法仍然不能完全平衡轴向力，还需装设止推轴承来承受剩余的轴向力。对水平中开式多级泵和立式多级泵，多采用这种方法。

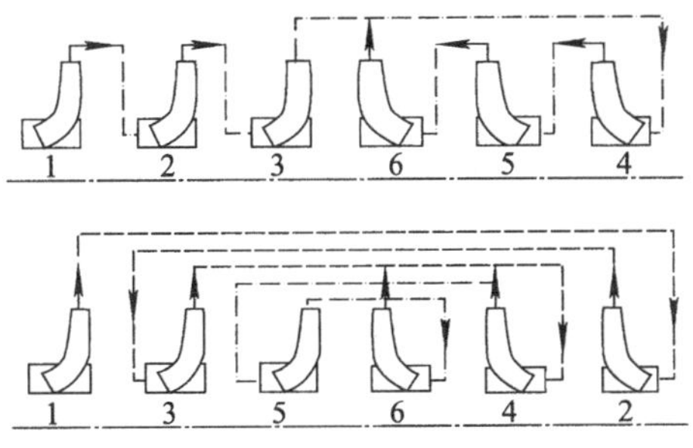

图 2-62 对称排列的叶轮

(4) 图 2-63 与图 2-64 分别为平衡盘与平衡鼓实物解剖后的图。

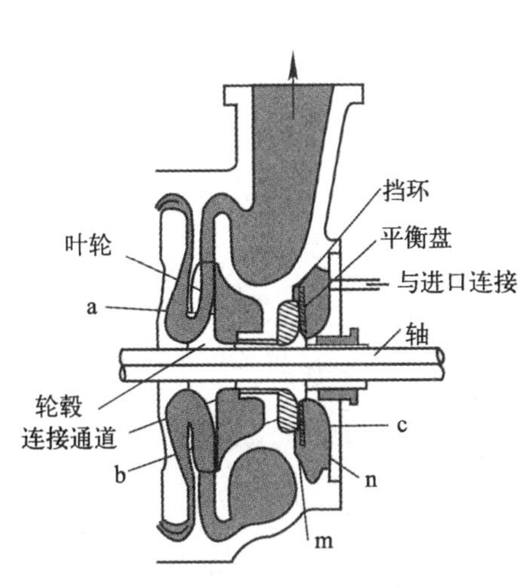

图 2-63 平衡盘轴向推力平衡装置

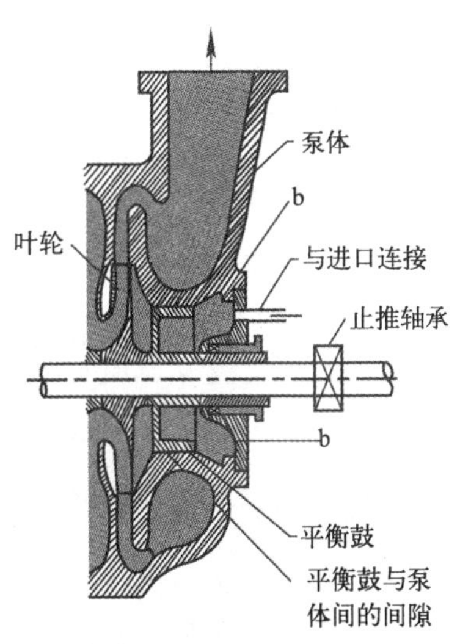

图 2-64 平衡鼓轴向推力装置

2.5.5 常用离心泵的类型

2.5.5.1 单级离心泵

1. 单吸单级悬臂式离心水泵

(1) 国产单吸单级悬臂式离心水泵主要型号有 B 型、BA 型及 IS 型，简述如下。

1) B，BA 型离心泵

B，BA 型离心泵是一种单吸单级悬臂式离心水泵，基本结构如图 2-65 所示。例如 B100—60 或 BA100—60：

B 表示顺时针旋转，BA 表示逆时针旋转，均为单面吸入口，单级，悬臂式离心水泵；

100——表示流量 100 m^3/h；

60——表示扬程为 60 m。

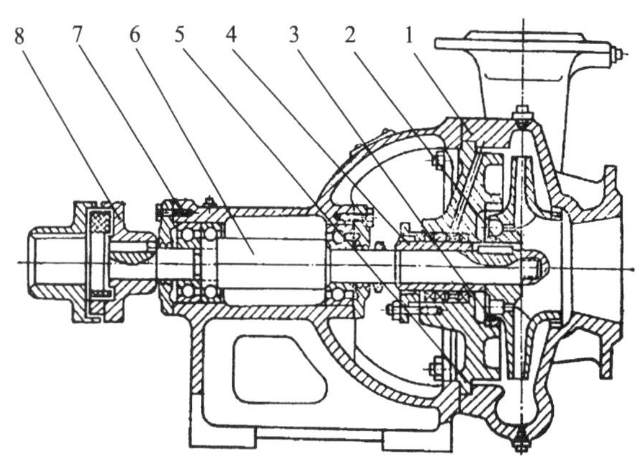

图 2-65 B，BA 型水泵结构

1—泵体；2—叶轮；3—密封环；4—轴套；5—后盖；6—泵轴；7—托架；8—联轴器部件

2) IS 型离心泵

IS 型单级单吸悬臂式离心泵是根据 ISO 国际标准，我国最新设计的统一系列产品，泵的性能比 B，BA 型的好，其效率平均提高 3.67%，将逐渐代替 B，BA 型泵。

IS 型离心泵是一种单级单吸悬臂式离心泵，用来供吸送清水及物化性质与清水相似的液体。例如 IS65－50－160A，型号意义为：

IS——表示国际标准离心泵；

65——表示进口直径，mm；

50——表示出口直径，mm；

160——表示叶轮名义直径，mm；

A——表示第一次切割。

IS 型离心泵的基本构造和部件与 B 型泵一样，只在具体结构上按国际标准作了修改。其外形和 B 型泵也有些差别，如图 2-66 所示。

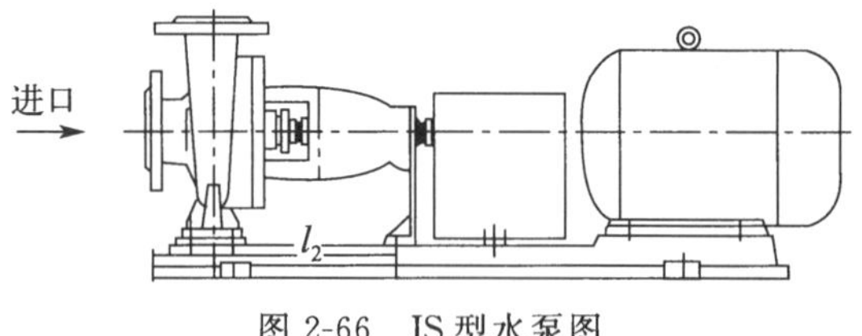

图 2-66 IS 型水泵图

(2) 苏尔寿 CZ 系列单吸单级悬臂式离心泵

CZ 系列苏尔寿单吸单级悬臂式离心泵，是大连苏尔寿泵厂出产的不锈钢离心泵，其结构如图 2-67 所示。

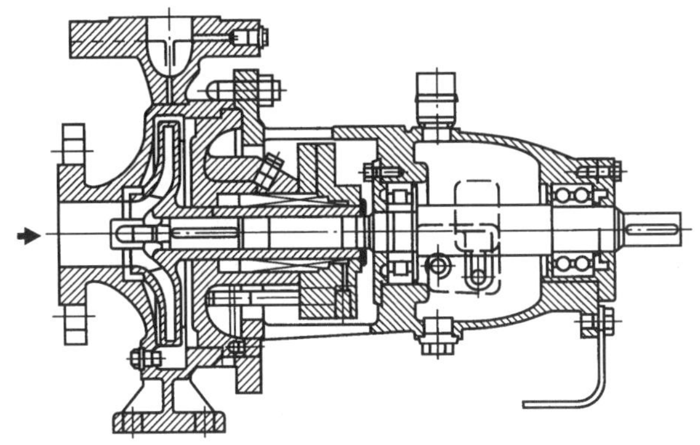

图 2-67　苏尔寿 CZ 系列泵

苏尔寿 CZ 系列泵的主要优点为：高效区长，效率至少可提高 3%～6%；$NPSH_r$(汽蚀余量)值极低，节约能耗；采用“积木式结构”，使零部件的种类大大减少，有效提供了产品的通用性和标准化程度。苏尔寿水泵在核电厂得到广泛应用。

2. 双吸单级离心泵

国产双吸单级水平中开式离心泵的主要型号为 S 及 SH 型。S 型泵是 SH 型泵的更新产品，泵的性能指标比 SH 型先进。

1) S 型双吸离心泵

S 型离心泵是一种双吸单级水平中开式离心泵，是 SH 型的更新产品。例如S150－78A：

S——表示双吸单级卧式离心泵；

150——表示进口直径，mm；

78——表示扬程，m；

A——表示叶轮外径切割。

2) SH 型离心泵

SH 离心泵是一种双吸单级水平中开式离心水泵。例如 6SH－9型，型号意义为：

SH——表示双面吸入口，单级，叶轮轴为水平布置的离心泵；

6——表示吸入口直径，英寸(1 in＝2.54 cm)；

9——表示比转数被 10 除化整。

SH 型离心泵的基本结构和 S 型泵基本相同。

参见图 2-43。

3. 立式离心泵

国产立式离心泵又分为立式单吸单级泵和立式双吸单级泵两种。立式单吸单级离心泵的型号为 4BL 型；立式双吸单级离心泵的型号为 SLA 型，如图 2-68 所示。例如20SLA－22A：

20——表示进口直径，英寸；

SLA——表示立式双吸单级垂直中开式离心泵；

22——表示泵的比转数被 10 除化整；

A——表示叶轮切割。

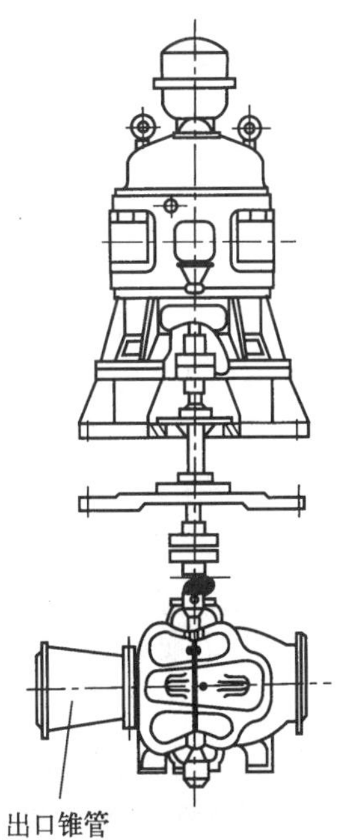

图 2-68　SLA 型立式双吸泵

2.5.5.2 多级离心泵

前已述及多级泵通常分为节断式和中开式两大类。

1. 卧式单吸节段式多级离心泵

(1) 国产卧式单吸节段式(分段式)多级离心泵型号较多,DA 型是基本产品。其他型号的产品,在 DA 型的基础上,根据特定的使用条件,介质温度,进、出口方向,转速等做了某些局部改变,但基本结构仍与 DA 型相同,DA 型离心泵的基本结构如图 2-69 所示。

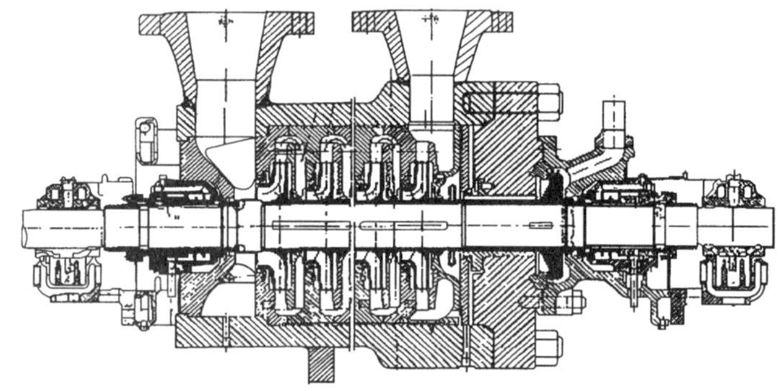

图 2-69 节断式多级离心泵

例如 4DA8×9 型的型号意义为:

DA——表示单面吸入口,节段式多级离心泵;

4——表示吸入口直径,英寸;

8——表示比转数被 10 除化整;

9——表示叶轮级数。

DA 型的叶轮转速为 n=1 450 r/min。

D 型泵与 DA 型泵的差别仅在于转速不同,即:

DA 型泵的转速为 n=1 450 r/min;

D 型泵的转速为 n=2 950 r/min。

DG 型为低、中压锅炉给水泵,供水温度可达 105~160 ℃。

(2) 水平中开式多级泵

国产水平中开式多级泵的型号为 DK 型,其进、出口均在泵的下方,泵体中开(水平剖分),这种结构便于拆卸、检修,其结构参见图 2-49 所示。例如 10DK9X2A 型:

10——表示出口直径,英寸;

D——表示多级泵;

K——表示水平中开式;

9——表示比转数被 10 除化整;

2——表示叶轮级数。

2. 立式多级离心泵

国产立式多级离心泵的型号为 DL 型,如图 2-70 所示。例如 80DL×5 型:

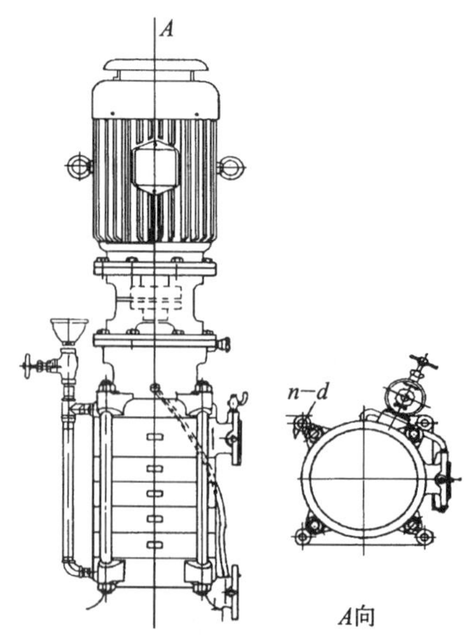

图 2-70 DL 型立式多级泵

80——表示进口直径，mm；

DL——表示立式多级；

5——表示级数。

2.5.5.3　冷凝水泵

1. 国产冷凝水泵主要型号有N，NL，NS等，其结构有单级、双级或多级和带有诱导轮等三种型式。增加诱导轮或带脱气装置的进水管是为了改善泵的汽蚀性能。冷凝水泵主要用于发电厂(包括核电厂)输送冷凝水(即凝结水)用，输送水温可达120 ℃。单级泵的基本结构与单吸单级悬臂式离心泵相同，双级或多级泵的基本结构则与单吸多级离心泵相同。

例如80NL10型：

8——进口直径，英寸；

NL——立式冷凝水泵；

10——表示单级扬程(被10除)，m。

带前置有诱导轮的多级冷凝水泵的结构如图2-71所示。

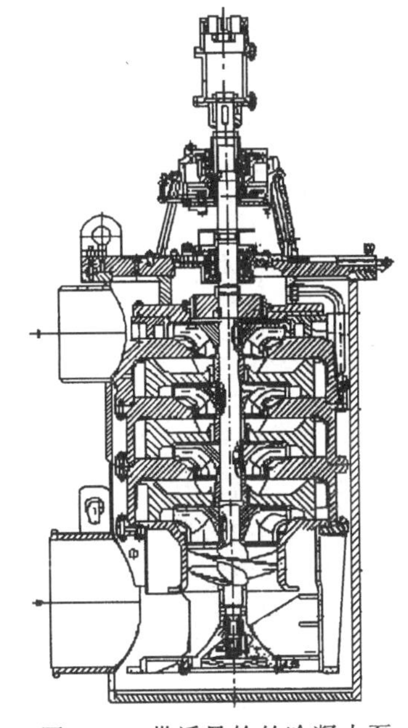

图2-71　带诱导轮的冷凝水泵

2.5.5.4　潜水泵

潜水泵是由水泵、密封、电机三部分组成。水泵和电机连接为一体，密封在壳体内，潜入水中工作。有单吸单级、单吸多级以及两端吸水叶轮对称布置的结构型式，可平衡轴向推力的大流量潜水泵。此外还有移动式作业面潜水泵，供日常工作时使用。

国产作业面潜水泵，如图2-72所示，主要型号有QY型及YQY型，例如QY－25型。

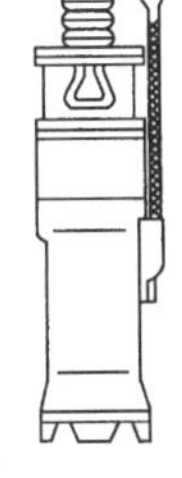

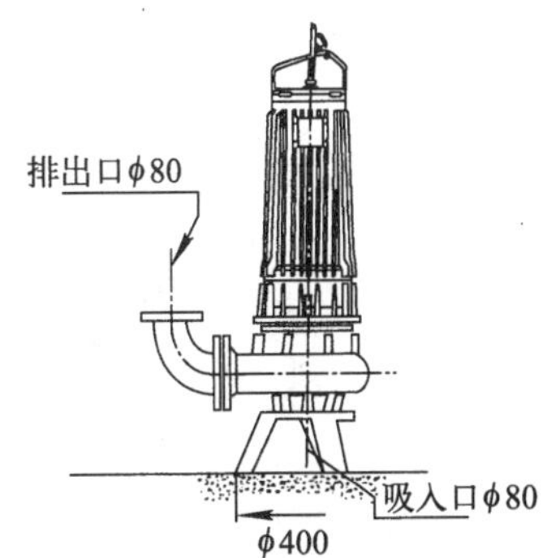

图2-72　作业面潜水泵

QY——作业潜水泵；

25——表示扬程。

2.5.5.5 深井泵

深井泵也是多级泵，是专用于将深井中的水输送到地面上的设备。主要用来开采深层地下水源，供城镇居民生活用水及工农业生产用水。适用输送不含油类、含沙量不大于0.01%(质量分数)，温度不超过40℃的中性水。深井泵又分为普通深井泵和深井潜水泵两类，现简叙如下。

1. 普通深井泵

国产普通深井泵主要有J型和JD型。均由三部分组成，即带有滤水管的泵体部分；装有传动轴的扬水管部分；在地上的机座和传动装置部分。二者结构基本相同，仅JD型为多级型，叶轮级数比J型要多。

(1) J型深井离心泵

J型深井离心泵，如图2-73所示。

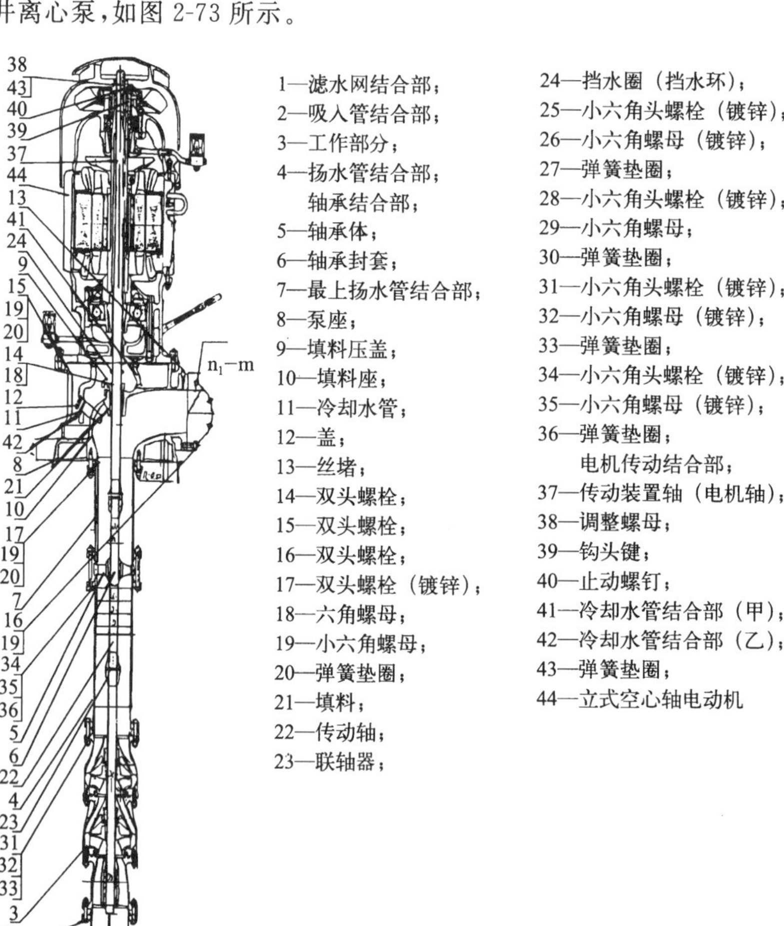

图2-73 J型深井离心泵

例如 10J80×10－29：

J——表示多级深井水泵；

10——表示泵适用的最小水井套管内径为10(英寸)；

80——表示设计流量 80 m^3/h；

10——表示叶轮级数；

29——表示扬水管的数量为29段。

(2) JD型深井离心泵

JD型深井离心泵的结构与J型深井离心泵基本相同。例如 10JD－140×14：

10——表示适用最小井径，英寸；

JD——表示多级深井泵；

140——表示流量，m^3/h；

14——表示叶轮级数。

2. 深井潜水泵

深井潜水泵是由潜水电动机(包括防水电缆)，水泵(包括扬水管)和控制开关三部分组成。水泵的工作部分在电动机上边，和电动机直接连接，同水泵一起浸没在动水位以下，电源通过附设在扬水管上的防水电缆输送给电动机(电动机有湿式和充油式两种)，为防止水中沙子进入电动机内部，在水泵的进水段设有防沙机构。国产深井潜水泵的主要型号有JQ，QJ和JQK等，如图2-74所示。

深井潜水泵的型号意义如下，例如：

(1) 250JQC140型深井潜水泵

250——表示深井内壁最小直径，mm；

J——表示井用泵；

Q——表示潜水电泵；

C——表示改型设计；

140——表示流量，m^3/h。

(2) 300QJ230—60型深井潜水泵

300——表示适用最小井径，mm；

QJ——表示深井潜水泵；

230——表示流量，m^3/h；

60——表示扬程，m。

JQK型为气垫密封性潜水泵，水泵与电动机同轴一体，水泵位于电动机的下方，中间空腔为容纳空气的气封室。电动机属于干式电动机，但密封原理与普同干式电机不同。潜水后，内腔气封室充满了自然压缩空气。潜水泵工作时，水经分流器通过电动机外部的环形空腔流过，起到了冷却电动机的作用。图2-75为JQK型潜水泵图。例如：250JQK50—30型深井潜水泵，其型号意义如下。

250——表示泵适用最小井径，mm；

J——表示深井泵；

Q——表示潜水电泵；

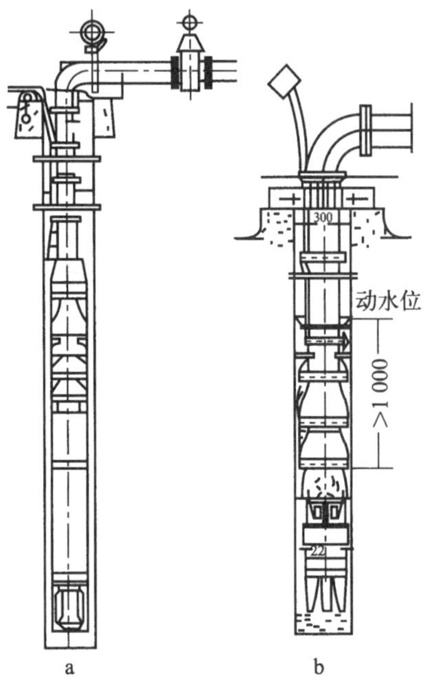

图 2-74 深井潜水泵

a. JQ 型；b. QJ 型

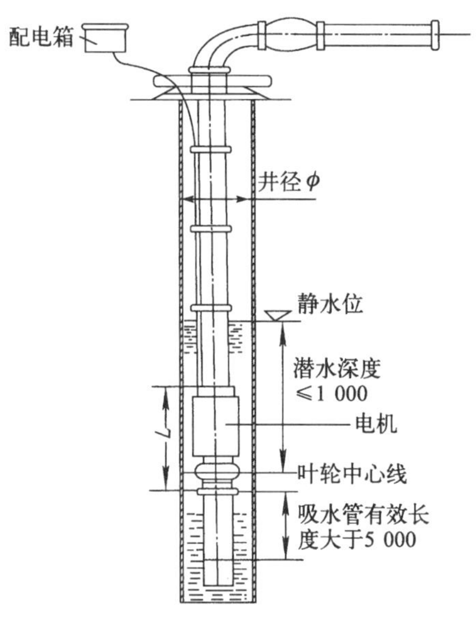

图 2-75 JQK 型深井潜水泵

K——表示空气气垫密封；

50——表示设计点流量，m^3/h；

30——表示设计点扬程，m。

2.6 离心泵的选择方法和步骤

2.6.1 利用产品样本中的“水泵性能表”来选择水泵

这种方法适用于水泵结构型式已定的情况下单台泵的选择，其步骤如下。

1. 确定计算流量和计算扬程，并换算为标准状态下的数值。

2. 在已定水泵系列的“水泵性能表”中查找某一型号的泵，要使计算流量和计算扬程与表中列出的代表性(一般中间一项)的流量、扬程一致。或者虽不一致，但在上、下两行工作范围内。如果有两种以上型号的泵都能满足要求，那就要权衡分析，通常选用 n_s 较高，效率高，结构尺寸小，重量轻的泵；如果在某一型式的性能表中，选不到合适的型号，则应另行选择或者选定与计算值相接近(偏大)的泵，通过变径、变速、调节等措施，改变泵的特性使之符合要求。

3. 在具体选定了泵的型号后，要校核泵在系统中运行时的工作情况，看它在流量、扬程变化范围内，泵是否处在最高效率区附近工作。如果运行工况点偏离最高效率区较远，说明泵在系统中工作经济性较差，最好另行选择。

2.6.2 利用水泵综合性能图(型谱图)选择水泵

水泵综合性能图(型谱图)是将该型号不同规格的所有泵的性能曲线的最佳经济工作范

围(四边形)表示在一张图上,这个四边形是以叶轮未切割及切割的 $Q-H$ 曲线与设计点效率相差不大于7%的等效曲线所组成。如图2-76所示,曲线1表示叶轮直径未切割时的性能曲线,曲线2表示叶轮在允许切割范围内切割后的性能曲线,曲线3,4是等效率曲线,它们的数值与泵的设计效率相差不大于7%。附录Ⅸ为IS型单级单吸离心泵的综合性能图(型谱图)。Sh型单级双吸离心泵,DA,DG型多级泵等型谱图可查《水泵手册》。型谱中的数字为该系列中某种泵的规格,例如IS80－65－160中,80表示吸入口直径,65表示排出口直径,160表示叶轮的名义直径,都以mm计。

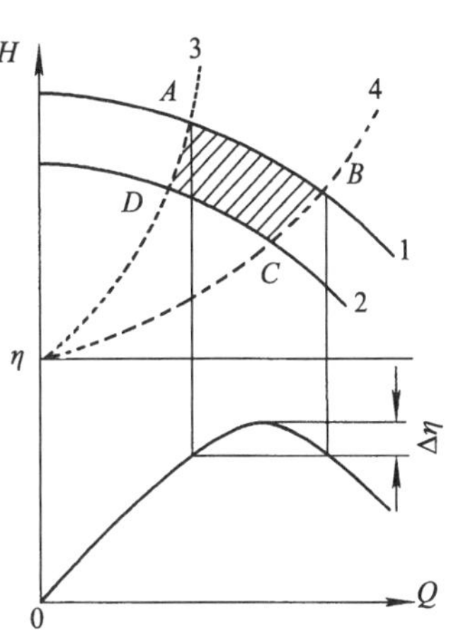

图2-76　泵的工作范围

用水泵综合性能图选择泵的方法和步骤如下:

1. 首先确定计算流量 Q 和计算扬程 H。

2. 选择设备的转速 n,计算比转数 n_s。

3. 根据 n_s 决定所选水泵的类型(包括泵的台数和级数)。

4. 根据所选的类型,在该型的"水泵综合性能图"上选取最合适的泵,并确定转速、功率、效率和工作范围。

5. 从"水泵样本"中查出该台泵的性能曲线。根据泵在系统中的运行方式(单台运行、并联或串联运行),绘出运行方式的性能曲线。

6. 根据泵的管路性能曲线和泵的运行方式的性能曲线,决定泵在系统中的工况点。如果效率变化的幅度不是太大,则选型就到此为止。否则应重复上述步骤,另选其他型号的水泵,直到满意为止。

2.7　轴流泵和混流泵

轴流泵和混流泵均属叶片式离心泵,是该系列中最后的两种。均为高比转速泵,其比转数分别为300～500,500～1 000。所以具有流量大,扬程低,效率高等特点。

轴流泵和混流泵在压水堆核电厂中主要用于一回路的主泵和循环冷却水回路循环冷却水泵。

2.7.1　轴流泵的结构与主要部件

轴流泵的主要部件有叶轮、导叶、扩压管、弯管、吸入管、泵轴和轴承等。轴流泵的结构如图2-77所示。现将轴流泵的主要部件介绍如下。

1. 叶轮

叶轮是由叶片、轮毂及动叶头所组成。小型轴流泵是将轮毂与动叶头组成一体的。动叶头的外形符合流线型,以减少水流的阻力。

轴流泵的叶片数是根据比转速的高低来选取的。低比转速的轴流泵叶片数一般为5～6片,高比转速的轴流泵叶片数一般为3～4片,甚至于可取2片。

为了提高轴流泵的效率,将叶片做成扭曲形状。这是因为在叶轮的水平截面上,不同半径处的圆周速度是不相同的,越靠近轮毂处圆周速度越小;越离轮毂处远圆周速度就越大。于是在近轮毂处扬程较小,远离轮毂处的扬程就较大。在一个水平截面上(即叶片间的流道)出现不同的扬程,就会产生轴向漩涡,造成能量损失。所以,需将叶片做成扭曲的,这就使近轮毂处的叶片装置角大些,离轮毂远处的叶片装置角小些。由于装置角大扬程大,装置角小扬程小,这样就能使同一水平截面上不同半径处的扬程相等,不致产生轴向漩涡。

轴流泵的叶轮有三种型式:

(1) 叶片在轮毂中固定不动。叶片装置角 β_a 固定不可调,结构简单。叶轮不可调;

(2) 叶轮为半调节。叶轮拆下后,才能调节装置角 β_a,泵性能可调节但不方便;

(3) 叶轮为全调节。叶片装置角 β_a 随时可调,泵性能调节很方便,结构复杂。

叶片的材料要求能抗腐蚀、抗汽蚀。因而采用青铜、铸钢或铬不锈钢制成。

由于轴流泵所产生的扬程较低,摩擦损失或者是叶片的阻力(即迎面阻力)对扬程的影响就较大,为了提高水泵的效率,叶片应该有良好的流线型并需进行精加工。

叶轮与叶轮外壳间的间隙要适当,不能太大,否则泄漏量会增加,水泵的容积效率要下降,间隙也不能太小,太小了动、静部分之间可能发生摩擦。

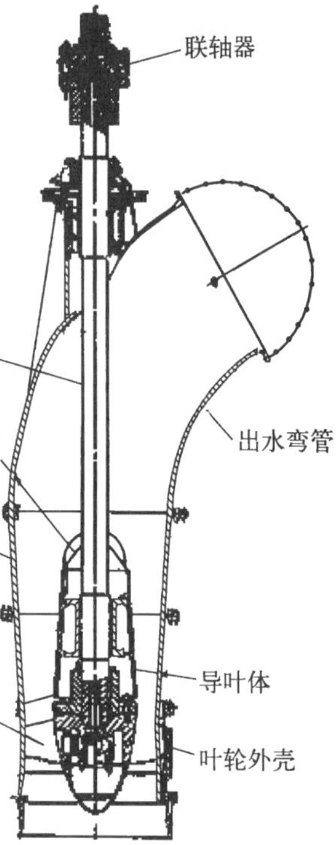

图 2-77 轴流泵

2. 导叶(导向叶轮)

液体从轴流泵叶轮流出后,有向前的轴向运动和旋绕运动,所以液体经过叶轮后的流动是螺旋形的前进运动。液体作旋绕运动时,摩擦损失会消耗掉这部分旋转运动的能量。为了把液体作旋绕运动的动能转变成压力能,装置了导向叶轮。

导向叶轮的叶片数目与轴流泵的比转速有关,比转速低时导叶片的数目应较多,反之,导向叶片的数目应较少。一般导叶片的数目为 6～12 片。

导向叶片的进口角应与叶轮出口液体的流动方向相一致,以避免撞击造成能量损失。导向叶片的进口边与叶轮叶片的出口边一般做成平行的,导向叶片的进口边与叶轮叶片的出口边距离一般等于叶轮直径的百分之十,如距离太小则轴流泵运转时将会不稳定;距离太大则增加泵的水力损失。

3. 扩散管和弯管

液体经过导向叶片后,进入扩散管。扩散管是一个液体流动横断面积逐渐扩大的喇叭形管,所以,液体流动时能量损失较大。但如果液体流入扩散管时略带转动,则因离心力的作用,能使漩涡少产生,从而限制了漩涡及脱流区的扩大,这样,就改善了锥形扩散管的工作,提高了扩散管的水力效率。此外,如果液体略带旋转运动,使液滴的运动轨迹为螺旋线,液体的这种运动能够把弯管内漩涡区的液体移到其他地区,而把其他地区的液体移到原来的漩涡区,这样,就能阻止漩涡的扩大,减小了弯管内的阻力损失。从上述分析得知,液体从导叶片流出后略带旋转运动是有利的。

扩散管的扩散角影响水泵的效率。当扩散管的扩散角自6°增大至12°时,局部阻力系数从0.25增大至0.35,压水室的效率降低10%～13%。所以一般要求扩散管的扩散角不大于8°。

液体通过扩散管后进入弯管,弯管的转角一般是60°或90°。其转角自60°改为90°时,则整个压水室的效率要降低2%～3%,而水泵的效率则可能降低0.4%～0.8%。弯管的内曲率半径越大,水力损失可越小,但泵的轴向尺寸将会很长。一般取弯管的内曲率半径为弯管进口直径的0.5～1.0。

4. 轴与轴承

轴流泵的泵轴特点是细而长,$L/D \gg (12 \sim 15)$,因此泵轴是非刚性轴。泵轴的主要问题是刚性与振动。

轴流泵一般多是立式布置,所以水泵转子的自身重量及叶轮上、下压差所产生的轴向推力完全由推力轴承来承受。轴承的径向支撑由径向轴承承担,径向轴承的个数视泵轴的长度而定。

5. 吸水管

吸水管一般为锥形短管。

2.7.2 轴流泵的工作原理和基础理论

图2-78为轴流泵工作时的简单示意图。

当叶轮作顺时针旋转时,浸沉在液体中的叶片对液体产生推和挤的作用,液体被吸入和压出,压出的液体经过导叶、扩散管和弯管送入工作管路。

下面对轴流泵的工作原理作较详细的分析。

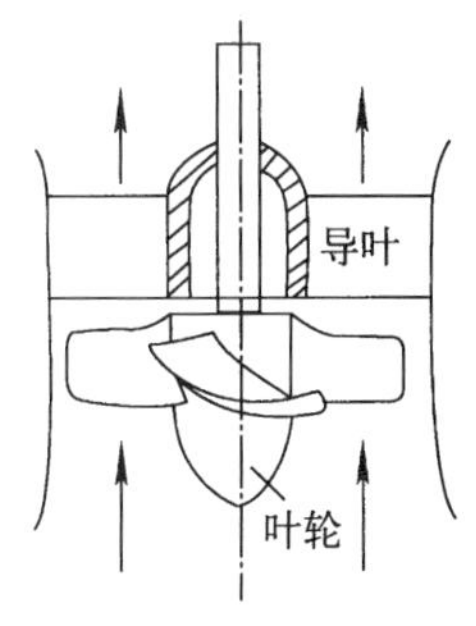

图2-78 轴流泵工作图

2.7.2.1 机翼理论

由于轴流泵的叶轮前后没有盖板,而叶片的断面又与飞机的机翼相似,液体在叶轮中的流动作用与飞机在飞行时,机翼与气流的作用相似。因此,可以用机翼理论来分析轴流泵叶片与流体间的能量关系。下面对机翼理论的基本概念作些介绍。

1. 翼型及其主要几何参数

机翼型叶片的横截面称为翼型,如图2-79所示。它具有一定的几何型线和一定的空气动力特性。翼型的主要几何参数如下。

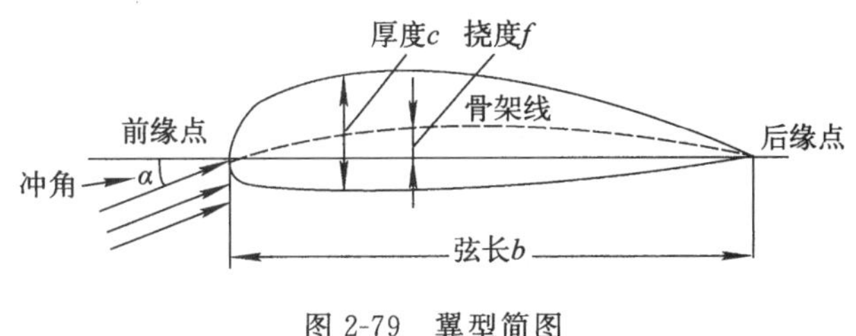

图2-79 翼型简图

(1) 骨架线:通过翼型内切圆圆心的连线,称为骨架线,是构成翼型的基础,其形状决定了翼型的空气动力特性。

(2) 前缘点、后缘点:骨架线与型线的交点,前端称前缘点,后端称后缘点。

(3) 弦长 b:前缘点与后缘点连接的直线称为弦长或翼弦。

(4) 翼展 L:垂直于纸面方向叶片的长度(机翼的长度)称为翼展。

(5) 挠度 f:弦长到骨架线的距离称为挠度或拱高,其最大距离称为最大挠度。

(6) 厚度 c:翼型上下表面之间的距离称为厚度,其最大值为最大厚度。

(7) 冲角 α:翼型前来流速度的方向与弦长的夹角称为冲角,冲角在翼型以下时为正冲角,如图 2-79 所示,以上时为负冲角。

2. 机翼在空气中的运动

机翼在空气中的运动,如图 2-80 所示,其中 a 图是等速平面流过机翼断面时流体的流线图;b 图是环流围绕着机翼断面流动的情形。机翼在静止流体中作等速运动时,其周围流线是由以上两种流动重迭而成的,如图 c 所示。在 c 图中机翼的上部平行流与环流的方向相同,而下部则相反,这两种流动迭加后,在机翼上部流体的流速要增大,而下部的流速要减小,根据伯努利方程式,流速大的地方压力必小,而流速小的地方压力必大。由于机翼周围这种速度和压力的变化,就产生一种力,将机翼向上推动,这种力称为升力,用 P_y 表示,它垂直于流体流动方向;另一方面机翼在流体中运动时,必然受到阻力的作用,阻力用 P_x 表示,如图 2-81 所示。

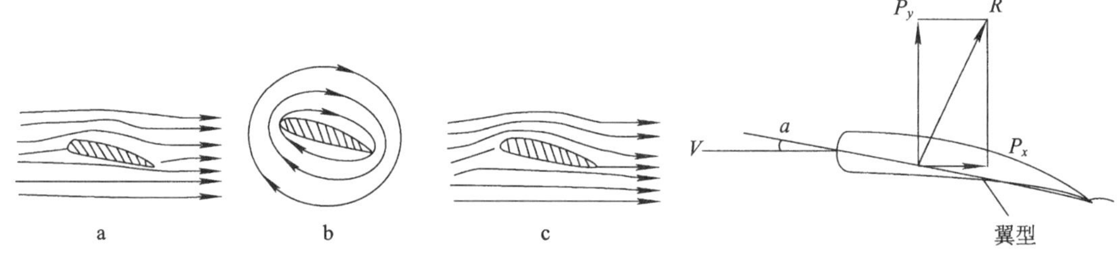

图 2-80 流体流过机翼时的流动情况

图 2-81 机翼上的升力、阻力和它们的合力

由图 2-81 可看出,机翼的合力为:

$$\vec{R}=\vec{P}_y+\vec{P}_x$$

机翼的升力 P_y 和阻力 P_x 可用实验公式求得:

$$P_y=C_y\rho F\frac{V^2}{2} \tag{2-44}$$

$$P_x=C_x\rho F\frac{V^2}{2} \tag{2-45}$$

式中:C_y——升力系数;

C_x——阻力系数;

ρ——流体密度;

F——机翼面积;

V——平行流流速,即无限远处的来流速度,可取叶栅进出口相对速度的几何平均值 ω_{cp} 来代替。

升力系数 C_y 和阻力系数 C_x 取决于机翼的相对厚度、断面形状、冲角 α（平行流与翼弦间的角度）、表面粗糙度及雷诺数等，对各种不同的翼型，其数值可利用在风洞内的试验测试结果求得，并将试验结果绘制成 C_y 和 C_x 与冲角 α 的关系曲线（见图 2-88）。

3. 环列叶栅——流体在轴流泵中的运动

(1) 环列叶栅及其主要几何参数

流体在轴流泵中的流动为复杂的三元流动，即具有圆周分速、轴向分速和径向分速。为了分析问题简化起见，采用了圆柱坐标，把复杂的三元流动简化为径向分速为零的圆柱层分层的流动，即认为流体的流面为圆柱面，并认为相邻圆柱面上的流动互不相关。

图 2-82 为一轴流泵叶轮，先用任意半径 r 及 $r+\mathrm{d}r$ 的两个同心圆柱面截取一个微小圆柱层，将圆柱层沿母线切开，并展开成平面，在此平面上形成垂直于纸面厚度为 $\mathrm{d}r$ 的翼型。由相同翼型等距离排列的翼型系列，称为环列叶栅，如图 2-83 所示。于是对轴流泵叶轮内的流体流动，就简化为环列叶栅中的绕翼型的流动，在环列叶栅中每个翼型的流动情况相同，因此，只需研究一个翼型的绕流情况即可。

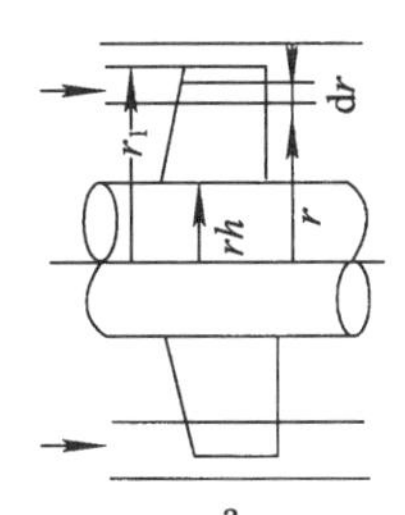

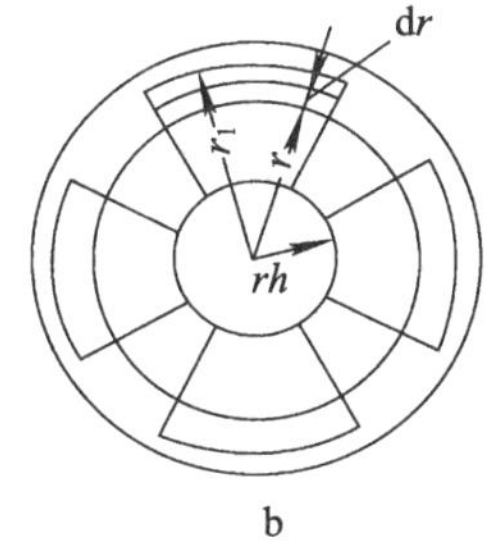

图 2-82　轴流泵叶轮

图 2-83　轴流泵环列叶栅

环列叶栅的主要几何参数如下：

1) 列线—— 叶栅中翼型各对应点的连线，如图 2-83 中 $A-A$，$B-B$。

2) 栅距 t—— 在叶栅的圆周方向上，两相邻翼型对应点的距离。

3) 轴线—— 与列线相垂直的直线。

4) 叶片稠度 σ—— 弦长与栅距之比即 $\sigma=\dfrac{b}{t}$。

5) 叶片安装角 β_a——弦长与列线之间的夹角。

6) 流动角 β_1，β_2——叶栅进、出口处相对速度方向和圆周速度反方向之间的夹角。

7) 冲角 α——来流速度方向与弦长之间的夹角。

(2) 流体在环列叶栅中的运动

轴流泵的叶轮是由具有数个相同翼型叶片组成的，见图 2-78 所示，它的环形叶栅展开图如图 2-84 所示。当轴流泵的叶轮作顺时针旋转时，叶栅向右运动。液体相对于叶栅产生了沿翼型表面的流动。所以，液体对翼型叶片产生一升力 P_y 和一阻力 P_x，两者的合力用 R 表

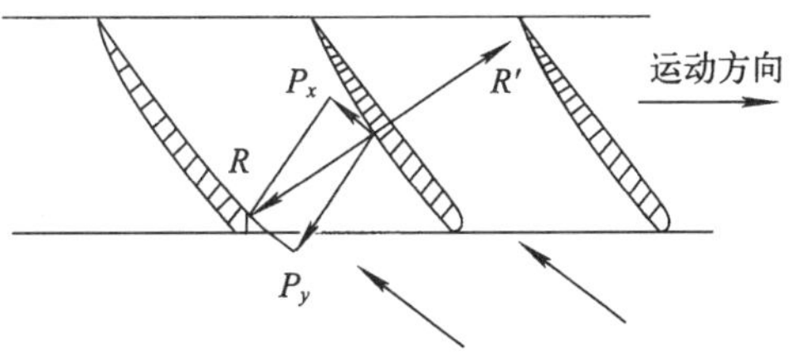

图 2-84　轴流泵叶栅展开图

示。而翼型叶片也对液体产生一大小相等方向相反的反作用力 R'（参看图 2-84 所示）。正是由于 R' 这个力的作用，轴流泵才将其叶轮的机械能传递给液体，使液体由进口排向出口，压力升高，流速增加。

2.7.2.2 离心泵动量矩理论及其方程式

图 2-85 为轴流泵叶栅展开图，在叶栅进、出口，流体具有圆周速度 u_1，u_2 和相对速度 w_1，w_2 以及绝对速度 c_1，c_2，由这三个速度矢量组成了进、出口速度三角形与离心泵相似，绝对速度也可以分解为圆周方向的分量 c_{1u}，c_{2u} 和轴线方向的分量 c_{r1}，c_{r2}，其速度三角形也表示在图 2-85 上。

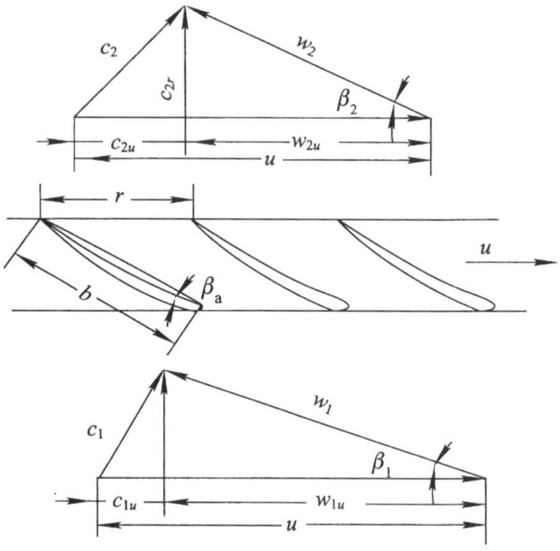

图 2-85 叶栅进、出口速度三角形

由于叶轮进、出口直径相同，故 $u_1=u_2$。

按动量矩定理，在稳定流中，单位时间内流体质点旋转动量矩的变化量等于同一时间内，外力对同一轴线的外力矩。若外力矩为 M，则：

$$M=R\,m(c_{2u}-c_{1u}) \tag{2-46}$$

式中：M——外力矩，在这里就是叶轮的转矩；

R——力矩半径，也就是轴流泵上环列叶栅的半径，对于轴流泵，进、出口半径是相等的；

m——流体质量。

上式两边各乘上叶轮角速度 ω，可得：

$$M\omega=R\omega\cdot m\,(c_{2u}-c_{1u}) \tag{2-47}$$

根据力学原理，$M\omega$ 就等于叶轮对流体作功所需要的功率，即 $N=M\omega$。若不计损失，功率 N 就等于流体所获得的能量，即 $mg\cdot H_{T\infty}$，于是可得：

$$N=M\omega=R\omega\cdot m\,(c_{2u}-c_{1u}) \tag{2-48}$$

即

$$mg\cdot H_{T\infty}=M\omega=R\omega m(c_{2u}-c_{1u}) \tag{2-48a}$$

又

$$R\omega=u$$

∴

$$mg\cdot H_{T\infty}=u\cdot m\,(c_{2u}-c_{1u})$$

$$H_{T\infty}=\frac{1}{g}u\,(c_{2u}-c_{1u})$$

又

$$c_{2u}=c_2\cos\alpha_2 \qquad c_{1u}=c_1\cos\alpha_1$$

∴

$$H_{T\infty}=\frac{1}{g}u\,(c_2\cos\alpha_2-c_1\cos\alpha_1)$$

∴

$$H_{T\infty}=\frac{uc_2\cos\alpha_2-uc_1\cos\alpha_1}{g} \tag{2-49}$$

上式与离心泵理论方程一致。所以轴流泵也符合离心泵基本理论。它是离心泵系列中的最后一种。

2.7.3 轴流泵的性能参数和特性曲线

要正确地选择和使用轴流泵，就需要了解轴流泵的性能。轴流泵的主要性能参数和离心泵一样，即流量 Q、扬程 H、效率 η、转速 n 和轴功率 N 等，这些参数的量纲和物理意义也和离心泵相同，可参阅 2.3.2 一节。而由上述参数绘制出的特性曲线却和离心泵有很大的差别。现叙述如下。

轴流泵在运行时，当转速为常数，叶片装置角为一定时，即可获得泵的特性曲线。图 2-86 所示为轴流泵特性曲线。

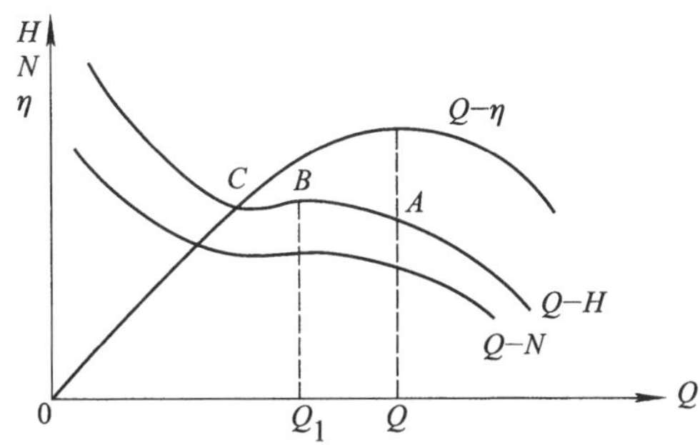

图 2-86 轴流泵性能曲线

当水泵在 A 点工作时，效率最高，称为最佳工况点。最佳工况点的流量为 Q。若减小轴流泵的流量，则泵的扬程增加。当流量减小到 Q_1 时，扬程升高到转折点 B。流量若继续减小，则扬程也随着下降，流量一直减小到第二个转折点 C。从 C 点开始若流量再减小，则扬程又迅速的增加，当流量 $Q=0$ 时，扬程 H 可达最佳工况时的扬程两倍左右。

轴流泵具有这样的性能曲线是因为，当轴流泵的流量减小时，液体相对速度与圆周方向之间的夹角减小，液体流入组成叶栅的翼型时的冲角（来流（液流）方向与翼弦之间的夹角）α 增大的缘故，如图 2-87 所示。

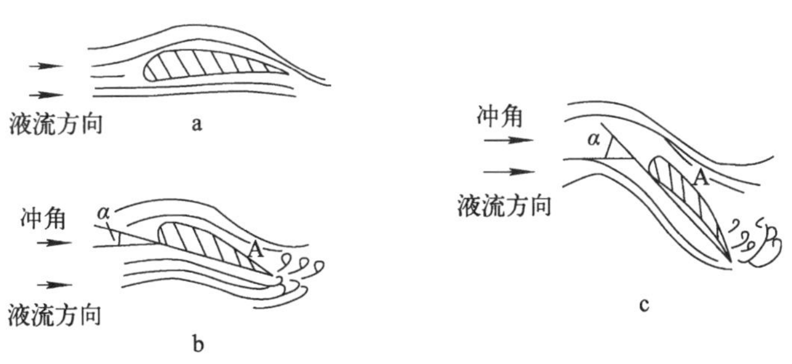

图 2-87 工况变化时的 α 角

a. 正常工况；b. 冲角增大，尾部出现涡流；c. 脱流工况

从图 2-87 可以看出流体在三种冲角 α 工况下的流动状态，当冲角 α 增大，作用在翼型上的升力就增加，泵的扬程就增大。流量越小，冲角 α 越大，冲角大到一定程度，则流体在翼

型表面上分离产生脱流，所以，作用在翼型上的升力就急剧下降。泵的扬程就减小。如流量还继续减小，因为不同半径处的扬程不等，产生二次回流，使扬程又迅速升高。这就是轴流泵的特点在性能曲线上的反映。

轴流泵的功率曲线也有类似的特点，当轴流泵的流量等于零时，其轴功率约为最佳工况时的轴功率两倍或两倍以上。

效率曲线在小流量时，由于二次回流，水力损失大，所以效率曲线下降较快，高效率区比离心泵效率区狭窄。

前面讲过，轴流泵的功率曲线，当泵流量为零时，轴功率可达最大，由于这一特点，要求轴流泵在启动时出口阀门应开启，一般只装有出口逆止门，这样，泵在启动时，原动机的负荷不致过大。假如，根据轴流泵在流量为零时所需的功率来选择电动机，则水泵在最佳工况下工作时，电动机却在低效率下工作，这是很不经济的。

2.7.4 轴流泵的调节和运行

2.7.4.1 轴流泵的调节

轴流泵一般采用改变叶片装置角的方法来调节流量，这就需要一套动叶调节机构。

1. 动叶片调节的原理

液体流过翼型叶片时，液体便对叶片产生一升力 P_y，其方向与来流的液体速度方向相垂直；液体对叶片还产生一阻力，其方向与来流的液体速度方向相平行。升力和阻力可按式(2-44)和式(2-45)计算。

在翼型的形状与雷诺数一定的情况下，升力系数 C_y 与阻力系数 C_x 与翼型的几何形状及冲角 α 有关。C_y 和 C_x 值均由风洞试验求得，并将试验结果绘制成 C_y 和 C_x 与冲角 α 的关系曲线，如图 2-88 所示。这种曲线称为翼型的空气动力特性曲线。从图中可以看出，阻力系数随着冲角的增大而增大；升力系数也随着冲角的增大而增大。当冲角增至某一数值时，C_x 增至最大。若冲角 α 再继续增大，则升力系数 C_y 急剧下降，升力也随之迅速降低，这是由于发生了翼型叶片背部附面层分离，流体脱离叶片之故。此时在翼型后面形成很大的涡流区，使升力下降，如图 2-87c 所示，这种情况称为失速。冲角 α 增大到失速点后，空气动力特性大为恶化，工况恶劣，效率减低，并伴随噪声和剧烈振动。因此，一定要避免在失速下工作。

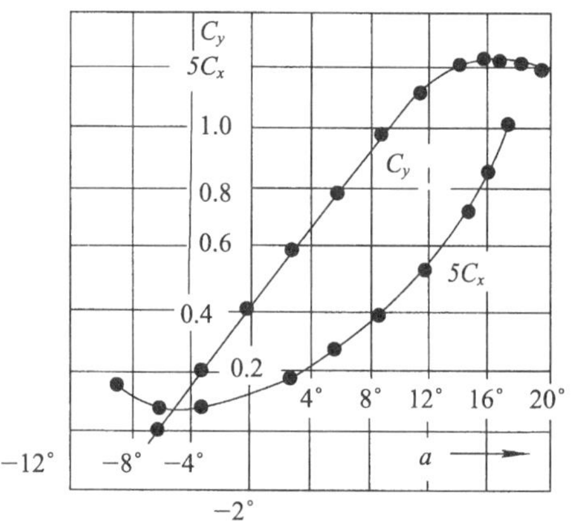

图 2-88 翼型空气动力特性曲线

流体经过叶栅时，情况与上面的分析基本相同。只是升力及阻力系数公式中的来流速度 V，应该由叶栅进、出口相对速度的几何平均值 w_{cp} 来代替。C_y 与 C_x 和 α 的关系及变化规律是一致的。

综上所述，若改变翼型叶片的翼弦与来流速度方向之间的夹角冲角 α（通过改变叶片装

置角 β_a 来实现)，则升力系数就改变，升力也随之变化。升力变化后，轴流泵所输送的流量及扬程也随之改变，这样，就达到调节轴流泵的目的。

目前，大型轴流泵和混流泵采用可动叶片调节已很广泛。可动叶片调节，即动叶安装角 β_a 可随不同工况而改变，这样使泵在低负荷运行时的效率大大提高，如图 2-89 所示。图 2-89是根据试验结果绘制的轴流泵工作参数与叶片安装角 β_a 之间的关系曲线。从图中可以看出当叶片安装角增大时，性能曲线的流量、扬程、功率都增大，反之都减小。这样启动时可减小安装角 β_a 以降低启动功率。叶片安装角改变时，效率曲线也有变化，但在较大流量范围内几乎可保持较高效率，避免了采用阀门调节流量的节流损失，提高了经济效益。

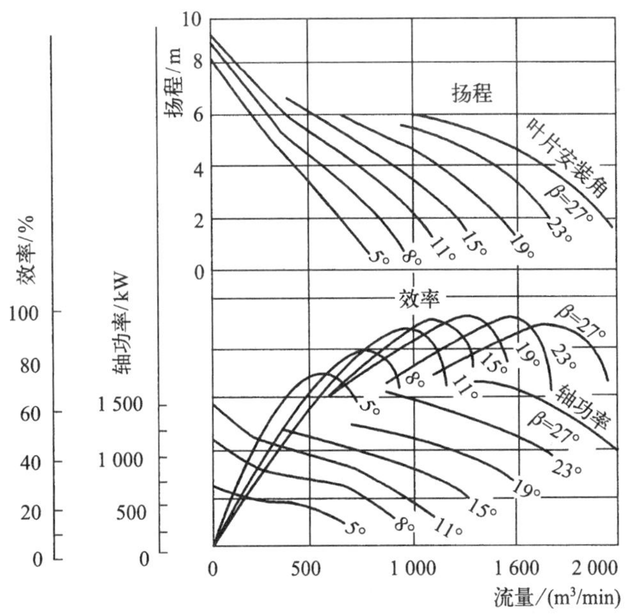

图 2-89　轴流泵工作参数与 β_a 角的关系

2. 动叶片调节机构

不同型式的轴流泵，它们的动叶片调节机构是不相同的。全调节的轴流泵动叶片调节机构，一般分为下列几种。

(1) 杠杆式动叶片调节机构；

(2) 蜗轮蜗杆式动叶片调节机构；

(3) 机械液压式动叶片调节机构。

轴流泵采用改变叶片装置角 β_a 的调节方法，调节效率较高，不产生节流损失。而且泵在叶片调节以后，仍能在最佳效率区内工作。

可调叶片的轴流泵，如停运时间长，应注意防止腐蚀，必要时将吸入闸门关闭后，应设法放出水泵内的水。并需将泵轴顶起，以便使推力轴瓦进油。

常用的动叶调节机构，一般分为机械式和油压式两种，大型泵多采用油压式调节机构。图 2-90 为油压式调节机构操纵系统图。

压力油从油压装置出来，通过分配阀，送到伺服油缸操纵叶片的开闭。

图 2-91 为机械式调节操纵系统图。操纵马达带动杠杆，通过操纵杆，操纵叶片的开闭。

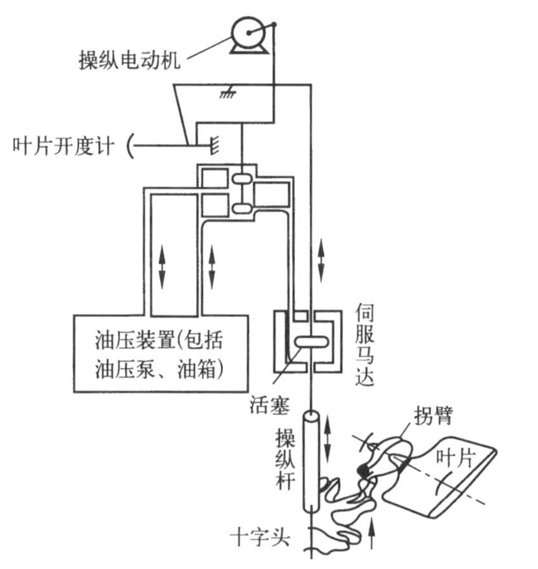

图 2-90 油压式调节机构操纵系统

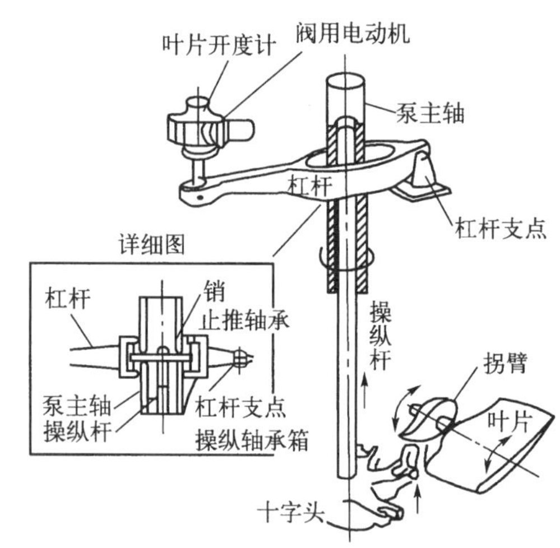

图 2-91 机械式调节机构操纵系统

2.7.4.2 轴流泵的汽蚀

轴流泵在运转中的汽蚀是一个值得注意的问题。根据运行情况看，大多数轴流泵汽蚀是较为严重的。汽蚀产生的原因与离心泵相同。

轴流泵发生汽蚀后，不但在运行中产生振动，发出噪声，而且大大影响水泵效率。为减轻汽蚀对叶轮的损坏，叶轮应采用耐汽蚀的铬不锈钢制作，目前有不少是用铸铁制造，效果也较好。

为避免轴流泵产生汽蚀，安装轴流泵时应考虑下列情况。

(1) 防止泵的叶轮长期没有足够的浸入深度。

(2) 泵的吸入喇叭口与进水沟底，应保持所要求的距离。

(3) 防止干水位过低(特别是旱季)，使水流产生较大的漩涡而进入泵内。

(4) 运行方式的配备要合理，特别是在进水流道设计不能过小或水位较低。

2.7.4.3 轴流泵的运行

轴流泵的运行与离心泵的运行大致相同；其中也包括充水、启动、运行和停止。但轴流泵与离心泵相比较，由于两者在结构上的不同，因此，轴流泵有些特殊的地方，除参阅离心泵的运转一节外，下面我们将其特点加以介绍。

1. 充水

中、小型轴流泵特别是卧式轴流泵或小型立式轴流泵，大都安装在高于水面的位置上，所以，它在启动以前，泵壳和吸入喇叭口也必须先充满水。同样，在有空气存在的情况下，泵内和吸入管就无法形成真空。因此，一般都另设一台到几台电动真空泵，利用它们将泵壳和吸入喇叭口内的空气抽出形成真空，以达到充水的目的。

大型立式轴流泵，一般都安装在低于水面的位置上，故泵壳、叶轮和吸入喇叭口均浸没在液体中，无需在启动前专门对它先充满水，因此，不设抽气装置，便能迅速启动，这也是轴流泵特点之一，对于实现自动程序启动是个有利的条件。

2. 启动

轴流泵的启动操作顺序和方法基本上和离心泵的启动操作顺序和方法相同。但是，必须指出的是，各种型式的离心泵的启动，它的出口阀门均是关闭的，而轴流泵的启动，出口阀门则应是开启的。这是因为，轴流泵在流量等于零时，其功率大于额定功率的二倍或二倍以上；同时，也将加剧汽蚀的产生，这是由于液流入口角相对叶片的偏离角增大，引起脱流现象，只有在大于最高效率点的60%以上时这种现象才能消失。

3. 停止

轴流泵的停止操作也和离心泵的停止操作基本相同。

2.7.4.4 轴流泵的特点

轴流泵与离心泵相比较，具有以下的特点。

1. 轴流泵叶轮上的叶片装置角 β_a 是可以改变的，调节泵的流量时，只需转动叶片，改变叶片的装置角 β_a，就可以达到调节流量的目的。采用改变叶片装置角的调节方法，调节效率高，而且水泵能在高效率区内工作。

2. 立式轴流泵的叶轮是淹没在水中的，不需要灌水，故启动时间短并可实现自启动。汽蚀性能也比离心泵好。

3. 轴流泵外形尺寸较小，因而占地面积少，节省建设泵站的费用和时间。

4. 轴流泵结构简单紧凑，重量轻。

轴流泵在核电站中，主要作为循环冷水回路循环冷却水系统大型循环冷却水泵用。它的运行和离心泵相比，应有不同的要求。

2.7.5 混流泵

混流泵的性能和基本结构和轴流泵很相似，均为高比转数泵，它的工作原理和基本理论也和轴流泵相同，请参阅轴流泵相关节、段，这里不再赘述。

混流泵的性能虽与轴流泵相似，但它的扬程较轴流泵高，汽蚀性能比轴流泵好，在核电站常作为反应堆冷却剂回路主泵和循环冷却水回路循环冷却水泵。在常规电厂中也主要作为大型循环冷却水泵使用。

2.8 屏蔽电机泵

在核电厂中用屏蔽电机泵作反应堆冷却剂泵(主泵)20世纪50年代就开始了。1953年美国将其用于核潜艇，后用在核电厂。随着核电站功率的增大，屏蔽电机泵效率低的突出缺点，使商用核电厂难以接受。随后，由于轴封泵采用了组合机械密封，使轴封的泄漏得到控制，轴封泵的效率又比屏蔽电机泵高得多，核电厂把注意力转向了轴封泵。从1965年第一台轴封泵在压水堆核电厂使用以来，很快被核电厂广泛采用，至今轴封泵仍是核电厂主泵的首选设备。

随着工业技术飞速发展，屏蔽电机泵技术也得到了很大的提高或改进，我国AP1000压水堆核电厂反应堆冷却剂系统主泵采用的就是新型的屏蔽电机泵。

工业屏蔽电机泵在我国民用产品中已有系列标准。在某些方面已接近和达到国际水平。

2.8.1 屏蔽电机泵的工作原理、类型、结构和部件

2.8.1.1 立式核电屏蔽电机泵

1. 无惯性飞轮核电屏蔽电机泵

图 2-92 是早期反应堆冷却剂屏蔽电机泵的典型结构。它主要由水力部件、电动机、承压壳体、热交换器和轴承等组成。泵在下端,电机在上端。电机转子和泵的叶轮构成一个整体,下端为悬臂式单级离心泵。叶轮上方设有隔热屏起热屏障作用,防止一回路冷却剂的热量向电机方向传导。电机的定子、转子及叶轮全部封闭在高压壳体内。高压壳体外部盘绕蛇形管热交换器。蛇形管外部通二次冷却水,蛇形管内的一次冷却水是与一回路冷却剂相连通,管内的压力就是一回路的压力。一次冷却水是从泵的正上方进入辅助叶轮,沿定子与转子的间隙向下流动,同时将转子与定子的热量带走,并润滑下部径向轴承及推力轴承,再流到蛇形管,由下而上沿蛇形管流回顶部,构成一次冷却水的循环。低压二次冷却水从上入口向下流,冷却蛇形管后从下部出口流出,构成二次冷却水的循环,实现外部热交换。

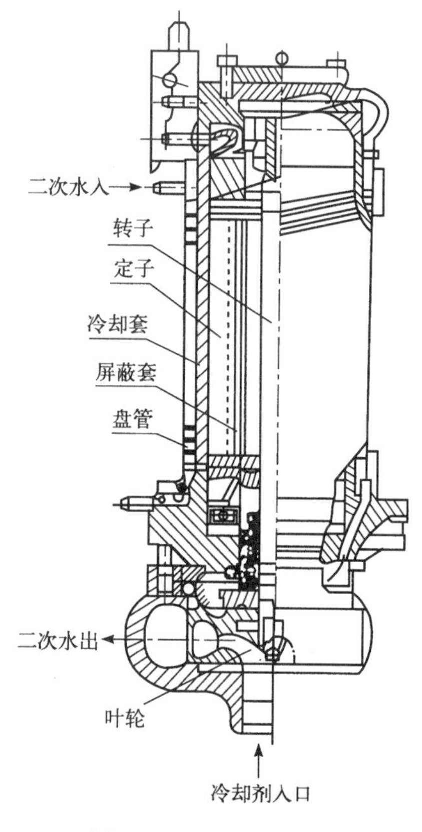

图 2-92 屏蔽电机泵

这种屏蔽电机泵效率低,又无惯性飞轮不能提供惰走特性,只能用在小型核电厂,目前已很少使用。

2. AP1000 反应堆冷却剂屏蔽电机泵

我国非能动安全先进核电厂 AP1000 反应堆冷却剂屏蔽电机泵(主泵),为美国 EMD 制造。它由水力部件和电机部件组成,其结构如图 2-93 所示。水力部件主要是由泵壳、叶轮和导叶等零部件组成的混流式泵。泵与电机之间由热屏隔离堆芯冷却剂的高温。AP1000 冷却剂屏蔽电机泵的电功率为5 500 kW,额定转速为 1 800 r/min。启动和运行时,通过变频器来提供电源。其电机是一种专门设计的单绕组、四级、三相屏蔽套式感应电机,采用 60 Hz 电源,经变频器启动和运行。以前的屏蔽电机泵均没有飞轮,而 AP1000 反应堆冷却剂的屏蔽电机有上、下两个飞轮,这是二者最显著的差别,由飞轮带来的能量消耗大约 1 000 kW。由于屏蔽电机的耗能较高,冷却措施及升温控制是关键。电机绕组绝缘采用级别较高的“N”级(200 ℃)。

AP1000 屏蔽电机主要部件如下。

(1) 轴承 AP1000 屏蔽电机泵装有三个轴承,两个径向轴承和一个双向推力轴承,都在电机一侧,采用水润滑方式。在转速达到 20 r/min 时,轴和轴承之间就会形成水膜,水膜使轴和轴承不会受到磨损。轴向推力的平衡是通过改变叶轮平衡孔的尺寸来进行调节的。

在泵启、停过程中和正常运行时，冷却系统使轴承冷却剂温度保持在80℃以下，保证轴承的安全和寿命。

(2) 屏蔽套 屏蔽套分定子屏蔽套和转子屏蔽套，其作用是使一回路冷却剂与定子和转子完全隔绝开。屏蔽套是耐腐蚀、非磁性金属材料，采用了Hastelloy C276合金。定子屏蔽套与转子屏蔽套之间的间隙为4.83 mm，定子屏蔽套的厚度为0.39 mm。屏蔽套只承担密封功能。

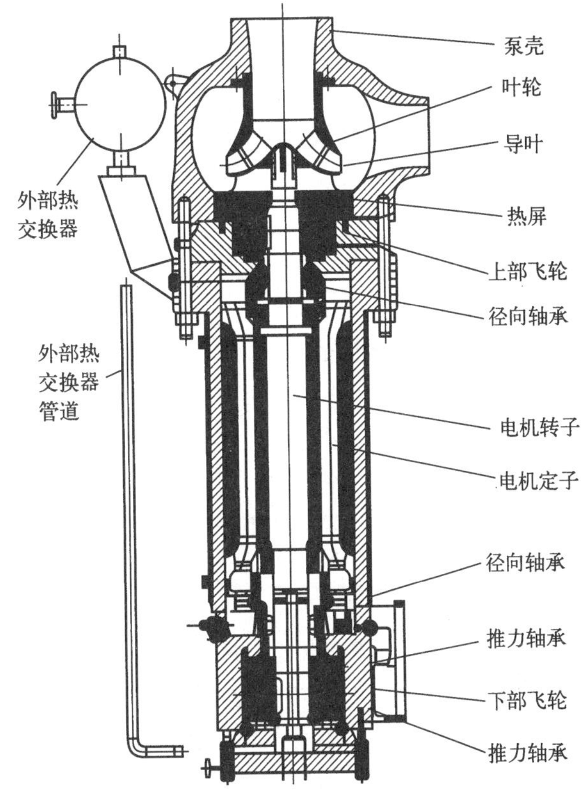

图 2-93 AP1000屏蔽电机泵

(3) 飞轮 两个飞轮分别装在电机的上、下部位。飞轮的材料采用重钨合金，在有限体积实现高转动惯量，以保证主泵足够的惰走特性。

上飞轮组件采用热套装预应力法，用外套环将12块扇形重钨合金固定在不锈钢内轮毂上，其外部包有屏蔽套以防止应力腐蚀，最后将飞轮固定在屏蔽电机泵的主轴上。下飞轮组件采用与推力盘的组合结构。飞轮结构如图2-94所示。

(4) 定子绕组及冷却 由于屏蔽电机耗能高，发热量大，定子屏蔽套使定子成为一个封闭区域，造成定子铁芯和绕组的冷却只能靠热传导散热。为此，需通过有效冷却来降低电机各部分的温度。除了设置在转子与热屏之间的迷宫式密封阻隔泵壳腔内的高温冷却剂和电机腔内的低温冷却剂进行热交换外，电机的冷却由两个冷却回路来完成。

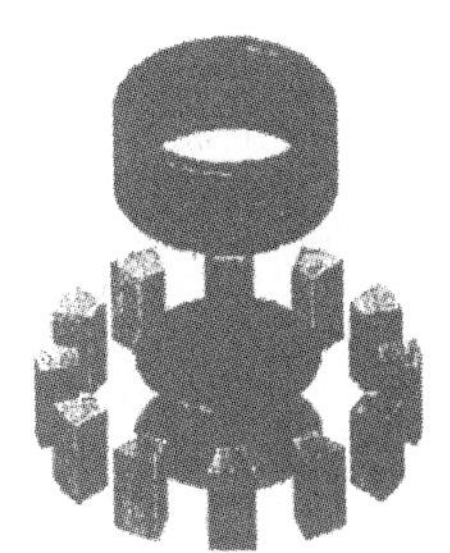
图 2-94 飞轮结构

1) 外置热交换器冷却回路。外置热交换器的壳侧为屏蔽电机腔内的反应堆冷却剂水，管侧为设备冷却水，以此来冷却电机腔内的反应堆冷却剂水。

2) 通过流经电机定子冷却外套的设备冷却水来冷却电机定子绕组发出的热量。

通过冷却回路的有效工作使电机腔内的冷却剂温度保持在80 ℃以下，定子绕组中的最高温度不大于180 ℃。以此保证绕组的绝缘性和寿命。

AP1000屏蔽电机泵的主要技术参数列于表2-6。

表 2-6 AP1000屏蔽电机泵主要技术参数

参 数	单 位	数 值
设计压力	MPa(表压)	17.1
设计温度	℃	343

续表

参　数	单　位	数　值
设计流量	m^3/h	17 886
设计扬程	m	111.3
额定功率	kW	5 500
总　　高	m	6.69
总　　重	kg	83 687.8
设备冷却水流量	m^3/h	136.3
冷却水入口温度	℃	35

2.8.1.2 工业屏蔽电机泵

除核电屏蔽电机泵外，其他工业使用屏蔽电机泵的地方也很多，尤其是医药、石油化工等输送贵重料液或易燃、有毒外泄漏对环境严重污染的介质，核工业中的中、低放废液也使用工业屏蔽电机泵进行输送。

我国工业屏蔽电机泵有卧式和立式两种。两种泵主要结构部件是一样的，有定子、定子屏蔽套(定子筒)、转子、转子屏蔽套(转子筒)、叶轮、泵体、热屏和端盖等。图 2-95 为国产卧式基本形屏蔽电机泵结构图，从图中可以看出，定子(20)的内表面和转子(19)的外表面，装有非磁性耐腐蚀金属(不锈钢)薄板做成的定子筒(22)和转子筒(21)，另外在各自的侧面用非磁性耐腐蚀金属厚板与它们焊接起来，与输送液体完全隔开，使定子内腔和转子外腔不受浸蚀。转子的前端为悬臂式单级离心泵的叶轮(02)，以此形成由电机转子与水泵叶轮构成的整体转子。前端用热屏(33)把电机和泵体(01)连接在一起，后端装有 RB 端盖封闭。

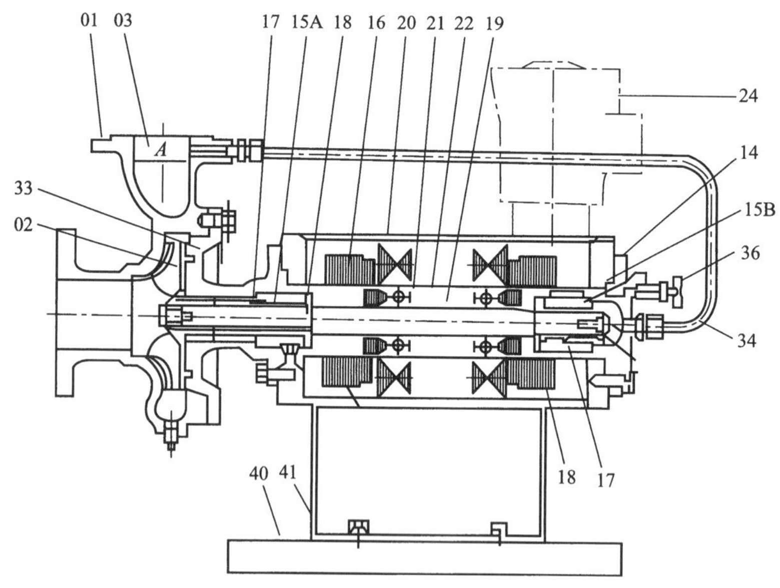

图 2-95　卧式屏蔽泵

01—泵体；02—叶轮；03—过滤器；14—RB 端盖；15A—前轴承；15B—后轴承；16—轴；17—轴套；18—推力环；19—转子；20—定子；21—转子筒；22—定子筒；24—接线盒；33—热屏；34—循环管；36—排气阀；40—底板；41—机座

内循环一次冷却水从泵(01)的排出口→过滤器(03)→循环管(34)→RB端盖(14)→后侧轴承(15B)与后侧轴套(17)之间的间隙→定子筒(22)与转子筒(21)之间的间隙→前侧轴承(15A)与前侧轴套(17)的缝隙→热屏(33)的小孔→叶轮(02)的入口部分,形成闭合循环。内循环液体对于轴承(15A)及(15B)的润滑和冷却以及对电机转子(21)和定子(22)的冷却起着非常重要的作用。

在液体中旋转的转子轴(16),由前后两个轴承(15A)和(15B)所支承,轴(16)的前端装悬臂式叶轮(02),这就形成了没有轴封的屏蔽电机泵,因而确定了它是无泄漏泵。

屏蔽电机泵由叶轮产生的轴向推力,由前、后推力环(18)平衡。

国产屏蔽电机泵分为普通型和高温型。高温型用于输送温度高的液体。普通型与高温型二者的主要差别在于高温型的内循环一次冷却水在进入屏蔽电机泵之前,需通过热交换器用外循环二次冷却水冷却,以降低一次水的温度,保证定子、转子低温区的温度要求。

2.8.2　屏蔽电机泵的特点

(1) 无轴封无泄漏:由于没有旋转轴的动密封,可确保绝对密封,称为无泄漏泵。

(2) 体积小、重量轻、结构紧凑、占用空间小。水泵和电机结合为一体称为无轴封泵。

(3) 维护、检修比较简单,工作量小。

(4) AP1000屏蔽电机泵更具有转动惯量大(两个飞轮);水力模型优秀;辅助系统简化,无上充、泄漏系统和停车密封系统;支承方式独特,每台蒸汽发生器各有两台AP1000冷却剂泵,冷却剂泵直接与蒸汽发生器下封头连接,省去了两设备之间的冷却剂管道,简化了蒸汽发生器、泵和管道的基座与支承系统。

(5) 主要缺点:效率低,一般比轴封泵低15%～20%。

(6) 造价较高。

2.8.3　核电屏蔽电机泵的发展动向

屏蔽电机泵的最大特点是无轴封,可确保无外泄漏。核电厂反应堆冷却剂为高温、高压且具有放射性的介质,要求输它的冷却剂泵,保证不把放射性介质泄漏出来污染环境。屏蔽电机泵正好能满足这一要求,所以一开始核电厂反应堆冷却剂泵采用的就是屏蔽电机泵。远在核电厂之前屏蔽电机泵已在核动力舰上作为主泵使用,证明它是安全可靠的。早期美国、法国、前苏联等国家的核电厂都曾使用过屏蔽电机泵作为反应堆冷却剂泵。后来由于效率太低,被轴封泵代替。

屏蔽电机泵(无轴封泵)作为一回路冷却剂主泵的最主要的问题是效率太低,效率能否提高,是屏蔽电机泵今后发展的关键,效率低的原因,是因设置了屏蔽套。目前根据专家的建议和研究的成果,采用湿转子、定子屏蔽电机泵,即屏蔽电机的绕组采用特制的塑料防水绝缘导线,去掉屏蔽套,循环水直接接触转子和定子并通过其间隙进行冷却和润滑,大大地提高了效率,其效率已接近于轴封泵。这种在屏蔽电机泵基础上,发展起来的无屏蔽套的湿定子、转子的无轴封无泄漏泵,称为湿电机无轴封泵。湿电机无轴封泵的特点是吸入压力高,温度高,流量大,扬程不高。这一特点,正好能满足一回路冷却剂主泵的基本要求,但主泵的其他技术要求还需进一步解决。

目前,湿电机无轴封泵已用在火电厂作为汽包锅炉强制循环泵和直流锅炉强制循环泵使用,取得了很好的效果。例如大港火电厂,320 MW 机组的强制循环锅炉,就配有三台KSB公司制造的湿电机无轴封泵,它的主要参数为:$Q=2\ 168\ m^3/h$,$H=30.17\ m$,$N=200\ kW$,设计压力 $p=2.195\times10^4$ MPa,设计温度 $t=327$ ℃。湿电机的定子、转子均用防水聚氯乙烯绝缘电缆制成。在泵与电机之间设置了热屏,热屏上设有空气冷却室和水冷却系统。推力盘在径向钻有孔兼作辅助叶轮,可将电机腔内的水,经电机冷却器进行循环,使电机内温度不超过 60 ℃。

从目前发展的趋势看,随着技术的进步和无轴封泵的不断改进,新一代无轴封、无泄漏泵,很有可能再回到核电厂反应堆冷却剂主泵的首选位置。

2.9 往复泵、回转泵、旋涡泵、喷射泵和真空泵

2.9.1 往复泵

往复泵是一种容积式泵,应用很广。它依靠作往复运动的活塞依次开启吸入阀和排出阀,从而吸入并排出液体。

图 2-96 为往复泵装置简图。主要部件有泵缸、活塞、活塞杆、吸入阀和排出阀。活塞杆与传动机构相连接而作往复运动。吸入阀和排出阀都是单向阀。泵缸内活塞与阀门间的空间叫做工作室。

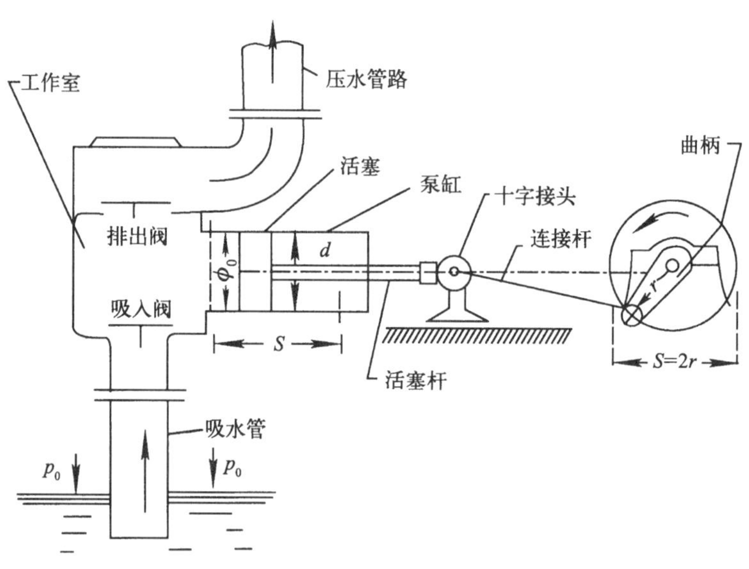

图 2-96 往复泵工作简图

当活塞自左向右移动时,工作室的容积增大,形成低压,便能将贮池内的液体经吸入阀吸入泵缸内。吸液体时,排出阀受排出管内液体压力作用而关闭。当活塞移到右端时,工作室的容积最大,吸入的液体量也最大。此后,活塞便改为由右向左移动,泵缸内液体受挤压,压强增大,使吸入阀关闭而推开排出阀将液体排出。活塞移到左端时,排液完毕,完成了一

个工作循环。此后活塞又向右移动,开始另一个工作循环。

由上可见,往复泵就是靠活塞在泵缸的左右两端点间作往复运动而吸入和压出液体的。活塞从左端点到右端点(或从右端点至左端点)的距离叫做行程或冲程。活塞在往复一次中,只吸入和排出液体各一次的泵,称为单动泵。由于单动泵的吸入阀和排出阀均装在活塞的一侧(如图 2-96 中的左侧),吸液时就不能排液,因此排液不连续。加之活塞由连杆和曲轴带动,活塞在左右两端点之间的往复运动不是等速度,所以排液量也就随着活塞的移动有相应的起伏,其流量曲线如图 2-97a 所示。

为了改善单动泵流量的不均匀性,多采用双动泵或三联泵。双动往复泵的工作原理如图 2-98 所示,在活塞两侧的泵体内都装有吸入阀和排出阀,因此无论活塞向哪边运动,总有一个吸入阀和一个排出阀打开,即在活塞往复一次中,吸液和排液各两次,使吸入管路和排出管路总是有液体流过。所以排液是连续的,但流量曲线仍有起伏,如图 2-97b 所示。三联泵实质上为三台单动泵并联构成,其流量曲线如图 2-97c 所示,其排液量较均匀。

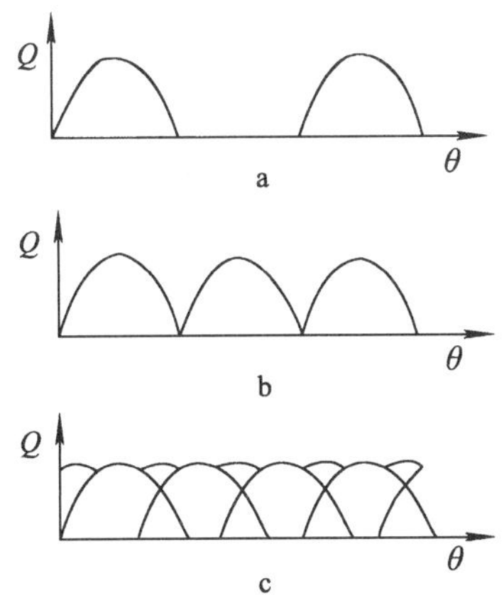

图 2-97 往复泵流量曲线图

a. 单动泵;b. 双动泵;c. 三动泵

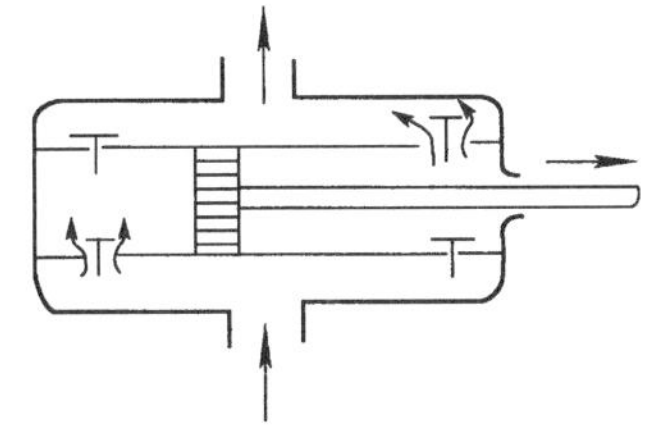

图 2-98 双往复泵工作图

往复泵的工作原理与离心泵不同,具有以下特点。

1. 往复泵的流量只与泵本身的几何尺寸和活塞的往复次数有关,而与泵的压头无关,即无论在什么压头下工作,只要往复一次,泵就排出一定体积的液体,所以往复泵是一种典型的容积式泵。

往复泵的理论流量可按下二式计算:

单动泵流量 $$Q_T = ASn_r \tag{2-50}$$

式中:Q_T——往复泵的理论流量,m^3/min;

A——活塞的截面积,m^2;

S——活塞的冲程,m;

n_r——活塞每分钟的往复次数,1/min。

双动泵流量 $$Q_T = (2A-a)Sn_r \tag{2-51}$$

式中:a——活塞杆的截面积,m^2。

实际上,由于活塞填衬不严密;吸入阀与排出阀启闭不及时;并随着压头的增高,液体漏损量加大等原因,往复泵的实际流量小于理论流量。

2. 往复泵的压头与泵的几何尺寸无关,只要泵的机械强度及原动机的功率允许,输送系统要求多高的压头,往复泵就能提供多大的压头。实际上,由于活塞环、轴封、吸入和排出阀等处的泄漏,往往降低了往复泵可能达到的压头。

3. 往复泵的吸上真空度亦随泵安装地区的大气压强、输送液体的性质和温度而变,所以往复泵的吸上高度也有一定的限制。但是,往复泵内的低压,是靠工作室的扩张来造成的,所以在开动之前,泵内无须充满液体,即往复泵有自吸作用。

4. 往复泵不能简单地用排出管路上的阀门来调节流量,一般采用回路调节装置,如图2-102所示,详细情况将在以后讨论。

基于以上特点,往复泵主要适用于小流量、高压强的场合,输送高黏度液体时的效果也比离心泵好。但不能输送腐蚀性液体和有固体粒子的悬浮液。

2.9.2 计量泵

计量泵又称比例泵,从操作原理来看就是往复泵。图 2-99 所示的是计量泵的一种形式,通过偏心轮把电机的旋转运动变成柱塞的往复运动。偏心轮的偏心距离可以调整,使柱塞的冲程随之改变。若单位时间内柱塞的往复次数不变时,泵的流量与柱塞的冲程成正比,所以可通过调节冲程而达到比较严格地控制和调节流量的目的。

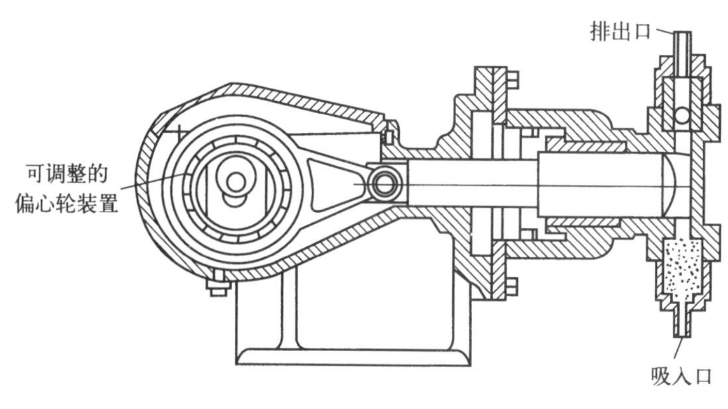

图 2-99 计量泵

计量泵适用于要求输液量十分准确而又便于调整的场合,如向化学反应系统中输送药液。有时可通过用一台电机带动几台计量泵的办法,使每股液体流量稳定且各股液体量的比例也固定。

2.9.3 回转泵

回转泵是靠泵内一个或一个以上的转子的旋转来吸入与排出液体,又称转子泵。回转泵的形式很多,操作原理却大同小异,现举例说明。

2.9.3.1 齿轮泵

图 2-100 是齿轮泵的结构示意图,泵壳内有两个齿轮,一个是靠电机带动旋转,称为主动轮,另一个是靠与主动轮相啮合而转动,称为从动轮。两齿轮与泵体间形成吸入和排出两

个空间。当齿轮按图中所示的箭头方向转动时,吸入空间内两轮的齿互相拨开,形成了低压而将液体吸入,然后分为两路沿壳壁被齿轮嵌住,并随齿轮转动而达到排出空间。排出空间内两轮的齿互相合拢,于是形成高压而将液体排出。

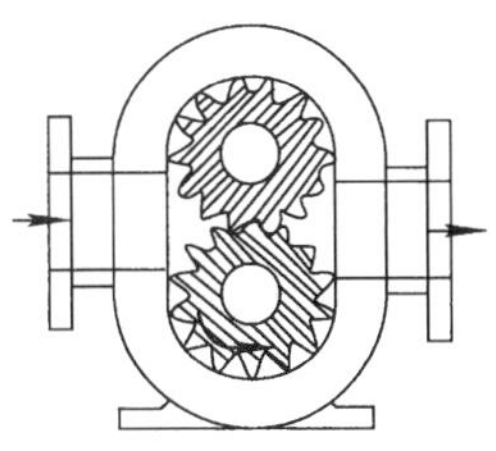
图 2-100 齿轮

齿轮泵的压头高而流量小,可用于输送黏稠液体以至膏状物,但不能输送有固体颗粒的悬浮液,常用于液压系统和润滑系统。

2.9.3.2 螺杆泵

螺杆泵主要由泵壳与一根或两根以上的螺杆构成。图 2-101 所示的双螺杆泵,实际上与齿轮泵十分相像,利用两根相互啮合的螺杆来排送液体。当所需的压强很高时,可采用较长的螺杆。

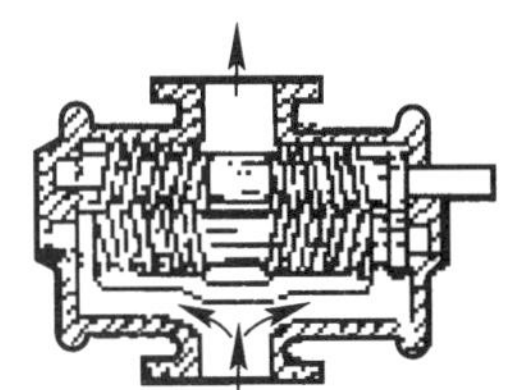
图 2-101 双螺杆泵

螺杆泵压头高,效率高,噪声小,适于在高压下输送黏稠性液体。

上述各种往复泵和回转泵都是容积式泵或统称为正位移泵。液体在泵内不能倒流,只要活塞在单位时间内以一定往复次数运动或转子以一定转速旋转,就排出一定体积流量的液体。若把泵的出口堵死而继续运转,泵内压强便会急剧升高,造成泵体、管路和电机的损坏。因此,正位移泵就不能像离心泵那样启动时把出口阀门关死,也不能用出口阀门调节流量,必须在排出管与吸入管之间安装回流支路,用支路阀配合进行调节。图 2-102 示出了回流支路的安装方式。液体经吸入管路上的阀门(1)进入泵内,经排出管路上的阀门(2)排出,并有一部分经支路阀(3)流回吸入管路。排出流量由阀门(2)及(3)配合调节,在泵运转过程中,这两个阀至少有一个是开启的,以保证泵送出的液体有去处。若下游压强超过一定限度时,安全阀(4)即自动开启,泄回一部分液体,以减轻泵及管路所承受的压力。

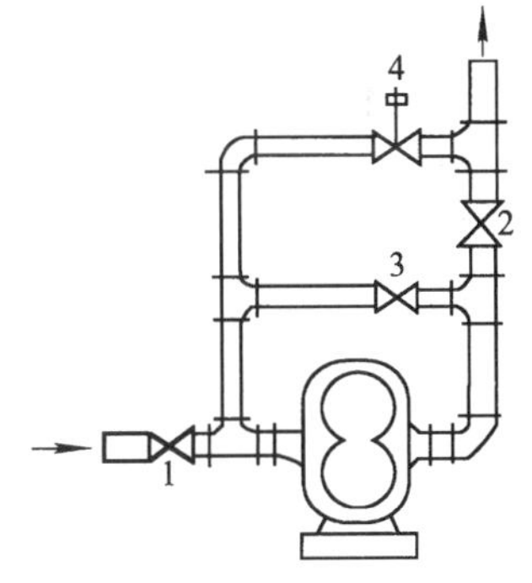

图 2-102 正位移泵的流量调节装置

1—吸入管路阀;2—排出管路阀;3—支路阀;4—安全阀

2.9.4 旋涡泵

旋涡泵是一种特殊类型的离心泵,由泵壳和叶轮组成。叶轮是一个圆盘,四周铣有凹槽而构成叶片成辐射状排列,如图 2-103a 所示。叶片数目可多达几十片。泵内结构情况如图 2-103b 所示,叶轮(1)上有叶片(2),在泵壳(3)内旋转,壳内有引水道(4),吸入口和排出口间有间壁(5),间壁与叶轮只有很小的缝隙,使吸入腔和排出腔得以分隔开。泵内液体随叶轮旋转的同时,又在引水道与各叶片间反复作旋转运动,因而被叶片拍击多次,获得较多的能量。

旋涡泵适用于要求输送流量小、压头高而黏度不大的液体。液体在叶片与引水道之间的反复迂回是靠离心力的作用,故旋涡泵在开动前也要灌满液体。旋涡泵的最高效率比离心泵的低,特性曲线也与离心泵有所不同,如图 2-104 所示。当流量减小时,压头升高很快,轴功率也增大,所以应避免此类泵在太小的流量或出口阀全关的情况下作长时间运转,以保证泵和电机的安全。为此也采用正位移泵所用的回流支路来调节流量。旋涡泵的 $N—Q$ 线是向下倾斜的,当流量为零时,轴功率最大,所以在启动泵时,出口阀必须全开。

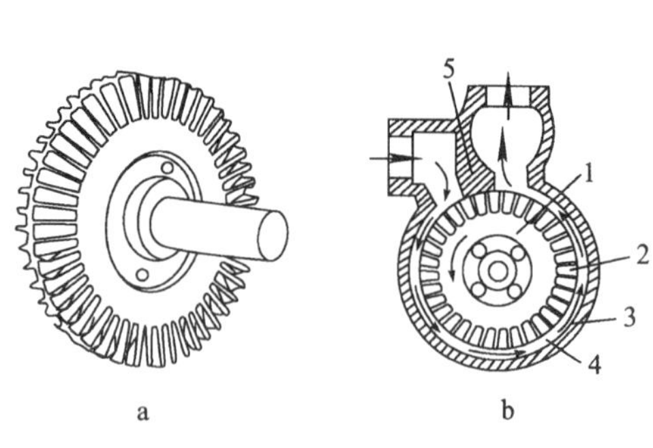

图 2-103 旋涡泵

1—叶轮；2—叶片；3—泵壳；4—引水道；5—间壁

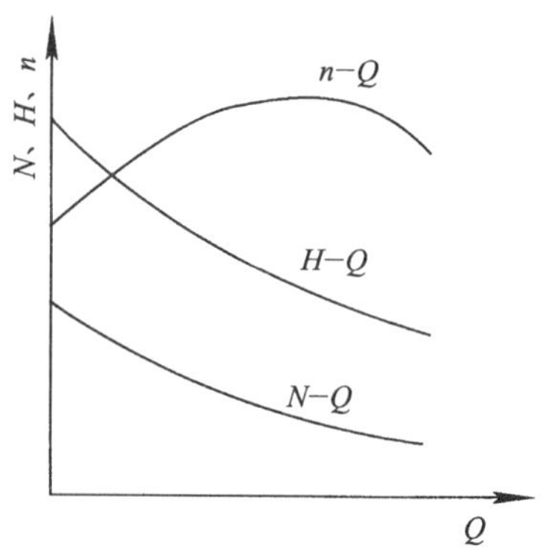

图 2-104 旋涡泵的特性曲线

2.9.5 喷射泵

2.9.5.1 喷射泵的工作原理

喷射泵与前述的离心泵、轴流泵、往复泵、回转泵等不同，它不是借助机械能的转变来使所输送的液体获得能量，而是利用工作流体（气体、液体、蒸汽）的能量，使输送液体获得能量而达到输送流体的目的。

喷射泵的工作原理和过程如图 2-105 所示：当工作流体由压力管（1）进入喷嘴（2）工作流体通过喷嘴后以很高的流速进入混合室（6）通过喉管（4）到达扩散管（5）最后进入排出管（7）。由于射流（3）的作用从混合室（6）带走空气，因而在混合室（6）形成低真空，所以就可以从任一容器中沿吸入管（8）而吸入液体。液体经吸入管（8）进入混合室（6）与这里的工作流体射流（3）混合后经喉管 4 进入扩散管 5 通过排出管（7）排出。

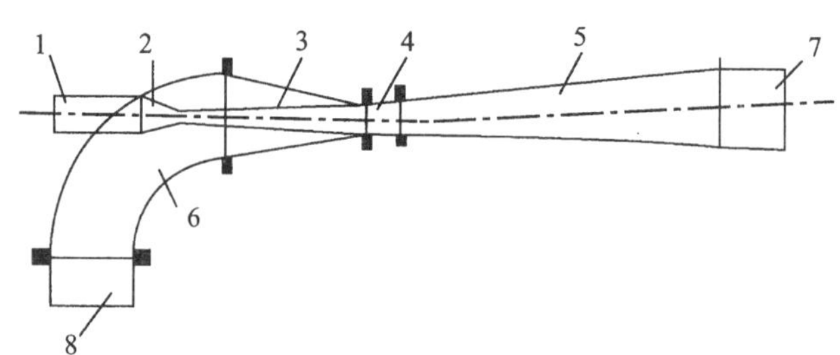

图 2-105 喷射泵作用示意图

1—压力管；2—喷嘴；3—射流；4—喉管；
5—扩散管；6—混合室；7—排出管；8—吸入管

这里特别指出：喷射泵的工作流体与被输送的液体，最后是混合在一起的。

2.9.5.2 喷射泵的效率

如果将流量为 Q 的输送液体提升到 H 高度，所需要的工作流体的流量为 Q_0，其压头为 h 的，则其功率为 Q_0h。喷射泵的效率 η 则为：

$$\eta=\frac{QH}{Q_0h}$$

工作流体可以是水，也可以是蒸汽或其他流体，工作流体的压头，常用泵来产生。用蒸汽作为工作流体称为蒸汽喷射泵，在小的热电厂中蒸汽喷射泵也可作为锅炉补给水用泵，化工厂常用喷射泵抽低真空用。核工业系统有时也用蒸汽喷射泵抽吸地坑中的低放射性废水。

喷射泵的主要参数如下：

喷射泵的效率一般在 15%～30%

喷射泵的吸上高度不超过 1～1.5 m

喷嘴出口速度 25～30 m/s

吸入管的速度 2～2.5 m/s

喷嘴的射流速度越大及喷嘴与喉管截面积之比值越少，则喷射泵所产生的压头越高。

一般较合适的参数如下：

1. 喉管与喷嘴截面积之比值为：$\frac{F_r}{F_c}=4\sim10$

F_r——喉管截面积；

F_c——喷嘴截面积。

2. 吸入管与喷嘴截面积之比值：$\frac{F_{BC}}{F_c}=15\sim20$

F_{BC}——吸入管截面。

2.9.6 真空泵

真空泵的类型很多，工业生产中用的最多的是水环式真空泵，它的装置结构如图2-106所示。卧式圆柱形泵缸 2 内注入一定量的水，星形叶轮 1 偏心地装在泵缸内，当叶轮旋转

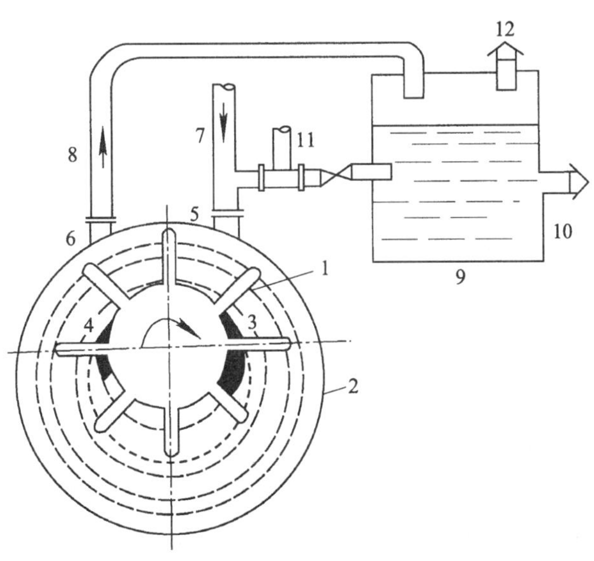

图 2-106　水环式真空泵

1—星形叶轮；2—泵缸；3—吸气孔；4 排气孔；5—接头；6—接头；7—吸气管；8—排气管；9—水箱；10—放水管；11—阀；12—放气管

时，水受到离心力作用被甩向四周而形成一个相对于叶轮为偏心的封闭水环。被抽吸的气体沿吸气管7及接头5由吸气孔3进入水环与叶轮之间的空间，右边月牙形部分，由于叶轮的旋转，这个空间的容积由小逐渐增大，因而产生真空抽吸气体。随着叶轮的旋转，气体进入左边月牙形，因叶轮是偏心旋转的，此空间逐渐缩小，气体受到压缩而升压，气与水便由排气孔4经接头6沿排气管8进入水箱9中，气体自动分离后，再由放气管12放出。废弃水和空气一起被排到水箱。

水环式真空泵结构简单、紧凑，易于维修，由于旋转部分没有机械摩擦，使用寿命长，操纵可靠。可以生成的最高真空度为 83.4×10^3 Pa 左右。

2.10 水泵在运行中的问题

2.10.1 启动要求

1. 启动时必须充水。

2. 离心泵采用关闭出口阀的情况下启动，水泵在关闭出口阀工况下工作，不超过2～3分钟。

3. 轴流泵、混流泵及旋涡泵采用出口阀打开的工况下启动。因关死点，消耗功率最大。

4. 往复泵和回转泵等容积式泵(正位移泵)，必须采用出口阀打开的工况下启动，否则泵内压强会急剧升高，造成泵体、管路和电机的损坏。

2.10.2 水泵的汽蚀

防止汽蚀的主要方法是降低吸水高程，减小吸入管阻力，提高泵吸水口压力，增强材料的抗蚀性。具体措施参见2.4.1.4节提高泵抗汽蚀的措施。

2.10.3 水泵的化学腐蚀

1. 化学腐蚀的原因

(1) 水中含有少量氧，当温度升高时和金属发生氧化作用。

(2) 水中含有重碳酸钠，当水温升高时重碳酸钠分解，降低了水中的pH。即使水中不含氧，这种水也会对泵的部件起很强烈的腐蚀作用。

2. 防止的办法

(1) 加除氧塔(脱气塔)。

(2) 选耐腐蚀材料泵。

2.10.4 水泵的磨损

1. 磨损的原因及部件：

(1) 轴承间的摩擦磨损；

(2) 叶轮与外壳间的摩擦磨损；

(3) 介质颗粒引起的磨损。

2. 防止办法：轴润滑，过滤介质，选耐磨材料的部件。

2.10.5 水泵的振动

1. 水泵振动的原因

(1) 流体流动引起的振动有：

1) 汽蚀引起的振动，其原因可参见2.4.1.1一节；

2) 水击(水锤)引起的振动。

(2) 机械引起的振动有：

1) 轴心不对中引起的振动；

2) 叶轮(转子)质量不平衡引起的振动；

3) 叶轮(转子)中心不正引起的振动；

4) 转子的临界转速引起的振动；

5) 动、静部分之间的摩擦引起的振动；

6) 平衡盘设计不良引起的振动；

7) 其他原因引起的振动，如基础不良或地脚螺栓松动也会引起振动等。

2. 消除水泵振动的方法

(1) 消除汽蚀和水击(参见有关章节)；

(2) 轴心严格对中(参阅水泵安装手册)；

(3) 叶轮进行动、静平衡试验，并消除不平衡重量(参阅动、静平衡试验规程)；

(4) 安装和修复组装时，严格找准转子中心；

(5) 安装机座加设减振机构；

(6) 根据引起振动的原因，采取针对性的消除方法。

2.11 压水堆核电厂主要泵

2.11.1 反应堆冷却剂回路主泵

压水堆反应堆冷却剂回路主泵的功能是将反应堆冷却剂升压，通过蒸汽发生器，再回到堆芯，补偿系统的压力降，保证反应堆冷却剂系统中的冷却剂循环。

压水堆核电厂反应堆冷却剂回路主泵，多采用立式混流泵和立式离心泵。

2.11.1.1 立式混流式主泵

压水堆核电厂反应堆冷却剂混流式主泵，为空气冷却、三相感应式电动机驱动的单级混流式水泵，轴封采用了三道机械密封。

反应堆冷却剂混流式主泵的结构如图2-107所示。

混流式冷却剂主泵由泵壳、叶轮和导叶、隔热屏、轴密封组件、轴承和联轴节、电动机、飞轮等组成。介绍如下。

1. 泵壳

泵壳为椭球形，冷却剂从泵壳底部沿叶轮轴线吸入，由径向水平接管排出。进口导流管为圆筒形，它使冷却剂向上至叶轮入口。进口导流管用机械方法固定在泵壳内，它的上端与导叶下端同心。

2. 叶轮和导叶

叶轮上有 7 个螺旋形叶片，它紧固地装在泵轴的下端。导叶由 12 个螺旋形叶片组成，它汇集叶轮流来的冷却剂。导叶的外径较小可以与泵内其他构件同时从泵壳内取出。导叶法兰是主泵压力边界的一部分，隔热屏就装在它的上方。

3. 隔热屏

隔热屏由两部分组成，一是安装在导叶内侧的隔热套，二是安装在叶轮和泵轴承之间由 12 层不锈钢扁平盘管组成的扁平状热交换器，轴密封位于泵轴承之上。由化学和容积控制系统来的高压冷却水注入到泵径向轴承和轴密封之间，作为轴密封的密封液流和泵径向轴承的润滑剂。

核岛设备冷却水在隔热屏冷却盘管内循环，正常运行时，隔热屏使反应堆冷却剂向泵轴承和轴密封的传热量减到最小。当化容系统注入水失效时，隔热屏可以冷却沿轴向上流的润滑泵轴承和轴密封的反应堆冷却剂流。

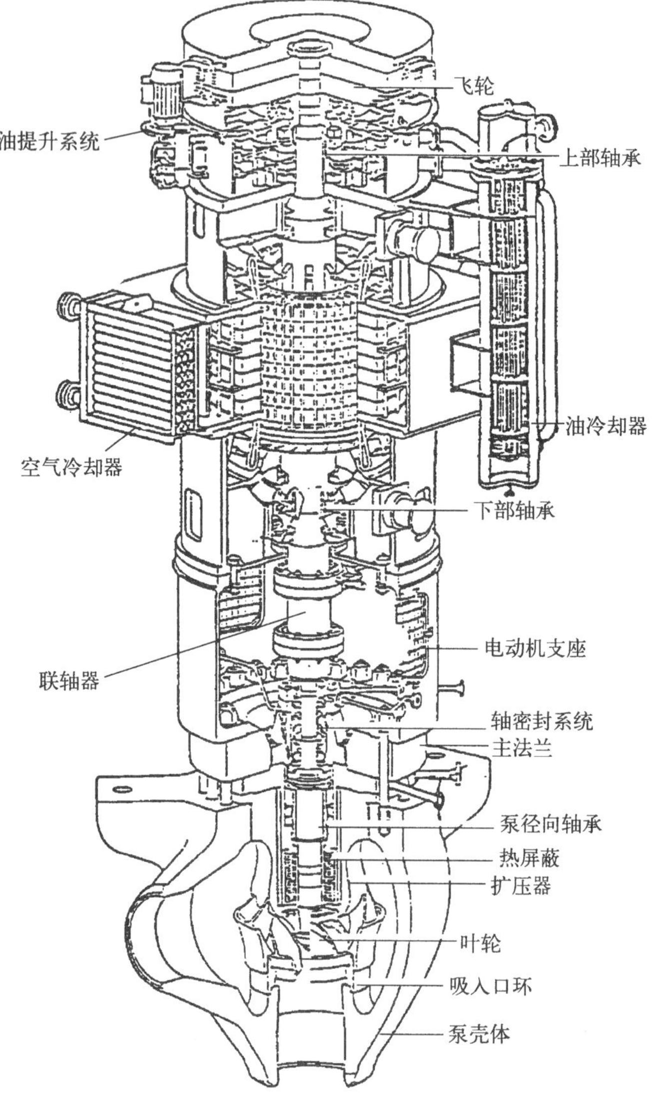

图 2-107 反应堆冷却剂混流式主泵

（图为大亚湾核电厂混流式主泵结构图）

4. 轴密封组件（轴封）

主泵的轴封要求比较严格，为防止外泄漏，由安装在泵轴上的三级串联机械密封来完成，如图 2-108 所示。轴封安装在泵的径向轴承上。

1 号机械密封位于浸没式轴承（径向轴承）的上方，它是轴密封组件中最重要的部件，为液膜式端面密封（机械密封）。液膜是由通过此级的压降产生的，因而液膜的形成并不要求轴旋转。1 号轴封的动环和静环的密封面材料都是氧化铝，动环在下边，随泵轴而旋转，静环在上边，不转动。动环和静环的两密封端面在一层薄水膜两侧相对滑动，故不会直接接触而产生磨损。泄漏时由外侧流向内侧，由压力引起的力使密封件自动处于平衡状态，保持间隙为 0.1 mm 左右。为使一号轴封正常运行，严格规定在反应堆冷却剂系统压力低于 2.5 MPa(25 bar)时，决不可启动主泵。

由化容系统来的高压冷却水，注入到泵径向轴承和 1 号轴密封之间，注入水的压力必须大于反应堆冷却剂泵吸入压力。在注入水入口，装有一只过滤器，以保持水的洁净度。

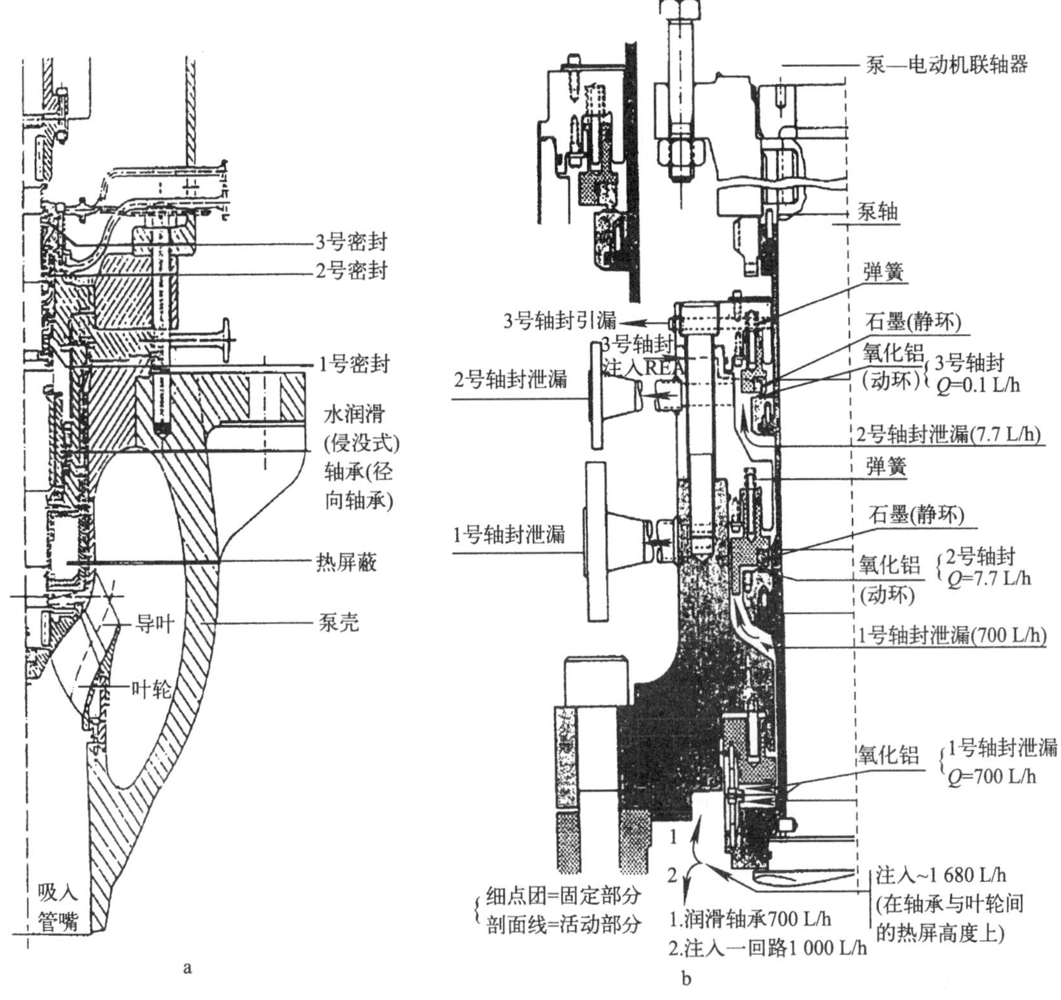

图 2-108 反应堆冷却剂泵轴密封组件结构图

注入泵径向轴承和一号轴封之间的高压冷却水，一部分经由隔热屏和迷宫式密封进入反应堆冷却剂系统之前，润滑和冷却泵轴承；另一部分沿泵轴向上流到水密封（液膜密封）后，由 2 号轴密封构成的屏障迫使绝大部分流量通过 1 号轴密封引漏管回到化容系统进行再循环。其中很小部分水流量，流过 2 号轴密封并通过 2 号轴密封引漏管到反应堆冷却剂疏水箱内。

当反应堆冷却剂卸压时，密封水注入量由维持在 0.3 MPa 的容积控制箱的液压来保证，此时的流量小于正常流量。

2 号轴密封位于 1 号轴密封的上方，为压力平衡摩擦端面机械密封。动环密封面为碳化铬或氧化铝，静环密封面材料为石墨。2 号密封的润滑是由 1 号轴密封泄漏量的一小部分来保证的。2 号轴密封泄漏被引到核岛疏水系统。

2 号轴密封的作用是阻挡 1 号轴密封的泄漏，并设计成在 1 号轴密封损坏的应急情况下，无论在转动状态或者静止状态，都能承受反应堆冷却剂系统的全部压力。此时它可以代替 1 号轴密封，并且像液膜面密封那样运转。

3 号轴密封的作用是阻挡 2 号轴密封的泄漏，它是一种机械摩擦端面双效应机械密封（低压接触式机械密封），它承受的压差最小，它能限制每小时泄漏量在 0.1 L 以内。这样小的泄漏量用来冷却和润滑接触端面是足够的。3 号密封的动环密封面材料为碳化铬或氧化铝，静环密封面材料为石墨。

3 号轴密封的润滑和冷却是由反应堆硼和水的补给系统注入的密封水来润滑轴封表面并防止硼析出。冷却水由高位立管注入，以便在 3 号轴密封面之间获得一股重力注入流。注入 3 号轴密封的水分成两部分，一部分进入 2 号引漏管线，另一部分沿 3 号密封向上流动，通过 3 号密封引漏管直接引到核岛疏水系统。

5. 轴承及联轴节

反应堆冷却剂混流式主泵机组装有三个径向轴承和一个止推轴承；其中两个径向轴承和一个止推轴承用来支承电动机，另一个径向轴承形成了泵轴承。泵轴承浸没在水中且位于隔热屏和轴密封之间，它是水润滑轴承，由斯太立合金堆焊的不锈钢轴颈和石墨环构成的套筒组成。此轴承安装在一球形座内，能补偿泵——电动机机组轴线对中的小偏差。

泵轴与电动机轴之间采用联轴节联接，联轴节能使得在拆卸轴密封组件时不必拆卸电动机。主泵静止时，重力向下，靠止推轴承平衡；主泵运转时，轴向推力向上，除抵消重力外尚有余，也靠此双向止推轴承平衡。

6. 电动机

驱动主泵的电动机为立式、鼠笼、单速三相感应式交流电机，空气冷却。空气由两台热交换器采用设备冷却水来进行冷却。电动机的电压为 6.6 kV，额定功率 6 500 kW，同步转速 1 500 r/min。

当主泵停止运转时，为防止电动机绕组受潮，安装了电机绕组电加热器，主泵停运后，电加热器自动投入运行。

电动机中装有防反转装置，该装置用于当冷却剂系统有一台主泵不运转而其他主泵在运转时，能防止不运转的主泵在冷却剂倒流作用下产生的反向旋转。

7. 飞轮

飞轮装在电动机轴的顶端，以增加主泵机组的转动惯量，使它有足够的惰转时间，以保证驱动主泵的电动机在断电后仍能为堆芯提供冷却剂。

8. 大亚湾 900 MW 压水堆核电厂反应堆冷却剂混流式主泵的主要参数如下。

型号：100 型混流泵；

流量：Q=23 790 m^3/h；

扬程：H=97.2 m；

吸入口水温：293 ℃；

吸入水压力：15.5 MPa；

转速：n=1 485 r/min；

额定功率：N=6 500 kW；

额定电压：U=6.6 kV；

总高度为：8 m；

水容积：4 m^3；

水泵重量：55.7 t；

电机重量：49 t。

2.11.1.2　立式离心式主泵

压水堆核电厂主泵也有采用立式离心泵的，如江苏田湾核电厂。反应堆冷却剂立式离心式主泵，为空气冷却、三相感应式电动机驱动、带有惯性飞轮的单级、单吸离心泵，轴封采用了四道机械密封，其结构如图 2-109 所示。压水堆核电厂反应堆冷却剂立式离心式主泵，除叶轮和轴封外其他结构部件与前节混流式主泵大致相同，这里不再赘叙。

立式离心式主泵的叶轮为中、低压离心泵叶轮，叶轮出口与轴垂直，叶片短而宽，比转速比较高。

田湾核电厂立式离心式主泵的主要参数为：

额度流量：21 500 m^3/h；

扬程：61 m；

转速：1 000/750 r/min；

功率：5 000 kW；

设计温度：350 ℃；

设计压力：17.64 MPa。

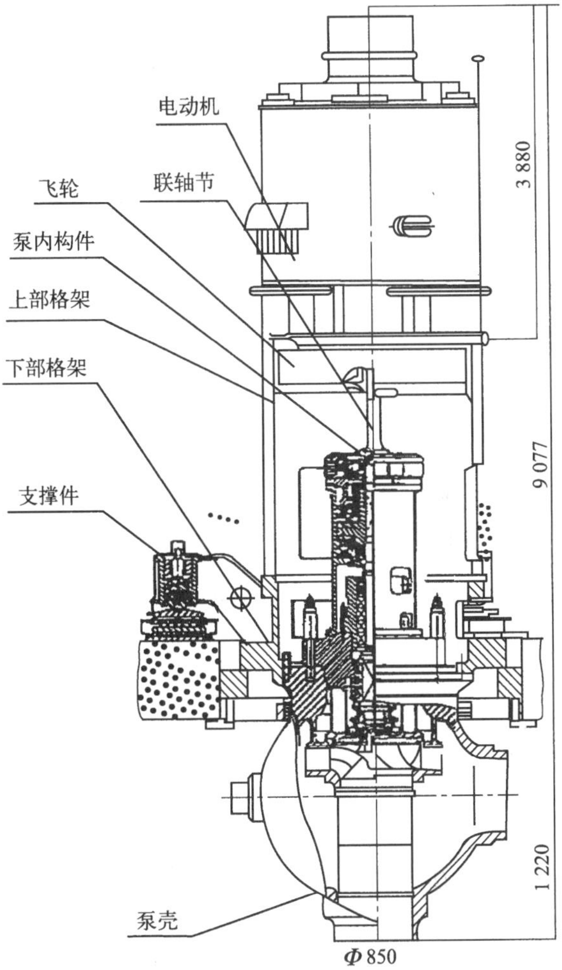

图 2-109　立式离心式主泵

2.11.1.3　屏蔽电机泵主泵

屏蔽电机泵主泵，参见本章 2.8 节。

2.11.2　二回路主给水泵

主给水泵的作用是将除氧器出口的主给水升压，然后经主给水加热系统送出，除满足高压给水系统各加热器的压头损失外，并保证满足蒸汽发生器进口要求的压力和流量。

在压水堆核电厂，主给水泵是汽轮机热力循环(二回路)中的一个重要组成部分，一般采用增压泵和压力泵串联运行。例如大亚湾压水堆核电厂的主给水泵，它包括两套各为 50％ 的汽动主给水泵和一套 50％的电动主给水泵。汽动主给水泵正常运行，电动主给水泵作为备用。当汽动给水泵有一台因故障而自动跳闸时，备用的电动给水泵自动启动并带上负荷投入运行。

每套汽动给水泵装置，按增压泵——减速齿轮箱——汽轮机——压力泵顺序串联组装，并由不同的联轴器连接，如图 2-110 所示。增压泵也称为升压泵或前置泵。

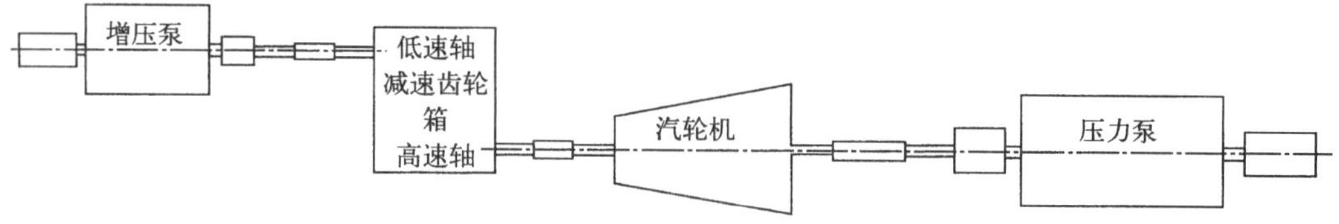

图 2-110　汽动给水泵装置示意图

电动给水泵装置的布局和汽动给水泵装置基本相同，只不过将汽轮机换成电动机，减速箱换成增速齿轮变速液力联轴器，按压力泵——增速齿轮涡轮变速液力联轴器——电动机——增压泵顺序串联组装，也是由不同的联轴器联接，如图 2-111 所示。

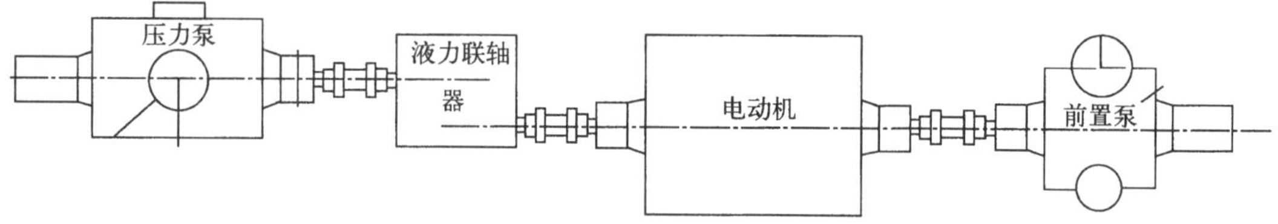

图 2-111　电动给水泵装置示意图

压力泵的转速为 1 489 r/min，增压泵的转速为 5 100 r/min，串联后的扬程 840 m，输送流量 813.5 kg/s。在这种工况下运行，驱动汽轮机的功率为 7 908 kW，电动机的功率为8 515 kW。

所有主给水泵装置，无论是单独运行还是并联运行，在引漏流量（小流量）和极限流量之间的任何一工作特性点上，均能稳定运行，并且都设有小流量保护系统（参见 2.4.5 节小流量管线与阀门），也称为小流量循环引漏环系统。当泵的流量降至低于某一预定值时，小流量保护系统立即投入运行，确保主给水泵的安全。

2.11.2.1　前置增压泵（升压泵）

前置增压泵也叫升压泵，前置增压泵为卧式双吸单级泵，易于就地拆卸，不需要拆开任何主要管路。前置泵的结构如图 2-112 所示。

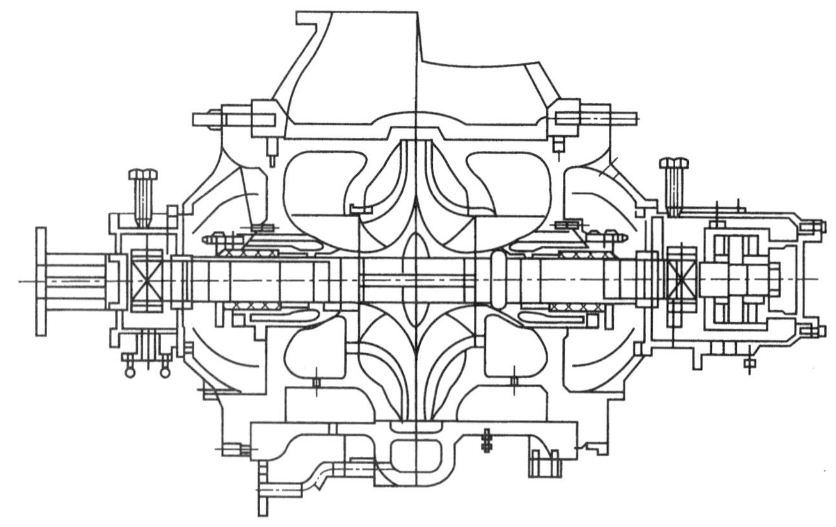

图 2-112　前置增压泵结构图

1. 蜗壳

蜗壳由马氏体不锈钢铸件制造，为双蜗壳型。进口和出口的接管在泵体的上半部，进口接管与垂直面成50°角，出口是垂直向上的。

泵的支承柱整体地铸造在泵壳中心线的每一侧。泵支承柱内的各横向键和泵壳下面的一个纵向键，布置在底板键台的滑动垫块之间，以保证泵正确对中。接管荷载通过这些键由泵传递给底板，但仍许泵自由缩胀，并保证泵轴中心不变。

2. 端盖

端盖的材料也是马氏体不锈钢。端盖装到泵壳环上，形成一个进入叶轮的平滑的流水通道。进、出口之间的密封，依靠一个滑动的密封件，以允许在热冲击和冷冲击时由于部件的热胀冷缩引起的各种移动。

3. 轴

轴由马氏体不锈钢锻件制成，表面镀铬以使轴颈有硬的耐磨的表面。轴按“刚性轴”设计。轴的临界转速比最高运行转速高20%以上，并有足够的轴向间隙，以适应热效应不至产生内部碰撞的危险。

4. 叶轮

叶轮为双面进水型，材料为马氏体不锈钢。叶轮用过盈配合和键装在轴上。叶轮的定位套筒和端盖的形状要求它们共同保证吸入泵的水流具有最小的扰动(阻力)和良好的抗气蚀性能。

5. 轴封填料

泵轴出口处的轴封，设有5圈填料，其中3圈在液封套环(圈)内侧，2圈在液封套环外侧。轴封周围设有冷却夹套，保证轴封填料处水温不超过100 ℃，为防止热量侵入填料，冷却水来自常规岛闭式冷却水系统，通过液封套环腔后回到冷却水回流系统。

6. 轴承

驱动端轴承为圆筒形轴承，内衬巴氏合金。轴承支承在沿轴向中分的轴承座上，并用轴承定位装置保持其位置。轴向中分的轴承座用法兰固定在驱动端端盖的下半扇形块上。轴承座的上盖放在轴承座的中分面上，用法兰固定在端盖的上半扇形块上。轴承的润滑采用的是强制润滑油系统，并采用油挡和甩油盘共同防止润滑油的溅漏。

非驱动端的径向轴承结构和润滑方式，与驱动端轴承完全相同。

7. 联轴器

前置泵与减速齿轮箱之间的轴与轴的连接，是通过一个扰性膜式隔片联轴器实现的。

8. 仪表

推力轴承和径向轴承均装有热电偶，以监测轴承合金温度。每个径向轴承有一个热电偶，在推力轴承的推力侧和被动侧，每三个推力瓦块装一个热电偶。

在轴承座上装设监测振动的振动仪。

2.11.2.2 压力泵

压力泵也是卧式双吸单级泵，压力泵的结构如图2-113所示。

1. 泵壳

压力泵的泵壳由马氏体不锈钢制造，型式为双蜗壳，其内表面铸有水力通道。进口管由顶部进入泵壳，出口管位于壳体底部水平面上。进、出口有碳钢过渡段与现场管道联接。

泵壳、支承柱和底板的设计，保证泵的对中不会受到接管的载荷或运行参数变化的影响。

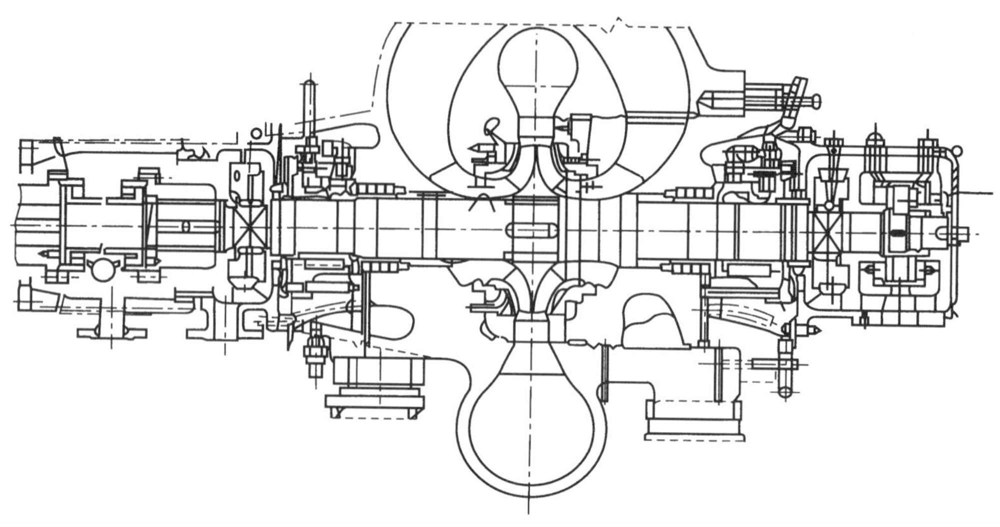

图 2-113 压力泵结构图

接管的载荷通过销和键由泵传递给底板，并允许泵体自由膨胀和收缩，同时保持轴的对中。

2. 扩散器

多叶式扩散器由马氏体不锈钢锻造，位于蜗壳叶片的内侧，用“O”形环密封，并用埋头螺钉紧固定位在蜗壳的联轴节侧。

3. 轴

由马氏体不锈钢锻件制造的轴，承受径向和轴向载荷，它的临界转速比最高运行转速高20%以上。轴的表面镀铬，以使轴颈有硬的耐磨表面。

4. 叶轮

叶轮为双吸叶轮，双侧进水，用马氏体不锈钢铸件制成，并作动平衡试验。双吸叶轮可以保证轴向推力自动平衡。

叶轮在轴上的轴向定位，一侧依靠轴肩，另一侧依靠套筒和轴端螺母。叶轮用过盈配合和键装在轴上。

5. 进口导向器

进口导向器由马氏体不锈钢铸件制成，位于蜗壳的非驱动端。导向器是承插接头，用螺栓固定在蜗壳上。用四氟乙烯夹套内不锈钢弹簧组成的 4 个“工艺环”成对布置在水力通道的每一侧，以保证不漏。导向器与蜗壳的连接，要允许其在蜗壳内膨胀和收缩。

6. 冷却环形腔

轴的每端出口处装有一个水冷却环形腔，以冷却进入机械密封的给水，以此防止汽化和过热。每个环形腔用定位销与蜗壳和进口导向器定位，并用双重“O”形环在两侧密封。冷却水由常规岛闭式循环冷却水系统供给。冷却夹套使机械密封内侧的给水温度由 167.8 ℃降至 55 ℃。

7. 机械密封

压力泵两端的轴封采用的是机械密封，布置在轴的每端出口处，并装在盒内，便于更换密封件。机械密封的构造参见 2.5.3 节。机械密封的动环表面材料为碳化硅，静环表面材料为浸渍锑石墨。机械密封有一个冷却封闭密封循环水涡道，可使从密封室出来的水，经热交换器和磁粗虑器进行再循环。泵运行时水流是连续的，经热交换器和磁过虑器送回到密封室，以提供冷却并实现封闭循环。热交换器是利用来至常规岛闭式循环冷却水进行冷却。

8. 轴承

驱动端轴承为摆动垫块型径向轴承，由五块中心销接的耐磨垫块等距离分布在轴颈圆周上，并由空心销钉保持位置。加压的润滑油通过空心销钉供给每个垫块，垫块受中分端板的轴向约束，端板固定在中分轴承座的每一侧。

用过的润滑油借助轴承座的重力返回油管，回到油箱。在轴上靠近轴颈轴承处装有甩油挡板，以防止油漏入机械密封区。

轴向中分的轴承座由铸钢制成，用法兰与蜗壳托架相连接。轴承座与轴承盖用定位销定位，并用螺钉固定在蜗壳托架上。

非驱动端的径向轴承与驱动端的轴承完全相同。非驱动端的推力轴承组件有一个载体环，各推力瓦块等距离地分布在环内的各个止挡块之间。推力瓦块外缘由载体环上的一个嵌合的法兰定位。推力瓦块由嵌入推力瓦块两端的止挡块头部所形成的凹槽保持定位，使推力瓦块可以自由摆动。止挡销有喷油嘴，加压的润滑油通过喷油嘴有控制地供油。

9. 联轴器

压力泵的轴与汽轮机轴的联接是通过一个扰性齿轮式联轴器实现的。由强制润滑油润滑，并带有密封防护罩。

10. 仪表

仪表监测项目及布置，与前置泵相同。

2.11.2.3　减速齿轮箱与增速齿轮涡轮变速液力联轴器

1. 减速齿轮箱

减速齿轮箱装在汽轮驱动机与前置增压泵(升压泵)之间，属单级齿轮减速箱。它把给水泵汽轮机的转速降低至前置泵要求的转速，并使压力泵与前置增压泵保持固定的转速比，即转速比为3.424∶1。

齿轮箱由输入小齿轮和轴、被动大齿轮和输出轴以及箱体和盖组成。箱体为铸造结构，输入轴与输出轴的两端支承在径向轴承中，轴承为衬巴氏合金的锥形轴承。所有轴承和齿轮的润滑由专用系统提供。

2. 增速齿轮涡轮变速液力联轴器

增速齿轮涡轮变速液力联轴器简称液力轴承。液力轴承是用变速涡轮联轴器和增速齿轮相组合而进行变速运行的。

涡轮联轴器是根据福廷格(Fottinger)原理工作的流体动力式液力联轴器。驱动电动机产生的功率转变为涡流联轴器叶轮(主动轮)的动能，并且在与泵组相连接的涡轮(次级涡轮)上又转变为机械能。功率传递的液体是汽机润滑油。当液力联轴器工作时，注入液力联轴器的油，根据需要而变化，用这种方法调整功率的传递量，从而对被驱动的设备进行无级调速。

液力联轴器的调速比为4∶1。

液力联轴器的装置由以下部件组成：

工作油系统；

润滑油系统；

输入轴和一组增速双螺旋齿轮；

液力联轴器的初级轴和叶轮；

液力联轴器的次级轴(输出轴)和涡轮。

每根轴(输入轴、初级轴和次级轴)的两端支承在径向轴承上。初级轴和次级轴由推力轴承轴向固定。

电动机通过带保护罩的扰性膜片式联轴器,驱动液力联轴器的输入轴;而液力联轴器的输出轴,则通过带油密封的保护罩的齿轮式扰性联轴器,驱动压力泵。

2.11.2.4 主给水多级泵

压水堆核电厂主给水泵也有采用多级泵的,例如田湾核电厂,其结构与后面介绍的辅助给水泵类似。关于多级泵的结构可参阅 2.5.2 节多级泵的有关内容,这里不再赘叙。

2.11.3 循环冷却水泵

压水堆核电厂循环冷却水系统,循环冷却水泵常采用混流泵和轴流泵,因为循环冷却水流量很大,而扬程却要求不高。混流泵和轴流泵的特性正好符合这一要求。

2.11.3.1 混流式循环水泵

循环水泵的功能是为凝气器提供足够冷却水(如河水或海水),混流式循环水泵是循环冷却水系统的主设备。以 900 MW 大亚湾核电厂混流式循环水泵为例,当发电机组满功率运行时,三台凝气器的冷却海水量为 22.002 m^3/s,另外辅助冷却水系统还需要冷却海水为 0.48 m^3/s。

大亚湾核电厂循环冷却水泵的型式为立式混流式水泥蜗壳泵,其基本结构如图 2-114所示。该泵为英国 NEI Allem 公司的产品。

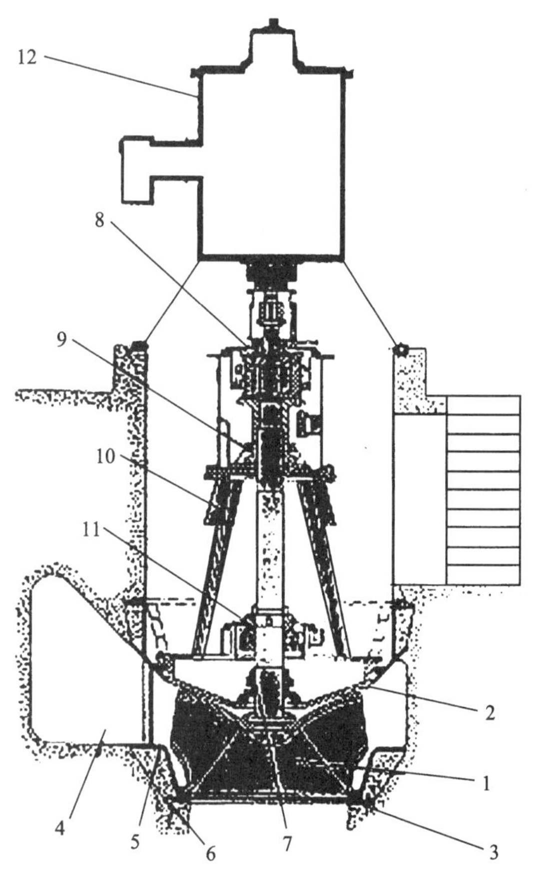

图 2-114 混流式循环水泵

1—泵叶轮;2—泵项盖;3—导叶轮与泵壳体密封环;4—混凝土蜗壳;5—预埋的座底;6—底脚螺丝;7—机械密封;8—减速齿轮;9—变速箱内泵推力和上导向轴承;10—轴承支架;11—轴承下导向轴承;12—电动机

混流式循环冷却水泵由泵壳、进水通道、叶轮和导叶、轴封、减速齿轮箱、驱动电机等组成。先简介如下。

1. 泵壳及进水通道

泵壳为立式蜗形水泥泵壳,泵壳及进水通道均为混凝土浇制。从鼓形旋转滤网出口到水泵叶轮进口处形成的进水通道,它的形状和尺寸是根据水力特性通过水工模拟试验后确定的。通道的断面由方形收缩变为圆形,形成收敛形混凝土弯头。此种结构可消除滞流区及漩涡,可避免带入空气造成的振动及海生物的沉积和污染。水泥蜗壳与金属蜗壳相比,无腐蚀、无振动,不需要大量维修。

2. 叶轮和导叶

叶轮上装有螺旋形叶片，固定在泵轴下端。导叶不转动，固定在泵壳上。叶轮和导叶的作用与混流式主泵的叶轮和导叶的作用相同。

3. 轴封

轴封采用接触式机械密封，位于泵顶盖的外侧（见图 2-113）。来自除盐水系统的澄清过滤水通往机械密封，用以防止海水泄漏。机械密封检修时，用两个充气橡皮圈密封，将其与海水隔离。

4. 减速齿轮箱

减速齿轮箱位于泵轴的上端。减速齿轮箱内有减速齿轮（744/161.2 r/min）、水泵的推力轴承和径向轴承。减速齿轮箱内部及电机轴承由循环水泵润滑系统进行润滑和冷却。

5. 驱动电机

驱动电机为感应式电动机，电压 6.6 kV，转速 750 r/min，功率 4 500 kW。电动机为空气冷却密封循环，空气在冷却器内冷却，冷却水来自常规岛闭路冷却水系统的除盐水。

6. 混流式循环冷却水泵的主要参数为：

额定流量：$Q=22.482\ m^3/s$（8 万 m^3/h）；

额定扬程：$H=16.0\ mH_2O$；

海水比重：1.003；

进口温度：23 ℃；

转速：$n=161.2$ r/min；

效率：$\eta=92\%$；

轴功率：$N=4\ 500$ kW。

2.11.3.2　轴流式循环水泵

轴流泵作为压水堆核电厂循环水泵用的也很多，例如我国江苏田湾 1000 MW 压水堆核电厂循环冷却水系统循环水泵采用的就是轴流式水泵，如图 2-115 所示。

轴流式循环水泵主要部件有：泵壳、叶轮、叶轮罩、泵轴、下滑动轴承、上滑动轴承、轴封、联轴器、进水弯管、整流段、出口扩压弯管等。

进水通道的结构以及它与进水口弯管的连接与混流式循环水泵基本相同。

轴流式循环水泵结构紧凑，效率高。

田湾核电厂立式轴流式循环水

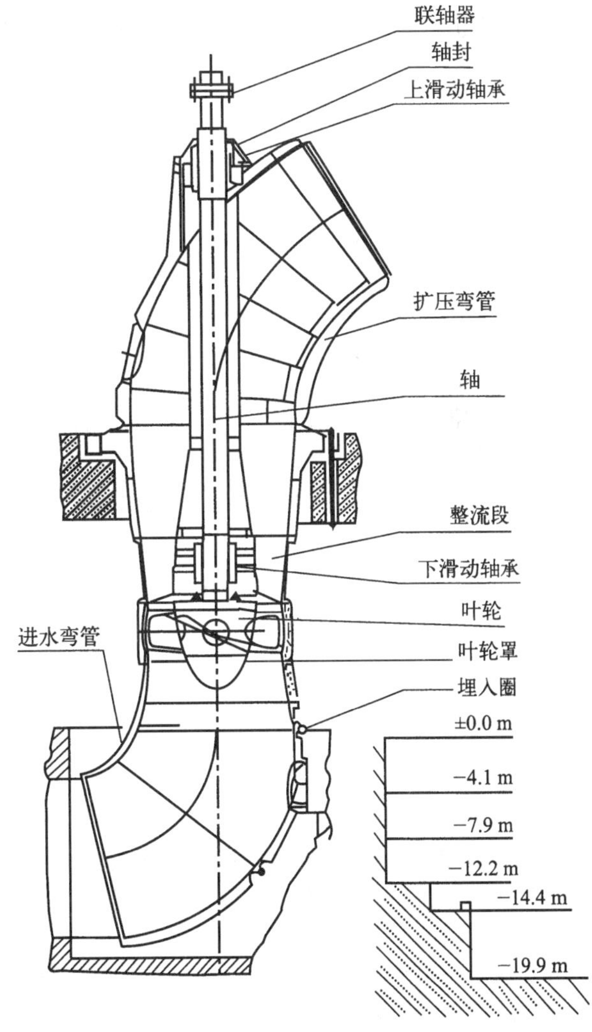

图 2-115　轴流式循环

泵的主要参数为：

流量：12.3～9.8 m^3/s(44 280 m^3/h)；

扬程：12.5～9.7 m；

转速：290/245 r/min；

功率：2 000/1 600 kW；

材料：主要材料为不锈钢。

2.11.4 辅助给水泵

压水堆核电厂辅助给水泵是辅助给水系统中最主要的设备。辅助给水泵的作用是，当向蒸汽发生器的给水发生故障时，主给水泵已经隔离，辅助给水系统通过辅助给水泵向蒸汽发生器供水，防止蒸汽发生器烧干，同时对排除堆芯余热也起到一定的作用。

辅助给水泵的型式，为卧式节段式多级离心泵，泵的进出、口在泵的两端上方，辅助给水泵的结构如图 2-116 所示。我国大亚湾核电厂辅助给水泵采用的就是卧式节段式多级离心泵，它设三台辅助给水泵，两台由电动机驱动，一台由汽轮机驱动，两台正常运行，一台备用。

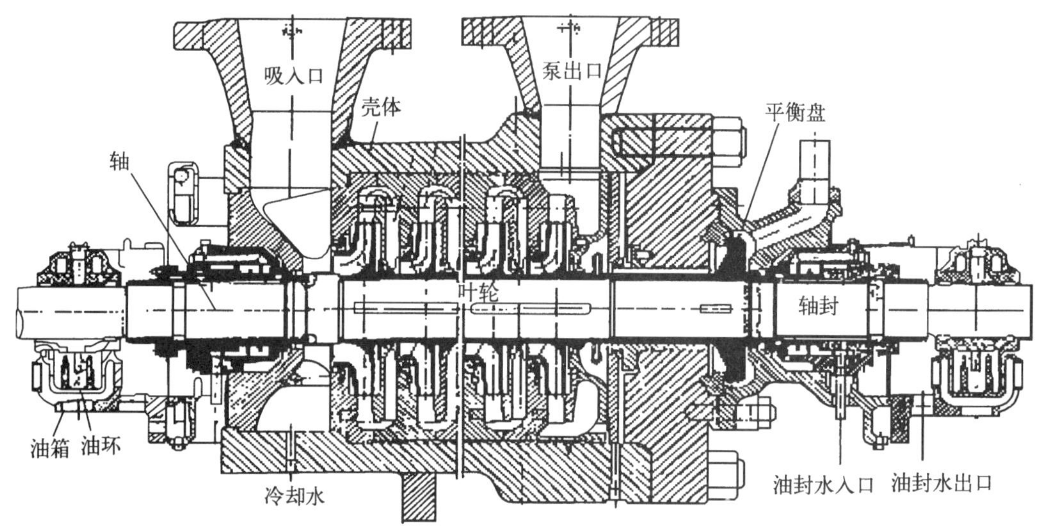

图 2-116 辅助给水泵结构图

大亚湾核电厂辅助给水泵的主要性能参数为：

工作温度：7～50 ℃；

额定流量：Q=100 m^3/h；

总扬程：H=1 100 m；

净正吸入压头：15 mH_2O。

驱动电动机参数：

电动机功率：500 kW；

额定电压：6 600 V；

电动机转速：n=2 980 r/min。

驱动汽轮机参数：

汽轮机设计压力：8.6 MPa；

工作蒸汽压力：7.6～0.76 MPa；

相应转速范围：5 968～2 200 r/min；

汽轮机设计温度：300 ℃。

2.11.5 凝结水泵

凝结水泵也叫冷凝水泵，它的功能主要是，汽轮机低压缸作功后的排出蒸汽，经凝气器冷凝成凝结水，由凝结水泵抽送给低压加热器和部分返回凝气器。

压水堆核电厂凝结水泵(冷凝水泵)一般采用立式多级泵，其中又分为带前置诱导轮的立式多级泵和不带诱导轮的立式多级泵。

2.11.5.1 无诱导轮立式多级凝结水泵

国内大亚湾核电厂采用的凝结水泵就是无诱导轮立式多级凝结水泵，它是三级立式沉箱型结构。主要由吸入喇叭口，第一级蜗壳和第一级叶轮，泵的第二、第三级叶轮，支承管及排水弯头，机械密封(轴封)，轴承和电动机组成，如图2-117所示。

1. 泵的第一级

泵的第一级采用双侧吸入结构，以满足吸入比转速的规定要求，而不需要过多地增加泵的长度。有一个喇叭口引导水流以稳定和最佳的流速分布进入叶轮。

从第一级叶轮周缘排出的水，由双蜗壳引入第二级。

在双蜗壳的结合面处，在下部喇叭口内，有凝结水润滑的轴承，为泵轴提供支承。

2. 泵的第二、第三级

泵的第二、第三级均为单侧进水，故每级都有一个在扩散蜗壳中运转的单侧进水叶轮。叶轮的吸入孔朝下对着前一级，还装有一个逆向颈环和平衡室以尽量减小水力载荷。

扩散器通道将水流从每个叶轮的周缘引向下一级叶轮的入口。每级泵壳都设有一套凝结水润滑的轴承，用于支承泵轴。

叶轮用键固定在轴上，并由端部与轴肩紧贴的套筒进行轴向定位。

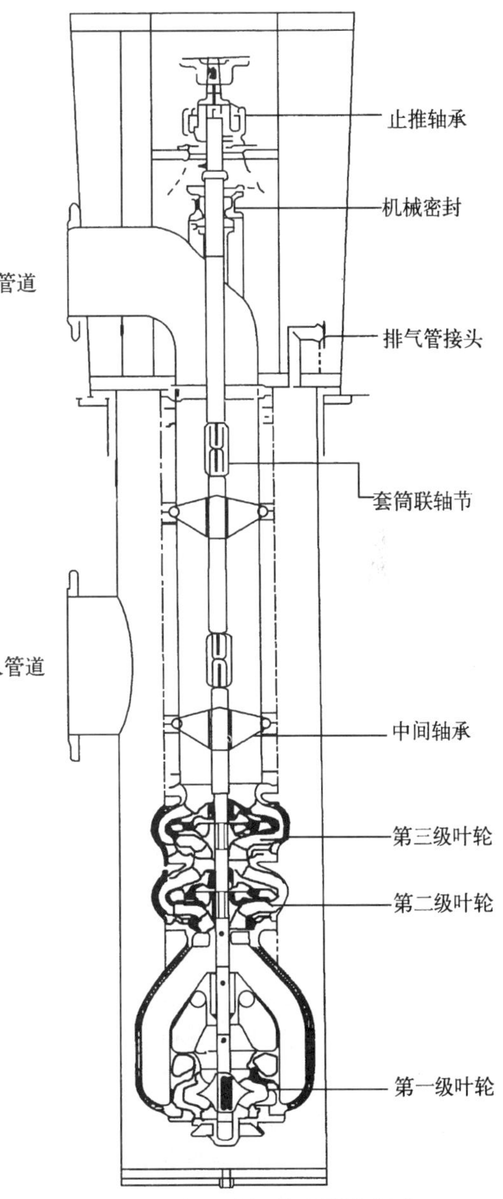

图2-117 三级立式沉箱式凝结水泵

3. 支承管与排水弯管

从凝结水泵最后一级排出的凝结水，通过一根垂直管送出水泵，这根管子也叫支承管，同时支承着水泵的重量。排水弯管和电动机机座组成联合结构，既起排水口作用，又悬挂着整个泵体，并在其顶部法兰上支托着驱动水泵的电动机。

4. 机械密封

在泵轴穿过排水弯管处的弯头内的一个填料盒里，设置了机械密封，以防止沿泵轴的泄漏。密封压板上开孔接密封水管，密封冷却水从凝结水泵的出口管引入，通过减压装置后接入，供运转时冷却密封，停泵时阻止空气进入。

5. 轴承

装在凝结水泵电动机托架上的止推轴承和径向轴承，承受转动部件的重量和水力载荷。

6. 电动机

凝结水泵由立式电动机驱动，电动机用法兰连接在托架上。

凝结水泵的主要性能参数为：

额定流量：$Q=552.67$ kg/s(约 2 000 m^3/h)；

总扬程：$H=215$ m；

转速：1 482 r/min。

2.11.5.2 带前置诱导轮的凝结水泵

带前置诱导轮的立式多级凝结水泵是发电厂常用的凝结水泵，国内田湾 1 000 MW 压水堆核电厂的凝结水泵采用的就是带前置诱导轮的立式多级凝结水泵，如图 2-118 所示。

田湾核电厂凝结水泵的结构为立式四级带前置诱导轮的离心泵，泵体部分主要由下部径向轴承、前置诱导轮、1 至 4 级叶轮、导向装置、节段件、内壳、外壳、压力塞、泵盖、轴、轴封、上部滚动轴承、联轴器以及进口和出口件组成。

泵的整体安装参见图 2-118 左上角安装图。凝结水泵由立式感应电动机驱动。

田湾核电厂凝结水泵的主要参数为：

额度流量:2 000 m^3/h;

扬程:170 m;

转速:1 480 r/min;

功率:2 000 kW。

2.11.6 高压安注泵(上充泵)

压水堆核电厂的安注泵分为高压安注泵和低压安注泵，安注泵功能是:① 当一回路发生小破口事故时，化学和容积系统不足以补偿冷却剂泄漏时，由安全注入系统，通过安注泵向一回路补水，以重新建立稳压器水位。② 当一回路发生大破口事故时，由安全注入系统，通过安注泵向堆芯注水，以便重新淹没并冷却堆芯，防止燃料包壳熔化和保持堆芯的完整性。③ 当蒸汽发生器管路发生破裂时，反应堆冷却剂过冷引起水收缩，稳压器水位下降。同时由于冷却剂温度降低而引入正反应性。安全注入系统，通过安注泵向一回路注入高浓度硼酸溶液，重新建立稳压器水位，迅速停堆，并且防止反应堆重返临界。

高压安注泵为多级泵，低压安注泵为带诱导轮的立式圆筒形离心泵。

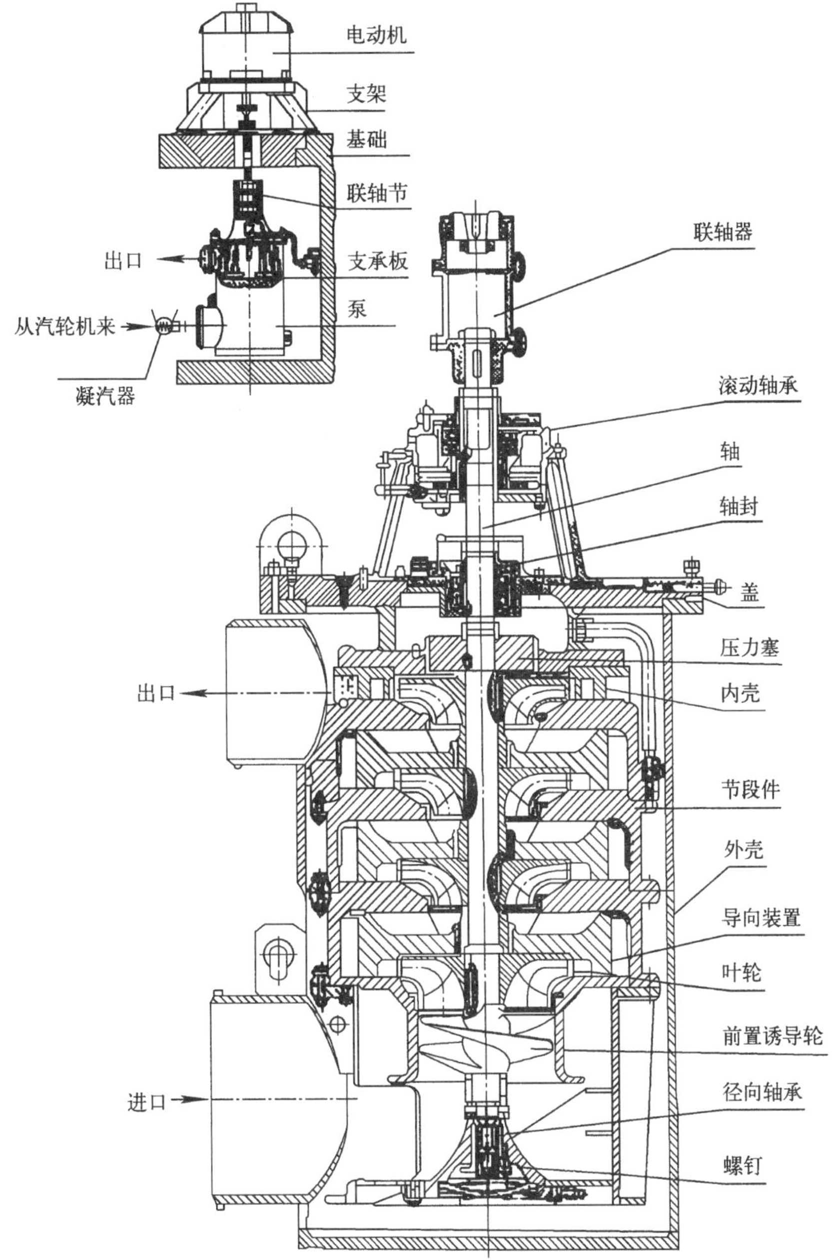

图 2-118　带前置诱导轮的立式四级凝结水泵

大亚湾核电厂的高压安注泵就是核电厂正常运行时的上充泵。

上充泵的功能是，当反应堆冷却剂系统的水体积收缩或产生泄漏时，需由硼和水的补给系统供水，通过上充泵给反应堆冷却剂系统补水，使稳压器水位稳定在规定的水位。

大亚湾核电厂的高压安注泵（上充泵），为卧式节段式多级离心泵，进、出口在泵的一端，进口在下方，出口在上方。它的结构如图 2-119 所示。

高压安注泵（上充泵）主要参数如下。

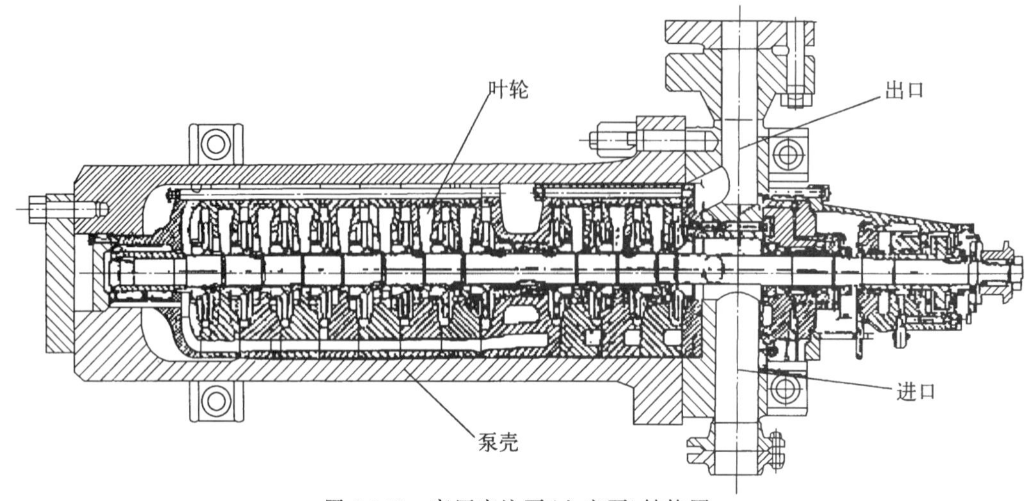

图 2-119 高压安注泵(上充泵)结构图

作为高压安注泵运行时的主要参数为：

温度：120 ℃；

额定流量：Q=160 m^3/h；

额定扬程：H=500 m；

转速：n=2 980 r/min；

额定功率：N=350 kW。

作为上充泵运行时的主要参数为：

温度：120 ℃；

额定流量：Q=34 m^3/h；

额定扬程：H=1 767 m；

转速：n=2 980 r/min；

额定功率：N=350 kW。

田湾核电厂的高、低压安注泵和上冲泵均采用了卧式多级节段式双壳离心泵。高压安注泵的型号为 ПТА－150－65；上冲泵的型号为 ПТА－60－185；低压安注泵的型号为 ПТА－800－12。

2.11.7 核岛安全壳喷淋泵

压水堆核电厂核岛安全壳喷淋泵是安全壳喷淋系统的核心设备。核岛安全壳喷淋泵的功能是，当反应堆 LOCA 事故或安全壳内二回路管道破裂的情况下，安全壳内的压力和温度升高时，安全壳喷淋系统即时通过核岛安全壳喷淋泵，将含有氢氧化钠的硼水均匀地喷入安全壳，使安全壳内的压力和温度降至可接受的水平，以保证安全壳的完整性。同时注入氢氧化钠可以提高水的 pH，使硼水的酸性所引起的对安全壳内金属腐蚀减至最低限度，并且降低可能释放出来的放射性碘。

安全壳喷淋泵为立轴筒式泵(立式多级泵)，安装在竖井中，进、出口在泵的上端。图 2-120 为大亚湾核电厂安全壳喷淋泵的结构图。

安全壳喷淋泵的主要性能参数为：

进口温度：直接喷淋：40 ℃；

　　　　　循环喷淋：120 ℃。

额定流量：直接喷淋：Q=850 m^3/h；

　　　　　循环喷淋：Q=1 050 m^3/h。

总扬程：直接喷淋：H=131 m；

　　　　循环喷淋：H=115 m。

净正吸入压头：0.5 mH_2O；

额定功率：490 kW。

田湾核电厂安全壳喷淋泵采用的也是卧式多级节段式双壳离心泵，型号为 ПТА－750－14。

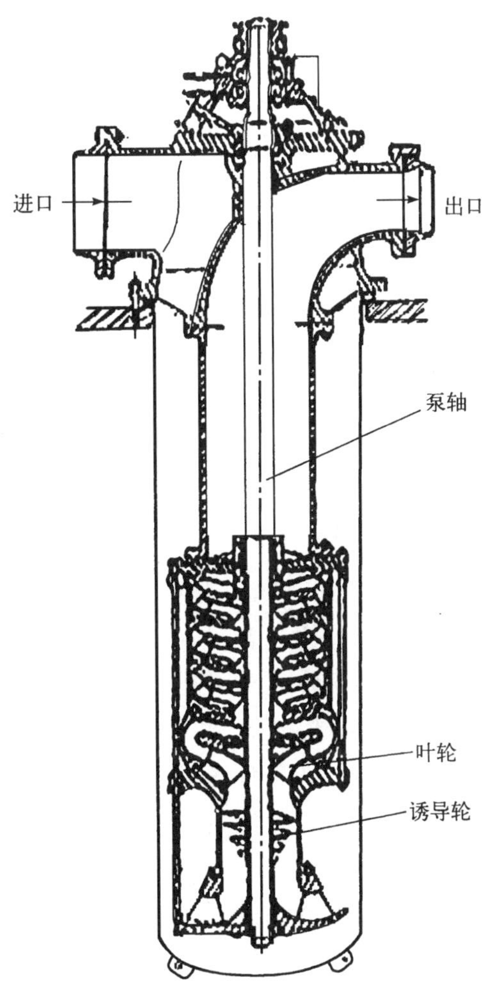

图 2-120　喷淋泵结构

复习题

1. 水泵有哪些类型?
2. 离心泵工作原理及其理论方程是什么?
3. 根据理论方程分析离心泵的理论压头、流量与叶片几何形状之间的关系是什么?
4. 离心泵压头、流量、效率、功率、转速之间的关系是什么?
5. 离心泵相似理论及相似定律关系式是什么?
6. 离心泵汽蚀产生的原因、现象及后果是什么?
7. 汽蚀余量的类型以及提高泵抗汽蚀的措施是什么?
8. 汽蚀余量(净正吸入压头 NPSH)与允许吸上真空度的关系是什么?
9. 什么是离心泵的工作点? 流量调节有哪些方式?
10. 机械密封的主要部件及基本结构是什么?
11. 离心泵轴向推力平衡的基本方式有哪几种?
12. 离心泵有哪些类型? 主要部件有哪些?
13. 离心泵的选择步骤和方法是什么?
14. 水泵的启动要求是什么?
15. 水泵产生振动的原因及消除的方法是什么?
16. 屏蔽电机泵的工作原理是什么? AP1000 屏蔽电机泵(主泵)主要结构部件有哪些?
17. 往复泵的基本结构和特点是什么?
18. 轴流泵的基本结构和特性是什么?
19. 轴流泵的性能曲线特点是什么?
20. 混流泵的性能特点是什么?
21. 喷射泵的工作原理及其特性是什么?
22. 容积式泵(正位移泵)流量调节的方法是什么?
23. 压水堆核电厂一回路主泵的功能是什么? 有哪些类型?
24. 压水堆核电厂混流式主泵的主要部件有哪些? 轴封采用的是什么型式?
25. 压水堆核电厂二回路主给水泵的功能是什么? 有哪些类型? 压力泵的主要部件有哪些?
26. 压水堆核电厂循环冷却水泵的功能是什么? 有哪些类型? 轴流式循环冷却水泵的主要部件有哪些?
27. 压水堆核电厂辅助给水泵是什么类型? 它的功能是什么?
28. 压水堆核电厂凝结水泵有哪些类型? 带前置诱导轮的凝结水泵有哪些主要部件?
29. 压水堆核电厂高压安注泵(上充泵)是什么类型? 它的功能是什么?
30. 压水堆核电厂安全壳喷淋泵的作用是什么? 它属于哪种类型的泵?

第3章　风　机

风机是输送气体的机械，一般分为三大类，即通风机、鼓风机和空压机。核电站用的最多的是通风机，它为核电站各厂房、各不同工作区域的通风、空调系统提供空气输送动力。例如一座1000 MW压水堆核电厂，通风、空调系统约有40多个，其中核岛和核辅助厂房的核通风、空调占一半以上。核通风、空调不仅为核电厂创造舒适的工作环境，更主要的是保证工作人员身体健康免受辐射的防护要求；有的核通风系统还和核安全直接有关。因此，了解和掌握通风机的性能、基本构造、使用和操作条件，是保证通风机安全运行的基本要求。本章将予以重点介绍。

3.1　通风机的基本理论

3.1.1　通风机的工作原理和理论方程

1. 通风机的工作原理

通风机的工作原理和离心水泵工作原理相同，也是依靠叶轮的旋转运动，使气体获得能量，从而提高了压强和速度，达到输送气体的目的。

气体在离心通风机内的流动，如图3-1所示。

2. 通风机的理论方程

离心风机的理论方程也是以速度三角形为基础由动量矩定理推导出来的。又因通风机是单级泵，对气体压缩性不大，可以认为进、出口气体密度相同，这样就和离心水泵的理论方程完全相同。因此离心通风机也具有离心水泵的理论特性。轴流风机也和轴流水泵理论相同，也符合离心通风机理论方程，并遵循机翼理论，它的设计和制造主要依据机翼理论。

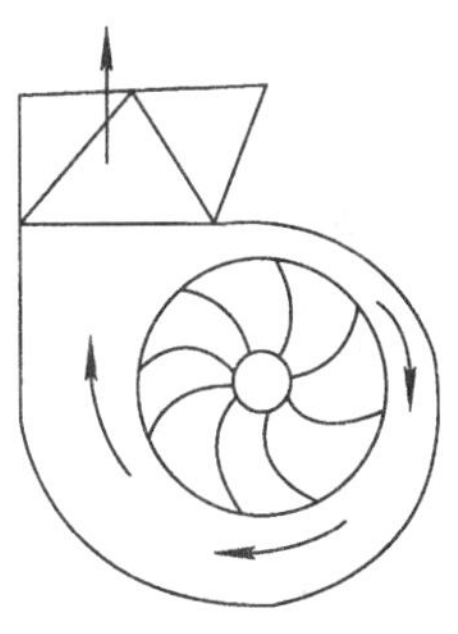

图3-1　通风机内气流走向

3. 通风机叶片

(1) 通风机叶片形式

根据通风机理论方程和叶轮速度三角形原理，通风机的叶片也有三种形式：

1) 当流动角$\beta_2>90°$时为前弯叶片，如图3-2a所示；

2) 当流动角$\beta_2<90°$时为后弯叶片，如图3-2b所示；

3) 当流动角$\beta_2=90°$时为径向叶片，如图3-2c所示。

(2) 三种叶片形式的性能比较

1) 前弯叶片：风压最大，叶片最小，效率最差，适应于风压要求高，而转速(n)和叶轮直径(D)受到一定限制的工况；

2) 后弯叶片：效率最高，叶片最大，风压最低，适应于大功率的风机；

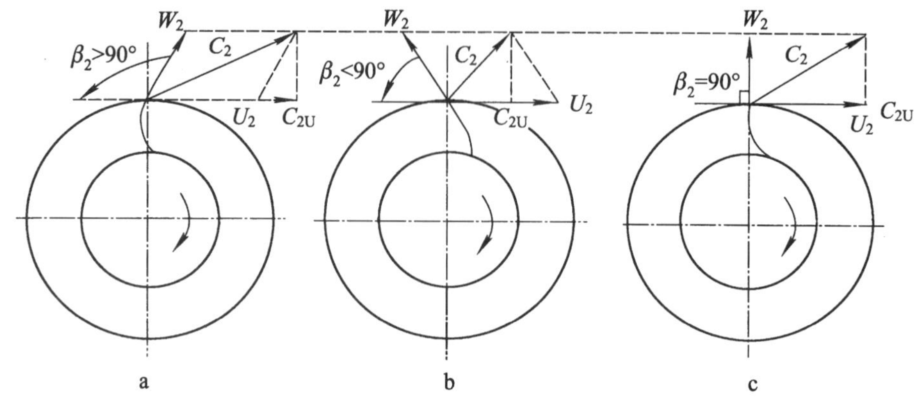

图 3-2　通风机三种叶片形式

3）径向叶片：风压、叶片、效率在三者中均居中，但叶片加工制造简单，不易积垢和磨损，所以一般中、低压风机多采用径向叶片。

3.1.2　通风机的相似原理和相似换算

同水泵一样，在通风机中，相似理论的应用也是非常重要的，它主要应用于通风机的相似设计及性能的相似换算。所谓相似设计，即根据试验研究出来的性能良好、运行可靠的模型风机来设计与模型风机相似的新通风机；性能相似换算是用于试验条件不同于设计条件时，将试验条件下的性能利用相似原理换算到设计条件下的风机性能。

3.1.2.1　通风机的相似理论

两个通风机的相似理论是指叶轮与气体的能量传递过程以及气体在通风机内流动过程相似，或者说它们在任一对应点的同名物理量之比保持常数，这些常数叫相似常数或比例常数。

根据相似理论，要保证气体流动过程相似必须满足几何相似、运动相似、动力相似。

1. 几何相似

几何相似是指模型机（以“M”脚注表示模型）与实物机的几何形状相同，对应的线性长度比为一定值。

2. 运动相似

当流体流经几何相似的模型机与实物机时，其对应点的速度方向相同，比值保持常数，称为运动相似。

3. 动力相似

动力相似是指作用于运动相似的流体各对应点的力相似，即作用于对应点上的外力方向相同，大小之比保持常数。

根据气体流动的气动热力过程及能量传递过程的相似要求，两个通风机的气流过程相似条件可归结为：几何相似、叶片速度三角形相似、雷诺数相等。

3.1.2.2　通风机性能的相似换算（相似定律）

相似换算公式是根据相似定律推算出来的，同水泵一样也有压力、流量、功率三个公式。

1. 压力换算公式

$$\frac{p}{p_M}=\frac{\rho}{\rho_M}\left(\frac{D}{D_M}\right)^2\left(\frac{n}{n_M}\right)^2 \tag{3-1}$$

2. 流量换算公式

$$\frac{Q}{Q_M}=\left(\frac{D}{D_M}\right)^3\frac{n}{n_M} \tag{3-2}$$

3. 功率换算公式

$$\frac{N}{N_M}=\frac{\rho}{\rho_M}\left(\frac{D}{D_M}\right)^5\left(\frac{n}{n_M}\right)^3 \tag{3-3}$$

式中：p,p_M—— 分别为两风机的风压；

Q,Q_M—— 分别为两风机的风量；

D,D_M—— 分别为两风机的叶轮直径；

N,N_M—— 分别为两风机的轴功率；

n,n_M—— 分别为两风机的转速；

ρ,ρ_M——分别为两种气体的密度。

3.1.3　通风机的比转速(n_s)

根据相似定律，通风机也有表征最佳工况的特性参数——比转速(n_s)。它也是根据标准模型风机推导出来的。

3.1.3.1　比转速 n_s

通风机比转速 n_s 推导的方法和离心泵比转速推导方法一样，但标准模型风机的条件和离心泵不同，它的具体条件如下。

标准模型风机的条件为：

1. 气体为标准状态的空气；

2. 流量 $Q=1\ m^3/s$；

3. 全压 $p=1$ Pa(1/9.81 mmH_2O)；

4. 空气密度 $\rho=1.2\ kg/m^3$。

换算出的比转速公式为：

$$n_s=55.4\frac{n\sqrt{Q}}{p^{\frac{3}{4}}} \tag{3-4}$$

式中：p,Q,n 为所设计通风机的参数。

对于双吸风机，其比转速公式为：

$$n_s=55.4\frac{n\sqrt{\frac{Q}{2}}}{p^{\frac{3}{4}}} \tag{3-5}$$

式中：p,Q,n 为所设计通风机的参数。

若所设计风机在非标准状态下工作时，其气体密度为 ρ，须进行密度换算，其比转速公式为：

$$n_s = 55.4 \frac{n\sqrt{Q}}{\left(\frac{1.2}{\rho} \cdot p\right)^{\frac{3}{4}}} \tag{3-6}$$

式中符号同式(3-5)。

3.1.3.2 比转速的应用

1. 用比转速 n_s 对通风机进行分类

比转速 n_s 与风量平方根成正比，与全压的 3/4 次方成反比，故比转速 n_s 大，风量 Q 大，全压 p 小；比转速 n_s 小，则 Q 小，p 大。比转速也反映叶轮的几何形状。所以可以用比转速对通风机进行分类，即：

(1) 离心式通风机$n_s=11\sim90$。

① 高压离心风机 $n_s=11\sim30$；

② 中压离心风机 $n_s=30\sim60$；

③ 低压离心风机 $n_s=60\sim90$。

(2) 混流式通风机$n_s=90\sim110$。

(3) 轴流式通风机$n_s=110\sim500$。

2. 按比转速 n_s 选取满足工况需要的风机

目前我国生产的通风机是按比转速命名和确立型号的。如 4-72 型通风机，该风机型号中的 4 表示压力系数*，72 表示该风机的比转速 n_s。因此可根据工况要求先算出比转速 n_s，就可以查到满足工况需要的风机。

3. 比转速用于新风机的相似设计

相似设计的原理是根据两个相似的通风机，其比转速 n_s 必然相等的原理来进行设计新的风机：若已给定新风机的设计参数，如流量 Q，全压 p，工质 ρ，及转速 n 等，首先计算出比转速 n_s 的大小，然后在已有的经过试验或长期运行性能良好的通风机中，选择出一个比转速 n_s 相同或相近的通风机作为模型机，再将模型机按比例放大或缩小得到新设计风机的几何尺寸。

3.2 通风机的类型、结构和型号

3.2.1 通风机的类型

1. 按工作原理分类

(1) 离心风机；

(2) 混流风机；

(3) 轴流风机。

2. 按风机压力分类

(1) 低压通风机，风压在 100 mmH_2O 以下；

(2) 中压通风机，风压为 100～300 mmH_2O；

(3) 高压通风机，风压在 300～1 500 mmH_2O。

---

* 压力系数是根据相似理论推导出来的除去转速、几何尺寸、密度等实际工作参数的无因次性能参数。

3.2.2　通风机的基本结构

离心式通风机如图 3-3 所示。一般由四个基本部件组成:集流器、叶轮、机壳、传动部件。

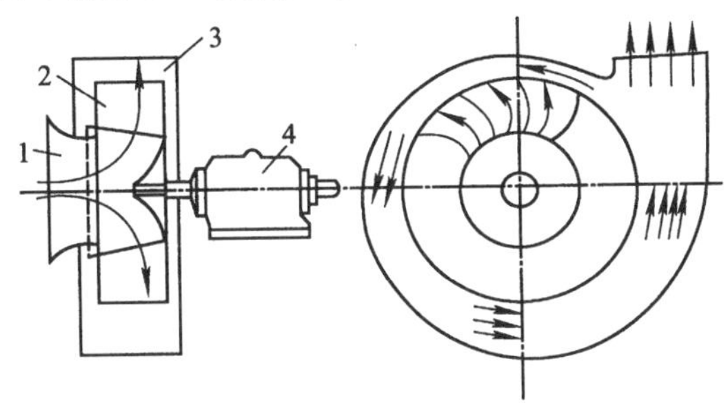

图 3-3　离心通风机构造图示意图

1—集流器;2—叶轮;3—机壳;4—传动部件

3.2.2.1　集流器

集流器也称喇叭口,是通风机的入口。它的作用是在损失较小的情况下,将气体均匀地导入叶轮。目前常用的集流器有如图 3-4 所示的四种类型:圆筒形、圆锥形、圆弧形及双曲线形(喷嘴形)。

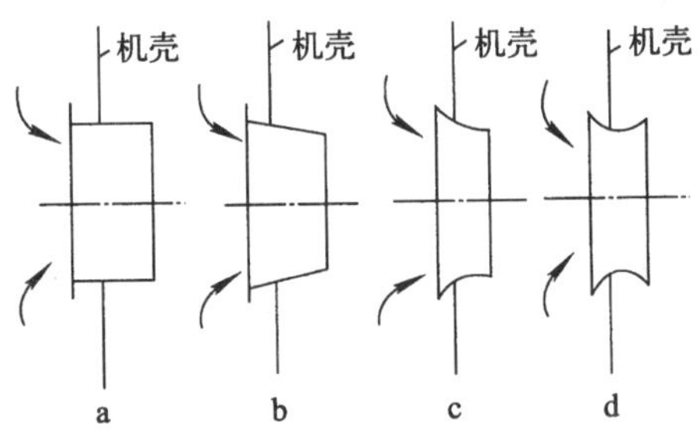

图 3-4　集流器

a. 圆筒形集流器;b. 圆锥形集流器;c. 圆弧形集流器;d. 双曲线形集流器

圆筒形集流器本身损失很大,且引导气流进入叶轮的流动状况也不好。其优点是加工简便。圆锥形集流器,略比圆筒形好些,但仍不佳。圆弧形集流器,较前两种形式好些,实际使用也较为广泛。双曲线形(或称喷嘴形)集流器,损失较小,引导气流进入叶轮的流动状况也较好,其缺点是加工比较复杂,加工制造要求较高,一般在高效通风机上采用。

为了减小气流在机壳内的涡流损失,目前生产的 4-72 型通风机在集流器上又附设一扩压环(见图 3-5)起稳压作用。

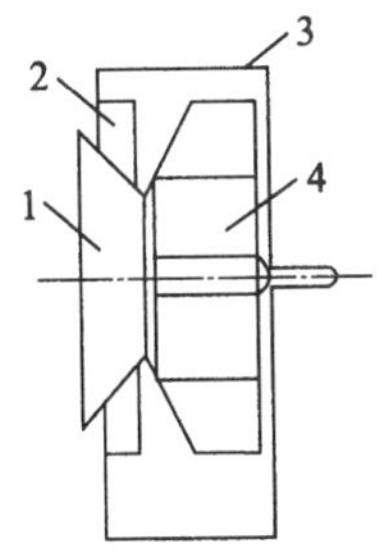

图 3-5　4-72 型离心通风机扩压环

1—集流器;2—扩压环;3—机壳;4—叶轮

3.2.2.2　叶轮

叶轮是通风机的主要部件,它的尺寸和几何形状对通风机的性能有着重大的影响。离心式通风机的叶轮由前盘、后盘、叶片和轮毂组成,一般采用焊接和铆接加工。叶轮前盘的形式有平板前盘(直盘)、圆锥前盘和圆弧前盘等,如图 3-6 所示。平板前盘制造简单,但对气流的流动有不良影响,效率降低。8—18 型离心式通风机就是采用这种平板前盘。叶轮的圆锥前盘和圆弧前盘,虽然制造比较复杂,但效率和叶轮强度都比平板前盘优越。4-72 型和 4-73 型离心式通风机都采用了圆弧前盘。

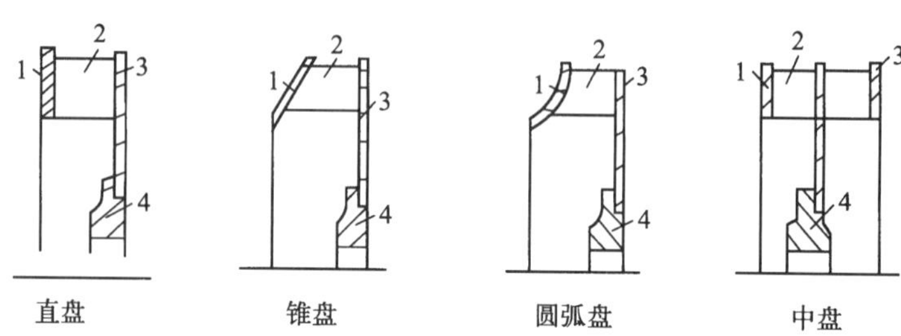

图 3-6 叶轮的结构型式

1—前盘;2—叶片;3—后盘;4—轮毂

叶片是叶轮最主要的部分,它的出口角、叶片形状和叶片数目等对通风机的工作有很大的影响。

离心式通风机的叶轮,根据叶片出口角的不同,可分为的前向(前弯)、径向和后向(后弯)三种,如图 3-7 所示。在叶轮圆周速度相同的情况下,叶片出口角 β_2 越大,则产生的压力越高。所以两台同样大小和同样转速的离心式通风机,前弯叶轮的压力比后弯叶轮的压力要高。但一般后弯叶轮的效率比前弯叶轮要好,所以,在一般情况下,使用后弯叶轮的通风机,耗电量比前弯叶轮通风机要小。同时从图 3-8 所示的三种叶轮通风机的性能曲线可以看出,当流量超过某一数值后,后弯叶轮通风机的轴功率具有下降的趋势,表明它具有不超过负荷的特性;而径向叶轮与前弯叶轮的通风机,轴功率随风量的增加而增大,表明容易出现超负荷的情况。如果在通风除尘系统工作情况不正常时,后弯叶轮通风机由于不超过负荷的特性,因而不会烧坏电动机,而其他两类通风机,就会出现超负荷以致烧坏电动机的事故。

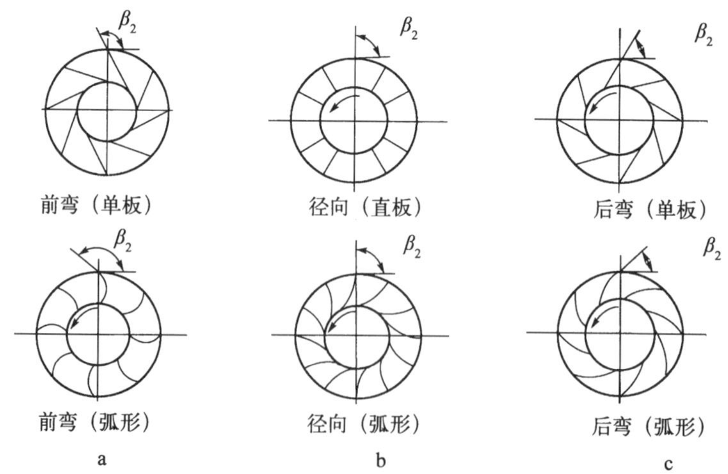

图 3-7 离心通风机叶轮结构的三种类型

a. 前弯;$\beta_2>90°$;b. 径向;$\beta_2=90°$;c. 后弯;$\beta_2<90°$

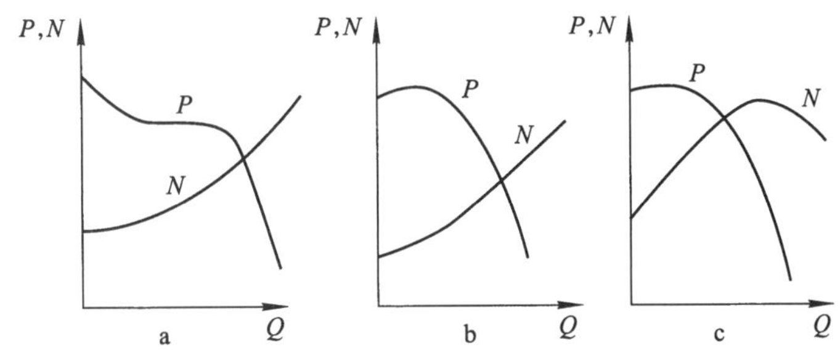

图 3-8　三种类型叶轮离心通风机的性能曲线比较

a. 前向叶轮通风机的性能曲线；b. 径向叶轮通风机的性能曲线；c. 后向叶轮通风机的性能曲线

离心式通风机的叶片的形状有板形、弧形和机翼形三种。图 3-7 所示的上列图为三种叶轮型式的板式叶片结构，下列图为三种叶轮型式的弧形叶片结构。机翼形叶片结构的断面图，如图 3-9 所示。板形叶片制造简单。机翼形叶片具有良好的空气动力性能，强度高，刚性大，通风机的效率一般较高。但机翼形叶片的缺点是输送含尘气流浓度高的介质时，叶片容易磨损，叶片磨穿后，杂质进入叶片内部，使叶轮失去平衡而产生振动。

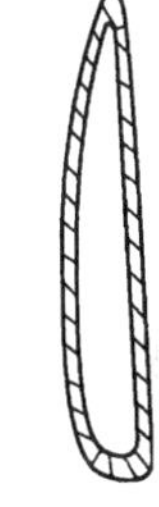

图 3-9　机翼形叶片断面

前弯叶轮一般采用弧形叶片。后弯叶轮中，对于大型通风机多采用机翼形叶片，如 4—72 型通风机就是这种结构。

下面对三种叶轮风机的特点及其性能作一比较。

1. 前弯叶轮。前弯叶轮的叶轮最小、风压最大、效率最低。功率随风量的增加而一直上升，风量超负荷时，有烧毁电机的危险，称为过载风机。适用于风压要求高、叶轮要求小的工况。

2. 后弯叶轮。后弯叶轮的叶轮最大、风压最小、效率最高。功率随风量的增加先上升而后下降，风量超负荷时，不会烧毁电机，称为不过载风机。适用于大功率工况。

3. 径向叶轮。径向叶轮的叶轮、风压、效率均居中。功率也是随风量的增加而上升，风量超载时，也有烧毁电机的危险。但径向叶轮加工简单、不易积尘，一般中、低压风机均采用它。

3.2.2.3　机壳

机壳为包围在叶轮外面的外壳，一般多为螺线形，如图 3-10 所示。断面沿叶轮转动方向渐渐扩大，在气流出口处断面为最大。机壳可以用钢板、塑料板、玻璃钢等材质制成。机壳断面有方形及圆形。一般低、中压通风机的机壳多呈方形断面，高压通风机多呈圆形断面。

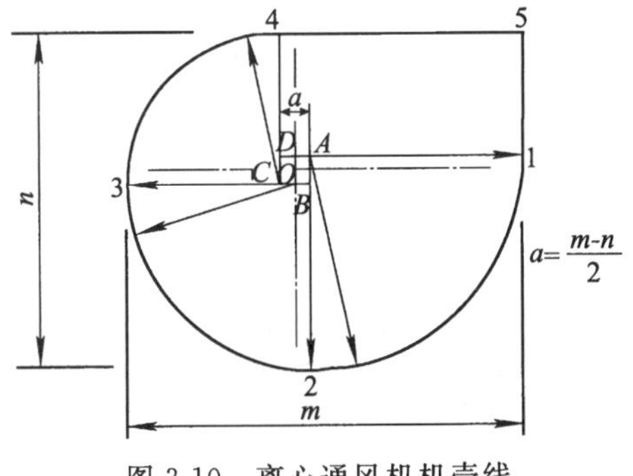

图 3-10　离心通风机机壳线

机壳的作用在于收集从叶轮甩出的气流，并将高速气流的速度降低，使其静压力增加，以此来克服外界的阻力，将气流送出。

离心式通风机的机壳出口方向，有八个方向，可以向任何方向。使用时，一般由通风机叶轮旋转方向和机壳出口位置联合表示决定，如图 3-11 所示。

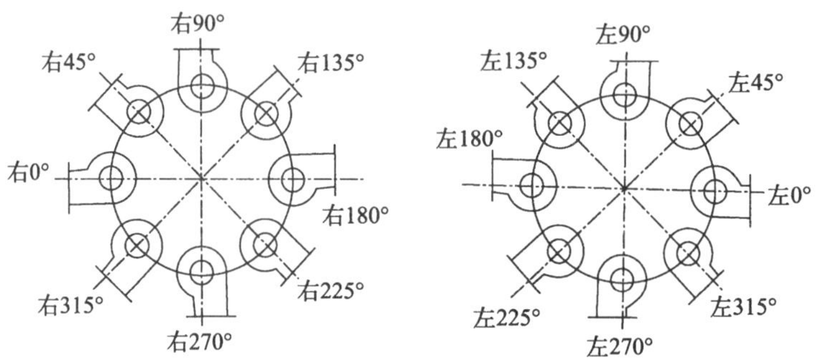

图 3-11 离心通风机机壳出口位置表示法

通风机机壳出口的位置，要在购买通风机时注明，生产厂是按照用户的要求进行组装的。

由于通风机所产生的压力差很小(不大于 1 500 mmH_2O)，所以，离心式通风机一般都是单级的，没有导轮装置；并且由于压差小，漏气问题不大，故不需设填料函轴封装置。

前面已介绍过，离心式通风机按其作用和全压可分为高压、中压、低压三类。三类离心式通风机的基本构造也不相同。图 3-12、图 3-13、图 3-14 分别示出了低压、中压及高压离心式通风机的构造形式。从中我们可以看到，它们的进口直径相对地讲，低压的最大，中压的居中，高压的最小。叶轮上的叶片数目一般随压力的大小和叶轮的形状而改变。压力愈高，叶片数目愈少，也愈长；反之压力小，叶片数目多而短，一般低压离心通风机的叶片为 48～64 片。

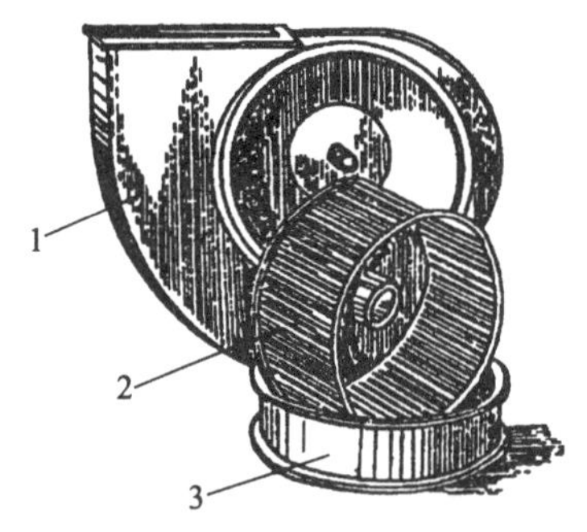

图 3-12 低压离心通风机

1—机壳；2—叶轮；3—集流器

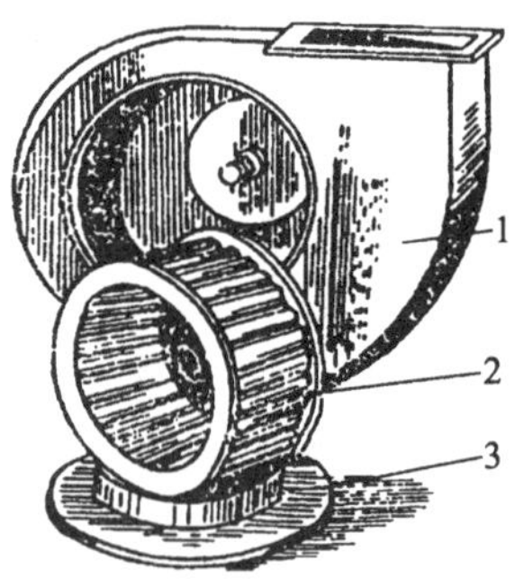

图 3-13 中压离心通风机

1—机壳；2—叶轮；3—集流器

图 3-15 所示的是排尘离心式通风机，其特点是叶轮的直径较大，叶轮具有大而长并向前弯的叶片，这种叶轮的构造形式，可以减小或避免机械杂质(屑末、碎粒、纤维等)对通风机的堵塞。用这种通风机来输送含有尘埃、碎屑的空气是有利的。因此，在选择通风机时，要注意根据输送空气的特点来选择相适合的通风机。

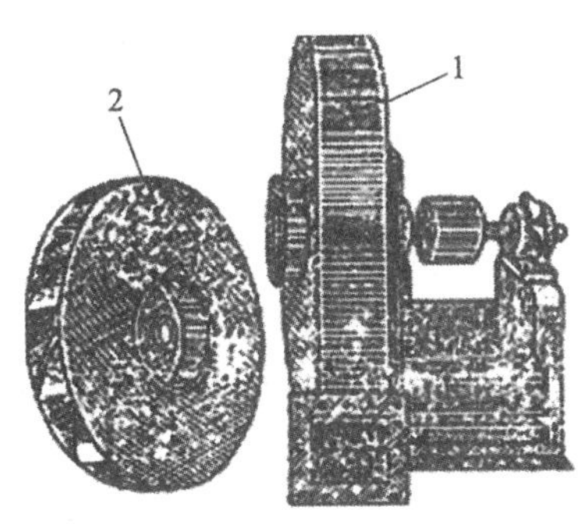

图 3-14　高压离心通风机
1—机壳；2—叶轮

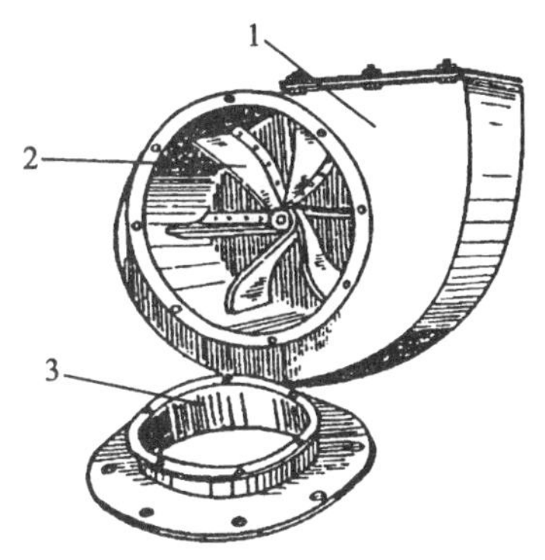

图 3-15　排尘离心通风机
1—机壳；2—叶轮；3—集流器

3.2.2.4　传动部件

离心式通风机的传动部件包括轴和轴承，有的还包括联轴器或皮带轮，是通风机与电动机连接的部件。机座一般用生铁铸成或用型钢焊接而成。通风机的叶轮用键或沉头螺钉固定在轴上，轴安装在机座上的轴承中，然后，与电动机相连接。通风机的轴承用的最多的是滚动轴承。离心式通风机与电动机的连接方式共有六种，如图 3-16 所示。

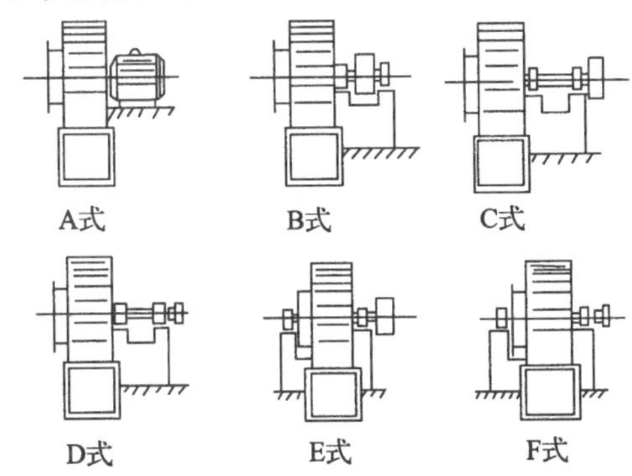

图 3-16　离心通风机的传动方式简图
A 式—直联传动；B、C 式—悬臂支承皮带传动；D 式—悬臂支承联轴器；
E 式—双支承皮带传动；F 式—双支承联轴器

上述六种就可靠、紧凑、经济和噪声低而言，A 式传动最好，但这种传动方式，仅在通风机尺寸较小的条件下采用，当通风机尺寸较大时，应采用皮带或联轴器传动。

B 式传动与 C 式传动的区别在于，B 式传动的皮带在两轴承之间，而 C 式则在轴承的外侧，B 式传动一般应用于较大型通风机的传动。D 式为悬臂支承联轴器，E 式为双支承皮带传动，F 式为双支承联轴器。

3.2.2.5　轴流风机一般结构

一般轴流式通风机的结构如图 3-17 所示。叶轮安装在圆筒形机壳中，当叶轮旋转的时候，空气由集流器进入叶轮，在叶片的作用下，空气压力增加，并接近于沿轴向流动，由风机出口排出。一般轴流式通风机的叶轮直接安装在电动机的轴上。为了减小气流运动的阻力，常在叶轮前面设置一个流线型整流罩，并把电动机用流线罩罩起来，也可起到整流作用，如图 3-18 所示。

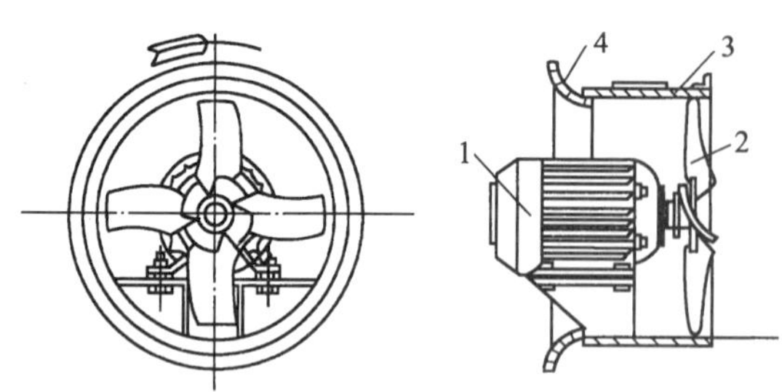

图 3-17 轴流式通风机一般结构

1—电动机；2—叶片；3—机壳；4—集流器

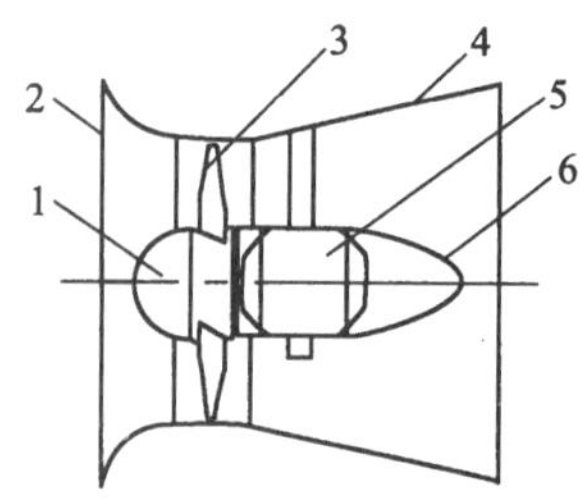

图 3-18 整流较好的轴流式通风机

1—前整流器；2—集流器；3—叶片；4—扩散筒；5—电动机；6—后整流器

轴流式通风机的集流器与离心式通风机的集流器作用相同。轴流式通风机的机壳和叶轮、叶片根据不同用途，采用不同材质制作。目前，常用的有普通钢、不锈钢、塑料、玻璃钢或合金铝等。

由于气流在轴流式通风机内是近似沿轴向流动的，因此，轴流式通风机在通风系统中往往成为通风管道的一部分。它既可以水平放置，也可以垂直放置或倾斜地放置。

在有些情况下，由于生产需要，也可以把电动机安装在机壳的外面。其构造形式如图3-19所示。采用这种安装方法时，要注意使叶片和机壳内表面之间保证一定的间隙，一般正常间隙为 $\delta=0.015\times\frac{D-d}{2}$（$D$ 为叶轮直径；d 为轮毂直径），以保证叶轮的自由旋转。

轴流式通风机的叶片通常采用飞机机翼的形状（又称机翼型叶片），如图 3-20 所示。

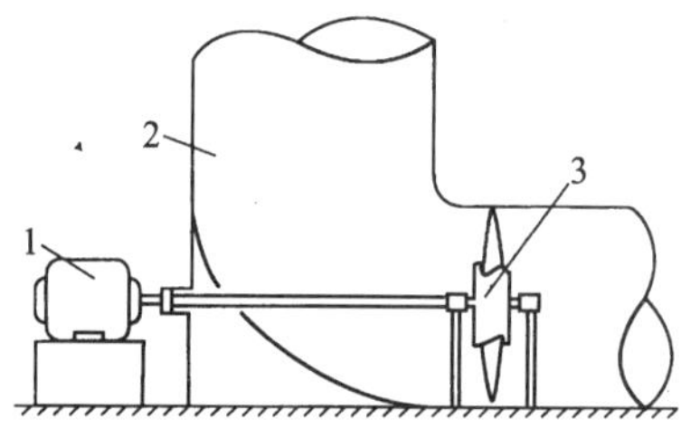

图 3-19 电机在机壳外的轴流风机

1—电动机；2—机壳；3—叶轮

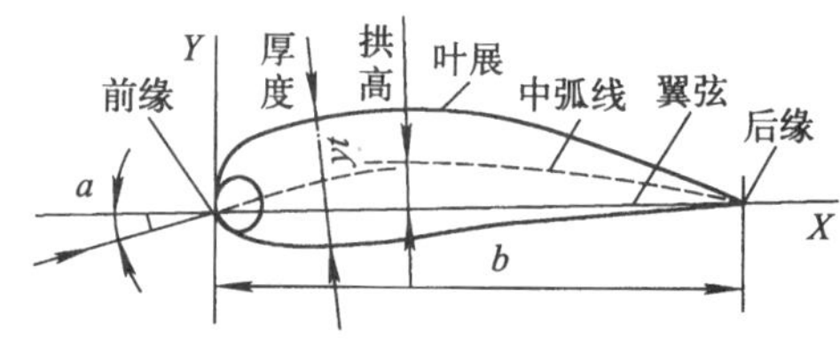

图 3-20 机翼叶片示意图

轴流式通风机的传动方式，如图 3-21 所示的六种形式，即 A 式、B 式、C 式、D 式、E 式和 F 式。

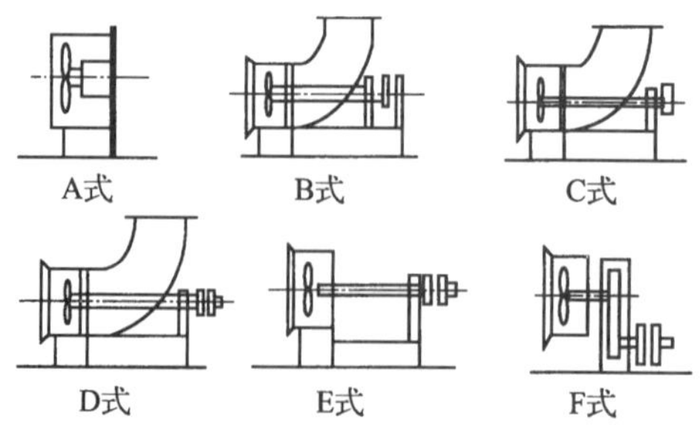

图 3-21 轴流式通风机传动方式图

A 式—直联传动；B 式、C 式—引出式皮带传动；D 式、E 式—引出式联轴器传动；F 式—减速器联轴器传动

在 A 式传动中，通风机叶片直接装在电动机的轴上，电动机安装在机壳中心线上。B 式与 C 式所不同的是，B 式的皮带轮在两轴承之间。E 式与 F 式所不同的是，F 式在通风机与电动机之间设置了减速器。

轴流式通风机的风口位置，分为进风口和出风口两种，一般用出（或入）若干角度表示，如图 3-22 所示。

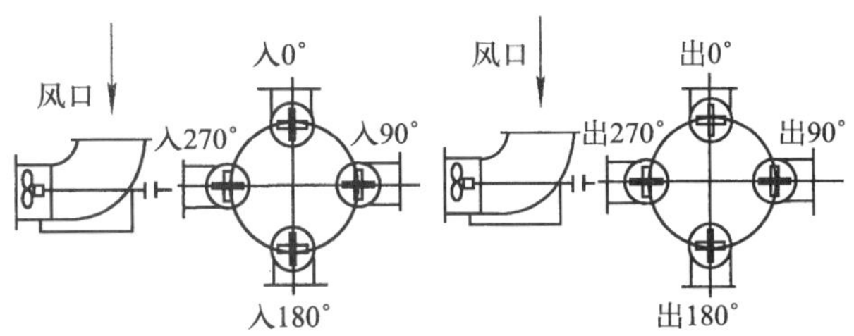

图 3-22　轴流式通风机风口位置表示法

3.2.3　通风机的型号及命名

我国通风机行业命名离心式通风机时，主要是采取压力系数 $\overline{H}\times 10$ 和比转数 n_s，这两项数字进行的。例如 4—72 型离心式通风机，“4”为压力系数 0.4×10，“72”代表比转数 $n_s=72$（取正整数）。

离心式通风机的全称包括名称、型号、机号、传动方式、旋转方向和风口位置六个部分。分叙如下。

1. 名称

为了区别离心式通风机的用途，在离心式通风机名称前面加上用途说明，如排尘离心式通风机、防爆离心式通风机等，作为一般用途的可以省略。在实际应用中，为了方便起见，往往使用汉语拼音字头缩写来表示通风机的用途。通风机用途汉语拼音代号见表 3-1。

表 3-1　通风机用途汉语拼音代号

用途类别	代号		用途类别	代号	
	汉字	拼音简写		汉字	拼音简写
1. 一般通用通风换气	通风	T(省略)	14. 船舶锅炉引风	船引	CY
2. 防爆气体通风换气	防爆	B	15. 工业用炉通风	工业	GY
3. 防腐气体通风换气	防腐	F	16. 工业冷却水通风	冷却	L
4. 排尘通风	排尘	C	17. 微型电动吹风	电动	DD
5. 高温气体输送	高温	W	18. 谷物粉末输送	粉末	FM
6. 煤粉吹风	煤粉	M	19. 热风吹吸	热风	R
7. 锅炉通风	锅通	G	20. 隧道通风换气	隧道	SD
8. 锅炉引风	锅引	Y	21. 烧结炉通风	烧结	SJ
9. 矿井主体通风	矿井	K	22. 高炉鼓风	高炉	GL
10. 矿井局部通风	矿局	KJ	23. 转炉鼓风	转炉	ZL
11. 纺织工业通风换气	纺织	FZ	24. 空气动力用	动力	DL
12. 船舶用通风换气	船通	CT	25. 柴油机增压用	增压	ZY
13. 船舶锅炉通风	船锅	CG	26. 煤气输送	煤气	MQ

续表

用途类别	代号		用途类别	代号	
	汉字	拼音简写		汉字	拼音简写
27. 化工气体输送	化气	HQ	31. 冷冻用	冷冻	LD
28. 石油炼厂气体输送	油气	YQ	32. 空气调节用	空调	KT
29. 天然气输送	天气	TQ	33. 电影机械冷却烘干	影机	YJ
30. 降温凉风用	凉风	LF	34. 特殊场所通风换气	特殊	TE

2. 型号

型号由全压系数、比转数、进口吸入型式和设计顺序号组成，分为三组。第一组表示全压系数；第二组表示比转数；第三组表示进口吸入型式和设计顺序号。三组中间用横线隔开，以示区别，其表示的方式为：

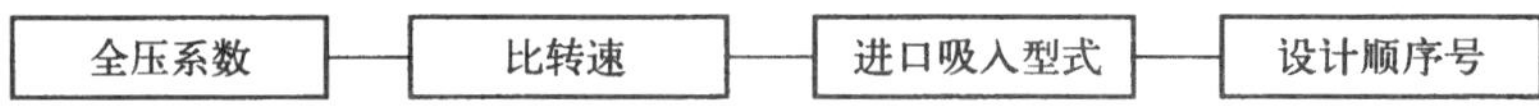

第一组 全压系数为比压($\bar{p}=\frac{p}{\rho u^2}$)乘以 10 后的整数值。

第二组 比转数为比转数化整后的值。

第三组 进口吸入方式的代号列于表 3-2。

表 3-2 吸入口型式的代号

代号	0	1	2
进口吸入型式	双侧吸入	单侧吸入	二级串联吸入

3. 机号

将通风机叶轮尺寸的分米数进行四舍五入后，前面冠以符号“№”用来表示机号。如 6 号通风机，其叶轮直径约等于 6 dm，即 600 mm。

4. 传动方式

离心式通风机的传动方式有六种，如前所述，其型号及代号表示在图 3-16 中。

5. 旋转方向

离心式通风机的旋转方向规定为：从电动机位置或主轴槽轮看通风机叶轮的旋转方向，顺时针旋转称为右转，用“右”表示；逆时针旋转称为左转，用“左”表示。

6. 风口位置

按出风口位置及旋转方向，用右或左若干角度表示，如图 3-11 所示。

例如有一离心式通风机，其命名表示为 C4—72—11 №5.5C 右 90°。其表示的内容如下。

由上列分解图可知，该通风机是排尘离心式通风机；压力系数为 0.4，比转数为 72，通风机进口为单侧吸入式，第一次设计；通风机机号为 5.5 号，即叶轮直径约为 550 mm；通风机用电动机皮带传动；通风机叶轮的旋转方向为顺时针；出口角度为 90°。

表 3-3 所列为我国目前工程中常用离心通风机的类型，型号及其性能。供参考。

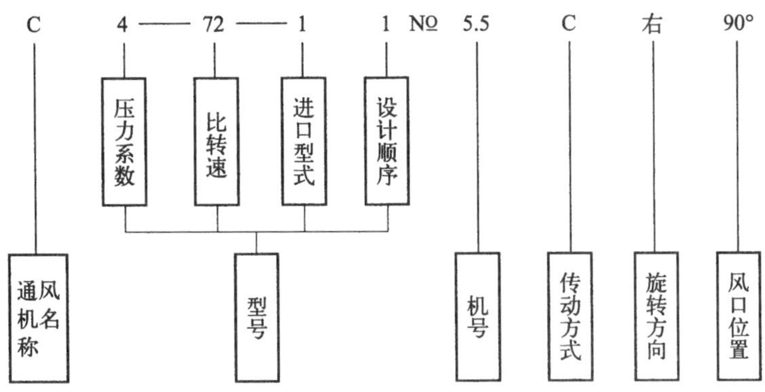

表 3-3　离心通风机的分类、型号及性能

名　称	型号		传动型式	风压范围/mm H_2O	风量范围/(m^3/h)	功率范围/kW	输送介质允许温度≯t/℃
	型　式	品　种					
一般离心通风机	4—72	№2.8～6	A 式	35～324	1 330～14 720	1.1～13	80
		№6～12	C 式	23～318	7 000～77 500	1.1～75	80
		№6～12	D 式	35～322	6 840～66 500	1.5～55	80
		№6～20	B 式	30～318	36 000～157 500	5.5～210	80
	4—72 Ⅰ	№3～6	A 式	18～320	850～14 620	0.75～11	80
		№7～20	C 式	27～316	5 350～204 000	1.5～155	80
	4—2×72 Ⅰ	№10～20	C 式,双吸	23～286	27 820～408 000	55～310	80
	4—79	№3～6	A 式	18～340	990～17 720	0.75～11	
		№7～20	C 式	24～266	6 110～226 500	1.5～130	
	4—2×79	№10～20	C 式,有双吸入	23～266	30 800～438 000	7.5～245	
高压离心通风机	9—19	№4～6.3	A 式	341～940	820～7 300	2.2～30	
		№7.1～16	D 式	347～1 570	4 610～63 310	17～410	
	9—26	№4～6.3	A 式	343～985	1 650～14 170	4～55	
		№7.1～16	D 式	378～1 624	9 220～121 340	30～850	
排尘离心通风机	C4—73	№3.5～5.5	C 式	30～400	1725～19 350	0.8～22	
	C6—46	№3～6	A 式	58～166	1 404～11 522	2.2～10	
		№3～12	C 式	44～190	708～48 770	1.5～55	
		№8～12	D 式	62～129	5 640～46 320	3～40	
	C6—46 Ⅰ	№3～6	A 式	58～166	1 404～11 522	3.0～10	
		№3～12	C 式	47～220	746～48 770	1.1～40	
		№8～12	D 式	62～204	5 600～46 320	4.0～40	
锅炉离心通风机	Y4—73	№8～28	D 式	37～434	16 900～680 000	7.5～800	250
	Y4—65	№5～6	C 式	69.5～160.9	4 000～14 960	3～10	250
	Y4—70	№4～6	C 式	67～141	2 430～14 360	3～40	250
	Y4—70 Ⅱ	№4～6	C 式	46～222	2 020～19 820	1.1～17	250
	Y4—72 Ⅰ	№4.5～6	C 式	170～258	5 730～17 600	7.5～10	250
	Y4—75 Ⅰ	№3.6	A 式	90	9 000	5.5	250
	Y8—60、64、75	№3.6～4.8	C 式	90～140	9 000～12 000	4～10	250
	Y9—35 Ⅰ	№8～15.5	D 式				250

3.3 通风机的主要参数及性能曲线

3.3.1 通风机的主要参数及其测定

通风机和水泵一样主要参数有五项，即风量 Q，全压 p，功率 N，转速 n 及效率 η。

3.3.1.1 通风机的全压 p 及其测定

通风机的压力均以全压表示。在通风机进出口同一截面上，全压为静压和动压之和。即

$$p=p_i+p_d \tag{3-7}$$

式中：p——通风机的全压(mm H_2O)；

p_i——通风机的静压(mm H_2O)；

p_d——通风机的动压(mm H_2O)。

通风机的全压为通风机的出口全压与进口全压的绝对值之和。即

$$p=|p_{进}|+|p_{出}| \tag{3-8}$$

式中：$p_{进}$、$p_{出}$—— 分别为通风机进、出口全压(mm H_2O)。

通风机的全压、静压和动压一般可采用皮托管和压力计进行测定。当通风机的压力 $p \geqslant 50$ mm H_2O 时，压力计可采用U形管液柱压力计；压力 $p<50$ mm H_2O 时，可采用倾斜式微压计。用皮托管测量的测点位置和点数见3.3.1.2节中风管截面测点的选取和布置。

皮托管有两个接头，一个为全压接头，一个为静压接头。把全压接头与压力计一端连接，压力计的读数即为该测点的全压值；把静压接头与压力计一端连接，压力计上的读数即为该测点的静压值。计算全压值与静压值之差，即为该测点的动压值。也可以把皮托管的两个接头分别连接在压力计的两端，此时，压力计上的读数即为该测点的动压值。图3-23为进、出口风压测量原理图。

风管断面的平均全压和平均静压是按照各测点的全压(或静压)的算术平均值计算的。其计算公式为：

$$\overline{p}=\frac{\sum_{i=1}^{n} p_i}{n} \tag{3-9}$$

$$\overline{p}_j=\frac{\sum_{i=1}^{n} p_{ji}}{n} \tag{3-10}$$

式中：$\overline{p}$—— 风管断面的平均全压(mm H_2O)；

$\overline{p}_j$—— 风管断面的平均静压(mm H_2O)；

p_i—— 各测点的全压(mm H_2O)；

p_{ji}—— 各测点的静压(mm H_2O)；

n—— 测点的数目。

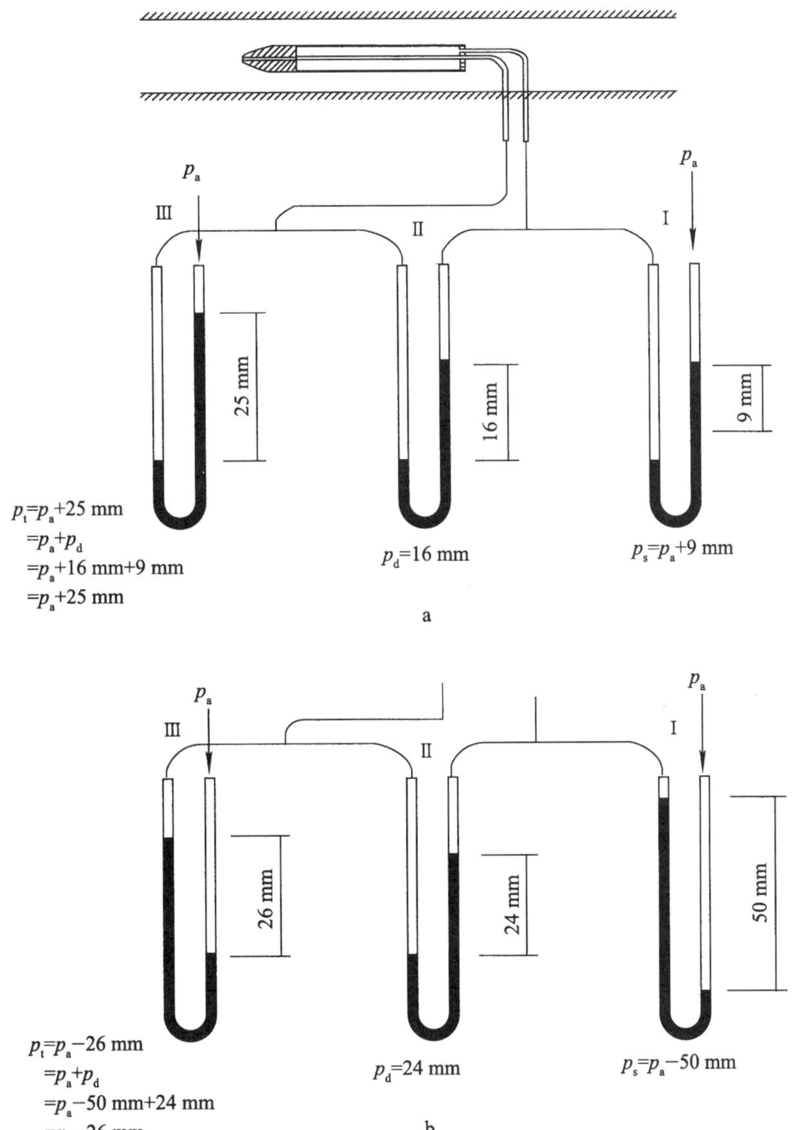

图 3-23　皮托管进出口风压测量图

a. 测点在出口；　b. 测点在进口

p_a—大气压；p_t—测点全；p_d—动压；p_s—静压

皮托管与通风机的距离，在通风机入口段以 1.5 倍风管直径为宜；在通风机出口段以 2.5 倍风管直径为宜。如果难以做到时，测量断面应尽可能选在通风机进风口和出风口附近。但是，在实际使用中，有时在通风机的进、出口很难找到比较理想的测量点。皮托管的测点只能在远离通风机的管道上选取。这时，用皮托管测得的测点压力，需利用流体力学中的伯努里方程式进行计算，以求出通风机进（或出）风口的压力。计算公式如下。

$$p=p_{测}+\sum p_{沿}+\sum p_{局} \tag{3-11}$$

式中：p—— 通风机进（或出）口的全压（mm H_2O）；

$p_{测}$—— 在测点皮托管测量得到的全压(mm H_2O);

$\sum p_{沿}$—— 由测点到通风机进(或出)口的沿程阻力之和(mm H_2O);

$\sum p_{局}$—— 由测点到通风机进(或出)口的局部阻力之和(mm H_2O)。

皮托管与压力计是测量流量、压力必不可缺少的重要仪器。它的原理与使用方法如下:

皮托管也叫流速计。它不能直接用来测定流速,只是用它测量气流压力的大小,然后通过计算求出流速。皮托管的形式很多,但作用原理相同。它主要是一个弯成90°的分成内外管的细管。内管用以测定全压,称为全压管;外管用以测定静压,称为静压管。皮托管的构造如图3-24 a、b所示。图中量柱一般采用直径d=12 mm的金属管制作。其一端做成半圆球形,在其中心开有端孔,称为全压孔。量柱及管身均分为内、外管,其断面为椭圆形或圆形,长度一般为500~2 000 mm。静压孔开在距量柱顶端3倍直径的地方。皮托管的接头有两个,是与压力计连接用的。一个接头是内管接头,作为"+"号,是全压接头;一个接头是外管接头,作为"-"号,是静压接头。

在实际使用中,根据皮托管的作用原理,把皮托管作成同心式和并列式两种。常用的标准皮托管的形式如图3-24b所示。

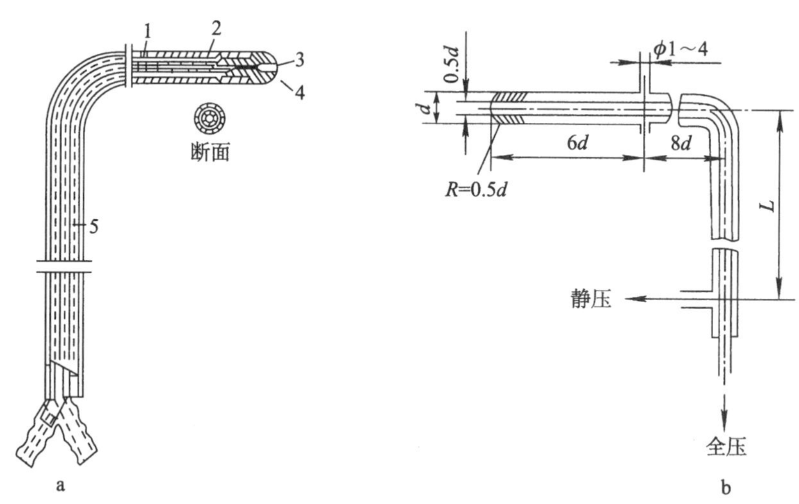

图3-24 皮托管结构

1—量柱;2—静压孔;3—全压孔;4—头部;5—管身

皮托管有成品,也可根据需要自制。但皮托管加工后,必须利用标准风洞或现场校正装置进行校正,方可使用。

利用皮托管测定管道内风速时,需按下式进行校正:

$$v=k\sqrt{\frac{2gp_d}{r}}$$

式中:v—— 管道实测风速,m/s;

p_d—— 管道实测动压,mm H_2O;

g—— 重力加速度,g=9.81 m/s^2;

r—— 气体密度 kg/m^3;

k—— 皮托管校正系数,可由下式求得(标准皮托管k=±0.04)。

$$k=\sqrt{\frac{p_{d1}}{p_{d2}}} \tag{3-12}$$

p_{d1}—— 管道实际动压，mm H_2O；

p_{d2}—— 皮托管测定动压，mm H_2O。

在通风机测定中，常用的压力计有 U 形液柱测压计(即 U 形压力计或称 U 形管)、倾斜式微压计和补偿式微压计。

U 形压力计如图 3-25 所示。它是一个两端开口的 U 形玻璃管，管内充有液柱，镶在刻度板上。使用时，将所测点连接于 U 形管的一端，这时，U 形管两端出现液柱差。当测点压力大于大气压时，液柱左低右高；小于大气压力时，液柱左高右低。通过这个液柱差，就可求得该点的压力：

$$p=\gamma\Delta h \tag{3-13}$$

式中：p —— 测点的相对压强，mm H_2O；

γ—— U 形管内液体的比重，kg/m^3；

Δh —— U 形管液柱高度差，m。

倾斜式微压计是在测量微小压力时，为了提高测量精度而采用的。倾斜式微压计也叫斜管压力计，其构造特点就是将右边的测管斜放如图 3-26 所示。

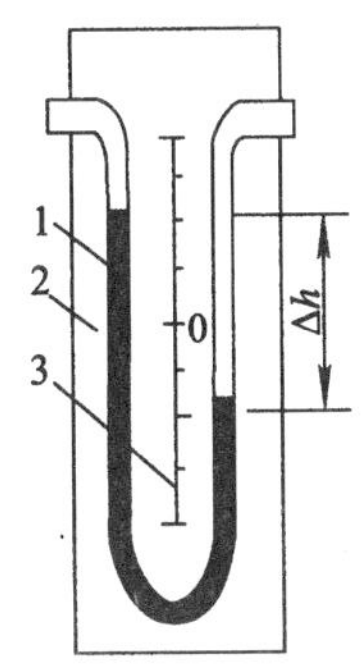

图 3-25　U 形管压力计

1—玻璃管；2—底板；3—标尺

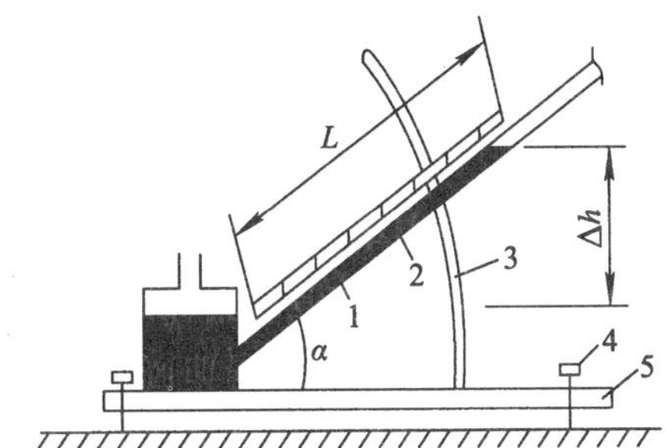

图 3-26　倾斜式微压计结构图

1—标尺；2—斜管；3—导轨；4—调整螺丝；5—底板

使用时，左端容器与测量点相连，设右端斜管与底板的夹角为 α，斜管上的读数为 L。此时容器与斜管液面的高度差 $\Delta h=L\sin\alpha$。由于 $\alpha<90°$，$\sin\alpha<1$，所以 L 必大于 Δh。可见测量同一微小压力，斜管读数 L 比直管测量的读数 Δh 要大，就可以使读数精确一些。

使用倾斜式微压计量测压力的计算公式为：

$$p=\gamma L\sin\alpha \tag{3-13a}$$

3.3.1.2　通风机的风量

通风机的风量(流量)是通过测定风管直径和风速来确定的。

通风机入口段的风量为：

$$Q_1=3\ 600F_1V_1 \tag{3-14}$$

通风机出口段的风量为：

$$Q_2=3\ 600F_2V_2 \tag{3-14a}$$

式中：Q_1,Q_2—— 通风机入、出口段的风量，m^3/h；

F_1,F_2—— 通风机入、出口段风管的横截面积，m^2；

V_1,V_2—— 通风机入、出口段风管内的断面平均流速，m/s。

F_1,F_2 根据通风机入、出口段风管的直径求得：

$$F_1=\frac{1}{4}\pi d_1^2 \tag{3-15}$$

$$F_2=\frac{1}{4}\pi d_2^2 \tag{3-15a}$$

上两式中 d_1,d_2—— 通风机入、出口段风管的直径，m。

通风机的平均流量为：

$$Q=\frac{Q_1+Q_2}{2}\quad (m^3/h) \tag{3-14b}$$

为了求得风管断面平均流速，必须首先求出断面上各点的流速，然后取其平均值。对于风管断面测点的选取，应根据不同风管分别决定。在矩形风管内测量平均流速时，应将矩形断面划分成若干相等的小截面。这些小截面应尽可能接近正方形，每个小截面的面积不得大于 0.05 m^2，同时，每个矩形风管断面划分的小截面的数目应不少于 9 个，如图 3-27 所示。然后，在每个小截面的中心，即对角线的交点测定流速。

平均流速为：

$$\overline{V}=\frac{\sum_{i=1}^{i}V_i}{i} \tag{3-16}$$

式中：$\overline{V}$—— 矩形风管断面平均流速，m/s；

V_i—— 小截面中心测定的流速，m/s；

i—— 矩形风管断面划分的小截面数目。

关于测点 a，b 的间距，当气流不均匀时，可采取 150～200 mm；在直而长的管段上，可采取 400～500 mm。

在圆形风管内测定断面平均流速时，应将断面划分为若干相等的环形截面，各环共用一个圆心，测点位于测量截面的对称轴上，如图 3-28 所示。各测点距中心的距离按下式计算：

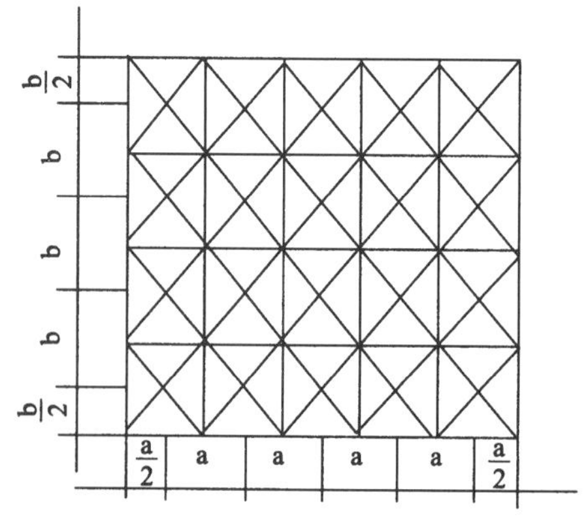

图 3-27　圆矩形风道的测点分布

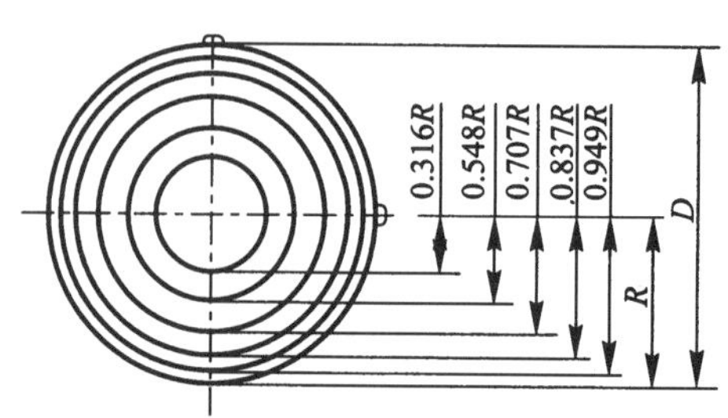

图 3-28　圆形风道的测点分布

$$R_i = R\sqrt{\frac{2i-1}{2n}} \tag{3-17}$$

式中：R_i—— 从风管中心到第 i 点的距离，m；

R —— 风管半径，m；

i —— 从风管中心算起的圆环顺序号；

n —— 风管断面上划分的圆环数量。

圆形管道断面所划分的环数，决定于风管的直径。划分的环数愈多，测量就愈精确。一般推荐下列环数。

圆形管道环数划分推荐表

风管直径/mm	300	350	400	500	600	700	800	1 000 以上
圆环数	5	6	7	8	10	12	14	16

测量点的空气流速，一般可用热球风速仪或电风速计直接测出，或使用皮托管和压力计先测出该点动压，然后利用动压计算出该点流速。在实际应用中，以后者为常用。

利用动压计算流速的公式为：

$$\overline{V} = \sqrt{\frac{2gp_d}{r}}\,(\mathrm{m/s}) \tag{3-16a}$$

式中：p_d—— 风管断面的平均动压 mm H_2O；

r —— 空气密度，kg/m^3；当测量不需要特别精确时，可取 $r=1.2\ kg/m^3$；

g —— 重力加速度，$g=9.81\ m/s^2$。

将 $r=1.2\ kg/m^3$，$g=9.81\ m/s^2$ 代入式(3-16a)中，则：

$$\overline{V} = 4.04\sqrt{p_d}\,(\mathrm{m/s})$$

风管断面平均动压 p_d 是由断面划分的各小截面上所测得的动压值，利用下式进行计算：

$$p_d = \left(\frac{\sqrt{p_{d1}} + \sqrt{p_{d2}} + \sqrt{p_{d3}} + \cdots + \sqrt{p_{dn}}}{n}\right)^2 \tag{3-17a}$$

式中：p_{d1}，p_{d2}，p_{d3}，…p_{dn}表示用皮托管在测点 1，2，3，…n 处所测得的动压值(mm H_2O)。

在实际测量中，测量截面可能处于气流不稳定区域。因此，某些测点上的动压读数可能是零或负数(表明有漩涡产生，使气流倒流)。在计算平均流速相应的动压值时，可设负值等于零。下面举一个例子加以说明。

【例 1】 已知：在一个风管断面上，共有 10 个测点，压力计上的读数分别为：−1.0，−0.8，−0.3，0.2，+4，+7，+10，+14，+12。

求：断面上的平均动压 p_d。

解：为求断面上的平均动压，设所有负值点均为零。依据公式(3-17a)，平均动压值为：

$$p_d = \left(\frac{\sqrt{0.2}+\sqrt{4}+\sqrt{7}+\sqrt{10}+\sqrt{14}+\sqrt{12}}{10}\right)^2 = \left(\frac{15.48}{10}\right)^2 = 2.4(\mathrm{mm\ H_2O})$$

分母所指的数值 10，是包括读数为零和负压数在内的全部 10 个测点数。

风量测点的位置要根据通风机的不同用途(在系统内的作用不同)而不同。作为送风使用的通风机，风量测点一般设在靠近通风机入口的直管段上，并要求从测点到通风机入口这段管路不漏风。不带进风管的送风机，可在通风机入口临时安装一直管段（直管段的长度一般应大于直径的4～5倍。如果直管段长度不够，可装设机翼测风装置测量风量），或在出口直管段上设置风量测点。

两台并列运行的送风机，如只测定其中的一台，须把另一台严密隔绝，以免漏风。

作为除尘、净化用的通风机，风量测点一般设在除尘器或核空气净化装置之后，靠近通风机的直管段上。由于多数净化装置与通风机的连接都是紧凑的，它们之间没有满足测点要求的直管段，因此，一般是采取增加风量测点的数目来弥补这一不足。实践证明，这种用增加测点的办法，测出的风量有相当的准确性，完全可以满足实际要求。

3.3.1.3 通风机的功率

1. 有效功率 N_e

离心通风机使单位容积流量的气体通过通风机后增加的总能量是 p（全压），那么输送容积流量为 Q 的气体，在单位时间内从通风机中所获得的总能量，称为有效功率，即

$$N_e=\frac{pQ}{1\,000}\quad \text{kW} \tag{3-18}$$

2. 内功率 N_i

实际上，气体通过通风机时要引起一系列损失，如流动损失、轮阻损失和内泄漏损失等，势必多耗功。称实际消耗于气体的功率为内功率，即

$$N_i=(p+\Delta p_n)(Q+\Delta Q_e)+N_r\quad \text{kW} \tag{3-19}$$

式中：Δp_n—— 流动阻力；

ΔQ_e—— 内泄漏流量；

N_r—— 轮阻损失。

3. 轴功率 N_s

通风机的输入功率称为轴功率，它等于内功率 N_i 与机械传动损失功率 N_m 之和，即：

$$N_s=N_i+N_m\quad \text{kW} \tag{3-20}$$

4. 功率的测定

功率测定就是测定轴功率。通风机的轴功率就是电动机的功率，一般采用下列方法测定：

(1)用电流、电压表测定功率

用电流、电压表测得线电流、线电压后，按下式计算：

$$N=\sqrt{3}\,IU\cos\varphi\times10^{-3}\quad \text{kW} \tag{3-21}$$

式中：I —— 线电流，A；

U —— 线电压，V；

$\cos\varphi$ —— 功率因数。

(2)直接由功率表测定。

3.3.1.4 通风机的效率

通风机的效率有流动效率 η_n，泄漏效率 η_e，轮阻效率 η_r，内效率 η_i，机械效率 η_M 和全压效率 η 等。

全压效率 η 是衡量通风机气动性能好、坏的标准。通常所指的效率就是为全压效率 η。全压效率 η 的定义为通风机的有效功率与轴功率之比。

$$\eta=\frac{N_e}{N_s}=\frac{N_e N_i}{N_i N_s}=\eta_i \cdot \eta_M \tag{3-22}$$

3.3.1.5　转速的测定

通风机主轴转速的测定，一般采用转速表进行。转速表按使用分为手持式、固定式和电动式三种。对于中小型通风机，常使用手持式转速表，其测量的范围为 30～4 800 r/min。

手持式转速表在使用时，要双手握紧表壳，将顶针顶在通风机主轴端面的中心上，启动通风机，便可以从表盘上读得转速。

3.3.1.6　温度的测定

气体的温度一般常用 0.5 级水银温度计测定，测点应靠近风量测点。也可以采用热电阻进行远控测定。

3.3.2　通风机的性能曲线

通风机的性能曲线和水泵一样，主要有三条，即：p—Q 全压曲线，N—Q 功率曲线，η—Q 效率曲线。风机每种型号，每一种转速 n 都对应有这三条曲线。转速 n 是三条曲线成立的先决条件。

3.3.2.1　离心通风机的性能曲线

由于由前弯、后弯、径向三种叶轮形状组成的通风机性能有所差别，它们的特性曲线也不相同，现简述如下。

1. 前弯叶轮风机特性曲线

图 3-29 为前弯叶轮风机的特性曲线，其中风压曲线 p—Q 呈驼峰伏，效率曲线 η—Q 比径向、后弯叶轮风机都低，功率曲线 N—Q 一直上升，故称为可过载风机（功率有过载的危险）。

2. 后弯叶轮风机特性曲线

图 3-30 为后弯叶轮风机的特性曲线，其中风压曲线 p—Q 随着风量的增加而减小，缓慢下降。效率曲线 η—Q 较高，高效区范围也较宽。功率曲线 N—Q 当风量超过设计风量时，风机所需功率不再增加，随着流量 Q 进一步增加功率反而有所下降。故有功率不过载的优点。

3. 径向叶轮风机特性曲线

图 3-31 为径向叶轮风机的特性曲线，其中风压曲线 p—Q 在小风量区会出现最高压力点（风机在最高压力点左侧工作时会出现不稳定工况），效率曲线 η—Q 介于前弯和后弯风机二者之间，功率曲线 N—Q 也呈一直上升的趋势，但比前弯风机坡度要缓慢。

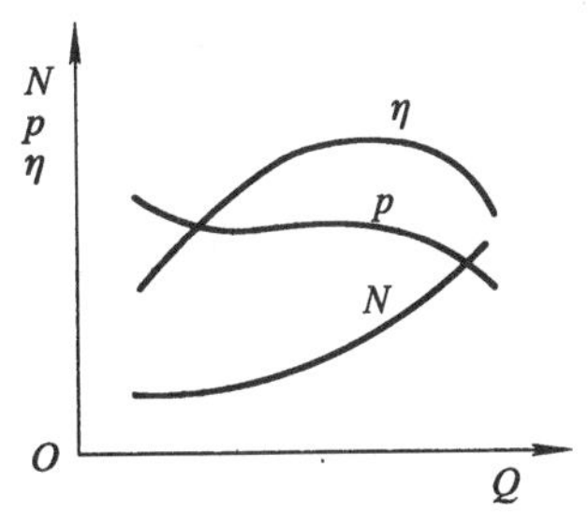

图 3-29　前向叶轮特性曲线

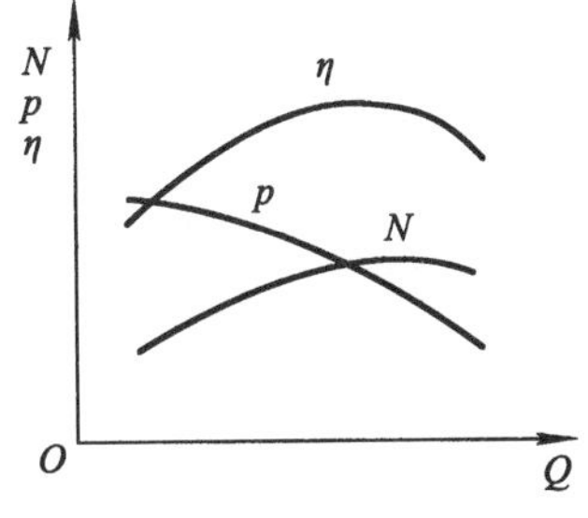

图 3-30　后向叶轮特性曲线

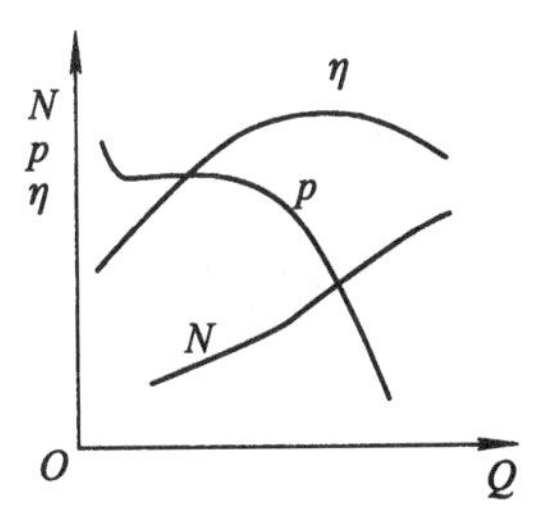

图 3-31　径向叶轮特性曲线

3.3.2.2 轴流风机和混流风机的特性曲线

图 3-32 为轴流风机和混流风机的特性曲线，其中风压曲线 p —Q 呈明显的“S”形，功率曲线 N—Q 也呈“S”形，但比风压曲线缓和些。效率曲线 η —Q 高，但高效区范围很窄。

从图中可以看出轴流式通风机的性能曲线具有以下几个特点。

1. 风压性能曲线 p—Q 的右侧相当陡峭，而左侧呈马鞍形，c 点的左侧称为不稳定工况区；

2. 当风量减小时，功率 N 反而增大；当风量 $Q=0$ 时，功率 N 达到最大值；

3. 最高效率点的位置相当接近不稳定工况区的起始点 c。

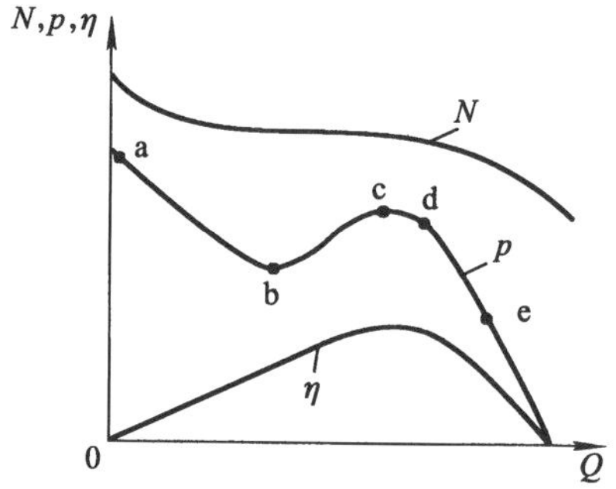

图 3-32 轴流风机特性曲线

轴流式通风机的这几个性能特点与通风机在不同工况下叶轮内部的气流流动状况有着密切的联系。图 3-33 是轴流式通风机在不同流量时叶轮内部气流流动状况的示意图。

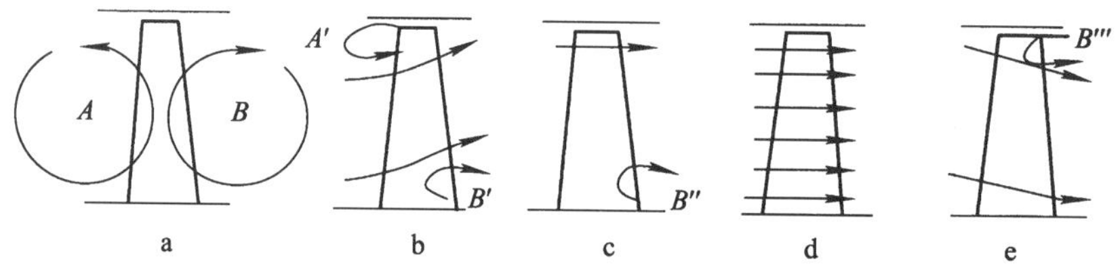

图 3-33 轴流式通风机在不同工况下叶轮内部气流流动示意图

图 3-33d 相当于性能曲线中最高效率点，即设计工况点。从该图中可以看出，气流沿叶片高度均匀分布。

图 3-33e 表示超负荷运行的工况，在叶顶附近形成一小股回流 B'''。此时，气流偏向内侧，使压力下降。

图 3-33c 的流动，代表压力性能曲线图 3-32 上 c 点的工况，c 点是性能曲线的峰顶。此时，动叶背部的气流分离，形成涡流 B''，并逐个传递给后续相邻的叶片，即所谓的旋转脱流。

图 3-33b 的流动，代表性曲线图 3-32 中马鞍形最低点 b 的情况，此时涡流 B'不断扩大，同时又在进口叶顶处形成新的涡流 A'。这些涡流会堵塞气流的通道，并迫使主气流朝径向偏斜，犹如接近离心式通风机的工作情况，因此，在性能曲线上 b 点的左侧，压力有所回升。

图 3-33a 的流动，代表性能曲线中风量等于零的情况。此时，在进口和出口均被涡流 A 和 B 所充满。由于涡流的形成和扩展，使功率曲线 N—Q 线上升。

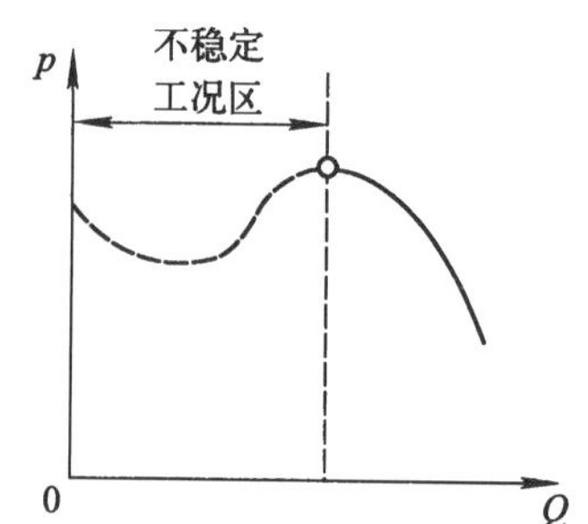

图 3-34 轴流风机不稳定工况区

图 3-34 示出了轴流通风机的不稳定工况区。如果通风机在这个区段运行，就会出现风量脉动等不正常现象。有时，这种脉动现象相当剧烈，风量 Q 和压力 p 大幅度波动，噪声增大，甚至通风机和管道也会发生激烈

的振动，这种现象称为“喘振”。

3.4 通风机的运行

3.4.1 通风机的工作方式

通风机的工作方式包括通风机的并联工作和串联工作。通风机的联合工作，在不得已的情况下才采用。因为通风机联合工作时，破坏了通风机的经济使用条件，在技术上、经济上都是不合理的。

3.4.1.1 通风机的并联工作

通风机的并联使用，是在为了加大风量的情况下选择的。并联后的压力，对每台通风机都是相等的，而总风量则为各台并联通风机风量的代数和。

1. 两台同性能通风机的并联工作

两台同性能通风机并联工作时，根据压力相同、风量叠加的原则，其合成性能曲线绘于图3-35。图中 P_{I} 为一台通风机的曲线，P_{II} 为两台通风机的合成曲线。

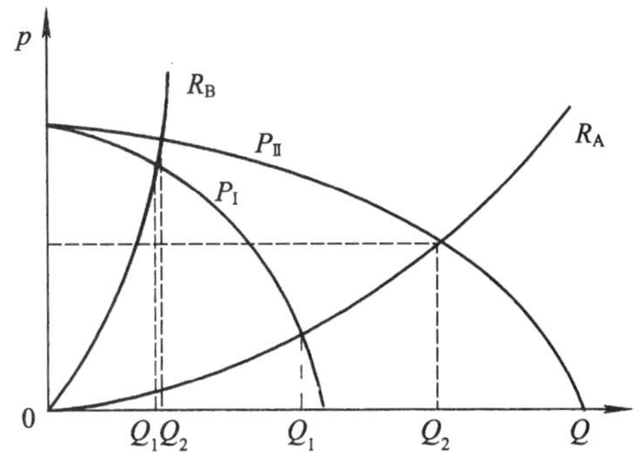

图3-35 两台同性能风机的并联工作

从图中可明显看出，通风机并联使用后，在阻力较小的管路系统中工作时(如 R_A 管路系统)，可以获得较大的风量增加；而在阻力较大的管路系统中工作时(如 R_B 管路系统)，几乎只起到一台通风机的作用。由此可见，两台同性能通风机并联使用后的风量，无论如何也永远不能提高到一台通风机单独工作的两倍。我们可以用风量有效系数 q 来表示通风机并联工作所起的效果，其关系表达式为：

$$q=\frac{Q_2-Q_1}{Q_2}\times 100\% \tag{3-23}$$

式中：Q_1—— 一台通风机工作时的风量；

Q_2—— 两台通风机并联工作时的风量。

2. 两台不同性能通风机的并联工作

按照两台通风机的不同性能，绘出两台通风机联合工作在三种不同阻力管路系统中(R_A，R_B，R_C)的合成曲线如图3-36所示。

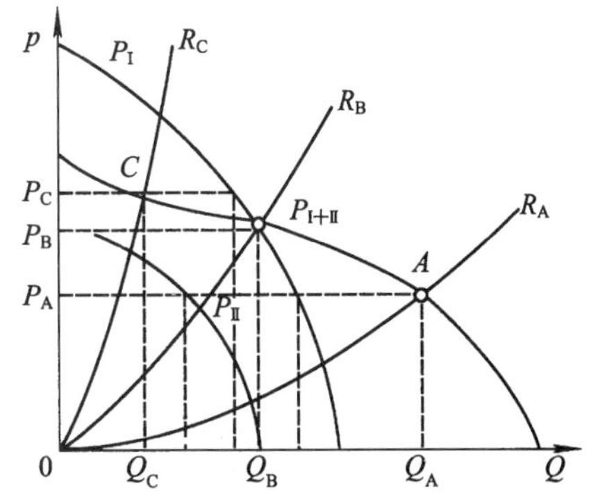

图3-36 两台不同性能风机的并联工作

图中 P_{I} 为一号通风机的曲线，P_{II} 为二号通风机的曲线，$P_{\mathrm{I+II}}$ 为两台通风机的合成曲线。

从图3-36可见，在阻力小的 R_A 管路系统中，$Q_A>Q_{\mathrm{II}}$，$Q_A>Q_{\mathrm{I}}$ 起到了增大流风量的作用；在阻力稍大的 R_B 管路系统中，$Q_B=Q_{\mathrm{I}}$，即两台通风机的总风量等于Ⅰ号通风机的风量，Ⅱ号通风机的作用一点也没有发挥出来；在阻力较大的 R_C 管路系统中，$Q_C<Q_I$ 即两台通风机的总风量小于Ⅰ号通风机的风量，说明Ⅰ号通风机与Ⅱ号通风机并联的结果，不但不起增量作用，反而阻碍了Ⅰ号通风机的工作，使Ⅰ号通风机性能下降。

3.4.1.2 通风机的串联工作

通风机串联使用，是为了加大压力的情况下而选择的。

1. 两台同性能通风机的串联工作

两台同性能通风机串联工作后的合成性能曲线，是将同一风量下的两台通风机的压力进行叠加而成，如图 3-37 所示。图中 P_I 为一台通风机的曲线，P_{II} 为两台通风机的合成曲线。

从图中可见，两台通风机串联后，在阻力较大的 R_B 管路系统工作时，获得了较大的压力增值，而在阻力较小的 R_A 管路系统工作时，压力的增值很小，几乎接近一台通风机的压力。由此可见，两台通风机串联后，其压力永远不能提高到一台通风机单独工作压力的两倍。我们可以用压力有效系数 h 来表示通风机串联工作时所起的效果，其关系表达式为：

$$h=\frac{p_2-p_1}{p_2}\times 100\% \tag{3-24}$$

式中：p_1—— 一台通风机单独工作时的压力；

p_2—— 两台通风机串联工作时的压力。

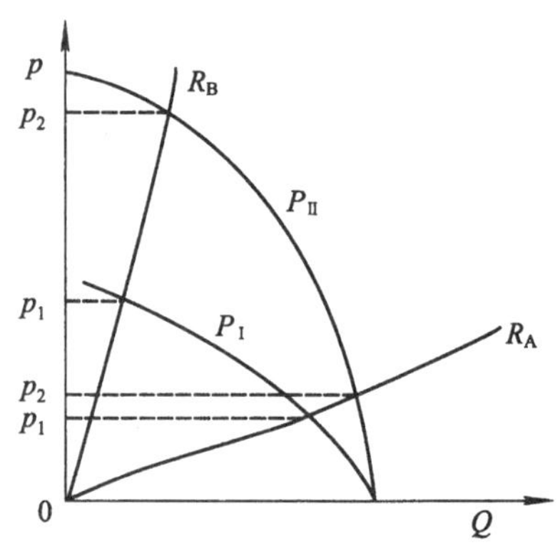

图 3-37 两台同性能风机串联工作

2. 两台不同性能通风机的串联工作

图 3-38 示出了两台不同性能通风机串联工作在三种管路系统（R_A，R_B，R_C）中的情况。图中 P_I 为一号通风机的曲线，P_{II} 为二号通风机的曲线，P_{I+II} 为两台通风机的合成曲线。

从图 3-38 可见，在阻力大的管路 R_C 系统工作时，串联后获得的压力 p_C，大于每台通风机单独工作时的压力，即串联的结果，获得了压力增加；在阻力较大的 R_B 管路系统中工作时，串联后的压力等于Ⅰ号通风机的压力，即串联的结果与Ⅰ号通风机单独工作时相同，说明Ⅱ号通风机不起任何作用；在阻力较小的 R_A 管路系统工作时，串联后的压力小于Ⅰ号通风机的压力，说明Ⅱ号通风机参与串联工作的结果，阻碍了Ⅰ号通风机的性能发挥，使Ⅰ号通风机压力下降。这种串联工作是有害的。

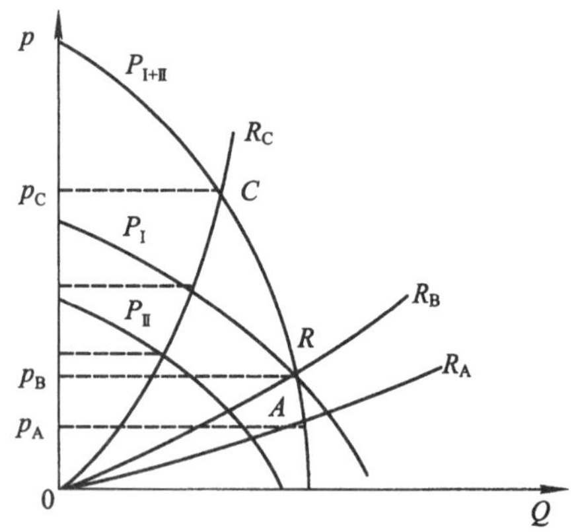

图 3-38 两台不同性能风机串联工作

3.4.1.3 通风机联合工作的分析

通过上述对通风机并联、串联工作的效果可以看出，在实际工作中，应尽可能避免使通风机并联或串联工作，当不可避免时，也应当遵循如下选择原则：(1)不论并联，还是串联，应当选择同性能的通风机进行；(2)注意并联、串联的使用条件，并联工作适合于管路阻力较小的条件，串联工作适合于管路阻力较大的条件。

在实际使用通风机时，一般都是在管路条件决定之后再选择通风机的。就是说，按通风系统的流量，确定管道的管径及布置形式，再计算出管路的总阻力，然后，按照管路系统的总阻力和总风量来选择通风机。如果现有型号的通风机不能满足所需风量、压力要求时，再考虑采用并联或串联的工作形式。并联时，按总阻力和总风量的一半选择两台同型号的通风机；串联时，按总风量和总阻力的一半选择两台同型号的通风机。下面举例说明选择的方法。

【例 2】已知：某除尘系统总风量为 6 000 m^3/h，总阻力为 200 mm H_2O，试在并联、串联的情况下分别选择通风机。

解：并联：选择压力为 200 mm H_2O，风量为 3 000 m^3/h 的通风机两台；串联：选择压力为 100 mmH_2O，风量为 6 000 m^3/h 的通风机两台。

综上所述，选择通风机并联或串联工作时，一定要慎重，特别是，要选择不同型号通风机并、串联时，一定要做出并、串联工作的特性曲线，经过认真的技术分析与经济分析后，在确认使用合理时，方可采用。

3.4.2　通风机的调节

通风机在管路中的实际工况及工作点如下：

通风机一般都是与管路组成某种生产系统进行工作的，管路中的风量是由通风机提供的，管路中的阻力又取决于风量，对于一定的管路系统，根据流体力学可以给出阻力和流量(风量)之间的关系方程式，即：

$$p=p_0+KQ^2 \tag{3-25}$$

式中：p —— 管路阻力；

p_0—— 管路系统中的背压(即排气空间与吸气空间的压力差)；

K —— 管路阻力系数。

由上式可以看出管路系统中的阻力(p)和流量(Q)之间的关系曲线为一抛物线，称为管路特性曲线。通风机是在管路系统中工作的，它必须同时满足通风机性能曲线和管路特性曲线。在 p—Q 坐标中，通风机性能曲线与管路特性曲线的交点 M 就称为通风机在管路系统中的工作点，如图 3-39 所示。

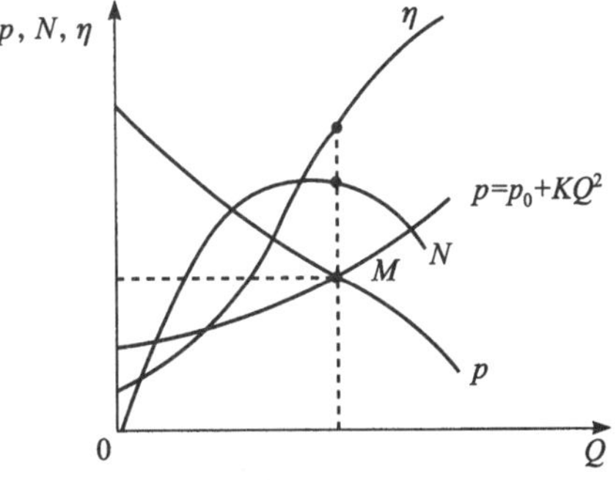

图 3-39　通风机最佳工作点

通风系统投入运行以后，一般都需要通过调节才能达到预期的风量。离心式通风机风量的调节有以下几种方法。

3.4.2.1　改变管网阻力调节法

改变管网阻力调节法，也叫节流调节法。这个方法是利用通风系统中的阀门等节流装置的开启程度大小来增减管网阻力，从而改变管网特性曲线，达到调节风量的目的。此时，通风机特性曲线不改变，由于管网特性曲线发生改变，使工况点位置改变。

图 3-40 所示的 p,N,η 为通风系统中通风机的工作压力、功率和效率曲线，$p=KQ^2$ 为管网特性曲线，1 点为工况点。此时，通风机的流量为 Q_1，压力为 p_1，功率为 N_1，效率为 η_1。若减小流量，可关小管道上的阀门。由于关小阀门，管道阻力增大，由 p_1 增大到 p_2，使通风机工况点上升，由点 1 变到点 2。由图可见，这时通风机的流量已由 Q_1 减到 Q_2，功率由 N_1 降到 N_2，效率由 η_1 降到 η_2。

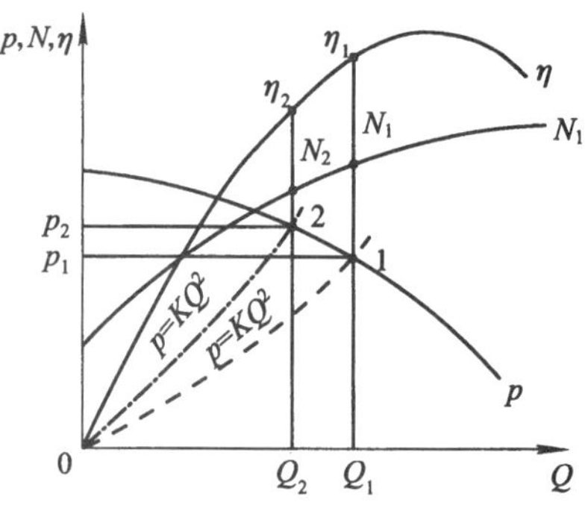

图 3-40 改变管网阻力的特性曲线

3.4.2.2 改变通风机转速调节法

从空气动力学理论看，改变通风机转速调节法是合理的。改变转速后，通风机效率保持不变，而功率则由于流量与压力的降低而迅速下降。

图 3-41 所示，通风机以转速 n_1 在管网 $p=KQ^2$ 中工作时，工况点为 1。此时流量为 Q_1，风压为 p_1，功率为 N_1，效率为 η_1。若减少流量，可把通风机的转速由 n_1 减小到 n_2。由通风机比例定律可知，通风机的流量、压力、功率分别作如下变化：

$$\frac{n}{n_1}=\frac{Q}{Q_1};\frac{n}{n_1}=\sqrt{\frac{p}{p_1}};\frac{n}{n_1}=\sqrt[3]{\frac{N}{N_1}} \qquad (3\text{-}26)$$

可见，除通风机效率 η 外，流量 Q、压力 p、功率 N 分别随转速 n 的减小而作相应的减少，即通风机的工况点，由于转速减小而下降，由 1 点下降为 2 点。此时流量为 Q_2，压力为 p_2，功率为 N_2（在图中与虚线部分对应）。

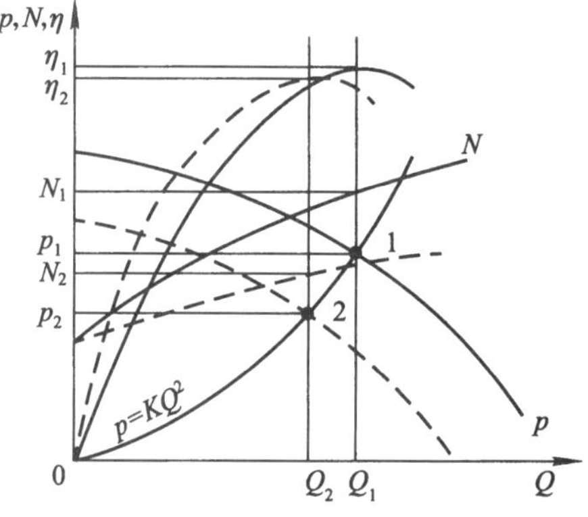

图 3-41 改变风机转速的特性曲线

改变通风机转速的方法，一般可以用更换电动机的转速来实现。在不更换电动机时，也可以采用皮带变速、齿轮变速等方法来实现。值得注意的是，采用皮带变速以提高转速时，应验算通风机是否超过最高允许转速（即叶轮的最高允许圆周速度）和电动机是否超载。

3.4.2.3 改变通风机进口处导流叶片角度调节法

通风机采用的导流器有轴向和径向两种，如图 3-42 所示。

导流器与转动挡板虽有部分共同之处，即改变导流器叶片的开启程度，改变了节流阻力，从而达到调节流量的目的。但是，导流器的主要作用并不在于此，而在于使气流进入通风机叶轮前先行转向，从而改变压力而达到调节流量的目的。

当导流器叶片角度 $\varphi=0°$时，此时，叶片全部开启，流量 Q 为最大。关小叶片开启程度，即叶片角度 φ 由 0°变化到 30°，60°，φ 将使通风机全压曲线下降，工况点由 1 变化到 2，3，如图 3-43 所示。

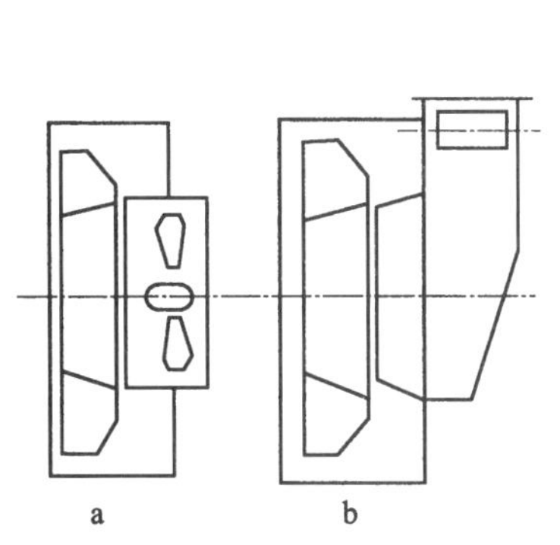

图 3-42　通风机进口导流器

a. 轴向导流器；b. 径向导流器

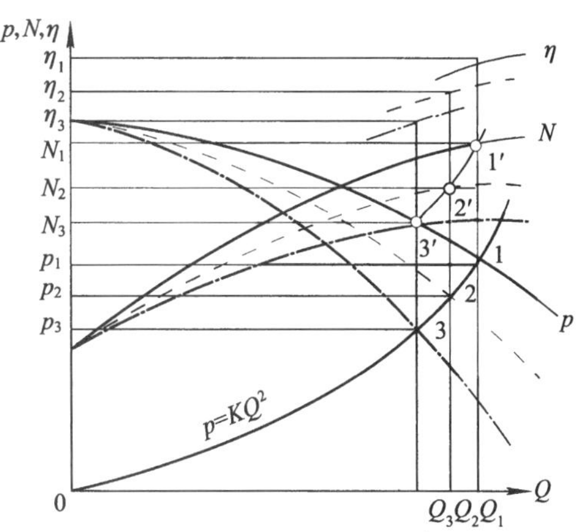

图 3-43　导流器调节特性曲线

从图中可以看出，流量由于工况点的改变，而由 Q_1 减少到 Q_2，Q_3。

比较图 3-43 与图 3-40 看出，用调节导流器叶片角度减少流量时，通风机功率沿着曲线 1′—2′—3′下降，而用阀门等节流装置增大阻力来减少流量时，通风机的功率是沿着功率曲线（即相当于导流器叶片角度 $\varphi=0°$时的曲线）向左下降的。可见后者远大于前者。因此，用调节导流器叶片角度比节流调节所消耗的功率小，是一种比较经济的调节法。

当然，由于用导流器调节，会使通风机效率降低，在这一点上，它的经济性比改变转速调节要差。但是，由于导流器结构简单，使用可靠，维护方便，而又比节流调节优越，因此，在通风机调节中得到比较广泛的应用。

3.4.2.4　改变通风机叶片宽度和角度调节法

在通风机运行中，调节通风机的叶片角度，以调节通风机的风量，已在轴流式通风机上得到采用。而对于离心式通风机，目前还没有实际应用。

改变叶片宽度，以调节通风机的风量，在实际生产中虽有应用，但由于此法是对通风机本体几何尺寸的改变，相当于重新制造通风机，因此，一般只是在通风机制造厂进行，现场应用很少。

3.4.3　通风机的正常运行

1. 启动

(1) 通风机启动前的检查：检查的内容主要有润滑系统、冷却系统、盘动转子、检查进出口阀门位置以及风机、电机的基础地脚螺栓等。

(2) 启动的顺序：①关好风机入口调节阀；②启动润滑油泵；③启动冷却水泵，打开冷却水阀；④启动通风机；⑤风机启动后，打开入口调节阀使通风流量达到运行要求的参数。

2. 正常运行

通风机在正常运行中，主要是监视通风机的电流。电流不仅是通风机负荷的标志，也是一些异常事故的预报。其次，要经常检查通风机轴承的润滑油、冷却水是否通畅，测量轴承温度，不得超过 80 ℃。

3. 停机

通风机停机后，关闭通风机进出口阀门，待轴承温度降到 45 ℃后，再停止润滑系统的油泵及冷却水系统的水泵。

4. 轴流风机和混流风机的启动运行和停机

(1) 启动：启动前的检查同离心风机，启动前先打开进出口阀门，启动后慢慢关小入口阀使流量达到运行负荷要求。

(2) 正常运行：正常运行时的要求同离心通风机。

(3) 停机：停机后打开进出口阀，其他要求同离心式通风机。

3.4.4 通风机的非稳定工况及喘振

3.4.4.1 通风机非稳定工况

若通风机的性能曲线形状如图 3-44 所示，K 为性能曲线的最高点，工况点 A 在性能曲线的右下部（在最高点 K 的右下部）变化时，通风机及管网的联合运行可以是稳定的。但是工况点 A' 若在通风机性能曲线的左下部（即随着流量的增加，压力也上升的部分）变化时，其运行状态是非稳定的。如图 3-45 所示，当管网性能曲线斜度比通风机性能曲线小时，若工况点落在通风机性能曲线的左下部，就很难得到稳定的工况点。例如图 3-45a，由于某种原因，通风机性能变化，工况点升至 B''或降到 B'，但在 B'或 B''附近通风机性能曲线与管网性能曲线都没有交点，因为通风机压力上升时，管网压力要和通风机压力维持相等，也要上升，而管网压力上升，它的流量也随之增加，在流量增加方向，显然管网性能曲线与通风机性能曲线没有交点。相反，通风机压力下降，工作点为 B'时，管网压力也随之下降，在管网流量减小方向，管网与通风机的性能曲线也无交点（直至流量减小到零）。所以，在这种情况下，工况点是很不稳定的。图 3-45b 是管网性能变化的情况，同理也是不稳定的。

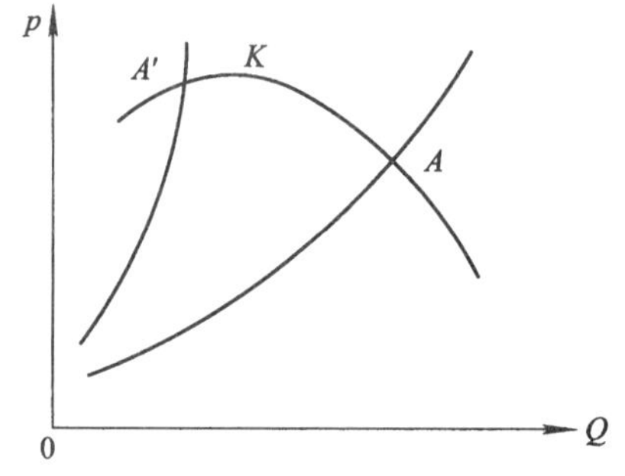

图 3-44 通风机的稳定工况及非稳定工况

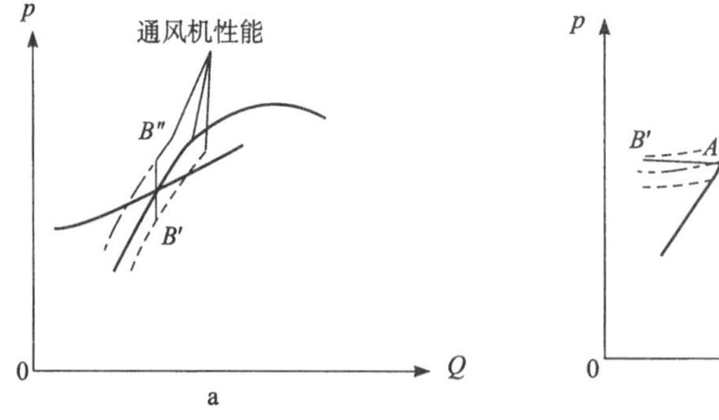

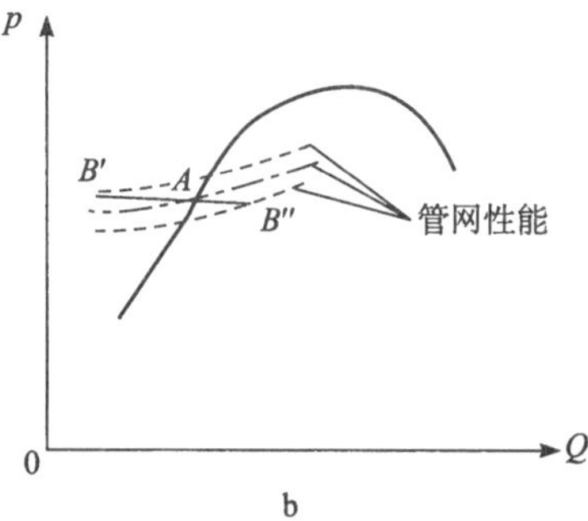

图 3-45 在通风机性能曲线左下部的非稳定工况

a. 通风机性能变化；b. 管网性能变化

若管网性能曲线与通风机性能曲线有几个交点，如图 3-46 所示，运行状态更是不稳定。总之，在通风机性能曲线的左下部使用通风机，工况状态是不稳定的。

3.4.4.2　喘振

1. 喘振现象

在通风机运行时，逐渐关闭吸气阀或排气阀，使风量减小，工况点沿着通风机的性能曲线向左侧移动，若工况点移到性能曲线的左下部的某一风量时，通过通风机及管网的风量、压力有激烈的脉动，并引起整个装置剧烈的振动，这种现象叫"喘振"，或者称"飞动"。通风机产生喘振时，由于激烈的风量、压力脉动，使运行极不稳定，强烈的机械振动会引起装置的损坏。因此，通风机不允许在喘振状态下运行。

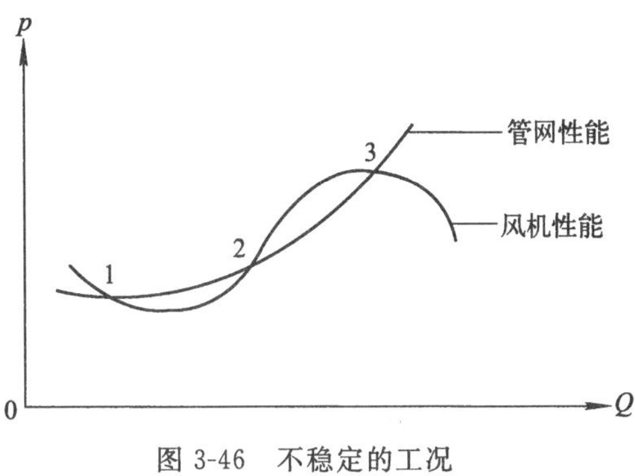

图 3-46　不稳定的工况

2. 喘振产生的原因

图 3-47 是通风机产生喘振的说明图。图 3-47a 是通风机所工作的大容量管网系统示意图。管网系统由短管、储气柜及阀门组成，若工况点落在通风机性能曲线的左下部的 I 点，而 I 点只是理论工况点（管网性能曲线与通风机性能曲线的交点）。实际上，整个系统不可能在 I 点稳定地运行。这可作如下的说明：当通风机开始工作时，向管网输送的气体流量大，压力低，而且气流还不能立即充满管网，因此，通过管网的流量小于通风机的流量，这时相当于通风机在 C 点工作，管网为了维持与通风机相同的压力而在 F 点运行。通风机继续运行时，它的压力上升，流量慢慢减小，沿着性能曲线到最高点 D。管网随着通风机排气压力增加，流量逐渐增加，但通风机在 D 点运行时，管网性能曲线与通风机性能曲线仍无交点，管网的流量 Q_G 仍小于通风机的排出流量 Q_D。像这样的运行状态再继续一段时间，管网由于排出流量小而接收通风机的流量大，其压力会略大于通风机的排气压力（D 点的压力）。在这种情况下，通风机不仅无法向管网输送气体，而且由于管网中压力高，部分气体将从管网倒流到通风机里，故通风机的流量为负值，相当在 E 点运行。管网中气流由于同时向两个方向流出，故压力很快下降，通风机中的气体压力也随着下降到 B 点。若管网中的压力继续下降并略低于通风机的压力时，通风机又开始向管网排气，即迅速地跳到 C 点运行。

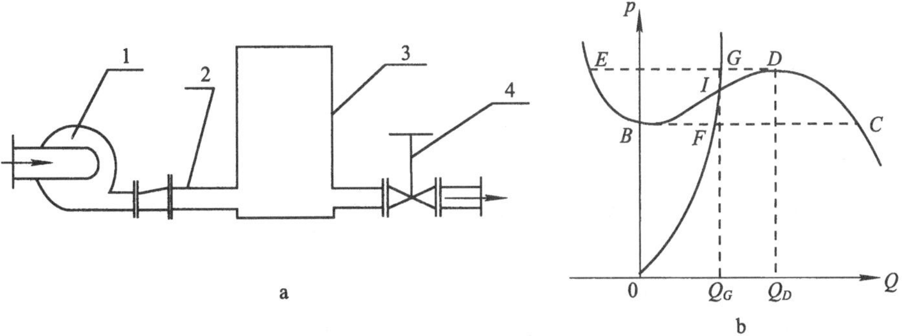

图 3-47　喘振产生的原因

a. 通风机大容量管网系统；b. 喘振过程曲线

1—通风机；2—短管；3—气柜；4—阀门

由上述可知，通风机再继续工作下去，其运行状态按 $CDEB$ 周而复始地进行，整个系统的运行无法在理论工况点 I 上，通风机中的压力忽高忽低，流量时而为正，时而为负，相应地，管网中的气体压力、流量也有很大的波动，这就是喘振产生的原因和过程。对于像图3-47a所示的管网系统，在通风机性能曲线左下部的全部范围内几乎都要产生喘振。

一般来讲，高压通风机比低压通风机容易产生喘振，轴流通风机比离心式通风机容易产生喘振。

3. 防止喘振的措施

如前所述，通风机出现喘振时，将引起压力和风量的激烈脉动，以及强烈的机械振动。故在通风机设计时，必须考虑防喘振措施，下面介绍几种防喘振的方法。

(1) 在大容量管路系统中尽量避免采用出现马鞍形性能曲线的风机，而应采用没有左下部性能的曲线。因为喘振多出现在这部分性能曲线上，通风机在右下部的性能曲线上(流量减小时压力上升的部分)运行时，无论具有哪种管网一般都不会出现喘振现象。但是没有左下部的风机是很难找到的。只能尽量使性能曲线最高点 K 向左移动，即压力最高点的流量 Q_K 尽量小些，使管路曲线避开风机性能曲线的左下部。

(2) 设置放风阀或循环管使运行风量在任何条件下都不小于 Q_K

当用户需要的流量 Q 小于或接近喘振流量时，为保证通风机中的气体流量大于喘振流量而稳定运行，可在通风机的排气管设一放气阀，将一部分气体 Q_b 放掉，另一部分气体 Q_c 输送给管网(这部分流量可以小于喘振流量)。通风机流量为：

$$Q=Q_b+Q_c> \text{喘振流量 } Q_{\min}$$

这种方法是最简单的防喘振方法，在通风机中被广泛地使用。其缺点是将经过通风机叶轮获得能量的部分气体白白地放掉，使整个装置的效率下降。必须指出，放入大气的气体应是无害的，若是有害气体，那么 Q_b 这部分气体应通过循环管经旁通阀再引回至通风机的进气管。

(3) 喘振界限向小流量区移动

在流量调节中所介绍的改变通风机转速、改变进口导流器叶片安装角、轴流通风机的动叶可调等，都可使通风机性能曲线上的喘振界限(K)向小流量区域移动，使 $Q>Q_K$，这样就扩大了通风机的稳定工况范围。

(4) 在风机吸入口处装吸入阀

通风机当关小吸入阀或降低转速时，性能曲线 $p-Q$ 向左下方移动，喘振界限(临界点)随之向小流量移动，从而可缩小性能曲线上的不稳定区。

3.4.5 通风机的噪声及噪声控制

3.4.5.1 通风机噪声的来源

1. 气动噪声

气动噪声包括旋转噪声和涡流噪声。

(1) 旋转噪声来源于旋转的叶轮

(2) 涡流噪声来源于风机产生的涡流，涡流对气流发生扰动并在气流中形成压缩和扩大的周期性过程，从而产生噪声。

2. 机械噪声

机械噪声主要包括风机的轴承噪声、皮带及其传动引起的噪声、转子不平衡引起的振动噪声及机壳和管道安装偏差引起振动产生的噪声。

3. 电动噪声

电动机噪声是风机噪声的一个主要组成部分，电动机噪声主要包括电磁噪声、机械噪声和气流噪声。

3.4.5.2　通风机噪声的控制

通常控制通风机噪声所采取的措施是：消声、隔声、减振。

1. 消声及消声器

在通风机进、出口装设消声器是控制通风机噪声的主要手段。消声器是一种阻止声波传播，而允许气流通过的装置。消声器选择和装配的合适，可以使噪声波（A）降低 20～40 dB，相应的响度降低 75%～93%。我国已有通风机消声器系列产品。

2. 隔声和吸声

通风机装设消声器后，风机的辐射噪声仍对周围环境有较大的干扰时，就需采取隔声措施。所谓隔声就是在声源与某一点之间设置一个障板或屏蔽层，或者把声源封闭起来，或者使人在控制室内工作，使噪声与人的工作环境隔绝开来，通常采用隔声罩和隔声间。

隔声装置一般由隔声层、阻尼层和吸声层等构成。隔声层由 2～3 mm 厚的钢板制成；阻尼层多用内消耗内摩擦大的沥青阻尼浆；吸声层常采用多孔性纤维状材料，如玻璃棉、矿渣棉等。国内已有与风机配套的隔声箱（隔声罩）。

3. 减振

振动是主要的噪声源之一，减振是控制风机噪声的措施之一。风机减振的措施主要有两个方面，即：

(1) 在风机和风道之间连接一段柔性接管，以避免风机振动传到风道上产生辐射噪声。

(2) 在风机与基础之间安装减振构件，如弹簧、橡胶减振器或软木等，使风机传到基础上的振动得到一定程度的减弱。

3.4.5.3　电动机噪声的控制

一般采用电动机消声罩，消声罩按照吸声结构制造。

3.4.5.4　风机噪声的允许标准

根据国际标准化组织建议试行的噪声允许标准为 85 dB。我国国家劳动总局根据中国国情在 1980 年颁布的《工业噪声卫生允许标准》中对新建企业和老企业分别制定了不同标准，见表 3-4。

表 3-4　新老企业噪声允许标准　（单位：dB）

噪声暴露时间	8 h	4 h	2 h	1 h	30 min	15 min	8 min	4 min	2 min	1 min	30 s
老企业	90	93	96	99	102	105	108	111	114	117	120
新建企业	85	88	91	94	97	100	103	106	109	112	115

噪声的测量主要使用声波计，国产声波计有两类：

(1) 普通声波计：频率范围 31.5～8 000 Hz；

(2) 精密声波计：频率范围 20～12 500 Hz。

3.5 通风机的选择方法和步骤

3.5.1 按风机性能表选择风机

1. 按工艺给出的条件，确定计算风量和计算风压；

2. 根据风机用途，在风机性能表中选择合适型号的风机和风机的叶轮直径、转速、功率等参数。

3.5.2 用风机选择曲线(风机型谱线)选择风机

每一种系列的风机都具有该系列的选择曲线，如附录Ⅹ为 G4—73—11 型风机的选择曲线。图中有三组等值线，即等 n 线，等 N 线和等外径 D_2 线，其中等 D_2 线用机号来表示。由于采用对数坐标，所以这些等值线均为直线。等外径 D_2 线和等 n 线通过每条性能曲线中的最高效率点。等外径 D_2 线所通过的各条特性曲线是表示同机号不同转速下的特性曲线。对图上任意一条性能曲线来说，线上各点的转速 n、叶轮外径 D_2 都是相同的，可以通过效率最高点的等 D_2 线和等 n 线查出它的叶轮直径和转速。等 N 线表示线上各点的功率相等。性能曲线上各点的功率都不相等，我们只能查出它所在处的功率，经过密度换算，得出工作状况下的功率。

选择方法和步骤：

1. 确定计算风量和计算风压；

2. 根据已定的参数，由横坐标的风量和纵坐标的风压在选择曲线上作出交点，根据交点所在位置即可确定所选风机的机号、转速和功率。往往交点不是刚好落在风机性能曲线上，如图 3-48 中的 1 点，通常是保持风量不变的条件下垂直往上找到最接近的性能曲线上的点 2 或点 3，选得两台风机，经过权衡分析，校核运行工况点是否处在高效区。一般选取转速较高，叶轮直径较小，运行经济的那一台风机。根据这台风机所在性能曲线查出在最高效率点时所选风机的机号、转速，功率则用插入法经过密度换算，求出工作状况下的功率，然后考虑一定的裕量选用电动机，电动机安全系数一般在 1.15～1.30 范围内选用。

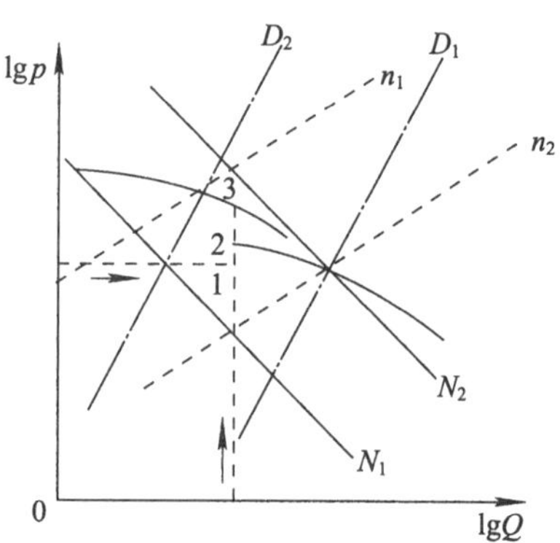

图 3-48 风机选择曲线的使用方法图

风机型谱线见附录Ⅹ。

复 习 题

1. 风机的工作原理是什么？
2. 风机有哪些类型？离心式通风机按压力分类的标准是什么？
3. 离心通风机的基本结构是什么？

4. 风机三种叶片的形式及其性能比较是什么？
5. 通风机三种叶轮特性曲线的区别和特点是什么？
6. 通风机按比转速(n_s)分类的标准是什么？
7. 离心通风机的全称包括哪些？
8. 通风机的压力、风量、功率的测定方法是什么？
9. 通风机的相似理论和相似换算是什么？
10. 通风机风量调节的方法有哪些？
11. 试进行通风机并联、串联运行的工况分析。
12. 通风机的非稳定工况及喘振产生的原因和防止的措施是什么？
13. 通风机噪声的来源及控制噪声的措施是什么？
14. 通风机选择的方法和步骤是什么？

第4章 热交换器

热交换器是把一种介质的热量传给另一种介质的机械设备,它的功能就是热量传递,这种设备称为热交换器或换热设备,有时也叫换热器。

4.1 热交换器的用途和类型

4.1.1 热交换器的用途

热交换器在生产工艺过程中,是不可缺少的单元设备,广泛用于各种领域。在核电厂中作为主要单元设备的热交换器,数量众多,型号各异,如蒸汽发生器、低压、高压给水加热器、冷凝器(凝汽器)、冷却器等。在一回路、二回路和循环冷却水系统及各种辅助系统中介质的加热和冷却也都离不开热交换器。

4.1.2 热交换器的类型

4.1.2.1 间壁式热交换器

间壁式热交换器的特点是冷、热两流体被固体壁面隔开,不相混合,通过间壁进行热量的交换。此类热交换器中,以列管式应用最广,本章将作重点介绍。其他常用的间壁式换热器简介如下。

1. 夹套式热交换器

这种热交换器构造简单,如图4-1所示。热交换器的夹套安装在容器的外部,夹套与器壁之间形成密封的空间,为热载体(加热介质)或冷载体(冷却介质)的通路。夹套通常用钢或铸铁制成,可焊在器壁上或者用螺钉固定在容器的法兰或容器盖上。

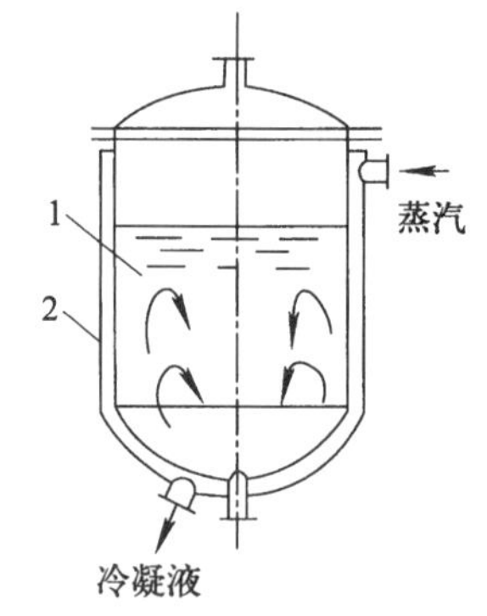

图4-1 夹套式热交换器

1—容器;2—夹套

夹套式热交换器主要应用于反应过程的加热或冷却。在用蒸汽进行加热时,蒸汽由上部接管进入夹套,冷凝水则由下部接管流出。作为冷却器时,冷却介质(如冷却水)由夹套下部的接管进入,而由上部接管流出。

这种热交换器的传热系数较小,传热面又受容器的限制,因此适用于传热量不太大的场合。为了提高其传热性能,可在容器内安装搅拌器,使器内液体作强制对流;为了弥补传热面的不足,还可在器内安装蛇管等。

2. 蛇管式热交换器

蛇管式热交换器可分为下列两类。

（1）沉浸式蛇管热交换器

蛇管多以金属管子弯曲制成，或制成适应容器要求的形状，沉浸在容器中。两种流体分别在蛇管内、外流动而进行热量交换。

这种蛇管热交换器的优点是结构简单，价格低廉，便于防腐蚀，能承受高压。主要缺点是由于容器的体积较蛇管的体积大得多，故管外流体的给热系数 α 较小，因而总传热系数 K 值也较小。如在容器内加搅拌器或减小管外空间，则可提高传热系数。

（2）喷淋式热交换器

喷淋式热交换器多用作冷却器。固定在支架上的蛇管排列在同一垂直面上，热流体在管内流动，自最下管进入，由最上管流出。冷却水由最上面的多孔分布管（淋水管）流下，分布在蛇管上，并沿其两侧下降至下面的管子表面，最后流入水槽而排出。冷却水在各管表面上流过时，与管内流体进行热交换。这种设备常放置在室外空气流通处，冷却水在空气中汽化时，可带走部分热量，以提高冷却效果。它和沉浸式蛇管热交换器相比，还具有便于检修和清洗、传热效果也较好等优点，其缺点是喷淋不易均匀。

应指出，在夹套式或沉浸式热交换的容器内，流体常处于不流动的状态，因此在某瞬间容器内的各处的温度基本相同，而经过一段时间后，流体的温度由初温 t_1 变为终温 t_2，故属于不稳定传热过程。这些热交换器仍为一些中小型工厂所广泛采用。

3. 套管式热交换器

套管式热交换器系用管件将两种尺寸不同的标准管连接成为同心圆的套管，然后用 180°的回弯管将多段套管串连而成，如图 4-2 所示。每一段套管称为一程，程数可根据传热要求而增减。每程的有效长度为 4～6 m，若管子太长，管中间会向下弯曲，使环形中的流体分布不均匀。

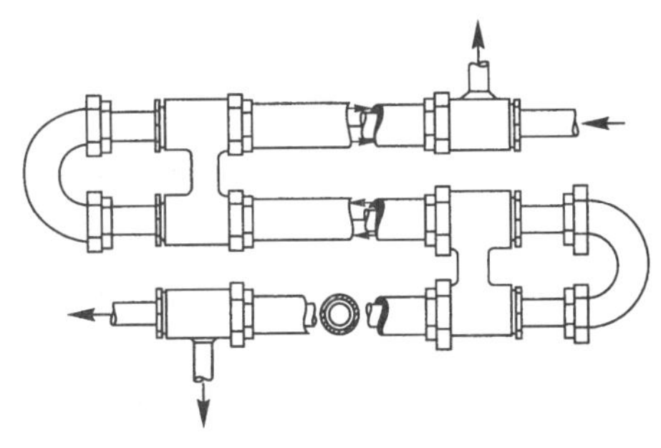

图 4-2　套管式热交换器

套管式热交换器的优点为：构造较简单；能耐高压；传热面积可根据需要而增减；适当地选择两管子的内、外径，可使流体的流速较大，且双方的流体作严格的逆流，都有利于传热。

缺点为：管间接头较多，易发生泄漏；单位热交换器长度具有的传热面积较小。故在需要传热面积不太大而要求压强较高或传热效果较好时，宜采用套管式热交换器。

4.1.2.2　混合式热交换器

混合式热交换器，如图 4-3 所示。这种类型的热交换器主要用于气体的冷却（有时兼作除尘、增湿或降温等用）及蒸汽的冷凝，故又称为混合式冷却器或冷凝器。其特点是被冷凝（或冷却）的蒸汽直接与水（或冷流体）接触进行换热，因此传热效果好。此外设备结构简单，易于防腐蚀。必须指出，仅在允许冷、热流体允许互相混合时，才能应用混合式换热器。

其中图 4-3b 较为常见，称为干式逆流高位冷凝器，被冷凝的蒸汽与冷却水在器内逆流流动，上升蒸汽与自上部喷淋下来的冷却水相接触而冷凝，冷凝液和冷却水沿气压管向下流动。由于冷凝器通常与真空相连，器内压强为 0.01 ～ 0.02 MPa，因此气压管必须有足够的高度，一般为 10 ～ 11 m。

蒸汽
水
冷凝液
a
不凝气
水
蒸汽
1
2
3
4
5
6
7
8
b

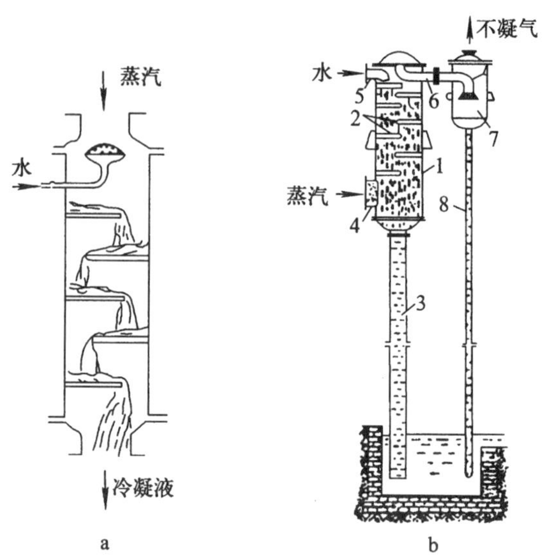

图 4-3 混合式热交换器

a. 并流低位冷凝器；b. 干式逆流高位冷凝器

1—外壳；2—淋水板；3、8—气压管；4—蒸汽进口；5—进水口；6—不凝气出口；7—分离罐

4.1.2.3 蓄热式热交换器

蓄热式热交换器又称蓄热式换热器，简称蓄热器，器内装有固体填充物(如耐火砖等)。冷、热流体交替地流过蓄热器，利用固体填充物来积蓄和释放热量而达到换热的目的。通常由两个并联的蓄热器交替使用，如图 4-4 所示。

蓄热器结构简单，且可耐高温，因此多用于高温气体的加热。其缺点是设备体积庞大，且不能完全避免两种流体的混合，所以这类设备在生产中使用得不太多。

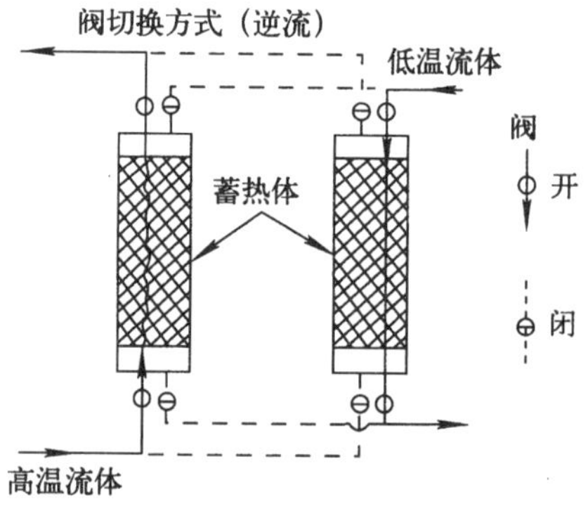

阀切换方式（逆流）
低温流体
阀
开
闭
蓄热体
高温流体

图 4-4 蓄热式热交换器

4.1.2.4 板式热交换器

板式热交换器主要由一组长方形的薄金属板平行排列、夹紧组装于支架上而构成。两相邻板片的边缘衬有垫片，压紧后可以达到密封的目的，且可用垫片的厚度调节两板间流体通道的大小。每块板的四个角上，各开一个圆孔，其中有两个圆孔和板面上的流道相通，另外两个圆孔则不相通，它们的位置在相邻的板上是错开的，以分别形成两流体的通道。冷、热流体交替地在板片两侧流过，通过金属板片进行换热。每块金属板面冲压成凹凸规则的波纹，以使流体均匀流过板面，增加传热面积，并促使流体的湍动，有利于传热。如图 4-5 所示，为大亚湾核电站核岛设备冷却水系统(RRI)采用的板式热交换器结构图。

板式热交换器的优点是：结构紧凑、单位体积设备提供的传热面积大；总传热系数 K 值

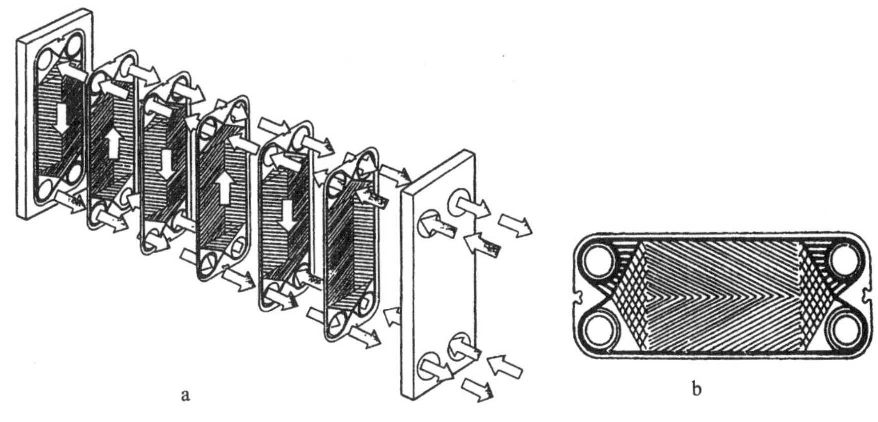

图 4-5　板式换热器
a. 板式换热器结构；b. 板式结构

高，如对低黏度液体的传热，K 值可高达 7 000 W/(m^2 · ℃)；可根据需要增减板数以调节传热面积；检修和清洗都较方便等。

板式热交换器的缺点是：处理量不宜大；操作压强比较低，一般低于 1.5 MPa，最高也不超过 2.0 MPa；因受垫片耐热性能的限制，操作温度不能太高，一般对合成橡胶垫圈不超过 130 ℃，压缩石棉垫圈也低于 250 ℃。

4.2　列管式热交换器的类型及工作特性

列管式热交换器是目前工业生产中包括核电厂应用最广泛的传热设备，与前述的各种热交换器相比，主要优点是单位体积所具有的传热面积大以及传热效果好。此外，结构简单，制造用的材料范围较广，操作弹性也较大等。因此，在高温、高压和大型装置上多采用列管式热交换器。

在列管式热交换器中，由于两流体的温度不同，使管束和壳体的温度也不相同，因此它们的热膨胀程度也有差别。若两流体的温度相差较大(50 ℃以上)时，就可能由于热应力而引起设备的变形，甚至弯曲或破裂，因此必须考虑这种热膨胀的影响。根据热补偿方法的不同，列管式热交换器分为下面几种型式。

4.2.1　固定管板式热交换器的构造、特点和使用要求

固定管板式热交换器如图 4-6 所示。所谓固定管板式即两端管板和壳体连接成一体，因此它具有结构简单和造价低廉的优点。但是由于壳程不易检修和清洗，因此壳方流体应是较洁净且不易结垢的物料。当两流体的温度差较大时，应考虑热补偿。图 4-6 为具有补偿圈(或称膨胀节)的固定管板式热交换器，即在外壳的适当部位焊上一个补偿圈，当外壳和管束热膨胀不同时，补偿圈发生弹性变形(拉伸或压缩)，以适应外壳和管束的不同的热膨胀程度。这种补偿方法简单，但不宜用于两流体的温度差太大(不大于 70 ℃)和壳方流体压强过高(一般不高于 0.6 MPa)的工况。

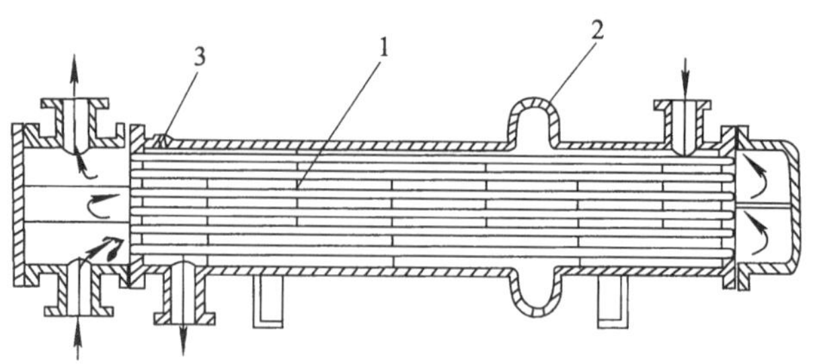

图 4-6 具有补偿圈的固定管板式热交换器

1—挡板；2—补偿圈；3—放气嘴

4.2.2 U 形管热交换器的构造、特点和使用要求

U 形管热交换器如图 4-7 所示。管子弯成 U 形，管子的两端固定在同一管板上，因此每根管子可以自由伸缩，而与其他管子和壳体均无关，故不受热膨胀限制。管束可以抽出，壳间清洗方便。

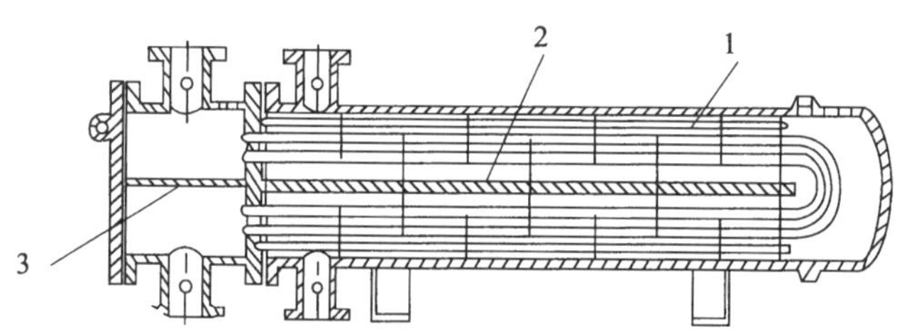

图 4-7 U 形管热交换器

1—U 形管；2—壳程隔板；3—管程隔板

这种型式热交换器仅一端有管板，结构也较简单，重量轻，适用于高温和高压的场合，核电厂反应堆回路和汽轮机回路的热交换器（如蒸汽发生器和给水再加热器）多为这种类型。

其主要缺点是管内清洗比较困难，因此管内流体必须洁净；且因管子需一定的弯曲半径，故管板的利用率差些。

4.2.3 浮头式热交换器的构造、特点和使用要求

浮头式热交换器如图 4-8 所示，两端管板之一不与外壳固定连接，该端称为浮头。当管子受热（或受冷）时，管束连同浮头可以自由伸缩，而与外壳的膨胀无关。浮头式热交换器不但可以补偿热膨胀，而且由于固定端的管板是以法兰与壳体相连接的，因此管束可从壳体中抽出，管间、壳间清洗和检修都方便，故浮头式热交换器应用较为普遍，在核电厂中用作二回路给水加热器。但结构较复杂，金属耗量较多，造价较高。

以上几种类型的列管热交换器，都有系列标准产品，可供选用。在系列规格型号中，通常都标明型式、壳体直径、传热面积、承受的压强及管程数和壳程数等。

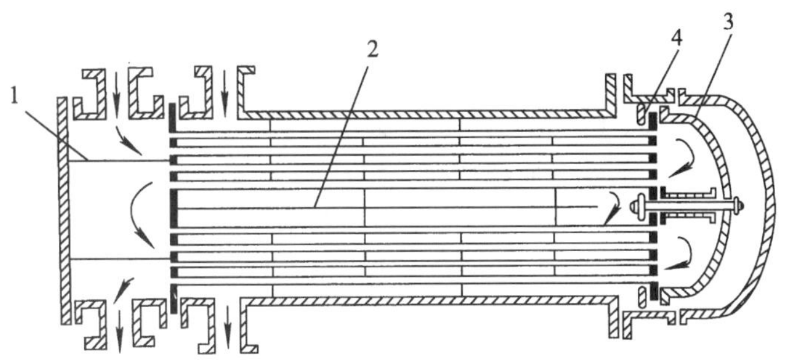

图 4-8 浮头式热交换器

1—管程隔板；2—壳程隔板；3—浮头；4—钩圈

4.3 热交换器的传热方式、传热过程及传热方程

4.3.1 热交换器传热的基本方式

热交换器传热的基本方式主要是以对流传热和热传导（导热）相结合的方式进行传热。

4.3.1.1 热传导（又称导热）

若物体上的两部分间连续存在着温度差，则热将从高温部分自动地流向低温部分，直至整个物体的各部分温度相等为止。此种传热方式称为热传导。固体中热的传递是典型的热传导。在金属固体中，热传导起因于自由电子的运动；在不良导体的固体和大部分液体中，热传导是由个别分子的动量传递所致；在气体中，热传导是由分子不规则运动而引起的。热传导是静止物质内的一种传热方式，也就是说没有物质的宏观位移。

4.3.1.2 对流传热

对流传热是指流体中质点发生相对位移而引起的热交换。对流传热仅发生在流体中，因此它与流体的流动状况密切相关。在对流传热时，必然伴随着流体质点间的热传导。事实上，要将它们分开是很困难的。若将两者合并处理时，一般也称为对流传热（又称为给热）。工程中讨论的对流传热，多是指热由流体传到固体的壁面或由固体壁面传到流体的过程。

在流体中产生对流的原因有二：一为流体质点的相对位移是因流体中各处的温度不同而引起的密度差别，使轻者上浮，重者下沉，流体产生这种对流则称为自然对流；二为流体质点的运动是因泵（风机）或搅拌等外力所致，流体的这种对流则称为强制对流。流动的原因不同，对流传热的规律也有所不同。应予指出，在同一种流体中，有可能同时发生自然对流和强制对流。

4.3.2 热交换器的传热过程

工业，特别是核工业、核电厂所用的热交换器，主要为间壁式，其中又以列管式为主。所以本章以间壁式热交换器的传热过程进行分析。

在间壁式热交换器中，冷、热流体被壁面隔开，它们分别在壁面两侧进行流动。热流体将热传到壁面的一侧，通过固体壁面的热传导，再由壁面另一侧将热传给冷流体。冷、热流体流动状态是，当流体流经固体壁面时形成流动边界层，边界层内存在速度梯度；当流体呈湍流时(形成湍流边界层)，靠近壁面处总有一层滞流内层存在，在此薄层内流体呈滞流流动。因此在滞流内层中，沿壁面的法线方向上没有对流传热，该方向上热的传递仅为流体的热传导。由于流体的导热系数较低，使滞流内层中的导热热阻就很大，因此该层中温度差也较大，即温度梯度较大。在湍流主体中，由于流体质点剧烈混合并充满了旋涡，因此湍流主体中的温度差(温度梯度)极小，各处的温度基本上相同。在湍流主体和滞流内层之间的缓冲层内，热传导和对流传热均起作用，在该层温度发生缓慢的变化。图 4-9 表示流体在壁面两侧的流动情况以及和流体流动方向垂直的某一截面上流体的温度分布情况。

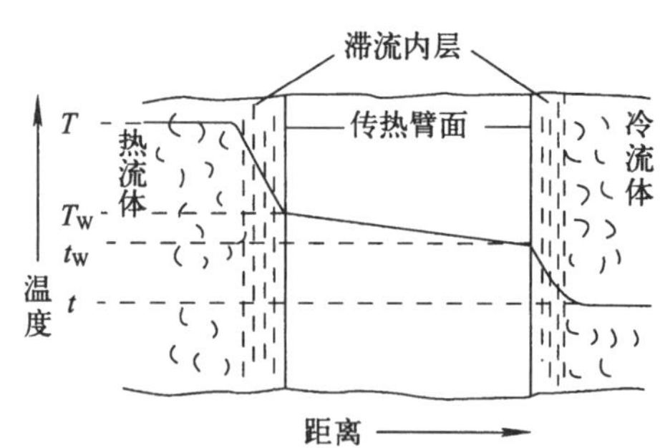

图 4-9 对流传热的温度分布情况

由以上分析可知，对流传热的热阻主要集中在滞流内层内，因此，减薄滞流内层的厚度是强化对流传热的重要途径。

4.3.3 热交换器的传热方程

热交换器的传热计算就是应用基本传热学、流体力学及热交换器结构知识进行设计和计算。下面就传热速率方程和能量衡算方程等予以介绍。应该指出下面讨论的问题仅限于稳定传热过程。

4.3.3.1 热传导方程

物体内部各点间的温度差是热传导的必要条件，由热传导方式引起的热传递速率(简称导热速率)取决于物体内温度分布的状况。我们讨论的间壁式热交换器可简化为一维温度场，即温度不随时间而变化，仅沿一个坐标方向变化。在此条件下，两相邻等温面之间的温度差 Δt 与该两面间的垂直距离 Δn 之比值称为温度递度，即 $\frac{\Delta t}{\Delta n}$。

傅里叶定律：通过等温表面的导热速率与温度递度及传热面积成正比，即

$$\mathrm{d}Q \propto \mathrm{d}S\,\frac{\Delta t}{\Delta n}$$

$$\mathrm{d}Q = \lambda\,\frac{\Delta t}{\Delta n}\mathrm{d}S$$

如图 4-10 所示，间壁两侧等温面的温度差为：

$$\Delta t = T_w - t_w$$

两等温面的垂直距离则为：

$$\Delta n = b$$

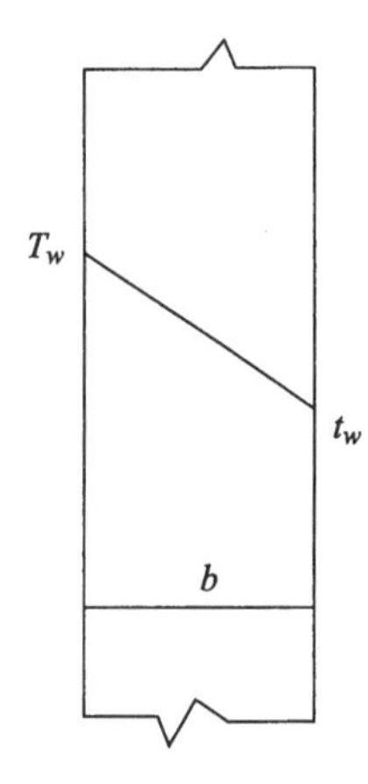

图 4-10 间壁两侧等温面

代入上式则

$$dQ = \lambda \frac{T_w - t_w}{b} \cdot dS$$

积分后则为：

$$Q = \lambda \frac{T_w - t_w}{b} \cdot S \tag{4-1}$$

式中：Q—— 导热速率，单位时间内传导的热，是与温度梯度方向相反的量，W；

S—— 等温表面的面积，m^2；

b—— 壁面厚度，m；

T_w, t_w—— 高、低等温壁面的温度，℃；

λ—— 比例系数，称为导热系数，W/(m·℃)。

导热系数 λ 的定义为单位温度梯度下的热通量，导热系数 λ 数值的范围很大，它和物质的组成、结构、密度等等有关。通常用实验的方法测定，其数据常附于各种手册中。

4.3.3.2　对流传热速率方程

对流传热是一个复杂的传热过程，影响对流速率的因素很多。因此，对流传热的理论计算是相当困难的。目前，工程计算仍按下面的半经验方法处理。

根据传递过程的普遍关系与规律，壁面与流体（或反之）的对流传热速率，也应该等于推动力与阻力之比：

$$\text{对流传热速率} = \frac{\text{对流传热的推动力}}{\text{对流传热的阻力}} = \text{系数} \times \text{推动力}$$

上式中的推动力就是壁面和流体间的温度差。影响阻力的因数很多，但有一点是明确的，即阻力必与壁面的表面积成反比。还应指出，在热交换器中，沿流体的流动方向上流体和壁面的温度一般都是变化的，在热交换器不同位置上的对流传热速率也随之而异，所以对流传热速率方程应该用微分形式表示。即

$$dQ = \frac{T - T_w}{\frac{1}{\alpha ds}} = \alpha(T - T_w)ds \tag{4-2}$$

式中：dQ—— 局部对流传热速率，W；

ds—— 微单元传热面积，m^2；

T—— 热交换器任一截面上热流体的平均温度，℃；

T_w—— 热交换器任一截面上和热流体相接触一侧的壁面温度，℃；

α—— 比例系数，又称局部对流传热系数，W/(m^2·℃)。

应注意，流体的平均温度，是指将流体横截面上的流体绝热混合后测定的温度。在传热计算中，流体温度除另有说明外，一般都是指这种横截面上的平均温度。

方程式(4-2)又称牛顿(Newton)冷却定律。

在热交换器中，局部对流传热系数 α 随管长而变化，但在工程计算中，常使用平均对流传热系数（一般也用 α 表示，应注意与局部对流传热系数的区别），此时牛顿冷却定律可以表示为：

$$Q = \alpha S \Delta t \tag{4-3}$$

式中：α—— 平均对流传热系数，W/m·℃；

S—— 总传热面积，m^2；

Δt—— 流体与壁面(或反之)间温度差的平均值,℃。

此外,还应指出,热交换器的传热面积有不同的表示方法。例如,若热流体在热交换器的管内流动,冷流体在热交换器的管间(环隙)流动,则它们的对流传热速率方程可分别表示为:

$$dQ = \alpha_i (T - T_w) dS_i \tag{4-4}$$

$$dQ = \alpha_o (t_w - t) dS_o \tag{4-5}$$

式中:S_i,S_o—— 分别为热交换器的管内、管外表面积,m^2;

α_i,α_o—— 分别为热交换器管内侧和管外侧的流体对流传热系数,W/m²·℃;

t—— 热交换器任一截面上冷流体的平均温度,℃;

t_w—— 热交换器任一截面上与冷流体相接触一侧的壁温,℃。

由此可见,对流传热系数必然是与传热面积和温度差相对应的。

牛顿冷却定律也是对流传热系数的定义式,表示在单位温度差下,对流传热系数在数值上等于由对流传热产生的热通量(即单位面积的对流传热速率)。但是该式并没有揭示出影响对流传热系数或对流传热速率的因素。因此,如何求算对流传热系数 α,成为对流传热的关键问题。有关计算 α 的关联式将在下节中讨论。表 4-1 列出几种对对流传热情况下的 α 值范围,以便对 α 的大小有数量级的概念。同时在实际的传热计算中,α 的经验值也是值得参考的。

表 4-1　α 值的范围

传热方式	空气自然对流	汽体强制对流	水自然对流	水强制对流	水蒸气冷凝	有机蒸汽冷凝	水沸腾
W/m℃	5～25	20～1 000	200～1 000	1 000～15 000	5 000～15 000	500～2 000	2 500～25 000

4.3.3.3　能量衡算方程

能量衡算,具体对热交换器来说就是热量衡算。对间壁式热交换器的能量衡算,以小时为基准。因为无外功加入,且位能和动能项均可忽略,故实质上为焓衡算。

假设热交换器绝热良好,热损失可以忽略时,则在单位时间内热流体放出的热量等于冷流体吸收的热量,即:

$$Q = W_h (H_{h1} - H_{h2}) = W_c (H_{c2} - H_{c1}) \tag{4-6}$$

式中:Q——热交换器的热负荷(即传热速率),kJ/h 或 W(W=J/s);

W——流体的质量流量,kg/h;

H——单位质量流量的焓,kJ/kg。

(下标 c 和 h 分别表示冷流体和热流体,下标 1 和 2 表示热交换器的进口和出口)。式(4-6)即为热交换器的热量衡算式。

1. 若热交换器中两流体无相变化,且流体的比热不随温度而变化或可取平均温度下的比热时,式(4-6)可表示为

$$Q = W_h c_{ph} (T_1 - T_2) = W_c c_{pc} (t_2 - t_1) \tag{4-7}$$

式中:c_p——流体的平均定压比热容,kJ/kg·℃;

t—— 冷流体的温度,℃;

T—— 热流体的温度,℃。

2. 若热交换器中的热流体有相变化，例如饱和蒸汽冷凝时，式(4-6)可表示为

$$Q = W_h \gamma = W_c c_{pc}(t_2 - t_1) \tag{4-8}$$

式中：W ——饱和蒸汽的冷凝速率，kg/h；

γ —— 饱和蒸汽的冷凝潜热，kJ/kg。

式(4-8)的应用条件是冷凝液在饱和温度下离开热交换器。若冷凝液的温度低于饱和温度时，则式(4-8)变为

$$Q = W_h \{\gamma + c_{ph}(T_S - T_2)\} = W_{ct} c_{pc}(t_2 - t_1) \tag{4-9}$$

式中：c_{ph}—— 冷凝液的比热，kg/h；

T_S—— 冷凝液的饱和温度，℃。

3. 散热损失

在实际工作中，热交换器不可能是绝热，都有散热损失，能量衡算时，散热损失不能忽略。散热损失主要在壳方(因壳方暴露在外环境)，通常用壳方流体传热量的某一百分数(x%)来估算散热损失 Q_L，若壳方为热流体时，则热量衡算式为

$$Q = W_h c_{ph}(T_1 - T_2) - Q_L = W_c c_{pc}(t_2 - t_1)$$

$$Q = (1 - x\%)\{W_h c_{ph}(T_1 - T_2)\} = W_c c_{pc}(t_2 - t_1) \tag{4-9a}$$

4.3.3.4　总传热速率方程

应用前述的热传导速率方程和对流传热速率方程时，需要知道壁面温度。而实际上壁面温度常常是未知的，为了避开壁面温度，故引出间壁两侧流体间的总传热速率方程。

总传热速率方程，可以通过热交换器中任一微元面积 dS 间壁两侧流体的传热速率方程，仿照对流传热速率方程而写出，即

$$dQ = K(T - t)dS = K\Delta t dS \tag{4-10}$$

式中：K —— 局部总传热系数，W/m^2 · ℃；

T —— 热交换器的任一截面上热流体的平均温度，℃；

t —— 热交换器的任一截面上冷流体的平均温度，℃；

Δt —— 平均温度差，℃。

式(4-10)为总传热速率方程式，也是总传热系数的定义式，表明总传热系数在数值上等于单位温度差下的热通量。总传热系数 K 和对流传热系数 α 的单位完全一样，但应注意其中温度差 Δt 所代表的范围并不相同。

应指出，总传热系数必须和所选择的传热面积相对应，因此式(4-10)可以表示为：

$$dQ = K_i(T - t)dS_i = K_o(T - t)dS_o = K_m(T - t)dS_m \tag{4-11}$$

式中：K_i，K_o，K_m ——对应于管内表面积、外表面积、内外表面平均面积的总传热系数，W/m^2 · ℃；

S_i，S_o，S_m —— 热交换器管内表面积、外表面积和内外侧表面平均面积，m^2。

由于 dQ 及 $(T - t)$ 和选择的基准面积无关，故

$$\frac{K_o}{K_i} = \frac{dS_i}{dS_o} = \frac{d_i}{d_o} \tag{4-12}$$

及

$$\frac{K_o}{K_m} = \frac{dS_m}{dS_o} = \frac{d_m}{d_o} \tag{4-12a}$$

式中：d_i，d_o，d_m —— 管内径、外径和内外径的平均直径，m。

4.3.3.5 平均温度差 Δt

式(4-10)是总传热速率的微分方程，积分后才有实际意义。积分的结果将是用平均温度差代替局部温度差。为此，必须考虑热交换器中两流体的温度变化情况以及流体相互间流动的方向。

为了积分式(4-10)，应作如下的规定。

(1) 传热为稳定操作过程；

(2) 两流体的比热为常量(可取进、出口的平均值)；

(3) 总传热系数 K 为常量，即 K 值不随热交换器的管长而变化；

(4) 热交换器的热损失可以忽略。

1. 恒温传热时的平均温度差

热交换器的间壁两侧流体均有相变化时，如蒸发器中，饱和蒸汽和沸腾液体间的传热就是恒温传热。在恒温传热中，冷、热流体的温度均不沿管长变化，两者间的温度差处处相等，即 $\Delta t = T - t$。流体的流动方向对 Δt 也无影响。因此，根据前述的假定(3)，积分式(4-10)，则可得：

$$Q = KS(T - t) = KS\Delta t \tag{4-13}$$

2. 变温传热下的平均温度差

变温传热时，若两流体相互间的流向不同，则对温度差的影响也不同，故应分别讨论。

(1) 逆流和并流时的平均温度差

在热交换器中，两流体若以相反的方向流动，称为逆流；若以相同的方向流动，称为并流，如图 4-11 所示。由图可见，温度差是沿管长而变化的故需求出平均温度差。下面以逆流为例，推导出计算平均温度差的通式。

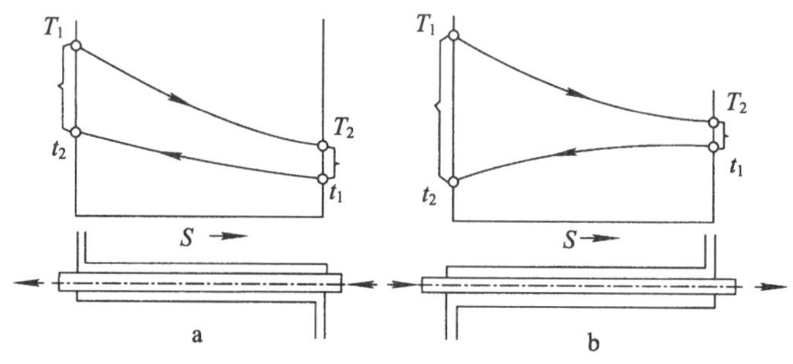

图 4-11 变温传热时的温度变化

a. 逆流；b. 并流

由热交换器能量衡算微分方程知：

$$dQ = W_h c_{ph} dT = W_c c_{pc} dt$$

根据稳定传热理论，c_p 为平均比热容，即 c_p＝常量。

$$\frac{dQ}{dT} = W_h c_{ph} = 常量$$

$$\frac{dQ}{dt} = W_c c_{pc} = 常量$$

如果将 Q 对 T 或 t 作图，由上式可知 $Q - T$ 和 $Q - t$ 都是直线关系，可分别表示为：

$$T = mQ + k$$

及
$$t = m'Q + k'$$

上两式相减，得：

$$T - t = (m - m')Q + (k - k')$$

式中：m, m', k, k' 分别为 $Q-T$ 和 $Q-t$ 直线的斜率和截距，由上式可知，Δt 和 Q 也呈直线关系。将上述诸直线均定性地绘于图 4-12 中。

由图 4-12 可以看出，$\Delta t - Q$ 的直线斜率为：

$$\frac{d(\Delta t)}{dQ} = \frac{\Delta t_2 - \Delta t_1}{Q}$$

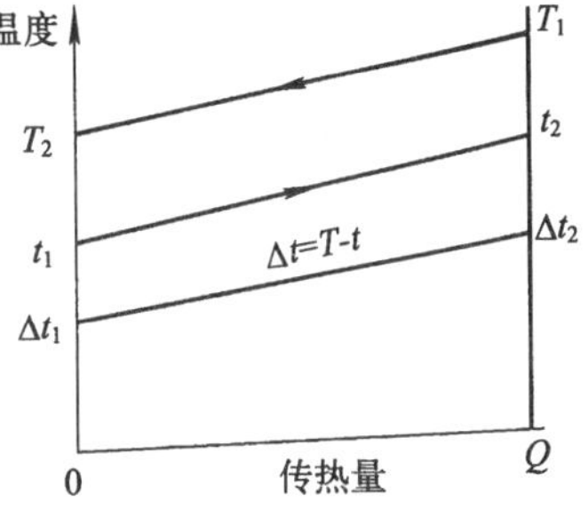

图 4-12　逆流时平均温度差推导

将上式代入式(4－10)可得：

$$\frac{d(\Delta t)}{K dS \Delta t} = \frac{\Delta t_2 - \Delta t_1}{Q}$$

由前述的假定(3)知 K 为常量，积分上式，即

$$\frac{1}{K}\int_{\Delta t_1}^{\Delta t_2} \frac{d(\Delta t)}{\Delta t} = \frac{\Delta t_2 - \Delta t_1}{Q}\int_0^S dS$$

得
$$\frac{1}{K}\ln\frac{\Delta t_2}{\Delta t_1} = \frac{\Delta t_2 - \Delta t_1}{Q}S$$

则
$$Q = KS\frac{\Delta t_2 - \Delta t_1}{\ln\dfrac{\Delta t_2}{\Delta t_1}} \tag{4-14}$$

式(4-14)是适用于整个热交换器的总传热速率方程。由该式可知，平均温度差 Δt_m 等于热交换器两端处的对数平均值，即

$$\Delta t_m = \frac{\Delta t_2 - \Delta t_1}{\ln\dfrac{\Delta t_2}{\Delta t_1}} \tag{4-15}$$

上式中的 Δt_m 称为对数平均温度差。同理，在工程计算中，当 $\dfrac{\Delta t_2}{\Delta t_1} \leqslant 2$ 时，可以用算数平均温度差$\left(\dfrac{\Delta t_2 + \Delta t_1}{2}\right)$代替对数平均温度差。

应用式(4-15)时，取热交换器两端的 Δt 中数值大者为 Δt_2，小者为 Δt_1，这样计算 Δt_m 较为简便。

若热交换器中两端流体为并流流动，也可以导出与式(4-15)同样的结果。因此该式是逆流和并流时的平均温度差 Δt_m 的通式。

一侧流体变温时，并流和逆流的对数平均温度差是相等的，两侧流体都变温时，由于流体的流动方向不同，两端的温度差也不同，因此，并流和逆流的 Δt_m 是不相同的。例如，在并流和逆流时，热流体的温度都是由 90 ℃冷却到 70 ℃，冷流体都是由 20 ℃加热到 60 ℃，即：

	逆流		并流
T：	90 → 70	T：	90 → 70
t：	60 ← 20	t：	20 → 60
Δt：	30　50	Δt：	70　10

$$\Delta t_m = \frac{50-30}{\ln\dfrac{50}{30}} = 39.2\ ℃ \qquad \Delta t_m = \frac{70-10}{\ln\dfrac{70}{10}} = 30.8\ ℃$$

由上例可知，在并流和逆流时，虽然两流体的进、出口温度不变，但逆流时的 Δt_m 比并流的大。因此在热交换器的传热量 Q 及总传热系数 K 值相同的条件下，采用逆流操作可以节省传热面积。

逆流的另一优点是节省加热介质或冷却介质的用量。例如，将一定流量的冷流体从 20 ℃加热到 60 ℃，而热流体的进口温度为 90 ℃，出口温度不作规定。此时，采用逆流时，热流体的出口温度可以降低至近 20 ℃；而采用并流时，则只能降至近于 60 ℃。这样逆流时加热介质用量就较并流时少。

由以上分析可知，逆流优于并流，因而工业生产中热交换器多采用逆流操作。但是在某些生产工艺的要求下，若对流体的温度有所限制，例如规定冷流体被加热时不得超过某一温度，或热流体被冷却时不得低于某一温度，则宜采用并流操作。

(2) 错流和折流时的平均温度差

在大多数的列管式热交换器中，两流体并非作简单的并流和逆流，而是比较复杂的多程流动，或是互相垂直的交叉流动，如图 4-13 所示。

在图 4-13(a)中，两流体流向互相垂直；在图 4-13(b)中，一流体只沿一个方向流动，而另一流体反复折流，称为简单折流。若两流体均作折流则称为复杂折流。

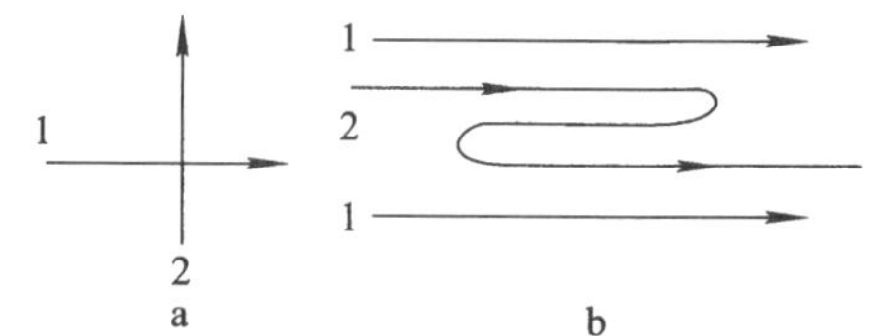

图 4-13 错流和折流示意图

a. 错流；b. 折流

对于错流和折流时的平均温度差，可采用安德伍德(Underwood)和鲍曼(Bowman)提出的图算法。该法是先按逆流计算对数平均温度差，再乘以考虑流动方向的校正因素。即：

$$\Delta t_m = \phi_{\Delta t} \Delta t'_m \tag{4-16}$$

式中：$\Delta t'_m$ ——按逆流计算的对数平均温度差，℃；

$\phi_{\Delta t}$ ——温度差校正系数，无因次。

温度差校正系数 $\phi_{\Delta t}$ 与冷、热两流体的温度变化有关，是 P 和 R 两因素的函数，即

$$\phi_{\Delta t} = f(P, R)$$

式中：

$$P = \frac{t_2 - t_1}{T_1 - t_1} = \frac{\text{冷流体的温升}}{\text{两流体的最初温度差}}$$

$$R = \frac{T_1 - T_2}{t_2 - t_1} = \frac{\text{热流体的温降}}{\text{冷流体的温升}}$$

温度校正系数 $\phi_{\Delta t}$ 值可根据 P 和 R 两因数从图 4-14 中相应的图中查得。图 4-14a、b、c 和 d 的壳程分别为一、二、三及四程，每个单壳程内管程可以是 2,4,6 或 8 程。图 4-15适用于错流热交换器，对于其他流向 $\phi_{\Delta t}$ 值可以由手册或传热的书籍中查得。

由图可见 $\phi_{\Delta t}$ 值恒小于 1，这是由于各种复杂流动中同时存在逆流和并流的缘故，因此，它们的 Δt_m 比纯逆流的为小。通常在热交换器设计中规定 $\phi_{\Delta t}$ 值不小于 0.8。若低于此值，则应增加壳方程数或将多台热交换器串联使用，使传热过程更接近于逆流。

应予指出，温度校正系数 $\phi_{\Delta t}$ 图是基于以下假定做出的。

(1) 壳程任一截面上的流体温度均匀一致；

(2) 管方各程传热面积相等；

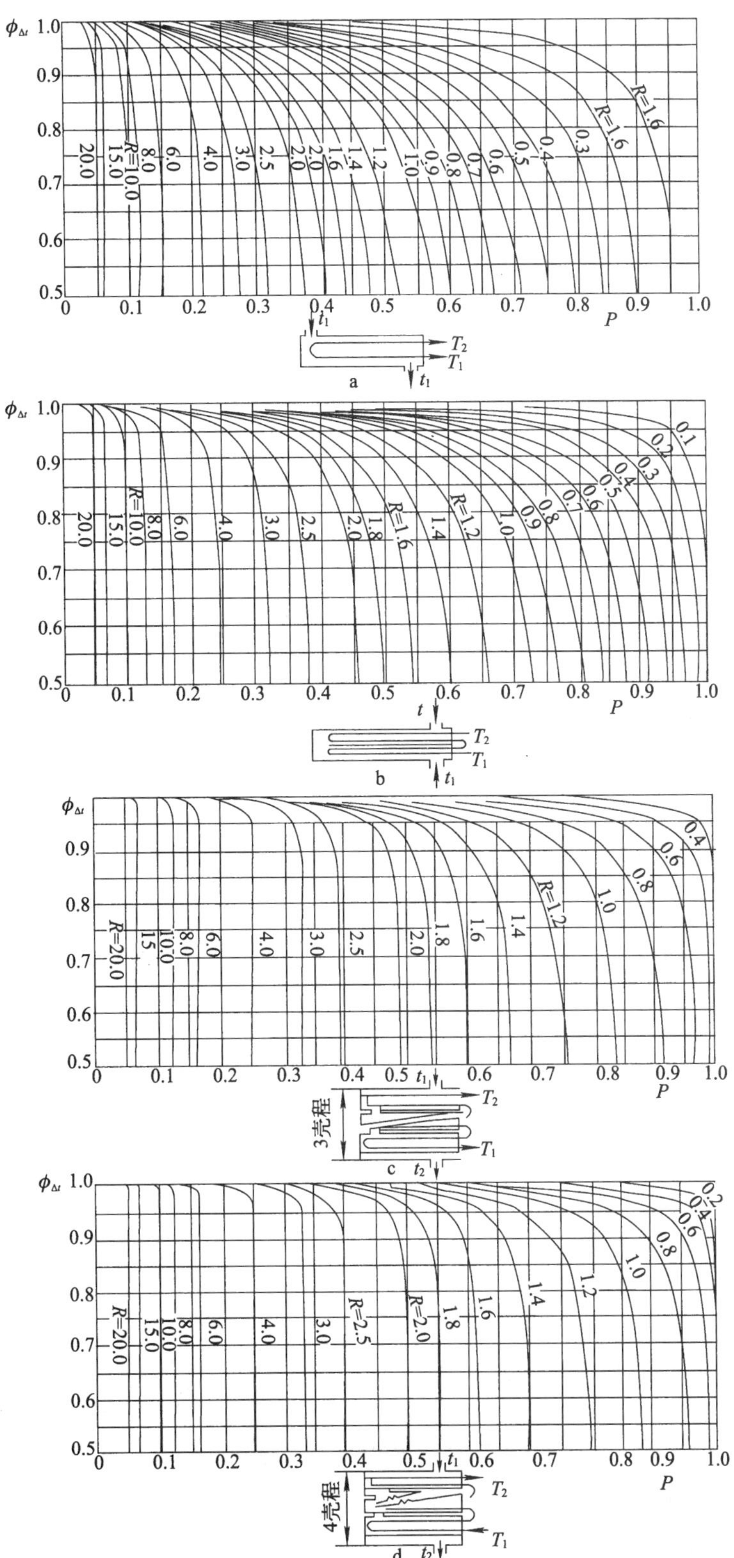

图 4-14 对数平均温度差校正系数 $\phi_{\Delta t}$ 值图

a. 单壳程；b. 双壳程；c. 三壳程；d. 四壳程

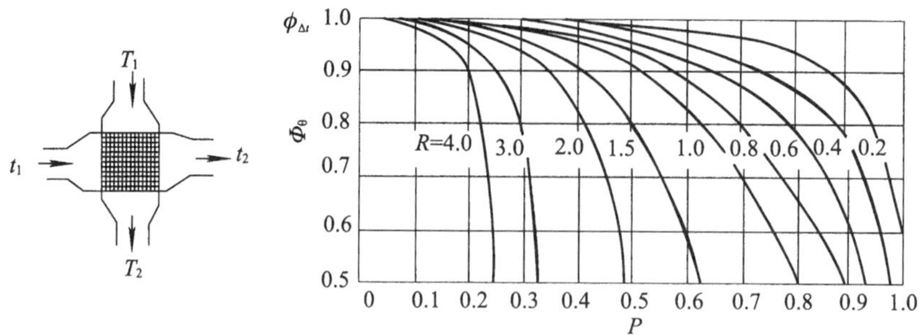

图 4-15　错流对数平均温度差校正系数 $\phi_{\Delta t}$ 值

(3) 总传热系数 K 和流体比热容 c_p 为常数；

(4) 流体无相变化；

(5) 热交换器热损失可忽略不计。

对 1—2 型(壳方单程,管方双程)热交换器，$\phi_{\Delta t}$ 可用下式计算：

$$\phi_{\Delta t}=\frac{\sqrt{R^2+1}}{R-1}\cdot\ln\left(\frac{1-P}{1-P\cdot R}\right)\Big/\ln\left[\frac{(2/P)-1-R+\sqrt{R^2+1}}{(2/P)-1-R-\sqrt{R^2+1}}\right] \tag{4-17}$$

对 1—2n 型(1—2,1—4,1—6…)的热交换器也可近似使用上式计算。

【例 1】在一个单壳程、四管程的列管式热交换器中，用水冷却油。冷水在管内流动进口温度为 15 ℃，出口温度为 32 ℃。油的进口温度为 120 ℃，出口温度为 40 ℃。试求两流体间的平均温度差。

解：此题为求简单折流时的流体平均温度差，先按逆流计算，即：

$$\Delta t'_m=\frac{\Delta t_2-\Delta t_1}{\ln\frac{\Delta t_2}{\Delta t_1}}=\frac{(120-32)-(40-15)}{\ln\frac{120-32}{40-15}}=50\ ℃$$

$$R=\frac{T_1-T_2}{t_2-t_1}=\frac{120-40}{32-15}=4.71$$

$$P=\frac{t_2-t_1}{T_1-t_1}=\frac{32-15}{120-15}=0.162$$

由图 4-14(a)中查得：

$$\phi_{\Delta t}=0.89$$

所以 $\Delta t_m=\phi_{\Delta t}\cdot\Delta t'_m=0.89\times 50=44.5\ ℃$

3. 关于简化假定的讨论

在热交换器中，随着传热过程的进行，流体的温度不断地沿传热面而变(流体有相变时除外)。因此，流体的物性、对流传热系数及总传热系数都会有所变化，严格地说，推导平均温度差时的假定是难以完全成立的。不过若流体的物性随温度变化不大，如水介质等，则总传热系数 K 值可视为常量，此时采用对数平均温度差法，在工程计算中既简便又能满足精度的要求。压水堆核电厂的传热介质主要为水，正好符合工程计算要求。

4.3.3.6　总传热系数 K

1. 热交换器中总传热系数 K 值的数值范围

热交换器中的总传热系数 K 值主要取决于流体的物性、传热过程的操作条件及热交换器的类型等，因而 K 值的变化范围很大。一般情况下，列管式热交换器的总传热系数 K 的经验值列于表 4-2。有关手册也列有不同情况下 K 值的经验值，可供设计计算、校核计算和选型计算时参考。

表 4-2　列管式热交换器中的总传热系数 K 值

冷　流　体	热　流　体	总传热系数 K/[W/(m² · ℃)]
水	水	850～1 700
水	气体	17～280
水	有机溶剂	280～850
水	轻油	340～910
水	重油	60～280
有机溶剂	有机溶剂	115～340
水	水蒸气冷凝	1 420～4 250
气体	水蒸气冷凝	30～300
水	低沸点烃类冷凝	455～1 140
水沸腾	水蒸气冷凝	2 000～4 250
轻油沸腾	水蒸气冷凝	455～1 020

2. 总传热系数 K 值的计算

如前所述，两流体通过管壁的传热包括以下过程。

(1) 热流体在流动过程中把热量传给管壁的对流传热；

(2) 通过管壁的热传导；

(3) 热量由管壁另一侧传给冷流体的对流传热。

通过管壁之任一截面的热传导速率的微分方程为：

$$\mathrm{d}Q = \frac{\lambda(T_w - t_w)}{b}\mathrm{d}S_{\mathrm{m}} \tag{4-18}$$

式中：$(T_w - t_w)$ ——管壁任一截面两侧的温度差，℃；

λ ——管壁材料的导热系数，W/m · ℃；

b ——管壁的厚度，m；

S_{m} ——管壁内、外侧表面的平均面积，m²。

将方程式(4-18)与式(4-4)，式(4-5)联立后相加得：

$$(T - T_w) + (T_w - t_w) + (t_w - t) = T - t = \Delta t = \mathrm{d}Q\left\{\frac{1}{d_{\mathrm{i}}\mathrm{d}S_{\mathrm{i}}} + \frac{b}{\lambda\mathrm{d}S_{\mathrm{m}}} + \frac{i}{\alpha_{\mathrm{o}}\mathrm{d}S_{\mathrm{o}}}\right\}$$

由上式解得 $\mathrm{d}Q$，然后在式两边均除以 $\mathrm{d}S_{\mathrm{o}}$，便可得：

$$\frac{\mathrm{d}Q}{\mathrm{d}S_{\mathrm{o}}} = \frac{T - t}{\dfrac{\mathrm{d}S_{\mathrm{o}}}{\alpha_{\mathrm{i}}\mathrm{d}S_{\mathrm{i}}} + \dfrac{b\mathrm{d}S_{\mathrm{o}}}{\lambda\mathrm{d}S_{\mathrm{m}}} + \dfrac{1}{\alpha_{\mathrm{o}}}}$$

又

$$\frac{\mathrm{d}S_{\mathrm{o}}}{\mathrm{d}S_{\mathrm{i}}} = \frac{d_{\mathrm{o}}}{d_{\mathrm{i}}} \qquad \frac{\mathrm{d}S_{\mathrm{o}}}{\mathrm{d}S_{\mathrm{m}}} = \frac{d_{\mathrm{o}}}{d_{\mathrm{m}}}$$

所以
$$\frac{dQ}{dS_o}=\frac{T-t}{\dfrac{d_o}{\alpha_i d_i}+\dfrac{bd_o}{\lambda d_m}+\dfrac{1}{\alpha_o}} \tag{4-19}$$

比较式(4-11)和式(4-19)得：

$$K_o=\frac{1}{\dfrac{d_o}{\alpha_i d_i}+\dfrac{bd_o}{\lambda d_m}+\dfrac{1}{\alpha_o}} \tag{4-20}$$

同理可得：

$$K_i=\frac{1}{\dfrac{d_i}{\alpha_o d_o}+\dfrac{bd_i}{\lambda d_m}+\dfrac{1}{\alpha_i}} \text{ 及 } K_m=\frac{1}{\dfrac{d_m}{\alpha_o d_o}+\dfrac{b}{\lambda}+\dfrac{d_m}{\alpha_i d_i}}$$

当传热面为平壁或薄管壁时，上式中的 d_i，d_o，d_m 相等或近似于相等，则式(4-20)可简化为

$$K_o=\frac{1}{\dfrac{1}{\alpha_i}+\dfrac{b}{\lambda}+\dfrac{1}{\alpha_o}} \tag{4-20a}$$

3. 污垢热阻

热交换器在实际操作中，传热表面上常有污垢积存，对传热产生附加热阻，使总传热系数降低。在估算 K 值时，一般不能忽略污垢热阻。由于污垢层的厚度及其导热系数难以准确地估计，因此通常选用污垢热阻的经验值，作为计算 K 值的依据。若管壁内、外侧表面上的污垢热阻分别用 R_{si} 及 R_{so} 表示，则式(4-20)变为：

$$K_o=\frac{1}{\dfrac{d_o}{\alpha_i d_i}+R_{si}+\dfrac{bd_o}{\lambda d_m}+R_{so}+\dfrac{1}{\alpha_o}} \tag{4-21}$$

某些常见流体的污垢热阻的经验值列于表 4-3a 和 4-3b 中，在有关手册中也可以查得。

表 4-3a　冷却水的壁面污垢热阻(污垢系数)，m² · ℃/W

加热流体的温度/ ℃	≤115		115～205	
水的温度/ ℃	≤25		≥25	
水的流速/(m/s)	≤1	≥1	≤1	≥1
海水	$0.859\ 8\times10^{-4}$	$0.859\ 8\times10^{-4}$	$1.719\ 7\times10^{-4}$	$1.719\ 7\times10^{-4}$
自来水、井水、湖水、软化锅炉水	$1.719\ 7\times10^{-4}$	$1.719\ 7\times10^{-4}$	$3.439\ 4\times10^{-4}$	$3.439\ 4\times10^{-4}$
蒸馏水	$0.859\ 8\times10^{-4}$	$0.859\ 8\times10^{-4}$	$0.859\ 8\times10^{-4}$	$0.859\ 8\times10^{-4}$
硬水	$5.159\ 0\times10^{-4}$	$5.159\ 0\times10^{-4}$	$8.598\ 0\times10^{-4}$	$8.598\ 0\times10^{-4}$
河水	$5.159\ 0\times10^{-4}$	$3.439\ 4\times10^{-4}$	$6.878\ 8\times10^{-4}$	$5.159\ 0\times10^{-4}$

表 4-3b　工业用气体的壁面污垢热阻(污垢系数)，m² · ℃/W

气体名称	热阻
有机化合物	$0.859\ 8\times10^{-4}$
水蒸气	$0.859\ 8\times10^{-4}$
空气	$3.439\ 4\times10^{-4}$
溶剂蒸汽	$1.719\ 7\times10^{-4}$
天然气	$1.719\ 7\times10^{-4}$
焦炉气	$1.719\ 7\times10^{-4}$

应指出，污垢热阻随热交换器的操作时间加长而变大。因此，热交换器要根据实际的操作情况，定期清洗。这是设计和操作热交换器时应予以考虑的问题。

4. 关于 K 值的说明

在热交换器传热计算时，总传热系数 K 值的来源有以下三个方面。

(1) 选用生产实际的经验数据　在有关手册或传热的专业书籍中，都列有某些情况下 K 值的经验数据，可供初步计算时参考。但应选用与工艺条件相仿、传热设备类似而较为成熟的经验 K 值作为计算依据。

(2) 实验查定　对现有的热交换器，通过实验测定有关数据，如流体的流量和温度等，再用传热速率方程计算 K 值。显然，实验查得，可以获得较为可靠的 K 值。

应指出，实测 K 值的意义不仅是为了提供新设计热交换器的依据，而且可以了解在用热交换器的性能，从而寻求提高设备生产能力的途径。

(3) K 值的计算　K 值可以由式(4-21)方程计算得到。但是计算得到的 K 值往往与实际值相差较大，主要由于计算 α 的关联式有一定的误差及污垢热阻也不易估算准确等原因所致。总之，在采用计算得到的 K 值时应慎重，最好与前述两种方法对照，以确定合适的 K 值。

K 值是热交换器中很关键的参数，欲提高 K 值，必须设法减小起决定作用的热阻。

当管壁和污垢热阻可以忽略时，式(4-21)可简化为：

$$\frac{1}{K_o}=\frac{1}{\alpha_i}+\frac{1}{\alpha_o}$$

若 $\alpha_i \gg \alpha_o$，则 $K \approx \alpha_o$。

由此，可知总热阻是由热阻大的那一侧的对流传热所控制。即当两个对流传热系数相差较大时，要提高 K 值，关键在于提高对流传热系数较小一侧的 α 值。若两侧 α 值相差不大时，则必须同时提高两侧的 α 值，才能提高 K 值。

4.3.3.7　对流传热系数 α 的关联式

1. 对流传热系数的影响因素

对流传热速率方程的形式看来似乎简单，实际上是将矛盾都概括在对流传热系数之中了。实验表明，影响对流传热系数的主要因素如下。

(1) 流体的种类和相变化的情况

液体、气体和蒸汽的对流传热系数都不同。流体流动类型也有不同。液体有无相变化，对传热也有不同的影响。

(2) 流体的性质

对 α 值影响较大的流体物性有比热、导热系数、密度和黏度等。对于同一流体，这些物性又是温度的函数，而其中某些物性还和压强有关。

(3) 流体的流动状态

当流体呈湍流时，随着 Re 的增加，湍流内层的厚度减薄，故 α 增大。而当流体呈滞流时，流体在流动方向上基本没有混杂流动，故 α 较湍流为小。

(4) 流体的流动原因

自然对流是由于流体内部存在温度差，因而各部分的流体密度不同，引起流体质点的相对位移。设 ρ_1 和 ρ_2 分别代表温度为 t_1 和 t_2 两点的密度，则流体因密度差而产生的升力为

$(\rho_1-\rho_2)g$ 。若流体的体积膨胀系数为 β，单位为 1 / ℃，并以 Δt 代表温度差 (t_2-t_1)，则可得 $\rho_1=\rho_2(1+\beta\Delta t)$ 。于是每单位体积流体所产生的升力为：

$$(\rho_1-\rho_2)g=[\rho_2(1+\beta\Delta t)-\rho_2]g=\rho_2\beta\Delta tg$$

或

$$\frac{\rho_1-\rho_2}{\rho_2}=\beta\Delta t$$

强制对流是由于外力的作用，如泵、搅拌器等迫使的流动。

(5) 传热面的形状、位置和大小

传热管、板、管束等不同的传热面的形状；管子的排列方式，水平或垂直放置；管径、管长或隔板的高度等，都直接影响 α 值。

2. 对流传热过程的因次分析

由于影响 α 值的因素太多，要建立一个通式来求各种条件下的 α 值是很困难的，目前常用因次分析法，将众多的影响因素（物理量），组合成若干无因次数群（准数），然后再用实验的方法测定这些准数间的关系，即得到不同情况下的对流传热系数 α 的求解关联式。

求解不同情况下对流传热系数 α 值的特征数有四个，即：

Nu ——努塞尔数，$Nu=\dfrac{\alpha\cdot l}{\lambda}$，表示对流体传热状态的准数；

Re ——雷诺数，$Re=\dfrac{lu\rho}{\mu}$，确定流动状态的准数；

Pr ——普朗特数，$Pr=\dfrac{c_p\mu}{\lambda}$，表示物性影响的准数；

Gr ——格拉晓夫数，$Gr=\dfrac{\beta g\Delta tl^3\rho^2}{\mu^2}$，表示自然对流影响的准数。

式中：l—— 传热面特性尺寸；α—— 对流传热系数；λ—— 流体导热系数；
u ——流体流速；μ ——流体黏度；c_p ——流体定压比热；
ρ ——流体密度；β ——流体体积膨胀系数；g —— 重力加速度；
Δt ——流体与壁面的温度差。

(1) 强制对流传热（无相变）过程

根据理论分析及有关实验研究，得知影响对流传热系数 α 的因素有传热设备的特性尺寸 l，流体的密度 ρ、黏度 μ、定压比热 c_p、导热系数 λ 和流速 u 等物理量。由此得出强制对流传热（无相变）过程的传热系数 α 一般函数关系为：

$$\alpha=f(l,\rho,\mu,c_p,\lambda,u)$$

(2) 自然对流传热过程

自然对流传热过程与强制对流传热过程相比，前者引起流动的原因是单位体积流体的升力，其大小等于 $\rho g\beta\Delta t$，而其他因素两者是相同的。因此自然对流传热系数 α 的一般函数关系可表示为：

$$\alpha=f(l,\rho,\mu,c_p,\lambda,u,\rho g\beta\Delta t)$$

上式中包含了七个物理量，涉及四个基本因次，故该式也可以表示为如下准数关系：

$$Nu=f(G_r,P_r)$$

3. 对流传热系数 α 的求解式

(1) 流体无相变化时的对流传热系数

1) 流体在圆形管内作强制流动

$$Nu = 0.023Re^{0.8}P_r^n$$

$$\alpha = 0.023\frac{\lambda}{d_i}\left(\frac{d_i u\rho}{\mu}\right)^{0.8}\left(\frac{c_p\mu}{\lambda}\right)^n \tag{4-22}$$

式中：n 值视热流方向而异，当流体被加热时，$n=0.4$；被冷却时，$n=0.3$。

应用范围：$Re > 10\ 000$，$0.7 < P_r < 120$；管长与管径比 $\frac{L}{d_i} > 60$。若 $\frac{L}{d_i} < 60$，由上式算得的 α 乘以 $\left[1+\frac{d_i}{L}\right]^{0.7}$ 进行校正。

特性尺寸：管内径 d_i；定性温度：流体进出口温度算术平均值。

式(4-22)适用于低浓度(<2 倍常温水的浓度)的流体，核电厂的热交换介质多以水为主，式(4-22)可以满足要求。

2) 流体在管外强制垂直流动

管束的排列分为直列(垂直正方形排列)和错列两种。错列中又分为等边三角形和转角正方形两种。

流体在错列管束外流过时，平均对流传热系数可用下式计算：

$$Nu = 0.33Re^{0.6}P_r^{0.33}$$

$$\alpha = 0.33\frac{\lambda}{d_o}\left(\frac{d_i u\rho}{\mu}\right)^{0.6}\left(\frac{c_p\mu}{\lambda}\right)^{0.33} \tag{4-23}$$

流体在直列管束外流过时，平均对流传热系数可用下式计算：

$$Nu = 0.26Re^{0.6}Pr^{0.33}$$

$$\alpha = 0.26\frac{\lambda}{d_o}\left(\frac{d_i u\rho}{\mu}\right)^{0.6}\left(\frac{c_p\mu}{\lambda}\right)^{0.33} \tag{4-23a}$$

应用范围：$Re > 3\ 000$

特征尺寸：管外径 d_o，流速取流体通过每排管子中最狭窄通道处的速度。

定性温度：流体的进、出口温度的算术平均值。

管束排数应为10，若不是10排时，应乘以表4-4的系数。

表4-4　式4-23的修正因子

排　数	1	2	3	4	5	6	7	8	9	10	12	15	18	25	35	75
错　列	0.18	0.75	0.83	0.89	0.92	0.95	0.97	0.98	0.99	1.00	1.01	1.02	1.03	1.04	1.05	1.06
直　列	0.64	0.80	0.83	0.90	0.92	0.94	0.96	0.98	0.99	1.00						

3) 流体在热交换器的管间流动

核电厂的热交换设备主要为列管式热交换器。列管式热交换器的壳体多为圆形，管束中各列的管子数目也不同，而且一般都有折流挡板，流体在管间流动时，流向和流速均不断地变化，因而在 $Re > 100$ 时，即可能达到湍流，使对流传热系数增大。折流挡板的型式很多，其中以圆缺形(又称弓形)挡板最为常用。

应指出，在管间安装折流挡板时，虽然可使对流传热系数增大，但流体阻力将随之增加，且若挡板和壳体间、挡板和管束之间的间隙过大，部分流体会从间隙中流过，这股流体称为旁流。旁流严重时反而使对流传热系数减小。

列管式热交换器内装有圆缺形挡板(缺口面积为25%的壳体内截面积)时，壳方流体对流传热系数 α 的求算式为：

$$Nu = 0.23 Re^{0.6} P_r^{\frac{1}{3}} \varphi_0$$

$$\alpha = 0.23 \frac{\lambda}{d_o} \left(\frac{d_i u \rho}{\mu}\right)^{0.6} \left(\frac{c_p \mu}{\lambda}\right)^{1/3} \left(\frac{\mu}{\mu_w}\right)^{0.14} \tag{4-24}$$

应用范围：$Re = (2 \sim 3) \times 10^4$

特性尺寸：管外径 d_o。流速取热交换器中心附近管排中最窄通道外的流速。

定性温度：除 μ_w 取壁温外，均取流体进出口的温度的算术平均值。

4）自然对流传热系数

前已述及，自然对流时的对流传热系数仅与反映流体自然对流状况的 Gr 准数以及 Pr 准数有关，其准数关系式为：

$$Nu = c\,(GrPr)^n \tag{4-25}$$

对大空间中的自然对流，例如管道或传热设备表面与周围大气之间的对流传热就属于这种情况，通过实验测得的 c 和 n 值列于表4-5中。

表4-5　式(4-25)中的 c 和 n

加热表面形状	特征尺寸	$(GrPr)$ 范围	c	n
水平圆管	外径 d_o	$10^4 \sim 10^9$	0.53	1/4
垂直管或板	高度 L	$10^4 \sim 10^9$	0.59	1/4
		$10^9 \sim 10^{13}$	0.10	1/3

(2) 流体有相变时的传热系数 α

1）蒸汽冷凝的传热系数

当饱和蒸汽与温度较低的壁温相接触时，蒸汽将放出潜热，并在壁面上冷凝成液体。蒸汽冷凝有膜状冷凝和滴状冷凝两种方式。

膜状冷凝时，冷凝液能润湿壁面，并在壁面上能够形成一层完整的液膜。蒸汽的冷凝只能在液膜的表面进行，即蒸汽冷凝时放出的潜热，必须通过液膜后才能传给冷壁面。由于蒸汽冷凝时有相的变化，一般热阻很小，因此这层冷凝液膜往往成为膜状冷凝的主要热阻。若冷凝液在重力作用下沿壁面向下流动则所形成的液膜越往下越厚，壁面越高或水平放置的管径越大，使整个壁面的对流传热系数也就变小。

滴状冷凝时，由于表面张力的作用，冷凝液不能润湿壁面，冷凝液在壁面上形成许多液滴，并沿壁面落下。在整个冷凝的过程中壁面直接暴露在蒸汽中，可供蒸汽冷凝。由于没有液膜阻碍热流，因此滴状冷凝的传热系数比液膜冷凝时的可高几倍甚至十几倍。

工业上遇到的大多是膜状冷凝，因此冷凝器(核电厂称为凝汽器)传热计算和设计总是按膜状冷凝来处理的。下面介绍纯净的饱和蒸汽膜状冷凝的传热系数的计算方法。

① 蒸汽在垂直管外或垂直平板侧的冷凝

蒸汽在垂直壁面上冷凝时，壁面上的液膜从上到下逐渐增厚，冷凝传热是通过下流的液膜进行的，若膜层为滞流时（即 $Re<2\ 100$），努塞尔特作了如下假设：

a) 冷凝液的物性为常数，可取平均液膜下的数值；

b) 从蒸汽冷凝成液体时所传递的热量，仅仅是冷凝潜热；

c) 蒸汽静止不动，对液膜无摩擦阻力；

d) 冷凝液膜呈滞流流动，传热方式仅为通过液膜进行的热传导。

根据上述假设，可推导得努塞尔特理论公式为：

$$\alpha = 0.943\left(\frac{g\rho^2\lambda^3 r}{\mu L\Delta t}\right)^{1/4} \tag{4-26}$$

特性尺寸：取垂直管或板的高度，L。

定性温度：蒸汽冷凝潜热 r 取其饱和温度 t_s 下的值，其余物性取液膜平均温度 t_m。

$$t_m = \frac{1}{2}(t_w + t_s)$$

式(4-26)中各符号的意义为：

L——垂直管或板的高，m；

λ——冷凝液的导热系数，W/(m·℃)；

ρ——冷凝液的密度，kg/m^3；

μ——冷凝液的黏度，kg/(m·s)；

r——饱和蒸汽的冷凝潜热，kJ/kg；

Δt——蒸汽的饱和温度 t_s 和壁面温度 t_w 之差，℃。

② 蒸汽在水平管外冷凝

蒸汽在单根水平管外冷凝时，因管径较小，膜层通常呈滞流，努塞尔特推导得理论公式为：

$$\alpha = 0.725\left(\frac{g\rho^2\lambda^3 r}{\mu d_o\Delta t}\right)^{1/4} \tag{4-27}$$

应指出，对水平管，实验结果和由理论公式求得的结果相近。

若蒸汽在水平管束上冷凝时，凯恩(Kern)推荐用下式计算：

$$\alpha = 0.725\left(\frac{g\rho^2\lambda^3 r}{n^{2/3}d_o\mu\Delta t}\right)^{1/4} \tag{4-27a}$$

式中：n——水平管束在垂直列上的管数。

在列管式冷凝器中，若管束由互相平行的 z 列管子所组成，一般各列管子在垂直方向的排数不相等，分别设为 $n_1, n_2, n_3, \cdots, n_z$，则平均的管排数 n_m 可按下式计算，即：

$$n_m = \left(\frac{n_1 + n_2 + \cdots + n_z}{n_1^{0.75} + n_2^{0.75} + \cdots + n_z^{0.75}}\right) \tag{4-28}$$

2) 液体沸腾时的传热系数 α

在液体的对流传热过程中，伴有由液体相变为气相，即在液相内部产生气泡或气膜的过程称为液体沸腾（又称沸腾传热）。工业上液体沸腾的方法有二，一是将加热壁面浸没在液体中，液体在表面处受热沸腾，称为大容器沸腾（又称管外沸腾）；另一种是液体在管内流动时沸腾，称为管内沸腾。核电厂的蒸汽发生器就属于大容器沸腾。下面主要讨论大容器沸腾。

实验表明，大容器内液体饱和沸腾的情况随温度差 Δt（即 $t_w - t_s$）而变，出现不同类型的沸腾状态。下面以常压下水在大容器中的沸腾传热为例，分析沸腾温度差 Δt 对传热系数 α 和热通量 q 的影响。如图 4-16 所示，当温度差 Δt 较小（$\Delta t \leqslant 5$ ℃）时，加热表面上的液体轻微过热，使液体内产生自然对流，但没有气泡从液体中逸出液面，而仅在液体表面发生蒸发，此阶段的 α 和 q 都较低，如图 4-16 中 AB 段所示。

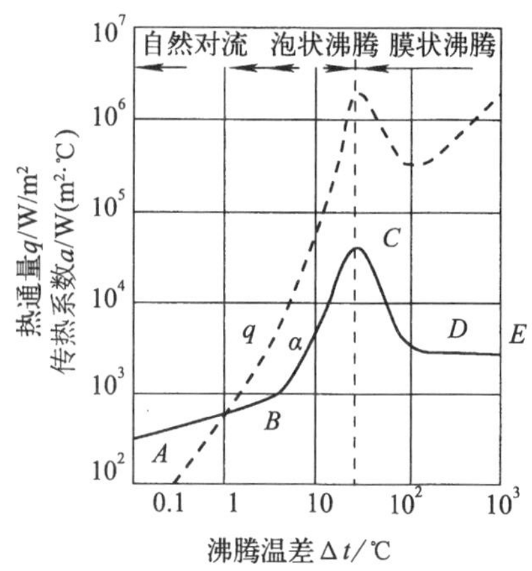

图 4-16 水蒸气沸腾曲线

当 Δt 逐渐升高（$\Delta t = 5 \sim 25$ ℃），在加热表面的局部位置上产生气泡，该局部位置称为气化核心。气泡产生的速度随 Δt 的上升而增加。且不断地离开壁面上升至蒸汽空间。由于气泡的产生、脱离和上升，使液体受到剧烈的扰动，因此 α 和 q 都急剧增大，如图 4-16 中 BC 段所示，此段称为泡核沸腾或泡状沸腾。

当 Δt 再增大（$\Delta t > 25$ ℃）时，加热面上产生的气泡也大大增多，且气泡产生的速度大于脱离表面的速度。气泡在脱离表面前连接起来，形成一层不稳定的蒸汽膜，使液体不能和加热表面直接接触。由于蒸汽导热性能差，气膜的附加热阻使 α 和 q 都急剧下降。气膜开始形成时是不稳定的，有时可能形成大气泡脱离表面，故此阶段称为不稳定的膜状沸腾或部分泡状沸腾，如图 4-16 中 CD 段所示。由泡核沸腾向膜状沸腾过渡的转折点 C 称为临界点。临界点上的温度差、沸腾传热系数和热通量分别称为临界温度差 Δt_c、临界沸腾传热系数 α_c 和临界热通量 q_c。当达到 D 点时，传热面几乎全部被气膜所覆盖，开始形成稳定的气膜。以后随着 Δt 的增加，α 基本上不变，q 又上升，这是由于壁温升高，辐射传热的影响显著增加所致，如图 4-16 中 DE 段所示。实际上一般将 CDE 段称为膜状沸腾。

其他液体在不同压强下的沸腾曲线与水的有类似的形状，仅临界点的数据不同而已。

应予指出，由于泡状沸腾传热系数较膜状沸腾传热系数大，工业中一般总是设法控制在泡状沸腾下操作，因此确定不同液体在临界点下的有关参数具有实际意义。

影响沸腾传热的主要因素如下。

① 液体的性质　液体的导热系数 λ，密度 ρ，黏度 μ 和表面张力 σ 等均对沸腾传热系数 α 有主要的影响。一般情况下，α 随 λ，ρ 的增加而加大，而随 μ 和 σ 的增加而减小。

② 温度差 Δt　前已述及，温度差（$\Delta t = t_w - t_s$）是控制沸腾传热过程的主要参数。曾有人在特定实验条件（沸腾压强、壁面形状等）下，对多种液体进行泡核沸腾时的传热系数测定，得到下面的经验公式：

$$\alpha = a\,(\Delta t)^n$$

式中：a 和 n 为随液体种类和沸腾条件而异的常数，由实验测定。

③ 操作压强　提高沸腾压强相当于提高液体的饱和温度，使液体的表面张力和黏度下降，有利于气泡的生成和脱离，强化了沸腾传热。在相同的 Δt 下，α 和 q 都很高。

④ 加热表面　加热表面的材料和粗糙度对沸腾传热有重要的影响，一般新的或清洁的加热面，α 较高。当壁面被油脂污染后，会使 α 急剧下降。壁面越粗糙，气泡核心越多，有利于沸腾传热。此外，加热面的布置情况，对沸腾传热也有明显的影响。

沸腾传热系数 α 的计算式：

由于沸腾传热机理复杂，曾提出了各种沸腾理论，从而推导出相应的计算公式，但计算结果往往差别较大。这里仅介绍常用的按照对比压强计算泡核沸腾传热系数 α 的计算式：

$$\alpha = 1.163Z(\Delta t)^{2.33} \tag{4-29}$$

式中：$\Delta t = t_w - t_s$ —— 壁面过热度，℃。

若将 $\Delta t = q/\alpha$ 代入式(4-29)得：

$$\alpha = 1.05Z^{0.3}q^{0.7} \tag{4-29a}$$

式中：Z —— 与操作压强和临界压强有关的参数，W/(m² · ℃$^{3.33}$)，其计算式为：

$$Z = \left[0.10\left(\frac{p_c}{9.81\times10^4}\right)^{0.69}(1.8R^{0.17}+4R^{1.2}+10R^{10})\right]^{3.33} \tag{4-29b}$$

$R=\dfrac{p}{p_c}$ —— 对比压强，无因次；

p —— 操作压强，Pa；

p_c —— 临界压强，Pa。

将式(4-29b)代入式(4-29a)，得：

$$\alpha = 0.105\left(\frac{p_c}{9.18\times10^4}\right)^{0.69}(1.8R^{0.17}+4R^{1.2}+10R^{10})q^{0.7} \tag{4-29c}$$

式(4-29)、式(4-29a)及式(4-29c)的应用条件为：

$$p_c>3\,000\ \text{kPa}, R=0.01\sim0.9,\ q<q_c$$

式中：q —— 热通量或热负荷，W/m²，$q = Q/S_0$；

q_c ——临界热通量或临界热负荷，$q_c = 0.38p_cR^{0.35}(1-R)^{0.9}\pi D_iL/S_0$；

D_i——管束的直径，m；

L——管长，m；

S_0——管外壁总传热面积，m²。

应强调指出，对于不同类型的热交换器及不同的传热情况，已有许多求算 α 的关联式。本节介绍的仅仅是部分较典型的情况。在进行传热计算时，有关 α 的关联式可查阅传热专著或手册，但选用时一定要注意公式的应用条件和适应范围，否则计算结果的误差较大。

4.3.4　管、壳程流体阻力(压降)的计算

流体流经列管式热交换器的阻力，应按管程和壳程分别进行计算：

1. 管程流体阻力

管程阻力可按一般摩擦阻力公式求得。对于多程热交换器其总阻力 $\sum\Delta p_i$ 等于各程直管阻力、回弯阻力及进、出口阻力之和。一般进、出口阻力可忽略不计，故管程总阻力的计算公式为：

$$\sum\Delta p_i = (\Delta p_1+\Delta p_2)F_tN_sN_p \tag{4-30}$$

式中：Δp_1，Δp_2 —— 分别为直管及回弯管中因摩擦阻力引起的压降，Pa；

F_t —— 结构校正因素，无因次，对于 ϕ 25×2.5 mm 的管子，取 1.4，对 ϕ 19×2 mm 的管子，取 1.5；

N_p ——管程数；

N_s ——壳程数。

其中直管段压降为:

$$\Delta p_1 = \lambda \frac{L}{d_i} \frac{\rho u^2}{2} \tag{4-31}$$

回弯管的压降为:

$$\Delta p_2 = 3 \left(\frac{\rho u^2}{2}\right) \tag{4-32}$$

式中:λ —— 流体阻力摩擦因子;

L —— 管长,m;

d_i —— 管内径,m;

u —— 管内流速,m/s;

ρ —— 流体密度,kg/m^3。

2. 壳程流体阻力

现已提出的壳程流体阻力的计算公式虽然很多,但是由于流体的流动状况比较复杂,所得的结果相差很多。下面介绍计算壳程压降的常用公式,即

$$\sum \Delta p_o = (\Delta p'_1 + \Delta p'_2) F_s N_c$$

式中:$\Delta p'_1$ —— 流体横过管束的压降,Pa;

$\Delta p'_2$ —— 流体通过折流板缺口的压降,Pa;

F_s —— 壳程压降结构校正因素,无因次,对液体可取 1.15,对气体或蒸汽可取 1.0。

又

$$\Delta p'_1 = F f_o u_c \, (N_B + 1) \frac{\rho u_o^2}{2} \tag{4-33}$$

$$\Delta p'_2 = N_B \left(3.5 - \frac{2h}{D}\right) \frac{\rho u_o^2}{2} \tag{4-34}$$

式中:F ——管子排列方法对压降的校正因素,对正三角形排列 $F = 0.5$,对正方形转角 45° 为 0.4,正方形排列取 0.3;

f_o —— 壳程流体的摩擦系数,当 $Re > 500$ 时,$f_o = 5.0\, Re^{-0.223}$;

u_c ——横过管束中心线的管子数,可由下式求得:

正三角形排列时:$u_c = 1.1\sqrt{n}$;

正方形排列时:$u_c = 1.19\sqrt{n}$;

n 为总管数。

N_B —— 折流板数;

h —— 折流板间距,m;

u_o —— 按壳程流通截面积 A_o 计算的流速,$A_o = h(D - n_c d_o)$,m/s。

一般说来,液体流经热交换器的压降为 10~100 kPa,气体为 1~10 kPa。设计时,热交换器的工艺尺寸应在压降与传热面积之间予以权衡,使既能满足工艺要求,又经济合理。

4.3.5 热交换器的热力设计步骤

热交换器的热力计算(传热计算)主要有两类:一类是设计计算,即根据生产要求的热负荷,确定热交换器的传热面积;另一类是校核计算,即计算给定热交换器的传热量、流体的流

量或温度等。两者都是以热交换器的传热速率方程和能量(热量)衡算为计算基础的。

两种计算的原则和依据是完全一致的。在热交换器的设计中,往往用设计计算程序初选结构,然后再用校核计算程序对初选结构进行核定。具体步骤如下。

1. 试算并初选设备结构

(1) 确定流体在热交换器中的流动途径。

(2) 根据传热任务计算热负荷 Q。

(3) 确定流体在热交换器两端的温度,选择列管式热交换器的形式,计算定性温度,并确定在定性温度下流体的性质。

(4) 计算平均温度差,并根据温度差校正系数不小于 0.8 的原则,决定壳程数。

(5) 依据总传热系数经验值范围(见表 4-2 或查有关手册),或按生产实际情况,选定总传热系数 $K_{选}$ 值。

(6) 由总传热速率方程 $Q=KS\Delta t_m$,初步算出传热面积 S,并决定热交换器的基本尺寸(如 d,L,n 及管子在管板上的排列等)。

2. 计算管、壳程压降

根据初定的热交换器规格,计算管、壳程流体的流速和压降。检查计算结果是否合理和满足工艺要求。若压降不符合要求,要调整流速,再确定管程数或折流板间距,或选择另一规格的热交换设备,重新计算压降直至满足要求为止。

3. 核算总传热系数

计算管、壳程对流传热系数 α_i 和 α_o,确定污垢热阻 R_{si} 及 R_{so},再计算总传热系数 $K_{计}$值,若 $K_{计}/K_{选}=1.15\sim1.25$,则初选的热交换器设备合适。否则另选 $K_{选}$值,重复以上计算步骤,直到满足要求为止。

应予指出,上述计算步骤为一般原则,设计热交换器时,视具体情况可以灵活变动。

4.4　列管式热交换器工作参数的选择

4.4.1　热交换器的工作条件及运行参数的选择

4.4.1.1　流程顺序选择

1. 并流流程:在这种流程下,平均温差 Δt_m 较小,使得传热面积 S 变大,设备变大,不经济,尽量不采用这种流程。

2. 逆流流程:这种流程组合平均温差 Δt_m 较大,使传热面积 S 变小,设备小,较经济,一般优先采用这种流程。

3. 折流流程:工程中单一的并流或逆流仅适用于负荷量小的工况,工业生产中用的最多的是折流流程。折流流程又分为两种,即:

(1) 简单折流:仅管程流体反复折流,称为多管程热交换器,如 1—2 型(单壳双管程)或 1—4 型(单壳四管程)等;

(2) 复杂折流:管程、壳程均有折流。当折流平均温差校正系数 $\varphi_{\Delta t}<0.8$,就需增加壳程折流,或多台热交换器串联使用,使传热过程更接近于逆流。复杂折流又称为多壳多管程

热交换器，如 2—4 型(双壳四管程)。

4.4.1.2 介质流速和允许压降选择

介质流速高，传热系数大，热负荷一定时，可使传热面积减小，设备结构紧凑，不仅节省投资，而且有利于减缓或抑制污垢的形成；另一方面，介质流速高，压降大，不仅能耗增加，而且介质对传热面的冲蚀将加剧。计算表明，无论对管程还是壳程，随着流速增大，压降增长的速率远远超过传热系数的增长速率。因此，速度的选取应考虑使流动系统的压降合理。

合理的压降与系统内的运行压力(p)水平有关，不同运行状态，不同运行压力下的合理压降列于表 4-6。还应指出，在设计中应尽可能减小管路系统的局部流阻，以便在系统合理压降下，有条件提高管、壳程内介质的流速，强化换热，节省投资。

表 4-6 系统的合理压降

运行状况	运行压力/bar	合理压降/bar
负压运行	0～0.981	$p/10$
低压运行	0.981～1.668	$p/2$
	1.668～10.791	0.343
中压运行(包括用泵输送的流体)	10.791 ～ 30.411	0.343 ～ 1.766
	30.411 ～ 79.461	0.687 ～ 2.453

换热器内常用流速范围如表 4-7 所示，由表可见，壳程流速约为管程流速之半。选取合理的流速还应考虑流体性质、传热系数、输送泵特性及传热壁材性质和结构等影响因素。

表 4-7 换热器内常用流速范围

流速 / 介质	管程流速/(m/s)	壳程流速/(m/s)
循环水	1.0～2.0	0.5～1.5
新鲜水	0.8～1.5	0.5～1.5
低黏度油	0.8～1.8	0.4～1.0
高黏度油	0.5～1.5	0.3～0.8
气体	5～30	2～15

4.4.1.3 介质温度和换热终温确定

介质温度和工作压力一样，通常由工艺过程的实际状况或由设计者根据需要来决定。与较高温度的加热介质或较低温度的冷却介质相配合可得到较大的平均温差，但介质温度过高或过低都可能出现结垢、物料淀积或结晶等现象，反而导致传热恶化；介质的温度或温度差还会对壁面材质的选用以及热补偿要求等产生影响。

换热终温对热交换器效率和传热强度有很大影响。当热、冷介质进行逆流换热时，若冷流体出口的终温接近热流体入口温度，则热利用率最大，但传热强度最小，需要的传热面积最大。对于多程换热，在决定换热终温时，应避免出现温度交叉现象。所谓温度交叉现象即反向传热现象，例如图 4-17 所示的 1——2 型换热器，在某点 x_0 后，冷流体温度超过了热流体温度，热、冷流体间的传热将反向进行，从而使总平均温压(温差)降低。

为了合理规定介质温度和换热终温，可参考以下数据。

1. 热端温差不小于 20 ℃；

2. 冷端温差不小于 5 ℃；

3. 冷却器或冷凝器中的初温应高于被冷却流体的凝固点；对于含不凝性气体介质冷凝时，冷却剂终温要求比被冷凝气体露点低 5 ℃；

4. 从经济性考虑，空冷热交换器热流体出口和空气入口间的温差（称为“接近温度”）应不小于 20 ℃；

5. 多管程热交换器应避免出现温度交叉现象，必要时可加大较小一端温差至 20 ℃以上或采用多台单程串接方案。

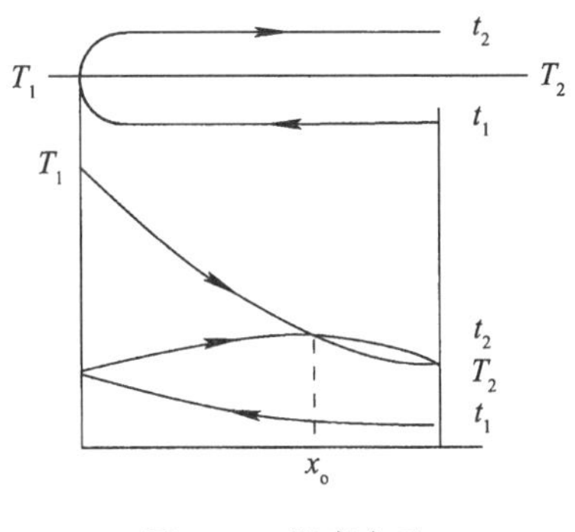

图 4-17　温度交叉

4.4.1.4　平均温压*

平均温压的大小除直接受冷、热介质流型及出口温度影响外，还有以下影响因素，在选择和设计热交换器时应充分考虑：

1. 流体的热容量

流体热容量小，在换热过程中温度变化快，温度曲线较陡，平均温压较小；反之，流体热容量大，在换热过程中温度变化慢，温度曲线较平，平均温压较大。当流体热容量为无限大时（换热流体相变，吸收或放出潜热），换热流体温度不发生变化。两流体热容量均为无限大，此时可得最大的平均温压。

2. 热交换器流程的安排

多管程热交换器流程的安排对平均温压有较大影响，例如一个 1-2 型热交换器，先顺流后逆流与先逆流后顺流的情况完全不同，如图 4-18 所示。前者更接近于逆流特点，冷流体终温 t_2 可高于热流体终温 T_2，总平均温压值较大，而不发生温度交叉。

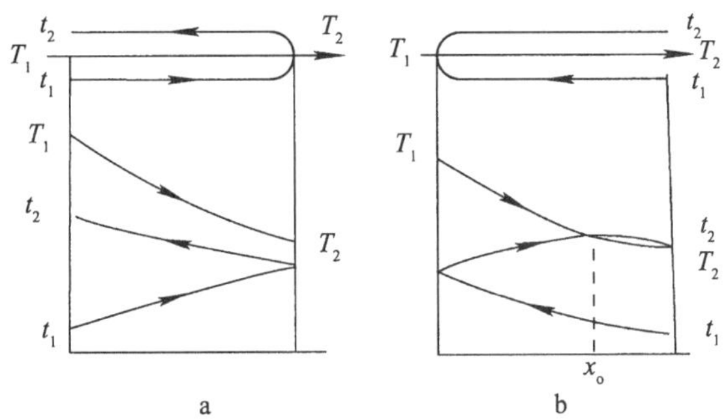

图 4-18　换热过程图

a. 先顺流后逆流；b. 先逆流后顺流

3. 多热源的利用

当同时存在多个温度不同的热源时，应按其温度高低采用逐级加热系统，可得较高的平均温压，并使低温热源能得到有效利用。

---

* 温压是指由温差形成的推动力。本章所讲的温压就是热交换器两端的温度差，平均温压指的是冷、热流体的平均温度差。

4.4.1.5 流径选择

在确定两换热流体何者走管时,需考虑多种因素。总原则是有利于传热,减小压力损失,减小材料消耗,降低成本,经济、安全运行和检修清洗方便等。对于工作压力大,温度高,结垢严重或有毒和腐蚀性的特殊工艺条件则应特殊考虑。以下介绍几种一般情况,供配置管、壳程介质时参考:

1. 流量小或黏度大的流体走壳程较好。壳程流道截面和流动方向都在不断变化,设置折流板后,$Re>100$ 即达紊流*。此时流体在壳程的传热状态好;从减小压降的角度来看,也是 Re 小的流体走壳程有利。但若能采用多管程等措施而压降又不超出容许值时,该流体也可以走管程;

2. 对于刚性结构的热交换器,若两换热流体的温差很大,宜使换热系数大者走管程,以减小管束与壳体的膨胀,因为壁面温度与换热系数大的介质温度接近;当两流体温差小而换热系数相差很大时,宜使换热系数大者走管程,因为管外加装翅片或加工螺纹比管内方便;

3. 与外界温差大的流体走管程,与外界温差小的走壳程对壳体受力和减少热损失有利;

4. 饱和蒸汽宜走壳程,因为它对流速和清洗无甚要求,且易于排除冷凝液;

5. 易结垢、有沉淀及含杂质的不清洁流体宜走管程。管程清洗较壳程方便;

6. 有毒介质宜走管程,因为管程泄漏机会少,亦可采用双套管,让有毒介质走内管;

7. 容许压降较小者走壳程较好;

8. 高温、高压或腐蚀性强的流体宜走管程。这对降低外壳厚度、耐热性、耐腐蚀性、密封性要求有利,并避免使管子和壳体同时处于恶劣的工作条件下,从而节省贵重材料,降低了成本,提高了经济性。

4.4.2 热交换器结构部件的选择

4.4.2.1 换热管束

1. 换热管

换热管是列管式热交换器的基本部件,其形状、尺寸和管束布置对热交换器性能和设备经济性影响很大。换热管包括管型、管径、管长、管子材质等的选取。

(1) 管型

换热管型式有光管、各式翅片管、螺纹管、异形管等。光管是列管式热交换器换热管的传统形式,当前应用非常普遍,它价廉,易于制造、安装、检修,清洗也方便。随着节约材料、节约能源的强化传热技术研究的发展,光管换热管不断受到冲击。特别是壳程换热系数小的场合,选用翅片管最为恰当,翅片管已成为空冷器最优良的换热管型而被广泛使用,目前供暖工程的暖气片也多采用翅片管。

---

* 紊流又称湍流,是水力学的专业用语,它指的是流体在水平管道内流动时,流体质点除沿管道向前运动外,各质点还做不规则的杂乱运动,且彼此碰撞相互混合的流动状态。这种流动状态对传热最为有利。在生产操作条件下当雷诺数 $Re>3\,000$ 时,就认为达到紊流状态。

(2) 管径

采用标准管径在结构上和经济上均有好处，应尽可能选用。管径小，单位体积传热面积大，结构紧凑，金属耗量小，传热系数高。但是，小管径中流体流动阻力大，不便清洗，一般黏度大或污浊流体常采用较大直径管子。

(3) 管长

热交换器的管子长度较大时，单位传热面积材料耗量低。但管子过长，清洗、安装均不便，一般取 6 m 以下，最长不超过 12 m。且尽量采用标准管子或其等分。常用的长度有 1.5，2，2.5，3，4，6，8，10，12 m。随着石油、化工、核电厂及能源生产规模的扩大，热交换器也向大型化发展，管长也出现增加的趋势。

(4) 管子材质

换热管的材料种类很多，有碳钢、不锈钢、铝、铜、黄铜及其合金、铜—镍合金、镍、蒙乃尔合金、钛、石墨、玻璃等及其他特殊材料。换热管除采用单一材料制成外，为满足管、壳程介质工作压力、温度及对管壁材料的化学相容性、腐蚀性等工艺条件的不同要求，常采用复合管。所谓复合管即由两种不同材料的管子构成，把一种管子套在另一种管子上，用拉伸或其他机械方法把外管紧密地固定在内管上。例加对许多生产过程中用海水作冷却剂的冷凝器和冷却器，就可用钢管作外套和耐海水腐蚀的铜—镍合金管作内管。

2. 换热管束排列

换热管在管板上的排列应力求均布、紧凑并考虑清扫和整体结构的要求。

换热管束排列的标准形式有四种，即正三角形、转角正三角形、正方形和转角正方形，如图 4-19 所示。此外，还有圆形和三角形与正方形的组合排列。

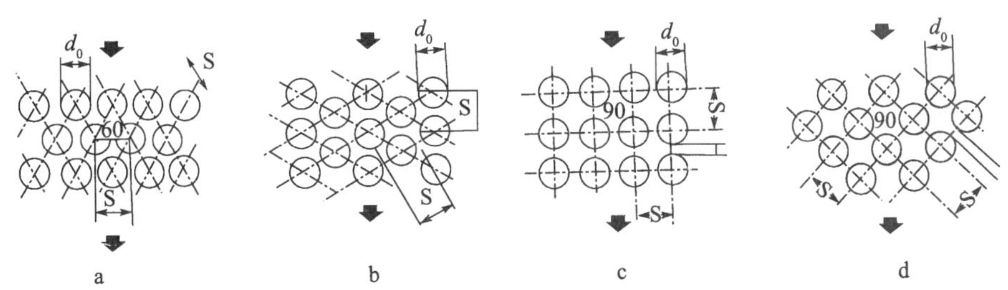

图 4-19　管束排列方式

a. 正三角形；b. 转角正三角形；c. 正方形；d. 转角正方形

正三角形排列是最常用的形式，布管比较紧凑，与正方形排列相比，在同一管板面积上布置相同管束，可节省 15% 的管板面积，且传热系数较高，便于管板划线及钻孔，但管间不易清洗。适用于壳程介质污垢少，且不需要进行机械清洗及允许压降较高的场合。

转角正三角形排列传热系数略低于正三角形排列，但高于正方形排列，应用条件与正三角形排列相同。但壳程清洗较正三角形有利。

正方形和转角正方形排列能够使管间形成一条直线通道，可用机械方法进行清洗，常用于要求流体降压小而管束可抽出清洗管间的场合。其传热系数均低于正三角形排列，但转角正方形的传热系数比正方形排列的要高。

此外，还有同心圆式排列方法，如图 4-20 所示。用于小壳径热交换器上时比正三角形排列还紧凑。其优点在于靠近壳壁的地方布管均匀，介质不易短路。

对于多管程热交换器，常采用组合排列法，如图 4-21 所示。每程均属正三角形排列，各程之间又呈正方形布管，以便于安排分程隔板。

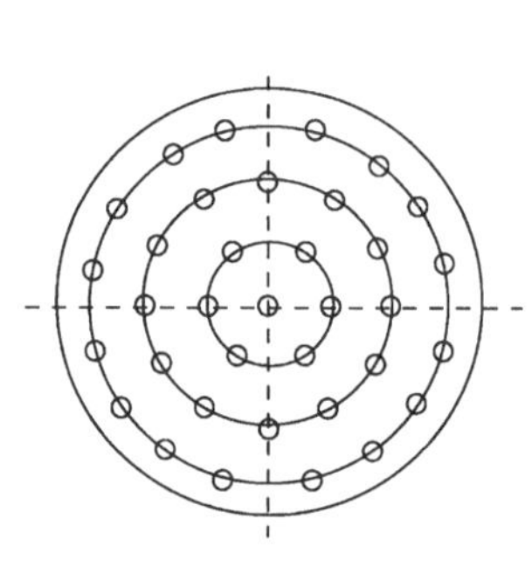

图 4-20 管束同心圆排列

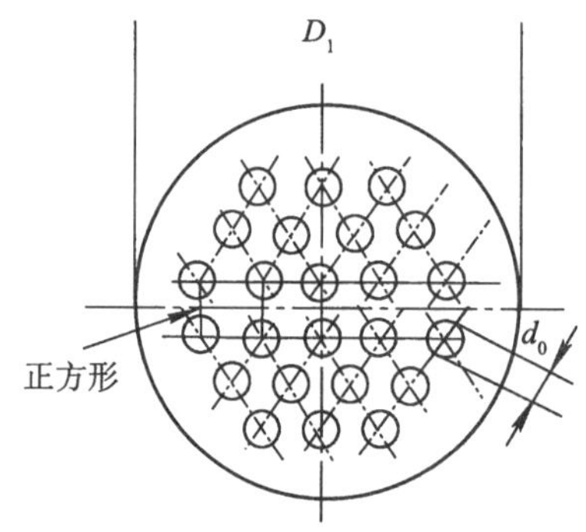

图 4-21 组合排列

无论哪种排列方法，最外围管子的管壁与壳体内壁间的距离都不应小于 10 mm。

3. 管间距

当换热管与管板采用胀接方法连接时，管间距（管中心距）S（参见图 4-22 右上角）至少为管外径 d_o 的 1.25 倍，以保证管间小桥在胀接时有足够的强度。在采用焊接方法时，管间距可小些，但要保证壳程清洗时有 6 mm 的清洗通道。当壳程用于蒸发过程时，为使气相更好地逸出，管间距可加大至 1.5 倍管外径。

多管程热交换器在管板上应设分程隔板槽，槽宽 12 mm。槽两侧管心距按表 4-8 选取。

表 4-8 分程隔板槽两侧的管心距

管外径/mm	19	25	32	38	45	57
管间距/mm	25	32	40	48	57	70
隔板槽两侧管心距/mm	38	44	52	60	68	80

注：当换热管径为 25 mm，管间距为 32 mm 且按转角正方形排列时，隔板槽两侧管心距应为该正方形的对角线长度，即为 $32\sqrt{2}$mm。

4. 管束安装转角

对于卧式冷凝器，为了减小液膜在列管上的包角及液膜厚度，管板在装配时，其轴线（对正三角形排列，轴线指六边形对角线，对正方形排列，轴线指正方形的边）应与设备的水平轴线偏转一定角度 α，如图 4-22 所示。

正三角形排列：$\alpha = 30^\circ - \arcsin \dfrac{d_o}{2S}$；

正方形排列：$\alpha = 26^\circ 25'$。

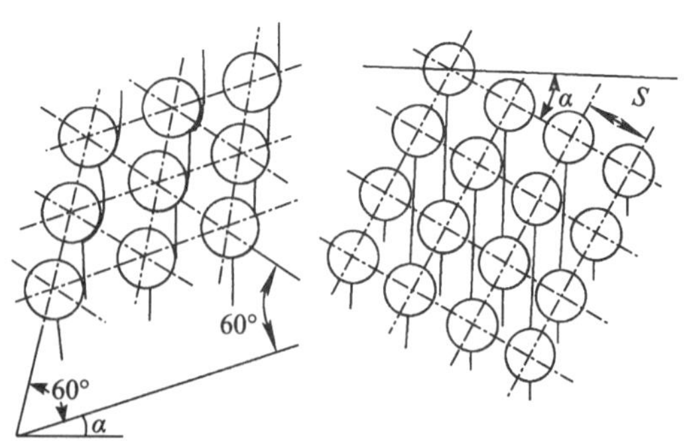

图 4-22 管束安装转角

5. 管束分程

当热交换器换热面积较大而管子又不能很长时，换热管数就得增多。为了减小管程流体的流通截面积，提高管程流速，增大传热系数，就得将管束分程。

多管程热交换器结构复杂，流体穿过隔板垫片短路机会增多。隔板占据的位置在壳程会形成无管占据的流体走廊，造成壳程流体的旁路而不利于传热。

(1) 分程原则

换热管束分程采用偶数，每程中的管数应大致相等，分程隔板的形状应简单，相邻程间的跨程温度一般不超过 20 ℃。管程数越多，设备造价越高。管程数除单程外，一般有 2，4，6，8，10，12 等六种，以 2，4 程应用较多。

(2) 分程方法

当前普遍采用的分程方法有平行和 T 形两种，其分程隔板布置如表 4-9 所示。这两种方法各有优劣，例如对于 4 管程，平行分程在工艺安装采用换热器迭加时，接管方便，可使管箱内放尽残液，T 形分程在制造上可与双程管板共用模板，尚可多排些管子。

表 4-9 平行和 T 形分程法

程数	1	2	4			6	
流动顺序		1 2	1 2 3 4	1 2 4 3	1 2 3 4	1 2 3 5 4 6	2 1 3 4 6 5
管箱隔板							
后端结构隔板							

4.4.2.2 管板

管板的作用是固定换热管束，并用来作为热交换器两端间壁将管、壳程流体相互分开。大多数热交换器采用单层管板，但对有危险性或腐蚀性的物料或当管、壳程流体一旦相互渗漏即会产生严重问题的场合，可采用双层管板，如核电厂采用海水冷却的凝汽器就是双层管板。

1. 管板管孔

(1) 管板管孔直径和允许误差

管板管孔直径和允许误差应符合 GB151—89《钢制管壳式换热器》的相应规定。

(2) 管孔数

管板上的管孔数通常等于或大于壳体中的换热管数 n 。换热管数可按下式估算：

$$n=\frac{F}{\pi\times d_0L} \tag{4-35}$$

式中：n ——管数；

F ——总传热面积，m；

d_0 ——换热管外径，m；

L ——单程管长，m。

根据管数 n 及管间距 S，按正三角形或正方形排列方式，用作图法最后确定管数。

2. 管板的连接

(1) 管板与换热管的连接

换热管与管板连接必须牢固，不泄漏，不产生大的应力和变形。最常见的连接方式为胀接和焊接。胀接一般用于设计压力不超过 4.0 MPa，设计温度在 350 ℃以下，且无特殊要求的场合，新发展的爆炸胀接工艺则不受此限。焊接只要材料可焊性允许，可用于任何场合，特别是高温、高压、易燃、易爆等运行条件多采用焊接。当温度和压力较高，且换热管与管板连接接头在操作中受到反复热变形、热冲击和热腐蚀的作用时，换热管与管板相连接处容易受到破坏，为保证连接处不泄漏，减少间隙腐蚀和减弱管子因振动而引起的破坏，常采用焊胀并用的连接方法，如核电厂蒸汽发生器。

(2) 管板与壳体及管箱的连接

管板与壳体的连接有可拆和不可拆两种。固定管板式常采用不可拆连接。两端管板直接焊于外壳之上并伸出壳体圆周外兼作法兰，如图 4-23 所示。拆下管箱可检修胀口或清扫管内。不兼作法兰，把管板直接焊在壳体内的结构用得较少。浮头式、U形管式等为使壳程清洗方便，常将管板夹在壳程法兰和管箱法兰之间构成可拆连接，如图 4-24 所示。此外，高压热交换器管板与管箱筒体的连接一般不采用法兰连接，为防止泄漏而将管板或管箱焊成或锻成一体，如图 4-25 所示。

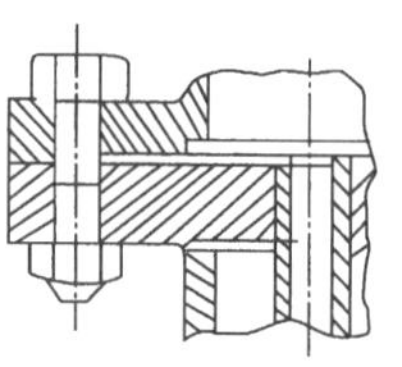

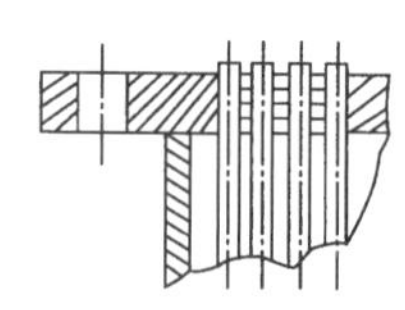

图 4-23 管板与壳体的不可拆连接

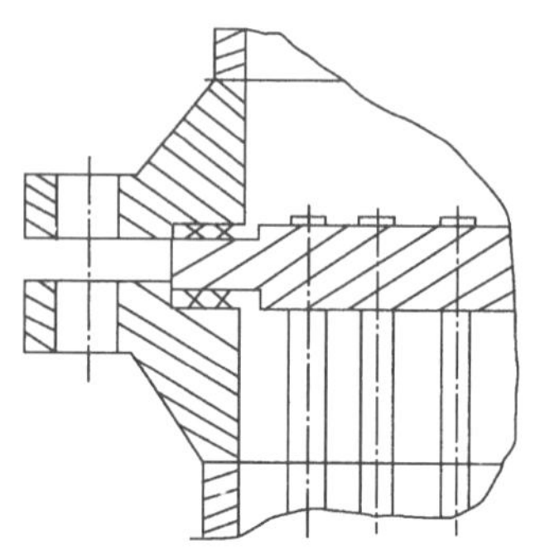

图 4-24 管板与壳体的连接

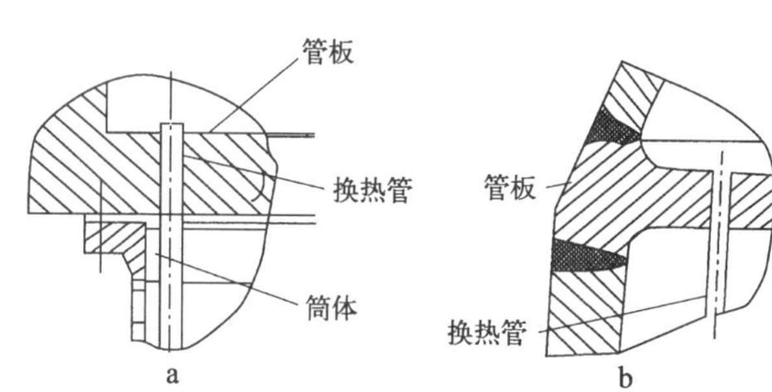

图 4-25 锻造与焊接管板

a. 锻造；b. 焊接

3. 管板的厚度

管板厚度与材料强度、介质压力、温度和压差、温差以及管子和外壳的固定方式等因素有关。一般浮头式滑动管板受力小，其厚度只要满足密封性要求即可。对于换热管与管板胀接，要有足够的厚度，防止接头处松脱、泄漏和引起振动。当换热管与管板为焊接连接时，其最小厚度应根据焊接工艺及管板焊接时变形等情况确定。

4. 薄管板

高温高压热交换器(通常认为是温度超过 550 ℃,压力超过 10 MPa 的热交换器)的热应力和机械应力的叠加作用是当前的主要研究课题。对于高温高压热交换器的管板,其强度要求与减小热应力的要求是矛盾的。减小管板厚度能减小管板热、冷两侧的热应力,但会遇到高压下强度要求的限制。对于固定管板则必须同时考虑管束与壳体间的温差应力、管板本身的轴、径向温差应力以及管板机械强度要求。为此出现了称为弹性管板的一些新型结构的薄管板。其共同特点是都带有圆弧形结构,有利于增加承压能力,同时可利用其弹性变形来部分吸收热膨胀差值。由于厚度较相同工作条件下的平板形管板薄得多,这就有利于减小管板冷、热两面的轴向温差应力。这类管板有椭圆形、碟形、球形等。图 4-26 所示为椭圆形薄管板。

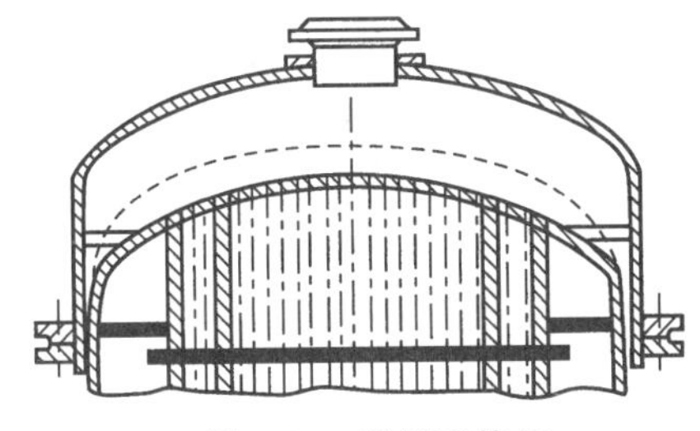

图 4-26　椭圆形管板

4.4.2.3　管箱

管箱是管程流体进口均匀分流和出口汇流的空间,在多管程热交换器中,它还起改变流体流向的作用。管箱的结构要有利于承压介质均布及拆装、出料方便等。

对于轴向接管的单程管箱,接管中心处的最小深度不得小于接管内直径的 1/3,对于多管程管箱,其内侧深度应保证两程间的横跨面积至少等于每程管子流通面积的 1.3 倍。

管箱有多种形式,最常用的是如图 4-27 所示的平盖管箱和封头管箱,前者制造较容易,但承压能力弱于后者。应尽量采用封头管箱,特别是对于大直径及较高压力的热交换器尤其应该优先考虑使用封头管箱。

对于多管程热交换器,必须按分程方法在管箱内安放分程隔板。分程隔板的安装,除特殊情况外,隔板被连续焊接在管箱壁上。当换热器的公称直径大于 1 500 mm 时,为了增加分程隔板的强度和传热效率,分程隔板可设计成双层结构,如图 4-28 所示。双层结构存在隔热空间,能防止管程流体通过隔板传热。当分程隔板厚度大于 10 mm 时,其密封面处应削边至 10 mm,如图 4-29 所示。

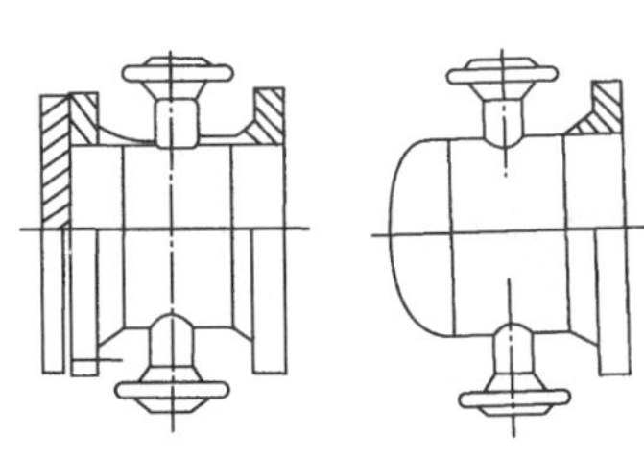

图 4-27　管箱

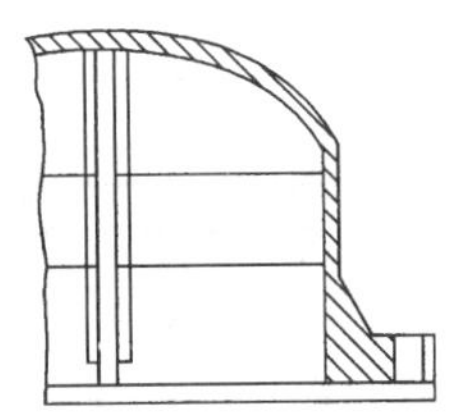

图 4-28　分程隔板的双层结构

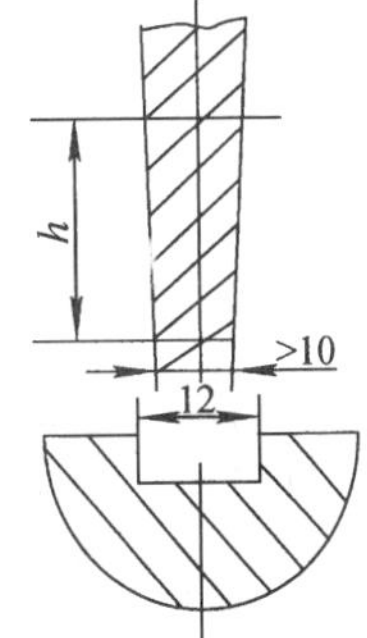

图 4-29　隔板密封面削边

4.4.2.4 壳体(筒体)

热交换器壳体的型式应在传热计算前确定,因为它是换热管、管板、管箱和折流板等择的重要依据。图 4-30 介绍了壳体一般型式,特殊情况下还有其他型式。壳体选择应满强度、刚度、稳定性、耐久性、密封性、节约材料等要求及制造、安装、运输、维修方便等。

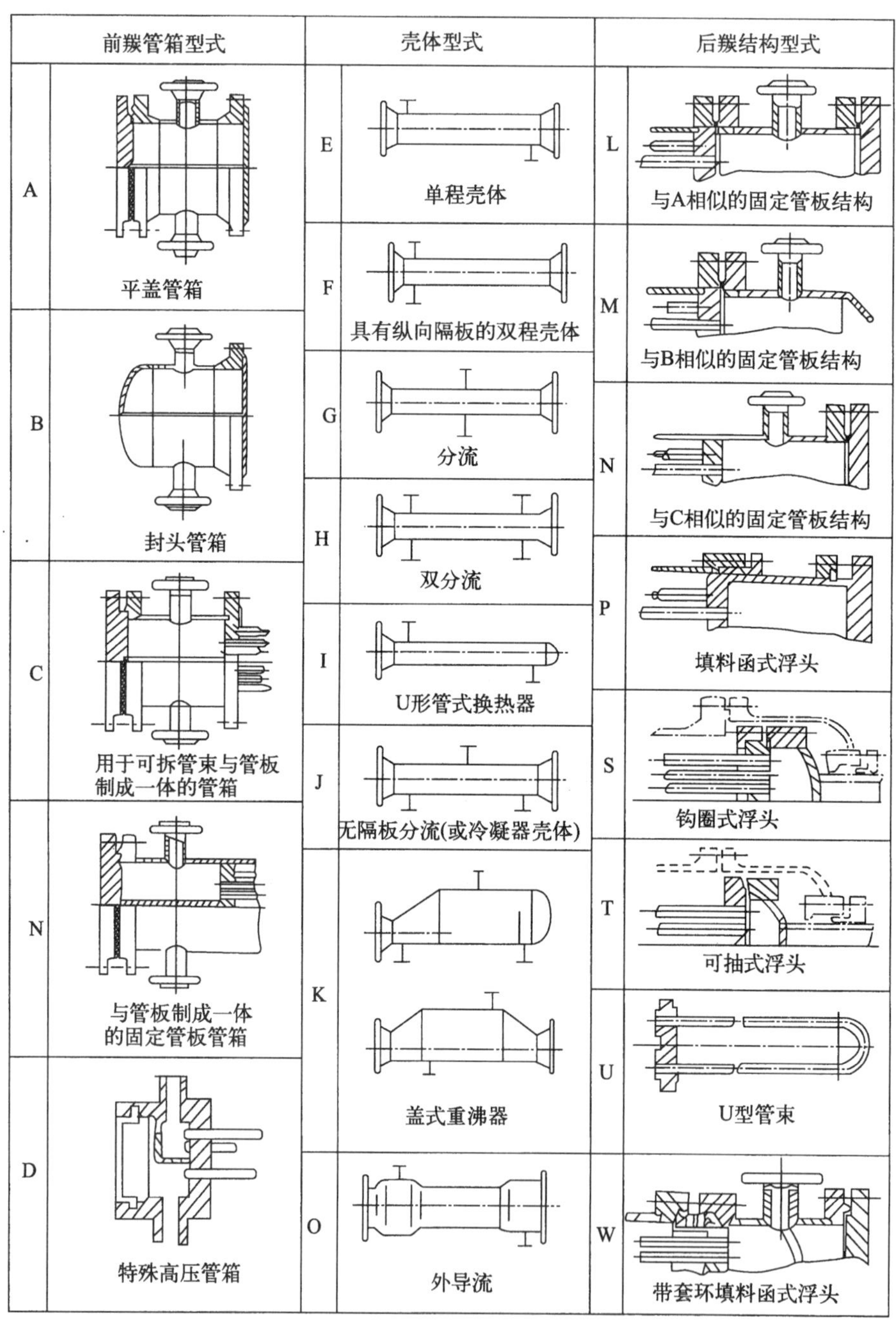

图 4-30 列管式热交换器主要部件分类图

1. 壳体(筒体)计算公式

壳体厚度可根据圆筒壳强度计算公式(参见第五章筒体的强度计算)求出,其公式为:

$$S = \frac{pD_i}{2[\sigma]^t\Phi - p} + C \qquad (4\text{-}36)$$

式中:S ——壳体壁厚,mm;

p ——设计压力,MPa,一般稍高于最大工作压力;

D_i——壳体内径,mm;

$[\sigma]^t$ ——设计温度下壳体材料的许用应力,MPa;

C ——考虑腐蚀等所需之壁厚附加量,mm;

Φ ——焊缝系数,按设计规定选取。

有关参数可从压力容器设计手册中查得。在实际设计计算中,为了保证壳壁具有必要的刚度,壳体的最小厚度不得低于表 4-10 所列数值。

表 4-10　碳素钢或低合金钢壳体及管箱短节的最小厚度　(单位:mm)

公称直径	400 ～ 700	800 ～ 1 000	1 100 ～ 1 500	1 600 ～ 2 000
浮头式 U 形管式	8	10	12	14
固定管板式	6	8	10	12

壳体内径是热交换器的重要参数,它可按下述方法估算:

壳体内径的计算公式为: $D_i = S(n_c - 1) + 2b$　(4-37)

式中:D_i ——壳体内径,mm;

S ——相邻两管的管心距 mm,一般 $S = (1.25 \sim 1.5)d_0$;

b ——管束中心线上最外层管中心至壳体内壁的距离,一般取 $b = (1 \sim 1.5)d_0$;

d_0——管外径,mm;

n_c ——管束中心排一排的管数,n_c 可由总管数 n 求得,求解式如下:

正三角形排列:

$$n_c = 1.1(n)^{0.5} \qquad (4\text{-}38)$$

正方形排列:

$$n_c = 1.19(n)^{0.5} \qquad (4\text{-}38a)$$

最后根据 D_i 选取一个相近尺寸的标准壳内径。所选定的壳径是否合理可用设备的长径比来校核。换热管长度已由管长决定,一般长径比 L/D 为 4 ～ 6,卧式和小直径热交换器可以取大一些,为 6 ～ 10。

2. 壳程分程

利用纵向隔板可把壳侧分为多壳程。双壳程结构如图 4-31 所示。

壳侧分程可使流速成倍增加,有利于强化传热,比热交换器串联要便宜,但流阻与速度平方成比例增大,加装纵向隔板又使结构复杂

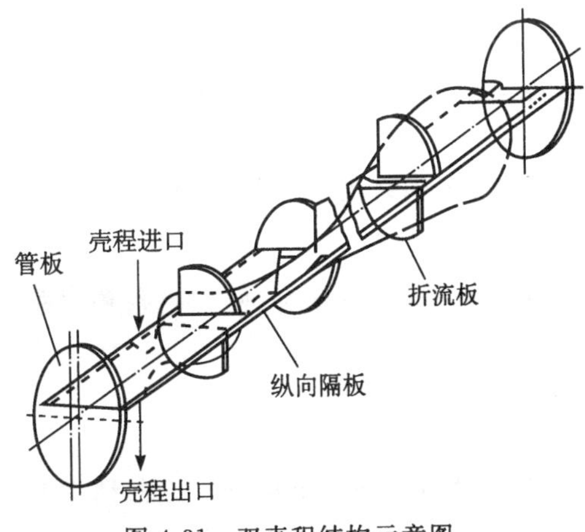

图 4-31　双壳程结构示意图

化，故一般只有在以下条件下才考虑，即：壳侧给热系数远小于管侧，而壳侧流量又太小，就是采用最小折流板间距仍然不能改善传热状况；壳侧污垢热阻小而换热热阻成为控制热阻，以及壳侧可利用的压降较大，又能较容易焊接纵向隔板的情况下，采用多壳程结构。

4.4.2.5 折流板和支承板

折流板除加大紊流有利传热外，兼有支撑管束防止振动及弯曲的作用。

1. 折流板型式

折流板型式很多，主要有圆缺形即弓形、盘环形、管孔形和螺旋形等，如图 4-32 所示。螺旋形折流板适用于壳程流体含有固体颗粒的场合，它可防止固体颗粒的沉积。管孔形折流板如图 4-33 所示，在圆板上钻有全部管孔，孔径比管直径大 1.6 ～ 3.2 mm，壳程流体在管孔和折流板孔间环隙流过。这种折流板对管子支撑作用很小，容易引起管束振动破坏，流阻很大，一般很少使用，仅对管子总数少的小型热交换器才予以考虑。盘环形折流如图 4-34 所示，其圆盘和圆环从同一圆板上切割下来并沿管束相间排列，流体流型在整个热交换器中较均匀。由于在圆环后面容易沉积沉淀物，要求流体清洁度高。此外，若有惰性气体或溶解性气体放出来，圆环上部不能有效排出，若有冷凝液生成，圆环下部又无较大开口，无法排出，实际用的也很少。只有圆缺型折流板是最常用的型式。

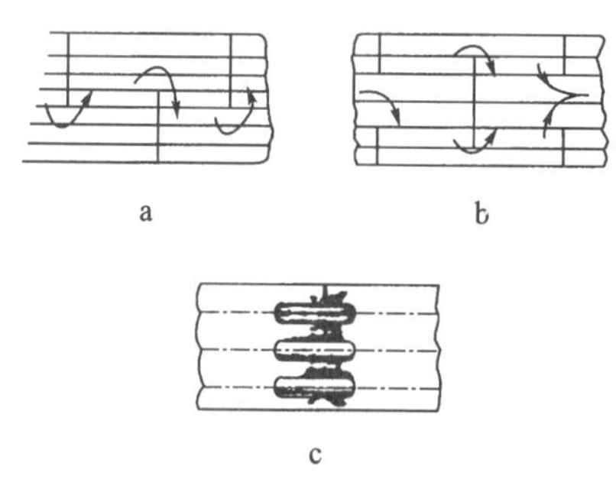

图 4-32 折流板形式示意图

a. 圆缺形；b. 盘环形；c. 管孔形

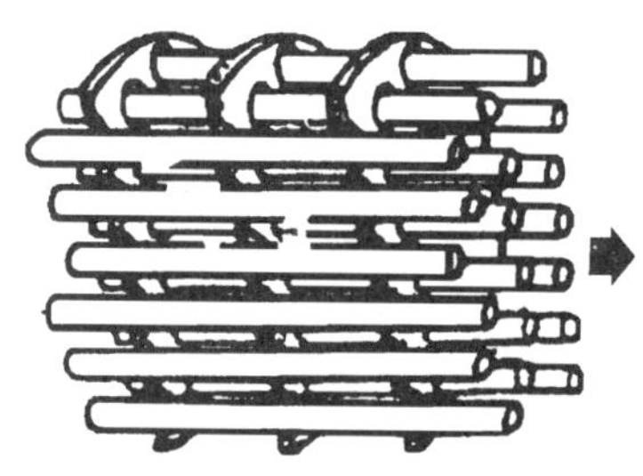

图 4-33 管孔式折流板

2. 圆缺形折流板

卧式热交换器的圆缺形折流板（也称弓形折流板）的圆缺切口有以下三种布置方式。

(1) 水平方向

水平切口（横缺形）折流板如图 4-35a 所示。它可以使流体剧烈扰动，增加传热，宜用于无相变流体。当液体中含有少量气体或汽体时，应在折流板上方开小孔，当气流中夹带少量液体时，则应在折流板下方开小孔，但排气或泄液孔均会造成流体旁通泄漏。

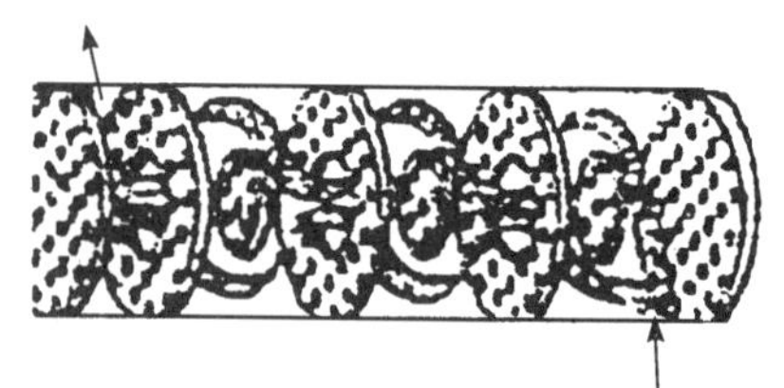

图 4-34 盘环形折流板

(2) 垂直方向

垂直切口（竖缺形）折流板如图 4-35b 所示。这种折流板便于液体和气体流动，多用于卧式冷凝器以及气、液两相流动的场合。

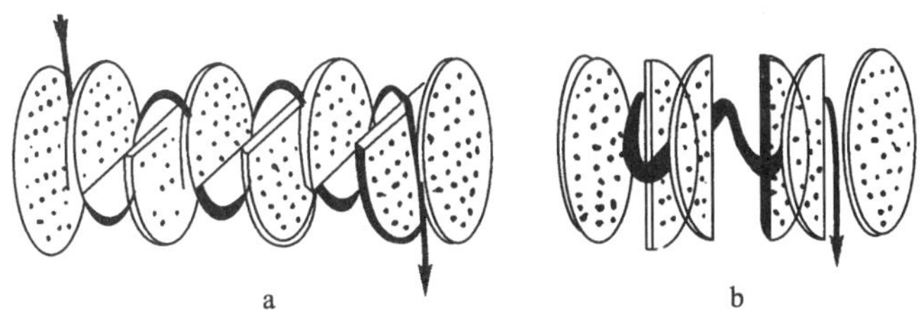

图 4-35　圆缺形折流板型式

a. 横缺形折流板；b. 竖缺形折流板

(3) 倾斜方向

倾斜切口折流板主要用于管束呈正方形排列的情况。倾斜 45°布置的折流板可以增加流体的紊流程度，有利于传热。

3. 支承板

折流板对换热管束起支承作用。但当卧式换热器在工艺上无折流板要求时，为便于支承管束，防止其下垂和振动，常设置弓形或半圆形支承板。每个支承板只能支撑半数管子，故必须交错排列，并以垂直切口为宜。支承板对传热的影响常忽略不计，但对压降的影响则不可忽视。

4.4.2.6　进、出口接管及防冲与导流

在热交换器壳体和管箱上将按需要装设接管或接口。管、壳程流体的进、出口管，在壳体和大多数管箱的底部需设有排液管，上部设置排气管，壳侧常要求设有安全阀接口及按需设置温度计、压力表、流量计或液位计以及取样管接口。测量、取样接口一般在管、壳程流体进、出口接管上。对于立式热交换器，必要时将设置溢流口。若热交换器管、壳程流体进、出口接管设计不当，会对传热和压降带来不利影响。

1. 管、壳程进、出口接管

管程进、出口接管的位置对热交换器性能有重要影响。实践表明，水平布置不利于管程流体均匀分布，将会使部分换热管不能很好地发挥作用，甚至还会因流速过低而发生堵塞现象。进口接管布置在底部，出口接管在顶部，使管程流体由下向上流动，比布置在两侧使管程流体水平流动更为合适。图 4-36 示出几种布置方案的比较。

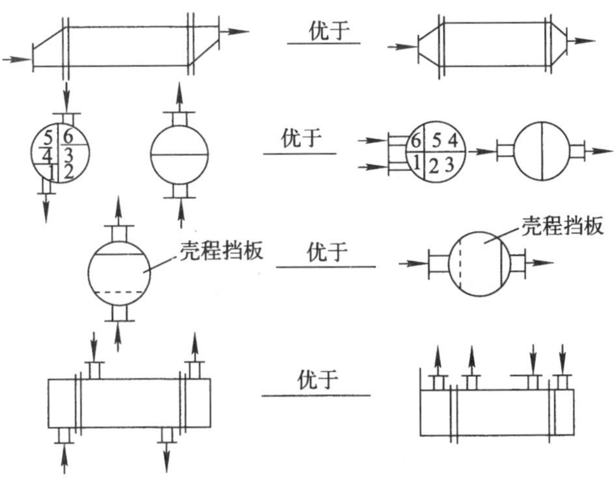

图 4-36　进、出口管分布

壳程流体进、出口设计不当将直接影响管束寿命。壳程流体在入口处横向冲刷管束，对管束产生磨蚀并诱导振动。

流体进、出口接管直径通常根据允许压降或流速来确定。

2. 防冲与导流

由于壳程流体在入口处横向冲刷管束，将对管束产生磨蚀，并有可能诱导管束振动。当流速高，特别是含有固体颗粒或气流中含有高速液滴以及饱和蒸汽时尤为严重。此时须采用防冲导流装置以减缓壳程流体对管束的冲击和磨蚀，并分散进入流体，使之均布于管束上，以及迫使流体通过因壳程进、出口距管板较远而可能产生的流动滞止区域，使换热面积利用更为充分。

常用的防冲导流装置为防冲挡板和导流筒。防冲挡板的形式如图 4-37 所示。图 4-37 中 a，b 把防冲挡板两侧焊在定距管（拉杆）上，为牢固起见，也可和第一块折流板焊接。c 把防冲板焊在壳体上。为了减小流阻，防冲板与壳体的距离 h 不宜太小，至少应保证此处流通面积不小于进口接管的流通面积，一般取 h 值为接管内径 d 的1/4或1/3。若防冲挡板已紧贴管束仍不能保证上述要求时，可在防冲板上开孔以增加流通面积，但开孔不要正对管子。此外，应使防冲挡板直径（防冲板为正方形时则为边长）$D_{板} \geqslant (d+50)$ mm；其最小厚度对于碳素钢为 4.5 mm，对于不锈钢为 3 mm。壳程出口管处不需要装防冲板。

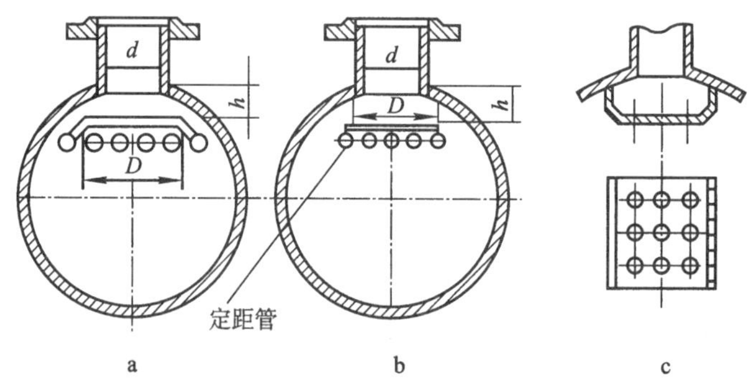

图 4-37 防冲挡板的形式

导流筒除有把壳程流体引向管板方向以消除壳程进口与管板间的流动死区外，还起防冲挡板作用，保护管束免受冲击。当壳程有冷凝过程时，导流筒还有一定的分离液滴的作用。常见的导流筒如图 4-38 所示。

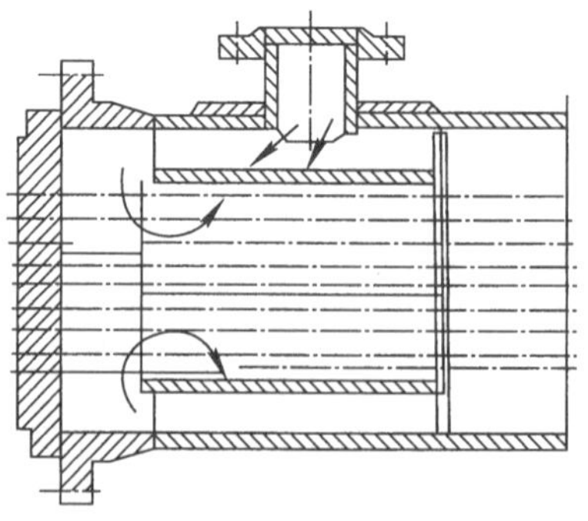

图 4-38 内导流筒结构

4.5　热交换器运行中的主要问题

4.5.1　热交换器的热应力与热补偿

产生热应力进行热补偿是各类热交换器的共同问题，其中尤以列管式热交换器较为突出。现介绍如下：

4.5.1.1　列管式热交换器的热应力

当金属物体受热膨胀时，若在其膨胀方向上受到约束而不能自由伸长，则会产生热应力，列管式换热器中有两种情况会产生这种热应力，一种是两刚性连接的部件分别与不同温度的介质接触，其受热膨胀的伸长量不同，产生差胀热应力。例如，换热管束通过固定管板与壳体连成一体的结构，若管程流体为热流体，壳程流体为冷流体，管束的伸长量必大于壳体伸长量。由于差胀而使管束受到压应力，而壳体受到拉应力。另一种是同一部件两表面分别与温度不同的介质接触而产生温差热应力。例如某些高参数大热容量热交换器的管板，其厚度可达 200 ～ 300 mm，重量可达几十吨，由于两表面温度不同，管板的中心与边缘受热不均等都使其受到很大的轴向、径向热应力。

下面将通过对固定管板式热交换器差胀热应力计算，建立其数量级的概念。通常假定：

1. 管子与管板均无挠性变形，因而作用于管束中每根管子上的应力相同；

2. 以管壁和壳壁平均温度为各壁计算温度。

若管、壳受热时均处于不受约束状态，则管、壳的自由伸长量分别为 δ_t，δ_s：

$$\delta_t = a_t\,(t_t - t_0)L \quad \text{mm} \tag{4-39}$$

$$\delta_s = a_s\,(t_s - t_0)L \quad \text{mm} \tag{4-40}$$

式中：t_t，t_s —— 管、壳壁计算温度，℃；

t_0 —— 运行前温度，℃；

a_t，a_s —— 管、壳材质的线胀系数，1/℃；

L —— 管、壳长度，mm。

管、壳体运行前在安装温度 t_0 下的状况如图 4-39a 所示，它们的长度均为 L；运行时，壳体与管壁的温度都升高，若管壁温度 t_t 大于壳壁温度 t_s，且管、壳材料相同，则管壁自由伸长量 δ_t 将大于壳体自由伸长量 δ_s，如图 4-39b 所示。由于管子与壳体刚性连接，两者的实际伸长量 δ 必须相等，见图 4-39c，致使壳体被拉伸，产生拉应力；管子被压缩，产生压应力。由于温差使壳体所受的总拉伸力应等于所有管子所受的总压缩力，该力称为温差轴向力，以 F 表之。

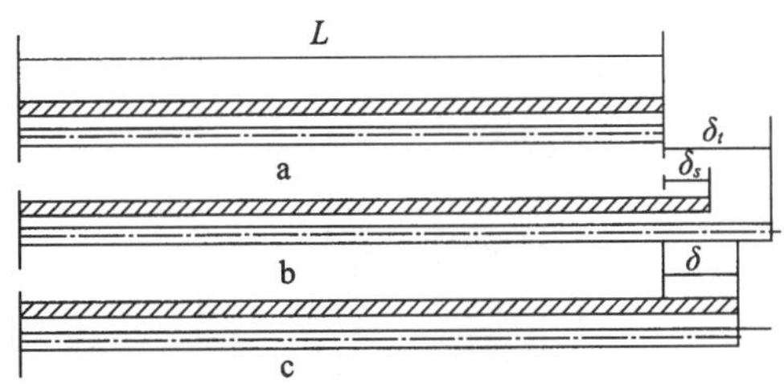

图 4-39　管、壳体的膨胀与压缩

若管、壳两者变形量均不超过弹性范围，根据虎克定律，其管子被压缩时的伸长量和壳体被拉伸时的伸长量分别为：

$$\delta_t - \delta = \frac{FL}{E_t A_t} \quad \text{mm} \tag{4-41}$$

$$\delta - \delta_s = \frac{FL}{E_s A_s} \quad \text{mm} \tag{4-42}$$

式(4-41)与式(4-42)相加,消去 δ,得:

$$\delta_t - \delta_s = FL\left(\frac{1}{E_t A_t} + \frac{1}{E_s A_s}\right) \quad \text{mm} \tag{4-43}$$

把式(4-39)、(4-40)所表示的管、壳自由伸长量代入式(4-43),整理可得温差轴向力:

$$F = \frac{a_t\ (t_t - t_0) - a_s\ (t_s - t_0)}{\dfrac{1}{E_t A_t} + \dfrac{1}{E_s A_s}} \quad \text{N} \tag{4-44}$$

式中:A_t —— 全部管子的横截面积,即:

$$A_t = \frac{\pi}{4}\ (d_0^2 - d_i^2)n \quad \text{cm}^2(\ n\ \text{为管数}) \tag{4-45}$$

A_s —— 壳壁截面积;

$$A_s = \frac{\pi}{4}\ (D_0^2 - D_i^2) \quad \text{cm}^2 \tag{4-46}$$

E_t,E_s ——管、壳材质的弹性模量,MPa;

n—— 管数;

D_0——壳体外径,mm;

D_i——壳体内径,mm。

管壁所受的温差胀热应力为:

$$\sigma_t = F/\ A_t \quad \text{MPa} \tag{4-47}$$

壳壁所受的差胀热应力为:

$$\sigma_s = F/\ A_s \quad \text{MPa} \tag{4-48}$$

若管、壳壁材质相同,均为碳钢,从手册查得:

$$a_t = a_s = 11.5 \times 10^{-6} \quad 1/℃$$

$$E_t = E_s = 0.206 \quad \text{MPa}$$

对于一固定管板式热交换器,若壳内径 $D_i = 500$ mm,壳外径 $D_0 = 516$ mm,换热管数 $n = 158$,换热管外直径为 $d_0 = 25$ m,内直径为 $d_i = 21$ mm,计算得:

$$A_t = 228.33 \quad \text{cm}^2;$$

$$A_s = 162.56 \quad \text{cm}^2;$$

$$F = 22\ 467.769\ (t_t - t_s) \quad \text{N};$$

$$\sigma_t = 0.985\ 32\ (t_t - t_s) \quad \text{MPa};$$

$$\sigma_s = 1.383\ 97\ (t_t - t_s) \quad \text{MPa}。$$

当 $(t_t - t_s) = 100$ ℃时,管壳应力将达到或超过 100 MPa 的应力。因此,当管壁与壳壁间温度差 $(t_t - t_s) > 50$ ℃时就要考虑热补偿问题。

4.5.1.2 热补偿措施

对于列管式热交换器的热补偿问题,一般可从工艺和结构两方面解决。从工艺上考虑,应尽可能减小管束与壳体间的温度差,例如,管子壁温总是接近于换热系数大的流体的温度,若有可能,安排换热系数大的流体为壳程流体,则管壳壁间的温差将减小;当壳体温度较管壁温度低时,对壳体保温隔热,可以提高壳壁温度减小差胀。从结构上考虑可采用使管束和壳体自由伸缩的结构补偿差胀,作完全热补偿,或装设挠性构件,利用其弹性变形部分补偿差胀。在选择时,只有预先根据结构材质,特别是接口部位所能允许的热应力范围,才能决定是否进行热补偿,采用部分热补偿或全部热补偿方案。

常用的热补偿结构如下。

1. U形管补偿

利用U形弯头自由端自由伸缩实现完全热补偿,如U形管式热交换器。

2. 浮头补偿

利用浮头端在热交换器壳体内自由伸缩实现完全热补偿,如内、外浮头式热交换器。

3. 膨胀节

膨胀节是装于固定管板式热交换器壳体上的挠性构件,利用其弹性实现部分热补偿。膨胀节的形式很多,波形膨胀节按横截面形分鼓形或匣形、半圆形、Ω形、U形等几种,如图4-40所示。最常用的是U形波形膨胀节。单波补偿能力很有限,可根据需要采用多波膨胀节以适应更大补偿量的要求。为了减小膨胀节的磨损、防止振动及减小流阻,必要时可在膨胀节内侧增设一内衬管。

4. 挠性管板

挠性管板结构如图4-41所示。由于管板与壳体间有一圆弧过度连接,而且管板本身很薄,具有一定弹性,能够较好地补偿壳体与管束间的热膨胀。其他弹性管板:椭圆形、球形、碟形等管板,其形状均带有圆弧形结构。也可利用其弹性变形来部分吸收热膨胀差值。

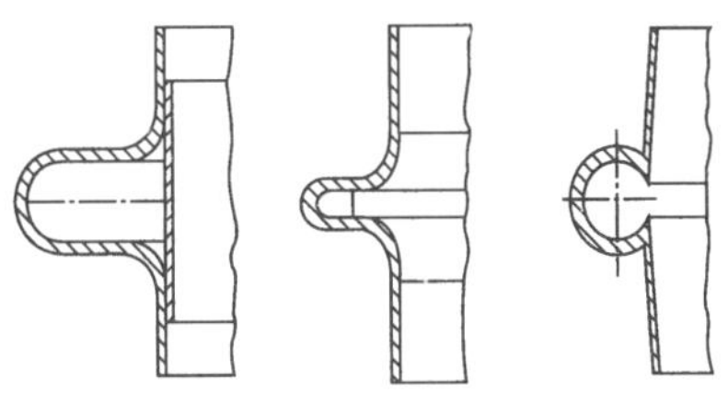

图4-40　膨胀节类型和结构

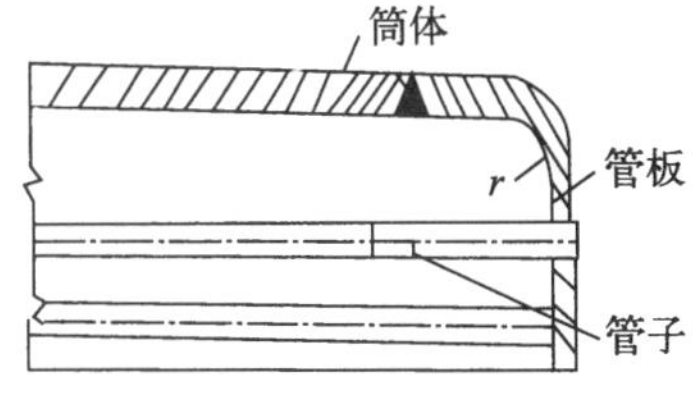

图4-41　挠性管板

4.5.2　热交换器的振动与防振措施

列管式热交换器因壳程流体流动可能引起管束振动或声振动,管束振动将使管子磨损、疲劳和管子与管板连接处松脱,造成泄漏或结构破坏,声振动将发出严重噪声。随着工业规模的大型化和核电装机容量的扩大,对热交换器的容量和尺寸日益增大,为了提高紧凑性就须使用小管径,长跨度管子,较高的流速,这些因素将会使振动加剧。

任何振动现象都存在有激振力和弹性结构。当激振力作用频率和弹性结构的固有频率相耦合发生共振时,设备振动现象随即出现。因此,对于振动现象的分析必须从激振力和弹性结构这两个方面着手。目前,对于热交换器振动的激振机理虽已提出多种理论,但主要的是卡门涡流脱落理论。

4.5.2.1 振动产生的原因

当流体绕流管子(圆柱体)时,在其两侧流体速度发生变化。如图 4-42 所示,流体从点 A 到点 C 逐渐加速,动能增加,经过 C 点($\pm\frac{\pi}{2}$区段)后,逐渐减速,动能减小。根据伯努利定律,流体动能与压力势能互相转换,因而从点 A 到点 C,流体压力减少,从 C 到 B 逐渐增大。随着雷诺数 Re 的增大,管子后部的压力梯度增大,以致引起附面层分离。当 $Re>40$ 时,绕流尾迹形成一对旋转方向相反的对称涡流。当 Re 达到 60 时,这对不稳定的对称涡流破碎,最后形成几乎稳定的非对称规整反向的交替旋涡,称为卡门涡流。如图 4-43 所示。

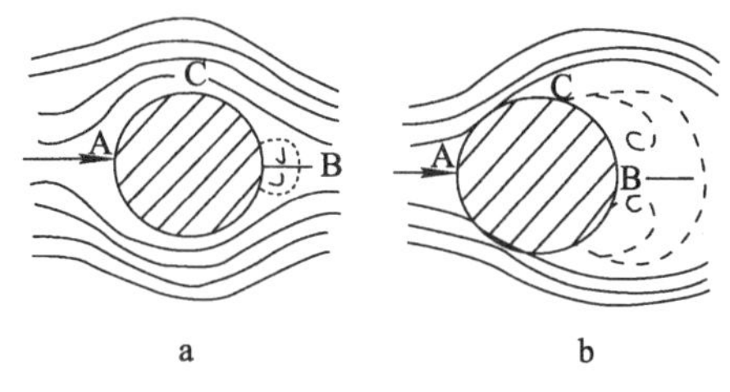

图 4-42 流体绕流圆柱体状

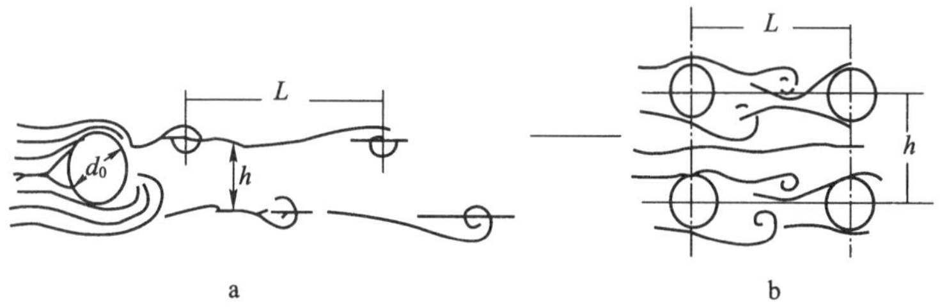

图 4-43 卡门涡流示意图

在热交换器中,当壳程流体横向绕流管子出现卡门涡流时,由于在管子两侧交替地释放旋涡,其绕流情况是不一样的,流动阻力也不同,而且有周期性变化。在某一瞬间,刚释放完旋涡的一侧圆管面流动阻力较小,绕流改善,流体速度较大,侧面静压较低。与此同时,正准备释放涡流的另一侧(即旋涡形成并正在加大的一侧)阻力较大,绕流较差,气流速度较慢,侧面静压较高。因而,在阻力较大一侧产生了垂直于气流方向的推力。当一侧旋涡释放后在另一侧产生旋涡,于是又产生相反方向的推力。这一施加于管子上与流动方向垂直且垂直于管子轴线的交替变换方向的横向推力称为卡门涡流作用力,此即为激振力。

当卡门涡流作用力即激振力的频率与弹性结构换热管的固有频率相耦合时,热交换器就开始震动。

4.5.2.2 防止振动的措施

热交换器经振动分析后若发现可能产生振动,则应采取措施消除振动。以下措施有助于防止可能出现的振动。

1. 降低壳程流速

如果壳程流体流量不能改变,可用增加管间距离的办法降低流速,这个措施将会增大壳体直径或增加管子长度。

2. 增加管子固有频率

(1) 减小管子的支承跨距,这是增加管子固有频率最有效的办法。管子固有频率与跨度平方成反比，支承距离降低至原跨距的80%，管子固有频率可增加50%以上。

(2) 在装配时最好使管子处于受拉伸状态，因轴向载荷对管子固有频率有较大影响。

(3) 在壳体内插入平行于横流方向的纵向减振板——解谐板，使之与卡门涡流脱落频率错开。解谐板的位置应置于声振波形的波腹位置(只要在波腹附近，声振动就能避免)。实践证明这种简单办法是行之有效的。

(4) 取消部分外圈管子以增大旁通流道，此法降低横向流速，从而控制振动，但会降低传热效率。

(5) 增加折流板或支承板厚度，当孔间隙为常数时能减轻折流板或支承板对管子的剪切作用并能增加系统阻尼。此外，折流板孔两边倒角对减小振动破坏也有一定作用。

4.5.3 热交换器中的污垢与除垢方法

新热交换器投产后，在其传热面上将逐渐形成污垢层。不同应用领域、不同操作条件下的各类的热交换器其传热面上的污垢，在种类、成分、性质、生成的原因及条件和过程等方面都是各不相同的。

4.5.3.1 污垢的种类、形成及消除

1. 结晶型污垢

钙、镁碳酸盐是结晶型污垢的典型例子。溶解在水里的钙、镁盐，当水被加热温度上升时，如酸式盐类碳酸氢钙或碳酸氢镁将按下面反应式分解：

$$Ca(HCO_3)_2 \xlongequal{\triangle} CaCO_3\downarrow + CO_2\uparrow + H_2O$$

$$Mg(HCO_3)_2 \xlongequal{\triangle} MgCO_3\downarrow + CO_2\uparrow + H_2O$$

生成不溶于水的碳酸钙和难溶于水的碳酸镁。当继续加热时碳酸镁将发生水解反应，最后生成氢氧化镁的沉淀，于是在传热壁面上形成钙、镁盐的结晶型污垢层。对水质进行预处理(软化处理)或加入化学物质以提高结晶盐类在水中的溶解度，可以减轻或消除此类污垢。

2. 沉积型污垢

壁面上的锈，固体颗粒，以及悬浮在燃烧产物中的灰粉，未燃尽的碳粒等进入热交换器后，若流体速度减小，或遇死角及转弯，便沉积下来；在一些液体中，带负电荷的胶体颗粒常因与传热面附近一层溶于水中的带正电荷的铁离子相互作用而沉积成垢。这些污垢一般可通过机械过滤、沉淀或化学凝聚等方法除去。

3. 生物型污垢

附着在传热面上的藻类、菌类及其剥落物等形成污垢层，不仅阻碍传热、流动，还腐蚀传热面。用江、河之水及海水作冷却介质的热交换器常出现这类污垢。可用杀藻剂或在水中加入氯以制止这类污垢。

4. 其他污垢

其他污垢包括燃烧结焦，或某些工艺过程的化学反应物沉积在传热面上，以及流体介质与传热面化学不相容引起的化学腐蚀等形成的污垢层。对于这类污垢可针对其生成的原因

采取相应措施消除。

一般说来，介质中含有悬浮物、溶解物及化学稳定性差的物质易结垢；流速低、温度变化大或介质与壁面间温差大时易结垢；壁面粗糙或结构上有旁通、死角、短路等使流速不均匀或出现滞止时易结垢。

减小污垢对设备的影响，除要求设计合理外，在设备的操作运行中还应控制流速、温度或温压，使之不形成结垢的条件。此外，还应根据所能产生污垢的类型，采用相应的防止、清除污垢的措施。

4.5.3.2 污垢热阻确定

对于热交换设备，即使从结构上、操作上对污垢形成进行了考虑，以及配合相应的清除措施，仍然不可能完全根除污垢对传热过程的影响。这种影响通常用污垢热阻 R_d 或其倒数——污垢系数 α_d 来考虑，即：

$$R_s = \left(\frac{\delta}{\lambda}\right)_s = \frac{1}{\alpha_s}\,[(\mathrm{m}\cdot℃)/\mathrm{W}] \tag{4-49}$$

由于一般使用的热交换器由金属材料制造，金属材料的导热系数很大。其热阻常可忽略。但若壁面上结有污垢，将使传热过程的导热阻力剧增。例如，钢的导热系数 $\lambda_{钢}=46.52\ \mathrm{W/(m\cdot ℃)}$；水垢的导热系数 $\lambda_{垢}=1.163\ \mathrm{W/(m\cdot ℃)}$；灰的导热系数 $\lambda_{灰}=0.1163\ \mathrm{W/(m\cdot ℃)}$。钢质传热面一旦一侧结水垢，一侧积灰，设壁、垢、灰的厚度相等，则导热热阻之比为：

$$\frac{R_{垢}}{R_{钢}} = \frac{\lambda_{钢}}{\lambda_{垢}} = 40\ 倍$$

$$\frac{R_{灰}}{R_{钢}} = \frac{\lambda_{钢}}{\lambda_{灰}} = 400\ 倍$$

污垢层将大大削弱传热，增大热阻，使热交换器不能符合使用要求。因此，在热交换器选用或设计中必须考虑由于污垢的导热热阻使传热削弱的补偿措施。如加大流速、增大总平均温压或使传热面积有一定的富裕量。相应的措施采取到什么程度则根据所选取的污垢热阻或污垢系数来决定。

在热交换器的运行过程中，根据生产的具体情况，一定要制订定期和不定期的除垢措施和具体方法。

4.5.4 热交换器的监测

热交换器运行中的常规监测项目主要有冷、热介质进、出口温度、流量和压力。对于某些含有特殊元素的介质(如放射性元素)，还应定期或不定期监测其特殊元素是否发生变化，以评判热交换器可能产生的问题。

1. 进、出口温度的监测。监测冷、热介质进、出口温度，是热交换器正常运行满足产生要求的基本参数，若发现温度异常说明热交换器出现了问题，应停车检查。温度监测仪表一般采用热电阻或热电偶。

2. 冷、热流体出口流量的监测。监测冷、热流体出口流量，既是满足生产工艺的需求，也是判断管束破裂造成冷、热介质混串的主要依据。流量测量的仪表一般采用转子流量计或孔板流量计。

3. 进、出口压力的监测。监测冷、热流体进、出口压力，是判断管内和管间的流体阻力是否发生变化，若阻力增加说明热交换器管束受阻，或垢层加厚应该除垢了。

4. 特殊元素的监测。监测特殊元素，应根据生产要求的具体情况而定。采用的仪器也是根据特定元素而选用的。如对放射性介质的监察，采用射线测量仪。

4.6　压水堆核电厂热交换器

热交换器设备是压水堆核电厂中的主要设备，如一回路中的蒸汽发生器，二回路中的高、低压给水加热器，循环冷却水系统中蒸汽冷凝器(凝汽器)等。我国目前压水堆核电厂一回路(反应堆冷却剂系统)蒸汽发生器的形式，有立式 U 形管式和卧式 U 形盘管式两类热交换设备，以立式 U 形管式为主。二回路(蒸汽转换系统)高、低压给水加热器的形式，有卧式 U 形管式和立式浮头式两种类型，以卧式 U 形管式为主。循环冷却水系统中的蒸汽冷凝器(凝汽器)的形式，则为管板式热交换设备。现简介如下。

4.6.1　蒸汽发生器

4.6.1.1　蒸汽发生器的功能

蒸汽发生器的功能，就是为发电机汽轮机组提供饱和蒸汽。压水堆核电厂一回路中一般有三台蒸汽发生器，分别安装在三条环路中，每台蒸汽发生器按照满功率运行时传递三分之一的反应堆热功率设计。并设计成传热管结垢少(即污垢系数为 88×10^{-7} ℃ · m^2/W)，且有不超 10%传热管堵塞的条件下，汽轮机组仍能以额定功率运行，提供满足设计要求干度的蒸汽而不超过设计限值。

蒸汽发生器出口处蒸汽湿度不超过 0.25%。蒸汽发生器的再循环倍率(管束总流量与出口处蒸汽流量的比值)为 3.3。该数据妥善处理了尽量提高蒸汽干度与蒸汽发生器运行之间的关系。在运行时，既不发生汽水交界面处的液位波动，也不发生结构振动。

4.6.1.2　立式 U 形管式蒸汽发生器的结构与工作原理

1. 立式蒸汽发生器的结构与部件

我国压水堆核电厂一回路蒸汽发生器采用的比较多的是立式 U 形管式蒸汽发生器。现以大亚湾压水堆核电厂立式 U 形管式蒸汽发生器的结构与部件为例，介绍如下：

大亚湾核电厂蒸汽发生器的型式为 55/19 型，立式 U 形管束自然循环蒸汽发生器，其结构如图 4-44 所示。它分上、下两部分，下部直径较小($D_{下}=3\,446$ mm)为蒸发段，其中装有 ϕ19 的 U 形管 4 474 根以及管板、支承板、管束围板、流量分配挡板等；上部直径比较大($D_{上}=4\,484$ mm)为汽水分离段，内装旋流叶片式(离心式)汽水分离器及人字形机械挡板式干燥器，使出口蒸汽的品质达到设计的要求。上部筒体上还设有两个人孔，必要时可更换干燥器。下端为球形封头，内装分隔板，将球形封头分为进口水室和出口水室。每一个水室有一根与反应堆冷却剂系统相连接的接管和一个为接近管子和管板间焊缝的人孔。上端为椭圆形封头，顶部设蒸汽出口。传热管材料为因科镍，管径为 $\phi19.05\times1.09$，管束为正方形排列的倒“U”管束，由水平支撑板保持管子之间的间距。管束与管板的连接采用先焊后胀，确保其密封。

2. 工作原理

一回路冷却剂(加热介质)从蒸汽发生器底部,球形封头一侧的入口引入进口水室,再进入管板下表面U形管内,上升至倒置U形管顶,再折返沿U形管束的另一半下降回到球形封头的出口水室引出,通过一回路压力管经主泵去反应堆吸收热量后,再去循环回到进口水室。二回路的给水,由二回路主给水泵送入蒸汽发生器上部汽水分离段一侧进口,经环管分配使给水沿筒体周边分布,再经管束围板由上而下至下部蒸发段管板上面,再经流量分配挡板分配后折转向上,在自然循环的作用下沿管束的管间上升,同时吸收管内热介质(冷却剂)传来的热量,成为汽水混合物,到达汽水分离段,其中一部分被沸腾变成蒸汽,离开水面后,进入汽水分离器,将其大部分液滴分离后,再进入人字形挡板干燥器进一步除去水分成为符合设计要求的饱和蒸汽,由顶部出口送入二回路蒸汽管路,供汽轮机做功。另一部分未汽化的水,会同汽水分离器分离出的凝结水再与供料进入的给水一起经筒体和管束围板(套筒)之间的空间下降到管束下部折反上升重新被加热、沸腾、蒸发,重复循环前述过程。

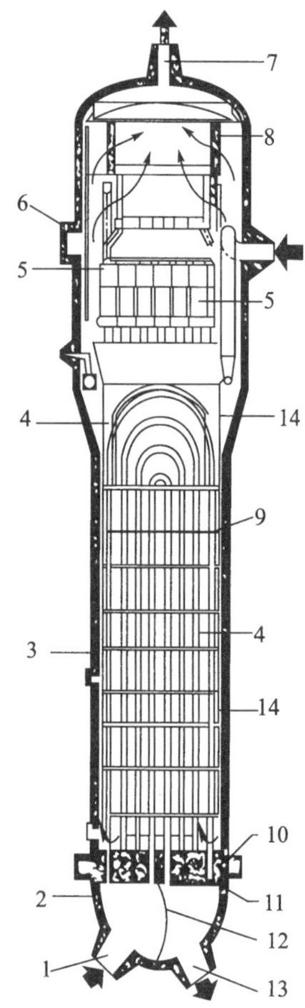

图 4-44 蒸汽发生器

1—冷却剂入口;2—底封头;3—外壳;4—U形管束;5—汽水分离器;6—人孔;7—蒸汽出口;8—干燥器;9—管束支撑板;10—支承和寻向环;11—管板;12—分隔板;13—冷却剂出口;14—管束围板

55/19型蒸汽发生器的主要参数列于表4-11。

表 4-11 蒸汽发生器主要参数

参数	数值
总体参数	
每台蒸汽发生器的传热量/MW	696
总的传热面积/m^2	5 249
管侧设计压力/MPa	17.23
管侧设计温度/℃	343
管侧运行压力/MPa	15.5
管侧水压试验压力/MPa	22.9
传热管直径×壁厚/mm	19.05×1.09
传热管数目	4 474

续表

参　数	数　值
反应堆冷却剂(加热介质)	
进口温度/℃	327
出口温度/℃	293
流量/(m^3/h)	23 790
压降/MPa	0.331
壳侧	
设计压力/MPa	8.6
水压试验压力/MPa	12.85
设计温度/℃	343
二回路给水温度/℃	226
蒸汽参数	
压力/MPa	6.89
温度/℃	283.6
最大湿度/%	0.25
蒸汽流量/(t /h)	1 938
尺寸参数	
下部直径/mm	3 446
上部直径/mm	4 484
总高度/mm	20 848
管板厚度/mm	555
无水总重/t	329.5
满水总重/t	505
材料	
传热管	因科镍 690
壳体	18MND5
底封头	20MN5M
管板堆焊层	因科镍 600
传热管支承板	13Cr 不锈钢

3. 密封与检漏

管束与管板的密封连接,采用的是先焊后胀,即 U 形管束端插入管板孔后先与管板堆焊层焊接,然后全胀,并用氦气试验对管子与管板之间的焊缝进行检漏。氦气试验的灵敏度约为 2.5×10^{-7} MPa/s。试验时蒸汽发生器壳侧在 1.4 MPa 氦气压力下,经 12 h 持续试验,不允许有泄漏。传热管与管板间的全长度胀管也能保证管子与管板之间的密封性,消除了管子与管孔间的间隙,以免氯离子沉积造成应力腐蚀。既焊又胀的工艺提供了机械强度和密封性的可靠保证。

在运行期间,利用冷却剂 H_2O 的 $^{16}O(n,p)^{16}N$ 反应,采用二回路侧 ^{16}N 放射性跟踪法,来检验一回路侧与二回路侧之间的密封性,其泄漏探测精度为 1 L/h。如果发现超过允许的泄漏率,则在停堆时,将一回路侧的水排空,二回路侧部分充水至完全浸没管束,必要时加压,然后在管板一回路侧检漏。根据泄漏出现在管子本身或者在管子与管板之间的焊缝处,采取不同的处置方法。

蒸汽发生器的半球形底封头与管板采用焊接连接，并用因科镍隔板分为进、出二水室。与一回路冷却剂接触的隔板表面堆焊覆盖耐腐蚀材料，管板表面为因科镍，半球形封头表面为奥氏体低碳不锈钢。

在运行期间，没有设置检查管子和管板的专用仪器。通常在停堆换料时，要对传热管进行在役检查，即用一个探头沿整根传热管内侧移动进行涡流探伤检验。该探头的灵敏度很高，能检查传热管的变形。这种检查可以是抽查，也可以是所有管束的检查。

4. 蒸汽发生器的支承结构

蒸汽发生器的支承结构，设计成承受自重荷载以及由地震和同时发生的失水事故引起的荷载，并允许热膨胀位移，但在事故情况下却能限制位移。蒸汽发生器的支承结构如图 4-45所示。

底部垂直支承件为四根铰接的立柱，两端均有支承座。一端固定在混凝土结构中，另一端固定在蒸汽发生器半球形封头底部。

在高、低两个位置上设有横向约束件，即：

低位约束件，分别用止挡块安置在半球形底封头垫块的高度位置上。四根横向撑杆在环路热膨胀时为蒸汽发生器导向。两根撑杆位于热段管道的轴线上，用于限制热段管道剪切断裂时蒸汽发生器的位移。这种布置也是为了便于钢板焊缝作在役检查。

高位约束件，分别为四根带有阻尼器的梁，安装在蒸汽发生器的重心高度位置上，梁与蒸汽发生器筒体之间的填隙片可以调整，用四个阻尼器将梁与设备室墙壁相连接。环路热膨胀时，梁在设备室墙壁之间受到约束。阻尼器对缓慢的位移没有阻力，但在地震或管道破裂时呈刚性。

我国非能动安全先进核电厂 AP1000 采用的两台蒸汽发生器，是典型的立式带有一体化汽水分离器的 U 形管自然循环蒸汽发生器。其结构如图 4-46 所示。它与前者蒸汽发生器的不同之处在于 AP1000 蒸汽发生器的下封头结构可与反应堆冷却剂泵直接连接，汽水分离为一体化结构。AP1000 蒸汽发生器的主要参数列于表 4-12。

表 4-12　AP1000 蒸汽发生器的主要参数

型　号	Delta 125
蒸汽流量	943.7 kg/s
蒸汽压力	8.17 MPa
蒸汽温度	315.6 ℃
总传热面积	11 477 m^2
传热管外径	17.48 mm
传热管壁厚	1.02 mm
传热管管数	10 025
上壳体内径	5 334 mm
下壳体内径	4 191 mm
总 高 度	22 454 mm

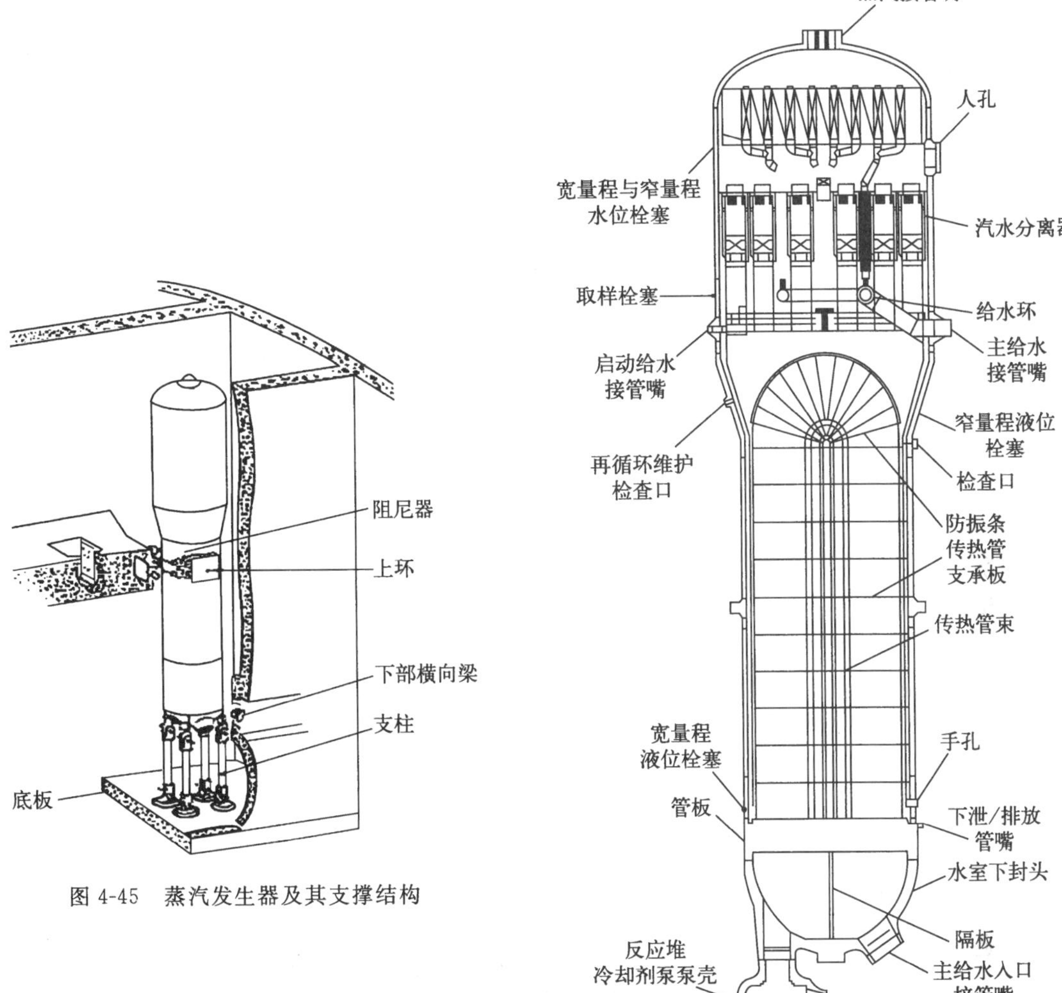

图 4-45　蒸汽发生器及其支撑结构

图 4-46　AP1000 蒸汽发生器

4.6.1.3　卧式 U 形盘管式蒸汽发生器的结构

卧式 U 形盘管蒸汽发生器，采用的比较少，国内目前仅田湾核电厂采用了卧式 U 形盘管蒸汽发生器。现就田湾核电厂卧式 U 形盘管蒸汽发生器作一简要介绍。

田湾核电厂卧式 U 形盘管蒸汽发生器结构，如图 4-47 和图 4-48 所示。蒸汽发生器的型号为 ПГВ—100 型，直径 D=4 000 mm，长度 L=13 840 mm，总传热面积 F=6 115 m^2。

卧式 U 形盘管蒸汽发生器的主要结构部件如下。

1. 卧式 U 形盘管传热管束。传热管规格：ϕ 16 mm×1.5 mm；传热管根数：11 000 根。

2. 集流管组件。冷、热集流管分别置于卧式蒸汽发生器的两侧，热集流管用于接受和分配反应堆冷却剂；冷集流管用于收集和排出冷却剂。集流管的直径为 DN=800 mm。集流管与 U 形盘管传热管束的连接采用先焊后胀。

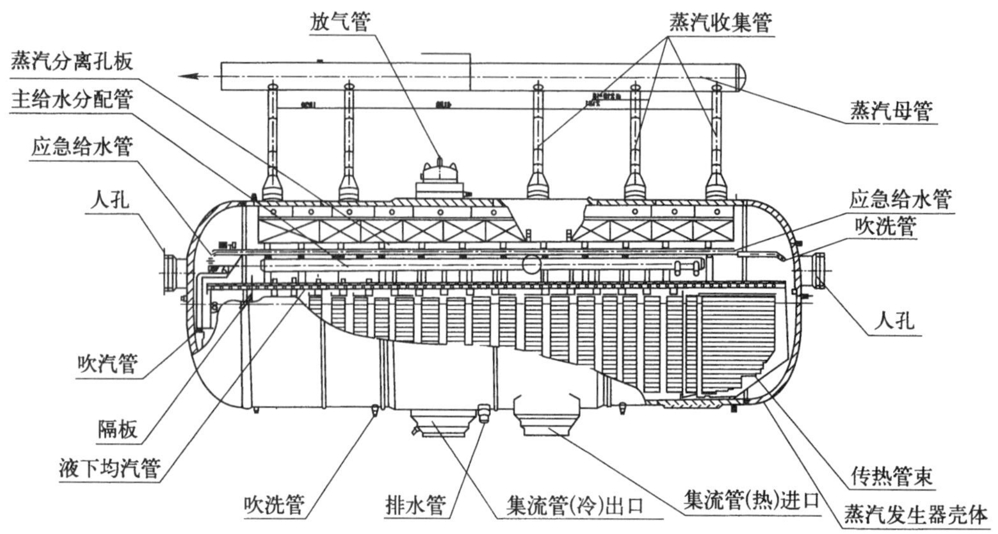

图 4-47 蒸汽发生器结构图(Ⅰ)

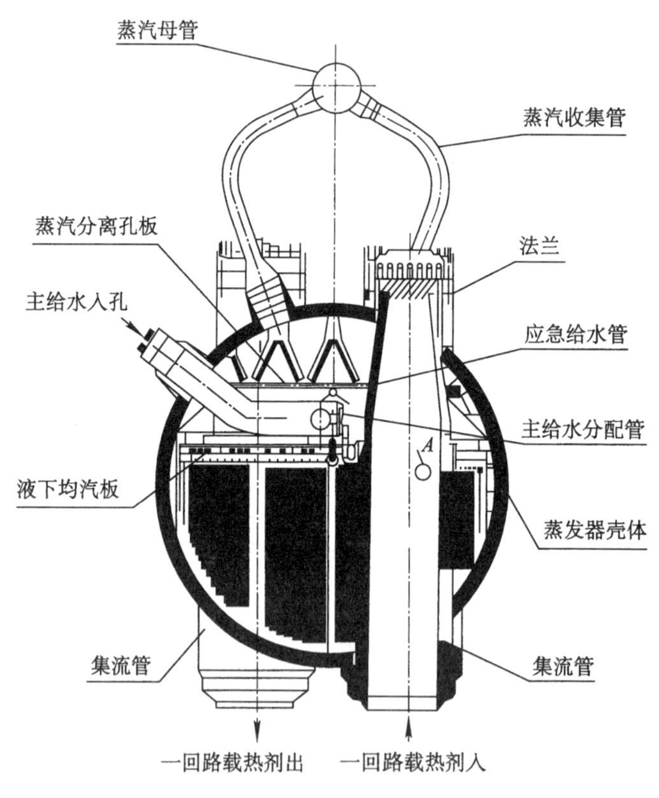

图 4-48 蒸汽发生器结构图(Ⅱ)

3. 蒸汽母管组件。一条 $\phi630$ mm×2.5 mm 的蒸汽母管位于蒸汽发生器的正上方，与蒸汽发生器的轴线平行。来至蒸汽发生器的 10 条对称的 $DN=200$ mm 的蒸汽收集管与母管连接，参见图 4-46 和图 4-47。

4. 蒸汽分配孔板。蒸汽分配孔板位于 U 形盘管传热管束的上方蒸发室内，用于收集蒸汽和分离液滴。

5. 液下均汽板。液下均汽板安装在主给水分配管下面的液位下，用以平衡蒸汽负荷。

6. 主给水分配管。$DN=400$ 的主给水管从蒸汽发生器的侧面引入蒸汽发生器内，与给水分配管相接，给水分配管与蒸汽发生器轴线平行，安装在 U 形盘管传热管束和液下均汽板的上方。

7. 单腔和双腔波动箱。每台蒸汽发生器上装有四个单腔波动箱和三个双腔波动箱，用于提供液位的自动调节。

8 支承件。蒸汽发生器本体安装在两个支承件上，支承件中有一个双层滚动轴承，以适应当一回路冷却剂管道膨胀时，为蒸汽发生器提供最大 ±80 mm 的纵向和横向位移。支承件可承受蒸汽发生器的自身荷载、安全停堆地震荷载和管道热胀荷载。

9. 液压阻尼器。液压阻尼器是为承受作用在蒸汽发生器上水平方向上的地震荷载而设的，并能承受蒸汽发生器因管道热胀而发生的位移。

10. 材料。蒸汽发生器壳体及集流管材料为 10ГН2МФА 合金结构钢，U 形盘管传热管束材料为 08X18H10T 不锈钢。

卧式 U 形盘管式蒸汽发生器运行时，反应堆冷却剂(载热剂)走管内，二回路主给水走管间。主要性能参数如下。

1. 蒸汽产生量：1 470 t/h；
2. 蒸汽压力：6.37 MPa；
3. 蒸汽湿度：≤0.02%；
4. 一回路冷却剂进口温度：321 ℃；
5. 一回路冷却剂出口温度：291 ℃；
6. 二回路给水温度：220 ℃。

卧式 U 形盘管式蒸汽发生器评价如下：

1. 卧式 U 形盘管式蒸汽发生器具有较大的蒸发表面，使得汽水混合物能够以相对低的速度进入分离空间。这样就能够采用简单的分离方式满足设计要求的蒸汽湿度。

2. 接受和排出一回路冷却剂的立式圆柱形集流管能够避免泥沙沉积物的聚积，并避免了立式蒸汽发生器所发生的在传热管与集流管固定部位处的腐蚀损坏。

3. 与立式蒸汽发生器相比，卧式 U 形盘管式蒸汽发生器具有较大的二次侧水容量，这就使得在损失正常和应急给水时，能够通过蒸汽发生器更加可靠地冷却反应堆，使反应堆运行的瞬态工况更加平滑。

4. 卧式 U 形盘管式蒸汽发生器，即使在液位下降及部分传热管烧干的情况下，蒸汽发生器也能够使一回路具有可靠的自然循环的能力。

5. 卧式 U 形盘管式蒸汽发生器的主要缺点是结构复杂。

4.6.2　低压给水加热器

1. 低压给水加热器的功能

低压给水加热器简称低压加热器，它的功能是在主凝结水(低压给水)进入除氧器之前，利用主汽机低压缸的抽汽以及轴封系统的余汽等，通过四级低压加热器予以加热，从而提高汽轮机的热力循环效率，并将主凝结水从 40.5 ℃加热到 143.9 ℃，使进入除氧器的主凝结水达到预定的温度。

2. 卧式低压给水加热器基本结构

目前国内压水堆核电厂的低压给水加热器由四级加热器组成，以大亚湾核电厂为例简介如下。其中第一级、第二级低压给水加热器组合在一个共同的筒体内，称为复合式加热器。其型式为卧式 U 形管式汽—水热交换器。加热器直径 2.12 m，长度 15.85 m。加热管为 ϕ 19 × 0.91 mm 不锈钢管，管数为 1 300 根。壳体和管板为碳钢，管束与管板的连接采用胀接。

一、二级复合式低压加热器，由筒体(壳体)、U 形管束和进、出口水室组成。依靠环绕第二级的一个内壳体将第一级和第二级分隔开来。内壳体焊在管板上。

给水进入进口水室后，流经第一级低压加热器的 U 形管束，来到转向水室，再将给水引回，经过第二级低压加热器的 U 形管束，经出口水室排出。一、二级复合式低压加热器结构，如图 4-49 所示。

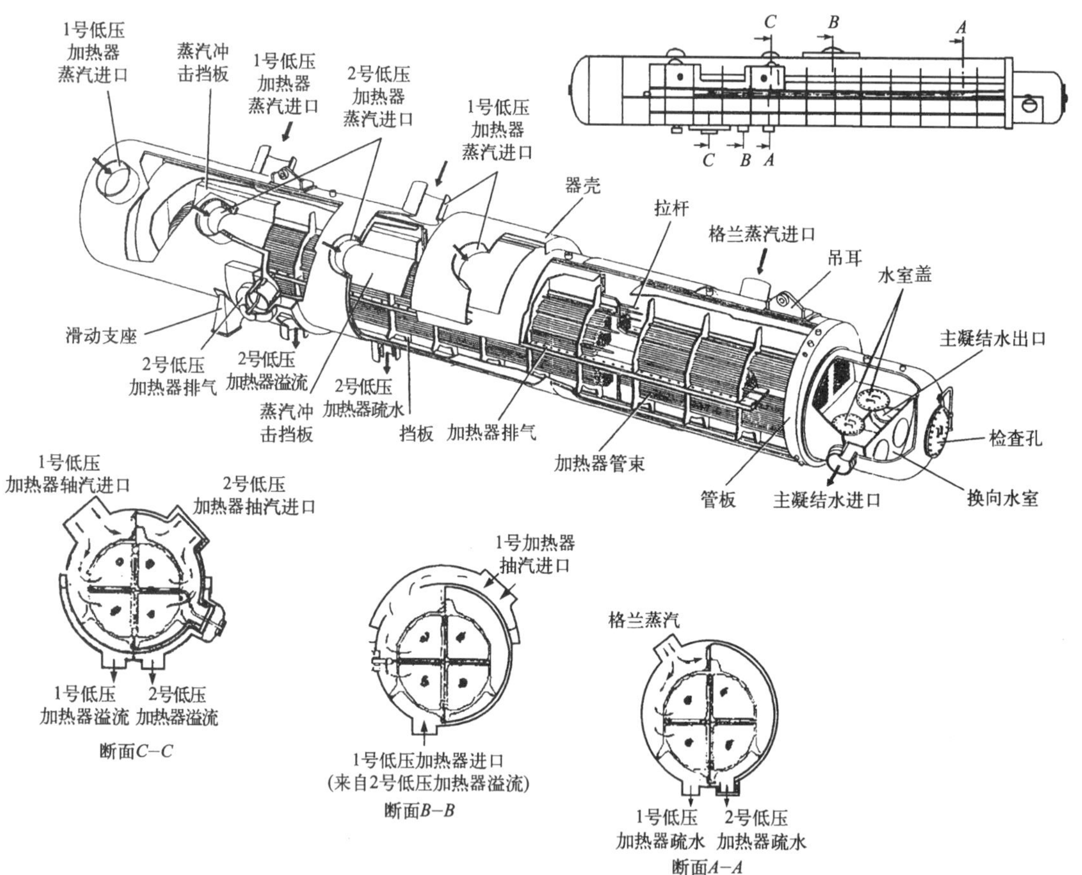

图 4-49 复合式低压给水加热器结构图

一、二级复合式低压加热器，安装在汽机低压缸下面，凝汽器颈内，支承在与凝汽器内部加强构件形成一体的钢构架上。

第三、第四级低压给水加热器也都是卧式 U 形管式汽—水热交换器。加热器由筒体、传热管束和进、出口水室组成。传热管束的端部胀接在碳钢管板上，管板焊接在水室和筒体上。整个管束封闭在一个带碟形封头的碳钢筒体内。作为水室的封头顶部设有检修人孔。加热器的直径 1.7 m，长度 14 m。传热管为 ϕ19 mm×1.22 mm（第一排）和 ϕ19 mm×0.91 mm 不锈钢管，管数为 1 100 根。第三、第四级加热器在结构上基本相同，不同之处在于第四级加热器中，不仅有冷凝区，而且还有一个疏水冷却区，约占加热器总传热面积的 5.7%，位于管束的底部，用壳程纵向隔板分隔开。蒸汽冷凝液（疏水凝结液）走管间，与走管内的低压给水成逆向流动，并通过壳程横隔板增加了扰动，提高效率，使凝结液的热量进一步传给低压给水。加热蒸汽由上部引入，蒸汽冷凝后汇集进入疏水区，由下部引出。被加热的低压给水走管内，下进上出。

传热管束采用不锈钢，壳体及管板均为碳钢，管束与管板连接采用胀接。

图 4-50 就是第四级低压给水加热器的结构图。

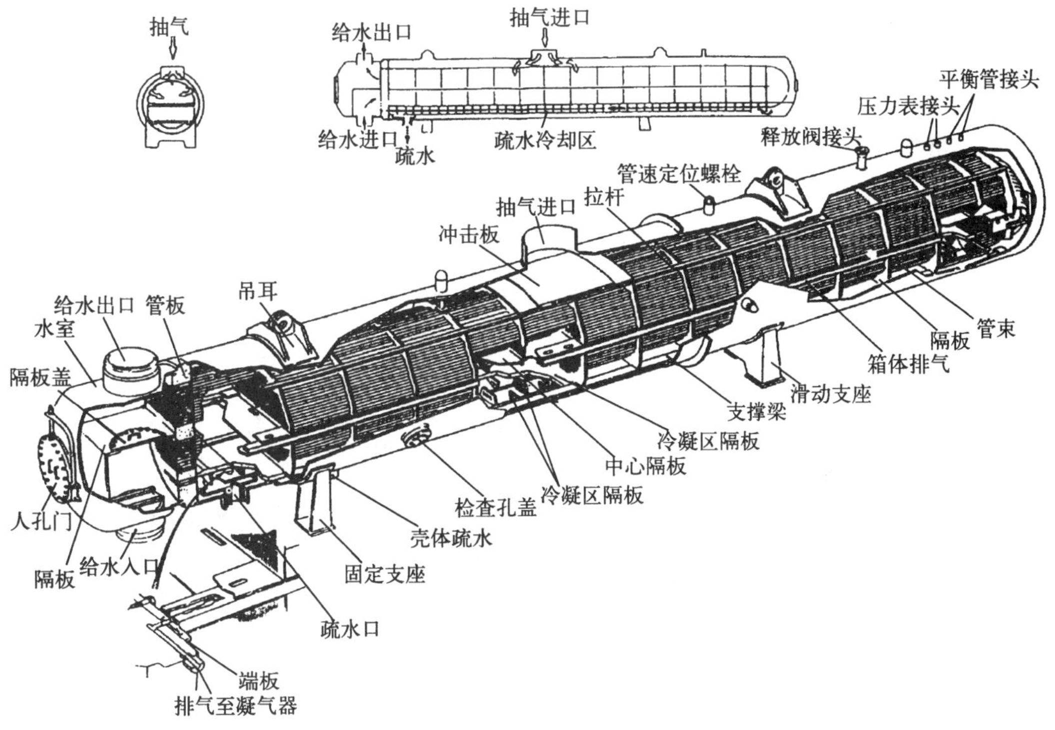

图 4-50　卧式 U 形管式低压给水加热器

4.6.3　高压给水加热器

1. 卧式高压给水加热器的功能

高压给水加热器的功能是利用汽轮机抽汽加热高压给水，将由除氧器来的 169.1 ℃的主凝结水（给水）加热到 226 ℃，满足进入蒸汽发生器的给水达到设计要求的温度。

高压给水加热器进一步提高了机组的热效率。同时它还分别接受汽水分离再加热器的第一级和第二级再加热器的疏水和排放蒸汽，回收了热量，并起到了排除抽汽和排放蒸汽中不凝性气体的作用。

国内压水堆核电厂的高压给水加热，一般设置为两级两列，在容量各为 50% 的双列流道内进行，每列包括一个 A 号和一个 B 号加热器。当一列因故障被隔离时，系统仍能连续运行。

为了达到规定的给水温度，在一组加热器隔离后，35％的流量通过电动旁路管线分流，65％的流量通过运行的加热器组。卧式结构以大亚湾核电厂为例介绍如下。

2. 卧式高压给水加热器的结构

大亚湾核电厂卧式高压给水加热器A号和B号的结构基本相同，它们都有冷凝段和一个疏水冷却段。所不同的是A号加热器的疏水冷却段，占加热器总传热面积的23％；而B号加热器的疏水冷却段，占加热器总传热面积的10％。

两级高压给水加热器的型式均为卧式U形管式汽—水热交换器。加热器直径2.37 m，长度12.917 m。U形加热管为ϕ19 mm×1.75 mm的不锈钢管，管数为2 258根，管板为碳钢，管束与管板的连接采用先焊后胀。两端封头均为碟形封头。在进、出口水室一侧封头的顶部设有检修人孔。

高压给水加热器的壳体是全焊接结构。通过水室的人孔门和可拆卸分隔板，可方便地接近管板进行检查和堵管。

图4-51所示为大亚湾核电厂二回路中的高压给水加热器结构图。

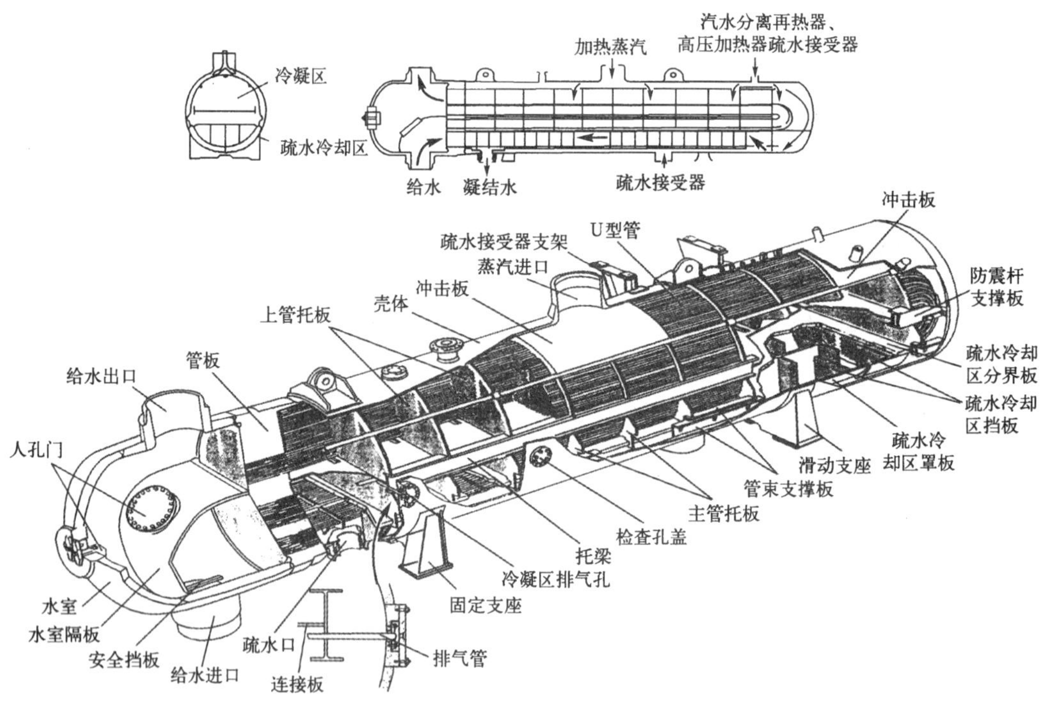

图4-51 高压给水加热器结构

从结构图中可以看出，高压加热器的加热介质分别为蒸汽和疏水凝结液。在同一筒体内，用壳程纵向隔板分成两个加热区，上部为蒸汽加热区，下部为疏水凝结液加热区。高压给水走管内，下进上出。加热蒸汽走管间上进、下排冷凝液。疏水凝结液走下部管间，与高压给水成逆流走向，右进左排。在筒体内还有防冲板、管束支撑板、防震杆等加热器的辅助部件。

3. 立式高压给水加热器的结构

立式高压给水加热器，国内用的不多，仅田湾核电厂采用了这种类型。现简要介绍如下。

田湾核电厂的高压给水加热器为立式浮头式加热器，型号为 ΠH-3000-25-16 型，外形尺寸直径 ϕ=3 060 mm，高度 H=10 542 mm。立式浮头式高压加热器的结构，如图 4-51 所示。

立式浮头式高压加热器由加热管束、筒体、浮头式上封头、内装分程隔板的下封头及接管等组成。

浮头的结构为可抽式，具体结构参见图 4-30 列管式热交换器主要部件分类图中后端结构式一列中的 T 图。

从图 4-51 立式浮头式高压加热器左边热交换介质流向图中可以看出，立式高压加热器的加热介质分别为蒸汽和蒸汽凝结液(疏水凝结液)。在同一筒体内分成两个加热区，上部为蒸汽加热区，下部为蒸汽凝结液加热区。

二回路主给水走管内，从立式高压加热器下封头一侧引入，经分程隔板一侧的传热管束(管束的一半)向上到浮头式上封头后折返，沿管束的另一半向下回到下封头分程隔板的另一侧，再从下封头的给水出口排出。

立式高压给水加热器的蒸汽来至汽轮机抽汽。加热蒸汽走管间，由立式高压加热器上部的高压蒸汽入口引入，经水平蒸汽分隔板横向冲刷管束，把热量传给管内给水后，沿管束的另一边向下，落到下部凝结液收集区，从凝结液出口排出。

蒸汽凝结液加热区在立式高压加热器的下部，参见图 4-52 左图。蒸汽凝结液从立式高压加热器下部的另一侧蒸汽凝结液入口进入，与加热蒸汽的凝结液混合，从下部管间横向流过管束，把热量传给管内给水后，从蒸汽凝结液出口排出。

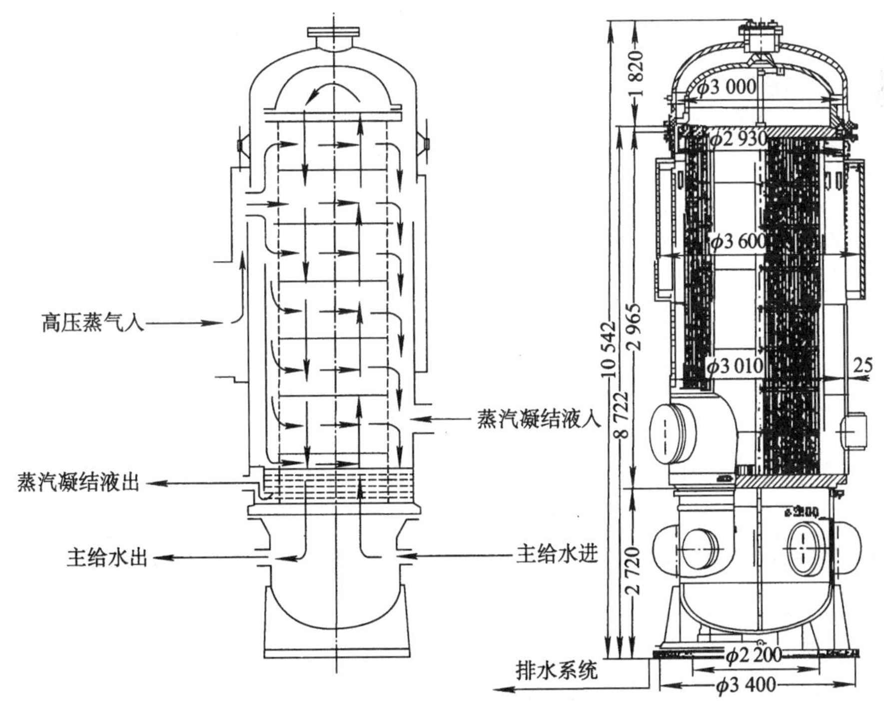

图 4-52　立式浮头式高压加热器的结构图

4.6.4 凝汽器

1. 凝汽器的功能

凝汽器在核电厂的主要功能和火电厂一样是为汽轮发电机组提供一经济背压，并且使机组在所规定的冷却水温度范围和运行条件下，安全可靠的运行；同时必须满足机组要求的热力性能，凝结所有进入凝汽器的蒸汽，保持凝结水水质，提供充分的凝结水贮存量。

国内百万千瓦级核电厂机组，每台汽轮机发电机组配有三台凝汽器，布置在机房底层。

2. 凝汽器的结构

凝汽器为卧式两组单流程管板式热交换器，由三部分壳体组成，中间主体为热交换器，两侧为进、出口水室。图 4-53 所示大亚湾核电厂凝汽器的结构图。

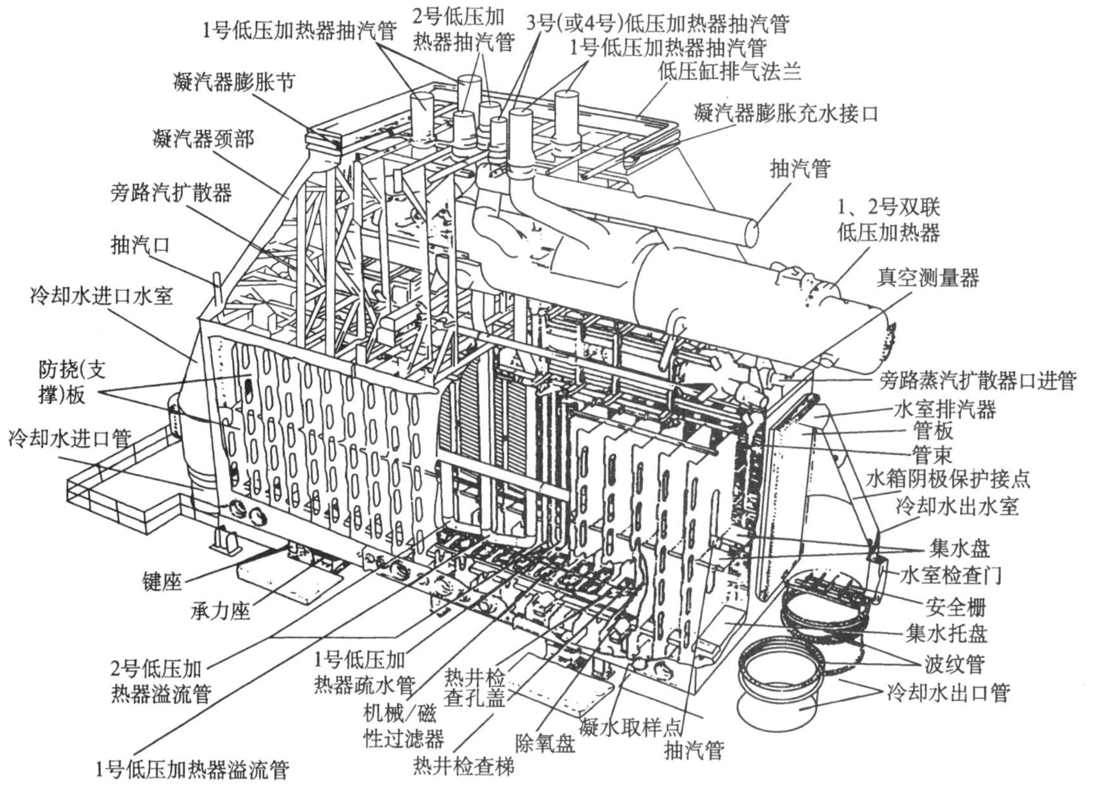

图 4-53　卧式双组单流程管板式凝汽器结构图

每台凝汽器有两组单流程管束，每组管束在进水口和出水口处，通过管板与循环冷却水室相连。循环冷却水(海水)由入口水室下端的进水暗渠引入，经管板走管内至出口水室，再从出口水室下端排至排水暗渠。进、出口水室与冷却水(海水)暗渠的连接是通过橡胶膨胀件和有内衬的碳钢管完成的。被冷凝的蒸汽走管间，自上而下，在冲刷管束的同时，冷凝成凝结水，经集水箱除氧浅盘流入热井。

每台凝汽器横向放置在汽轮机低压缸的下面，通过一个“哑铃状”的橡胶膨胀节与低压缸相连。凝汽器底部在低压缸正下方有键固定，以尽量减小膨胀件的相对位移，并且有滑销装置以适应凝汽器外壳的膨胀。

在每台凝汽器的颈部内装有一台复合式低压给水加热器(一级、二级低压加热器),支承在与凝汽器内部加强构件做成一体的钢结构上。加热器焊在颈部的端板上,部分凸出在凝汽器的壳体的外面。凝汽器设有滑动支承座,以适应凝汽器壳体的膨胀。为了防止复式加热器的疏水和闪蒸的蒸汽直接冲击凝汽器,在其排出口设置了不锈钢撞击板。

每台凝汽器有两组相同而又独立的冷却水管束(传热管束),管材为有缝焊接钛管。每组管束有 6 808 根,管径为 ϕ25.4 mm×0.711 mm,管长 16 700 mm。两组管束的热交换面积为 17 883 m^2。管束的定位由 21 块厚度为 22 mm、垂直于管束的防扰支承板支承,每块支承板上有 6 808 个孔,孔径为 25.65 mm。支承板的垂直定位,应调整到使冷却水管束沿长度方向均匀地倾斜成在停运状态下便于排水的状态。

管板为双层管板,管板与管束采用胀接。内层管板为碳钢,外层管板为耐海水腐蚀的铝青铜。管板宽 2 488 mm,高 5 526 mm,厚 35 mm,内、外板之间有一套中间空间密封系统,内充来自高位水箱的有压凝结水,以防止冷却水(海水)漏入凝汽器的汽侧。

凝汽器内的凝结水在进入热井前先经过凝结水过滤器,它是由 22 个复合式机械和磁性过滤器组件组成。每个过滤器组件有一个长方形的框架,位于凝汽器底板上的长方形凹槽内。一套平板、管道、丝网和多孔板装置,提供机械过虑功能;12 块带紧固部件的永久磁铁的组合装置在机械过滤器的顶部,提供磁性过滤功能。

每台凝汽器壳体底部收集的凝结水,经过机械和磁性过滤器后,排放到位于两管束间的热井内。热井是一个长方形的箱形结构,用厚度为 20 mm 的碳钢板制成,内有防止变形的加强件。

复习题

1. 热交换器的种类与使用要求是什么?
2. 列管式热交换器的类型、结构及特点是什么?
3. 列管式热交换器的传热基本方式及传热过程是什么?
4. 热交换器传热计算的基本方程有哪些?
5. 热交换器流程顺序的选择和比较是什么?
6. 两流体流径选择的原则是什么?
7. 管、壳程数选择的原则有哪些?
8. 热交换器温差和终温的确定应考虑哪些因数?
9. 如何合理选择热交换器的流速和压降? 流速和压降对热交换器的运行有哪些影响?
10. 热交换器的折流板有哪几种型式?
11. 热交换器防冲和导流装置的作用是什么?
12. 热交换器产生振动的原因及防止产生振动的措施有哪些?
13. 说明热交换器的热冲击原因和热补偿的方法是什么?

14. 热交换器的污垢种类及消除方法是什么?
15. 热交换器监测的项目有哪些?
16. 立式和卧式核电厂蒸汽发生器的型式、基本结构和主要参数是什么?
17. 压水堆核电厂卧式低压给水加热器的型式、基本结构是什么?
18. 压水堆核电厂卧式高压加给水加热器的型式和基本结构是什么?
19. 压水堆核电厂凝汽器的型式、基本结构是什么?

第5章　承压设备

压水堆核电厂承压设备类型很多，数量也很大。其中主要承压设备有压力容器、各种承压罐和槽、热交换设备的筒体和封头、各种类型的泵壳、阀体以及压力管道等。在承压设备中，压力容器是典型的承压设备，本章以压力容器为代表进行介绍。

压力容器是压水堆核电厂中的主要设备之一。在压水堆核电厂中，不论是反应堆冷却剂回路(一回路)和蒸汽回路(二回路)还是各种液体或气体的辅助系统中都设有各种类型和不同压力的压力容器，有时称为压力槽、压力罐、承压箱，如反应堆压力容器(堆本体容器)、稳压器、卸压箱、蒸汽发生器的壳体、高低压给水加热器壳体、冷凝液接受槽、各种储罐，以及中、低放废水储罐等等。

了解和掌握压力容器的基本结构、性能参数、设计要求、运行中的问题以及在役检验和检修方面的基本知识，对核电厂操纵人员是很重要的。

5.1　压力容器的分类、结构和机械设计基本要求

5.1.1　压力容器的定义

压力容器是指所有能承受流体介质压力的容器，同时把压力容器定义为压力在一个表压以上的各类容器。我国《压力容器安全监察规程》中提出对压力容器的监察范围，是同时要具备下列三个条件的容器。

(1) 最高工作压力 $p \geqslant 0.1$ MPa，不含静液压；

(2) 内直径(非圆形指断面最大的尺寸)$\geqslant 0.15$ m，容积 $V \geqslant 0.025$ m^3；

(3) 介质为气体，液化气体和最高工作温度高于其标准沸点的液体。

5.1.2　压力容器的分类

1. 按容器形状分类

(1) 方形或矩形容器：由平板焊成，制造简单，但承压能力差，故只能用作常压容器。

(2) 球形容器：由数块球瓣拼焊而成，承压能力好，但由于安装内件不便和制造稍难，故一般用作大型储罐。

(3) 圆筒形容器：由圆柱形筒体和各种成型封头(半球形、椭圆形、碟形、锥形)组成。圆柱形筒体制造容易，安置内件方便，而且承压能力好，因此，这类容器应用最广泛。

2. 按承压性质分类

(1) 内压容器：指的是容器介质内压力大于外界压力的容器。

(2) 外压容器：指的是容器内介质压力小于外界压力的容器，如真空容器等。

3. 按工作压力分类

对于内压容器，通常按其所受压力又分为：

(1) 常压容器:工作压力为 $P<0.1$ MPa;

(2) 低压容器:工作压力为 $0.1\leqslant P<1.6$ MPa;

(3) 中压容器:工作压力为 $1.6\leqslant P<10$ MPa;

(4) 高压容器:工作压力为 $10\leqslant P<100$ MPa;

(5) 超高压容器:工作压力为 $P>100$ MPa。

4. 按结构材料分类

(1) 金属容器:常用的金属材料有碳钢、不锈钢、合金钢等。

(2) 非金属容器:常用的非金属材料有工程塑料、玻璃钢、陶瓷等。

本章仅讨论钢制压力容器。

5.1.3 压力容器的典型结构

一般压力容器的典型结构有:筒体、封头、法兰、密封元件、开孔与接管以及支座六大部件构成外壳。对于贮存容器,上述外壳就是压力容器,而反应、分离、加热、冷凝等化工和热交换器等设备容器,还需要装入工艺所需要的各种内件,方能构成完整的容器。图 5-1 是一般压力容器的典型结构。

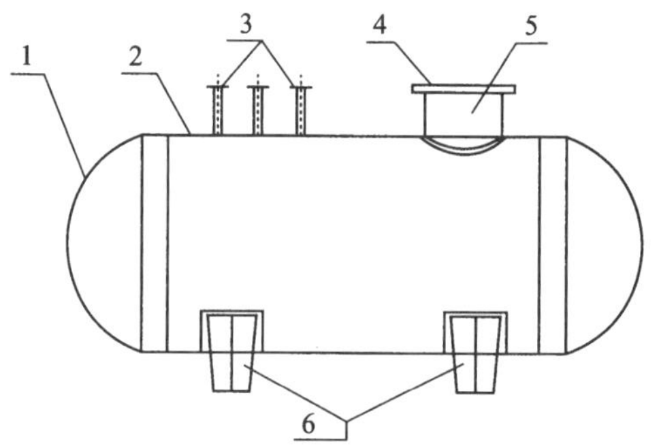

图 5-1 压力容器典型结构

1—封头;2—筒体;3—接管;4—法兰;5—人孔;6—支座

(1) 筒体:筒体的功能是贮存或完成工艺反应、热量交换所需要的压力空间。圆筒形筒体可分为整体式(容器壁在厚度方向是由一连续完整的材料构成,即所谓的单层筒体,中、低压容器由于壁厚较薄,多为整体式筒体)和组合式(容器是由两层或两层以上的材料构成。如多层包扎、热套、绕板绕带等等)两种。

(2) 封头:当容器组装后不需开启(无内件或不需要更换内件)时,封头和筒体是焊在一起,以保证容器的密封。当对需要检修或需更换内件的容器,封头和筒体连接应为可拆式,这种可拆式部件就是封头,通常称为容器的顶盖或端盖,其顶盖或端盖与筒体还要有一个密封结构,封头有半球形、椭圆形、碟形、锥形、平盖等。

(3) 法兰:法兰是容器与封头及管道连接的重要部件,通过螺栓、螺母和垫片的连接与密封,保持系统不致泄漏。

(4) 密封元件:置于筒体与封头或两法兰之间,借助螺栓、螺母等连接件压紧,使容器内的介质不致外漏。

(5) 开孔与接管:为工艺要求和检查而设的开孔与接管(如进、出料口,安装压力表、温度计、安全阀等接管)。

(6) 支座:将容器支撑在基础上的装置。

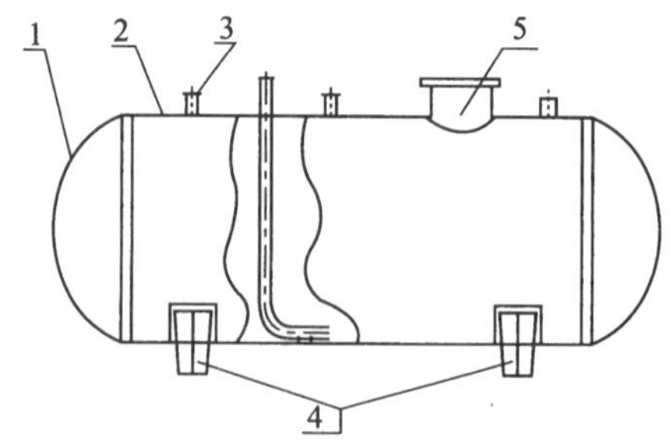

图 5-2 核电厂一般储罐

1—封头;2—筒体;3—接管;4—支座;5—人孔

图 5-2 所示,为核电厂的一般储罐。它是标准的卧式压力容器,其筒径为 ϕ 3 140 mm×20 mm,

长度为8 940 mm,封头为椭圆形封头,支座为鞍式,人孔、接管等见图中所注。

5.1.4　压力容器的机械设计基本要求

压力容器的设计必须满足下列基本要求。

(1) 强度:容器抵抗外力破坏的能力。容器应有足够的强度,以保证安全生产。

(2) 刚度:构件抵抗外力使其发生变形的能力。刚度必须足够,以防止容器在使用、运输、安装过程中发生不允许的变形。

(3) 稳定度:容器或构件在外力作用下维持其原有形状不变的能力。如稳定度不够,容器会压瘪或出现褶皱。

(4) 耐久性:容器要有一定的使用寿命。容器的耐久性取决于材料的选择、防腐措施及施工的正确以及介质对材料腐蚀情况等因素。

(5) 密封性:容器的可拆连接处和不可拆焊接连接处,应有足够的密封性,以满足生产要求。一般均须进行气密性试验。

压水堆核电厂中所有压力容器的安全要求是很高的,除满足上述五项基本要求外,还必须考虑辐射作用对压力容器造成的影响因素。

5.2　压力容器的法规、标准和规范

5.2.1　我国压力容器的法规和标准

我国压力容器所涉及法规和标准是很多的,大约有200个左右,但是,归纳起来可把这些法规和标准分成两种不同性质的类型。

第一种是法规性的规定。这种法规具有强制性,是适用范围内压力容器的设计、制造、安装和使用时必须遵循的规定。如果一台容器在某个方面不符合法规的要求,那么这台容器就不准投入使用。这种法规性的规定 在我国有三个:一是《锅炉压力容器安全监察暂行条例》及其《实施细则》;二是《压力容器安全监察规程》,它与《锅炉压力容器安全监察暂行条例》,两者不一致时,以《锅炉压力容器安全监察暂行条例》为准;三是国标GB 150—1998《钢制压力容器》,它是国家标准,但具有法规性质。

第二种是具体的技术性规定。如产品质量标准,这些标准是产品质量特性一系列技术参数和将产品标准明确化为特定的技术文件,作为衡量产品质量的尺度。

5.2.2　核承压设备的法规和标准

我国核承压设备法规,目前主要执行国家核安全局和核工业部制定的法规和条例,并参照国际上流行的美国ASME Ⅲ《核动力装置设备》和法国RCC—M标准。

1. 国家核安全局发布的法规和条例

(1) HAD102/103:《用于沸水堆、压水堆和压力管式反应堆的安全功能和部件分级》;

(2) HAF102:《核电厂设计安全规定》;

(3) HAF103:《核电厂运行安全规定》;

(4) HAF601:《民用核承压设备安全监督管理规定》;

(5)《民用核安全设备监督管理条例》:中华人民共和国国务院令第500号;

(6) HAF003:《核电厂质量保证安全规定》;

(7) HAF201:《研究堆设计安全规定》;

(8) HAF202:《研究堆运行安全规定》。

2. 核工业部发布的法规和条例

(1) EJ/T 601—91:《安全二、三级钢制压力容器技术条件》;

(2) EJ 322—88:《压水堆核电厂压力容器设计准则》;

(3) EJ 313—88:《压水堆核电厂系统部件安全等级划分》。

5.3 压力容器的应力分析

压力容器按其壁厚通常可分为薄壁容器和厚壁容器。当容器壁厚 S 与其最大截面圆的内径 D_i 之比小于或等于0.1(即 $\frac{S}{D_i}\leqslant 0.1$),亦即径比 $k=\frac{D_o}{D_i}\leqslant 1.2$($D_o$ 为容器最大截面圆处的外径)时称为薄壁容器;反之,当 S/D_i 大于0.1或 D_o/D_i 大于1.2时,称为厚壁容器。两者由于应力状态不同,应力分析和计算公式也不同。在压水堆核电厂中使用的压力容器基本上都是薄壁容器。本书仅就薄壁容器的应力进行分析。

图5-3为一典型的压力容器,它是由圆筒形筒体和凸形封头组成的薄壁压力容器。容器上各部分的应力分布是不同的,对于离开筒体与封头连接处稍远的圆筒中间区段1处,受压前后的经线仍近似保持直线(图中虚线所示),这部分只承受拉应力,没有明显的弯曲应力,这里可以忽略薄壁圆筒变形前后周围方向上,曲率半径变大所引起的数值不大的弯曲应力;但在筒体与封头连接处附近区域2处,则因封头的变形小于筒体的变形,连接处形成一种机械约束,从而导致在连接处附近产生了附加弯曲应力。在某种情况下(平板封头与筒体连接时),这种附加的弯曲应力数值很大,必须加以考虑。

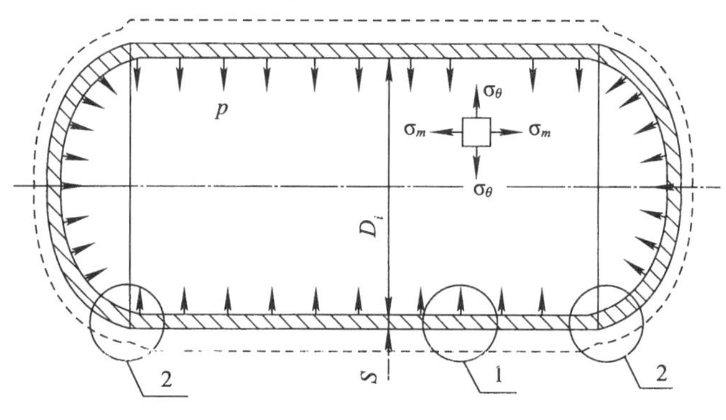

图5-3 典型的压力容器

由以上分析可知,任何一个压力容器总是存在着这两类不同性质的应力,前者是遍布于壳体的拉(压)应力,称为薄膜应力(相当于只能受拉而不能受弯的气球所受的应力),可用简单的无力距理论来计算;后者是以弯曲应力为主的局部应力,称为边缘应力,要用比较复杂的有力矩理论来计算。本章仅对薄膜应力作较详细的分析,对于边缘应力只作简要介绍。

5.3.1　压力容器的应力分析——薄膜应力理论

常用的压力容器的壳体，如球形壳、圆筒形壳、椭圆形壳、圆锥形壳等等，都属于回转壳体。压力容器的应力分析与回转壳体的几何特性有密切关系。

5.3.1.1　回转壳体的几何特性

回转壳体　回转壳体是指壳体的中间面，由直线或平面线绕其同平面内的固定轴线(回转轴)旋转一周而形成的壳体。平面形状不同，所得的回转壳体形状也不同。例如：与回转轴平行的直线，绕回转轴旋转一周而形成的圆筒壳(圆柱壳)，如图 5-4a 所示；半圆形曲线绕其直径(回转轴)旋转一周形成球壳，如图 5-4b 所示；与回转轴相交的直线绕其轴旋转一周的圆锥壳，如图 5-4c 所示；任一平面曲线绕轴线旋转一周形成一般的回转壳体，如图 5-4d 所示。

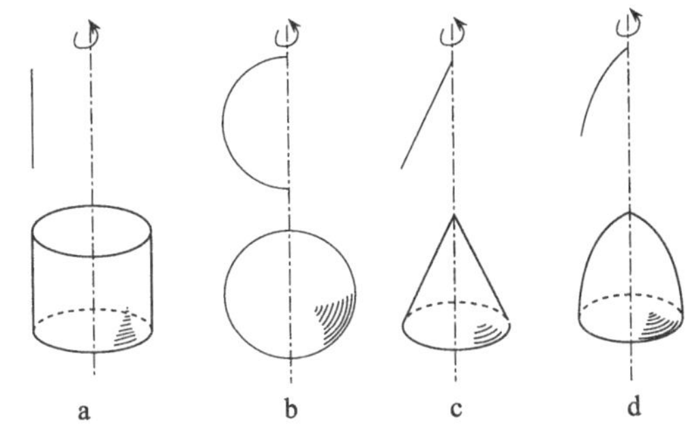

图 5-4　回转壳体

轴对称　所谓轴对称，是指壳体的几何形状、约束条件、所处外力都对称于回转轴。核电厂压力容器就整体而言，都符合轴对称条件。本章讨论的就是满足于轴对称条件薄壳容器(薄壁壳体)。

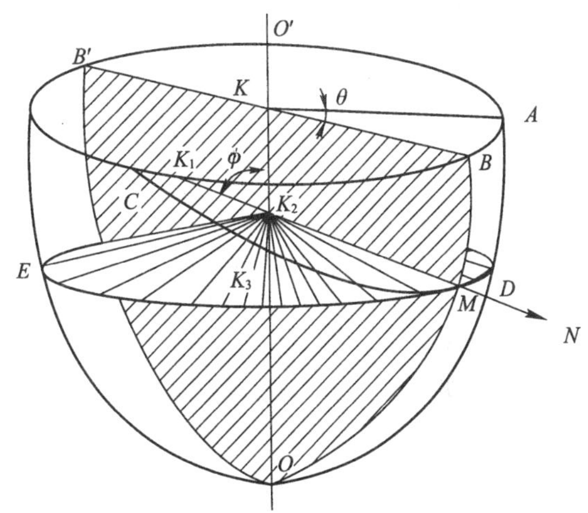

图 5-5　回转壳体的几何特性

$MK_1=\rho_1$—第一曲率半径　　θ—确定经线位置的角

$MK_2=\rho_2$—第二曲率半径　　ϕ—确定平行圆位置的角

$MK_3=r$—第三曲率半径

中间面　图 5-5 所示，为一般壳体的中间面。所谓中间面就是与壳体内、外表面等距离的曲面，内、外表面的法向距离即为壳体的厚度。对于薄壳(薄壁壳体)可以用中间面来表示壳体的几何特性。

母线和经线　图 5-5 所示回转壳体的中间面，是由平面曲线 OA 绕回转轴 OO' 旋转一周而成，形成中间面的 OA 称为母线。如果通过回转轴作一纵截面，其与壳体曲面相交所得的交线如 BO、BO' 就称为经线。显然，经线就是母线绕回转轴旋转过程中所处的任一位置，其形状与母线完全相同。经线所在的平面称为经线平面，它的位置由它与母线平面所夹的角度 θ 来确定。

法线　通过经线上任意一点 M 垂直于中间面的直线 MN，称为在该点的法线。法线的延长线必与回转轴相交。

纬线与锥截面　如果过 M 点作圆锥面与壳体中间面相交，所得到的交线是一个圆，一般称它为回转曲面纬线；而过 M 点作垂直于回转轴的平面与中间面相交形成的交线也是一个圆，通常称为回转曲面的平行圆(一个回转曲面上可以截得无数多个这种相互平行的圆)。

显然，从形成的交线来说，过 M 点的纬线和过 M 点的平行圆是同一条圆周曲线，所以，纬线即平行圆，如图 5-5 中的 EMD 圆。但就回转薄壳而言，用与轴线垂直的平面截切得到的壳体截面，和用与壳体正交的圆锥面截切得到的壳体截面是不同的。前者为壳体的横截面，后者为壳体的锥截面。在横截面上不能得到壳体的真正厚度（圆柱壳除外），而在锥截面上才能得到壳体的真正厚度。

几个曲率半径　中间面上任一点 M 处经线的曲率半径称为该点的第一曲率半径，用ρ_1来表示。显然，第一曲率半径的中心 K_1 必在过 M 点的法线 MN 上，即 $\rho_1 = K_1M$。通过经线上一点 M 的法线作垂直于经线的平面，其与中间面相交又得一平面曲线 CM，此曲线在 M 点处的曲率半径称为该点的第二曲率半径，用 ρ_2 表示。第二曲率半径的中心 K_2 也必在过 M 点的法线 MN 上，而且 K_2 必然落在壳体的回转轴 OO' 上，其长度等于法线段 K_2M，即 $\rho_2 = K_2M$。除了这两个曲率半径外，还有一个平行圆半径 r，过 M 点的平行圆的圆心 K_3 必然在回转轴 OO' 上，K_3M 是平行圆的半径，即 $r = K_3M$。显然，K_3 点并不在过 M 点的法线 MN 上。上述三条曲率半径 ρ_1、ρ_2 和 r 必须能正确地加以区分。其中容易混淆的是 ρ_2 和 r，它们的中心都在回转轴上，区分它们的要点是 ρ_2 总是垂直于该点的经线，而 r 是垂直于回转轴的。有了 ρ_1、ρ_2 和 r，就确定了回转壳体的具体形状和大小，就可以分析回转壳体上的应力情况。

5.3.1.2 回转壳体的薄膜应力方程

回转壳体在内压力 p 的作用下，薄壳壁上的应力分布，如图 5-6a 所示。当回转薄壳承受内压后，其经线和纬线方向都要发生伸长变形，因而在经线方向将产生经向应力 σ_m，在纬线方向产生环向应力 σ_θ。经向应力作用在锥截面上，如图 5-6b 所示。环向应力作用在经线平面与壳体相截形成的纵向截面上，如图 5-6c 所示。

由于轴对称的关系，在同一纬线上各点的经向应力 σ_m 均相等，各点的环向应力 σ_θ 也相等。但在不同的纬线上各点的 σ_m 不等，σ_θ 也不等。

1. 经向应力——区域平衡方程

首先分析经向应力 σ_m。为了求得任一纬线上的经向应力，必须以该纬线为锥底作一与回转壳体中间面正交的圆锥面，其锥顶在壳体轴线上，圆锥面的母线长度，就是回转壳体曲面在该纬线上各点的第二曲率半径 ρ_2，如图 5-6a 所示。圆锥面将壳体分成两部分，取其下部为分离体，如图 5-6b 所示，建立区域平衡方程。

设作用在锥截面上的经向应力 σ_m，在轴线方向上的合力为 N，显然：

$$N = \sigma_m 2\pi \cdot r_m \cdot S \cdot \sin\phi$$

根据轴线方向上力的平衡条件，它应与作用在该分离体上的外力（内压力 P），在轴线方向上的合力 Q 相平衡，即：

$$N - Q = 0$$

于是：

$$Q = \sigma_m 2\pi \cdot r_m \cdot S \cdot \sin\phi \tag{5-1}$$

由式(5-1)可见，要解出 σ_m 就必须先求出 Q 值，一般回转壳体随轴线的高度而变化，平行圆的半径 r_m 和确定平行圆位置的 ϕ 角（即锥截面圆锥的半锥顶角）也随之变化。而且，当承受的介质不仅仅是气体，而兼有液体或固体颗粒物料时，其内压力也随高度而变化。所以为求分离体内压力在轴线方向上的合力 Q，就得采用积分的方法。

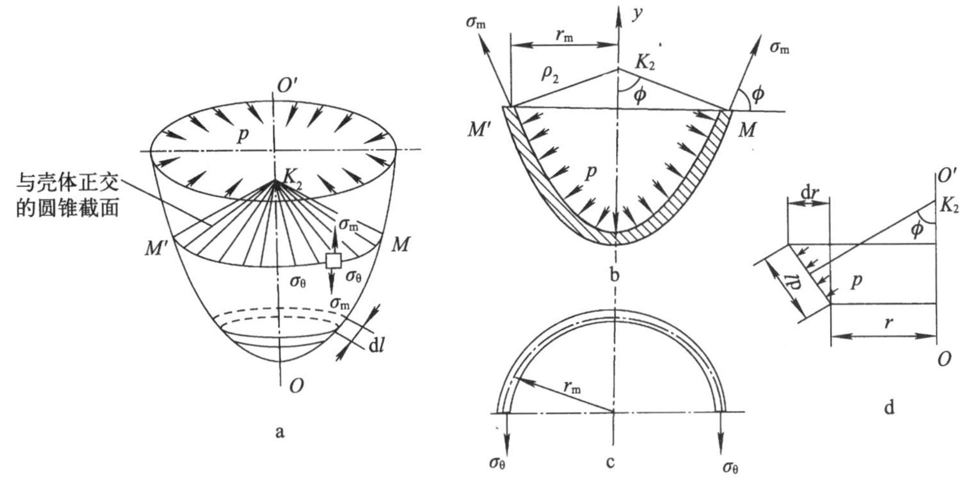

图 5-6　回转壳体的径向应力分析

为此，在分离体 MOM' 上取一宽度为 $\mathrm{d}l$ 的环带，如图 5-6a、d 所示。环带大、小口处的平行圆半径分别为 r 和 $r+\mathrm{d}r$，在这个很窄的环带上，内压力 p 在轴线方向上的合力为：

$$\mathrm{d}Q = p \cdot 2\pi \cdot r \cdot \mathrm{d}l \cdot \cos\phi$$

由图 5-6d 可看出：

$$\cos\phi = \frac{\mathrm{d}r}{\mathrm{d}l}$$

所以：

$$\mathrm{d}Q = p \cdot 2\pi \cdot r \cdot \mathrm{d}r$$

于是，当分离体的平行圆半径，从零变到 r_m 时，作用在分离体 MOM' 上的内压力 p 在轴线方向上的合力 Q 为：

$$Q = 2\pi \int_0^{r_\mathrm{m}} p \cdot r \cdot \mathrm{d}r$$

当 p 仅为气体压力时，分离体各处的 p 均为常数，则上式可变为：

$$Q = 2\pi \cdot p \int_0^{r_\mathrm{m}} r \cdot \mathrm{d}r = \pi \cdot p \cdot r_\mathrm{m}^2 \tag{5-2}$$

式中，$\pi \cdot r_\mathrm{m}^2$ 为分离体 MOM' 在截切处的横截面面积。上式表明 Q 的大小只取决于截切处的横截面的面积和压力 p，而与截取壳体承压的内表面形状与尺寸无关。

将式(5-2)代入式(5-1)，得：

$$\sigma_\mathrm{m} = \frac{pr_\mathrm{m}}{2S\sin\phi}$$

又

$$\sin\phi = \frac{r_\mathrm{m}}{\rho_2}$$

所以

$$\sigma_\mathrm{m} = \frac{pr_\mathrm{m}}{2S\sin\phi} = \frac{p\rho_2}{2S} \tag{5-3}$$

式中：ρ_2——壳体中间面在所求应力点处的第二曲率半径，mm；

S——壳体壁厚，mm；

p——介质压力，MPa (N/mm^2)；

σ_m——经向应力，MPa (N/mm^2)。

式(5-3)就是回转壳体在承受介质压力时的经向应力计算公式。由于该式是根据部分截体(分离体)的静力平衡关系得到的，所以又称为区域平衡方程式。

2. 环向应力计算公式——微体平衡方程式

对于环向应力 σ_θ，采用的是微体平衡的研究方法，即从回转壳体中截切出一块微体作为分离体，分析其平衡关系，即可求得环向应力 σ_θ。

微体的取法及微体侧面上的应力和几何参数，如图5-7所示，它是由三对截面截取而得：一是壳体的内、外表面；二是两个相邻的夹角为 $d\theta$ 的经线平面；三是两个相邻的与壳体正交的圆锥面。

图5-8a，是所截得的微体 $abcd$ 的受力图。在微体的上、下面 bc、ad 上作用有经向应力 σ_m；内表面有内压 p 作用，外表面不受力；另外两个侧面 ab、cd 上作用有环向应力 σ_θ。由于所取微体足够小，薄壳的壁厚又很薄，就可以近似地认为 σ_θ 在 ab、cd 二截面上是均匀分布的。同样，bc、ad 二截面上的 σ_m 也可认为是均布且相等的。

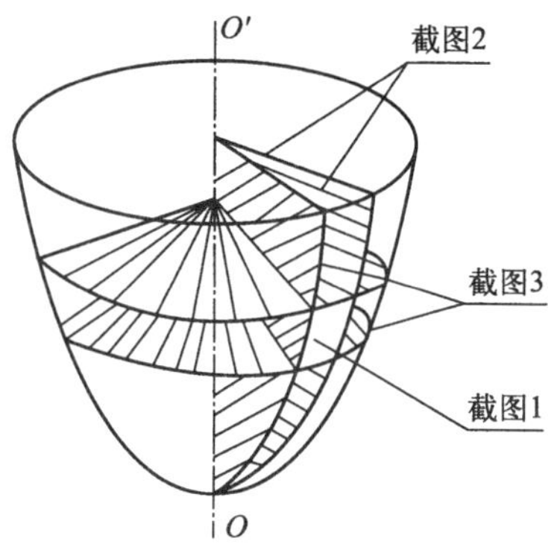

图 5-7 环向压力微体的取法

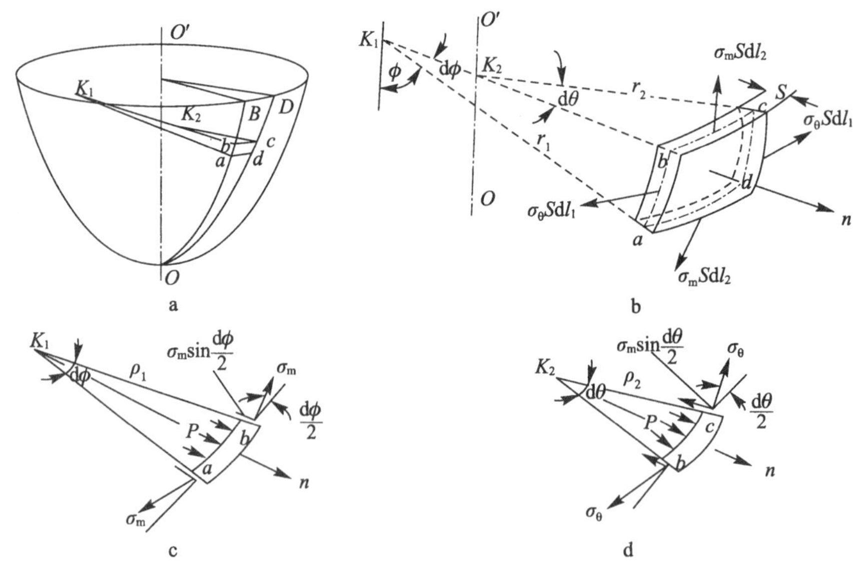

图 5-8 回转壳体的环向压力

a. 单元截取；b. 截面上的内力；c. 正视；d. 俯视

由于 σ_m 可由式(5-3)求得，内压 p 已知，所以分析微体的平衡，不难求出环向应力 σ_θ。设微体的边长 $ab = cd = dl_1$，$bc = ad = dl_2$。在微体 $abcd$ 面积上内压力 p 所产生的

合力在法线 n 上的投影为 p_n，则：

$$p_n = p\mathrm{d}l_1\mathrm{d}l_2$$

在 bc、ad 截面上，经向应力 σ_m 的合力，在法线 n 上的投影为 N_{mn}，如图 5-8b 所示，则：

$$N_{mn} = -2\sigma_\mathrm{m}S\mathrm{d}l_2\sin\frac{\mathrm{d}\phi}{2}$$

在 ab 与 cd 截面上，环向应力 σ_θ 的合力在法线 n 上的投影为 $N_{\theta n}$，如图 5-8c 所示，则：

$$N_{\theta n} = -2\sigma_\theta S\mathrm{d}l_1\sin\frac{\mathrm{d}\theta}{2}$$

根据法线 n 方向上力的平衡条件，可得：

$$p\mathrm{d}l_1\mathrm{d}l_2 - 2\sigma_\mathrm{m}S\mathrm{d}l_2\sin\frac{\mathrm{d}\phi}{2} - 2\sigma_\theta S\mathrm{d}l_1\sin\frac{\mathrm{d}\theta}{2} = 0$$

由于微体的第一曲率半径的夹角 $\mathrm{d}\phi$，和两个第二曲率半径的夹角 $\mathrm{d}\theta$ 都很微小，故可取：

$$\sin\frac{\mathrm{d}\phi}{2} \approx \frac{\mathrm{d}\phi}{2} = \frac{\mathrm{d}l_1}{2\rho_1}$$

$$\sin\frac{\mathrm{d}\phi}{2} \approx \frac{\mathrm{d}\theta}{2} = \frac{\mathrm{d}l_2}{2\rho_2}$$

将以上两式代入前式（法线 n 方向上力平衡方程），并对各项均除以 $S\mathrm{d}l_1\mathrm{d}l_2$，整理得：

$$\frac{\sigma_\mathrm{m}}{\rho_1} + \frac{\sigma_\theta}{\rho_2} = \frac{p}{S} \tag{5-4}$$

式中：σ_θ——环向应力，MPa（N/mm^2）；

ρ_1——回转壳体曲面在所求应力点处的第一曲率半径，mm。

其他符号的意义和单位同前。

式(5-4)，就是计算回转壳体在内压力 p 作用下环向应力的一般公式，它是根据截出微体上的力平衡关系导出的，称为微体平衡方程式。

由区域平衡方程式(5-3)和微体平衡方程式(5-4)可知，只要回转壳体任一点第一、第二曲率半径和壳体壁厚已知，该点由介质内压力 p 产生的经向应力 σ_m 和环向应力 σ_θ 就可求得。这两个应力方程式的导出，都是以应力沿壁厚均匀分布为前提，这种情况只有在壳壁较薄及离两不同形状壳体（如筒体与封头）连接区稍远处才是正确的。如前所述，这种应力状况与承受内压的薄膜非常相似，因而称为“薄膜应力理论”。区域平衡方程式和微体平衡方程式，就是薄膜应力理论方程式，由这两个基本方程式求出的经向应力 σ_m 和环向应力 σ_θ，习惯上称为“薄膜应力”。

5.3.1.3　薄膜应力理论的应用条件

薄膜应力是只有拉（压）正应力，没有弯曲应力的一种应力情况，因而薄膜应力理论又称为“无力矩理论”，只有在没有或不大的弯曲变形情况下的回转壳体，薄膜应力理论的结果才是正确的。薄膜应力理论虽然有些简化，但精确度是足够的，在工程上是很实用的。

薄膜应力理论的适用范围，除薄膜壳这一条件外，还应满足下列条件。

(1) 回转壳体，而且回转壳体曲面在几何上是轴对称的，壳体厚度无突变，曲率半径是连续变化的，材料的物理性能（主要是 E，μ）应当是相同的。

(2) 载荷在壳体曲面上的分布是轴对称和连续的，没有突然变化。因此，壳体上任何有集中力作用处或壳体边缘处存在着边缘应力和边缘力矩时，都将不可避免地有弯曲变形发生，不再保持无力矩状态，薄膜应力理论在这些地方就不适用。

因此，壳体几何形状及载荷分布的对称性和连续性，就是薄膜应力理论应用的必要条件。当这些条件之一不能满足时，壳体内的应力状态就不能保证是薄膜无力矩状态，显然，不能用无力矩理论去分析发生弯曲时的应力状态。但是远离产生附加弯曲的局部区域(如不同几何形状壳体的连接边缘、载荷变化的分界面、容器的支座附近以及开孔接管处等)以外的地方，无力矩理论仍然有效。工程上使用的典型壳体基本上都符合上述条件，因此是可以用薄膜应力理论来求解壳体的应力的。不过，对那些产生附加弯曲的局部区域，就要用复杂的有力矩理论来解决。

5.3.2 薄膜应力理论在典型壳体中的应用

应用薄膜应力理论对各种典型回转壳体进行应力分析，就可以推导出它们的薄膜应力计算公式，现介绍如下。

5.3.2.1 受内压圆筒壳体

如图 5-9 所示，为一受内压 p 作用的圆筒形容器，除去两端封头，中间部分即是圆筒壳体。现已知圆筒壳的中间面直径为 D，壁厚为 S，求圆筒壳上任一点 A 处的经向应力和环向应力。

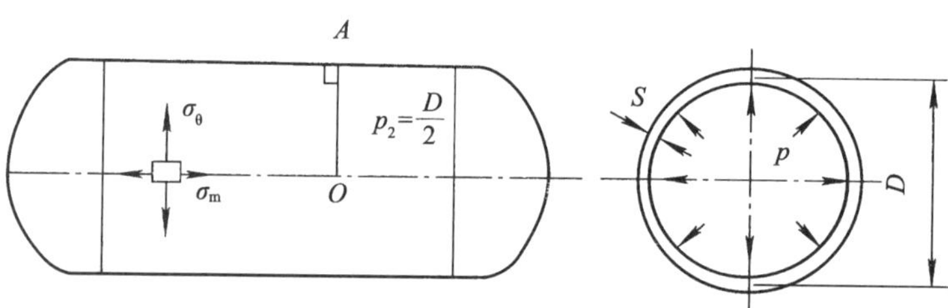

图 5-9 圆筒壳体的应力

对于圆筒壳，它的母线是与回转轴相距为 $\frac{D}{2}$ 的平行直线，壳体中间面上各点的曲率半径为：

$$\rho_1 = \infty \qquad \rho_2 = \frac{D}{2}$$

由式(5-3)可求得 σ_m

$$\sigma_m = \frac{p\rho_2}{2S} = \frac{pD}{4S} \tag{5-5}$$

由式(5-4)可求得 σ_θ

$$\frac{\sigma_m}{\infty} + \frac{\sigma_\theta}{\rho_2} = \frac{p}{S}$$

$$\sigma_\theta = \frac{p\rho_2}{S} = \frac{pD}{2S} \tag{5-6}$$

比较式(5-5)与式(5-6)，得

$$\sigma_\theta = 2\sigma_m$$

从上式可以看出，圆筒壳上的环向应力为经向应力的两倍。据此，在圆筒壳的设计中就应注意：(1)焊接的圆筒壳压力容器，其纵向（轴向）焊缝的强度应高于横向（环向）焊缝的强度；(2)在圆筒壳上倘若要开设椭圆形人孔时，应将椭圆孔之短轴放在圆筒壳的轴线方向，以尽量减小纵截面的削弱程度。

另外，从式(5-5)与式(5-6)还可以看出，筒体承受内压时，筒壁内所承受的应力是与圆筒的壁径比(S/D)成反比的，即：

$$\sigma_m = \frac{p}{4\frac{S}{D}} \qquad \sigma_\theta = \frac{p}{2\frac{S}{D}}$$

这里，S/D 值的大小，体现着筒体承压能力的高低。判断一个筒体能耐多大压力，不能只看它壁厚的大小。还要看它的壁径比(S/D)。

5.3.2.2　受内压的球形壳体

工程设备中的球罐和其他压力容器中的球形封头均属于球壳。球形封头可视为半球壳，其中的应力，除与其他形状的壳体（如筒体、平板法兰等）连接处外，与球壳完全一样。

图 5-10 所示，为一受内压 p 作用的球形容器，现已知球壳的中径为 D，壁厚为 S，求球形壳体中任一点 A 处的经向应力和环向应力。

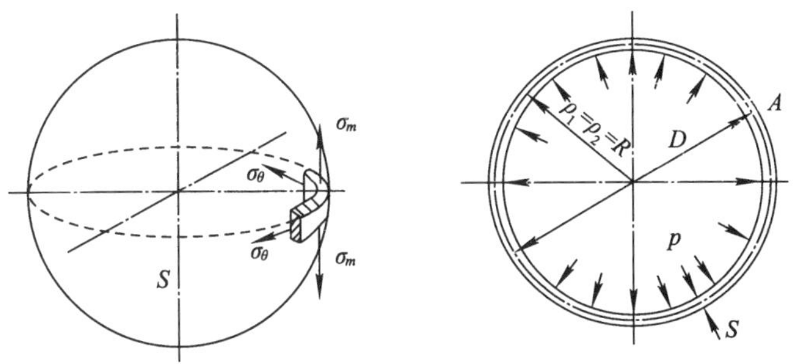

图 5-10　球形壳体的应力

球壳的母线为半径为 R 的半圆周，很明显，球壳上任一点 A 处的第一曲率半径与第二曲率半径是相等的，都等于球壳的中面半径，即：

$$\rho_1 = \rho_2 = \frac{D}{2}$$

将其代入式(5-3)和式(5-4)，即可得：

$$\sigma_m = \sigma_\theta = \frac{pD}{4S} \tag{5-7}$$

可见，由于球壳是中心对称的，所以球壳各处的应力均相同。经向应力与环向应力也相等。如将球壳的薄膜应力与圆筒壳的环向应力比较，可发现，球壳的应力要比同直径、同壁厚的圆筒壳小一半，这是球壳的一大特点，也是球壳的显著优点。这表明球壳的承压能力远大于圆筒壳。

5.3.2.3　受内压的椭球形壳体

工程上的椭球形壳体（简称椭球壳）主要是用它的一半作封头（椭圆形封头），它是由四分之一椭圆曲线绕固定轴旋转而成，如图 5-11 所示。椭球壳上的应力，同样可以用薄膜应力理论的基本方程式(5-3)和式(5-4)求得。问题是如何确定椭球壳上任一点 M 的第一和第二曲率半径 ρ_1 和 ρ_2。

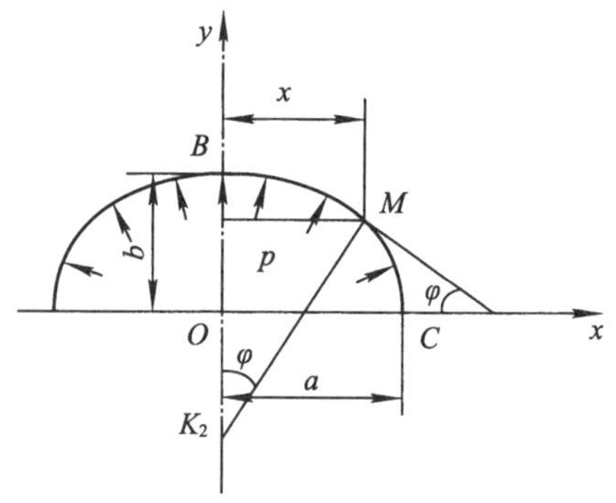

图 5-11 椭球壳的应力

1. 椭球壳曲率半径

椭球壳的经线为椭圆曲线，其曲线方程为：

$$\frac{x^2}{a^2}+\frac{y^2}{b^2}=1$$

椭圆曲线上任一点 $M(x,y)$ 的曲率半径就是椭球在 M 点的第一曲率半径 ρ_1（经线曲率半径），其值为：

$$\rho_1=\left|\frac{\left[1+\left(\frac{\mathrm{d}y}{\mathrm{d}x}\right)^2\right]^{\frac{3}{2}}}{\frac{\mathrm{d}^2y}{\mathrm{d}x^2}}\right|$$

因 $$\frac{\mathrm{d}y}{\mathrm{d}x}=-\frac{b^2}{a^2}\cdot\frac{x}{y}\quad 和\quad \frac{\mathrm{d}^2y}{\mathrm{d}x^2}=-\frac{b^4}{a^2}\cdot\frac{1}{y^3}$$

由此得：

$$\rho_1=\frac{[a^4y^2+b^4x^2]^{\frac{3}{2}}}{a^4b^4}$$

将 $y^2=b^2-\frac{b^2}{a^2}\cdot x^2$ 代入上式，得：

$$\rho_1=\frac{1}{a^4b}[a^4-x^2(a^2-b^2)]^{\frac{3}{2}}\tag{5-8}$$

下面求第二曲率半径 ρ_2。自任意点 M 作经线的垂线，交回转轴于 K_2 点，则 K_2M 即为 ρ_2，根据几何关系，得：

$$\rho_2=\frac{x}{\sin\varphi}$$

因 $$\sin\varphi=\frac{\mathrm{can}\varphi}{\sqrt{1+\mathrm{can}^2\varphi}}\qquad \mathrm{can}\varphi=-\frac{\mathrm{d}y}{\mathrm{d}x}=\frac{b^2}{a^2}\cdot\frac{x}{y}$$

故 $$\rho_2=\frac{\sqrt{a^4y^2+b^4x^2}}{b^2}$$

再将 $y^2=b^2-\frac{b^2}{a^2}\cdot x^2$ 代入上式，得：

$$\rho_2=\frac{1}{b}[a^4-x^2(a^2-b^2)]^{\frac{1}{2}}\tag{5-9}$$

2. 椭球壳应力公式

将上面所得之 ρ_1、ρ_2 的表达式，分别代入式(5-3)和式(5-4)中，即可得到椭球壳任意点的应力公式：

$$\sigma_{\mathrm{m}}=\frac{p}{2Sb}\sqrt{a^4-x^2(a^2-b^2)}\tag{5-10}$$

$$\sigma_\theta=\frac{p}{2Sb}\sqrt{a^4-x^2(a^2-b^2)}\left[2-\frac{a^4}{a^4-x^2(a^2-b^2)}\right]\tag{5-11}$$

式中：a,b ——分别为椭球壳的长、短半轴，mm；

x —— 椭球壳上任意点离椭球中心轴的距离，mm。

其他符号的意义和单位同前。

3. 椭球壳上的应力分布

从式(5-10)，式(5-11)可以看出：

(1) 椭球壳上各点的应力是不等的，它与点的位置有关。由于椭球壳上各点的曲率半径是连续的，所以应力分布也是连续的。

(2) 椭球壳上的应力大小及其分布状况，与椭球上的长轴与短轴之比有关：当 $a/b=1$ 时，椭球壳变成球壳，若将 $a=b$，$x^2+y^2=R^2$ 代入式(5-10)和式(5-11)，就可得到球壳应力公式。这时应力分布最均匀。当短半轴变小，即 a/b 值增大时，椭球壳上的最大应力增加，应力分布情况变差。这种应力分布及其随 a/b 值变化的情况，表示在图 5-12 上。

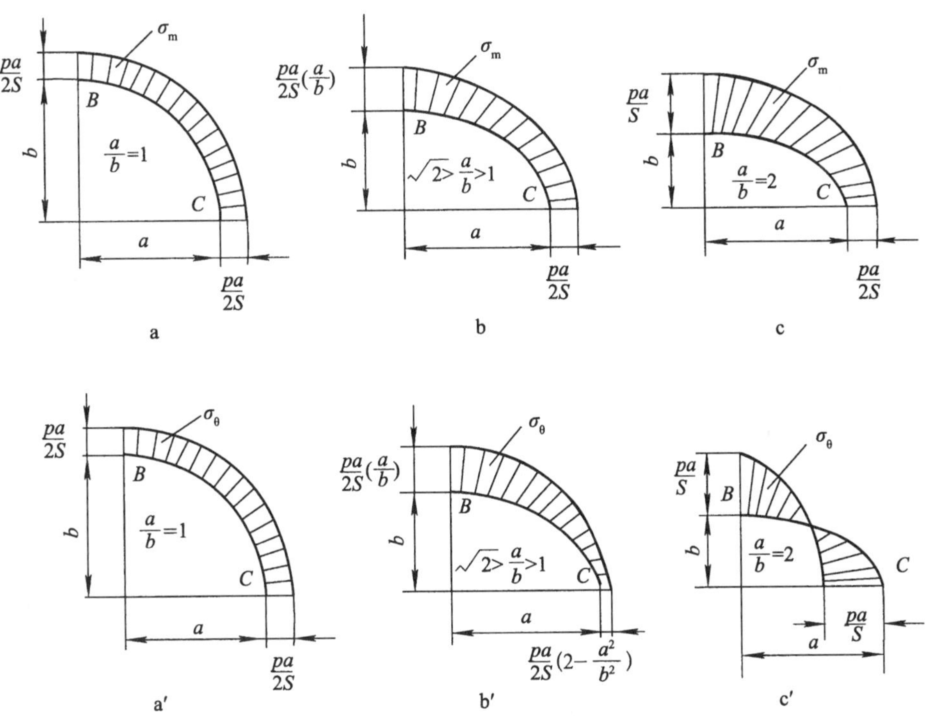

图 5-12　壳体和椭球壳的应力分析

在椭球壳的顶点 B 处，$x=0$，则：

$$\sigma_m=\sigma_\theta=\frac{pa}{2S}\cdot\frac{a}{b} \tag{5-12}$$

在椭球的周边(赤道圈)C 处，$x=a$，则：

$$\sigma_m=\frac{pa}{2S} \tag{5-13}$$

$$\sigma_\theta=\frac{pa}{2S}\left(2-\frac{a^2}{b^2}\right) \tag{5-14}$$

分析上面三式，可进一步得出：在椭球壳顶点处，经向应力和环向应力相等。不论点的位置如何，经向应力 σ_m 恒为正值，即拉应力，而且最大值在 $x=0$ 处，最小值在 $x=a$ 处。环

向应力 σ_θ，在 $x=0$ 处，$\sigma_\theta>0$；而在 $x=a$，σ_θ 有三种情况，当 $a/b<\sqrt{2}$ 时，$\sigma_\theta>0$；当 $a/b=\sqrt{2}$ 时，$\sigma_\theta=0$；当 $a/b>\sqrt{2}$ 时，$\sigma_\theta<0$。

工程设备上，椭球壳常作为压力容器的封头。从降低设备高度，便于冲压制造考虑，封头的深度浅一些好。但封头 a/b 值的增大会导致应力提高。当 $a/b=2$ 时，椭球壳顶处的最大环向应力恰好等于椭球壳周边（赤道圈）处的最大环向应力，此时封头中的最大应力数值也正好与同直径、同壁厚的圆筒壳中的环向应力相等。当 $a/b>2$ 时，椭圆形封头中的最大应力还将增大，其环向应力 σ_θ 的最大值（绝对值）将从椭球壳顶点移至椭球壳周边处。所以，从受力合理的角度出发，椭圆形封头中的 a/b 值不应超过 2。

5.3.2.4 受内压的锥形壳体

整体锥形容器，工程上很少见。锥形壳体一般用作容器的封头或变径段。

图 5-13 所示，为一受内压 p 作用的锥形壳，已知壁厚 S，半锥顶角 α，求锥形壳的应力。

从图中可见：

$$\rho_1=\infty$$

$$\rho_2=\frac{r}{\cos\alpha}$$

式中：r 为所求应力点 A 到回转轴的垂直距离，即该点处的平行圆半径。

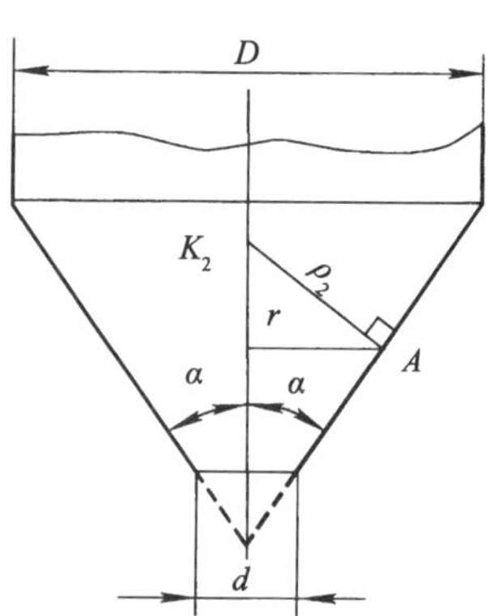

图 5-13 锥形壳的应力

将 ρ_1、ρ_2 分别代入式(5-3)、式(5-4)，就可求得锥形壳的应力公式，即

$$\sigma_m=\frac{pr}{2S}\frac{1}{\cos\alpha} \tag{5-15}$$

$$\sigma_\theta=\frac{pr}{S}\frac{1}{\cos\alpha} \tag{5-16}$$

从(5-15)、(5-16)两式可以看出，随着半锥顶角 α 的增大，应力值增加，所以在承压容器中，锥形封头采用太大的锥顶角是不相宜的，一般取 $\alpha\leqslant45°$，同时还可以看出，锥形壳中的应力随着平行圆的半径 r 的增加而增加，在锥底处（锥形壳的大端）应力最大，而在锥顶处应力为零。在同一点处的环向应力 σ_θ 是经向应力 σ_m 的 2 倍。锥形壳中应力分布，如图 5-14 所示。

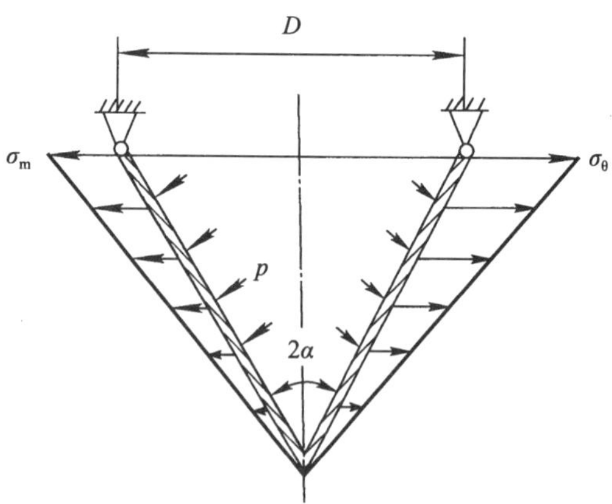

图 5-14 锥壳上的应力分析

在锥形壳大端处的平行圆半径 r，等于与之相连的圆筒壳直径的一半，即 $r=D/2$，将其代入式(5-15)和式(5-16)，便得到锥底各点的应力为：

$$\sigma_m=\frac{pD}{4S}\frac{1}{\cos\alpha} \tag{5-17}$$

$$\sigma_\theta = \frac{pD}{2S}\frac{1}{\cos\alpha} \tag{5-16}$$

5.3.2.5　受液体静压的圆筒壳体

前面对受气体介质内压的几种典型壳体的应力进行了分析，得到了各自的应力公式。由于气体密度很小，容器内各点所受到的气体压力可以认为是相同的。气体的重量很轻，容器的支撑方式不影响壳体的薄膜应力。但是当容器内装的是液体介质时，由于液体比重较大，就得考虑液体的静压作用。液体静压随液体的深度而变，离液面愈远，则液柱愈高，液压愈大，使得容器器壁各点上的压力不等；同时容器的支撑方式往往也会影响壳体内的应力。下面仅以承受液体静压作用的圆筒壳为例来进行分析。

1. 底部支撑的圆筒形容器

图 5-15 所示，为底部支撑的圆筒形容器。当圆筒形容器内部盛有液体时，圆筒壳壁上各点所受的液体静压力，可由图 5-15 中的三角形来表示。可以看出在容器底部处液体静压最大。若 p_0 为液体表面上的气压，则器壁上任一点的压力为：

$$p = p_0 + \gamma Z$$

式中：γ ——液体的重度，$\mathrm{N/mm^3}$；

Z ——筒体所求应力点距液面的深度，mm。

由微体平衡方程式(5-4)，得：

$$\frac{\sigma_m}{\rho_1} + \frac{\sigma_\theta}{\rho_2} = \frac{p_0 + \gamma Z}{S}$$

$$\rho_1 = \infty$$

$$\sigma_\theta = \frac{(p_0 + \gamma Z)\rho_2}{S} = \frac{(p_0 + \gamma Z)D}{2S} \tag{5-17}$$

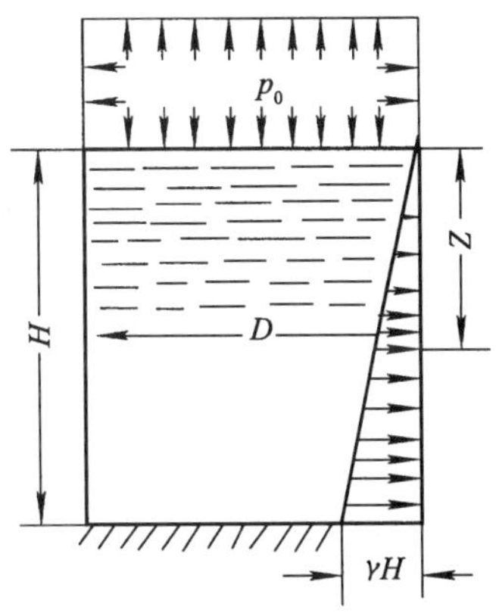

图 5-15　盛有液体的圆筒形容器

对底部支撑来说，液重直接由容器的平底(平板封头)传给基础，圆筒壳不受轴向力，故筒壁中因液压引起的径向应力为零，只有气压 p_0 引起的径向应力，于是：

$$\sigma_m = \frac{p_0 D}{4S} \tag{5-20}$$

若容器上方是开口的，或无气体压力时，即 $p_0 = 0$，则 $\sigma_m = 0$。

2. 上部支撑的圆筒形容器

图 5-16a 为上部支撑的圆筒形容器，此时圆筒形容器通过耳式支座支撑于立柱之上。环向应力 σ_θ 没有变化仍可用式(5-19)计算；而经向应力 σ_m 将发生变化。由于作用于筒底的液体的全部重量经筒体传给支座，筒壁将产生轴向应力。所以，在支座以下筒壁中的应力是由气压和液压两部分引起的，其值可由图 5-16b 所示的轴向力平衡方程中解出，即：

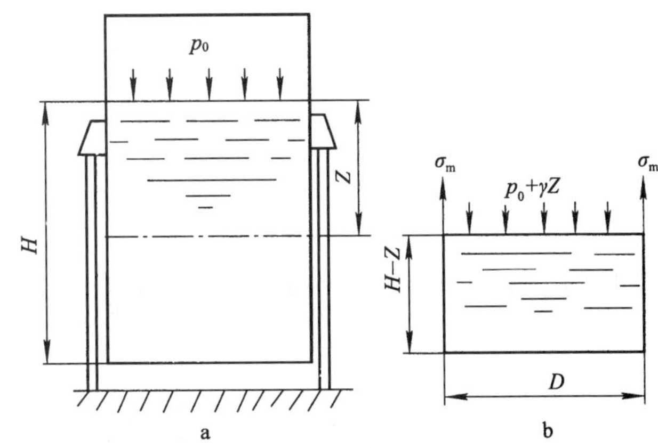

图 5-16　上部支撑的圆筒形容器

$$\pi DS\sigma_m = (p_0 + \gamma Z)\frac{\pi}{4}D^2 + \gamma(H - Z)\frac{\pi}{4}D^2$$

$$\sigma_m = \frac{(p_0 + \gamma H)D}{4S} \tag{5-21}$$

5.3.2.6 受内压碟形封头

承受内压 p 作用的碟形封头，如图 5-17 所示，它由三部分经线曲率半径不同的壳体所组成：aa 段是半径为 Rc 的球壳，bc 段是半径为 R 的圆筒壳，ab 段（M 段）是连接球壳和圆筒壳的过渡圆弧部分，其圆弧半径为 r。bc 段又称折边，在空间是一环形壳体。

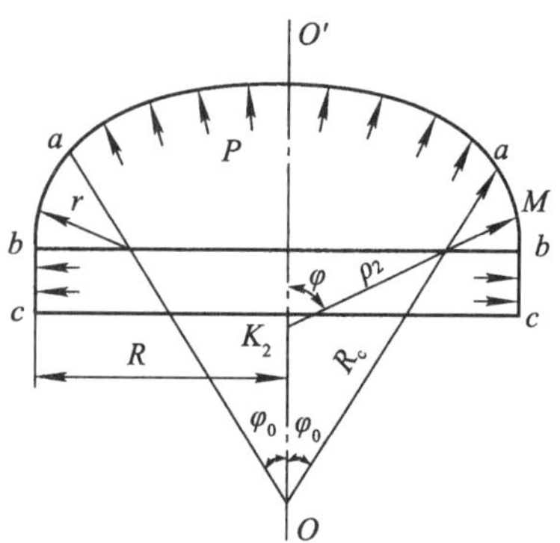

图 5-17 碟形封头应力分析

解环壳中的薄膜应力 σ_m 和 σ_θ 的表达式和应力分布情况。

环壳 ab 段任一点 M 的第一、第二曲率半径分别为

$$\rho_1 = r \qquad \rho_2 = K_2M$$

通过 M 点作一与经线正交的圆锥面，圆锥半锥顶角为 φ，将封头截成两部分，取上部为分离体，沿 OO' 轴列平衡方程式，如图 5-18a 所示，则得：

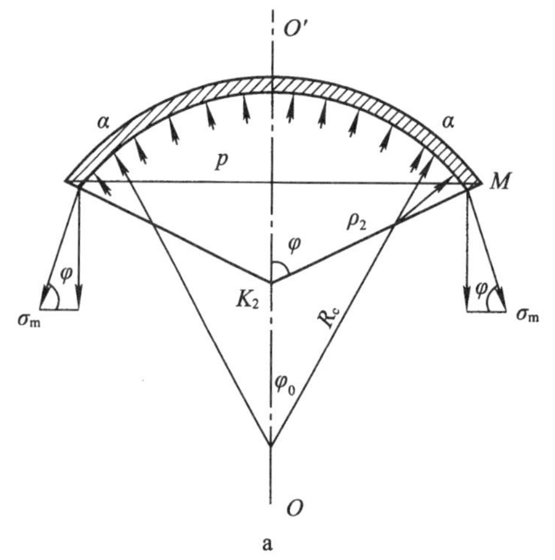

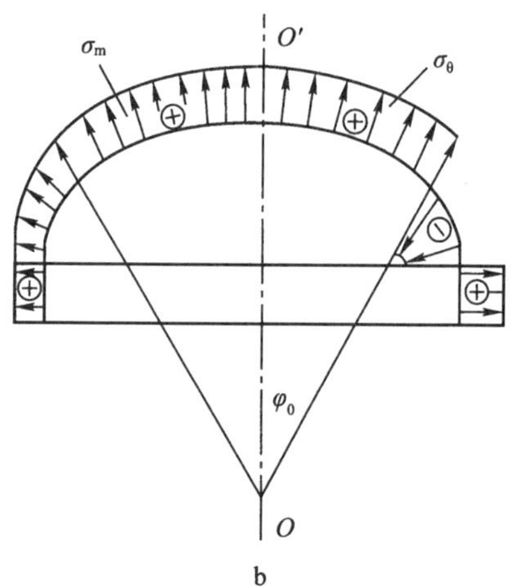

图 5-18 碟形封头环壳的应力

$$2\pi\rho_2\sin\varphi \cdot S \cdot \sigma_m \cdot \sin\varphi = \pi(\rho_2\sin\varphi)^2 \cdot p$$

由此得经向应力为：

$$\sigma_m = \frac{p\rho_2}{2S} \tag{5-22}$$

将上式代入微体平衡方程式(5-4)，便可求出环向应力，此时 $\rho_1 = r$，故：

$$\frac{\sigma_m}{r} + \frac{\sigma_\theta}{\rho_2} = \frac{p}{S}$$

$$\sigma_\theta = \frac{p\rho_2}{S} - \frac{p\rho_2}{2S}\left(\frac{\rho_2}{r}\right) = \frac{p\rho_2}{2S}\left(2 - \frac{\rho_2}{r}\right) \tag{5-23}$$

式(5-22)和式(5-23)，就是环壳中经向应力和环向应力的表达式。

从图5-17明显可以看出，上两式中的第二曲率半径 ρ_2 是一变数，随 φ 角而变，根据几何关系，可知：

$$\rho_2 = r + \frac{R-r}{\sin\varphi} \quad (R \leqslant \rho_2 \leqslant R_c)$$

当 $\rho_2 = R_c(\varphi=\varphi_0)$，即 a 点处：

$$\sigma_m = \frac{pR_c}{2S}$$

$$\sigma_\theta = \frac{pR_c}{2S}\left(2-\frac{R_c}{r}\right)$$

当 $\rho_2 = R(\varphi = 90)$，即 b 点处：

$$\sigma_m = \frac{pR}{2S}$$

$$\sigma_\theta = \frac{pR}{2S}\left(2-\frac{R}{r}\right)$$

由上述分析可知，部分环壳(过渡圆弧部分)中的经向应力 σ_m 和环向应力 σ_θ 均是变化的，σ_m 是连续变化的；而 σ_θ 则是突跃式变化的，并且是负值(压应力)。整个封头中的应力分布，如图5-18b所示。

5.3.3 边缘应力与弯曲应力

5.3.3.1 边缘应力的产生

用无力矩理论来分析壳体的变形和应力时，不考虑弯曲变形和弯曲应力，这一点在前面已讲过。其实壳体受力变形后，在远离连接边缘(如筒体与封头的连接处)处壳体的纵截面上存在着由环向弯矩引起的环向弯曲应力；而在连接边缘区域的横截面上，则存在着由经向弯矩引起的经向弯曲应力。下面分别介绍。

1. 远离连接边缘区壳体纵截面上的环向弯曲应力

以受内压的圆筒壳为例，参见图5-19a。由于分析的是远离连接边缘的那部分壳体，故封头对筒体的牵制作用可不考虑，即筒体受内压后可以自由膨胀。筒体受内压而膨胀，意味着环向变粗，即直径增大。这时筒壁的环向不但被拉长了，而且它的曲率半径由原来的 R 变到 $R+\Delta R$，如图5-19b所示。这就表明壳体内不仅存在着环向拉力 T，同时还存在着环向弯矩 K。由此可见，内压力不但在圆筒筒壁的纵向截面上引起环向拉应力 σ_θ，同时还会引起环向弯曲应力 ${}_k\sigma_\theta$。理论计算得到：${}_k\sigma_\theta=0.467p$。这一应力与环向应力 $\sigma_\theta = \dfrac{pR}{S}$ 相比是一个很小的数值，特别对薄壁容器，$\dfrac{R}{S}$ 之比值都比较大，而内压力 p 又相对较小，所以 ${}_k\sigma_\theta$ 值更是一个微不足道的数值，可以忽略。由此亦可知，薄膜应力理论在远离连接边缘区时，有相当高的准确性。

2. 连接边缘区壳体横截面上的经向弯曲应力

所谓连接边缘是指壳体的这一部分与另一部分相连接的边界，通常是指连接处的平行圆而言。例如圆筒与封头、圆筒与法兰、不同厚度与不同材料的筒节等相连接处的平行圆，以及壳体经线曲率有突变(如碟形封头自身三部分的交界处)或荷载沿轴向有突变的区域，

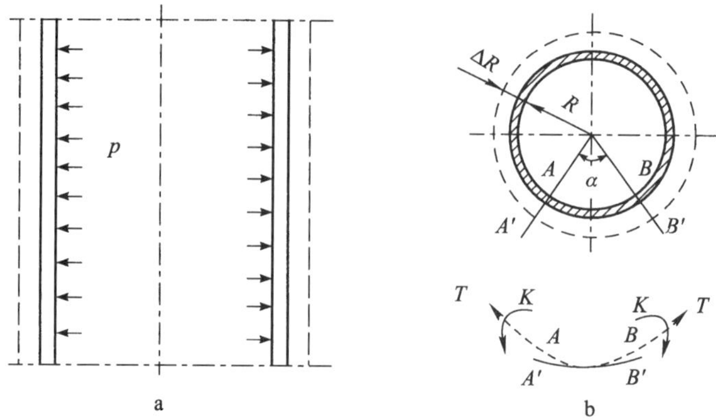

图 5-19 内压圆筒环向拉力和环向弯矩

都应视为连接边缘。现以图 5-20a 所示的圆筒形容器为例来分析其连接边缘处的变形与应力状况。当容器受内压之后，由于封头刚性大，不容易变形，而筒体刚性小，容易变形，使之连接处两者变形大小不同，即圆筒半径的增大值大于封头半径的增大值，如图 5-20a 左侧虚线所示。如果两者不相互牵制，各自能自由变形，那么，必因两部分的位移不同而出现边界分离现象。显然，这与实际情况不符。实际上连接边缘处的变形是互相制约的，于是必然发生如图 5-20a 右侧虚线所示的边缘弯曲现象。显而易见，这时是圆筒壳的经线在连接边缘附近的一个小范围内发生了纵向弯曲变形，伴随这种弯曲变形，相应的必然存在经向弯矩和经向弯曲应力。由此，在连接边缘及其附近的壳体横截面内，除作用有轴向拉应力 σ_m 外，还存在经(轴)向弯曲应力${}_M\sigma_m$。理论计算得到的筒体与平板封头连接边缘处的经向弯曲应力的数值为：${}_M\sigma_m=\pm 1.54\dfrac{pR}{S}$，即比内压引起的环向拉应力 σ_θ 还要大 54%，而比同方向的经向拉应力 σ_m 则大两倍多。当然，上述连接边缘的弯曲应力的大小与连接边缘的形状、尺寸、材质等因素有关，有时可以达到很大值(如平板封头与筒体连接边缘)，有时数值也不大(如半球形、椭圆形封头与筒体的连接边缘)。但是，无论如何，连接边缘的附加弯曲应力是不能随意忽略的，而要针对不同情况，区别对待。同时，也正由于在连接边缘处总是存在或大或小的附加弯曲应力，这就势必改变了无力矩应力状态。由此，连接边缘处的应力的求解，必须采用有力矩理论。根据有力矩理论求出的边缘弯曲应力，就可以简单的与薄膜应力叠加。

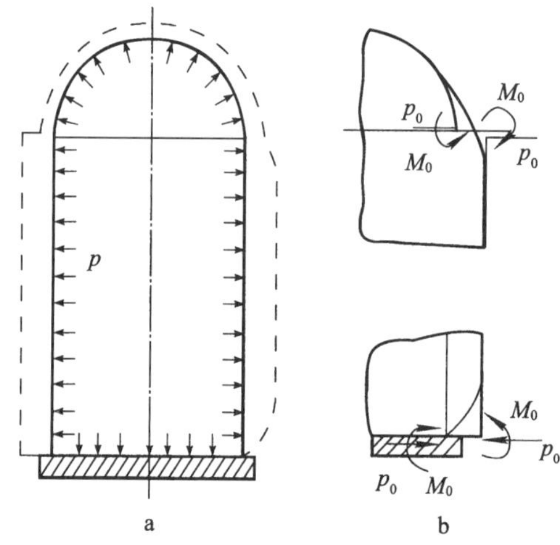

图 5-20 连接边缘处的变形与应力

上述力矩边缘的弯曲变形表明，在壳体的边界上存在附加的边缘力 p_0 和边缘力矩 M_0，如图 5-20b 所示，并由此在边缘区域产生相应的弯矩和剪力。正是在它们的作用下，使得本来在单纯的薄膜应力作用下出现的边界分离不可能发生，而是彼此协调，保证了边缘连接的连续性。实践和理论都证明，这种由于连接边缘区的变形受到约束而出现的边缘力系（ p_0 和 M_0 ），将在连接边缘区的壳体壁内引起复杂的内力和相当大的应力，这种应力就称为边缘应力或边界压力。上面提到的 ${}_M\sigma_m$ 则是边缘应力中的主要成分，其他成分不一一介绍。

综上所述，连接边缘连接的两部分壳体，因变形不同而互相约束，就是产生边缘应力的条件。边缘应力的存在总是以变形受到某种限制为前提，那里有限制，那里就有边缘应力，限制愈大，边缘应力也愈大。下面列举产生边缘应力的若干情况，以便对边缘连接有更具体的了解。

(1) 筒体与封头的连接，造成经线的突然转折几何形状不连续，或封头经线曲率半径有突变。例如，筒体与无折边球形封头、与无折边锥形封头、与平板封头的连接，如图 5-21a、b、c 所示。而碟形封头自身三部分（即球壳、环壳、筒壳）相连的交界处，如图 5-17 所示，由于经线曲率有突变，在这些连接边缘也会产生边缘应力。

(2) 圆筒上装有法兰、加强圈、管板等刚性较大的元件，如图 5-21d、e、f 所示。

(3) 不同厚度、不同材料的筒节相连接，如图 5-21g、h 所示。

(4) 壳体上相邻两部分所受的压力或温度有突变，如图 5-21i 所示。

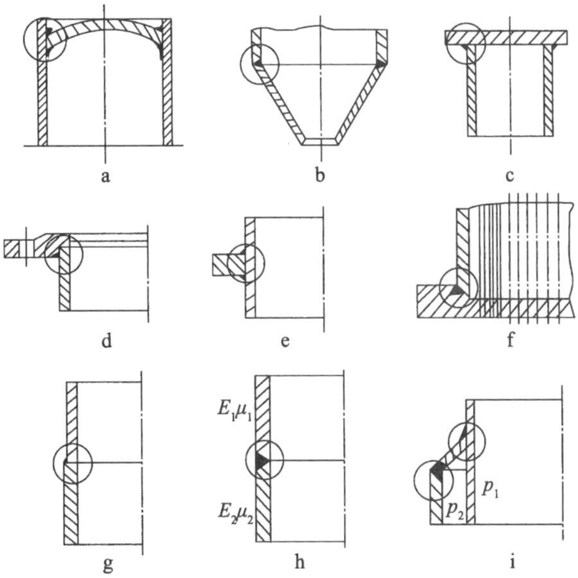

图 5-21　边缘连接举例

5.3.3.2　边缘应力的特性

为了正确处理连接边缘处产生的边缘应力，就必须进一步了解边缘应力的特性，一般情况下，边缘应力具有下面两个基本特性。

1. 局限性

边缘应力虽然可能达到相当大的数据，但它的作用范围上不大的。其分布范围与 $\sqrt{RS}$ 为同一个量级，这里 R 是容器半径，S 是壳体厚度。并且，这种应力还将随着离边界距离的增大而迅速衰减，衰减中应力符号作反复的变化。其衰减情况，如图 5-22 所示。图中纵坐标 Z 表示圆筒的轴线方向，横坐标表示筒壁中的边缘应力。以筒体与平板封头连接处的筒壁边缘应力为例，根据有力矩理论的计算结果，$Z = 2.5\sqrt{RS}$ 处，边缘应力就较连接处衰减了 95.7%，这就是说一个直径为 1 m，壁厚为 10 mm 的圆筒壳，与平板封头连接，当离开连接点的距离为 $Z = 2.5\sqrt{5\ 000} = 180$ mm 时，边缘效应的影响就几乎不存在了。由于 $Z = 2.5\sqrt{RS}$ 这个数据与容器高度 H 相比，一般情况下总是很小的，如上述圆筒壳若 H=3 m，那么，边缘应力影响区与筒体高度 H 相比仅为 6%左右。由此可见，边缘应力是具有很大的局限性，而且当壁薄，直径小时，边缘应力的局限性就更加明显。故此，钢制圆筒在 $Z=2.5\sqrt{RS}$ 的部分，用薄膜应力理论的公式进行计算，在工程上是有足够的准确性。

2. 自限性

从根本上说，发生边缘弯曲的原因是由于薄膜变形不连续。它是弹性变形。当边缘两侧的弹性变形受到约束，则必然产生边缘力和边缘力矩，从而产生边缘应力。当边缘应力超过材料的屈服极限时，它总是先使那些高应力点(如连接处筒体的内壁或外壁)产生塑性变形，而一旦这部分材料屈服后，其上的应力值就不再升高，停留在屈服点 σ_s，而靠增大局部塑性区的范围来继续承担边缘应力。在此过程中，上述那种弹性约束就开始缓解，使之原来不同的薄膜变形也趋于协调，结果边缘应力便会自动限制在一定范围之内。此时，局部塑性区为其周围的弹性变形区所包围，所以不致发生整体性的塑性流动而造成壳体破裂。除非由于边缘应力过大，边界处的全部材料均发生塑性流动，壳体才会失效。通常把上述特性称为边缘应力的“自限性”。一般来说，凡是局部性应力，又为塑性材料，则都有“自限性”。

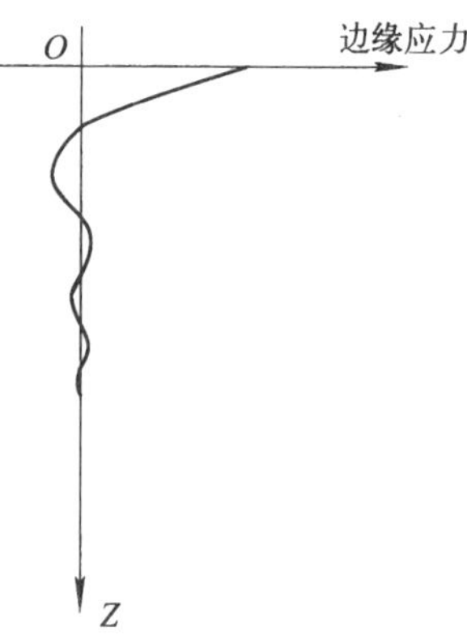

图 5-22　边缘应力的特性

由边缘应力的两个基本特性可知，边缘应力是与薄膜应力性质不同的一种应力。薄膜应力是介质内压力直接引起的，一种整体应力，遍布于整个壳体上。只要内压增加，薄膜应力就相应增大，而它达到材料的屈服极限时，容器筒壁就屈服。所以对薄膜应力来说，无局限性和自限性可言。而边缘应力则是由连接边缘的自由变形相互受到约束而引起的附加应力，它具有局限性和自限性。在压力容器的应力分类中，根据应力产生的原因及其对容器失效所起的不同作用，将各种应力归为三类，即一次应力、二次应力和峰值应力。薄膜应力属于一次应力，而边缘应力属于二次应力，峰值应力是由于容器开孔或结构突变，破坏了材料的连续性而引起的一种局部应力，其基本特征是应力分布区很小，与容器壁厚 S 为同一量级。根据强度设计准则，且有自限性的二次应力，一般使容器发生破坏的危险性很小。因而在设计时，在许用应力的选取上也有区别，对一次应力中的薄膜应力强度条件是：

$$\sigma_{max} \leqslant [\sigma]$$

而对连接边缘中的薄膜应力与边缘应力的合成应力，许用应力可大为增加，可取：

$$\sigma_{max} \leqslant 3[\sigma]$$

这样的强度条件。

应指出，边缘应力的自限性是不能脱离材料的性质而孤立存在的。从根本上说，自限性是塑性材料遇到局部应力而表现出来的一种固有特性，正是这一特性便大大降低了边缘应力的危险性。因此，对大多数由塑性较好的材料制成的压力容器，如低碳钢、奥氏体不锈钢、铜、铝等压力容器，当承受静载荷时，除结构上作某些处理外，一般并不对边缘应力作特殊考虑，仍可用薄膜应力理论进行计算。但对某些材料则不然，例如对由铸铁、高硅铸铁、搪瓷衬里、工程塑料等脆性材料制成的压力容器；塑性较差的高强度钢制的压力容器；低温下使用的铁素体钢制压力容器以及受变载荷作用的压力容器等，由于它们没有塑性好的材料的那种使局部应力具有自限性的特性，如果不注意控制边缘应力，则在边缘高应力区就有可能导致脆性破坏。由此就必须用有力矩理论正确计算边缘应力。

还应指出，即使是塑性好的材料，虽具有边缘应力的自限性，但在应力反复变化时，部分屈服材料也会出现塑性降低而脆性增加的一面。这时“自限性”的优点将削弱，甚至消失，塑性材料将变成和脆性材料一样。工程上的压力容器在使用过程中，有时也难以保证完全处于载荷不变的条件下工作。因此，无论是塑性材料，还是脆性材料，在边缘结构上作妥善处理以降低边缘应力，无疑都是必要的。

5.3.3.3 控制边缘应力的措施

控制边缘应力的关键，不在于如何用繁杂的有力矩理论计算边缘应力，而是应用边缘应力的基本概念在结构上作出改进，从而使边缘应力大大减小，甚至完全消失。下面就是在容器结构上经常采用的几种措施。

(1) 避免壳体经线曲率的突然变化，以保持几何形状的连续，直线与曲线连接时需加必要的过渡圆弧。

(2) 焊缝应尽量避开边缘力的作用区。一般认为焊缝部分的强度较弱，同时也为了避免使得焊缝的热应力与边缘应力叠加起来造成更大的应力集中。

(3) 尽量不采用不等壁厚壳体的焊接。

(4) 必要时可在边缘应力作用区，设置局部加强段或加强圈。

(5) 为进一步改善材料的塑性，可采用适当的热处理，可增大材料经受局部应力的能力。

还有一些其他措施，如尽量不在连接边缘开孔、设置支座等。

5.3.4 热应力

1. 热应力产生的原因及其特性

材料因温度变化使其自然膨胀或收缩受到约束时，将引起应力，这种应力称为热应力。约束可以是外部的，它阻止了整个物体的自由膨胀，例如在用膨胀系数不同的几种材料制成的结构中，材料相互之间的约束。然而最普遍是整个结构各处的温度不同，结构内每一纤维的热膨胀受到它周围纤维影响的情形。也就是说，由于构件内部各处温度的变化而产生不同程度的膨胀时，也能引起热应力。如某一根纤维的自然伸长受到与它邻近不同纤维膨胀的影响，其结果是，高温的纤维受压，而低温的纤维受拉。因此，热应力取决于温度的分布，陡峭温度剃度引起高应力。当没有或不考虑内热源时，由于壳体内、外壁温度不同使壳体材料热膨胀不均匀互相牵制而产生热应力就是其一。所以，热应力就是温差应力。

热应力是具有“自限性”的，属于二次应力。对于塑性材料来说，不管热应力的大小如何，第一次作用不会引起破坏，但热应力却能通过重复循环作用即疲劳而引起破坏。在评价热应力的意义时，要注意这个特性。

2. 常用壳体的温差热应力

(1) 圆筒壳温差热应力

1) 圆筒壳内壁热应力计算公式：

$$\sigma_{\theta i}^{t}=\frac{\alpha E\ (t_{o}-t_{i})}{2\ (1-\mu)}\left(\frac{2k^{2}}{k^{2}-1}-\frac{1}{\ln k}\right) \tag{5-24}$$

式中：$\sigma_{\theta i}^{t}$ ——内壁环向热应力(环向与轴向相同)，MPa；

α ——圆筒壳材料在设计温度下的线胀系数，1/℃；

E ——材料在设计温度下的弹性模量，MPa；

μ ——材料的泊松比；

t_i ——圆筒壳内壁温度，℃；

t_o ——圆筒壳外壁温度，℃；

$k = D_o/D_i$ ——圆筒壳的内、外径之比值。

2）圆筒壳外壁热应力

$$\sigma_{\theta o}^{t} = \frac{\alpha E\ (t_i - t_o)}{2\ (1-\mu)} \left(\frac{1}{\ln k} - \frac{2}{k^2 - 1}\right) \tag{5-25}$$

式中：$\sigma_{\theta o}^{t}$ ——在设计温度下外壁环向热应力（环向与轴向相同），MPa。其他符号的意义同前。

（2）球壳和椭球壳的温差热应力

1）内壁温差应力

$$\sigma_{\theta i}^{t} = \frac{\alpha E\ (t_o - t_i)}{2\ (1-\mu)} \cdot \frac{k\ (k-1)\ (2k+1)}{k^3 - 1} \tag{5-26}$$

2）外壁温差应力

$$\sigma_{\theta o}^{t} = \frac{\alpha E\ (t_i - t_o)}{2\ (1-\mu)} \cdot \frac{(k-1)\ (k+2)}{k^3 - 1} \tag{5-27}$$

式中的符号意义和单位同前。

（3）圆平板上、下表面的温差热应力

$$\sigma_{\theta}^{t} = \sigma_{r}^{t} = \pm \frac{\alpha E\ (T_2 - T_1)}{2\ (1-\mu)} \tag{5-28}$$

式中：σ_{θ}^{t} ——在设计温度下的环向热应力，MPa；

σ_{r}^{t} ——在设计温度下的经向热应力，MPa；

T_1 ——圆平板上表面温度，℃；

T_2 ——圆平板下表面温度，℃。其他符号和单位同前。

由于压力容器平板盖，下表面温度高于上表面温度（$T_2 > T_1$），所以平板盖中面以上应力为正，中面以下应力为负。

3. 设计中允许不计算热应力的条件

当符合下列条件之一时，设计中可不计算热应力。

（1）承受内压的内加热单层圆筒壳容器，其内、外壁温差 Δt 小于 1.1 倍设计压力 p（以 bar 计）；

（2）承受内压的内加热容器，具有良好的保温层；

（3）操作时，壳壁材料已产生蠕变。

4. 反应堆压力容器内热源引起的热应力

在反应堆压力容器筒体部位，由于堆芯产生的中子和 γ 射线贯穿筒壁释放热量，造成热应力。设计反应堆压力容器时，必须考虑这种热应力。在求解这种热应力时，必须掌握内热源的温度分布函数 $T_{(r)}$ 。$T_{(r)}$ 由产品技术条件规定。

若给出 $T_{(r)}$ 函数，则可由下列公式求出 σ_r^t，σ_θ^t，σ_x^t 。

$$\sigma_{r}^{t} = \frac{\alpha E}{1-\mu} \cdot \frac{1}{r^2} \left(\frac{r^2 - R_i^2}{R_o^2 - R_i^2} \int_{R_i}^{R_o} T_{(r)} r\mathrm{d}r - \int_{R_i}^{r} T_{(r)} r\mathrm{d}r\right) \tag{5-29}$$

$$\sigma_\theta^t = \frac{\alpha E}{1-\mu} \cdot \frac{1}{r^2} \left(\frac{r^2 - R_i^2}{R_o^2 - R_i^2} \int_{R_i}^{R_o} T_{(r)} r\mathrm{d}r + \int_{R_i}^{r} r\mathrm{d}r - T_{(r)} r^2 \right) \tag{5-30}$$

$$\sigma_x^t = \frac{\alpha E}{1-\mu} \cdot \left(\frac{2}{R_o^2 - R_i^2} \int_{R_i}^{R_o} T_{(r)} r\mathrm{d}r - T_{(r)} \right) \tag{5-31}$$

式中：σ_r^t ——圆筒壳经向热应力，MPa；

σ_θ^t ——圆筒壳环向热应力，MPa；

σ_x^t ——圆筒壳轴向热应力，MPa；

R_i ——圆筒壳内半径，m；

R_o ——圆筒壳外半径，m；

r —— 圆筒壳内、外壁之间的任意半径，$R_i \leqslant r \leqslant R_o$，m；

$T_{(r)}$ ——内热源温度分布函数。

其他符号和单位同前。

仔细研究还会发现： $\sigma_r^t + \sigma_\theta^t = \sigma_x^t$

5. 壳壁组合应力

压力容器在考虑热应力时，应校核壳壁的组合应力，当容器实际壁厚大于设计壁厚时，取实际壁厚计算 k 值（$k = O_o/D_i$），以此 k 值校核组合应力，其校核公式如下。

(1) 圆筒壳组合应力校核

1) 内壁组合应力校核式

$$\sigma_E = \frac{\sqrt{3}k^2 p}{k^2 - 1} + \sigma_{it} \leqslant 2\,[\sigma]\phi \tag{5-32}$$

式中：$[\sigma]$ ——设计温度 t 下材料的许用应力，MPa（N/mm^2）；

ϕ ——焊缝系数。

2) 外壁组合应力校核式

$$\sigma_E = \frac{\sqrt{3}p}{k^2 - 1} + \sigma_{ot} \leqslant 2\,[\sigma]\phi \tag{5-33}$$

(2) 球壳和椭球壳组合应力校核

1) 内壁组合应力校核式

$$\sigma_E = \frac{3k^2 p}{2(k^3 - 1)} + \sigma_{it} \leqslant 2\,[\sigma]\phi \tag{5-34}$$

2) 外壁组合应力校核式

$$\sigma_E = \frac{3p}{2\,(k^3 - 1)} + \sigma_{ot} \leqslant 2\,[\sigma]\phi \tag{5-35}$$

式中：σ_{it}，σ_{ot} ——分别为内、外壁热应力，MPa（N/mm^2）；

σ_E ——组合应力，MPa（N/mm^2）。

当外壁壁温高于内壁壁温时，校核其内壁的组合应力；当内壁壁温高于外壁壁温时，校核其外壁的组合应力。

5.3.5 压力容器的应力分类及其限制

1. 应力分类

压力容器在受载荷工况下，所产生的各种应力应进行详细的分析，在分析的基础上对其进行分类。区分应力类别的界线是所考虑的应力是否具“自限性”，即引起这种应力的原因是否属于为平衡外载所必需。目前把压力容器所受应力分为：一次应力、二次应力和峰值应力三类。

(1) 一次应力

一次应力是薄膜应力。根据压力容器一般为回转壳体，如球形壳、圆筒形壳、椭圆形壳、圆锥形壳等都属于回转壳体。对于回转壳体的应力分析，属于薄膜应力理论，采用的是静力平衡的方法来推导其应力计算公式的。

一次应力 P 具体来说是指施加到压力容器上的载荷，所产生的几何法向应力或剪应力。是为了满足部件内、外压力及力矩的平衡规律所必须的力。一次应力的基本特性是非自限性的。当一次应力大大超过屈服强度时，会引起压力容器的总体变形甚至破坏。一次应力包括总体薄膜应力 p_m，一次弯曲应力 p_b 及局部薄膜应力 p_L。

1) 总体薄膜应力是沿压力容器壁厚方向均匀分布的应力。它对容器强度的危害性最大。但它不包括结构材料和载荷的不连续性和应力集中效应。机械载荷引起的总体薄膜应力是确定压力容器壁厚的依据。

2) 一次弯曲应力是扣除一次薄膜应力后，沿厚度方向成线性分布的一次应力。它也不包括不连续部分的应力和应力集中。

3) 局部薄膜应力是指由内压和其他机械载荷引起的薄膜应力，以及由边界效应中的环向力等所引起的薄膜应力，但不包括应力集中。

属于一次应力的例子是很多的，如薄壁圆筒壳中由于内压引起的轴向应力和环向应力；球形和椭球形封头中由于内压引起的轴向应力和环向应力；沿轴线方向的自重所产生的应力等。

由机械外载引起的为保持平衡所需的一次应力，一般由材料力学方法确定，可通过静力平衡条件计算得到。在反应堆压力容器的设计中，是通过薄膜应力理论直接求得的。

(2) 二次应力

二次应力 Q 是由于压力容器各部位的相邻材料的约束或者由结构本身的约束，而引起的法向应力或剪应力。它不是为了满足与外力的平衡，而是为了满足变形协调条件。二次应力的基本特征是“自限性”和“局限性”。由二次应力引起的屈服是局部地区的屈服，而大部分区域仍处于弹性状态，所以，容器仍能继续工作。二次应力包括总体热应力和总体结构不连续处的弯曲应力(边缘应力)。

扣除一次应力之后剩余的应力就可以确认为是自由平衡系引起的自限性应力。为满足总体结构连续要求的二次应力的计算，往往是通过以板壳理论为基础的不连续分析方法求得的。

(3) 峰值应力

峰值应力 F 是扣除了薄膜应力和弯曲应力后，沿容器壁厚方向呈非线性分布的这部分应力。或者说峰值应力是附加于一次应力及二次应力之和上的应力增量。此增量是由于切口、开孔边缘或外形突变处局部不连续或局部热应力，包括应力集中的影响所产生的应力。它的局部特征是：应力分布区域很小(其区域范围与 $\sqrt{RS}$ 为同一量级)，不会引起整体结构的任何明显的变化，而只是导致容器产生疲劳破裂和脆性破坏的可能来源之一。因此，在一般设计中不予考虑，只是在疲劳设计时才加以限制。

由于峰值应力是扣除一次应力、二次应力以外的应力非线性分量，所以本质上也属于二次应力，只是其导致容器失效的机理与二次应力不同。

峰值应力一般由弹性力学导出。

(4) 峰值应力与二次应力的区别

二次应力与峰值应力都是自平衡力系引起的应力，都有自限性，这是它们的共性。然而两者存在着差异。自平衡力系是为了满足结构变形协调要求所产生的，而结构的变形协调有两方面的要求：第一满足结构整体变形协调的要求，即总体结构连续要求；第二满足结构局部变形协调要求，即局部结构连续要求。为了满足第一要求引起的应力称为二次应力；为了满足第二要求引起的应力称为峰值应力。

(5) 热应力

热应力对应于温度载荷，是由于传热和辐照产生的温度不均匀分布或材料线胀系数不同，结构膨胀受到约束而引起的自平衡应力。热应力分总体热应力和局部热应力。总体热应力和结构变形有关，局部热应力不产生显著变形但应作疲劳分析。

(6) 总应力

总应力是一次应力、二次应力和峰值应力的总和。

为计算方便起见，各类应力的国际通用符号列述如下。

P_m —— 一次薄膜应力，MPa；

P_b —— 一次弯曲应力，MPa；

P_L —— 局部薄膜应力，MPa；

Q —— 二次应力，MPa；

F —— 峰值应力，MPa；

P_T —— 总应力，MPa。

2. 对各类应力强度的限制

反应堆压力容器都是用塑性材料制成的，因而世界各国都采用第三强度理论。于是设计反应堆压力容器时，实际上是对第三强度理论的应力强度 S_{m3} 加以限制。由于各类应力对压力容器的强度的危害性不同，所以其应力强度的允许数值也各不相同。

目前在各国压力容器设计的规定中，对各类应力的强度限制如下。

(1) 一次应力中的薄膜应力 P_m 的应力强度应小于许用应力$[\sigma]$。

(2) 一次应力中的局部薄膜应力 P_L 的应力强度应小于 $1.5[\sigma]$。

(3) 一次应力中的薄膜应力 P_m 或局部应力 P_L 与弯曲应力 P_b 之和，即 P_m+P_b 或 P_L+P_b 的应力强度应小于 $1.5[\sigma]$。

(4) 一次应力中的薄膜应力 P_m 或局部应力 P_L 和弯曲应力 P_b 与二次应力 Q 之和，即 P_m+P_b+Q 或 P_L+P_b+Q 的应力强度应小于 $3[\sigma]$。

(5) 一次应力(包括薄膜应力和弯曲应力)与二次应力和峰值应力之和，即 P_m+P_b+Q+F 或 P_L+P_b+Q+F 的应力强度，如果要求作疲劳分析，则不能超过由疲劳曲线所确定的疲劳许用应力① S_a 值。

ASME 各类应力的比较和限制列于表 5-1。

① 碳钢、低合金钢、高强度钢以及各种不锈钢的低于蠕变温度的疲劳曲线，绘制在 ASME 规范附录 Ⅰ 中的图 Ⅰ—9 的 1～4 上，相应的 S_a 值均可从上述曲线上查得。

表 5-1 ASME 各类应力的比较和限制

ASME 应力种类	引起原因	自限性	分布范围	沿厚度分布规律	应力重新分布潜力	破坏形式	控制准则	计算方法	控制值
一次总体薄膜应力	平衡外载	无	总体分布沿厚度贯穿	均匀	无	静力强度失效	极限设计	材料力学	$[\sigma]$
一次弯曲应力	平衡外载	无	总体分布沿厚度贯穿	线性	沿经向(板)沿厚度(壳)	静力强度失效	极限设计	材料力学	$1.5[\sigma]$
局部薄膜应力	满足总体连续条件	有	总体分布范围同 $\sqrt{RS}$ 级，沿厚度贯穿	均匀	沿经向(壳)	静力强度失效	极限设计	弹性板壳分析	$1.5[\sigma]$
二次应力	满足总体连续条件	有	总体分布范围同 $\sqrt{RS}$ 级，沿厚度贯穿	线性	沿经向(壳)沿厚度	大应变疲劳	安定性设计	弹性板壳分析	$3[\sigma]$
峰值应力	满足总体连续条件	有	细部分布，范围同 S 级沿厚度非贯穿	非线性	沿经向(壳)沿厚度	低循环疲劳	疲劳设计	弹性力学分析	疲劳曲线许用应力 S_a

5.4 压力容器的筒体与封头

筒体与封头是压力容器的主体部件，除主体部件外，还有法兰、支座、开孔和补强等附件。本节主要介绍主体部件——筒体与封头。附件在 5.5 节介绍。

压力容器的设计和选择，一般是根据工艺给定的容器的容积和工作要求，确定其公称直径，然后根据确定的公称直径、工作压力和工作温度进行强度计算和结构设计或选择。通常，首先通过强度计算确定出压力容器的主要部件筒体(如圆筒壳或球壳等)和封头(如半球形、椭圆形、碟形、锥形、平板形封头等)的准确壁厚，然后再进行其他零部件(如法兰、接管、人孔、手孔、视镜、支座等)的结构设计或选择。

5.4.1 压力容器的筒体

5.4.1.1 压力容器的圆筒壳筒体

圆筒壳又称为筒壳或圆筒，是压力容器中应用最多最广泛的一种筒体，如图 5-23 所示。核电厂中压力容器的筒体也多为圆筒壳。

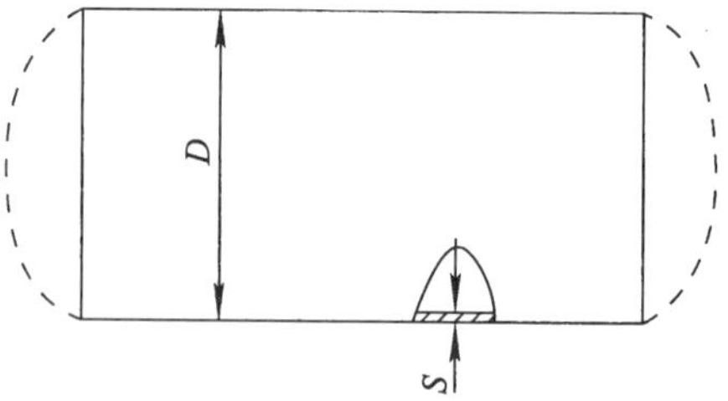

根据薄膜应力式(5-3)和式(5-4)，对中径为 D 壁厚为 S 的圆筒壳，在承受内压为 p 时，其经向应力 σ_m 与环向应力 σ_θ 分别为：

$$\sigma_m = \frac{p\rho_2}{S} = \frac{pD}{4S} \qquad \sigma_\theta = \frac{p\rho_2}{S} = \frac{pD}{2S}$$

图 5-23 圆筒壳

根据强度理论，对圆筒壳筒体起决定作用的是环向应力 σ_θ，只要环向应力 σ_θ 不超过材料的许用应力 $[\sigma]$，就能保证内压圆筒壳安全工作。容器的破坏试验已经证明：容器的破坏是沿纵向开裂的，即 σ_θ 作用的纵向截面是危险截面。所以，圆筒壳的强度条件为：

$$\sigma_\theta = \frac{pD}{2S} \leqslant [\sigma]$$

容器的圆筒壳大多由钢板卷焊而成，式中 $[\sigma]$ 就是钢板材料的许用应力。由于焊缝可能存在未被发现的缺陷，以及在焊缝加热过程中，对焊缝周围金属可能产生的不利影响，往往导致焊缝及其附近金属的强度低于钢板本身的强度。因此上式中的许用应力 $[\sigma]$，应乘以一个小于 1 的焊缝系数 ϕ 来校正，即：

$$\sigma_\theta = \frac{pD}{2S} \leqslant [\sigma]\phi$$

此外，一般计算确定的公称直径为圆筒壳的内径 D_i。中径等于内径加壁厚即 $D=D_i+S$，将其代入上式，可得：

$$\frac{p\,(D_i+S)}{2S} \leqslant [\sigma]\phi$$

解出式中的 S，并改用 S_o 表示，于是圆筒壳的计算壁厚 S_o 为：

$$S_o = \frac{pD_i}{2\,[\sigma]\phi - p}$$

考虑到钢板的厚度不均匀和介质对筒壁的腐蚀作用以及钢板在加工中减薄与损耗等，在确定钢板实际厚度时，还应在计算厚度 S_o 的基础上增加一个厚度附加量 C。另外钢板材料的许用应力 $[\sigma]$ 的大小与工作温度 t 有关。因此，上式中 $[\sigma]$ 是在设计或工作温度下选用的值，用 $[\sigma]^t$ 来代替 $[\sigma]$，于是上式可写为：

$$S_C = \frac{pD_i}{2\,[\sigma]^t\phi - p} + C \tag{5-36}$$

式中：S_C ——考虑了壁厚附加量的圆筒壳壁厚，mm；

p ——设计压力，MPa（N/mm^2）；

D_i ——圆筒壳的内直径，mm；

$[\sigma]^t$ ——设计温度下的筒体材料的许用应力，MPa（N/mm^2）；

ϕ ——焊缝系数；

C ——壁厚附加量，mm。

应用式(5-36)计算所得的壁厚 S_C，最后还应根据钢板的规格圆整到钢板标准厚度用 S 表示，这就是图纸上所标注的厚度，也就是设备的实际厚度。

应当指出，式(5-36)是仅考虑受介质内压，以壳体薄膜应力理论为基础导出的壁厚计算公式。当容器除承受内压外，还承受其他较大的荷载，例如风荷载、地震荷载、热应力等荷载时，式(5-36)就不能作为确定筒体壁厚的唯一依据，这就需同时校核其他荷载所引起的筒壁应力。此外，对筒体一些“连接边缘”，如筒体与封头、筒体与接管、筒体与支座等相连接的局部区域，有时需要采取局部加强。也不能只根据薄膜应力来决定壁厚。

壁厚计算公式(5-36)同工程力学中强度条件判定式一样，也可以解决三方面的问题，即确定承压壳体所需的最小壁厚；确定设备最大的允许压力；对容器进行强度校核，以判定在指定压力下容器工作的安全可靠性。

强度校核和确定最大压力的计算公式如下。

强度校核公式为：

$$\sigma^t = \frac{p\,[D_i+(S-C)]}{2\,(S-C)} \leqslant [\sigma]^t\phi \tag{5-37}$$

确定设备最大允许压力公式为：

$$[p]=\frac{2\,(S-C)}{D_{\mathrm{i}}+(S-C)}[\sigma]^{t}\phi \tag{5-38}$$

式中：σ^{t} ——设计温度和压力下壳体中的应力，MPa；

$[p]$ ——圆筒壳允许的最高压力，MPa。

5.4.1.2 压力容器的球壳筒体

筒体为球壳的压力容器，称为球罐，通常用作高压设备，如图5-24所示。由前一节应力分析可知，受内压球壳上各点的应力是相等，即：

$$\sigma_{\mathrm{m}}=\sigma_{\theta}=\frac{pD}{4S}$$

于是球壳的强度条件为：

$$\frac{pD}{4S}\leqslant[\sigma]^{t}\phi$$

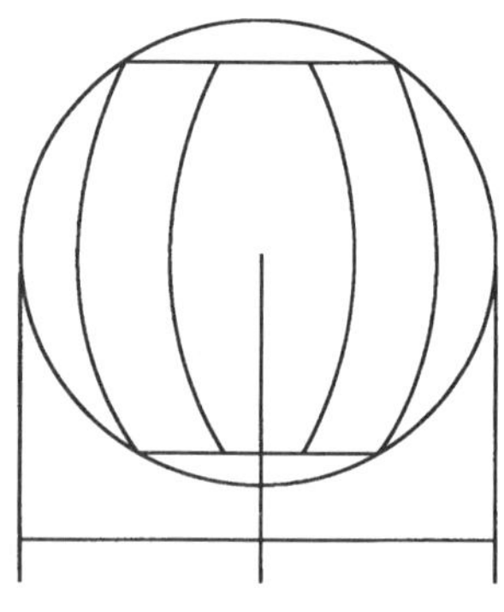

图 5-24 球罐

通过与内压圆筒壳相类似的推导过程，可得到球壳壁厚的计算公式为：

$$S_{C}=\frac{pD_{\mathrm{i}}}{4\,[\sigma]^{t}\phi-p}+C \tag{5-39}$$

式中：S_C —— 考虑了壁厚附加量的计算壁厚，mm；

p ——设计压力，MPa(N/mm²)；

D_{i} ——球壳的内径，mm；

球壳强度校核公式为：

$$\sigma^{t}=\frac{p\,[D_{\mathrm{i}}+(S-C)]}{4\,(S-C)}\leqslant[\sigma]^{t}\phi \tag{5-40}$$

球壳最大压力判定公式为：

$$[p]=\frac{4\,(S-C)}{D_{\mathrm{i}}+(S-C)}[\sigma]^{t}\phi \tag{5-41}$$

式中：$[\sigma]^{t}$ ——设计温度 t 下球壳材料的许用应力，MPa(N/mm²)；

ϕ ——焊缝系数；

C ——壁厚附加量，mm；

$[p]$ ——允许最高压力，MPa。

壁厚 S_C 最后还应根据钢板的规格圆整到钢板标准厚度用 S 表示，这才是设备的实际厚度。

比较圆筒壳与球壳的强度计算公式，明显可见，球壳的承压能力高于圆筒壳。在相同工作条件下，球罐的壁厚可比圆筒壳减薄一半。而且，当容积相同时，球壳具有最小的表面积，所以大型压力储罐使用球罐最为适宜。

5.4.2 压力容器的封头

封头又称端盖，按其形状可分为三类，即凸形封头、锥形封头和平板封头，如图5-25所示。其中凸形封头包括半球形封头、椭圆形封头、碟形封头和无折边球形封头四种，如

图5-25中a、b、c、d所示。锥形封头有不带折边封头和带折边封头两种，如图5-25中e、f所示。平板封头如图5-25中g所示，按照平板封头与筒体的连接方式不同也有多种结构。

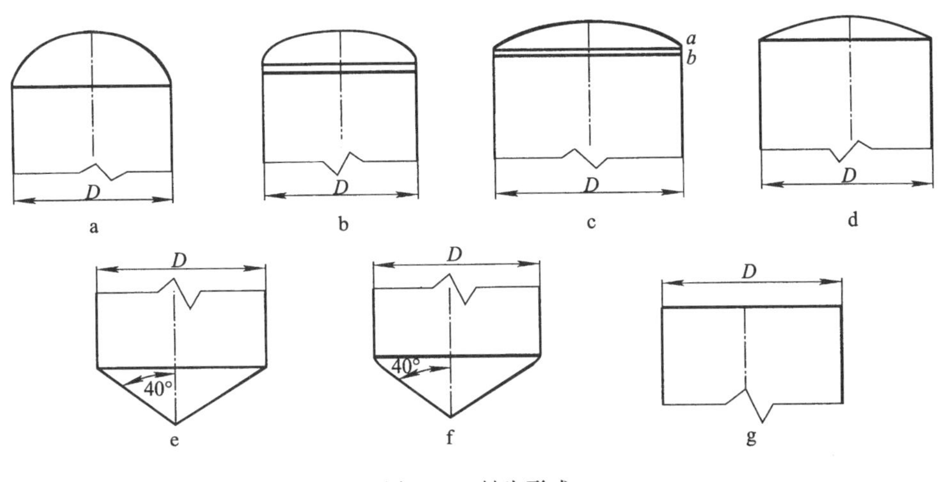

图 5-25 封头形式

凸形封头和锥形封头都是回转壳体，壳体上任一点的环向应力和经向应力，都是根据薄膜应力理论用静力平衡的方法得出的。根据限制薄膜应力的强度条件，很容易导出各种封头壁厚 S_C 的计算公式。但是，在确定封头壁厚时仅考虑薄膜应力是不够的，如前节应力分析中所述，封头与筒体连接处存在着边缘应力，而且有些封头的母线本身就不连续也会引起边缘应力。此外，封头上大都要开孔，因此也不能不考虑开孔处的应力集中。所以，在封头的壁厚计算中，除了考虑薄膜应力外，同时还应考虑连接边缘处的边缘应力和应力集中的影响。薄膜应力是遍布于整个封头的基本应力，属于一次应力，故而大多数封头的壁厚计算公式都是以薄膜应力为基础来推导的。连接边缘处的边缘应力，属于二次应力，则采取在公式引入一个应力增强系数，来反映边缘应力的影响。在开孔处由于应力集中而出现的局部峰值应力，常采取在开孔处进行局部补强的办法来解决。

平板封头从整体受力状态来说与回转壳体完全不同，前者是弯曲，后者是拉伸。这是由几何特性决定的，一为“板”，一为“壳”的不同反映。所以，平板封头的壁厚计算不同于凸形封头和锥形封头，需要结合平板的弯曲理论来对平板封头进行壁厚计算。

5.4.2.1 半球形封头

半球形封头如图5-26所示，它是由半个球壳构成的。按照薄膜应力理论，它的壁厚计算公式显然与球壳相同，即：

$$S_C = \frac{pD_i}{4[\sigma]^t\phi - p} + C \tag{5-42}$$

此式与球壳壁厚强度计算公式(5-39)相同。半球形封头的壁厚较相同直径与同压力的圆筒壳筒体壁厚减薄一半。但在实际使用中，考虑到封头上开孔对强度的削弱，及封头与筒体对焊的方便，以及为降低由于筒体与封头的第一曲率半径不连续所产生的边缘应力，半球形封头常和圆筒形筒体取相同的壁厚。

半球形封头的强度校核公式和最大压力公式也和球壳的公式相同。

半球形封头深度大，因而制造较困难。对一些工厂来说，主要靠工人敲打制造封头，难度更大。但对于大直径($D_i>$ 2.5 m)的半球形封头可用数块钢板冲压成球瓣形，然后拼焊而成(如图 5-26b 所示)，此时用半球形封头是合适的。所以，半球形封头多用于直径较大压力较高的贮罐上。

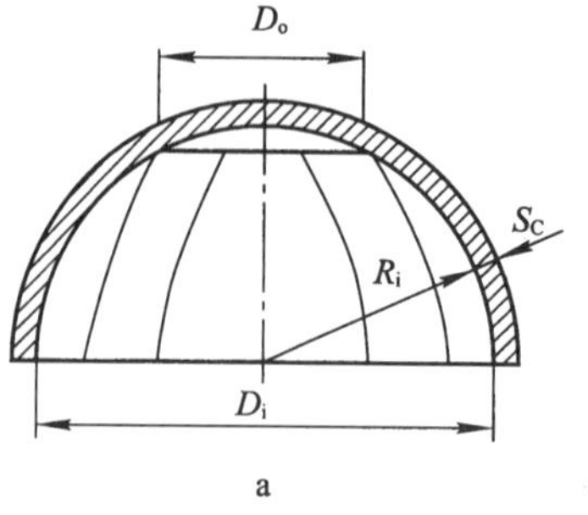

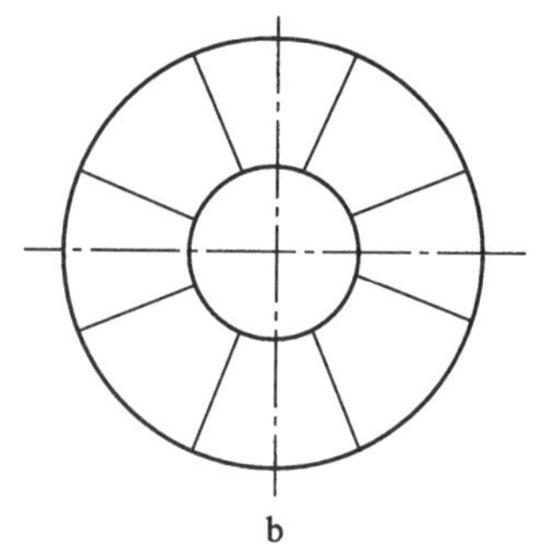

图 5-26 半球形封头

5.4.2.2 椭圆形封头

椭圆形封头又称半椭球封头，它是由长、短半轴分别为 a 和 b 的半椭球和高度为 h_0 的短圆筒(通常称为直边)两部分所构成，如图 5-27 所示。直边的作用是使强度较弱的筒体与封头连接处的焊缝，避开边缘应力的作用。由椭球壳的应力分析可知，椭球壳各点的应力是变化的，当椭球壳的长短半轴之比 $a/b \leqslant 2$ 时，最大应力产生在椭球壳的顶点，其值为：

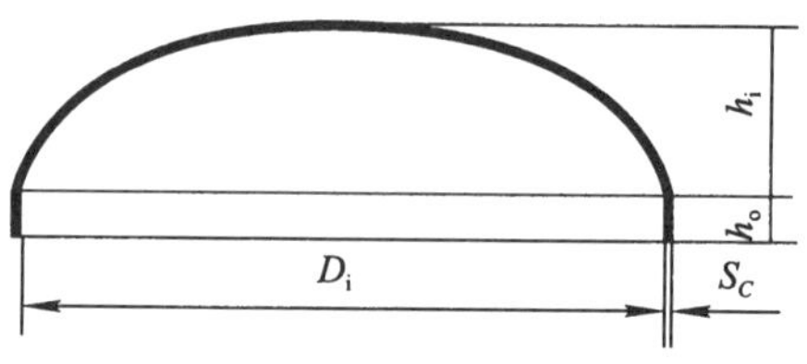

图 5-27 椭圆形封头

$$\sigma_{max} = \sigma_m = \sigma_\theta = \frac{pa}{2S} \cdot \frac{a}{b}$$

令 $\frac{a}{b} = m$，并将 $a = \frac{D}{2}$ 代入上式，则得：

$$\sigma_{max} = \frac{mpD}{4S}$$

强度条件为：

$$\frac{mpD}{4S} \leqslant [\sigma]^t \phi$$

将 $D = D_i + S$ 代入上式，解出 S，这里 S 应用 S_0 表示，因为没有考虑壁厚附加量 C，解得 S_0 为：

$$S_0 = \frac{mpD_i}{4[\sigma]^t\phi - mp} = \frac{pD_i}{2[\sigma]^t\phi - mp/2} \cdot \frac{m}{2}$$

再将 $m = \frac{a}{b} = \frac{D_i}{2h_i}$ 代入上式，同时考虑到 $2[\sigma]^t\phi \gg \frac{mp}{2}$，可将分母中的 $\frac{mp}{2}$ 近似地写成 $0.5p$，它对分母影响很小，于是上式可变成：

$$S_0 = \frac{pD_i}{2[\sigma]^t\phi - 0.5p} \cdot \frac{D_i}{4h_i}$$

考虑到壁厚附加量 C 之后，则为：

$$S_C = \frac{pD_i}{2[\sigma]^t\phi - 0.5p} \cdot \frac{D_i}{4h_i} + C \tag{5-43}$$

式(5-43)为 $m = \frac{a}{b} = \frac{D_i}{2h_i} \leqslant 2$ 时，椭圆形封头壁厚的计算公式。对于标准椭圆形封头，$m = \frac{a}{b} = \frac{D_i}{2h_i} = 2$，则得：

$$S_C = \frac{pD_i}{2[\sigma]^t\phi - 0.5p} + C \tag{5-44}$$

当 $m = \frac{a}{b} = \frac{D_i}{2h_i} > 2$ 时，椭球壳体赤道圆上出现很大的环向应力，其绝对值将大于椭球顶处的应力。为了考虑这种变化对强度的影响，同时也为了使公式通用化，使之能适用各种 m 值的椭圆形封头的计算，为此引入形状系数 K 来代替式(5-43)中的 $\frac{D_i}{2h_i}$，因而得：

$$S_C = \frac{KpD_i}{2[\sigma]^t\phi - 0.5p} + C \tag{5-45}$$

式中：K ——椭圆形封头的形状系数，其他符号同前面公式。

$K = \frac{1}{6}\left[2 + \left(\frac{D_i}{2h_i}\right)^2\right]$，是一经验公式，其值如表 5-2 所示。

K 是随 $\frac{D_i}{2h_i}$ 值的变化而变的系数，壁厚时的 K 值，可根据 $\frac{D_i}{2h_i}$ 值从表 5-2 中查得。

表 5-2　椭圆形封头形状系数 K

$D_i/2h_i$	2.6	2.5	2.4	2.3	2.2	2.1	2.0	1.9	1.8
K	1.46	1.37	1.29	1.21	1.14	1.07	1.00	0.93	0.87
$D_i/2h_i$	1.7	1.6	1.5	1.4	1.3	1.2	1.1	1.0	
K	0.81	0.76	0.71	0.66	0.61	0.57	0.53	0.50	

椭圆形封头强度较核公式为：

$$\sigma^t = \frac{p[KD_i + 0.5(S-C)]}{2(S-C)} \leqslant [\sigma]^t\phi \tag{5-46}$$

椭圆形封头最大应力公式为：

$$[p] = \frac{2(S-C)}{KD_i + 0.5(S-C)}[\sigma]^t\phi \tag{5-47}$$

标准椭圆形封头的直边高度可按表 5-3 中确定。

表 5-3　标准椭圆形封头厚度与直边高度 h_0　mm

封头材料	碳素钢、普通钢、复合钢板			不锈钢		
封头壁厚	4～8	10～18	≥20	3～9	10～18	≥20
直边高度	25	40	50	25	40	50

椭圆形封头中的椭球壳部分，其经线是一条半椭圆线，其上各点曲率半径虽不一样，但曲率半径变化是连续的，没有突变，因而在承受内压时，经线上各点的变化也是渐变的，封头内的应力分布因而也没有突变。封头的椭球壳部分与直边(短筒体)连接处虽然经线曲率有

突变，但理论计算表明，产生边缘应力较小，对封头的影响不大，故可以不作特殊考虑。椭圆形封头的受力状况仅次于半球形封头，而比其他封头要好。而且椭圆形封头的深度比半球形封头浅得多，制造容易，故在压力容器设备中得到广泛应用。不过，在制造时，为保证椭圆形封头几何形状的准确，必须用压力机模压成型，每一种尺寸必须有一套模具，这就需要很多套模具，成本相对高一些。

将公式(5-44)与式(5-36)、式(5-42)相比较，可知，在焊缝系数 ϕ 相同的条件下，标准椭圆形封头的壁厚大约比半球形封头厚一倍，而与圆筒形筒体的壁厚相近。

5.4.2.3 碟形封头

碟形封头，又称为带折边球形封头，如图 5-28 所示。碟形封头由三部分组成：即以 R_i 为半径的球面壳体，以 r 为半径的过渡圆弧（该部分为环形球壳，又称折边）和高度为 h_0 的直边。其球面半径越大，折边半径越小，封头的深度越浅，这对人工锻打成型有利。但考虑到不致使球壳部分与折边部分连接处局部应力过大，规定碟形封头球面部分的半径 R_i 一般不大于与其连接的筒体内径，而折边内半径 r 在任何情况下均不得小于筒体内径的 10%，且应大于三倍封头壁厚。

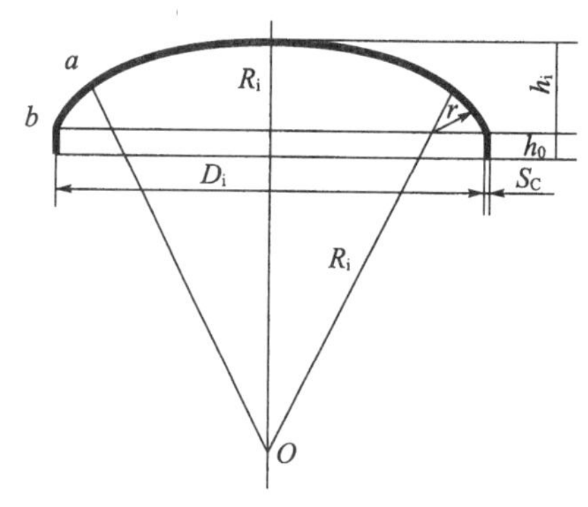

图 5-28 碟形封头

从碟形封头的结构可看出，它是由球面、圆环面和圆筒面三种不同曲面连接而成，图 5-28 中的 a、b 两点是这三种曲面母线的交界处，正是在这儿经线曲率发生突变。受内压时，交接点 a、b 处相邻壳体的变形量是不一样的，但它又互相牵制，因而在交接点及其附近区域除受内压引起的较大的环向薄膜应力外，同时还存在由于自由变形受到限制而产生的边缘应力，其中尤以球面与环面交界处 a 点的边缘应力较大。理论计算和实验都表明，在碟形封头中产生的边缘应力值与薄膜应力相比是较大的，而且随 r/R_i 的比值愈小（即交接点 a 处的曲率变化愈大），其边缘应力就愈大。由于边缘应力的计算相当复杂，为简化计算，工程上采取以碟形封头球面部分的薄膜应力为基础，再乘以形状系数 M 的办法来处理，形状系数 M 可由实验得出，它考虑到边缘应力的影响。于是碟形封头中的最大应力就是：

$$\sigma_{max} = M\sigma_{sP} = \frac{MpR_C}{2S}$$

式中：σ_{sP} ——碟形封头球面内的薄膜应力，MPa；

R_C ——球面中面半径，mm；

S ——封头壁厚，mm。

碟形封头的强度条件为：

$$\frac{MpR_C}{2S} \leqslant [\sigma]^t\phi$$

用 $R_i + \frac{S}{2}$ 代替上式中的 R_C，并用 S_0 表示封头的计算壁厚，则

$$S_0 = \frac{MpR_i}{2[\sigma]^t\phi - 0.5Mp} \approx \frac{MpR_i}{2[\sigma]^t\phi - 0.5p}$$

于是碟形封头的壁厚计算式为：

$$S_C = \frac{MpR_i}{2[\sigma]^t\phi - 0.5p} + C \tag{5-48}$$

式中：M——形状系数。

$M = \frac{1}{4}\left(3 + \sqrt{\frac{R_i}{r}}\right)$，它是由实验得出的并作了适当修正的一个关系式。它表示了碟形封头过渡区曲面与球面交接处的应力较球面部分应力增大的倍数，所以 M 也称为碟形封头的应力增强系数。为便于计算，M 值已制成表格，如表 5-4 所示。

表 5-4　碟形封头形状系数 M

R_i/r	1.00	1.25	1.50	1.75	2.00	2.25	2.50	2.75	3.00	3.25	3.50	4.00
M	1.00	1.03	1.06	1.08	1.10	1.13	1.15	1.17	1.18	1.20	1.22	1.25
R_i/r	4.50	5.00	5.50	6.00	6.50	7.00	7.50	8.00	8.50	9.00	9.50	10.0
M	1.28	1.31	1.34	1.36	1.39	1.41	1.44	1.46	1.48	1.50	1.52	1.54

碟形封头的强度校核公式为：

$$\sigma^t = \frac{p[MR_i + 0.5(S-C)]}{2(S-C)} \leqslant [\sigma]^t\phi \tag{5-49}$$

碟形封头最大应力公式为：

$$[p] = \frac{2(S-C)}{MR_i + 0.5(S-C)}[\sigma]^t\phi \tag{5-50}$$

当碟形封头的球面内半径 R_i＝筒体内半径 D_i，过渡圆弧内半径 $r=0.1D_i$（即 $R_i/r=6.67$）时，称为标准碟形封头，此时，$M=1.4$ 时，于是标准碟形封头的壁厚计算公式可为：

$$S_C = \frac{1.4pD_i}{2[\sigma]^t\phi - 0.5p} + C \tag{5-51}$$

式(5-51)与式(5-44)比较，可知标准碟形封头壁厚比标准椭圆形封头壁厚增加 40%，比较笨重，不够经济。碟形封头的优点是深度比椭圆形封头还浅，易于模压成型或锻打成型。锻打时用两种胎具：即球面胎具和过渡区胎具，这样制作不同直径的封头就不像椭圆形封头那样需要很多模压胎具，比较方便。但随着设备制造业的发展，机械冲压成型将代替手工成型，因而碟形封头也将被椭圆形封头所代替。

上述三种凸形封头与筒体的连接，可用法兰连接，也可以用焊接连接。采用焊接连接时，应采用对接焊。如果封头与筒体的壁厚不同，为减小边缘应力，应将较厚的一边切去一部分，尽可能采用等厚焊接，如图 5-29 所示。

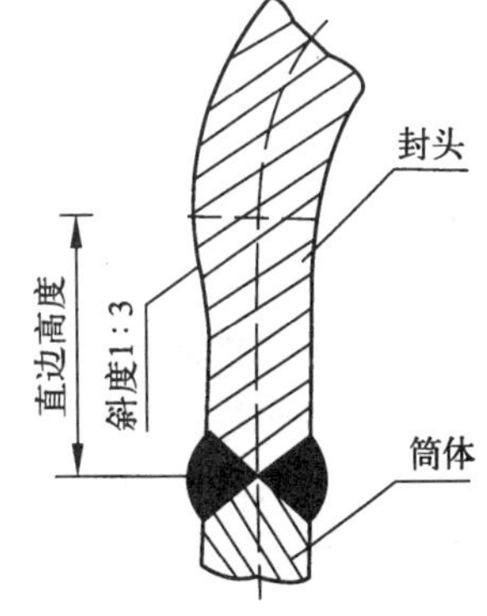

图 5-29　壁厚不同的对接焊

5.4.2.4　无折边球形封头

为了进一步降低凸形封头的高度，将碟形封头的直边与过渡圆弧部分（折边），统统去掉，只留下球面部分，并把它直接焊在圆筒上，这就构成了无折边球形封头，如图 5-30 所示。封头的球面半径一般取等于圆筒壳的内直径或 0.9 倍的内直径。无折边球形封头既可用作容器中两个相邻承压空间的中间封头，也可以用作容器的端盖封头。封头与筒体连接的角焊缝应采用全焊透结构,因此要适当控制封头厚度以保证焊接质量。

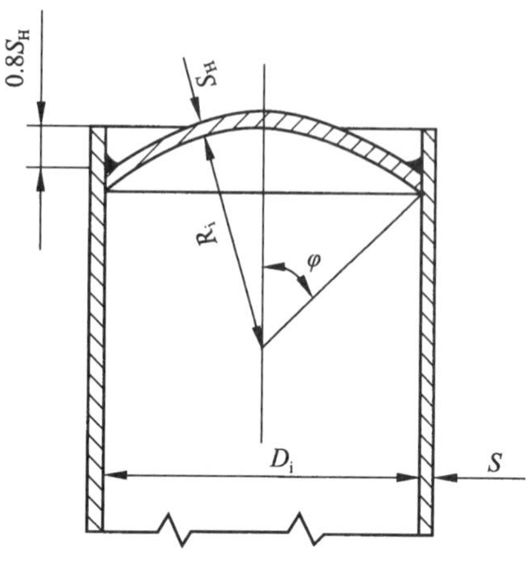

图 5-30 无折边球形封头

无折边球形封头是球壳的一部分,所以它的薄膜应力可利用球壳的应力公式计算,即:

$$\sigma_m = \sigma_\theta = \frac{pR_c}{2S_H}$$

式中:R_c——封头球面的中面半径,mm;

S_H——无折边球形封头的壁厚,mm。

若取 $R_c = D$(圆筒壳中面直径),则封头与筒体等厚,封头内的应力与筒体内的环向应力相等。显然,封头内的这种应力不会使封头在强度上出现问题,然而在封头与筒体的连接处,却存在着很大的局部应力。在内压作用下,由于封头与筒体的径向变形量不同,在连接边缘就产生很大的边缘应力。同时由于连接处两壳体经线不仅是曲率发生突变,而且经线还产生突然转折,经线没有公切线(即二经线间不存在过渡圆弧),这样还要产生很大的横推力。由图 5-7 可以看出,受内压的封头之所以未被筒体内的压力顶跑,是由于筒体拉住了它。根据作用与反作用定律,在连接边缘处的封头切线方向也有一圈拉力 T 作用在筒体上,图 5-31 表示的就是封头对筒壁的作用力。它的垂直分量 Q 使筒壁产生轴向拉应力,它的水平分量 N 即为横推力,其方向沿连接处筒体半径方向并指向圆心,均布在连接处的圆周上,造成筒壁的进一步纵向弯曲,使筒壁在与封头的连接处产生更大的局部弯曲应力。因此,在确定无折边球形封头的壁厚时,重点主要在上述这些局部应力上。计算这些局部应力,严格来说应采用有力矩理论,可它相当复杂,为简化计算,工程上仍将其当作无力距受力状态来处理,采用带有经验系数的公式来计算。由于采用这种封头时的薄弱环节是连接边缘处的筒壁,所以工

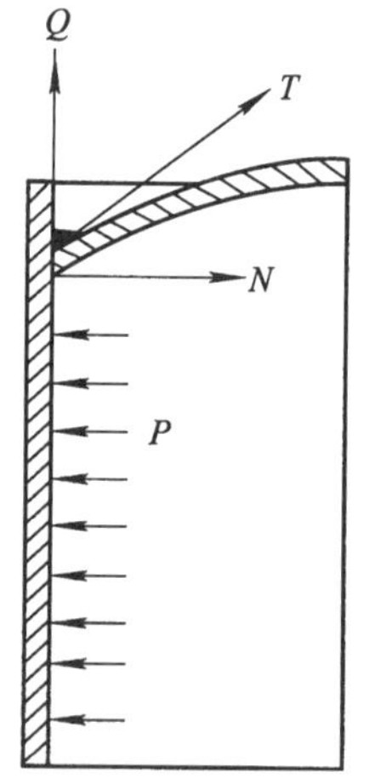

图 5-31 无折边曲线封头

程计算仍采用以与封头连接处的筒体的环向应力为基础，乘以局部应力系数 K 来表示连接处的最大应力，即：

$$\sigma_{max}=K_{p}\sigma_{\theta}=\frac{KpD_{i}}{2\,(S-C)} \tag{5-52}$$

式中：σ_{max} ——封头与筒体连接处的最大应力，MPa；

$p\sigma_{\theta}$ ——由介质内压引起的位于与封头相连处的筒壁环向薄膜应力，MPa；

D_i ——圆筒内直径，mm；

S ——与封头连接处筒体的实际壁厚，它往往大于筒体其他部位的厚度，这里 S 就是筒体加强段的厚度，mm；

C ——壁厚附加量，mm；

K ——局部应力系数。

系数 K 的大小反映连接处应力水平的高低，其值可由图 5-32 查得，该图只适用于球面半径 $R_i=D_i$ 的情况，当 $R_i=0.9D_i$ 时，求 K 值的线图可查 GB 150《钢制压力容器》。

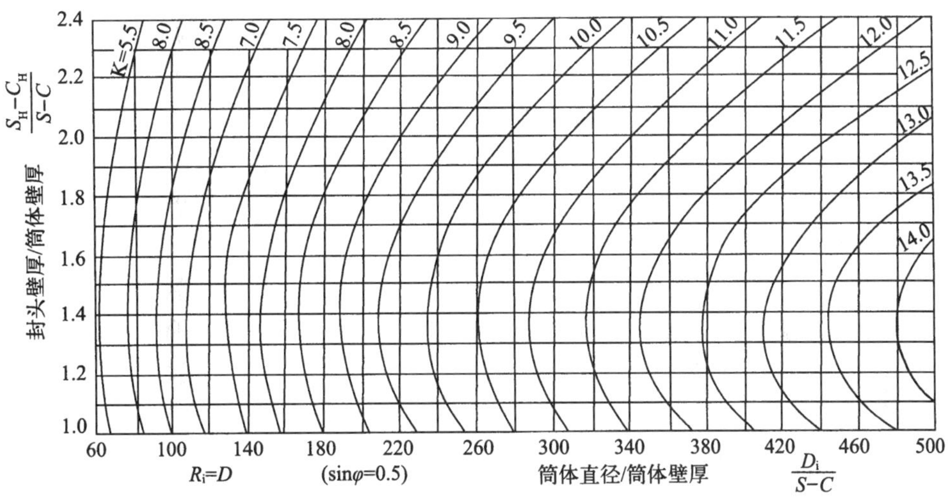

图 5-32　无折边封头局部应力系数 K 的计算图

由式(5-52)求得的最大应力 σ_{max}，虽然包括一次应力，但主要是二次应力，所以应按二次应力对待。前节已经讲过，二次应力是一种具有局限性和自限性的应力，即使这种应力达到了材料的屈服极限，也只能使筒壁产生局部塑性变形，只要将这种局部塑性变形控制在一定的范围内，这一局部应力就不会使筒体失效。已经知道，满足这一要求的条件，即下式：

$$\sigma_{max}\leqslant 3\,[\sigma]^{t}$$

式中：$[\sigma]^{t}$ ——筒体材料在设计温度下的许用应力，MPa。

无折边球形封头的计算步骤如下：

(1) 根据筒体实际壁厚 S，算出 $\frac{D_i}{S-C}$ 值；

(2) 假定封头壁厚 S_H，算出 $\frac{S_H-C_H}{S-C}$ (C_H 为含加工减薄量 C_3 的值)；

(3) 由图 5-8 查得局部应力系数 K 值;

(4) 按式(5-52)算出筒体的最大局部应力 σ_{max},并按 $\sigma_{max} \leqslant 3[\sigma]^t$ 进行校核;

(5) 若 $\sigma_{max} \leqslant 3[\sigma]^t$,所确定的 S_H 和 S 可用;若 $\sigma_{max} > 3[\sigma]^t$,应另行假定 S_H 值或增加筒体壁厚 S,重新计算 σ_{max} 值,直到满足 $\sigma_{max} \leqslant 3[\sigma]^t$ 为止。

通常,在开始假定封头壁厚 S_H 时,常取 S_H 等于或略大于筒体壁厚 S。从图 5-32 可看出,在连接边缘所产生的最大局部应力,至少要超过筒体环向应力的 5 倍以上。如果筒体壁厚是按式(5-37)确定的,且设计裕量又不大时,(即设计压力下的薄膜应力接近材料许用应力时),这就可能使得 $\sigma_{max} = K_p \sigma_\theta = \dfrac{KpD_i}{2(S-C)} \leqslant 3[\sigma]^t$ 的强度条件无法满足。唯一有效的解决方法就是加厚筒壁,S 增大了,查得的 K 值就减小,这就使得最大局部应力减小。从图 5-32 可也可看出,此时若加厚封头,对降低最大局部应力就不起多大作用。

此外,为了承受连接处局部高应力,只需要局部加强筒壁就行了,不必整体加强,否则筒体变得十分笨重,浪费材料,也不符合等强度原则。这样就使得连接处附近的筒壁,往往比圆筒其他部位稍厚。筒壁局部加强的结构,如图 5-33 所示。筒体加厚段的长度 L 应满足如下条件。

(1) 容器端部封头,$L \geqslant 2\sqrt{0.5D_iS}$ mm。

(2) 对中间封头,在封头两侧均须使 $L \geqslant 2\sqrt{0.5D_iS}$ mm,且加厚的筒节长度不小于400 mm,取上述要求的最大值。

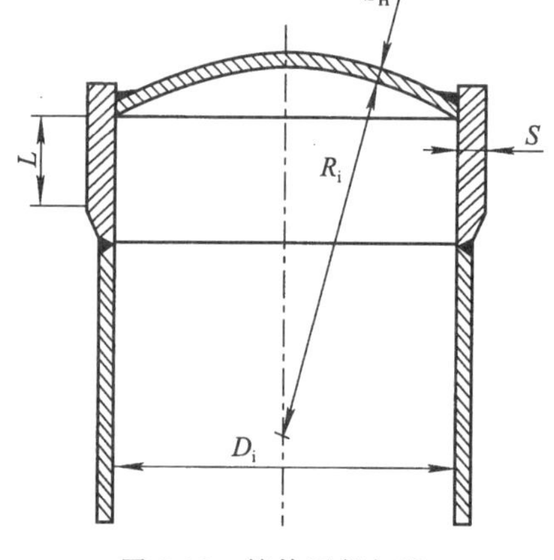

图 5-33 筒体局部加强

最后必须指出,无折边球形封头虽然简单,但与它相连接的筒体上存在着大的局部应力,使筒体的应力分布很不均匀,所以一般只用于常压、低压或虽有一定压力但直径不大的容器上。

强度校核公式为:

$$\sigma^t = \frac{KpD_i}{2(S-C)} \leqslant 3[\sigma]^t$$

最大压力判定式为:

$$[p] = \frac{2(S-C)}{KD_i} 3[\sigma]^t$$

5.4.2.5 锥形封头

锥形封头广泛地用作容器的底盖,以便卸去固体颗粒或结晶液体。有时锥形壳体还连接两节直径不等的圆筒,以达到改变流体流速,满足工艺上不同流体均匀混合的要求。这时的锥形壳体叫变径段。变径段与锥形封头的区别,前者大段直径与小段直径相差不大,而后者大段直径与小段直径相差甚大,而且半锥角一般也比前者大。

根据锥形封头与圆筒连接处有无过渡圆弧(即环壳,又称折边),锥形封头分为无折边锥形封头如图 5-34a 和有折边折边封头如图 5-34b 两种。

1. 无折边锥形封头

无折边锥形封头由于它和圆筒连接处,经线发生了突然转折,两经线无公切线,所以在连接边缘处相邻壳体上既存在由于自由变形不一致引起的边缘应力,同时还存在着由横推力引起的局部弯曲应力。锥形封头与筒体连接处的横推力如图5-35所示,图中画出的是封头作用于筒体上的力。

目前解决锥形封头连接边缘局部应力,有下列两种方法。

(1) 将连接处附近的封头和筒体壁厚增大,这种方法叫做局部加强,如图5-36所示。但由于这种结构制造时比较麻烦,实际用的不多。

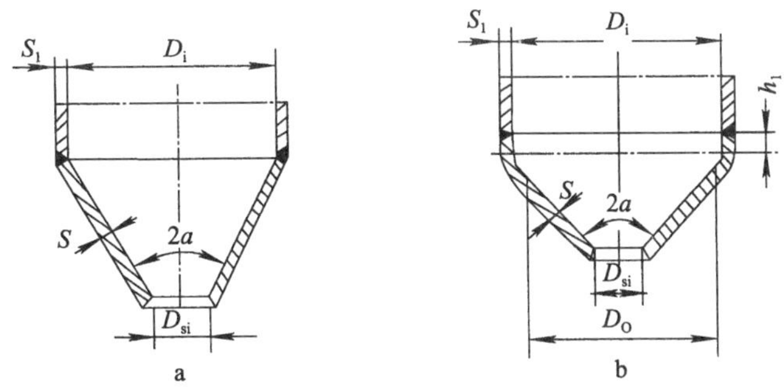

图5-34　无折边的和带折边的锥形封头

(2) 采用带折边的锥形封头,如图5-34b所示。这种封头由锥体、过渡圆弧(折边)和高度为h_0的直边三部分构成。由于存在折边,壳体经线已无突然转折,经线曲率虽有突变,但已大为缓和,连接边缘处的边缘应力也相应减小。

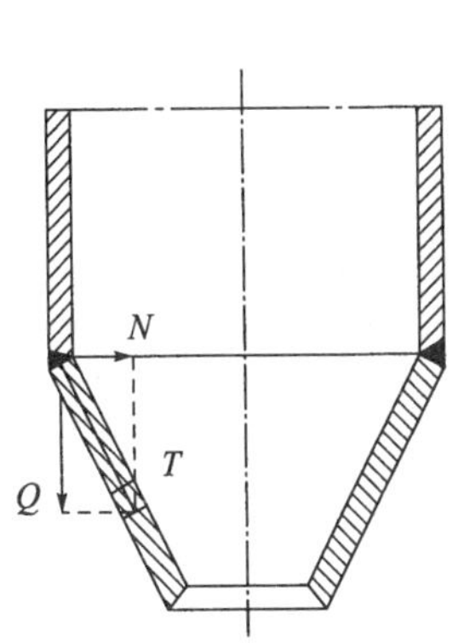

图5-35　锥形封头的横推力

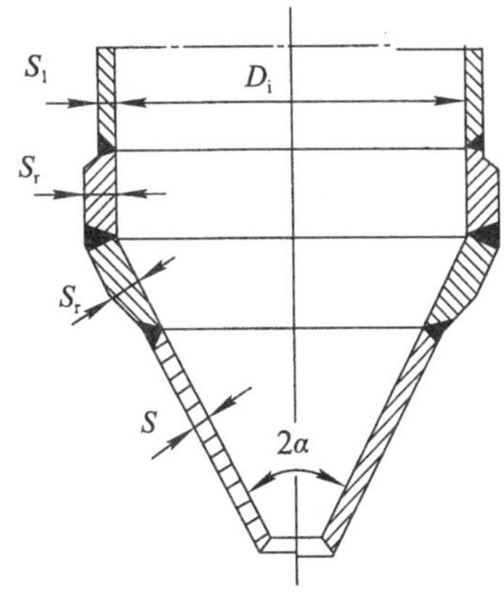

图5-36　局部加强的锥形封头

无折边封头仅适用于半锥顶角$\alpha \leqslant 30°$、设计压力较低$p < 0.3$ MPa的工况。设计压力稍高,就须采用有加强结构的无折边锥形封头或带折边的锥形封头。当$\alpha > 30°$时,就应采用带折边的锥形封头了。

2. 带折边锥形封头

带折边锥形封头,锥体大端与圆筒连接处的折边内半径r应不小于锥体大端内径的10%,且不小于锥体壁厚的3倍。标准带折边封头有半锥角α为30°及45°两种,锥体大端折边内半径$r=0.15D_i$(D_i为锥体大端内直径)。

由于带折边(过渡区)锥形封头的折边部分与锥体部分受力不同,前者主要产生边缘应力,后者主要是薄膜应力,因此,应按折边与锥体两部分分别计算。当整个封头采用同一厚度时,应取下述两式计算中的较大值。

(1) 折边(过渡区)壁厚

折边部分的壁厚计算公式为:

$$S_C = \frac{KpD_i}{2[\sigma]^t\phi - 0.5p} + C \tag{5-53}$$

式中,K 为折边形状系数,K 是与半锥角 α 及 r/D_i 相关的系数,其值列于表 5-5。

表 5-5 带折边锥形封头折边形状系数 K 值表

α \ R/D_i	0.10	0.15	0.20	0.30	0.40	0.50
10°	0.66	0.61	0.58	0.54	0.52	0.50
20°	0.70	0.64	0.60	0.55	0.52	0.50
30°	0.75	**0.68**	0.64	0.57	0.53	0.50
45°	0.93	**0.82**	0.74	0.64	0.56	0.50
50°	1.03	0.89	0.80	0.68	0.58	0.50
55°	1.16	1.00	0.89	0.73	0.60	0.50
60°	1.35	1.14	1.00	0.79	0.63	0.50
65°	1.63	1.36	1.17	0.89	0.68	0.50
70°	2.08	1.70	1.43	1.04	0.75	0.50
75°	2.90	2.32	1.91	1.31	0.87	0.50

注:黑体字是标准带折边锥形封头的 K 值。

式(5-53)的来源与碟形封头壁厚计算公式的来源一样,只不过 M 换成了 K。因为,这两种封头中的折边部分都是环形壳体,这是两者的共同点,所以处理的方法也相似。所不同的是碟形封头中与折边连接的是球面,而这里是一个锥体。但是,我们可以把这里锥壳转换成一个"相当的球壳",如图 5-37 所示。条件是使作用在这个"相当球面"上的压力,对折边所产生的应力效果和作用在该锥体上的压力对折边所产生的应力效果一样。经过这样的转换后,在计算锥形封头折边部分的壁厚时,就仍可以球壳的应力为基础,并乘以与之相应的应力转换系数 K。从图 5-37 中不难看出,不同形状的锥壳可以转换成相对应的不同形状的球壳,只要使转换的"相当"球壳的球面半径 R 满足下式即可:

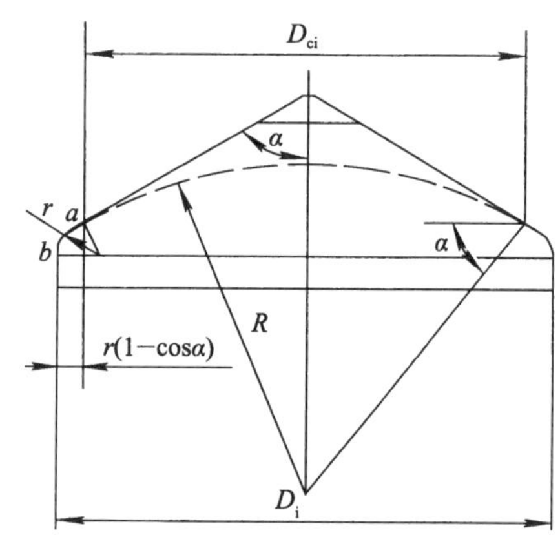

图 5-37 带折边封头的几何尺寸

$$R = \frac{D_{ci}}{2\cos\alpha}$$

应力转换系数 K 也可以理解为折边形状系数,它与碟形封头壁厚的形状系数 M 不同之处在于,M 仅是 r/R_i 的函数,而 K 则是 r/R_i 和 α 的函数。

(2) 锥体壁厚

锥体壁厚计算公式为:

$$S_C = \frac{fpD_i}{2[\sigma]^t\phi - 0.5p} + C \tag{5-54}$$

式中:f ——锥体大端几何转换系数。

由于锥体内某点的薄膜应力随该点所在的位置的锥体半径而定,在与折边相切的 a 点

处的锥体直径是 D_{ci}，如图 5-37 所示。该点处薄膜应力最大，其值为：

$$\sigma_{max} = \sigma_\theta = \frac{pD_{ci}}{2S} \cdot \frac{1}{\cos\alpha}$$

依据上式建立的强度条件，经过一番常规推导，便可得到锥体壁厚计算公式，即：

$$S_C = \frac{pD_{ci}}{2[\sigma]^t\phi - p} \cdot \frac{1}{\cos\alpha} + C \tag{5-55}$$

注意，上式中的 D_{ci} 是折边与锥体相切处锥体的内直径，在计算时使用这个直径很不方便，因此把它转换成锥形封头大端的内直径 D_i。从图 5-37 可看出，两者的关系如下：

$$D_{ci} = D_i - 2r(1-\cos\alpha)$$

将其代入式(5-55)，整理后便可得到前面锥体壁厚公式(5-54)，式中几何转换系数 f 为：

$$f = \frac{1 - 2\dfrac{r}{D_i}(1-\cos\alpha)}{2\cos\alpha}$$

几何转换系数 f 值列于表 5-6。

表 5-6　锥体大端几何转换系数 f 值

α \ r/D_i	0.10	0.15	0.20	0.30	0.40	0.50
10°	0.506	0.505	0.505	0.503	0.502	0.500
20°	0.526	0.522	0.519	0.513	0.506	0.500
30°	0.562	**0.554**	0.546	0.531	0.515	0.500
45°	0.666	**0.645**	0.624	0.583	0.541	0.500
50°	0.722	0.695	0.667	0.611	0.556	0.500
55°	0.797	0.760	0.723	0.649	0.574	0.500
60°	0.900	0.850	0.800	0.700	0.600	0.500
65°	1.046	0.978	0.910	0.773	0.637	0.500
70°	1.270	1.173	1.077	0.885	0.692	0.500
75°	1.645	1.502	1.359	1.073	0.786	0.500

注：黑体字是标准带折边锥形封头的 f 值。

由以上分析可知，式(5-54)是由锥壳的最大环向薄膜应力得来的，而式(5-53)则是以球壳薄膜应力为基础得来的，两者来源不同。将式(5-53)和式(5-54)分别与内压圆筒壳壁厚计算公式(5-36)相比较，可以发现，折边(过渡区)壁厚较圆筒体壁厚薄，而锥体壁厚则较圆筒体壁厚厚，而且锥顶角越大，锥体的壁厚越厚。所以锥顶角不应设计过大，只有工艺生产上要求较大的锥顶角时，才取 $\alpha > 45°$。

对于锥形封头来说，锥体的小端是管接口，与管道连接。这时锥体小端直径与大端直径比值 D_{si}/D_i 较小，一般情况下，锥体小端可不加过渡圆弧，但与锥体小端连接的接口管，其壁厚应在长度为 L 的方位内予以增厚，其值等于锥体壁厚，加厚的长度 L 按下式计算：

$$L = \sqrt{0.5D_{si}S} \tag{5-56}$$

式中：L ——增厚长度，mm；

D_{si}——锥体小端内径，mm；

S——锥体壁厚，mm。

当锥体作为设备的变径段时，锥体小端的直径较大，这时应考虑小端与筒体连接处是否应加过渡圆弧的问题，其具体方法可参阅国标 GB150《钢制压力容器》。

根据强度计算公式，按照封头的推导方式，同样也可以得到强度校核公式和最大压力判定式。

5.4.2.6 平板封头

平板封头又称平盖，也是常用的一种封头。平板封头的几何形状有圆形、椭圆形、长圆形、矩形和方形等，最常用的是圆形平板封头，如图 5-38a 所示。平板封头在内压的作用下，受力状态相当于简子梁，它属于薄板理论，如图 5-38b 所示。图 5-38c 为平板封头的力学模型。根据薄板理论，受均布载荷的圆板，板内将产生两项弯曲应力，一为径向弯曲应力 σ_r，一为环向弯曲应力 σ_θ。为显示这两种应力，可由以夹角为 $d\theta$ 的两个径向平面和半径为 r 与 $r+dr$ 的两个同心圆截面，沿板的厚度切出微体 $abcd$，于是在这个微体的两个同心圆截面上作用于径向弯曲应力 σ_r 和 $\sigma_r+d\sigma_r$，而在微体的两个径向截面上作用于环向弯曲应力 σ_θ，此两项应力沿板厚呈线性分布，如图 5-38(c)所示。

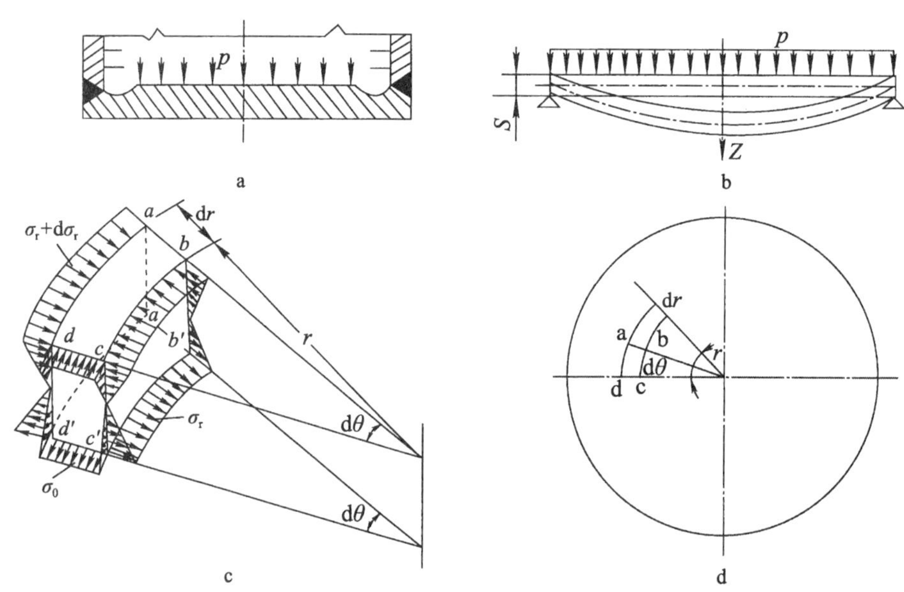

图 5-38 圆平板封头的受力、变形和应力分析

圆平板的弯曲与梁的弯曲不同之处，在于梁中只有一个方向(轴向)的弯矩和正应力，而在圆平板内则存在两个方向(径向和环向)的弯矩和正应力。

根据薄板理论的分析，板内的最大应力可能在板的中心，亦可能在板的边缘，这就要视板的边缘固定的情况而定。对于周边固定(相当于固定梁)受均布载荷的圆平板，其最大应力是径向弯曲应力，产生在圆平板的边缘，其值为：

$$\sigma_{r\max}=\pm\frac{3}{4}p\left(\frac{R}{S}\right)^2=\pm\frac{3}{16}p\left(\frac{D}{S}\right)^2=\pm 0.188p\left(\frac{D}{S}\right)^2 \qquad (5\text{-}57)$$

此时，圆平板下表面的弯曲应力沿半径的分布情况，如图 5-39 所示。

对于周边简支(相当于简支梁)受均布载荷的圆平板，其最大应力产生在平板的中心，此时的径向弯曲应力与环向弯曲应力相等，图 5-40 所示即为这种支撑情况下，圆平板下表面弯曲应力沿半径的分布情况，其最大应力值为：

$$\sigma_{r\max}=\sigma_{\theta\max}=\mp\frac{3\,(3+\mu)p}{8}\cdot\left(\frac{R}{S}\right)^2$$

$$=\mp 1.24p\left(\frac{R}{S}\right)^2 \qquad (当取\ \mu=0.3\ 时)$$

$$=\mp 0.31p\left(\frac{D}{S}\right)^2 \tag{5-58}$$

式中：R,D——分别为圆平板的半径和直径，mm；

S—— 圆平板的厚度，mm。

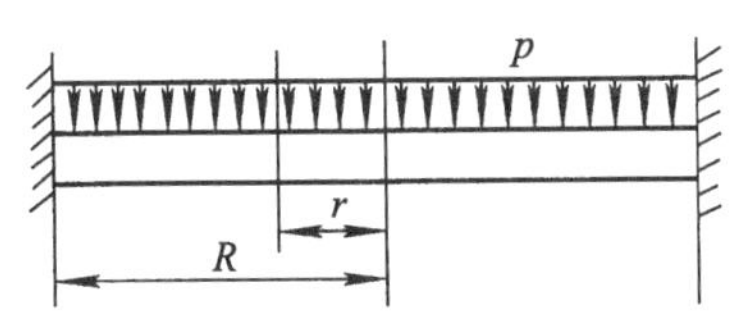

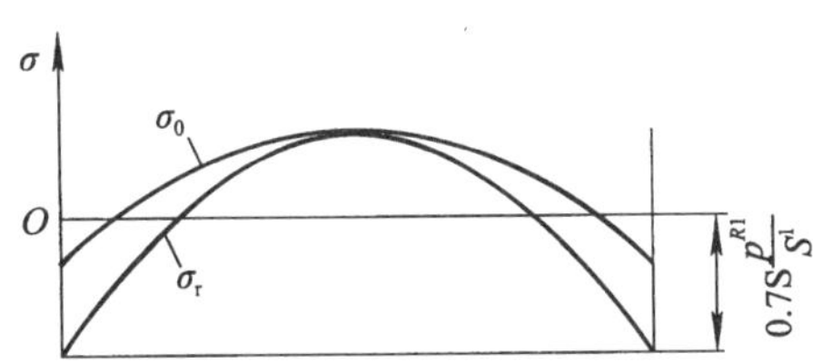

图 5-39　周边固定圆平板下表面应力分布图

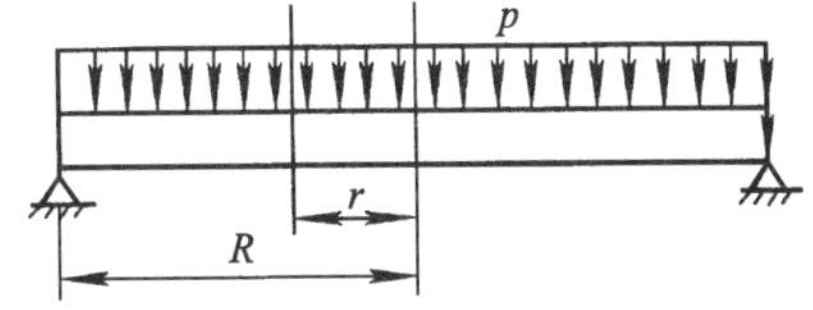

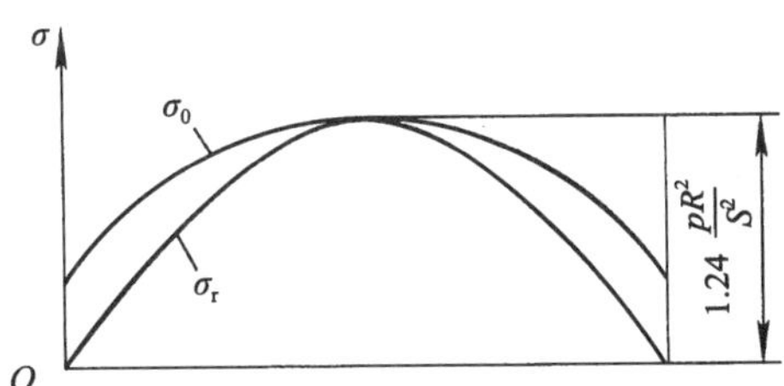

图 5-40　周边简支圆平板下表面应力分布图

由(5-57)和(5-58)两式可知，薄板的最大弯曲应力 $\sigma_{\max}$ 与 $\left(\frac{R}{S}\right)^2$ 成正比，而薄壳的最大拉(压)应力 $\sigma_{\max}$ 与 $\left(\frac{R}{S}\right)^2$ 成反比。换言之，当平板的半径与容器的半径相同，板厚与容器壁厚相等，承受同样内压时，则在板内产生的最大应力将是筒体环向薄膜应力 $\frac{pR}{S}$ 的 0.75 $\frac{R}{S}$ 倍(周边固定圆板)或 1.24 $\frac{R}{S}$ 倍(周边简支圆板)。因此可见，在相同的 $\frac{R}{S}$ 和相同的载荷 p 的情况下，薄板中所产生的应力要比薄壳中大得多；也就是说，在相同操作压力和相同直径下平板封头要比凸形封头厚得多。但是，由于平板封头结构简单，制造方便，故而在压力不高，直径较小的容器中，采用平板封头比较经济简便。对于压力容器的人孔、手孔等在操作时需要用盲板封闭的地方，也广泛采用平板封头。此外，在高压容器中，平板封头用的很普遍，这是因为高压容器的封头很厚，直径又相对较小，凸形封头的制造较为困难，于是宁可多消耗材料采用平板封头以换得制造的便利。当然，随着制造技术的进步，受力最好的半球形封头在高压容器中亦已开始使用。

周边固定和周边简支的圆平板，在承受均布载荷时，其最大弯曲应力分别用式(5-57)和式(5-58)算出，这两个公式可以改写成如下统一的形式：

$$\sigma_{\max} = K\frac{pD^2}{S^2} \tag{5-59}$$

式中，K 是与平板周边支撑方式有关的系数，称为板边结构特征系数。周边固定时，$K=0.188$；周边简支时，$K=0.31$。但是，实际上当平板作为封头使用时，平板与筒体之间的连接究竟属于何种支撑方式很难正确判定，往往即非理想的刚性固定，又不是理想的铰接，而常常是介于这两种极端的情况之间，因而公式中的系数也是在 0.188～0.31 之间。此外，平板封头与筒体的连接处由于两者变形不同，互相牵制，平板封头必然会对筒体造成相当大的边缘应力。对待这样比较复杂的工程实际问题，进行纯理论上的计算，往往不完全符合实际情况，因此，由薄板理论得出的公式中的系数 K 应按设计的具体结构型式确定。

根据强度条件

$$\sigma_{\max} = K\frac{pD^2}{S^2} \leqslant [\sigma]^t\phi$$

于是可得圆平板封头厚度的计算公式为：

$$S_C = D_c\sqrt{\frac{Kp}{[\sigma]^t\phi}} + C \tag{5-60}$$

式中：D_c ——计算直径，在大多数结构中 D_c 就是设备内径，在有些结构中，D_c 可能稍大于设备内径，详见表 5-7 中的简图；

K —— 板边结构特征系数，其值也列于表 5-7 中。

其他符号的意义同前。

平板封头的厚度比其他任何一种封头都大，而且是大很多。如果容器直径再增大一些，那么厚度还将更大。所以平板封头是根本不适宜用于直径较大的压力容器上。

表 5-7 平板封头板边结构特征系数 K

序 号	简 图	K	备 注
1		$K=\frac{1}{4}\left[1-\frac{r}{D_c}\left(1+\frac{2r}{D_c}\right)\right]^2$ 且 $K\geqslant 0.16$	只适用于圆形平盖 $r\geqslant S_1$ $h>S$
2		$0.5m(m=S_0/S_1)$ 且不小于 0.3	$f\geqslant 1.25S$
3		0.35	$S_1\geqslant S_1+3\text{mm}$

续表

序　号	简　图	K	备　注
4		$0.5m(m=S_0/S_1)$ 且不小于 0.3	$r\geqslant1.5S_1$ $S_2\geqslant\frac{2}{3}S$　且不小于 5 mm
5		$0.3+\frac{1.78Qh_C}{pD_c^3}$	Q—操作或预紧螺栓时的设计载荷

注：1. S_0—筒体计算壁厚，不包括壁厚附加量；

2. S_1—筒体壁厚，不包括腐蚀裕量。

小结

前面我们对各种封头以及它们在与相同条件（如材质、操作温度、设计压力、容器直径、焊缝系数、壁厚附加量等均相同）下的筒体的壁厚情况，进行过分析和比较；下面我们再对标准折边锥形封头与筒体的壁厚以及它们与平板封头三者之间的关系作些分析和比较，作为本节的一个小结。

(1) 由圆筒和标准折边锥形封头各自的壁厚计算公式(5-36)和式(5-54)：

$$S_C=\frac{pD_i}{2[\sigma]^t\phi-p}+C=\frac{0.5pD_i}{[\sigma]^t\phi-0.5p}+C$$

$$S_C=\frac{0.544pD_i}{[\sigma]^t\phi-0.5p}+C\qquad(\alpha=30°\text{ 时})$$

$$S_C=\frac{0.645pD_i}{[\sigma]^t\phi-0.5p}+C\qquad(\alpha=45°\text{ 时})$$

可以看出，折边锥形封头的壁厚约为筒体壁厚的 1.1 倍（$\alpha=30°$时）和 1.29 倍（$\alpha=45°$时）。

(2) 当 $\alpha\to0$ 时，锥形封头就愈接近于圆筒；当 $\alpha>45°$并继续增加，则由于几何转换系数 f（见表 5-6）的增加，锥形封头的壁厚将大为增加；显然，当 $\alpha\to90°$时，锥形封头就趋近于平板封头，此时薄壳转化为薄板，受力情况由拉伸转变为弯曲发生了的质变，作用于远离连接边缘截面上的应力，也从均匀分布的薄膜应力（对锥壳而言，是指同一平行圆处截面上的应力均匀分布）转换为不均匀分布的弯曲应力。

5.5　压力容器的附件

5.5.1　法兰连接件

1. 法兰连接件的组成和密封原理法

法兰连接是作为筒体与封头、筒体与筒体、管道之间、管道与阀门等管件的可拆性连接。它是由一对法兰，数个螺栓、螺母和密封垫片组成，如图 5-41 所示。法兰连接由于有较好的强度和密封性能，故得到广泛的应用。缺点是不能快速拆卸，制造成本也较高。

法兰连接密封的原理是：借助螺栓的预紧力，压紧法兰间的密封垫片，并使其填满法兰密封面的凹陷沟槽，呈密封状态，密封面与垫片的连接如图 5-42 所示。螺栓预紧力的计算，可查阅有关手册如《机械零件手册》等。

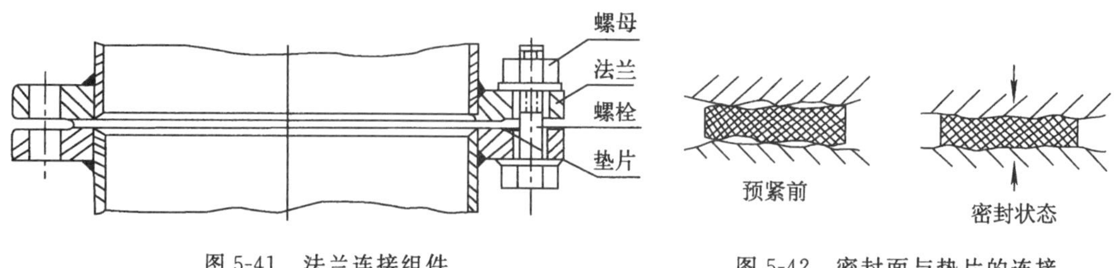

图 5-41 法兰连接组件

图 5-42 密封面与垫片的连接

2. 法兰的结构与类型

从设备或管道的连接方式看，法兰连接可分为三类：

(1) 整体法兰

法兰与设备或管道不可拆卸地固定在一起时叫整体法兰。整体法兰的结构，根据筒体或管道与其连接的方式，又分为平焊法兰和对焊法兰两种，如图 5-43 所示。

平焊法兰如图 5-43a、b 所示，制造容易，应用广泛，但它的缺点是刚性差，受力后容易产生变形，如图 5-44 所示，这样造成密封失效，所以平焊法兰应用的压力范围较低（$p \leqslant 4$ MPa）。

对焊法兰又叫高颈法兰，如图 5-43c 所示。法兰颈的存在，提高了刚性，颈的根部较筒壁厚，又降低了此处的附加弯曲应力，同时采用对焊比平焊的填角焊缝强度也高。所以对焊法兰宜用于温度、压力较高和设备直径较大的场合。

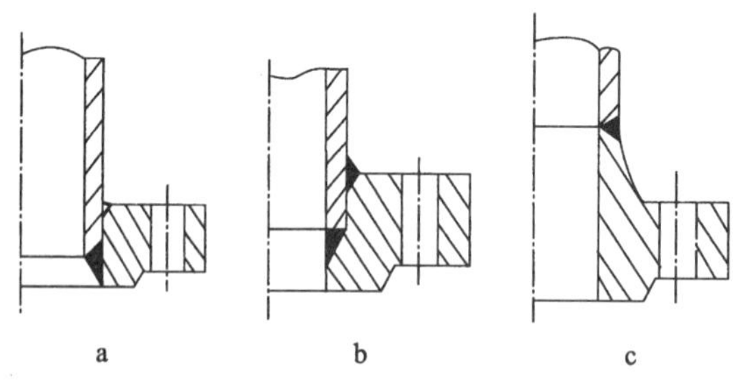

图 5-43 整体法兰

a. 平焊管法兰；b. 平焊设备法兰；c. 对焊法兰

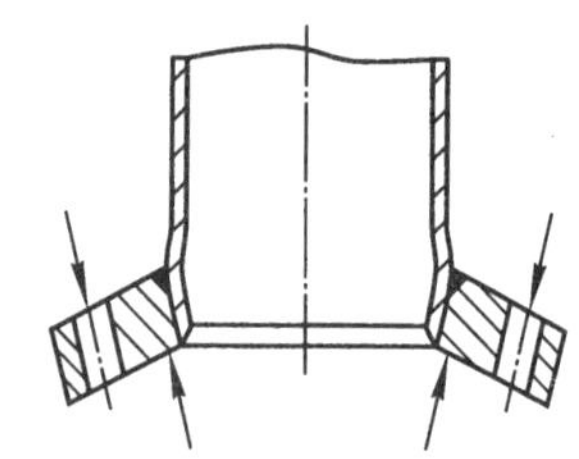

图 5-44 法兰受力后的变形

(2) 活套法兰

把被连接的筒体、封头、管道的端部做成翻边、焊上焊环或切槽后镶上圆环，将法兰盘活套上去，不需焊接，这样的法兰称为活套法兰，如图 5-45 所示。

活套法兰可以采用与设备、管道不同的材料制造。它多用于有色金属、陶瓷、石墨及其他非金属材料制造的设备或管道上。一般用于压力较低的场合。

（3）螺纹法兰

螺纹法兰多用于管道的连接上，法兰与管壁通过螺纹连接，如图 5-46 所示。两者之间既有连接又不形成刚性整体。这样法兰对管壁产生的附加应力小，因此高压管道常用螺纹法兰连接。

法兰的形状，除常见的圆形外，还有方形、椭圆形等。

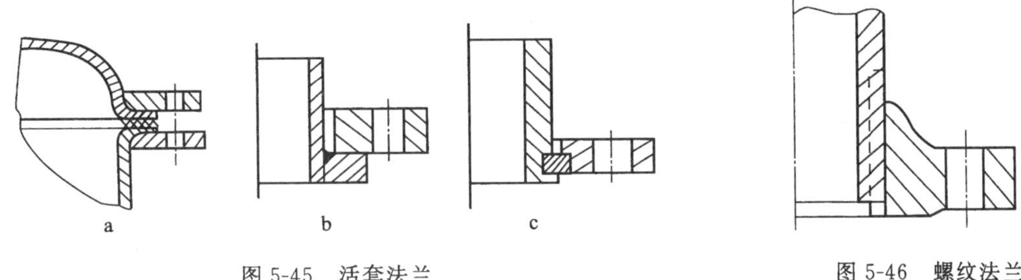

图 5-45　活套法兰

a. 套在翻边上；b. 套在焊环上；c. 切槽镶套

图 5-46　螺纹法兰

3. 法兰连接的密封性设计

法兰连接的设计，就是按已知工艺条件，选择法兰的结构类型，确定法兰尺寸，进行法兰密封性设计。因为法兰已有定型标准（除少数外），所以法兰的尺寸可根据标准确定。剩下的主要问题是进行密封性设计。密封性设计主要包括选择垫片、确定密封面型式、决定螺栓的直径和数目。

（1）密封面结构型式

常用的密封面结构型式有下列三种。

1）平面型：密封面是一种光滑的平面，如图 5-47a 所示。有时在平面上加工成 2～3 条沟槽，俗称水线。这种密封面结构简单，制造方便。但在螺栓把紧后，垫片材料容易滑移，且不易对中压紧，所以密封性差。故适用于压力不高、介质无毒的场合。

2）凹凸型：它是由两个互相匹配的凹凸面所组成，如图 5-47b 所示。垫片在凹面，压紧时凹面外侧的档台挡住垫片不会压出。安装时也容易对中，故可用于压力较高的设备。

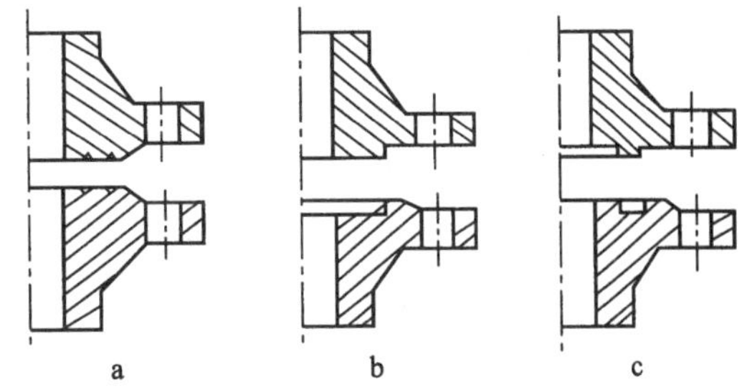

图 5-47　常用密封面结构型式

a. 平面型；b. 凹凸型；c. 榫槽型

3）榫槽型：密封面是由互相配对的榫和槽组成，如图 5-47c 所示。垫片放在槽中不易被挤而流动。因为垫片可以窄些，因而压紧垫片所需的螺栓力也相应较小。这种密封面适用于压力较高，易燃、易爆及密封介质有毒的场合。它的缺点是：制造较复杂，检修时更换垫片较费事，凸榫容易损坏，因此拆装时要小心。

（2）密封垫片的选择

密封垫片的选择主要指的是根据工艺条件（温度、压力、介质特性等）和法兰密封面型式来选择密封垫片的类型、材料和厚度。

密封垫片的类型

常用法兰密封垫片，按其用材和结构可分为金属垫片、非金属垫片、金属和非金属组合型垫片三类。垫片类型的选择，主要依据工作温度和压力来确定。高温、高压工况多采用金属垫片，中温（<450 ℃）、中压可采用组合型或非金属垫片，一般中、低压工况多采用非金属垫片。对垫片材料的要求，主要是耐腐蚀，不污染被密封介质并要有一定的弹性和机械强度（不随温度而变）。

1）非金属密封垫片：常用的非金属密封垫片有四种。即：

① 普通橡胶垫片：适用于温度小于 120 ℃的场合，要特别注意橡胶不耐苯等有机溶剂。

② 石棉橡胶垫片：适用于温度小于 450 ℃的水蒸气，对油类介质温度小于 350 ℃，压力小于 5 MPa 的场合。

③ 耐酸石棉板垫片：适用于酸性等腐蚀性介质。

④ 聚四氟乙烯垫片：适用于有辐射的放射性介质，及某些重要场合。

非金属垫片的型式，如图 5-48a 所示。

2）组合型密封垫片：组合型密封垫片是用薄的低碳钢带（合金钢带）与石棉带一起绕制而成，又称为缠绕式垫片。这种垫片有不带定位圈和带定位圈两种，如图 5-48b、c 所示。前者适用于平面密封，后者适用于榫槽和凹凸面密封。图 5-48d 是金属包垫片，它是用薄金属板将石棉等非金属材料包制而成的密封垫片。

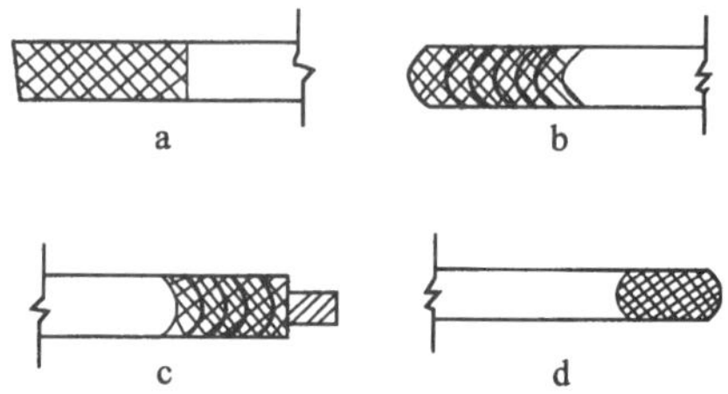

图 5-48 中低压法兰垫片

a. 非金属垫片；b. 不带定位圈缠绕垫片
c. 带定位圈缠绕垫片；d. 金属包垫片

3）金属密封垫片：金属密封垫片，主要用在高温、高压的场合，常用的金属材料有铜、铝、碳钢及不锈钢等。目前，在压水堆核电厂压力容器上采用的就是金属密封垫片，其型式为空心金属 O 形环密封结构，材料为表面镀银的不锈钢，如图 5-49 所示。根据使用条件的不同，O 形环金属密封垫片有三种结构：

① 普通空心 O 形环金属密封垫片：这种空心 O 形环金属密封垫片的密封为线接触密封，在较小的螺栓预紧力作用下即可达到密封要求。结构比较紧凑。一般用于中、低压压力容器上。

② 自紧式空心 O 形环金属密封垫片：这种空心 O 形环结构是在环的内侧钻透若干径向小孔，介质应力通过小孔传至环的内腔，从而形成自紧，以保持良好的密封性能。自紧式空心 O 形环金属密封垫片可用于压力 $p=280$ MPa 的高压容器上。

③ 充气式空心 O 形环金属密封垫片：这种空心 O 形环金属密封垫片是在环的内腔充入一定压力的惰性气体，充气压力为 $p=3.5\sim10.5$ MPa，以便 O 形环在高温

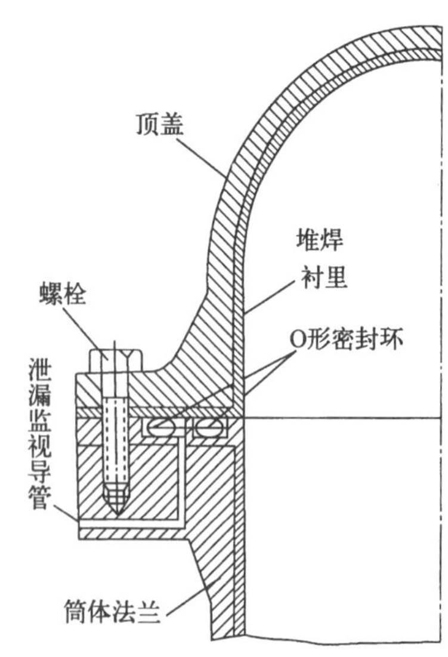

图 5-49 O 形环金属密封

下保持良好的回弹性和密封比压，达到高温密封的要求。对于不锈钢制的空心 O 形环金属密封结构，最高使用温度为 400 ℃，用因科镍合金制的充气式空心 O 形环金属密封垫片，使用的温度更高。

5.5.2　容器支座

1. 卧式容器支座

卧式容器支座有三种型式，即鞍座、圈座和支腿，如图 5-50 所示。

小型设备可选用支腿结构支承；因自身重量可能造成严重弯曲的大直径薄壁容器可采用圈座；鞍座应用最广，故本节只介绍鞍座。

(1) 鞍座的结构

1) 鞍座的结构：如图 5-51 所示。它是由护板、横向腹板(又称横向直立筋板)、轴向腹板(轴向直立筋板)和底版组成。

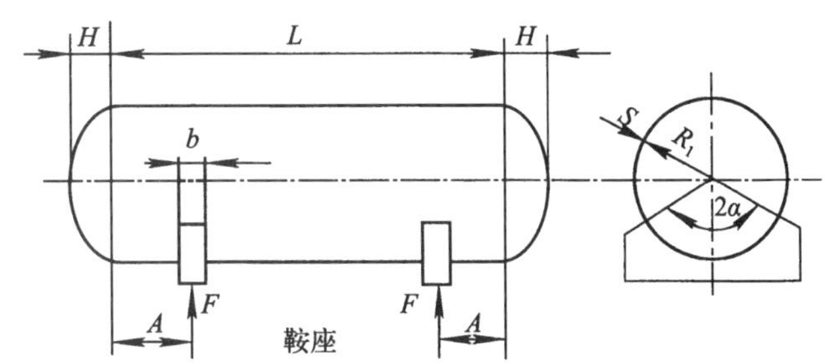

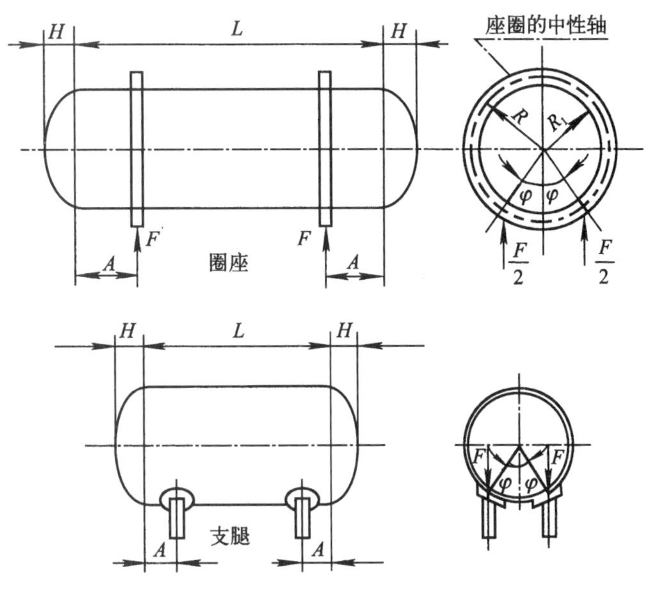

图 5-50　卧式容器支座典型型式

2) 鞍座数目的选择：放在鞍座上的圆筒形设备，其受力情况和梁相似。从受力分析来看，承受同样载荷且具有同样几何尺寸的梁，采用多支座比采用两个支座，梁内产生的应力小。鉴于此种情况似乎支座数目越多越好，其实不然，具体情况要具体分析，对于大型薄壁容器因制造误差所造成的支座标高不一致，或因地基沉降不均匀，所造成的支撑点水平高度不一致，都会使支承反力不均匀，在设备壁内造成较大的附加应力。同时为避免温差应力，有一个支座的地脚螺栓孔须做成长圆形，安装时不拧紧螺母，以便使其能有自由滑动的可能。最好的办法是一端采用滚动式支座。

3) 支座位置的确定：采用双鞍座时支座位置确定的原则，是在使其支承反力对筒体形成的弯矩相等的原则下，充分利用封头对筒体邻近部分的加强作用。圆筒形筒体端部与鞍座间的距离 A 值的选取，可按下述情况而定。

① 当筒体的长径比 L/D 较小，厚径比 S/D 较大，或在鞍座所在平面内有加强圈时，$A \leqslant 0.2L$。

② 当筒体的 L/D 较大，且在鞍座所在平面内又无加强圈时，$A \leqslant 0.5R_i$。

4）鞍座的包角θ：鞍座所包围圆筒弧长所对应的圆心角称为鞍座包角，如图5-51所示。鞍座包角θ增大，可降低设备的应力但相应使鞍座笨重，也增加了鞍座所承受的水平力。

5）鞍座宽度b的确定：支座b的大小一方面决定设备所给支座的荷载大小，另一方面要考虑支座处筒壁环向应力不超过许用应力值。设备给予鞍座荷载的水平分量将使鞍座两边角分开，鞍座的宽度b必须足够以防止两边角分开。

钢制鞍座的宽度b应不小于$10S_0$（筒体计算壁厚），必要时作强度校核。

（2）鞍座的选择

鞍座已有标准（JB 1167—81）。按照设备公称直径的不同，分为四个标准系列。设计和选用时，可查部标JB 1167—81。

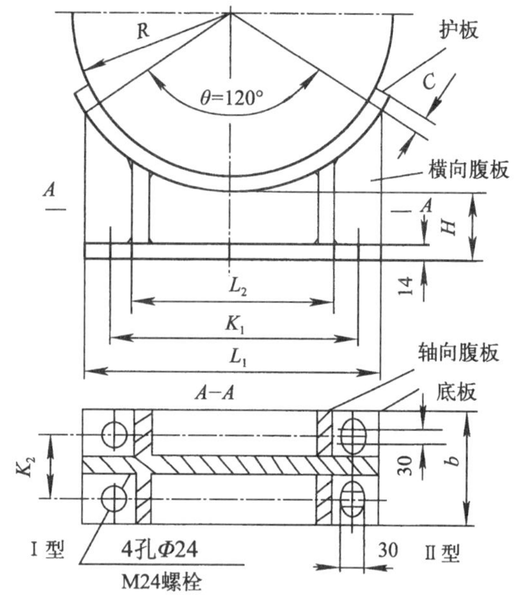

图5-51 鞍座结构

2. 立式容器支座

立式容器的支座有三种：悬挂式、支承式和裙座式（简称裙座）。小型立式容器采用前两种，高大的塔式设备则广泛采用裙座式支座。

（1）悬挂式支座

悬挂式支座如图5-52所示，它是由筋板和支脚板组成。广泛用于立式储罐和热交换器上。它的优点是：结构简单、轻便，但对器壁产生较大的局部应力。因此，当设备较大或器壁较薄时，应在器壁与支撑座之间加一块垫板，图5-52所示就是带垫板的悬挂式支座。

每台设备一般配置2～4个支座，考虑到设备安装时支座最坏的受力情况，在确定支座尺寸时，一律按两个支座计算。

小型设备的悬挂式支座，可以支承在管子或型钢制成的柱子上。大型设备的悬挂式支座则往往支承在钢梁或混凝土制基础上。

悬挂式支座已标准化。标准中按支座的支脚板长短规定了A型和B型两组尺寸。设备需保温或直接支承在楼板上时，选B型悬挂式支座。设计或选用标准悬挂式支座时，可查有关手册。

（2）支承式支座

支承式支座，也叫支腿或支脚，常用钢管、角铁、槽钢制成，如图5-53所示。支承式支座也可用钢板组焊而成。用钢板组焊的支承式支座已标准化，设计或选用时，可查有关“手册”。

支承式支座，可以配置加强板，这由支座对筒体所产生的附加应力大小来决定。当不锈钢设备配制碳钢支座时，需加不锈钢垫板。

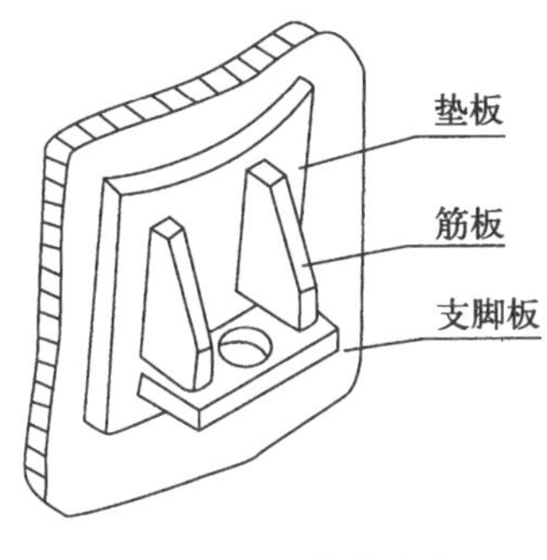

图 5-52　悬挂式支座

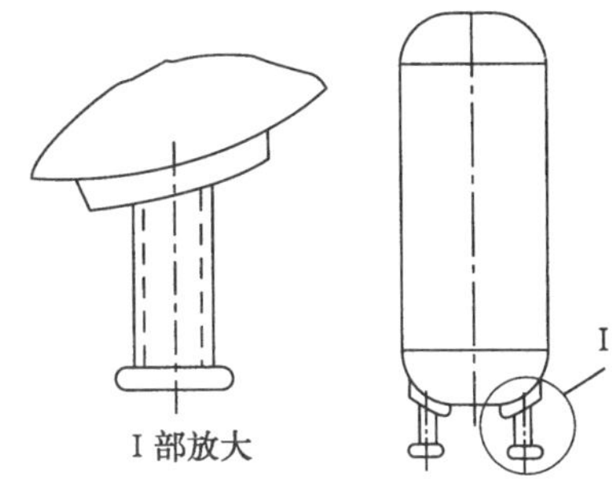

图 5-53　支承式支座

(3) 裙座式支座

它是高大的塔设备和高大立式筒体设备广泛采用的一种支座,它是由座圈、人孔、管孔及其加强管、基础环等组成,如图 5-54 所示。

1) 座圈:它是一个圆形或截锥形筒体,上端与塔体底封头(筒体下封头)焊接在一起;下端焊在基础环上,承受塔体的全部荷载,并把荷载传到基础环上。

2)人孔、管孔及其加强管:在座圈上为了通入工艺接管和方便检修,设置了人孔、管孔,为补强开孔,常在孔缘焊上一段短管。

3) 基础环:基础环是一块环板,它把座圈传来的全部荷载均匀地分布到基础上去。基础环上的螺栓座,由座板和筋板组成,是专供安装地脚螺栓用的。

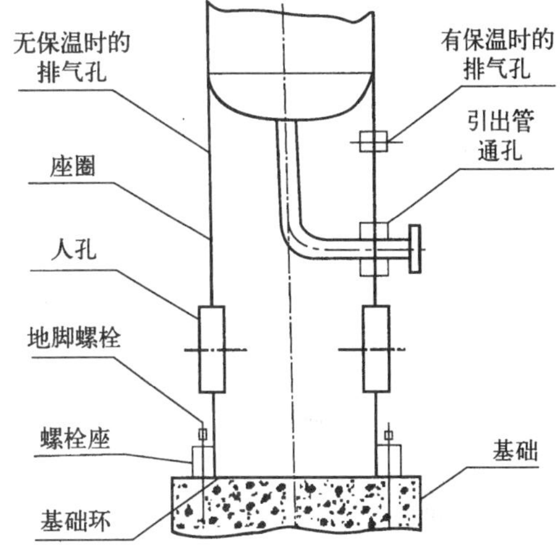

图 5-54　裙座式支座

裙座与塔体(筒体)的连接常采用焊接结构。焊缝的型式有两种:一是对接焊缝,如图 5-55a、b 所示;二是搭接焊缝,如图 5-55c、d 所示。对接焊缝结构要求裙座与塔体(筒体)直径相等,二者对齐焊在一起。对接焊缝受压,可以承受较大的轴向荷载,用于大型塔设备。但由于焊缝在塔体(筒体)底部封头的椭球面上,所以封头受力情况较差。裙座壁厚较小时,用图 5-55a 所示的焊缝结构;裙座壁厚较大时,用图 5-55b 所示的焊缝结构。

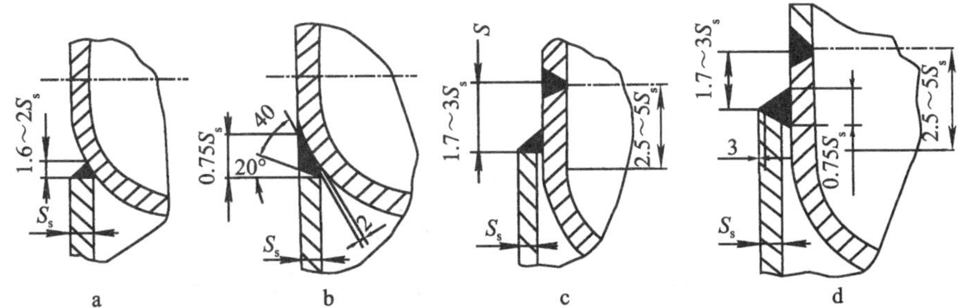

图 5-55　裙座与塔体(筒体)的连接焊缝结构

a,b—对接焊缝;c,d—搭接焊缝

搭接焊缝结构，要求裙座圈内径稍大于塔体外径，这样焊缝可位于封头直边上，对封头来说受力较好，但搭接焊缝受载后产生剪切变形，受力不好。裙座壁厚较小时，用图 5-55c 所示的焊缝结构；裙座壁厚较大时，用图 5-55d 所示的焊缝结构。

关于裙座各部尺寸，需通过强度和稳定计算而定。其方法可参照有关设计手册。

5.5.3 开孔与补强

1. 开孔应力集中现象及其原因

在压力容器的筒体、封头和平盖等元件上，由于工艺和结构的要求，需要开孔或安装接管。容器开孔后，一方面由于容器壁被削弱，引起器壁强度减弱，另一方面由于结构的连续性被破坏，在开孔和接管处产生较大的附加弯曲应力，其应力峰值往往高出正常应力的数倍。

开孔部位局部应力集中的现象，称为开孔应力集中。在应力分类中属于峰值应力。构件某处实际最大应力与该处环向薄膜应力的比值，称为应力集中系数，以 K 表示。当开孔较小时，应力峰值一般是薄膜应力的 3 倍；开孔较大时，可达 3～6 倍。

结构中应力集中系数 K 值越大，说明此处不正常局部应力越大，这些不正常局部应力对容器所产生的影响有点象用针刺气球的情形一样，若针尖很尖时就使气球立即破裂。因此必须降低应力集中系数。为了降低 K 值，必须在容器开孔、接管处进行补强。开孔补强后应力集中系数可显著缓和。

2. 开孔补强设计的原则

目前，各国采用的补强设计方法不同，所依据的原则也不同，主要有下列三种。

(1) 等面积补强法

等面积补强法是一种经验型的设计准则，使用最早，适用范围广。它规定局部补强的金属截面积必须等于或大于开孔所截取的壳壁截面积，其含义就在于补强壳壁的平均强度。这种补强方法是基于补强后强度安全系数能达到 4～5。这种方法偏于保守。

(2) 以极限分析作为设计基础的补强法

如果压力容器仅受蠕变以外的恒定应力作用，这时可采用以极限分析作为设计基础的补强法。采用这种方法，可以使不同的接管，在补强后，都具有相同的应力集中系数，并使其数值为 $K=2.25$。

这样，如果一次薄膜应力强度控制在许用应力 $[\sigma]$ 以下，那么应力集中区的最大应力强度便可控制在 $2.25[\sigma]$ 以下，即：

$$\sigma_{max} = 2.25[\sigma]$$

而以屈服极限为指标的许用应力为：

$$[\sigma] = \frac{\sigma_s}{1.5}$$

代入上式，得：

$$\sigma_{max} = 1.5\sigma_s$$

即采用了这种方法，应力集中区的最大应力将达到屈服极限的 1.5 倍。其结果，将使开孔附近的最大应力作用面沿着整个壁厚方向发生屈服。但是，由于它是局部的，因而不会导致容器失效。

(3) 以安定性要求作为设计准则的补强方法

这种补强方法，也称为弹塑性失效补强法。对于承受低循环荷载作用的压力容器，采用这种补强方法，允许补强后的容器在开孔附近出现塑性变形，但必须保证第一次加载出现塑性变形后，第二次及以后各次重复加载时不再出现新的塑性变形，这就是所谓“安定性要求”，否则便是不安全的，会发生塑性疲劳失效。

根据安定性分析，只要最大应力（名义应力）$\sigma_{max} \leqslant 2\sigma_s$，就可满足上述要求。

采用这种补强方法，对不同的开孔接管，补强后都具有相同的应力集中系数，即 $K=3$。

极限设计和安定性补强设计，都必须采用整体补强结构。

3. 补强形式

目前所采用的开孔或接管补强型式多种多样，究竟采用哪一种补强形式，不仅要看设备的操作条件及技术要求，而且要考虑焊接以及其他机械加工，甚至探伤检验技术的难易程度等。

开孔和补强形式概括起来有以下四种：

(1) 内加强平齐接管：将补强金属加在接管或壳体的内侧，如图 5-56a 所示。

(2) 外加强平齐接管：将补强金属加在接管或壳体的外侧，如图 5-56b 所示。

(3) 凸出接管对称补强：凸出接管的内伸和外伸部分，实行对称加强，如图 5-56c 所示。

(4) 密集补强：将补强金属集中加在接管与壳体的连接处，如图 5-56d 所示。

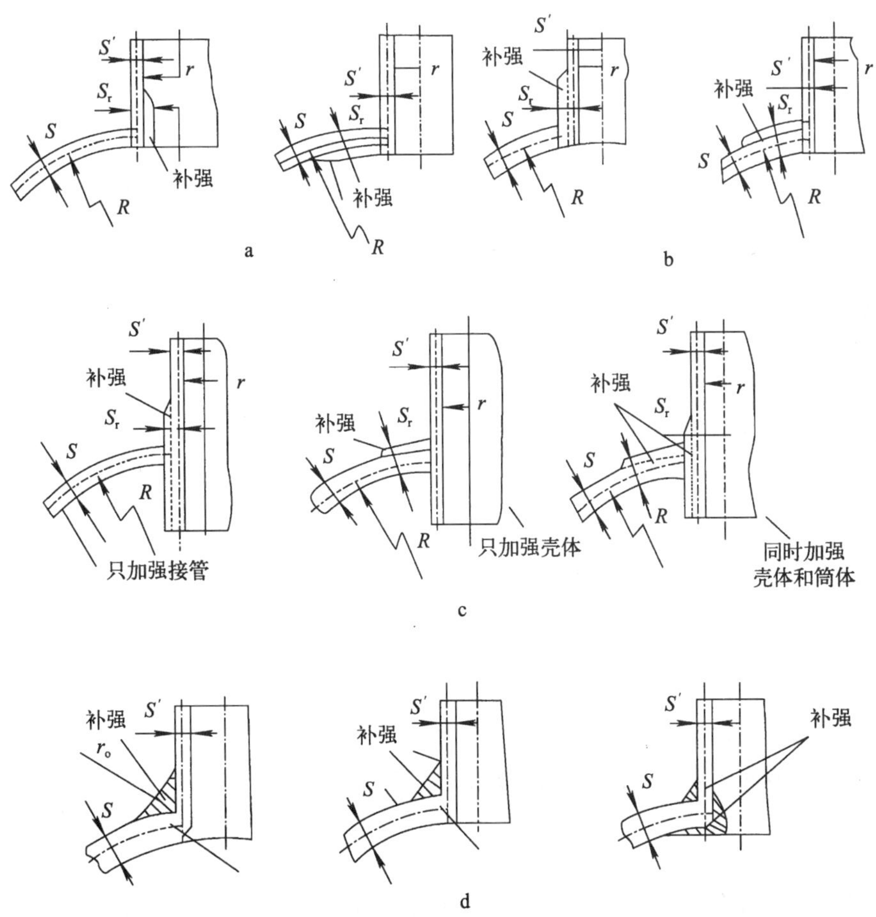

图 5-56　补强的几种形式

a. 内加强平齐接管；b. 外加强平齐接管；c. 凸出接管对称加强；d. 密集补强

理论和试验研究证明，从强度的角度看，密集补强最好，对称凸出接管次之，内加强第三，外加强效果最差。

在同样的补强面积下，采用凸出接管其应力集中系数 K 值比平齐接管下降 40%；而内加强比外加强平齐接管的 K 值下降 27%，若采用密集补强，效果更好。这是因为应力集中只发生在接管与壳体连接处的局部地区，密集补强就是将补强金属集中地加在这个薄弱的区域，因而使应力集中现象大为缓和。试验结果表明：若使接管与壳体连接处的 K 由 3 降到 2，密集补强所需的补强金属量为 $0.8d \cdot s$（$d \cdot s$ 为壳体开孔削弱面积，其中 d 为接管直径；s 为壳体壁厚）；而外加强平齐接管所需的补强金属量则为 $2.3d \cdot s$，约比密集补强大 2 倍。但密集补强形式，必须将接管根部与壳体连接处做成一整体结构，这就给加工制造带来很多困难，容器开孔越大，接管越困难。对于凸出接管对称补强的形式，连接处内侧不好焊，容器开孔越小越难焊。对于内加强平齐接管，工艺性差，一般不使用。

4. 补强结构

补强结构的形式有补强圈补强、加强管补强和整锻件补强三种，如图 5-57 所示。

(1) 补强圈补强

补强圈补强的结构如图 5-57a、b、c 和图 5-58 所示。这种补强是在开孔周围一定范围内，如图 5-58 中 $WXYZ$ 的区域，紧靠接管贴焊一块补强圈（图 5-58 画的是两块）。补强圈材料一般与筒体材料相同，补强圈与筒体之间应很好贴合。所有焊缝应连续焊接，焊缝应检验。

补强圈补强结构简单，制造容易，有一定补强效果，但补强后的应力集中系数偏高。同时补强圈的搭接焊缝抗疲劳性能差。不适用于高温或载荷反复波动的容器，一般仅用于静载、常温的低压容器。

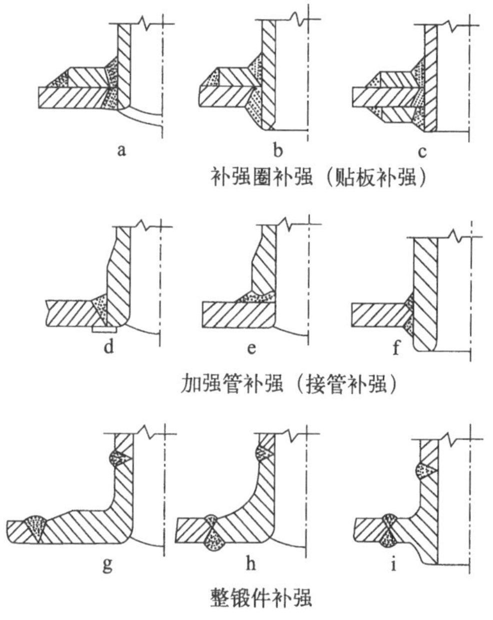

图 5-57 三种补强结构

a,b,c—补强圈补强；d,e,f—加强管补强；g,h,j—整锻件补强

(2) 加强管补强

加强管补强的结构如图 5-57d、e、f 和图 5-59 所示。这种补强结构在开孔处焊接一段加厚的接管，加厚部分可在管内也可放在管外。由于加厚部分正处于最大应力区域内，所以能有效地降低开孔周围壳壁的应力集中系数。如果设备内部结构允许，采用插入接管的形式比平齐接管更为有利。

加强管补强结构简单，焊缝少，焊接质量容易检验，没有补强圈补强的一些缺点，所以被广泛采用。在确保焊缝质量的前提下，这种结构的补强效果可接近于整锻件补强。

(3) 整锻件补强

整锻件补强的结构如图 5-57g、h、i 所示。这种补强结构的优点是补强金属集中于开孔应力最大的部位，补强后的应力集中系数小。由于采用对接焊，而且焊缝及其热影响区都可以设计得远离最大应力点位置，所以抗疲劳性能好，焊后的疲劳寿命仅降低 10%～15%。

若采用密集补强形式如图 5-57h 所示，且加大过渡圆弧半径，则补强效果更好。

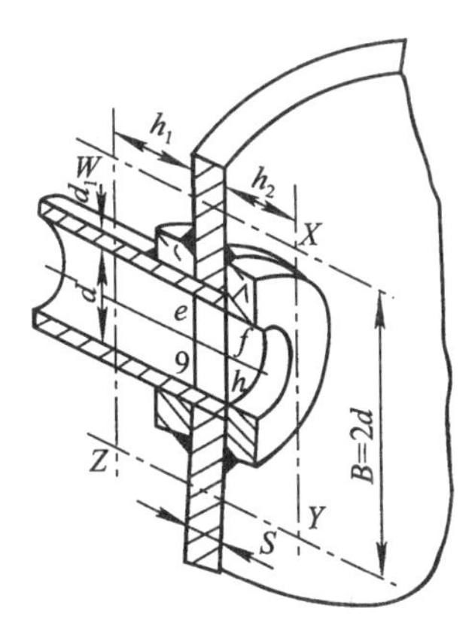

图 5-58　补强圈补强

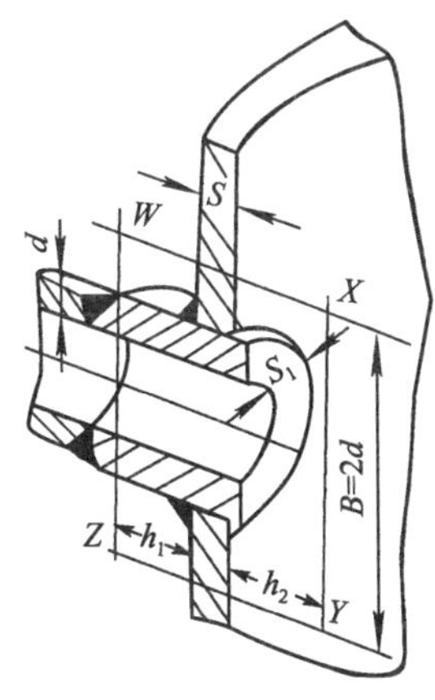

图 5-59　加强管补强

整锻件补强结构的缺点是机械加工量大。锻件的提供也远不如加强管方便，故仅在有严格要求的设备采用。

5.6　压力容器的安全装置

5.6.1　安全装置的功能和类型

1. 功能

任何压力容器都有它自己所特定的工作压力和工作温度。从生产工艺角度来说，要求压力容器在不低于这些参数的数值下运行，因为这特定的工作压力和工作温度首先是由能获得最佳产品的产量的工艺所决定的。而从安全的角度出发，又必须要求压力容器在不超过设计参数的情况下运行。这就要求，压力容器必须装设测量它的工作压力、工作温度、液面监测装置和保证在遇到异常工况时容器得以安全的装置。它们统称为压力容器安全装置或安全附件。

2. 类型

压力容器安全装置可分为泄压装置、截流止漏装置和参数监测装置三大类。

(1) 泄压装置

它是为保证压力容器安全运行，防止其超压的一种安全装置。在容器正常工作压力下能保持良好的密封，而当容器内的压力一旦超过规定的数值时，它就能自动地将容器内部的介质迅速排泄，使容器内的压力始终保持在最高许用压力的范围之内。

(2) 截流止漏装置

主要包括截止阀、紧急切断阀、快速排放阀及其执行机构，安装在贮槽、槽车的液体入口、排放口和入口兼排放口上。截止阀的用途较为广泛，一般测量元件总要配备适当的截止阀。截止阀的性能和结构参见第 1 章。

(3) 参数监测装置

主要包括压力表、温度计和液面计三大类。它们是测试和监测压力容器操作参数的必不可少的测量元件和控制手段。

在役压力容器常用的安全装置有:安全阀、紧急切断阀、爆破片、压力表、温度计、减压装置、窥视镜和液面计等。

5.6.2 安全阀

1. 设置安全阀的条件和要求

安全阀是压力容器为防止超压而设置的泄压装置中的一种。由于火灾、生产故障或操作失误造成受压容器超过其设计压力时,就可能酿成事故,造成严重后果,因此压力容器应设置安全阀。安全阀的性能、结构以及选择要求,参见第1章安全阀一节。

(1) 属于下列情况之一的容器必须设置安全阀

1) 在生产过程中可能因物料的化学反应使其内压增加的容器;

2) 盛装液化气体的容器;

3) 应力来源处没有安全阀和压力表的容器;

4) 最高工作压力小于压力来源处压力的容器。

(2) 装设安全阀应符合下列基本要求

1) 安全阀应铅垂装设在容器气相空间部位上;也可装设在与容器气相空间相连通的管道上;

2) 容器与安全阀之间的通孔及其连接管必须畅通无阻,其截面积至少等于安全阀的进口截面积;

3) 容器的一个连接口上装设数个安全阀,则此连接口入口截面积至少等于此数个安全阀的进口面积;

4) 容器与安全阀间、安全阀与排放口间不得装设截止阀。在特殊情况下,必须装设截止阀时,应严格遵守下列要求:

① 截止阀的结构和尺寸,应能保证安全阀正常开启;

② 正常运行期间截止阀必须处于全开位置,且应锁住;并指定专人操作,凡动用此截止阀都应有操作记录。

5) 安全阀装设位置应便于检查和调试;

6) 介质为极毒或高度危害(包括放射性介质)或易燃性介质的容器安全阀或爆破片的排出口应引至安全地点,并进行妥善处理,不得排往大气。

2. 安全阀的检验和校验

(1) 根据实际情况应对安全阀进行检验

1) 排放量检查:首先计算受检容器的安全泄放量,压力容器所用安全阀的排放量不得小于容器安全泄放量,只有这样才能保证在容器超压安全阀开放时,能及时把气体排出,避免容器的压力继续上升。

2) 校验参数检查:校验安全阀的密封压力、开启压力、回座压力、全开压力、全开高度是否合格。

3) 外观检查:对于不同结构的安全阀应有不同的检验内容和要求。

例如弹簧式安全阀检验内容和要求为：

① 弹簧无裂纹、锈蚀，圈间要干净；

② 弹簧必须端正，必要时可做弹性试验；

③ 调整螺母无裂纹、缺损，丝扣完整。

4）耐压性检查：内压试验的目的是试验安全阀是否具有足够的强度。一般应分为两部分进行，即对阀体密封面上下分别进行。在试验压力下安全阀无变形，阀体无渗漏即认为内压试验合格。试验压力为工作压力的 1.5 倍。

5）气密性检查：气密性试验的目的是试验密封机构保证严密的程度。试验介质为蒸汽、空气或惰性气体。试验压力为工作压力的 1.1 倍或按有关标准进行。在试验压力下安全阀无泄漏为合格。

（2）通常对安全阀进行的校验

1）校验密封压力：在试验装置上，逐渐升压至安全阀的密封压力，检验阀与阀口处有无泄漏（一般以每分钟泄漏量不多于 20 个气泡为合格）。

2）校验开启压力：密封压力校验合格后，继续升压至开启压力（一般为工作压力的 1.03～1.1 倍），若阀自动开启且有介质释放，则认为安全阀开启压力合格。

3）校验回座压力：当安全阀开启后即停止升压，当压力达回座压力时，阀应自动关闭并保证不漏为合格。

4）其他校验：其他校验包括全开压力、全开高度和泄放量等三个参数，须借助于一套专用供气装置和电测仪器，一般安全阀制造厂在产品鉴定和抽验时进行。有条件的单位，必要时可对在役安全阀进行上述参数的校验。

（3）调整后的安全阀应加铅封，并出具检验合格证。

5.6.3　爆破片

爆破片又称爆破膜，是一种断裂型安全泄压装置，由于它是利用膜片的断裂来泄放压力的，所以泄压后的容器将被迫停止运行。

1. 使用爆破片的场合

1）容器内的介质易于结晶或聚合，或带有较多的黏性物质，容易堵塞安全阀，或使安全阀的阀芯和阀座粘在一起；

2）容器的内压出于化学反应或其他原因会迅速上升，安全阀难以及时排出所产生的大量气体，且无法及时降压以及不允许安全阀出现误关闭的工况场合；

3）容器内的介质为剧毒或极为昂贵的气体，使用安全阀难以达到防漏要求者。

2. 爆破片的结构和类型

爆破片的结构比较简单，它主要由一块很薄的膜片和一副夹盘组成。夹盘用沉头螺钉将膜片夹紧，然后装在容器的接口管法兰上，如图 5-60a 所示。也可不设专门的夹盘，直接利用接管法兰夹紧膜片，如图 5-60b 所示，这种结构安装比较困难，膜片容易装偏，引起滑脱。直径较小的爆破片也可用螺纹套管通过垫圈将膜片夹紧，压紧垫圈带有圆角的一面要贴紧膜片，如图 5-60c 所示。

爆破片按其断裂时受力变形的基本形式可分为拉伸破坏型、剪切破坏型和弯曲破坏型三种。它们之间的差别主要是膜片的形状和材料不同。拉伸破坏型和剪切破坏型的膜片是

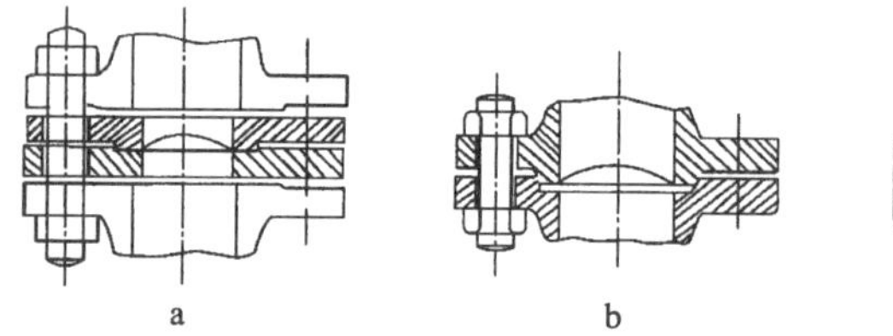
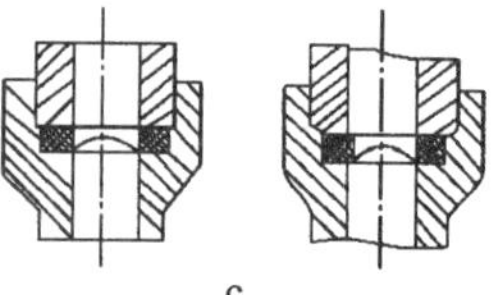

a b c

图 5-60 爆破片的结构

等厚的，而剪切破坏型的膜片为了使它在边缘受剪切而断裂，所以将膜片加工成中间厚而边缘薄，如图 5-61a、b 所示，或者沿膜片被夹盘夹紧的圆周上车出一条沟槽，如图 5-61c 所示。拉伸破坏型的膜片在使用前应施加液压使其由平板型变为凸型，成型压力一般为容器工作压力的 110%～150%。

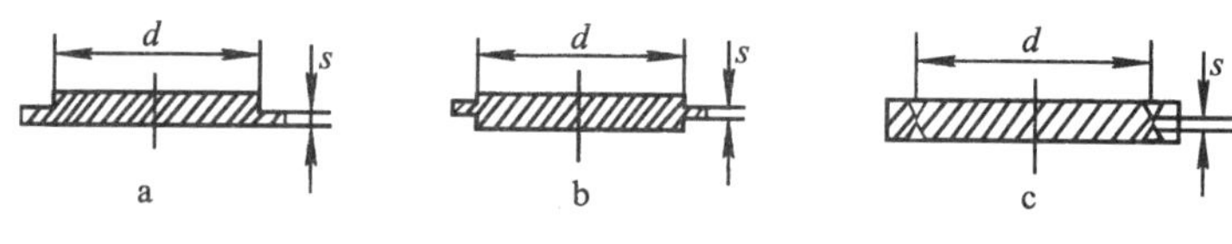

图 5-61 爆破片的类型

拉伸型和剪切型爆破片多采用塑性较好的材料制造，如铝、铜、黄铜、不锈钢、低碳钢等；弯曲型则采用脆性材料，如铸铁、硬质塑料等。

为了防止膜片金属在高温下产生蠕变，用各种不同材料制造的膜片应分别限制其试验温度。常用材料爆破片的最高使用温度列于表 5-8，供选用时参考。

表 5-8 爆破片最高使用温度

膜片材料	铝	黄 铜	铜	低碳钢	不锈钢	蒙乃尔钢	灰铸铁
最高使用温度/℃	100	150	200	380	400	430	250

用铸铁或低碳钢制造的膜片，不能用于介质为可燃气体的容器上，以免膜片破裂时产生火花，在容器外引起可燃气体燃烧和爆炸。

最常见爆破膜的是用各种金属轧制薄板制成平板型和拱型的膜片，其结构如图 5-62a、b、c 所示。膜片一般为平板型或冲制成碟型或圆拱型。对冲制成拱型的膜片，常预先使膜片受到一定的压力荷载(约为爆破压力的 90%)，用气压或液压方法成型的这种圆拱型爆破片，实际上已经使材料发生塑性变形而屈服。这不但可提高膜片的爆破速度，而且可以发现材料的缺陷，将不合格的膜片检出不用。

对压力较低的容器，上述爆破片在考虑到腐蚀性等问题而不能制造得很薄时，往往因其爆破力很高而不能满足要求。为此可在膜片上开槽或开有穿透的切口。改变槽口的深度 Δ 或切口的间距 h，便可改变膜片的爆破能力。具有穿透切口的膜片，在其凹面衬一层氟塑料膜以使膜片能密封住介质。保护膜的强度远低于膜片的强度，当膜片爆破时，这层保护膜也同时被撕裂，实际上，这层保护膜同时起着密封和将介质压力传递给开切口的膜片上以保护

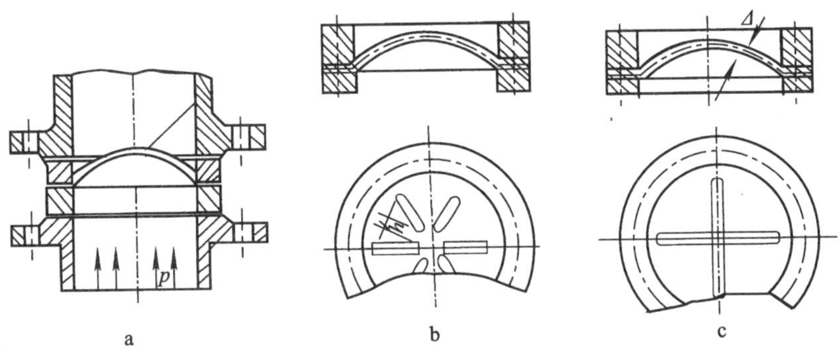

图 5-62　常用爆破片结构

a. 拱型爆破片；b. 带切口爆破片；c. 带槽爆破片

膜片不受腐蚀等作用。

3. 核电厂用爆破片

爆破片又叫爆破阀，在压水堆核电厂主要用在反应堆冷却剂系统和冷却剂稳压系统。在大亚湾核电厂爆破阀用在稳压器泄压箱上，AP1000 主要用在一回路自动降压系统、安全壳内置换料水贮存箱注入管线和安全壳再循环管线。核电厂使用爆破阀的特点是：正常运行时保持零泄漏，而在事故条件下能够可靠地开启，且不会出现误关闭。

图 5-63 为 AP1000 一回路第四级自动降压系统（ADS）控制阀门采用的爆破阀结构图。这种爆破阀的结构比前面讲的复杂，它增加了预紧螺栓、起爆组件、活塞、接管剪切帽、电磁开关和阀位传感器等，如图 5-63 所示。这些爆破阀和常开的电动阀相串联。爆破阀由两个保护逻辑柜信号触发。这有助于防止这些爆破阀的误打开，实现了冷却剂的零泄漏。

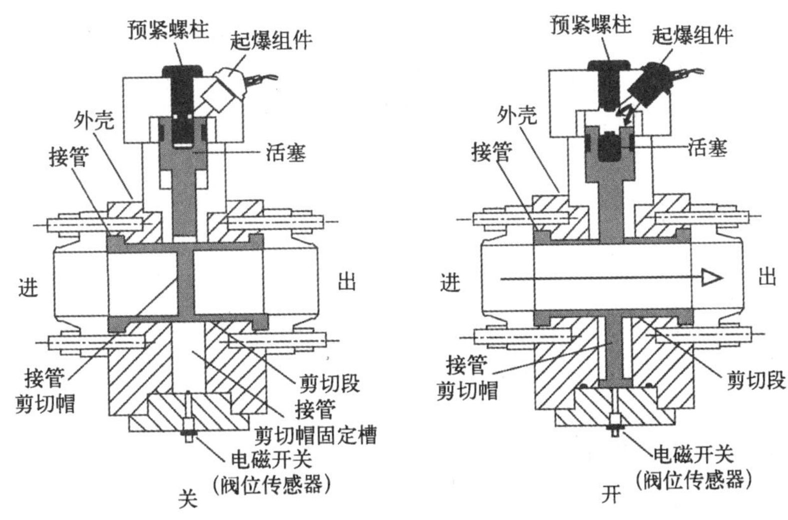

图 5-63　AP1000 爆破阀结构

4. 爆破片设置原则

(1) 爆破片应尽量安装在靠近引爆可能性最大的部位,或设置在容器和系统强度最薄弱的部位,设置的部位应便于安装、检查及维修。

(2) 爆破片一般应与容器液面以上的气相空间相连。

(3) 除特殊考虑外,一般在容器与爆破片之间、爆破片与出口之间不得装设关闭阀门。

(4) 尽量缩短爆破片与容器间的接管长度,而且应为直管,以减少入口压降。管子直径不应小于膜片的泄放面积。

(5) 爆破片的泄放管线应垂直安装,管线应避开邻近设备和操作人员接近的场所。

(6) 爆破片排放管线的内径应不小于膜片的泄放口径,如果所采用的爆破片为脆性材料或者可能产生爆破碎片时,应装设拦网或其他不致堵塞管道的措施。

(7) 爆破片可以与安全阀组合使用。组合方式有并联组合、串连组合两种型式。

(8) 对盛易燃或有毒、剧毒及放射性介质的容器,应在爆破片的出口装设放空导管,并引至安全地点进行妥善处理。

(9) 爆破片应定期更换,每年至少一次。对超压未爆破的爆破片应立即更换。

5.7 压力容器设计参数的确定

5.7.1 设计压力

压力容器设计中的主要外荷载就是容器的工作压力。最高工作压力是指容器顶部在工作过程中可能产生的最高表压力,设计压力是在相应的温度下用以确定容器计算壁厚的压力,通常取略高于或等于最高工作压力。当容器内液体静压相对较大时(例如超过最高工作压力的 5%),设计压力应计入液体静压力。

当容器设有安全装置时,通常取设计压力略大于最高工作压力,以避免安全泄放装置不必要的泄放。例如,当使用安全阀时,取 1.05～1.1 倍的最高工作压力作为设计压力。使用爆破膜(片)作为安全装置时,取 1.15～1.3 倍的最高工作压力作为设计压力。

对装有液化气的容器,应按可能达到的最高温度下介质的饱和蒸汽压来确定设计压力。

设计压力一般用 p 来表示。

5.7.2 设计温度

设计温度是指压力容器在工作过程中,在相应设计压力下,壳壁和元件金属可能达到的最高和最低温度。这个温度是选择材料确定许用应力的一个基本参数。

设计温度按如下规定选取:

(1) 容器内介质用蒸汽直接加热或被插入式电热元件间接加热时,取被加热介质的最高工作温度为设计温度。

(2) 确认容器内介质被热载体(或冷载体)从外边间接加热(或冷却)时,取热载体的最高工作温度或冷载体的最低工作温度为设计温度。

(3) 容器器壁与介质直接接触且有外保温时,容器设计温度按表 5-9 选取。

表 5-9　容器的设计温度 t

工作温度	设计温度	
	Ⅰ	Ⅱ
$t \leqslant -20$ ℃	最高工作温度	工作温度减 0～10 ℃
-20 ℃$<t\leqslant 0$ ℃	最高工作温度	工作温度减 5～10 ℃
$t>0$ ℃	最高工作温度	工作温度加 15～30 ℃

注：Ⅱ栏只在最高或最低工作温度不明确时采用。

5.7.3　许用应力

许用应力的选择是壁厚计算的关键，它是容器设计的一个主要参数。许用应力是以材料确定的极限应力 $\sigma_{\lim}$ 为基础并选择合理的安全系数得到的，许用应力用 $[\sigma]$ 表示。即：

$$[\sigma]=\frac{\sigma_{\lim}}{n} \tag{5-61}$$

极限应力 $\sigma_{\lim}$ 的选择取决于容器材料的判废标准，根据弹性失效的设计标准，对塑性材料制造的容器一般看其是否产生过大的变形，以材料达到屈服强度 σ_s 作为判废标准，而不是以破裂作为判废标准。所以应采用屈服强度 σ_s 作为计算许用应力时的极限应力。但是，在实际应用中还是用强度极限 σ_b 作为极限应力来计算许用应力。这是因为：有些材料如铜等有色金属，虽属塑性材料，但没有明显的屈服极限；另外采用强度极限作为极限应力已有较长的历史，积累了比较丰富的经验。因此，为了保证容器在操作过程中不致出现任何形式的破坏(过度塑性变形或断裂)，对于常温容器，工程设计中实际采用的许用应力取下列两式中的较小值。

$$\left.\begin{aligned}[\sigma]&=\frac{\sigma_b}{n_b}\\ [\sigma]&=\frac{\sigma_s}{n_s}\end{aligned}\right\} \tag{5-62}$$

随着温度的升高，金属材料的极限性能指标将发生变化。对铜、铝等有色金属来说，温度升高时，强度极限急剧下降。对铁基合金如碳钢而言，其 σ_s 和 σ_b 随温度的变化而变化。因此，对中温条件下使用的钢制压力容器，其许用应力取下列两式中的较小值：

$$\left.\begin{aligned}[\sigma]&=\frac{\sigma_b}{n_b}\\ [\sigma]&=\frac{\sigma_s^t}{n_s}\end{aligned}\right\} \tag{5-63}$$

在高温下，材料除了强度极限和屈服极限继续下降之外，还将有蠕变现象发生，因此，高温下容器的失效往往不是由强度而是由蠕变所引起。为此，当碳钢和普通低合金钢设计温度超过 120 ℃，不锈钢超过 550 ℃的情况下，还必须同时考虑高温持久强度极限和蠕变强度极限决定的许用应力。

综上所述，对于钢制压力容器，其许用应力应取以下三者中的最小值：

$$\left.\begin{aligned}[\sigma]&=\frac{\sigma_b}{n_b}\\ [\sigma]&=\frac{\sigma_s^t}{n_s}\\ [\sigma]&=\frac{\sigma_D^t}{n_D}\text{或}[\sigma]=\frac{\sigma_n^t}{n_n}\end{aligned}\right\} \tag{5-64}$$

式中：σ_b——材料在常温下的强度极限，MPa；

σ_s^t——材料在设计温度下的屈服极限，MPa；

σ_D^t——材料在设计温度下（10 万小时断裂）的持久强度极限，MPa；

σ_n^t——材料在设计温度下（10 万小时蠕变率为 1%）蠕变极限，MPa；

n_b、n_s、n_D、n_n——分别为 σ_b、σ_s^t、σ_D^t、σ_n^t 等设计时所取得安全系数，如表 5-10 所示。

表 5-10 安全系数

材 料	对常温下的最低抗拉强度 σ_b	对常温和设计温度下的屈服点 σ_s 或 σ_s^t	对设计温度下的持久强度（经 10 万小时断裂）		对设计温度下的蠕变极限（经 10 万小时下蠕变率为 1%）σ_n^t
			σ_D^t 平均值	σ_D^t 最小值	
碳素钢 低合金钢	$n_b \geqslant 3$	$n_s \geqslant 1.6$	$n_D \geqslant 1.5$	$n_D \geqslant 1.25$	$n_n \geqslant 1$
奥氏体 不锈钢	—	$n_s \geqslant 1.5$①	$n_D \geqslant 1.5$	$n_D \geqslant 1.25$	$n_n \geqslant 1$

注：① 当容器的设计温度不到蠕变温度范围，且允许有较大的变形时，许用应力值可适当提高，但最高不超过 $0.9\sigma_s^t$（此时可能产生 0.1%永久变形），且不超过 $2/3\sigma_s$。此规定不适用于法兰或其他少许变形就产生泄漏的场合。

表 5-10 中安全系数的取值，不仅考虑了材料的质量，设计方法准确性、可靠性和受力分析的精确程度等基本因素；同时也考虑了容器制造的技术水平以及容器的工作条件（如应力、温度及其他的波动程度）和容器在生产过程的重要性和危险性等特殊因素。

根据表 5-10 规定的安全系数，和从有关手册中查得的材料的机械性质，就可计算出许用应力 $[\sigma]$。但通常各种常用钢材的最低许用应力已由有关部门制成各种表格，供设计者计算时直接使用。螺栓的许用应力，可根据材料的不同状态，以各自强度指标值除以表5-11 中的安全系数，得到不同直径螺栓的许用应力值。

表 5-11 螺栓的安全系数

材 料	螺栓直径	热处理状态	设计温度下的屈服点 σ_s^t	设计温度下 10^5 h 断裂的持久强度 σ_D^t 平均值
			n_s	n_D
碳素钢	≤M22 M24～M48	热轧、正火	2.7 2.5	1.5
低合金钢 马氏体高合金钢	≤M22 M24～M48 M≥52	调质	3.5 3.0 2.7	
奥氏体高合金钢	M22 M24～M48	固溶	1.6 1.5	1.5

作为压力容器的常用钢板的许用应力，可查国标 GB 150—1998《钢制压力容器》和有关材料手册，使用时要注意钢板的使用范围。常用碳素钢、普通低碳钢及不锈钢钢板材料的许用应力见附录Ⅺ和附录Ⅻ。受辐射作用的容器，根据辐射强度还须查有关核安全法规加以修正。

5.7.4 焊缝系数

(1) 容器器壁对接接头的焊缝系数，应根据接头型式和对接焊超声波或射线探伤的检验率，按表 5-12 选取。焊缝系数用 ϕ 表示。

表 5-12　焊缝系数

接头型式	射线或超声波探伤率		
	全部探伤	局部探伤	不 探 伤
双面焊对接焊缝	1.0	0.85	0.70
带垫板的单面焊	0.9	0.80	0.65
不带垫板的单面焊	—	0.70	0.60

(2) 筒体或其他受压元件的纵向、环向焊缝，包括筒体与封头连接的环向焊缝都应尽可能采用双面对接焊。

(3) 筒体内径小于或等于 600 mm 和厚度小于 16 mm 的筒体环向焊缝以及结构上无法双面对接焊时，可采取全焊透单面焊。

(4) 容器封头的焊缝系数可由封头的成型方式及焊缝探伤率，按表 5-13 选取。

表 5-13　封头焊缝系数

封　头		射线或超声波探伤率	焊缝系数[1]
封头直径	成型方式		
≤1 200 mm	整体冲压	—	1.00
>1 200 mm	分瓣拼焊	局部探伤	0.85
		全部探伤	1.00

注：1) 如果用拼焊后整体冲压，应全部探伤，取焊缝系数为 1.00。

5.7.5 壁厚附加量

壁厚附加量 C 是由钢板负偏差 C_1，腐蚀裕量 C_2 和加工减薄量 C_3 三部分组成。即：

$$C = C_1 + C_2 + C_3{}^{*} \quad \text{mm} \tag{5-65}$$

式中，C_1——钢板或钢管厚度的负偏差，根据钢板或钢管标准规定的数据选用。计算时可查表 5-14 和表 5-15。当钢板厚度偏差不大于 0.25 mm，且不超过名义厚度的 6%时，取 $C_1=0$。

表 5-14　钢板厚度负偏差 C_1　　mm

钢板厚度	2.0	2.2	2.5	2.8～3.0	3.2～3.5	3.8～4.0	4.5～5.5
负偏差	0.18	0.19	0.20	0.22	0.25	0.30	0.50
钢板厚度	6～7	8～25	26～30	32～34	36～40	42～50	52～60
负偏差	0.6	0.8	0.9	1.0	1.1	1.2	1.3

* 按照国标 GB150《钢制压力容器》规定 $C=C_1+C_2$。

表 5-15 钢管厚度负偏差 C_1

钢管种类	厚度/ mm	负 偏 差/ %
碳素钢 低合金钢	≤20	15
	>20	12.5
不锈钢	≤10	15
	>10～20	20

C_2——腐蚀裕量，根据腐蚀速度和容器使用寿命确定（见表 5-16）。
对于应力腐蚀、氢脆、碱脆及晶间腐蚀等非均匀腐蚀，增加腐蚀裕量不是完全有效的办法，此时应着重选择耐腐蚀材料或采取相应的有针对性的防腐措施。

C_3——加工减薄量，对冷卷的筒体来说 C_3 可取为零，对于热卷成型的筒体或热轧成型的封头可按计算壁厚 S_0 的 10%（但不大于 4 mm）来确定。也可以由制造厂根据工艺条件自定。

表 5-16 腐蚀裕量

腐蚀速度	腐蚀裕量/mm	
	单面腐蚀	双面腐蚀
介质对容器壁腐蚀速度 ≤0.05 mm/a	1	2
介质对容器壁腐蚀速度 0.05～0.1 mm/a	1～2	3～4
介质对容器壁腐蚀速度超过 0.1 mm/a	根据腐蚀速度和使用寿命决定	

5.7.6 最小壁厚

1）除在现场制造的大型常压储罐外，对未设置加强环或未用其他方法加固的受压容器，其筒体厚度不得小于最小厚度值。该最小厚度不包括腐蚀裕量。

2）碳钢、低合金钢、不锈钢制造的筒体，其最小厚度 S_{min} 应按下述规定选取。

① 碳钢和低合金钢制容器：当容器内径 $D_i \leqslant 3\ 800$ mm，$S_{min} \geqslant \frac{2D_i}{1\ 000}$ mm，且不小于 3 mm；当容器内径 $D_i > 3\ 800$ mm，$S_{min} = \frac{2D_i}{1\ 000} + 4$ [mm]，C_2 另加。

② 不锈钢制容器，$S_{min} \geqslant 2$ mm。

5.8 压力容器的压力试验

压力容器制成以后或经检修投入生产之前，应进行压力试验。压力试验的目的是检查容器的宏观强度和密封性。

压力试验必须用两个量程相同并经校正的压力表，表的量程在试验应力的 2 倍左右为宜。

压力试验通常采用液压试验，不易充液体的容器才采用气压试验。

5.8.1 液压试验

1）液压试验一般采用水，但凡在试验时不会发生危险的液体均可采用，试验时的液态温度应低于其沸点。用石油产品进行试验时，试验温度应低于其闪点。对奥氏体不锈钢制容器用水进行液压试验后，应将水渍去除干净，同时应控制水中的氯离子含量不超过 25 ppm。

液压试验压力 p_T，按表 5-17 规定选取。

表 5-17　液压试验应力 p_T 值

产品种类		试验应力 p_T /MPa
内压容器		$1.25p$ 且不小于 $p+0.1$
外压容器	带 夹 套	夹套内试验应力按内压容器
	不带夹套	以 $1.5p$ 做内压试验
真空容器		以 0.2 MPa 做内压试验

注：p 为设计压力。

2）夹套的试验压力确定后，必须校核容器在该试验压力（外压）下的稳定性。如果不能满足稳定性要求，则在做夹套的液压试验时须在容器内保持一定的压力，使在整个试验过程中，容器和夹套的压力表不超过规定值。

3）对于设计温度 ≥200 ℃的内压容器，其试验压力 p_{TE} 为：

$$p_{TE} = p_T \cdot \frac{[\sigma]}{[\sigma]^t} \tag{5-66}$$

式中：p_T ——按表 5-18 规定的试验压力；

$[\sigma]$ ——试验温度下材料的许用应力；

$[\sigma]^t$ ——设计温度下材料的许用应力；

当 $\frac{[\sigma]}{[\sigma]^t} > 1.8$ 时，取 1.8。

4）立式容器卧置进行液压试验时，试验压力应取立置试验压力加设备液柱静压力。

5）试压时的筒体应力应不超过材料试验温度下屈服极限的 90%，即应满足：

$$\sigma_T = \frac{p_T[D_i + (S-C)]}{2(S-C)} \leqslant 0.9\sigma_s\phi \tag{5-67}$$

对于内压容器，只要试验压力按表 5-18 和式(5-66)确定，这一条件总是满足的。只有当 p_T 取值超过 $1.44p$ 时，试验时筒壁应力才有可能超过 $0.9\sigma_s\phi$，这时应作验算。

6）碳素钢 16MnR 钢制压力容器，液压试验时液体温度不得低于 5 ℃。其他低合金钢制压力容器（不包括低温容器）液压试验时，液体温度不得低于 15 ℃。如果由于板厚等因素造成材料脆性*转变温度升高，则需相应提高试验液体温度，如反应堆压力容器，考虑到冷脆的因素，压力试验的液体温度需提高到脆性转变的最高温度+30 ℃。

7）试验时容器的顶部应设排气口，充液时应将容器内空气排尽。试验过程中，应保持容器观测表面的干燥。

8）试验时应力应缓慢上升，达到规定试验压力后，保压时间一般不少于 30 min。然后将应力降至规定试验压力的 80%，并在保持这一压力的条件下对所有焊缝和连接部位进行

* 材料的脆性：指的是材料的氢脆、碱脆、冷脆等。液压试验温度应为脆性转变的最高温度+30 ℃。

检查。如有渗漏,修补后重新试验。

9）对于夹套容器,先进行内筒液压试验,合格后再焊夹套,然后进行夹套内的液压试验。

10）液压试验完毕后,应将液体排尽并用压缩空气将内部吹干。

11）液压试验合格标准。

容器液压试验后,符合下列情况者为合格：

1）容器和各处焊缝均无渗漏；

2）容器没有可见异常变形；

3）返修、补焊深度大于 9 mm 或大于壁厚一半的高强度钢制压力容器补焊部位按原探伤方法进行复查,无超过原定标准的缺陷。

5.8.2 气压试验

当容器进行气压试验时,试验压力应降低为设计压力的 1.15 倍。而且在气压试验时,压力要慢慢上升,至规定试验压力的 10%,且不超过 0.05 MPa,保压 5 min。然后对容器的所有焊缝和连接部位进行初次渗漏检查,如有渗漏,修补后重新试验。初次渗漏检查合格后,再继续缓慢升压到规定试验压力的 50%,其后按规定试验压力 10%的级差逐级升到规定的试验压力,保压 10 min,然后再降到设计压力至少保持 30 min。进行渗漏检查,如有渗漏,修补后,再按上述规定重新试验。

同样对设计温度≥200 ℃的容器,作气压试验的压力也要相应提高,提高的计算方法和液压试验的方法相同。

对气压试验时产生的最大应力,也要进行应力校核,其最大应力不超过材料屈服强度的 80%,即：

$$\sigma_T \leqslant 0.8\sigma_s \phi \tag{5-68}$$

5.8.3 反应堆冷却剂系统的强度和密封性能试验

反应堆压力容器的压力试验,除在制造厂根据合同规定按《反应堆压力容器压力试验大纲》和《反应堆压力容器压力试验程序》进行压力试验外,还需要在反应堆冷却剂系统安装完毕后,进行系统联动试验,以确保反应堆压力容器的安全性。

《反应堆压力容器压力试验大纲》和《反应堆压力容器压力试验程序》其试验要求、试验参数及判废标准均比常规压力容器压力试验要高的多。《反应堆压力容器压力试验大纲》和《反应堆压力容器压力试验程序》均保存在各自的核电厂里,需要时可去查阅。

现就反应堆压力容器的联动试验也就是反应堆冷却剂系统(RCS)的强度和密封性能试验作一简要介绍。

反应堆冷却剂系统是由反应堆压力容器、反应堆冷却剂泵(主泵)、稳压器、蒸汽发生器以及相应的冷却剂管道组成的。反应堆压力容器是通过法兰顶盖将其密封的,而设备之间则是通过焊接管道将其连接成一个整体,我们可以将其视作一个承压系统。一旦上述连接工作完成,必须对其强度和密封性能进行水压试验(虽然系统内的主要设备已作过单台试验)。

为了确保反应堆冷却剂系统运行安全,进行系统试验的水温不能用常温,因为用于该系统的材料的冷脆温度一般在室温附近,在此温度下进行试验,必然会使材料受损。因此,一般要求高压试验时,其试验水温必须高于其材料的脆性转变温度 30 ℃左右。例如秦山核电厂在作反应堆冷却剂系统强度和密封性能试验时，试验水温约为60 ℃。如此高的要求，在一个管道复杂，设备量多，材料用量庞大的系统里，唯一的方法是利用反应堆冷却剂泵（主泵）运转来加温。试验压力是根据设计压力和运行压力来确定的。仍以秦山核电厂为例，列述如下：

运行压力：~15 MPa；

设计压力：~17.5 MPa；

试验压力：~21.9 MPa，以稳压器顶部标高的仪表指示为准。

从上述参数可以看出试验压力约为设计压力的1.25倍和运行压力的1.5倍。

还必须说明，反应堆冷却剂系统（RCS）在核电厂的运行寿期里，特别是反应堆压力容器是在非常强辐射场里工作，它的材料的脆性温度会随着辐照剂量的积累而升高。因此，在后续的强度和密封性试验时，必须将其试验温度作相应的提高。

5.9 在役压力容器的检验

5.9.1 检验目的和检验项目

1. 目的

在役压力容器的检验目的，是为了预防事故的发生，确保压力容器安全经济运行，保证人民生命财产的安全。在役压力容器的检验，不是为了使其"恢复"到现行（或原来的）设计、制造标准，而是提高检验判断能否安全可靠地使用到下一个检验周期。

2. 检验类别

在役压力容器检验有下列两大类。

（1）定期检验

1）每年至少进行一次外部检验；

2）每三年至少进行一次内部检验；

3）每六年至少进行一次全面检验。

但以上检验的期限也不是一成不变的，对于一些使用条件特别恶劣的或运行中发现严重缺陷或压力容器本身条件差等情况，则检验期限要缩短，反之，则可延长。

（2）非定期检验

非定期检验的项目和期限，根据运行中发现和可能出现的具体问题而定。

3. 检验项目

（1）压力容器外部检验项目

1）压力容器的防腐层、保温层及设备名牌是否完好；

2）压力容器外表面有无裂纹、变形、局部过热等不正常现象；

3）压力容器的接管、焊缝、受压元件等有无泄漏；

4）安全装置是否齐全、灵活、可靠；

5）紧固螺栓是否完好、基础有无下沉、倾斜等异常现象。

（2）压力容器内部检验项目

1）外部检验的全部项目；

2）压力容器内外表面、开孔接管处有无介质腐蚀或冲刷腐蚀等现象；

3）压力容器的所有焊缝、封头过渡区和其他应力集中的部位有无断裂或裂纹。对有怀疑的部位，应采用10倍放大镜检查或采用磁粉着色进行表面探伤。如发现表面裂纹时，还应采取超声波或射线进一步抽查焊缝总长的20%（对煅制或拔制的无缝压力容器抽查面积应不小于总面积的20%）。如没有发现表面裂纹，则对制造时已进行100%无损探伤的压力容器，可不作进一步抽查，但对制造时采用局部无损探伤检验的压力容器，仍应进一步作适当抽查（可以小于20%，但不得小于10%）；

4）有衬里的压力容器，衬里是否有凸起、开裂及其他损坏现象，发现衬里出现上述缺陷有可能影响压力容器的本体时，应将该处衬里部分全部除掉，并检查压力容器壳体是否有腐蚀或裂纹；

5）筒体、封头等通过上述检验后，发现内表面有腐蚀等现象时，应对有怀疑部位进行多处壁厚测量。测量的壁厚如小于最小壁厚时，应重新进行强度核算，并提出可否继续使用的建议和最高许用工作压力；

6）压力容器内壁如由于温度、压力、介质腐蚀作用有可能引起金属材料金相组织或连续性破坏时（如脱炭、应力腐蚀、晶间腐蚀、疲劳裂纹等），在必要时还应进行金相检验和表面硬度测定并作出检验报告；

7）高压、超高压容器的主要紧固螺栓，应逐个进行外形宏观检查（螺纹、圆角过度部位、长度等），并用磁粉或着色检查有无裂纹。

（3）压力容器全面检验项目

1）外部检验和内部检验的全部项目；

2）对主要焊缝（或壳体）进行无损探伤抽查，抽查长度为压力容器焊缝总长（或壳体面积）的20%，对高压、超高压的压力容器，应进行100%超声波探伤，必要时还应作表面探伤；

3）设计压力$\leqslant$0.3 MPa且$p\times V\leqslant$500 L·MPa，其工作介质为非易燃或无毒的压力容器，如果用10倍以上放大镜检查或表面探伤，没有发现缺陷时，可不作射线或超声波探伤抽查；

4）超声波或射线探伤抽查合格标准，应符合国标GB 150－1998《钢制压力容器》有关规定。对核电厂承压容器还应达到核承压设备相关安全级别的专业合格标准；

5）压力容器内、外部检验合格后，按规定进行耐压试验，耐压试验使用的压力为：

$p_T=n\times p$，如压力容器的实际最高工作压力低于设计压力时，p可取压力容器的安全装置开启压力或爆破压力。

5.9.2　定期检验期限的缩短与延长

1. 属于下列情况的压力容器，定期检验的期限应予缩短

（1）有强烈腐蚀介质和运行中发现有严重缺陷的压力容器，每年至少应进行一次内部检验；

（2）由于结构的原因，确认无法进行内部检验的压力容器，每3年至少进行一次耐压试验；

（3）使用周期达15年的压力容器，每两年至少进行一次内、外部检验。使用达20年的压力容器，每年至少进行一次内、外部检验。

(4) 加载对压力容器材料的腐蚀情况不明，材料焊接性能差或制造时曾产生多次裂纹的压力容器，投产使用满 1 年的应进行一次内部检验。

2. 对属于下列情况的压力容器，定期检验中全面检验期限可以延长

(1) 非金属衬里的压力容器，衬里层完好而壳体没有发现任何损坏时，其全面检验期可以适当延长，但不得超过 8 年；

(2) 非腐蚀介质或有可靠的金属衬里的压力容器，如通过 1～2 次的内部检验，确认无腐蚀的压力容器，其全面检验期可以适当延长，但不得超过 9 年；

(3) 因情况特殊不能按期进行全面检验的压力容器，经使用单位提出确切理由报主管部门审查同意并同级劳动部门备案，可以适当延长其全面检验期。

5.9.3　非定期检验的条件

属于下列情况之一的压力容器，在投入使用前，应作内、外部检验，必要时作全面检验。

1) 停止使用 2 年以上，需要恢复使用的压力容器；

2) 由外单位拆卸调入将安装使用的压力容器；

3) 改变或修理压力容器主体结构，而影响强度的压力容器；

4) 更换衬里的压力容器。

5.9.4　在役压力容器的检验方法

在役压力容器的检验方法，有目测检验、锤击检验、量具检验、厚度检验、原材料化学成分分析和硬度测定、金相检验、表面探伤(包括渗透法探伤和磁粉探伤)、超声波探伤、射线探伤、应力测定、声发射检测和内压试验等十几种方法。其中目测检验可不使用任何工具，既迅速又经济；其他方法则需要通过各种各样的工具或仪器来进行。

怎样使用和采用何种方法来实行对在役压力容器的检验，是根据每次检验的性质、缺陷的特点而决定的。必须根据各种目的，有针对性地选择最适合的检验方法。

另外，应当提出的是：检验员必须选择一个合适的检测规范。以上检验方法，虽然已被人们在生产中使用了相当长的时间，但严格地说，目前所使用的所有无损检测技术(NDT)在以定量单位表示产品质量(在役压力容器的缺陷状态也可以被理解为所具有的质量状况)的能力是极为有限的。肯定地说，问题的一部分在于我们对 NDT 领域中所存在的客观规律掌握的还不够。如：对于所采用检验方法所施加的能量与被检验材质之间的相互作用问题，NDT 的结果与被测工件的质量或工件的性能特征之间的关系，对于现实生产实际的复杂情况来说，采用相互作用简化模型往往是不充分的。

不过，某项应用技术尽管存在各式各样的问题，并不能成为这项技术应用于生产的阻力，相反，却会促使这项技术的发展，激励人们进一步对它进行研究和探讨。实际情况是，关于上述所提及的检验方法，世界各国都在自己实践经验的基础上，结合现实情况(例如成本、生产率、安全要求、可能得到的仪器设备以及人员的鉴定)，制定了一系列 NDT 标准。这些标准的建立，成功地缩小了理想模型与现实检验问题之间的差距，使我们能达到某种程度的可比性。没有这些标准，NDT 就完全不可能作为质量控制的工具。我国亦已制定了有关磁粉探伤、超声波探伤、X 射线探伤等方面的诸多标准，为我们的 NDT 技术提供了极大便利。

5.10 压水堆核电厂压力容器

在压水堆核电厂中，根据生产要求，承担各种功能的压力容器有几十台，其中反应堆压力容器、一回路稳压器以及卸压箱具有典型代表性，本节就国内某 900 MW 压水堆核电厂的反应堆压力容器、一回路稳压器、卸压箱及 AP1000 反应堆压力容器作一简要介绍。

5.10.1 反应堆压力容器

压水堆核电厂反应堆压力容器又称为堆容器或反应堆压力壳，它由半球形顶封头和底封头、上法兰、接管筒体、堆芯筒体、下部过渡环等组成，国内某 900 MW 反应堆压力容器的总高度约为 12.29 m，筒体内径 4 m，如图 5-64 所示。在反应堆压力容器内，放置堆芯、堆芯支承结构控制棒、堆顶结构等。通常把它分为两大部件，即堆容器本体部件和用双头螺栓连接的反应堆容器顶盖部件。反应堆压力容器是由低合金锻钢(16MND-5)部件构成。这些无焊缝的单个锻制部件，是逐一用全焊透的环焊缝连成一体的。堆容器本体包括堆内构件、堆芯以及作为冷却剂、慢化剂和反射层的水。

5.10.1.1 堆容器本体

堆容器本体从上到下由上法兰、密封台肩、接管筒体、堆芯筒体、过渡环段、半球形底封头组成。如图 5-64 所示。

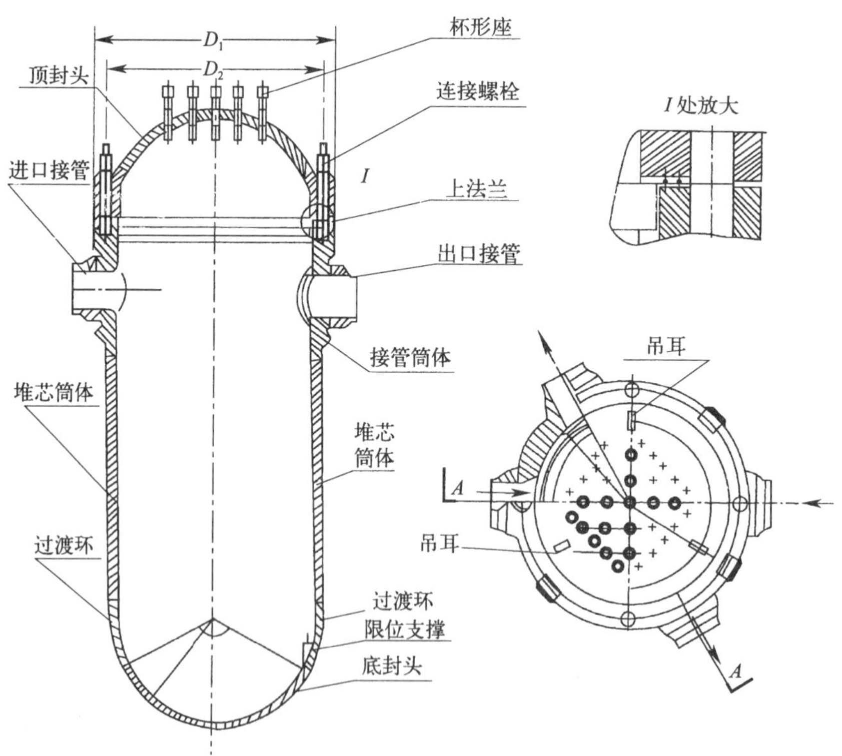

图 5-64 反应堆压力容器结构图

1. 上法兰

上法兰上钻有58个未穿透的螺栓孔，为58个与接管筒体法兰锁紧联结的螺栓而用。法兰上还有4个导向孔，以便吊装顶盖时与接管筒体上的法兰导向杆对中。上法兰上还包括与反应堆顶盖匹配的不锈钢支撑面，反应堆容器的密封由两个特殊设计的连在顶盖法兰上的"O"形密封环("O"形密封环的结构参见5.5.1节中的金属密封垫片)来保证。

2. 密封台肩

密封台肩是锻压的环形件。为了防止反应堆容器与反应堆腔基板之间的泄漏，将锻压的环形密封台肩与反应堆上法兰直接焊接。

3. 接管筒体

接管筒体又叫做接管段，接管筒体上有6条传热环路的接管径向插入，并用全焊透焊缝加以焊接。每一条传热环路的近、出口接管相隔成50°夹角，而每一对环路接管沿反应堆容器圆周成120°对称分布。

出口接管的内侧有一节围筒，使出口接管与堆芯吊篮开口之间形成连续的过渡。每个接管的外端焊一段不锈钢安全端。这样，采用同种材料就可在现场把一回路管道与堆容器接管焊接相连。为了把反应堆容器安放在支撑结构上，6条接管底部有支撑座，它们放在整体支撑环的支撑导向板上。

4. 堆芯筒体

堆芯筒体位于反应堆容器接管筒体下面，它是由两节锻制圆筒对接焊接而成的筒体。它的上部与接管筒体焊死，下部与过渡环焊死。因科镍制的导向键焊在堆芯筒体段的下部，用来给堆内构件导向并限制其位移。

5. 过渡环段

过渡环段的作用是将堆容器筒体与半球形底封头连接起来。

6. 半球形底封头

半球形底封头和顶封头一样，由热轧钢板锻压而成，底封头内装有50根因科镍导向套管，为堆内中子注量率测量系统提供导向。

5.10.1.2 反应堆压力容器顶盖

反应堆压力容器顶盖是由顶盖法兰和顶盖本体焊接而成的一个整体。

1. 顶盖法兰

顶盖法兰上钻有58个锁紧螺栓穿过的孔，法兰的支撑面上有两道放置密封环用的槽。

2. 顶盖本体

半球形顶盖本体是用钢板热锻压而成型的。在顶盖上焊有下列部件：三只吊耳，供吊装顶盖用，一根排气管，供反应堆容器充水时排气用，一金属支撑板，用于支撑控制棒驱动机构的通风罩，几十个控制棒驱动机构和热电偶的管座也叫作杯形座。这些因科镍制的杯形座焊在顶盖上，杯形座由套管和法兰组成(参见图5-64上部)。控制棒驱动机构或热电偶外壳用螺纹和法兰连接后再用密封焊与杯形管座连接。

杯形管座的热套管用来保护反应堆压力容器顶盖不受温度瞬态变化的影响。

反应堆压力容器主要设计参数如表5-18所示。

表 5-18 反应堆压力容器主要设计参数

参 数	数 值
设计压力/MPa	17.23
运行压力/MPa	15.5
设计温度/℃	343
水压试验压力/MPa	22.9
水压试验温度/℃	脆性转变的最高温度＋30 ℃
堆容器筒体的内径/mm	3 989
法兰外径/mm	4 674
筒体法兰至下封头底部高/mm	10 335
含封头及管座的容器总高/mm	13 208
反应堆容器筒体壁厚/mm	200
法兰螺栓数	58
容器重量/t	256.6
反应堆容器材料	16MND-5
堆焊材料	Z2CN18/10
螺栓材料	40NCDV-7-03

5.10.1.3 反应堆压力容器支撑结构

反应堆压力容器支撑结构，如图 5-65 所示。其主要组成部件如下。

1）反应堆接管支撑座，位于反应堆压力容器进、出口接管的下面。

2）反应堆压力容器支撑环，它的作用是将反应堆压力容器的载荷传递到混凝土基础上。

3）支撑导向板，它与支撑环成为一体。它的作用是阻止堆容器及其接管的横向位移。

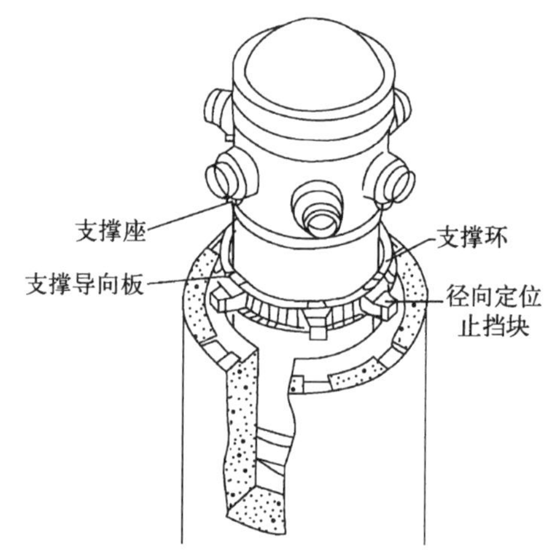

图 5-65 反应堆压力容器支撑结构

反应堆压力容器支撑结构要能在正常运行工况及事故工况（地震和一回路管道破裂事故）下能承受对其施加的载荷。设计允许支撑结构本身、堆容器以及接管都可以自由地热膨胀，但由于导向板的作用，堆容器及接管是不能横向位移。

支撑环安装在反应堆堆坑顶部附近的托座上。支撑环是一个环形梁结构，由两个水平的厚法兰和两块立式腹板组成。在环形梁上焊了 6 个径向定位止挡块。这些径向定位止挡块在埋入混凝土内的两个止推支座之间加以调整。这种结构的特点是当出现水平载荷时，仍能支撑反应堆压力容器。

5.10.1.4 反应堆压力容器内部构件

反应堆压力容器内部构件是指装在堆容器内，除了燃料组件、棒束控制组件、可燃毒物组件、中子源组件、套管塞组件及堆内测量仪表之外的所有其他堆内构件。

反应堆压力容器内部构件（堆内构件）主要由堆芯下部支撑结构（包括热中子屏蔽）、堆芯上部支撑结构、控制棒束导向管和压紧弹簧组成。

堆内构件的主要功能是：为反应堆冷却剂提供流道；为堆容器提供热中子屏蔽；为燃料组件提供支撑和压紧；为棒束控制组件及其传动轴以及堆内测量装置提供机械导向；平衡机械载荷和水力载荷；确保堆容器顶盖内的冷却水循环，使顶盖保持一定的温度。

1. 堆芯下部支撑结构

堆芯下部支撑结构如图 5-66 所示。它在首炉堆芯装料之前被装入反应堆压力容器内，如需要可以吊出，以便进行反应堆压力容器的在役检查。堆芯下部支撑结构由下列部分组成。

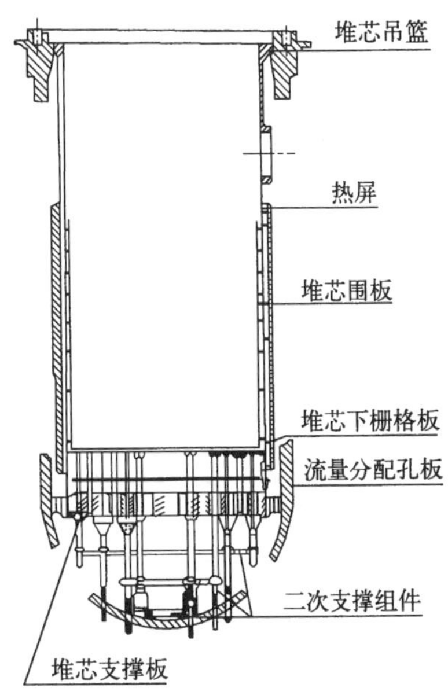

图 5-66 堆芯下部支撑结构

1) 堆芯吊篮组件：该组件由上部加固环、环段和堆芯支撑板构成。

2) 热中子屏蔽(热屏)：虽然堆芯吊篮的厚度已为堆容器壁提供对堆芯快中子的辐照防护，而热屏蔽可在辐照最大区域(距堆容器壁最近的堆芯四角)加强这种防护。热屏由四块不锈钢板组合成不连续的圆筒形，在反应堆中心轴的四个象限位置上(0°，90°，180°，270°)直接用螺钉连接在堆芯吊篮外壁上。热屏还支撑辐照样品监督管。

3) 流量分配孔板：流量分配孔板用于分配进入堆芯的冷却剂流量。

4) 堆芯下隔栅板：该隔栅板直接支撑整个堆芯的重量，并且给燃料组件的下管座定位。

5) 堆芯围板组件：该组件安装在堆芯吊篮内部，它是由围板和辐板组成的。围板将布置燃料组件的整个活性区的外形紧紧围住，以使从燃料组件外面旁路流走的冷却剂减至最小。八层辐板确保围板和堆芯吊篮间的牢固连接。

6) 堆芯二次支撑和测量通道：堆芯二次支撑由一块厚的底板、两块支撑板和多个能量吸收装置等组成。厚底板的外形与堆容器下封头底部形状相似，通过多个能量吸收装置悬挂在堆芯下栅格板的底面上。测量通道管由二次支撑组件的固定板定位。

2. 堆芯上部支撑结构

堆芯上部支撑结构在装料后，为燃料组件提供上部的定位，并为棒束控制组件提供导向。图 5-67 所示的是堆芯上部支撑结构安装在堆容器内时的剖面图。堆芯上部支撑结构主要包括下列部件。

1) 堆芯上栅格板：该板直接压在燃料组件上，其作用是将燃料组件对中并压紧定位，与堆芯下部支撑结构的流量分配板、堆芯下栅格板相配合，分配反应堆冷却剂、固定堆芯上部支撑筒、固定导向管、固定冷却剂搅混装置。

2) 堆芯上部支撑筒：该筒的作用是连接导向管支撑板与堆芯上栅格板并保证两者间的距离，以及在堆芯出口为反应堆冷却剂提供通道。堆芯上部支撑筒还用作热电偶导管的支承，并使流到热电偶监测处的冷却剂受到适当的搅混。

3) 导向管支撑板：由一块厚板、一个法兰和一个环形段组成。在厚板上固定着棒束控制导向管、热电偶导管和热电偶管座。环形段固定在厚板上，而厚板与法兰相连接。该法兰与堆芯吊篮上法兰间放置着压紧弹簧，并且一起被固定在反应堆压力容器和压力容器顶盖之间。所有堆芯测温热电偶导管集装到4个热电偶管座上，4个管座固定在导向管支撑板上并通过压力容器顶盖上的管座及管座顶端的密封机构穿出压力容器。

4）棒束控制导向管：控制棒束通过此导向管插入堆芯。导向管由上下两部分组成，并用螺钉将它们一起固定在导向管支撑板上。下端有两个销钉，将其插入堆芯上栅格板上的销孔中来定位。导向管的主要部分是方形管盒，下部是开口的异形钢管带有连结的导向组件。

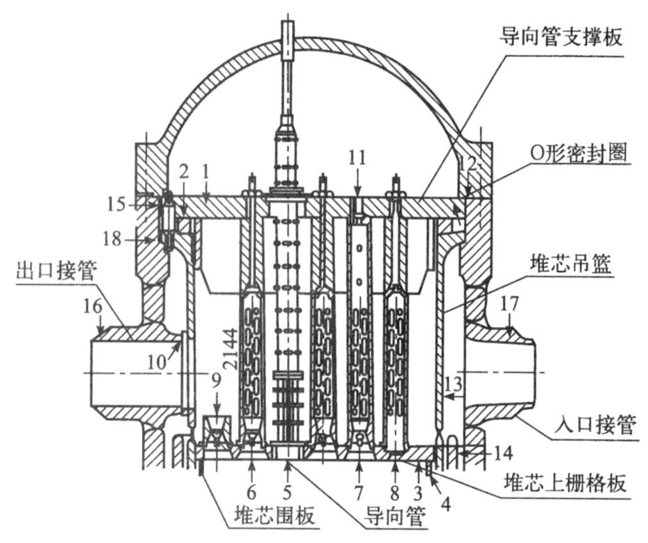

图 5-67 堆芯上部支撑结构剖面图

1—导向管支撑板；2—压紧弹簧；3—堆芯上栅格板；4—堆芯围板；5—导向管；6—带搅混器的支撑柱；7—带不加长的搅混器的支撑柱；8—无搅混器的支撑柱；9—单个搅混器；10—1.25%的流量直接泄漏；11—顶盖清洗流量的返回孔；12—O 型密封环；13—堆芯吊篮；14—热屏；15—堆内结构的中心定位；16—出口接管；17—入口接管；18—下部堆内构件整体件支承凸台

5.10.2 AP1000 反应堆压力容器

AP1000 反应堆压力容器与堆内构件，是在西屋公司 4.27 m 长燃料组件的标准三环路反应堆压力容器设计的基础上，作了如下改进而成的。

1）压力容器的堆芯下壳体（活性区）采用了环形锻件结构，取消了纵向焊缝；

2）在压力容器的材料中降低了镍和铜的含量，把辐照脆化的影响降到最低；

3）堆芯仪表通道设在压力容器顶部，取消了堆芯下部，即压力容器底部所有贯穿件；

4）在堆内构件上采用全焊接结构的堆芯围板，取消了堆芯围板螺栓可能脱落的危险；

5）在压力容器顶盖的贯穿件和接管焊缝采用 Inconel 690 焊材，降低潜在应力腐蚀裂纹；

6）尽可能降低初始的“零塑性转变参考温度”，提高压力容器材料的断裂韧性。

AP1000 反应堆压力容器的结构，如图 5-68 所示。它是一个壳体、过渡环、半球形底封头和可拆卸带法兰半球形上封头构成的圆柱形结构。壳体包括上壳体（接管段）和下壳体（活性区）。下壳体和半球形底封头之间用一个过渡环连接。上壳体、下壳体、过渡环和底封头由低合金钢制造，各部件之间采用焊接进行连接。冷却剂进、出管嘴、直接注入管管嘴和堆内构件吊篮支撑均位于上壳体。压力容器的封头由顶盖和法兰制成。上封头为控制棒驱动机构、堆内测量提供了安装孔和支撑，为反应堆压力容器放气管和一体化堆顶结构提供了支承。

AP1000 反应堆压力容器由 SA-508-3 锻件和低合金钢制造，在设计压力和温度下运行 60 年。

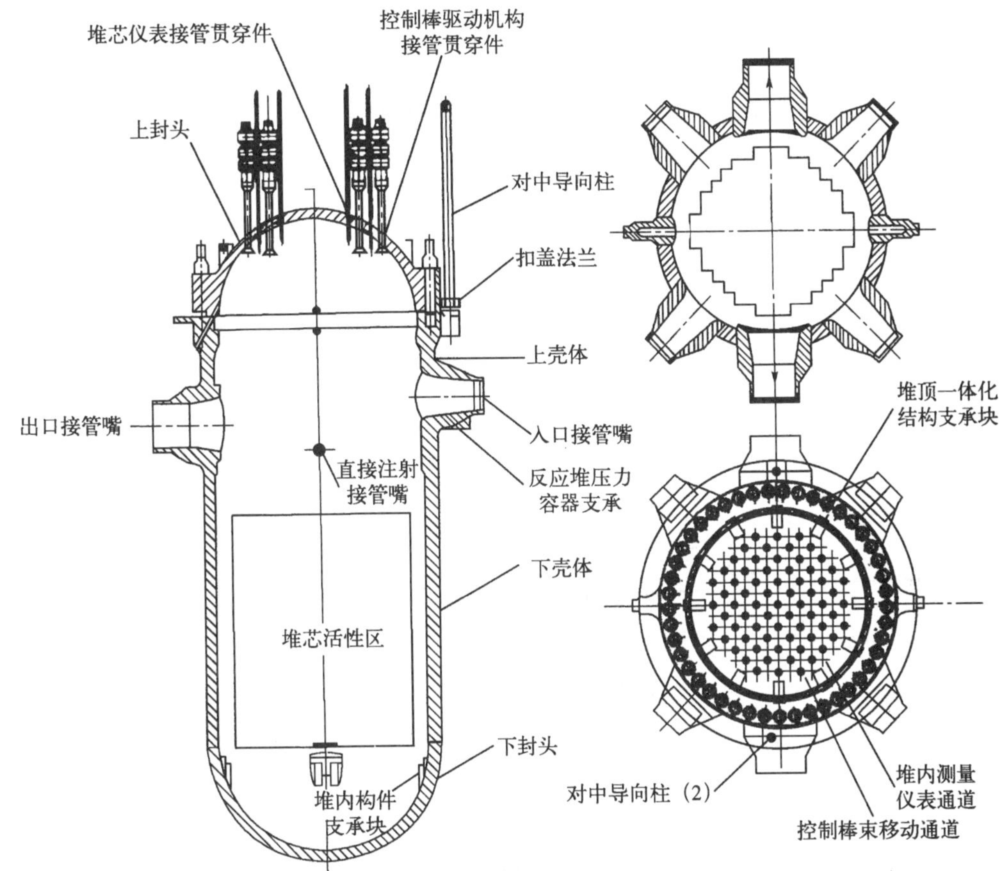

图 5-68 AP1000 反应堆压力容器

图 5-69 所示为一体化堆顶结构,它由多个独立的设备组成,从而简化了反应堆的换料操作。在停堆换料期间,它与压力容器顶盖移动联合操作,减小了停堆时间和个人辐射剂量,同时也减少了相关部件在安全壳内的搁置时间。

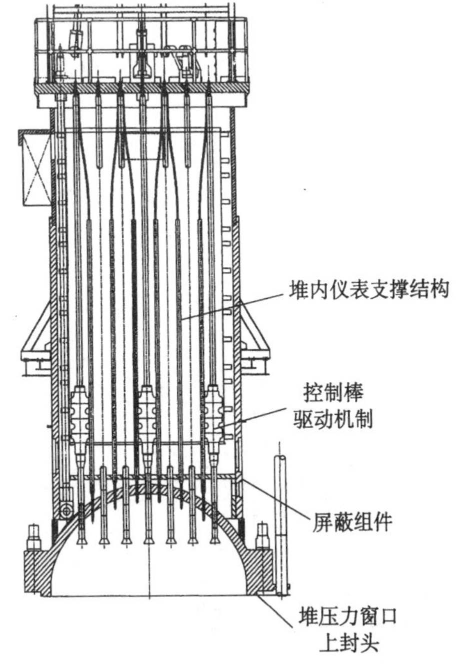

图 5-69 堆顶一体化结构

AP1000 反应堆压力容器堆内构件,是反应堆系统的一部分,是反应堆压力容器内支承堆芯的结构部件。堆内构件为反应堆冷却剂流过堆芯提供流道。它的内部结构还为控制棒的运动提供导向,为测量装置和辐照监督管提供支承和保护。

AP1000 堆内构件由上部构件和下部构件两部分组成,其结构如图 5-70 所示。上部堆芯支撑部件由上部支撑板,上堆芯板,支撑柱和导向筒组成,导向筒组件对控制棒驱动轴和控制棒起导向和保护作用。下部堆芯支撑部件是堆内构件中主要的组成部分和支撑部件。它由吊篮筒体,下部堆芯支撑板,堆芯二次支承,涡流抑制板,堆芯围筒,径

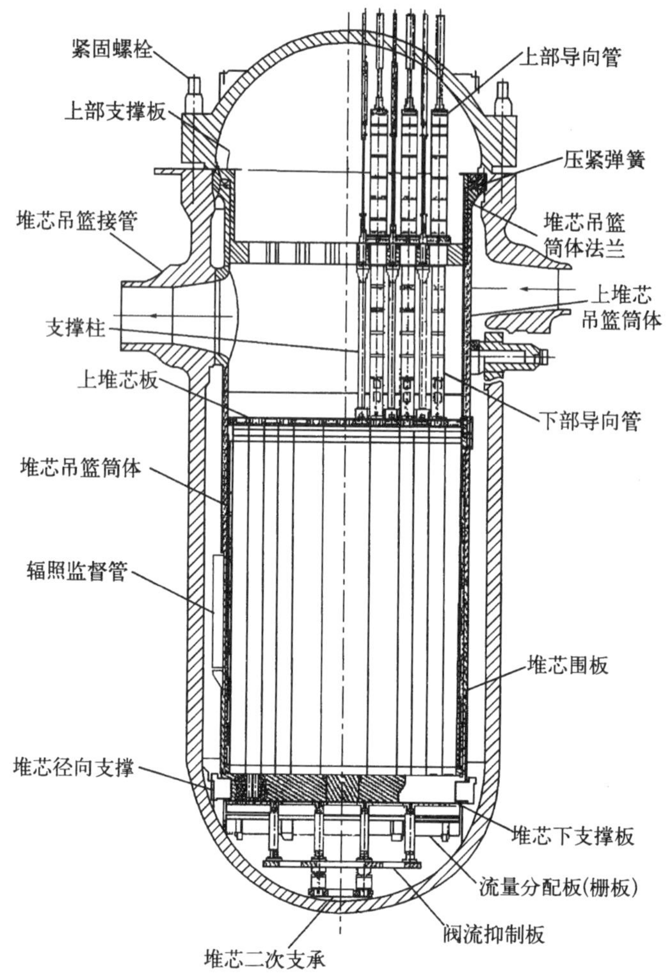

图 5-70 AP1000 压力容器与堆内构件

向支承键及相关附属部件组成。

堆内构件为堆芯、控制棒和灰棒提供对中和支承，使反应堆得以安全可靠地运行。

AP1000 反应堆压力容器主要参数如表 5-19 所示。

表 5-19 AP1000 反应堆压力容器主要参数表

参 数	数 值
设计压力/MPa	17.13
设计温度/℃	343.3
总高度/m	12.2
筒体内径/m	3.99
上封头内半径/mm	968
上封头法兰外径/mm	4 775.2
上封头螺栓数量	45
下封头内半径/mm	1 980
总重量/t	423.3

5.10.3　一回路稳压器

5.10.3.1　稳压器的功能

稳压器的主要功能是建立压力和维持压力，避免反应堆冷却剂在反应堆内沸腾，在正常运行时保持反应堆冷却剂系统在恒定的压力下运行，在负荷瞬变时限制压力的变化。借助于加热和喷淋来控制水——汽平衡温度，从而保持冷却剂所要求的主冷却剂压力，使反应堆冷却剂系统的压力变化限制在一个允许的范围内，并防止其超压。必要时通过泄压阀、安全阀排放蒸汽，并回收到稳压器的卸压箱内。

稳压器是作为反应堆冷却剂系统的一个缓冲箱来运行的，并能在各种运行工况下使冷却剂系统保持几乎恒定的容积。

5.10.3.2　稳压器的结构

压水堆核电厂一回路稳压器是一个立式带有半球形顶封头和底封头的圆筒形压力容器，它的底封头（下部）放置在圆筒形裙座上，如图 5-71 所示。

稳压器的电加热器通过底封头插入，立式安装在稳压器内，而且以封头轴线为圆心呈同心圆布置。两块水平板在稳容器内侧支撑电加热器以防止横向振动。波动管线接管位于底封头的中心，处于稳压器的最低点。该波动管线的另一端与反应堆冷却剂系统一个环路的热管段相连接。

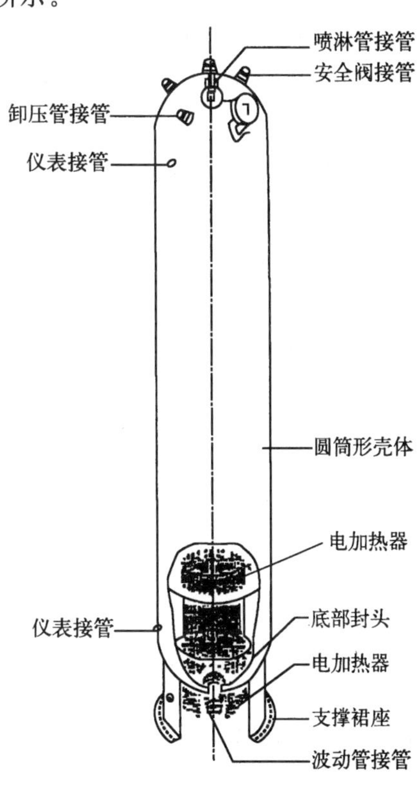

图 5-71　稳压器结构

在波动管接管的正上方设置板式滤网，以使波动的水和稳压器内的水均匀混合并防止杂质从稳压器进入反应堆冷却剂系统。

顶部封头上装有喷淋管线、泄压管线和安全阀的管接头。喷淋的冷水通过位于喷淋管线末端的喷嘴到达蒸汽空间。该喷淋管线与两条环路的冷却段相连接。

在波动管的接管和喷淋管接管处都安装有热套管，用于减小由于在这些接管处水温的变化引起的热应力。在顶部封头上设置有人孔，人孔采用螺栓压紧的平板盖。人孔盖的密封用螺旋绕制的因科镍和石棉垫圈来保证密封，这种垫圈与蒸汽发生器人孔盖密封垫是一样的并可以互换。人孔盖的开启与关闭需采用专用机械。

为了在运输和安装期间吊运稳压器，设置有吊运托架。

稳压器调节因负荷瞬态变化引起的压力波动是通过下述方式来实现的，当出现压力正波动时，喷淋水冷凝稳压器蒸汽腔中的部分蒸汽，防止稳压器的压力达到先导安全阀的整定值。当出现压力负波动时，水的闪蒸和电加热器自动接通加热产生的蒸汽，使反应堆冷却剂系统的压力维持在反应堆紧急停堆的低压整定值以上。

5.10.3.3 稳压器喷淋装置

稳压器喷淋装置由两台独立的、自动控制的气动阀门组成，阀门带有供连续喷淋用的下挡块，使阀门不能全关闭，维持一定的连续喷淋流量。喷淋管与两条环路的冷管段相连，利用反应堆冷却剂泵(主泵)的出口压力作为喷淋的动力。

与化容控制系统相连的辅助喷淋管路，通过一个逆止阀，在喷淋阀的下游与喷淋管路相连接。在反应堆冷停堆期间，当主泵停运时，使用辅助喷淋管路提供辅助喷淋。

喷淋管路的进口接管呈勺形伸入环路冷管段内，其目的是使反应堆冷却剂流动的速度动压头转变为静压力，增加反应堆冷却剂环路与稳压器喷淋管嘴之间的压差，形成适当的驱动力。

连接到稳压器上去的公共喷淋管路呈倒 U 形布置，在其最高点处形成一个水封，防止蒸汽积聚在喷淋阀后。

设置两套独立的喷淋管路和喷淋阀，因此即使在一台主泵停运的情况下，仍可以进行喷淋。这种喷淋管路布置还有利于反应堆冷却剂环路与稳压器之间硼浓度的平衡。

喷淋流量的连续，可以减小喷淋阀开启时产生的热应力和热冲击，并有助于维持稳压器内均匀的水化学和均匀的温度。

5.10.3.4 稳压器电加热器

稳压器有 6 组穿过其半球形底封头的电加热器。电加热器为直接浸没式直管护套型。不锈钢护套管的上端用焊塞密封，在其下端用连接管座来密封。即使在护套管破坏的情况下，管座密封仍能维持不漏。电加热器元件用镍一铬合金制造，放置在不锈钢护套管的中心，用压紧的氧化镁与套管绝缘。

四组电加热器作为通断式固定输出加热器运行，其他两组是常通式比例输出加热器。

电加热器的最小设计寿命为有效工作时间两万小时，预期寿命约为 20 年。在停堆期间，放掉稳压器中的水后，每一个电加热器可以单独更换。

电加热器与护套管连接管座连接处的冷却，是借助于设置在支撑裙座上部圆周上的通风孔来保证的。

5.10.3.5 稳压器安全阀与测控仪表

1. 稳压器安全阀

一回路稳压器上装有三套先导式安全阀组，每套安全阀组由两个先导式安全阀串联组成。装在上游的称为保护安全阀，提供卸压功能；装在下游的称为隔离安全阀，提供隔离功能。正常运行时，保护安全阀关闭，隔离安全阀开启。当保护安全阀在开启之后，再关闭失效时，隔离安全阀关闭，防止反应堆冷却剂系统(一回路)进一步卸压。

先导式安全阀的结构和工作原理，参见第 1 章 1.5.5 节。

稳压器安全阀的设计压力为 17.23 MPa，设计温度为 360 ℃，一套串联阀组在 17.23 MPa 压力下的额定流量为 170 t/h。安全阀的整定压力值，如表 5-20 所示。

安全阀组的保护安全阀和隔离安全阀都有阀杆位移传感器，阀门的开、关位置在控制室都有指示。

安全阀的排放管道上装有测温计，以检查安全阀的密封性，排出温度在控制室记录，并设有高温报警装置。

2. 稳压器测控仪表

稳压器上设有若干监测、控制用的仪表接头。其中用于压力和水位控制的 6 个接头，3 个设在上部壳体，3 个设在下部壳体。温度控制仪表有两个接头，一个设在上部壳体，另一个设在下部壳体。还有一个取样管接头设置在下部壳体上。

稳压器的主要设计参数列于表 5-20 中。

表 5-20　稳压器主要设计参数

参　数	数　值	
设计压力/MPa	17.23	
设计温度/℃	360	
运行压力/MPa	15.5	
运行温度/℃	345	
满功率下蒸汽容积/m^3	15.15	
满功率下水容积/m^3	25.18	
喷淋流量/(m^3/h)	151～200	
稳压器材料	16Mn,D-6	
喷淋阀运行压力/MPa	15.8	
喷淋阀运行温度/℃	292	
喷淋阀启动时间/s	<3	
喷淋阀失效安全位置(在连续喷淋下挡块上)	关闭	
稳压器电加热器总数	60	
电加热器总功率/kW	1440	
1 组(通断式固定输出)功率/kW	216	
2 组(通断式固定输出)功率/kW	216	
3 组(常通式比例输出)功率/kW	216	
4 组(常通式比例输出)功率/kW	216	
5 组(通断式固定输出)功率/kW	288	
6 组(通断式固定输出)功率/kW	288	
电加热器材料	镍一铬合金	
安全阀开启、关闭压力(整定压力)	开启	关闭
RCP017V 隔离阀	$14.5\pm^{0.1}_{0.2}$	13.8 ± 0.2
RCP018V 隔离阀	$14.5\pm^{0.1}_{0.2}$	13.8 ± 0.2
RCP019V 隔离阀	$14.5\pm^{0.1}_{0.2}$	13.8 ± 0.2
RCP020V 保护阀	$16.5\pm^{0.1}_{0.2}$	$15.9\pm^{0.3}_{0.1}$
RCP021V 保护阀	16.9 ± 0.1	$16.3\pm^{0.3}_{0.1}$
RCP022V 保护阀	17.1 ± 0.1	$16.5\pm^{0.3}_{0.1}$

5.10.3.6　稳压器的支撑结构

稳压器由焊在底封头上的圆筒形裙座来支承，裙座的下端为放置在混凝土底板上的法兰盘，法兰盘用 24 个螺栓固定在底板上。另外在稳压器重心相应的高度上，由固定在混凝土内部结构上的横向支撑支承，以抵消一旦发生地震或稳压器连接管破裂时传到裙座上的横推力。稳压器上部不设限制器，允许稳压器轴向和径向热膨胀，但它却能限制稳压器的横向移动。

图 5-72 为稳压器及其支撑结构。

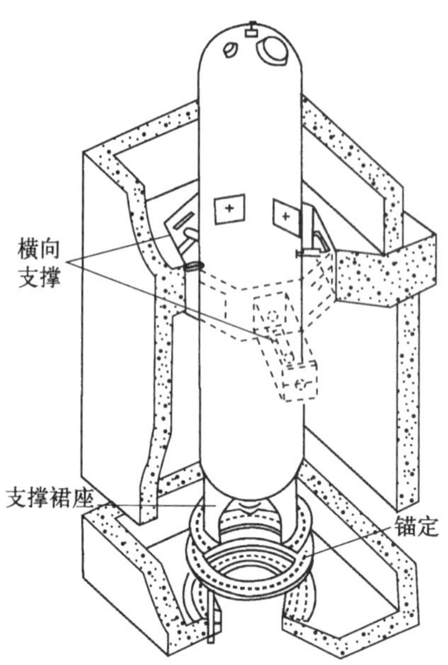

图 5-72 稳压器及其支承结构

5.10.4 稳压器卸压箱

稳压器卸压箱的结构如图 5-73 所示，它的功能是接受由稳压器卸压阀和安全阀以及安全壳内余热系统安全阀排出的蒸汽。此外还接受化容控制系统所释放的蒸汽。这些蒸汽排到卸压箱的液面下进行冷凝和冷却。

稳压器卸压箱是一个卧式带椭球形封头的圆筒形压力容器。在卸压箱内下部充水，上部为以氮气为主的气相空间。采用氮气为主的气相空间是为了定期分析在卸压箱内聚集的氢和氧。

被接受的蒸汽，通过卸压箱内水位下面的鼓泡管进入箱内。这样使进入卸压箱内的蒸汽与箱内常温的水充分混合得到冷凝和冷却。

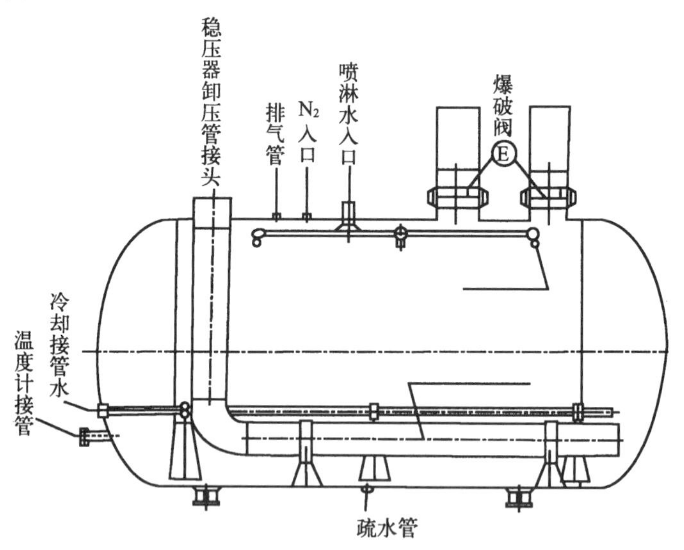

图 5-73 稳压器卸压箱的结构

稳压器卸压箱的鼓泡管与稳压器的卸压管采用法兰连接。卸压箱的顶部装有一根内置喷淋管线，由反应堆硼和水的供给系统提供喷淋水。在正常工况下喷淋管线用于向稳压器卸压箱充水，使卸压箱内保持一定的水位，当卸压箱内压力和温度高时，可用于冷却。卸压箱的底部装有一根连接核岛排气和疏水系统疏水管线。通过喷淋冷水和排放热水来冷却卸压箱和调节水温。在正常工况下，由设备冷却水系统供水的冷却盘管维持卸压箱的水温不变。

在稳压器卸压箱筒体顶部，装有两个安全爆破阀(片)，防止卸压箱超压，爆破片排放的气体进入安全壳大气。

稳压器卸压箱按照冷凝和冷却稳压器一次排放量 1 700 kg 蒸汽设计，这个排放量等于满功率下 110%稳压器的蒸汽容积。卸压箱不考虑稳压器连续排放的工况。

卸压箱内的水容积设计能够吸收稳压器排放时的热量。卸压箱内覆盖氮气的容积，按一次设计排放后限制其最大压力为 0.45 MPa 来确定。运行时最小氮气压力为 0.12 MPa。

卸压箱上的爆破片具有等于稳压器安全阀联合排放容量的释放能力。卸压箱的设计压力，即其爆破阀(片)的整定压力值，为选定的氮气空间设计压力的两倍。这个压力裕量用于防止爆破片(膜)的变形。

稳压器卸压箱主要设计参数列于表 5-21。

表 5-21　稳压器卸压箱主要设计参数

参　数	数　值
设计压力/MPa	0.8
设计温度/℃	170
运行压力/MPa	0.12～0.45
运行温度/℃	20～93
总容积/m^3	37
正常水容积/m^3	25.5
正常气容积/m^3	11.5
最大喷淋流量/(m^3/h)	13.6
冷却水流量/(m^3/h)	1.0
冷却水入口温度/℃	35
冷却水出口温度/℃	45
爆破阀(片)数量	2
额定爆破压力/MPa	0.8
爆破压力范围/MPa	0.765～0.835
额定爆破压力下每个爆破阀的释放容量/(t/h)	280
两个爆破阀的总释放容量/(t/h)	560

复 习 题

1. 压力容器的分类是什么?
2. 典型压力容器的结构部件有哪些?
3. 压力容器机械设计的基本要求是什么?
4. 薄膜应力理论方程的应用条件是什么?
5. 压力容器的应力分类是什么?
6. 球壳、圆筒壳的强度计算公式是什么?
7. 半球形封头、椭圆形封头、碟形封头、锥形封头及平板形封头的强度计算公式是什么？

8. 压力容器的附件有哪些？
9. 压力容器常用的支座有哪些型式？
10. 压力容器的安全装置是什么？有哪些类型？
11. 在哪些条件下的压力容器必须设置安全阀？
12. 压水堆核电厂哪些部位可设置爆破阀(片)？AP1000 爆破阀(片)的主要结构部件有哪些？
13. 压力容器的设计参数有哪些？
14. 压力容器的附加壁厚包括哪几部分？
15. 压力容器压力试验的要求和方法是什么？
16. 在役压力容器的检验方法有哪些？
17. 压水堆核电厂反应堆压力容器的主要结构部件有哪些？AP1000 反应堆压力容器特点是什么？
18. 压水堆核电厂稳压器的主要结构部件有哪些？
19. 压水堆核电厂卸压箱的主要结构部件有哪些？

附　录

附录Ⅰ　阀门型号编制方法　JB/T 308—2004

1　范　围

本标准规定了通用阀门的型号编制、类型代号、驱动方式代号、连接形式代号、结构形式代号、密封面材料代号、阀体材料代号和压力代号的表示方法。

本标准适用于通用中闸阀、截止阀、节流阀、蝶阀、球阀、隔膜阀、旋塞阀、止回阀、安全阀、减压阀、蒸汽疏水阀、排污阀、柱塞阀的编制。

2　规范性引用文件

下列文件的条款通过本标准的引用而成为本标准的条款。凡是注日期的引用文件，其随后所有的修改单(不包括勘误的内容)或修订版均不适用于本标准。凡是不注日期的引用文件，其最新版本适用于本标准。

GB/T 1048　管道元件公称压力。

3　型号编制和代号表示方法

3.1　阀门的型号编制方法

3.1.1　阀门型号由阀门类型、驱动方式、连接形式、结构形式、密封面材料或衬里材料类型、压力代号或工作温度下的工作压力代号、阀体材料 7 部分组成。

3.1.2　编制的顺序按阀门类型、驱动方式、连接形式、结构形式、密封面材料或衬里材料类型、压力代号或工作温度下的工作压力代号、阀体材料排列。

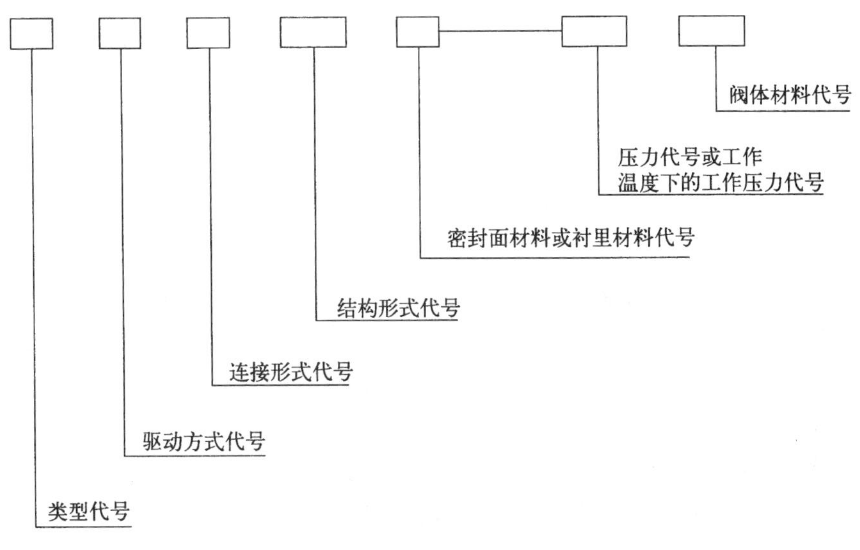

3.2 阀门类型代号

3.2.1 阀门类型代号用汉语拼音字母表示，按表1的规定表示。

表1 阀门类型代号

阀门类型	代 号	阀门类型	代 号
弹簧载荷安全阀	A	排污阀	P
蝶 阀	D	球 阀	Q
隔膜阀	G	蒸汽疏水阀	S
杠杆式安全阀	GA	柱塞阀	U
止回阀和底阀	H	旋塞阀	X
截止阀	J	减压阀	Y
节流阀	L	闸 阀	Z

3.2.2 当阀门还具有其他功能作用或带有其他特异结构时，在阀门类型代号前加注一个汉语拼音字母，按表2的规定。

表2 具有其他功能作用或带有其他特异结构的阀门表示代号

第二功能作用名称	代 号	第二功能作用名称	代 号
保温型	B	排污型	P
低温型	D[a]	快速型	Q
防火型	F	(阀杆密封)波纹管型	W
缓闭型	H		

[a]低温型指允许使用温度低于－46℃以下的阀门。

3.3 驱动方式代号

3.3.1 驱动方式代号用阿拉伯数字表示，按表3的规定。

表3 阀门的传动方式代号

传动方式	代 号	传动方式	代 号
电磁动	0	锥齿轮	5
电磁—液动	1	气 动	6
电—液动	2	液 动	7
涡 轮	3	气—液动	8
正齿轮	4	电 动	9

注：代号1、代号2及代号8是用在阀门启闭时，需有两种动力源同时对阀门进行操作。

3.3.2 安全阀、减压阀、疏水阀手轮直接连接阀杆操作结构形式的阀门，本代号省略，不表示。

3.3.3 对于气动或液动机构操作的阀门：常开式用6K、7K表示；常闭式用6B、7B表示。

3.3.4 防爆电动装置的阀门用9B表示。

3.4 连接形式代号

3.4.1 连接形式代号用阿拉伯数字表示，按表4规定。

表 4　阀门连接形式代号

连接形式	代　号	连接形式	代　号
内螺纹	1	对　夹	7
外螺纹	2	卡　箍	8
法兰式	4	卡　套	9
焊接式	6		

3.4.2　各种连接形式的具体结构、采用标准或方式(如:法兰面形式及密封方式、焊接形式、螺纹形式及标准等),不在连接代号后加符号表示,应在产品的图样、说明书或订货合同等文件中予以详细说明。

3.5　阀门结构形式代号

阀门结构形式代号用阿拉伯数字表示,按表 5～表 15 规定。

表 5　闸阀结构形式代号

<table>
<tr><th colspan="4">闸阀结构形式</th><th>代　号</th></tr>
<tr><td rowspan="5">阀杆升降式(明杆)</td><td rowspan="3">楔式闸板</td><td colspan="2">弹性闸阀</td><td>0</td></tr>
<tr><td rowspan="8">刚性闸板</td><td>单闸板</td><td>1</td></tr>
<tr><td>双闸板</td><td>2</td></tr>
<tr><td rowspan="2">平行式闸板</td><td>单闸板</td><td>3</td></tr>
<tr><td>双闸板</td><td>4</td></tr>
<tr><td rowspan="4">阀杆升降式(暗杆)</td><td rowspan="2">楔式闸板</td><td>单闸板</td><td>5</td></tr>
<tr><td>双闸板</td><td>6</td></tr>
<tr><td rowspan="2">平行式闸板</td><td>单闸板</td><td>7</td></tr>
<tr><td>双闸板</td><td>8</td></tr>
</table>

表 6　截止阀、节流阀和柱塞阀结构形式代号

<table>
<tr><th colspan="2">结构形式</th><th>代　号</th><th colspan="2">结构形式</th><th>代　号</th></tr>
<tr><td rowspan="5">阀瓣非平衡式</td><td>直通流道</td><td>1</td><td rowspan="5">阀瓣平衡式</td><td>直通流道</td><td>6</td></tr>
<tr><td>Z形流道</td><td>2</td><td>角式流道</td><td>7</td></tr>
<tr><td>三通流道</td><td>3</td><td></td><td></td></tr>
<tr><td>角式流道</td><td>4</td><td></td><td></td></tr>
<tr><td>直流流道</td><td>5</td><td></td><td></td></tr>
</table>

表 7　球阀结构形式代号

<table>
<tr><th colspan="2">结构形式</th><th>代　号</th><th colspan="2">结构形式</th><th>代　号</th></tr>
<tr><td rowspan="5">浮动球</td><td>直通流道</td><td>1</td><td rowspan="5">固定球</td><td>直通流道</td><td>7</td></tr>
<tr><td>Y形三通流道</td><td>2</td><td>四通流道</td><td>6</td></tr>
<tr><td>L形三通流道</td><td>4</td><td>T形三通流道</td><td>8</td></tr>
<tr><td>T形三通流道</td><td>5</td><td>L形三通流道</td><td>9</td></tr>
<tr><td colspan="2"></td><td>半球直通</td><td>0</td></tr>
</table>

表 8 蝶阀结构形式代号

结构形式		代 号	结构形式		代 号
密 封 性	单 偏 心	0	非密封性	单 偏 心	5
	中心垂直板	1		中心垂直板	6
	双 偏 心	2		双 偏 心	7
	三 偏 心	3		三 偏 心	8
	连杆机构	4		连杆机构	9

表 9 隔膜阀结构形式代号

结构形式	代 号	结构形式	代 号
屋脊流道(堰式)	1	直通流道	6
直流流道	5	Y 形角式流道	8

表 10 旋塞阀结构形式代号

结构形式		代 号	结构形式		代 号
填料密封	直通流道	3	油 密 封	直通流道	7
	T 形三通流道	4		T 形三通流道	8
	四通流道	5			

表 11 止回阀结构形式代号

结构形式		代 号	结构形式		代 号
升降式阀瓣	直通流道	1	旋启式阀瓣	单瓣结构	4
	立式结构	2		多瓣结构	5
	角式流道	3		双瓣结构	6
			蝶形止回阀		7

表 12 安全阀结构形式代号

结构形式		代 号	结构形式		代 号
弹簧载荷弹簧封闭结构	带散热片全启式	0	弹簧载荷弹簧不密闭且带扳手结构	微启式、双联阀	3
	微启式	1		微启式	7
	全启式	2		全启式	8
	带扳手全启式	4			
杠杆式	单杠杆	2	带控制机构全启式		6
	双杠杆	4	脉 冲 式		9

表 13 减压阀结构形式代号

结构形式	代 号	结构形式	代 号
薄 膜 式	1	波纹管式	4
弹簧薄膜式	2	杠 杆 式	5
活 塞 式	3		

表 14 蒸汽疏水阀结构形式代号

结构形式	代 号	阀结构形式	代 号
浮 球 式	1	蒸汽压力式或膜盒式	6
浮 筒 式	3	双金属片式	7
液体或固体膨胀式	4	脉 冲 式	8
钟形浮子式	5	圆盘热动力式	9

表 15 排污阀结构形式代号

结构形式		代 号	结构形式		代 号
液面连续排放	截止型直通式	1	液底间断排放	截止型直流式	5
	截止型角式	2		截止型直通式	6
				截止型角式	7
				浮动闸板型直通式	8

3.6 密封面或衬里材料代号

3.6.1 除隔膜阀外，当密封副的密封面材料不同时，以硬度低的材料表示。阀座密封面或衬里材料代号按表 16 规定的字母表示。

3.6.2 隔膜阀以阀体材料代号表示。

3.6.3 阀门密封副材料均为阀门的本体材料时，密封面材料代号用“W”表示。

表 16 密封面或衬里材料代号

密封面或衬里材料	代 号	密封面或衬里材料	代 号
锡基轴承合金(巴氏合金)	B	尼龙塑料	N
搪 瓷	C	渗 硼 钢	P
渗 氮 钢	D	衬 铅	Q
氟 塑 料	F	奥氏体不锈钢	R
陶 瓷	G	塑 料	S
Cr13 系不锈钢	H	铜 合 金	T
衬 胶	J	橡 胶	X
蒙乃尔合金	M	硬质合金	Y

3.7 压力代号

3.7.1 阀门使用的压力级符合 GB/T 1048 的规定时，采用 GB/T 1048 标准 10 倍的兆帕单位(MPa)数值表示。

3.7.2 当介质最高温度超过 425 ℃时，标注最高工作温度下的工作压力代号。

3.7.3 压力等级采用磅级(1 b)或 K 级单位的阀门，在型号编制时，应在压力代号栏后有 1 b 或 K 的单位符号。

3.7.4 公称压力小于等于 1.6 MPa 的灰铸铁阀门的阀体材料代号在型号编制时予以省略。

3.7.5 公称压力大于等于 2.5 MPa 的碳素钢阀门的阀体材料代号在型号编制时予以省略。

3.8 阀体材料代号

阀体材料代号用表17规定的字母表示。

表17 阀体材料代号

阀体材料	代号	阀体材料	代号
碳钢	C	铬镍钼系不锈钢	R
Cr13系不锈钢	H	塑料	S
铬钼系钢	I	铜及铜合金	T
可锻铸铁	K	钛及钛合金	Ti
铝合金	L	铬钼钒钢	V
铬镍系不锈钢	P	灰铸铁	Z
球墨铸铁	Q		

注：CF3，CF8，CF3M，CF8M等材料牌号可直接标注在阀体上。

3.9 命 名

对于连接形式为“法兰”、结构形式为：闸阀的“明杆”、“弹性”、“刚性”和“单闸板”，截止阀、节流阀的“直通式”，球阀的“浮动球”、“固定球”和直通式，蝶阀的“垂直板式”，隔膜阀的“屋脊式”，旋塞阀的“填料”和“直通式”，止回阀的“直通式”和“单瓣式”，安全阀的“不封闭式”、“阀座密封材料”在命名中均予省略。

3.10 型号和名称编制方法示例

a) 电动、法兰连接、明杆楔式双闸板，阀座密封面材料由阀体直接加工，公称压力 *PN* 0.1 MPa，阀体材料为灰铸铁的闸板阀：

Z942W-1 电动楔式双闸板闸阀

b) 手动、外螺纹连接、浮动直通式，阀座密封面材料为氟塑料、公称压力 *PN* 4.0 MPa、阀体材料为1Cr18Ni9Ti的球阀：

Q21F-40P 外螺纹球阀

c) 气动常开式、法兰连接、屋脊式结构并衬胶、公称压力 *PN* 0.6 MPa、阀体材料为灰铸铁的隔膜阀：

$G6_K41J$-6 气动常开式衬胶隔膜阀

d) 液动、法兰连接、垂直板式、阀座密封面材料为铸铜、阀瓣密封面材料为橡胶、公称压力 *PN* 0.25 MPa、阀体材料为灰铸铁的碟阀：

D741X-2.5 液动碟阀

e) 电动驱动对接焊连接、直通式、阀座密封面材料为堆焊硬质合金、工作温度540 ℃时工作压力17.0 MPa、阀体材料为铬钼钒钢的截止阀：

J961Y-P_{54}170V 电动焊接截止阀

附录Ⅱ 阀门常用材料

在核电厂中，大部分阀门所用钢材与设备承压部件相同。核蒸汽供给系统中的设备和管道上，一般采用不锈钢，基本上不允许使用铸铁阀门；在常规岛根据具体工况可以允许采用铸铁阀门，但对于某些重要部位则应采用不锈钢。表1～表3列出了常用材料的牌号及其使用范围。

表1 阀体、阀盖所用钢材使用范围

钢材牌号	常用工况		主要介质
	PN/MPa	t/℃	
QT40-17(球墨铸铁)	≤4	≤350	水、蒸汽、油类等
ZG25II (铸钢)	≤16	≤450	水、蒸汽、油类等
12Cr1MoV	$P_{57}14$	570	蒸汽
15CrMo1V			
ZG15Cr1Mo1V			
18-8 系不锈钢	≤6.4	≤600	高温蒸汽、气体
18-8 系不锈钢铸造			

表2 密封面所用钢材使用范围

钢材牌号	常用工况		适用阀门类型
	PN/MPa	t/℃	
18-8 系不锈钢	≤6.4	≤200	不锈钢阀
1Cr18Ni12Mo2Ti	≤32	≤450	调节阀
38CrMoA1A (氮化)	$P_{54}10$	540	电厂用阀

表3 阀杆所用钢材使用范围

钢材牌号	常用工况		适用阀门类型
	PN/MPa	t/℃	
38CrMoA1A (氮化)	$P_{54}10$	540	电厂用阀
20CrMoA1A (氮化)	$P_{57}10$	570	电厂用阀
Cr13 系不锈钢 (表面镀铬或高频淬火强化处理)	≤32	≤450	高、中压阀门

附录Ⅲ 阀门常见故障及消除方法

部位	故障情况	原因分析	消除方法
上密封面	从泄流孔中见到渗漏	1. 上密封面压紧力不够，未起到密封作用； 2. 上密封面受到磕碰或压进固体异物而损坏	1. 均匀增加 S_1 上的密封力矩值； 2. 根据情节进行修复或更换
	从安装厅盖板上部见到渗漏	1. 泄流孔堵塞； 2. 波纹管已断裂	1. 疏通泄流孔； 2. 更换阀芯
	均匀增加 S_1 上的密封力矩值以后仍不起密封作用	1. 阀体上密封面宽度值超过设计要求 2. 加工及装配质量达不到要求	1. 适当增加密封力矩或修正密封面宽度； 2. 专职检修人员重装或更换零件
下密封面	从仪表中见到不起截止作用，有泄漏	1. 下密封面压紧力不够，未起到密封作用； 2. 密封面上有异物存在； 3. 下密封面受到磕碰或压进固体异物而损坏	1. 均匀增加 S_2 上的密封力矩值； 2. 排除异物或冲走异物； 3. 根据情节进行修复或更换
	均匀增加 S_2 上的密封力矩值以后仍不起截止作用	阀体下密封面宽度值超过设计要求	原则上应当修正密封面宽度或更换新阀体；在该阀配带的电传动装置负荷许可的个别情况下可以适当增加密封力矩值
	节流阀节流性能不良	阀头（或称阀瓣）形状不合适	通过试验重新确定阀头形状
波纹管	波纹被压靠而变形	出厂时阀芯行程未按图纸校验而超过允许位移（即行程）或波纹管不符合标准规定	更换阀芯
	在同一工位上波纹管破裂比较频繁	受计量泵侧向脉冲压力比较严重	采取增加缓冲罐等措施
螺纹轴套	螺纹轴套与轴承咬死	1. 径向配合太紧，螺纹轴套的凸肩厚度太大； 2. 配合表面有毛刺或夹有颗粒物	1. 应更换符合设计规定尺寸公差的零件并涂润滑脂； 2. 细心修复或更换新零件
	螺纹轴套与阀杆咬死	1. 螺纹间隙超差； 2. 螺纹表面有毛刺或颗粒异物	1. 螺纹间隙宜松不宜紧，并要求有正确的牙形和▽6以上光洁度； 2. 尽量修复或更换新零件并加足润滑脂
压紧法兰与传动杆	压紧法兰与传动杆配合部分过紧	1. 压紧法兰内孔表面镀铬层超差和光洁度不够； 2. 镀层有铬瘤； 3. 传动杆直径超差	1. 按设计规定修正公差和光洁度； 2. 去除铬瘤； 3. 修复到规定公差
	压紧法兰与传动杆配合部分时紧时松	1. 压紧法兰内外定位直径不同心； 2. 传动杆弯曲	1. 修复或更换压紧法兰，但不应损伤镀铬保护层； 2. 矫直或更换操纵杆

续表

部　位	故障情况	原因分析	消除方法
操作机构检修方法	传动杆转动多圈后，发现芯体仍然关不到底或开不到头	阀芯上密封面未按规定力矩值压紧	检查上密封面是否已经被擦伤并且增加 S_1 上的力矩
	直接转动传动杆感到时紧时松有卡滞现象	1. 操纵杆或传动杆已经弯曲变形； 2. 操纵杆与传动杆不同心； 3. 操纵杆与螺纹轴套的六方体制造不同心	能修复的尽量修复，变形或超差严重的应更换新的
	通过操纵座或电传动装置的手轮操纵阀门时，发现转不动或虽能转动但感到有卡滞现象	1. 操纵座或电传动座的方孔 19×19 与阀门操纵杆的方头在轴向压死； 2. 方孔与方头偏心硬装	1. 参照相关图、表检查阀门端部尺寸与操纵座、电传动座的相关尺寸； 2. 应纠正偏心自然装配
	提取前压紧套时阀芯并不跟随而起，留在原位	1. 钢球被腐蚀掉了； 2. 钢球尺寸太小； 3. 向传动杆端面拧入吊装螺杆时，由于错误地转动了操纵杆，使螺纹轴套与阀杆发生相对转动而失去连接作用	1. 按规定材质选用钢球； 2. 按设计规格选用； 3. 应使传动杆保持不转动而旋转吊装螺杆
	操纵杆与传动杆的连接销子打不出来而两者脱不开	1. 销子与孔配合不当，过紧； 2. 销子两端已经被打毛	1. 在制造装配和安装过程中应严格按设计要求选用销子； 2. 销子装配时应用软锤自然敲入

附录Ⅳ　全启式安全阀额定排量(kg/h) Ⅰ

工作介质:空气　温度:T=300 K
超过压力:10%　额定排量系统:K=0.75

整定压力 p_P/MPa	额定排放压力(绝) p_P+1/MPa	阀座喉径 d_0/mm									
		15	20	25	32	40	50	65	80	100	125
0.06	0.166		322	503	824	1 289	2 012	3 400	5 150	8 050	12 580
0.08	0.188		365	570	933	1 459	2 280	3 850	5 840	9 120	14 240
0.10	0.210		407	637	1 043	1 630	2 550	4 300	6 520	10 190	15 910
0.13	0.243		471	737	1 206	1 886	2 950	4 980	7 540	11 790	18 410
0.16	0.276		535	837	1 370	2 140	3 350	5 660	8 570	13 390	20 900
0.20	0.320		620	970	1 590	2 480	3 880	6 560	9 930	15 520	24 300
0.25	0.375		727	1 137	1 862	2 10	4 550	7 680	11 640	18 190	28 400
0.30	0.43		834	1 304	2 135	3 340	5 210	8 810	13 350	20 900	32 600
0.40	0.54		1 047	1 637	2 680	4 190	6 540	11 060	16 760	26 200	40 900
0.50	0.65		1 260	1 971	3 230	5 050	7 880	13 320	20 180	31 500	49 300
0.60	0.76		1 474	2 304	3 770	5 900	9 210	15 570	23 600	36 900	57 600
0.70	0.87		1 687	2 640	4 320	6 750	10 540	17 830	27 000	42 200	65 900
0.80	0.98		1 900	2 970	4 870	7 610	11 880	20 100	30 400	47 500	74 300
0.90	1.09		2 114	3 300	5 410	8 460	13 210	22 300	33 800	52 900	82 600
1.00	1.20		2 330	3 640	5 960	9 320	14 540	24 600	37 200	58 200	90 900
1.10	1.31		2 540	3 970	6 500	10 170	15 880	26 800	40 700	63 500	99 300
1.20	1.42		2 750	4 310	7 050	11 020	17 210	29 100	44 100	68 900	107 600
1.30	1.53		2 970	4 640	7 600	11 880	18 540	31 300	47 500	74 200	115 900
1.40	1.64		3 180	4 970	8 140	12 730	19 880	33 600	50 900	79 500	124 300
1.50	1.75		3 390	5 310	8 690	13 590	21 200	35 900	54 300	84 900	132 600
1.60	1.86		3 610	5 640	9 230	14 440	22 500	38 100	57 700	90 200	140 900
1.80	2.08		4 030	6 310	10 330	16 150	25 200	42 600	64 600	100 900	
2.00	2.30		4 460	6 970	11 420	17 850	27 900	47 100	71 400	111 000	
2.20	2.52		4 890	7 640	12 510	19 560	30 500	51 600	78 200	122 200	
2.50	2.85		5 530	8 640	14 150	22 120	34 500	58 400	88 500	138 200	
2.80	3.18		6 170	9 640	15 790	24 700	38 500	65 200	98 700	154 200	
3.20	3.62		7 020	10 980	17 970	28 100	43 900	74 200	112 400	175 600	
3.60	4.06		7 870	12 310	20 200	31 500	49 200	83 200	126 000	196 900	
4.00	4.50		8 730	13 640	22 340	34 900	54 500	92 200	139 700	218 000	
4.50	5.05		9 790	15 310	25 100	39 200	61 200	103 500	156 800		
5.00	5.60		10 860	16 980	27 800	43 500	67 900	114 700	173 800		
5.50	6.15		11 920	18 650	30 500	47 700	74 500	126 000	190 900		
6.00	6.70		12 990	20 300	33 300	52 000	81 200	137 300	208 000		
6.40	7.14		13 840	21 600	35 500	55 400	86 500	146 300	222 000		
7.00	7.80		15 120	23 600	38 700	60 600	94 500	159 800	242 000		
8.00	8.90		17 260	27 000	44 200	69 100	107 900	182 400	276 000		
9.00	10.0		19 390	30 300	49 700	77 600	121 200	205 000	310 000		
10.0	11.1	12 130	21 500	33 700	55 100	86 200	134 500	227 000	345 000		

附录Ⅴ　全启式安全阀额定排量(kg/h)Ⅱ

工作介质:饱和水蒸气　超过压力:3%

额定排量系统:$K=0.75$

整定压力 p_p/MPa	额定排放压力(绝) p_p+1/MPa	阀座喉径 d_0/mm								
		20	25	32	40	50	65	80	100	125
0.06	0.162	196	307	503	786	1 227	2 070	3 140	4 910	7 670
0.08	0.182	221	345	565	883	1 380	2 330	3 530	5 520	8 620
0.10	0.203	246	385	630	985	1 540	2 600	3 940	6 150	9 610
0.13	0.234	284	443	726	1 135	1 770	2 995	4 540	7 090	11 080
0.16	0.265	321	502	822	1 286	2 010	3 390	5 140	8 030	12 550
0.20	0.306	371	580	950	1 484	2 320	3 920	5 940	9 270	14 490
0.25	0.358	434	678	1 110	1 737	2 710	4 580	6 950	10 850	16 950
0.30	0.409	496	775	1 270	1 984	3 100	5 240	7 930	12 400	19 370
0.40	0.512	620	970	1 589	2 480	3 880	6 550	9 930	15 520	24 200
0.50	0.615	745	1 165	1 908	2 980	4 660	7 870	11 930	18 640	29 100
0.60	0.718	867	1 355	2 220	3 470	5 420	9 150	13 870	21 700	33 900
0.70	0.821	991	1 550	2 540	3 970	6 200	10 470	15 870	24 800	38 700
0.80	0.924	1 105	1 728	2 830	4 420	6 910	11 670	17 690	27 600	43 200
0.90	1.027	1 229	1 921	3 150	4 920	7 680	12 980	19 670	30 700	48 000
1.00	1.13	1 349	2 110	3 450	5 400	8 430	14 250	21 600	33 700	52 700
1.10	1.23	1 464	2 290	3 750	5 860	9 150	15 460	23 400	36 600	57 200
1.20	1.34	1 595	2 490	4 080	6 380	9 970	16 840	25 500	39 900	62 300
1.30	1.44	1 705	2 670	4 370	6 830	10 660	18 010	27 300	42 600	66 600
1.40	1.54	1 824	2 850	4 670	7 300	11 400	19 260	29 200	45 600	71 300
1.50	1.65	1 949	3 050	4 990	7 800	12 180	20 600	31 200	48 700	76 100
1.60	1.75	2 070	3 230	5 290	8 270	12 920	21 800	33 100	51 700	80 700
1.80	1.95	2 300	3 590	5 880	9 190	14 350	24 300	36 800	57 400	
2.00	2.16	2 540	3 970	6 500	10 170	15 880	26 800	40 700	63 500	
2.20	2.37	2 790	4 360	7 140	11 160	17 420	29 400	44 600	69 700	
2.50	2.67	3 130	4 900	8 020	12 540	19 580	33 100	50 100	78 400	
2.80	2.98	3 490	5 460	8 940	13 980	21 800	36 900	55 900	87 400	
3.20	3.40	3 980	6 220	10 190	15 930	24 900	42 000	63 700	99 500	
3.60	3.81	4 460	6 970	11 410	17 840	27 900	47 100	71 300	111 400	
4.00	4.22	4 940	7 720	12 640	19 750	30 800	52 100	79 000	123 400	
4.50	4.74	5 550	8 670	14 200	22 200	34 700	58 600	88 800		
5.00	5.25	6 150	9 620	15 740	24 600	38 400	64 900	98 400		
5.50	5.76	6 750	10 560	17 290	27 000	42 200	71 300	108 100		
6.00	6.28	7 380	11 530	18 880	29 500	46 100	77 900	118 000		
6.40	6.69	7 870	12 310	20 200	31 500	49 200	83 100	126 000		
7.00	7.31	8 610	13 460	22 000	34 500	53 800	90 900	137 800		
8.00	8.34	9 880	15 450	25 300	39 500	61 800	104 300	158 100		
9.00	9.37	11 160	17 450	28 600	44 700	69 800	117 900	178 700		
10.0	10.40	12 460	19 480	31 900	49 900	77 900	131 600	199 400		

附录Ⅵ 微启式安全阀额定排量(kg/h) Ⅰ

工作介质:空气 温度:T=300 K
超过压力:10 %

整定压力 p_P/MPa	额定排放压力(绝) p_P+1/MPa	阀座喉径 d_0/mm								
		12	16	20	25	32	40	50	65	80
0.06	0.166	12.3	22.0	34.3	53.7	88	275	430	726	1 099
0.08	0.188	14.0	24.9	38.9	60.8	99	312	486	824	1 248
0.10	0.210	15.6	27.8	43.4	68.0	111	348	543	920	1 392
0.13	0.243	18.1	32.2	50.2	78.6	129	402	628	1 064	1 608
0.16	0.276	20.6	36.6	57.0	89.6	146	457	714	1 208	1 824
0.20	0.320	23.8	42.4	66.2	103	170	530	824	1 400	2 120
0.25	0.375	27.9	49.7	77.5	122	198	621	968	1 640	2 480
0.30	0.43	32.0	57.0	88.8	139	228	712	1 112	1 880	2 850
0.40	0.54	40.2	71.5	112	174	286	894	1 396	2 360	3 580
0.50	0.65	48.4	86.4	134	210	344	1 077	1 680	2 840	4 300
0.60	0.76	56.6	101	157	246	402	1 258	1 968	3 320	5 030
0.70	0.87	64.7	115	180	282	461	1 440	2 250	3 800	5 760
0.80	0.98	73.0	130	202	317	519	1 624	2 540	4 280	6 490
0.90	1.09	81.1	144	226	353	578	1 808	2 820	4 770	7 220
1.00	1.20	89.3	159	248	388	635	1 984	3 100	5 250	7 940
1.10	1.31	97.6	174	271	424	694	2 170	3 380	5 730	8 670
1.20	1.42	106	188	294	459	752	2 350	3 670	6 210	9 400
1.30	1.53	114	202	317	495	810	2 540	3 950	6 690	10 140
1.40	1.64	122	217	339	530	869	2 710	4 240	7 170	10 860
1.50	1.75	130	232	362	566	928	2 900	4 530	7 650	11 600
1.60	1.86	138	246	385	602	984	3 080	4 810	8 130	12 320
1.80	2.08	155	275	430	673	1 102	3 450	5 380	9 100	13 760
2.00	2.30	171	305	476	744	1 218	3 810	5 940	10 060	15 200
2.20	2.52	187	334	521	816	1 336	4 180	6 510	11 020	16 720
2.50	2.85	212	378	590	922	1 512	4 720	7 370	12 460	18 880
2.80	3.18	237	421	658	1 029	1 688	5 260	8 220	13 900	21 000
3.20	3.62	270	479	749	1 171	1 920	5 990	9 360	15 820	24 000
3.60	4.06	302	538	840	1 312	2 150	6 720	10 500	17 760	26 900
4.00	4.50	335	596	930	1 456	2 380	7 460	11 630	19 680	29 800
4.50	5.05			1 044						
5.00	5.60			1 160						
5.50	6.15			1 272						
6.00	6.70			1 384						
6.40	7.14			1 480						

附录Ⅶ 微启式安全阀额定排量(kg/h)Ⅱ

工作介质:饱和水蒸气
超过压力:3 %

整定压力 p_p/bar	额定排放压力(绝) p_P/bar	阀座喉径 d_0/mm				
		40	50	65	80	100
0.06	0.162	167	262	442	670	1 048
0.08	0.182	188	294	497	753	1 176
0.10	0.203	210	328	554	840	1 312
0.13	0.234	242	378	639	968	1 512
0.16	0.265	274	428	724	1 096	1 712
0.20	0.306	317	494	836	1 264	1 976
0.25	0.358	370	578	976	1 480	2 310
0.30	0.409	423	661	1 120	1 688	2 650
0.40	0.512	530	827	1 400	2 120	3 310
0.50	0.615	636	992	1 680	2 540	3 980
0.60	0.718	739	1 152	1 952	2 960	4 620
0.70	0.812	846	1 320	2 230	3 380	5 290
0.80	0.924	944	1 472	2 490	3 780	5 900
0.90	1.027	1 048	1 640	2 770	4 200	6 560
1.00	1.130	1 152	1 800	3 040	4 610	7 200
1.10	1.230	1 248	1 952	3 300	5 000	7 810
1.20	1.340	1 360	2 130	3 590	5 450	8 510
1.30	1.440	1 456	2 270	3 840	5 820	9 100
1.40	1.540	1 560	2 430	4 110	6 230	9 730
1.50	1.650	1 664	2 600	4 390	6 660	10 400
1.60	1.750	1 760	2 750	4 660	7 060	11 020
1.80	1.950	1 960	3 060	5 180	7 840	12 260
2.00	2.160	2 170	3 380	5 730	8 670	13 550
2.20	2.370	2 380	3 720	6 280	9 250	14 880
2.50	2.670	2 670	4 180	7 060	10 700	16 720
2.80	2.980	2 980	4 660	7 870	11 920	18 640
3.20	3.400	3 400	5 300	8 960	13 600	21 200
3.60	3.810	3 800	5 940	10 040	15 200	23 800
4.00	4.220	4 220	6 580	11 120	16 880	26 300

附录Ⅷ 微启式安全阀额定排量(kg/h)Ⅲ

工作介质:水 超过压力:10 %

出口压力:大气压

整定压力 p_p/MPa	额定排放压力(绝) p_P/MPa	阀座喉径 d_0/mm							
		12	16	20	25	32	40	65	80
0.06	0.066	370	659	1 030	1 608	2 630	8 240	21 800	33 000
0.08	0.088	428	761	1 189	1 856	3 040	9 510	25 100	38 100
0.10	0.110	478	850	1 329	2 080	3 400	10 640	28 100	42 600
0.13	0.143	546	970	1 515	2 370	3 880	12 130	32 000	48 500
0.16	0.176	605	1 076	1 680	2 620	4 300	13 460	35 500	53 800
0.20	0.220	676	1 203	1 880	2 940	4 810	15 050	39 800	60 200
0.25	0.275	756	1 346	2 100	3 290	5 380	16 800	44 400	67 300
0.30	0.33	828	1 474	2 300	3 600	5 900	18 400	48 600	73 700
0.40	0.44	957	1 704	2 660	4 150	6 810	21 300	56 200	85 000
0.50	0.55	1 070	1 904	2 970	4 650	7 610	23 800	62 800	95 100
0.60	0.66	1 171	2 090	3 260	5 090	8 340	26 100	68 800	104 200
0.70	0.77	1 264	2 250	3 520	5 500	9 000	28 200	74 300	112 600
0.80	0.88	1 352	2 410	3 760	5 880	9 620	30 100	79 400	120 300
0.90	0.99	1 430	2 550	3 980	6 230	10 210	31 900	84 200	127 600
1.00	1.10	1 512	2 690	4 200	6 570	10 760	33 700	88 800	134 600
1.10	1.21	1 584	2 820	4 410	6 890	11 290	35 300	93 100	141 100
1.20	1.32	1 656	2 940	4 600	7 200	11 780	36 900	97 300	147 400
1.30	1.43	1 728	3 060	4 790	7 490	12 260	38 300	101 200	153 400
1.40	1.54	1 790	3 180	4 980	7 780	12 730	39 800	105 000	159 200
1.50	1.65	1 856	3 300	5 140	8 050	13 180	41 200	108 700	164 800
1.60	1.76	1 912	3 390	5 320	8 310	13 610	42 600	112 300	170 200
1.80	1.98	2 030	3 600	5 640	8 820	14 430	45 100	119 100	180 500
2.00	2.20	2 140	3 800	5 940	9 290	15 220	47 600	125 600	190 400
2.20	2.42	2 240	3 980	6 230	9 740	15 960	49 900	131 700	199 200
2.50	2.75	2 390	4 240	6 650	10 380	17 010	53 200	140 400	213 000
2.80	3.08	2 530	4 500	7 030	10 990	18 000	56 300	148 600	225 000
3.20	3.52	2 700	4 800	7 520	11 750	19 280	60 200	158 800	241 000
3.60	3.96	2 870	5 090	7 980	12 460	20 400	63 800	168 800	255 000
4.00	4.40	3 020	5 370	8 410	13 140	21 500	67 300	177 600	269 000
4.50	4.95			8 910					
5.00	5.50			9 400					
5.50	6.05			9 860					
6.00	6.60			10 300					
6.40	7.04			10 630					

附录Ⅸ IS型单级单吸离心泵型谱图

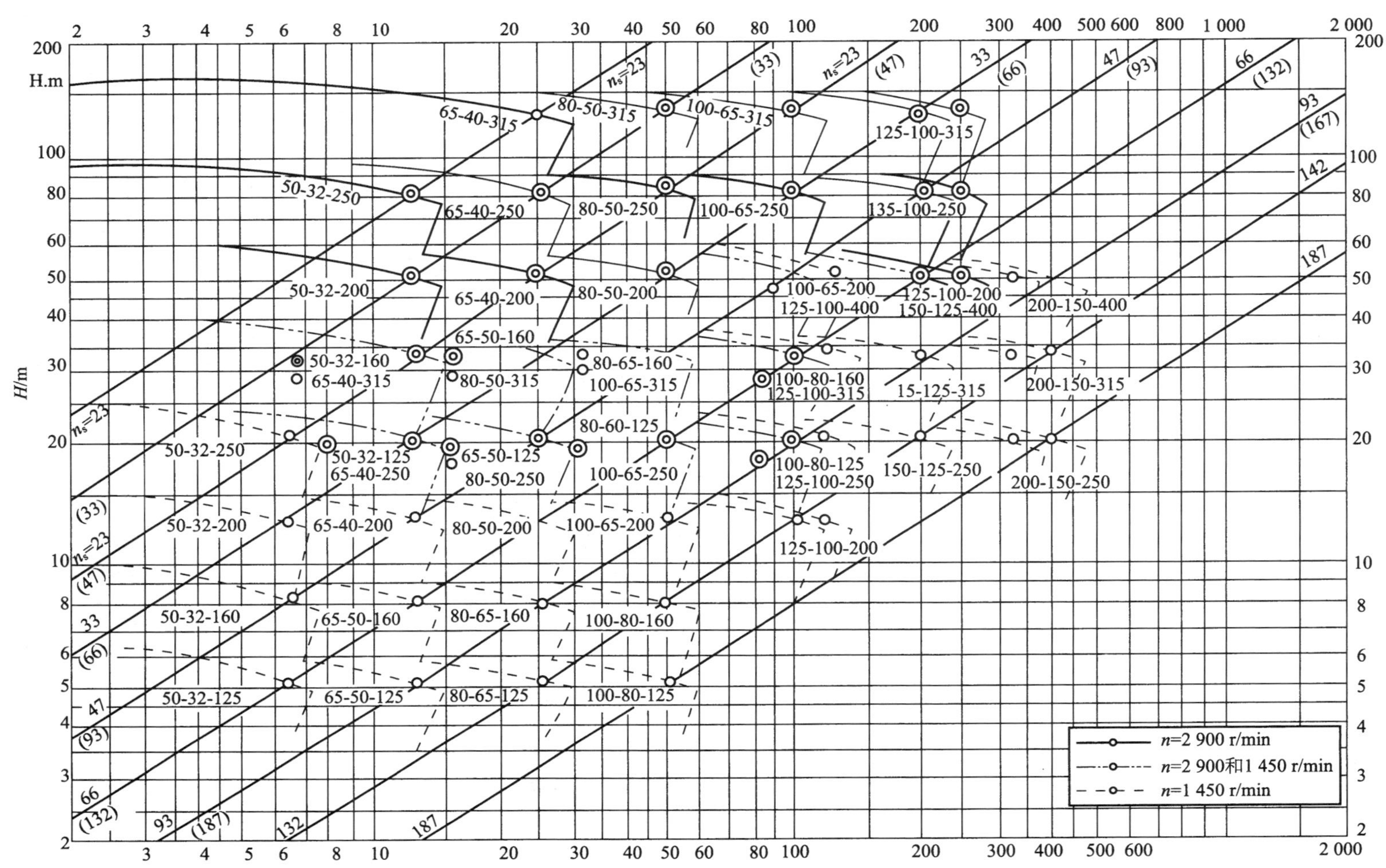

附录X G4-73-11 型风机的选择曲线

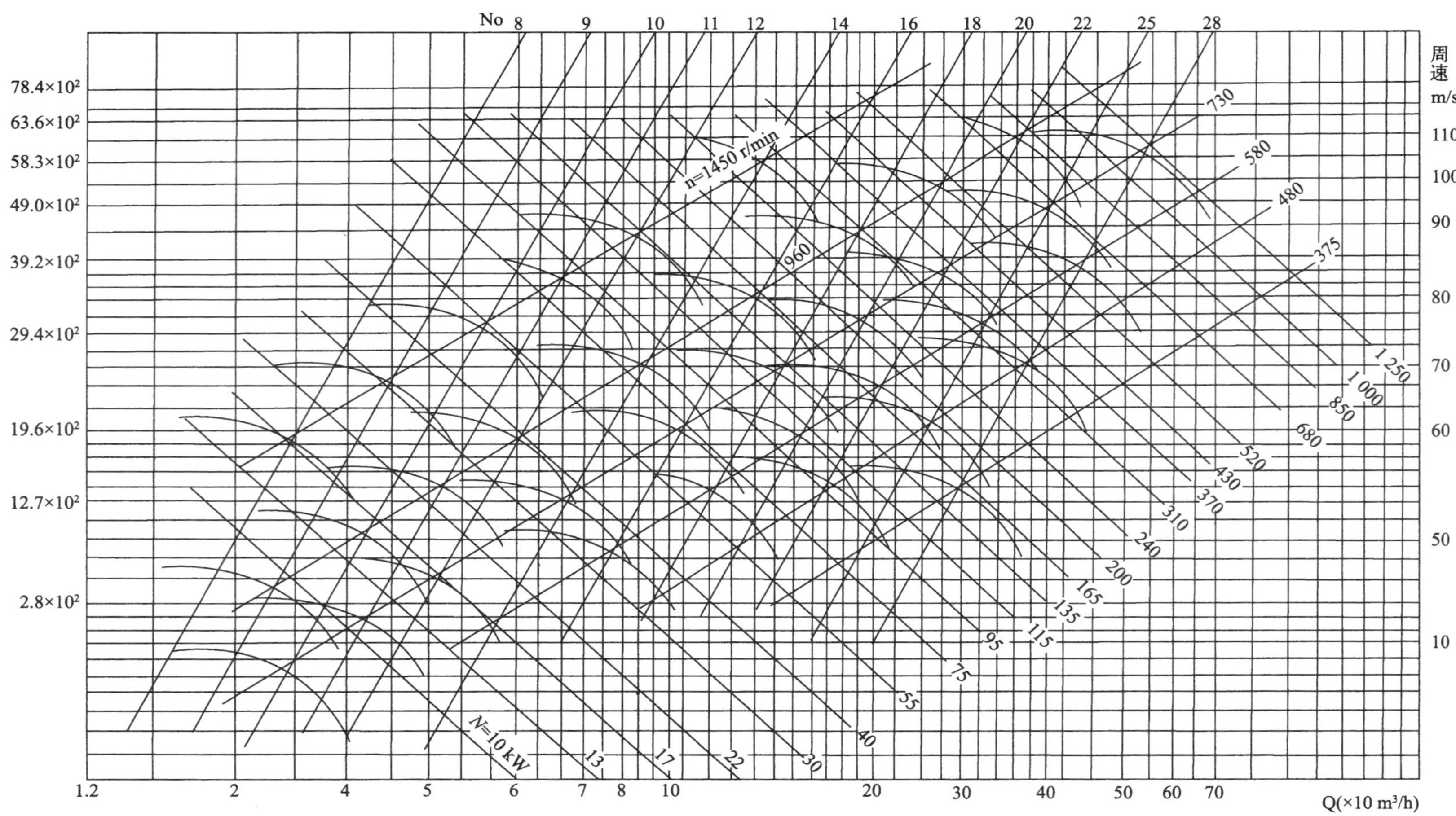

附录Ⅺ　碳素钢、普低钢钢板许用应力

钢号	板厚/mm	常温机械性能 σ_b/MPa	常温机械性能 σ_s/MPa	在下列温度(℃)下材料的许用应力$[\sigma]^t$/MPa ≤20	100	150	200	250	300	350	400	425	450	475	500
A3F(热轧)	≤12	380	240	127	127	127	125	116							
A3(热轧)	≤16	380	240	127	127	127	125	116	106	97					
A4(热轧)	≤20	420	260	140	140	140	131	122	113	103					
	21～40	420	250	140	140	134	128	119	109	100					
	42～60	420	240	140	138	131	125	116	106	97					
A3R(热轧)	6～16	380	240	127	127	127	125	116	106	97	91	87	62	41	
	17～36	380	230	127	127	125	119	109	100	94	88	84	62	41	
	38～60	380	220	127	127	122	116	106	97	91	84	81	62	41	
20g(热轧)	6～16	410	250	137	137	137	131	122	113	103	97	87	62	41	
	17～25	410	240	137	137	131	125	119	109	100	94	87	62	41	
	26～60	410	230	137	131	125	119	113	106	97	91	87	62	41	
16Mn(热轧)	≤16	520	350	173	173	173	173	166	153	144	127	95	67	43	
	17～25	500	330	167	167	167	167	156	144	134	127	95	67	43	
	26～36	480	320	160	160	160	160	153	141	131	125	95	67	43	
	38～50	480	300	160	160	160	153	144	131	125	119	95	67	43	
16MnR(热轧或正火)	≤16	520	350	173	173	173	173	166	153	144	127	95	67	43	
	17～26	500	330	167	167	167	167	156	144	134	127	95	67	43	
	27～36	500	310	167	167	167	159	150	138	128	122	95	67	43	
	38～60	480	290	160	160	159	150	141	131	122	116	95	67	43	
15MnVR(正火)	6～16	520	380	173	173	173	173	173	169	156	147	(正在制定)			
	17～25	510	370	173	170	170	170	170	166	153	144	(正在制定)			
	26～36	500	350	167	167	167	167	167	157	147	138	(正在制定)			
	38～60	500	340	167	167	167	167	166	153	144	134	(正在制定)			
09Mn2VR(正火)	6～20	480	340	160	160	160	160	−70 ℃以上低温用钢							

注：1. 表中许用应力值是由 $1\ \text{kgf/cm}^2=\dfrac{9.8N}{100\ \text{mm}^2}\approx 0.1$ MPa 换算得来。

2. 钢板厚度标准为：4～6 mm，间隔为 0.5 mm；
6～30 mm，间隔为 1.0 mm；
30～60 mm，间隔为 2.0 mm。

附录Ⅻ 不锈耐酸钢板许用应力

钢号	在下列温度(℃)下材料的许用应力值/MPa																				备注
	≤20	100	150	200	250	300	350	400	425	450	475	500	525	550	575	600	625	650	675	700	
0Cr13	131	119	116	113	113	109	106	103													
0Cr18Ni9	133	133	133	126	117	108	104	99	97	95	93	90	88	85	80	65	53	43	34	27	①
	133	110	100	93	87	80	77	73	72	70	69	67	65	63	62	60	53	43	34	27	
0Cr18Ni9Ti	133	133	133	126	117	108	104	104	101	99	99	99	99	84	61	47	34	25	19	13	①
	133	113	100	93	87	80	77	77	75	73	73	73	73	73	61	47	34	25	19	13	
1Cr18Ni9Ti	133	133	133	126	117	108	104	104	101	99	99	99	99	92	76	60	47	38	29	23	①
	133	113	100	93	87	80	77	77	75	73	73	73	73	73	70	60	47	38	29	23	
0Cr18Ni12Mo2Ti	140	140	140	135	126	122	117	112	111	108	108	108	105	104	97	83	66	52	40	30	①
	140	120	110	100	93	90	87	83	82	80	80	80	78	77	75	73	66	52	40	30	
0Cr18Ni12Mo3Ti	140	140	140	135	126	122	117	112	111	108	108	108	105	104	97	83	66	52	40	30	①
	140	120	110	100	93	90	87	83	82	80	80	80	78	77	75	73	66	52	40	30	

注:①仅适用于允许产生微量永久变形之元件,对于垫片连接的法兰或其他永久变形就引起泄漏或故障的场合不能采用这些应力值。

索　引

（本索引按汉语拼音排序，每个词条后面的数字，是它在本书中首次出现地方的页码）

L

N

P

Q

R

S

T

W

X

Y

Z

其他

参考文献

[1] 陈济东．大亚湾核电站系统及运行(上册)．北京:原子能出版社,1994.
[2] 陈济东．大亚湾核电站系统及运行(中册)．北京:原子能出版社,1994.
[3] 林诚格．非能动安全先进核电厂 AP1000．北京:原子能出版社,2008.
[4] 陆培文等．阀门选用手册．北京:机械工业出版社,2001.
[5] 上海医药设计院．化工工艺设计手册(上册,下册)．北京:化学工业出版社,1989.
[6] 化工部技术中心．化工管路手册(上册,下册)．北京:化学工业出版社,1988.
[7] 天津大学化工原理教研室．化工原理(上册)．天津:天津科学技术出版社,1990.
[8] 郭立君．泵与风机．第 2 版．北京:中国电力出版社,1997.
[9] 孙一坚．工业通风．北京:中国建筑工业出版社,1994.
[10] 李庆宜．通风机．北京:机械工业出版社,1981.
[11] 朱齐荣．核电厂机械设备及其设计．北京:原子能出版社,1991.
[12] 唐尔钧,詹长福．化工设备机械基础．北京:中央广播电视大学出版社,1990.
[13] 董大勤．化工设备机械基础．北京:化学工业出版社,1989.
[14] 化工部标准．HGJ 207-83 化工机器安装工程施工及验收规范．北京:化学工业出版社,1984.
[15] 中华人民共和国核工业部．EJ 中华人民共和国核工业部标准．压水堆核电厂设计准则．1989.